JN304457

身ぶりと言葉

アンドレ・ルロワ=グーラン
荒木 亨 訳

筑摩書房

LE GESTE ET LA PAROLE
by
ANDRÉ LEROI-GOURHAN
TECHNIQUE ET LANGAGE, TOME 1
LA MÉMOIRE ET LES RYTHMES, TOME 2
Original copyright © Editions Albin Michel, Paris, 1964, 1965.
Japanese translation rights arranged through
the Japan UNI Agency.

目次

まえがき

寺田和夫

『身ぶりと言葉』という標題は、本書の内容からいってははなはだ謙虚にみえる。というのは目次からもわかるように著者は、太古から今日にいたる人類の生物学的、文化的な進化を実証的、理論的に提示しようとしているからである。本書は強い個性をもった、人類学概論と呼ぶこともできるだろう。

だが、ルロワ=グーランが「身ぶり」という言葉を技術あるいは行動というようなきわめて広い意味で使っていることを読みとると、実際は、動物を人間から区別する二つのもの、つまり文化と言語を考察することによって、人類の本質を解明しようとしたのだということがわかる。本書の第一部が「技術と言語の世界」と題されているのをみてもその意図を想像できるのである。

技術論にかけては著者は人類学者の中で世界の第一人者だといってよい。本書の中でもその見識は充分にうかがわれるが、彼にとって技術とは「一連の動作に安定と柔軟性を与える文字通りの統辞法《シンタクス》によって連鎖的に組織された身ぶりと道具のこと」であり、ここでいう統辞法とは「記憶によって提示され、脳と物質環境のあいだで生みだされたもの」である。環境に適応するように考案され伝統に支えられた――と平易に言えるだろうが――

技術と、言語活動との平行関係を巨視的に眺めるところに、本書の一つの特色がある。彼は、古代人が道具を作ったその瞬間から言語活動の可能性をみようとするが、それを安易な形で結びつけることなどはしない。脊椎動物の進化をあとづけながら、直立歩行、手の解放、咀嚼器官の縮小、大脳の発達という人類の特殊性を生物学的背景の中で浮き彫りにすると同時に、道具の示す技術的ないし知的レベルと大脳と言語の関係をくわしく解きあかしてゆく。それらは壮大な網の目を作り、読者に考えることを強要し、現今流行の安易な図式的思考を許さない。確かに人類の現象はそんな簡単なものではないのだ。

複雑で論証の困難な人類と文化の進化の道程を綜合的に把握し、さらに未来まで洞察しようという気魄があらゆるところに感じられ、ともかくたいへんな書物が書かれたものだというのが、いつわりのない私の読後感であった。進化史を建物にたとえれば、これは遠くから眺めた美しい記念碑ではなく、未完成の建築に人を案内して、大小の柱や梁、土台石などの力学的関係を、技師が現場で説明してみせるおもむきがある。その説明によって、やがてできあがる建物を想像するのは、骨の折れることだが楽しい知的冒険である。

『民族学百科全書』(一九六八年、ガリマール社)の中でジャン・ポワリエは、「民族学思想史」の大論文を書いているが、彼が随所でルロワ＝グーランにふれて述べているように――本書には最大級の賛辞を捧げている――本書は、過去の復元にかんする古典的方法を凌駕しようという試みであって、「リズムと記憶」に新たな照明をあてつつ、新しいパースペクチブのもとに、混沌たる事実の集積に包括的な論理と意味とを付与している。彼は事実のなかのある特定の要素をとくに重視するのではなく、多くの物質的、心理的な要素を統合的に考察しており、その態度は人間の個人的行為に対しても集団現象に対しても一貫している。過去の事実の総体が進化理論によって整理され、その意味がしだいに明瞭になってくるが、本書のアプローチの方法は多角的（マルチ・ディシプリナリー）であって、「生物学と民族学の両方の視点からする人類の研究」であり、事物の厳密な証拠に支えられているがゆえに一般化に陥ることなしに、人類特有の行動に見通しを与えている。ポワリエが本書の内容について、「すべての意味で完全であり、かつ完全に包括的な研究である」とし、「ここにこそ民族学のもっとも約束された道」があり、「民族学のすべての研究分野を合して同一の最終的な解明に達しようとした」実質的な例だ、とまで言っているのもその意味においてなのである。

民族学の目的はいうまでもなく諸民族の文化の比較研究であるが、その定義は国により学者により区々《まちまち》である。この学問についてはポワリエもルロワ＝グーランと同じように、「過去と現在の二つのアスペクト、つまり先史学と現生人類の民族学の二つの面」を含むとみているが、このような広義の解釈を行うにふさわしく、ルロワ＝グーランは狭義の民族学と先史学をともに使いこなす学者である。

本書では無脊椎動物の段階までさかのぼっているが、もちろんそれは人類という生物の理解のためである。「前頭部の門」をはじめとする独特の用語が頻出し、人類の解剖学、とくに大脳解剖学などがかなり詳細に、かつ非系統的に論じられているので、理解が容易ではないが、著者自身の手になる豊富な図解が入っているので、読者はまず図版によって大綱を摑まれるのがよいと思う。

人類と道具の進化の事実を扱う書物なら、日本でも多数の読みやすい概説書があるが、〈綜合的な意味を追求する〉という姿勢で書かれたものは少なく、言語や書字、絵画の起原への理論的接近をも狙った人類進化論はさらに少ない。人類の発展段階についても、猿人類（著者はアウストラロピテクスと呼ばずにアウストララントロプスとして、その人類としての位置を明示している点を注意されたい）、原人類、旧人類、新人類という、通常の四段階に区分している。人類進化の各段階と石器をはじめとする文化要素の発展段階との対比は、やや単純化されすぎている嫌いがあるが、それは著者が当然知悉している例外や地域差を論じて読者を混乱させせないためであり、また本書の意図はもっともグローバルに、進化の意味を問う点にあるからだといっていい。

著者が展開してみせる余りに豊富な事例をここで要約することはできないので、言語との関係で重要な発言を拾えば、猿人段階で「道具を作った瞬間に言語活動の可能性」があるが、まだ「一連の技術的な身ぶりや、連続動作と対応するようなわずかな言語」だったろうという。彼らの礫器は、考えられる限りもっとも簡単な石器ではあるが、それとて「使用の機会に先立って……後の行為をめざして」準備された道具である。著者は慎重を期して、想像にたがをはめているが、猿人類がやがて遭遇する動植物のことや礫器について、何ごとかを仲間に伝えることができたとしても不思議ではなく、それは類人猿の音声信号とは違った次元のもの、つまり人間の言語の萌芽なのである。

原人段階では幾通りもの石器を作ったが、少なくとも「具体的な状況の表現」はできたとみなす。旧人類を、今日の人類学者はホモ・サピエンスの亜種とみるくらいで、獣のような原始人というかつてのネアンデルタール人のイメージは消えつつある。彼らがシンボルを外化 extérioriser する（ルロワ＝グーランの好む用語で、客観化、身体や頭脳から外――自然界、物質、社会など――へ置きかえる）という能力を持つ、つまり埋葬（死のシンボル的外化といえよう）、顔料使用（美）、宗教（超自然）にかかわる能力は、言語なしには考えられないという。その言語は不確定な感情まで表現しえたもので、現在の人間と「大きく距たっていたはずがない」。これは旧人類の言語に関する大胆な推定であるが、多くの人類学者がしだいに感じはじめていることを、はっきり述べたものだともいえる。現今の世界には進化した言語とか劣った言語などというものはなく、それぞれの言語は、長いおそらく旧人より以前からの歴史を持っているのである。

後期旧石器時代の新人類となれば、音声による言語の有無など問うだけ無駄なことで、彼らは深遠な思想を語りえたはずである。洞窟絵画をはじめとする彼らの象形芸術は、言語活動と切り離しがたく、発音と、それを絵に描く行為との知的な組合せから生まれたと著者はみる。この時代にはすでに記号的表現による思考の形象化があったのである。

ルロワ＝グーランの面白さの一つは、先史学的事実を、現生未開人についての民族学的証拠から解釈するというのにとどまらず、歴史時代も、いな現代文明までもが、たえず一つの統合的な視野の中にはいってくるという点にある。ふたたび言語から例をひくならば、現在のトーキー映画やテレビが、観る人の個人的解釈を極端にせばめ、「能動的な介入」を全く不可能にしていることは多くの人も認めるところだが、これには痛烈なコメントが加わる。「今確定しようとしている状態がある意味で完成でもあるといえるのは、〈想像〉の努力を（完全に）無用に」しているからであり、もはや「生命の基本にかかわる一連の動作の中で想像力が行使されない」ということなのである。あとの引用文は、政治的な催眠術にかんしてもあてはまりそうだが、現代社会の危機は、強制もされず公権力とか何かの隠れた意図に操られるのでもないのに、自発的に想像力を抑圧する状況を作っていることではないだろうか。「発声作用と視覚作用という（言語活動の）内密の機能を、印画紙とテープに託すことによって、（言語活動は）人間に最後の別離を告げている」。それだけ言いきって感傷に陥らない精神の逞しさは見あげたものである。もっとも彼は現代文明だけをもっぱら批判するのではなくて、神話文字から表意文字をへて音標文字へのいわゆる進化すらも「表出される概念とその再構成のあいだに自由な余地がしだいに弱められ」、アルタミラの野牛の絵のような自由な解釈は許されなくなり、機械によって「道具はあまりに早く人間の手を離れ」るようになってしまった、と言っている。

ルロワ＝グーランは自分の言葉によって思想を綴る人である。先にあげた「身ぶり」や「技術」のほか、symbole（象徴ないし表象）、figure（形象ないし図）のような基本的な抽象名詞が独特な意味あいで使われている。これらを特定の日本語に置きかえるのはほとんど不可能で、訳者が最も苦労された点であろうと思われる。テイヤール・ド・シャルダン神父についてと同様に、ルロワ＝グーランの用語解説が行われることが必要かと思われるが、本書では初出ないし重要な個所に訳注を入れたり、ルビをふるなどして読者の便に供している。

この書物で開陳されるユニークな意見や著者による発見は枚挙にいとまないが、印象に残ったものをもう少し指摘しておこう。洞窟絵画における動物に放たれた槍と、動物が受けた傷が、男女の性器の象徴的表現であるかもしれないという考えは、古代の性と神話と生業経済をめぐる研究に大きな石を投じたものといえるだろう。またニオーをはじめ、幾つかの洞窟絵画に中央の馬と牛、その周りの山羊と鹿、さらに外側にライオンなどが見られる構図は、後期旧石器時代人には意味のある文脈を持っていたという意見は、私どもが単にそれを同一の画家や流派による類似の絵の繰返しとみていることへの警告になるだろう。技術についていえば、猿人の礫器から中石器にいたるまで、一定容積の石から得られる有効部分（刃）が増加するという意味の進化を遂げたわけだが、それを数字的に追跡した彼の業績は注目すべきものである（一キロの石塊から得られる刃部の長さが延べ四〇センチ足らずからはじまり、最後には一〇〇メートルをこえる）。実はこのような単純な例をいくらあげても、本書の特色を抽出したことにはならないのであって、「言語が技術的身ぶりと音声的表象という二つの鏡から反射されて……最初から存在していた」とか、あるいはまた「空間的に生き残ることと、生き残るために消費するということは同じことである」というような、ともかくよく考えてみなければわからない著者の思考の流れを追うことが大切なのである。ユニークな思考といったけれども、それは著者の孤立した思いつき、独断といったものではなく、彼が同時代の学者の説を謙虚に受け入れているばかりか、古代や中世の、あるいは未開人の人間観を紹介しながら自説がひとりでに出てくるように仕組んだ、その博学と、執拗な論理構成の所産である。だからこそわれわれはともかく安心して読むことができる。

著者アンドレ・ルロワ＝グーランは一九一一年八月二五日にパリで生れた。一九四五年に文学の、一九五四年に理学の学位を得、現在はパリ大学の先史学講座を担当し、同大学の民族学研究所の所長の一人でもある。野外調査はフランスのアルシー＝シュル＝キュール洞窟（一九四五―六三）やパンスヴァン野営地（一九六四―現在まで《ママ》）などの旧石器遺跡を継続的に発掘するとともに、メスニル＝シュル＝オジェの金石併用時代の洞窟も手がけた。国外では、戦前に日本にやってきて東アジアの研究をした（一九三七―三九）のをはじめ、スペイン、アフリカにも調査の手をのばしている。

学術雑誌や百科辞典などへの寄稿はきわめて多数あり、その著書を中心として主要な業績は巻末参考文献中に列挙してあるなかに邦題を付し出版社名を入れておいたが、彼の研究は技術、先史学、人類学、社会学、美学などの綜合の観があるのは、本書で読者もごらんになる通りであり、一人の学者による多分野にわたる仕事は、ポワリエ流にいえばまさに〈分類不能《アンクラサーブル》〉なものである。彼の深い関心の一つである言語の問題にしても、それには若いころの二年間の日本滞在が大きな影響を与えたであろうと思われる。原始、未開社会の分析においても、現代の文明国の分析においても、言語に代表されるシンボルによる綜合的解釈なしには、ほんとうの理解はありえないことをその時痛感しただろうからである。事実、彼のマルチ・ディシプリナリーな研究の成果は、『北太平洋考古学』として最初に現われた。

だが彼の関心を捉えたもっとも大きな分野はおそらく技術であって、まさに〈比較技術学〉ともいうべき分野を開拓していった。パリの人類博物館に技術学部門を作り、その学問的論拠は『人類と物質』二巻に提示されている。先史学の民族学的解釈という彼の得意な研究がしだいに熟成していったのは当然である。

技術といえば、民族学的調査や考古学的発掘における研究技術も彼に負うところが多い。一九四六年に学生たちを連れてコンゴに旅したときに、三五ミリのフィルムをとり録音をしたのは、民族学として最も古い方の例であろう。民族学的調査における映画の効用については独立の論文もある。

また前記のパンスヴァンでの発掘法は、旧石器遺跡の調査法にとって画期的なもので、私もそれを目撃する機会があった。国際人類学・民族学会議がモスクワで開かれた一九六四年に、アメリカに滞在していた私は、ウェンナー＝グレン財団から旅費を得て学会に参加することになった。ロンドン経由でパリに着き、人類博物館を訪ねたとき、幸い私と同じ中南米考古学をやっているH・レーマン氏や、C・F・ボーデ氏がいていろいろ世話になったが、若いボーデ氏が今パリ郊外でルロワ＝グーラン教授が大発掘をやっているから見にいかないかと誘ってくれた。フォンテーヌブローへも寄れる恰好のドライヴ・コースだというので、われわれ共通の知人でこれからアフリカにはいるという若いアメリカ人夫婦もいっしょに、パンスヴァンの遺跡に向い、まだ掘りはじめて地表下三〇センチぐらいの面を掘っているところに着いた。ルロワ＝グーランと奥さんは腰をおろして休息しておられたが、大勢の学生たちがのんびりと刷毛やへらを動かしていた。ボーデ氏や連れの若夫婦の知合いがかなりいて、われわれの所に話しこみにくる。スペイン語で話しかける人も多いのにはびっくりしたが、中南米からフランスにきているいろいろな専攻の学生たちで、大地にふれ、考古学の楽しみを味わうために、ここにぶらっとやってきては労力奉仕をしてゆくのがかなりいるそうだ。勝手に発掘区からあがっておしゃべりしていても誰も気にしない。

発掘法はていねいなもので、何センチか土を掘りくぼめ、遺物が出てくればそのまま原位置においておく。平らな地面に遺物があちこちに転がった状態になると、型の如く写真をとり図面をひくが、それからがたいへんで、広い発掘区の全部にわたって一メートル四方の区画に分けて、ガーゼをあてラテックスを流す。ラテックスの陰型の石膏模型をとれば、ある平面での遺物の出土状態を完全に復元できるわけだ。遺物の配置の意味、ひいては往時の人間活動の意味を研究室で調べるには申し分ないやり方であるが、これではいったい何年かかるだろう。ルロワ＝グーラン夫人は、わからない、とにこやかに答えた。あれから九年、発掘はまだ続いているらしい。私はフランス語会話の勉強などしたことがないのを悔やんだが、ボーデさんがスペイン語を介しての通訳をかって出てくれた。今、当時の旅日記をみると、発掘法、人類学教育、日本滞在のことなどのやりとりをしたらしいが、ともかく通訳をいれては気持までは通いあわない。パンスヴァン訪問のもどかしい気持ばかり今もよく覚えている。

　ルロワ＝グーランは教育に熱心な人で、人類博物館内にＣＮＲＳ（国立科学研究センター）と関連したＣＦＲＥ（民族学調査のための専門教育《フォルマシオン》センター）を作り、ここで多くの学者をそだてた。過去二十年余りに今では第一線の内外の学者が百余人ここを巣立ったという。同様に人類博物館内の組織としてＣＤＲＰ（資料蒐集《ドキュマンタシヨン》・先史学調査センター）を組織し〈博物館学《ミュゼオロジー》〉を学ぶ人の関心も集めている。

　ルロワ＝グーランは「人類はその思考を実現することができるように作られている」という。人類を巨視的に眺める眼力を曇らさずにいるのは「現在の人類についての考察は（過去を復元するときでも）すべて正当な価値をもっている」という信念である。これは、原始世界の不可解さの中に、神秘や異質なものを見ようとしがちな現代人への戒めともなろう。一般に現在の人類にかんする事実を過度に過去にあてはめようとする場合の危険を私は感じているが、彼の場合にすがすがしいのはそれがエモーションを伴わない、冷厳な科学主義で貫かれていることである。読者によってはこのエモーションの不足を物足りなく思うかもしれないが、本書はもともと物語ではないのである。

フランスでのルロワ＝グーランの占める位置についてはいうまでもないが、彼のひそみにならって数的に表現してみよう。近刊の『民族学百科全書』の人名索引をみると、その名が三五箇所にわたって引用されており、その頻度はC・レヴィ＝ストロース、B・K・マリノフスキー、マルセル・モース、A・R・ラドクリフ＝ブラウンにはゆずるが、その中で現在活躍中の人はレヴィ＝ストロースだけである。

本書に展開された巨視的な人類像は、日本人の教養のなかでおそらく最も欠落している部分に属するであろう。ルロワ＝グーランの描きあげた人類像は、読者の今後の物の考え方のうえに分厚く重なってゆくだろうと私は考える。

昭和四十八年五月

身ぶりと言葉

◆原則として訳注は本文中に割り注として入れ、原注は本文中にその個所を示す（ ）付きの算用数字を付し、巻末にまとめた。
◆原文のイタリックは〈 〉や傍点で示し、原文にないパラフレーズは〔 〕で示した。
◆図版説明は原書から訳出したものである。

第一部　技術と言語の世界——手と顔が自由になるまで

第一章　人間像

　はるかな遠い昔から、どのような文明の段階においても、人間の根本的な関心は、みずからの起原をさぐるということだった。だが、過去の深淵の上にみずからの影を見いだそうというこの願望は、一般には手軽に満足させられてきた。今日でも、近代的教養をもつ人々ならだれでも、かつての人間と同じく、自分がどこへ行くのかまではわからなくとも、どこから来たのかを知ろうとする欲求をもっているが、おおかたの人を安堵させるには、太古の巨大類人猿のことをほのめかせば十分なのである。

　根源にさかのぼりたい欲求がきわめて強いところをみると、単に好奇心に駆られたというようなものとは思われない。先史学は、個人的な好みの問題だと感じている先史学者も多いし、おそらくは、最も多くの素人を傘下に擁し、だれもがさして特別の素養なしにやれると信じている学問である。考古学の発見のすばらしさは、ほとんど例外なく人々のうちに太古に回帰してみたいといった憧れを呼びさまし、おもちゃの手足をばらばらにする子供のように、機会さえあれば大地を掘りかえしてみたいという誘惑をおさえられる人間はほとんどいない。起原の神秘をさぐることにせよ、その探求の基礎になる複雑な感情にせよ、おそらく過去をふりかえるという行為の最初の閃きとともに生れたのである。その証拠に、ネアンデルタール人は、その長い歴史の終りにはすでに、おもしろい形の化石や石塊を蒐集していた。現在の先史学者の関心事を、そのままの形でネアンデルタール人のうちに見いだすのはむずかしいとしても、逆に今日の研究者の、学者としての装いの下にも、大地と過去のなかに二重の意味で埋もれているものへの同じような感情が、漠然とはしているがそのまま残っているのを見いだすのに、たいした苦労はいらない。

その根源をめざしてみずからの起原を追求したいという強い根本的な欲求を捨てさることとは、人間にはできっこないが、もし人間がただ、どこから来たのかを追究するだけでなく、自分がどこにいて、どこへ行こうとしているのかについても追究を試みるなら、根源の分析はおそらくもっと明断になり、確かにさらに実質的なものになるだろう。ここ数年来、古生物学のすばらしい発展によって生みだされた業績は数えきれないし、シーラカンスの鰭足を知らない読者はほとんどいない。またそれよりは少ないが、逆のコースをとって、人間の現在を長い先史時代のなかに含めてしまおうとした著作もある。われわれのゆるやかな進化の歩みと思想の進歩とに捧げられたそれらの書物によってよびさまされた関心をみれば、どれほどまで先史学が時間と空間における統合を確認しようという、人間の深い欲求に答えているかがわかる（第十一章、第十三章を見よ）。わたくしの考えでは、先史学の基礎にあるのが一つの宗教哲学だろうと、一つの唯物弁証法だろうと、先史学は、未来の人間を今ここでしかも最も隔たった過去のなかに位置づけようとする以外に、実際の意味をもってはいない。さもなければ、先史学は、明らさまにいおうというまいと、人類の起原という問題を簡単にかたづける無数の宗教神話を、一つの科学上の神話で置きかえることに過ぎないか、せいぜい人間に無縁な何人かの英雄のめざましい冒険を物語る一種の叙事詩を見るだけに終ってしまうだろう。それゆえ、技術と言語活動との地質学的な関係を物語ろうとする前に、いろいろな時代に人間が人間自身をどう見てきたかを問いかけてみるのも、無益ではないだろう。

前科学的な時期

クロ＝マニョン人は現実の自分自身をどんなふうに想像していたのか。われわれにとってこの問いに答えるのはきわめてむずかしい。しかしわれわれには、エスキモーからドゴン族にいたるきわめて多様な部族から採集した数百の神話がある。また地中海、アジア、アメリカの諸文明の偉大な神話の体系、古代、中世の神学者や哲学者の著作、さらに十七世紀以前のヨーロッパ、アラブ、中国の旅行者の著作もある。そこから十分深い、首尾一貫した人間像が浮びあがってくるわけで、全体的分析も可能なようにみえる。いずれにせよ、それらの人間像は、われわれの目の前で人間の現実知覚に生じた変化を意識させるためにも有益なのである。

人類についての科学は、ほんのわずかな時間単位で垣間見ただけの地上界を基盤にしていたが、それを地質学の助けも、古生物学も、進化の考えも借りずに、今日から想像することはかなりむずかしい。そういう人間科学においては、変異は化身《メタモルフォーズ》であり、新種の出現は間髪もいれずにその場で創造されたと理解され、今なら生物を時間の梯子の上に並べて考えるところを、昔の人は、幻想の世界、まさに時間を捨象した空間のなかで考えるのである。中世の精神にとっては、ピテカントロプスが驚きの種にはならなかったろう。犬の頭をした人間や、一本足の生物や一角獣を受けいれると同様に、人猿《オム・サンジュ》を受けいれたことだろう。十六世紀初めの地図は、とくにアメリカ大陸についてはたぶんクリストファ・コロンブスのものを見習って一五一三年につくられたトルコの提督ピリ・レイスの地図のように、あいかわらず人間らしい格好をした犬面のヒヒや、目、鼻や口が胸についた、頭のない人間などで満ちている。

生物進化論が実証的な形をとるのは不可能なことだった。あらゆる生物進化の姿を英雄や神々の武勲詩が彩っていたのである。哲学者はたしかに経験の狭い領域のなかで、寓話の限界を覗きみてはいた。人類学的な探索によって、哲学者は〔人間〕みずからを生物界の中心的存在として定義するようになっていたが、その見方は、本質的には自民族を尊しとする中華思想だった。実際、人間の前科学的な見方を最もよく現わしているのは自民族中心主義だったのである。大多数の人間集団において、構成員が自民族をさし示す唯一の言葉は、〈人〉という語である。自分の民族《エトノス》を理想的な、善と美の諸資質をあわせもった一種の〈我〉と同一視することは、親しい世界の彼方に、外見や風俗の点で悪と醜さを最高度に現わしている怪物じみた民を置く傾向と対をなしている。同じ態度は、前科学的な時代を通じて、文明人の怪物じみた対立物だったサルにたいしても見られる。こうしたことから、十六世紀までの地理上の空想のなかでは、悪魔、未知の民、サルなどが漠然と同一視されていたことがかなりよく説明される。この態度が十八世紀の人類学に直接移しこまれ、人種的な偏見を科学的に合理化しようとし、同時に古人類学を生みだすことにもなるわけである。

前科学的な段階での思想家たちは、われわれが学んだように、本質においてまったく同一の人間を進化の系列《ライン》の端に置くかわりに、自民族を形づくっている人々をほんとうの人間と見なし、こうして自民族の集団の外では、しだいに深くなる霧のなかに、だんだん人間らしさを失った奇怪な野獣さながらの雑種が現われるのである。

エスキモーやオーストラリア原住民でも、中世の探検家でも、自分たちの住む生物学的につながりのある空間の外については、人間像に種々の違いがあるが、深さのない平らな時間の次元では変っていない。これを特徴づけるのは、起原神話によって決定された創造であり、時の厖大な深みにたいする無自覚であり、中華思想であり、自然・超自然の境が地理上の境界と混同されているような神秘な世界なのである。十六世紀に呉承恩によって編纂された中国の通俗小説『西遊記』つまり〈西方への旅行〉は、そこに見られる中華思想と、人間が怪物のような相手と双生児さながらに重なっていることで、この見方をはっきりと例証している。旅行する僧侶三蔵は、その弟子、猿王と人間の姿をしたイノシシと人面を持つ魚〔カッパ〕とを伴って、仏陀のいます聖山におもむくべく、世界を横断していく。型にはまった長い挿話を通じて、主人公らの経めぐる国々には、中国とほとんど変らない人間が住んでいるが、森や山には、まったく擬人化された動物といってよい怪物が出没する。途中でぶつかる人間群像に投影されている中華思想は、未開地の住民が怪物となり、〔人間である〕旅行者たちと対置されていることに現われている。もっとも彼ら自身も、中国の僧侶と、とりわけ神秘的な表象《シンボル》の豊かな三匹の動物、サル、ブタ、魚〔カッパ〕といったもので裏打ちされてはいる。

この像《イメージ》は、時間的な探索以前に、空間的な探索によって変えられようとしていた。十六世紀には、怪物がだんだんに姿を消していく。皮膚の色や風俗が異なっていようが、野蛮だろうと文明化していようと、要するにみな人間に他ならず、共通のモデルによってつくられた人間が住む宇宙《コスモス》が発見され、それがしだいに拡がるにつれて、人類の合理的なイメージが導入されるわけである。それはまた時間の刻み目がある深みをもちはじめる時期でもある。アメリカの蛮人のつくる石の武器が知られたことは、われわれ自身の先史時代の道具との比較対照をうながし、それまできわめて漠然としていた、人類の物質的進化という感覚が合理的に支配しはじめる。十六世紀には、骨董陳列室とともに、自然史博物館や民族博物館が誕生している。そのころの展示物の大半は武器、衣服、金銀財宝の類いで、古代のさまざまな戦利品と同じように扱われている。

先史学のすべての書物は、先駆者にもちょっとしたスペースを割いている。そこで大きな位置を占めているのは、石器と金属器時代についてのルクレチウスとその五行詩、[1]メルカティ〔イタリアの学者。一五八五年欧州最初の鉱物陳列室を設けた〕や、十六世紀末の『金属分類表《メタロテカ》』のなかの、打ち欠いた石がごく古く人工的なものだという著者の確信などであるが、古生物学の問題として位置づけるという考えがこれら先駆者の念頭にまったくなかったということには注意しなければならない。彼らの見方は、根本的には原始人たちの見方と同じなのである。ルネッサンスの思想として、領域は拡がっていくが、この中華思想は形を変え、のちに人種差別に帰着していく人間価値の階層化の方向へ進んでいく。しかし新世界は昔ながらの区別を反映している。蛮族《バルバール》は変っていき、北極の怪物はしだいに疑問視されるにいたるが、基本的な人間像のなかには多くのぼんやりした部分がまだ残っているのである。

十七、十八世紀

十七、十八世紀は自然科学が厳密科学になろうとする時点だった。比較解剖学が発達しはじめ、今日まで人間科学の基礎となっている諸問題が急速に姿を現わしてきた。十七世紀、とりわけ十八世紀の博物学の歩みは、十六世紀の天文学の歩みに較べることができる。宇宙組織の広大な姿がすばらしい建築構造をもつことが明らかにされると、ただちに社会に影響をもたらし、宗教哲学を根本からゆるがすようになった。十八世紀末に百科全書派となって荒れ狂う思想は、自然科学的な思考のなかで育《はぐく》まれたのである。人間性にたいする関心は、いまや伝統文明を押し流そうとする合理主義的な動きのなかの挿話以上のものとなるが、最初の人間の化石が現われる一世紀以上前に、すでに全般的な歩みとしては、観念がたえず事実を凌駕して、人間が動物から由来したという帰結が導きだされていたことに注目してみるのも興味ぶかい。

十八世紀は、実際、単に萌芽にすぎないような証拠の上に、今なおわれわれがすっかりまきこまれている考え方の全体系をうち立てた。ビュフォンは、一七四九年から一七八八年に没するまで、『博物学』三十六巻を書きつづけるが、そのなかで彼は、あいかわらずあいまいな資料の総体のなかから、十九世紀を燃えあがらせることになる人間の動物学的な位置づけと、地質年代が気の遠くなるほど悠久なものだという二つの問題を、堂々と内容豊かに扱っている。ビュフォンはその個人的な貢献において、深い科学思潮に従っていたのであり、彼の時代には、一七五五年に出版されたN・ド・マイエの著作のような書物が集まっている。(2) そのなかでマイエは、資料的にはあまり厳密ではないが、天文学、地質学、進化論の理論に基づいて、地球に数十万年という年齢を割りあてている。進化論争はすでに、いくつもの最前線でくり拡げられており、それらが一つに合体するのは、地質学と比較解剖学と民族誌が社会学の方向へ集約される十九世紀中葉のことである。一七三五年に、スウェーデン人リンネは、生物の分類における人間の動物学上の地位を最終的に確立し、人間は、頂点に位する霊長類の最終段階である、ホモ・サピエンスという一つの種《スペキエス》になった。この時代には、古生物学はまだかろうじて暗黙裡に予感されているにすぎず、化石の年代順の系列のなかに生物の論理的秩序の影が見いだされるまでには、なお五十年を必要としたが、サルと人間は、すでにこのときから結びつけられるのである。こうした種の連鎖から新しい考えが形づくられ、その論理的な帰結である霊長類から人間がしだいに頭角を現わしてくるという考えは、まだはっきりと浮彫りにされていなかったが、十八世紀末の人間像は、われわれの世紀が採用することになったものにすでに不思議なほど近い。

人間が動物と連続しているという考えは、速やかに支配力を得て、一七六四年には、ドーバントンが『人間と動物における大後頭孔の位置』について論文を刊行したが、これが人類の直立姿勢についての関心を表明した最古のものである。一七七五年に、ドイツの動物学者、ブルーメンバッハは、人種の人類学を『人類の自然的変異について《デ・ゲネリス・フマニ・ヴァリエターテ・ナティヴァ》』のなかで具体化し、ついに一七九九年、イギリス人ホワイトは、『人間と動物の規則的推移について』の労作を刊行している。こうして十八世紀は終り、すべての事物が十九世紀の怒濤を前に勢ぞろいしていたのである。人間は人種的な多様さをもち、また動物学的に高等哺乳動物と近似したかたちではっきりと姿を現わしている。そのあとに残されるのは、人間の歴史に正当な時間の深みを与えることだけなのである。地質学はすでに人間の場所を準備していた。しかし前科学的な人間像が消えうせたにせよ、めまいを催させるような時間の深みへの急降下は、まだほとんど始まっておらず、古生物学はまだ生れていなかった。

十九世紀

イギリスの博物学者、ジョン・フレアは、一七九七年に行なった観察の結果を一八〇〇年に刊行して、動物の骨といっしょにあった打製の燧石《フリント》を、現代からきわめて遠い時代に生存した人間が作ったものと考えた。この考えが復活したのは、その後注目されなかったこの観察に、ジョン・エヴァンスが、一八七二年ふたたび目をつけてからのことである。十九世紀は十八世紀がまいてくれた種子の実りを刈りとるだけであった、という言い方は不公平であろう。キュヴィエ、エチエンヌ・ジョフロワ・サン＝ティレール、ラマルクの業績、ブーシェ・ド・ペルトの偉大な功績、ヨーロッパ全域にわたる人類学者や先史学者の輩出が、さまざまな発見を通じて創始期の科学に実体をあたえ、チャールズ・ダーウィンの進化論を軸として、十九世紀末ごろ、ついにそれらの総合がなされるにいたるのである。ダーウィンが『種の起原』を刊行するのは、先史学がやっと生れようとする一八五九年のことである。実は、ビュフォンによって粗描された学問の歩みは、彼とともに終りをつげるのであって、博物学者であり、先史学者でも人類学者でもないダーウィンは、十八世紀の博物学者のように、層位地質学、古生物学、当時の動物学の最底辺から出発した。結局のところ、進化の帰結であるにせよ完成であるにせよ、人間は地球全体という枠のなかではじめて理解されるからである。ダーウィンが最終的に百科全書派の渇きを癒し、彼の著作以後、進化論が構造的に深みをもったとしても、本質的な内容では、もはや進歩しなかったというのは事実なのである。ダーウィンの名前と「人間はサルの子孫である」という表現を、まちがった、しかしなるほどと考えさせるような仕方で結びつけたとき、平均的な人間の意識はその事実に完全に気づいていた。十九世紀末には、先史学が素人のホビーとして最高潮に達し、ネアンデルタール人やピテカントロプスの最初の頭蓋骨が出土していたが、当時の人間像はサルに似た祖先が、ゆっくりと向上してきたものと考えられていた。この像《イメージ》は、われわれのうちに、まだ霊長類の近い親戚しか見ようとしなかった十八世紀の像《イメージ》を理想的に完成するのである。

人間が動物に属するというこの中心観念のまわりには、論争の糸が密に織られていた。それは古生物学、人類学、先史学、進化論とあらゆる形をとりながら、それらの科学とは別なところから生ずる態度決定を正当化しようとするものだった。しかし起原の問題は、宗教と自然科学に共通するため、そのどちらか一方を証明することで相手を打ち倒すことができると考えられ、サルの問題が長いこと中心的な位置を占めていたのである。そうした動機が科学的な探究と別のものだったことは、今日ほとんど疑いの余地がない。時間をおいてみると、これらの論争はいかにも空虚に思われる。それよりも、いかにして今日における先史人の像《イメージ》が形づくられたかをあいつぐ発見を通じ、仮説の流れにそって、探るほうが、いうまでもなくいっそう有益である。

〈先行人類〉の歴史

それまでに参照できる例のない事実を前にすれば、まずどうしていいかわからないものである。人間の化石は、古生物学者の目を通した時代の目で観察され、解釈されたということができるだろう。このことは、最古の化石の場合にとりわけ顕著であるから、古人類学における解釈の大筋をたどり直してみるのも興味ぶかいことである。

すでに一八五〇年以前にも、先史学者はそうとう多くの理論的材料を持ち合せていた。彼らは、地球がごく古く、人間が生存した時間だけでもひじょうに長く、〔人体には〕重要な地質変動のしるしが刻みこまれていることも知っていた。われわれの土地で、人間がトナカイやゾウとともに生きていた証拠はすでにあった。一八一〇年ごろには、沖積土や洞窟で、発掘が始まっていた。すでにフランス、ベルギー、イギリスには、人間の過去の地質学的な性格を確信をもって認めている者もいた。さらに遡ってみることもできるだろう。ラマルクの進化論や、人間とサルが近似しているという確認は、もっと以前に発表されていた。さらに一八四八年には、ネアンデルタール人の最も美しい頭蓋の一つが、ジブラルタルの洞穴の割目から出てきた。一八三三年にはすでに、シュメルリンクがベルギーのアンジーの洞穴から、ネアンデルタールの子供の頭蓋の破片を発見していた。しかしこの化石は、十分な数のネアンデルタール人の頭蓋、特にラ・キナの子供の頭蓋が発見されてからはじめて〈読解できる〉ものとなったのである。ジブラルタル人についても、事情はややこれと似かよっている。もしこの化石が脳頭蓋だけに限られていたなら、おそらくずっと多くの成功を収めたにちがいないからである。ところが、猿人《アントロポピテクス》の神話がつくられていた時代には、その顔は理解しがたいものだった。カトルファージュとアミーは、それについて厳密な記述をしているが、特別な重要性をあたえているわけではない。最も議論の余地の多い頭蓋の断片から、〈カンシュタット人種〉なるものをつくりあげようとした二人の労苦は、彼らにネアンデルタール人そのものの真の性格を見失わせてしまったのである。

しかし、まだ進化論と資料との関連を確立する準備は何ひとつない。原始人の像《イメージ》にしても、狩りの獲物の皮を身にまとい、原始経済に欠くべからざる武器を石でつくるべく鋭敏な知力を駆使するホモ・サピエンスの像《イメージ》とは別物だということを見通すまでにはいたっていない。ルソーは『人間不平等起原論』（一七七五年、一〇三ページ以下）のなかで、いち早く人間進化の〈頭脳主義的な〉理論の粗描を行なっている。今日の人間のあらゆる属性をすでに身につけた〈自然人〉は、最初、物質的なゼロの状態から出発し、獣を模倣し、また推理を重ねながら、技術・社会的な次元で自分たちを現代世界へと導いてくれるものをすべて少しずつ発明していく。この像《イメージ》は、驚くほど形が単純であり、物質的な進歩が袋小路に導くものだということを証明するのに巧みに用いられているが、それは低級な通俗文学や、先史時代を背景とする科学小説のなかで、今日でもなお、あらゆる哲学的な精髄をとり去った形で生き残っている。人間の精神は、燧石《フリント》がなかばサルのような生物によって打ち欠かれた可能性があるということを、いっさい認めようとしなかった(3)。

次の時期は、ネアンデルタール人を発見する一八五六年から一八八〇年ごろにかけてである。科学的な雰囲気はすっかり変っている。先史学は、旧石器と新石器を区別する編年学的な分類基準を持ち合せている。旧石器時代においては、マンモスの時代がトナカイの時代に先行すると考えられ、何よりも人間の祖先がサルであるという神話が形成された。ダーウィンの進化論が科学的な思考の上に、ラマルクの理論よりもはるかに強い反響を及ぼしたわけである。また一方、化石も存在している。人夫によってばらばらにされた不幸なネアンデルタール人の頭蓋は、古人類学にとって決定的に重要なものだったが、その脳頭蓋が保存されたのも、その自然の頑丈さからくる抵抗力のおかげであった。これは古人類学の決定的な事件となった。一八五六年に発掘されたその頭蓋骨は、はやくも一八五八年に、シャーフハウゼンによって原始人の証拠として認められている。十年後の一八六六年に、ベルギーではラ・ノーレットの下顎骨が明るみに出たが、一八八二年にカトルファージュとアミーは、これを自分たちの〈カンシュタット人種〉のなかに組み入れている。

人間の祖先はそれ以後、原始的な存在として定義され、猫背で頭蓋が低く、眼窩上隆起の強い、顎が後退した姿をとっているが、そのさまざまな付属物についてはすでに学者の知るところとなっていた。リンネ、キュヴィエ、ダーウィンがついに理論的に合流して、人猿《オム・サンジュ》の像《イメージ》がはっきりするようになり、それは一つどころではなく二つの名称さえもつにいたった。というのは、一八七三年にガブリエル・ド・モルティエがそれを猿《アントロ》人《ポピテクス》と名づけるか人猿《ホモ・シミアン》と名づけるかで迷っているからである。人猿《オム・サンジュ》の伝説が、二体のほんもののネアンデルタール人の破片に端を発して、どのように形づくられたか、を再構成するのはきわめて興味がある。遺物のなかには、直接にサルと比較できそうな部分があった。眼窩、低い頭蓋、後退した顎である。もし、ネアンデルタール人が無傷のままでわれわれの時代まで残るか、ジブラルタルの頭蓋が二十年遅く出てくるかしていれば、古人類学がネアンデルタール人をこんなに強くサルのほうへ引き寄せることは避けられただろう。しかし資料を見たかぎりでは、行き過ぎた解釈は避けられなかった。最も重大で執拗な誤りは、ネアンデルタール人をはさんで今日の類人猿の輝かしいカルテット、つまりゴリラ、チンパンジー、オランウータン、テナガザルをわれわれに結びつける〈直系〉を打ちたてたことだった。人間の問題のこの面については、なお後で取りあげることになるだろう。

一八八〇年ごろには、人間は、猿人《アントロポピテクス》をはさんでサルから由来したもので、ネアンデルタール人は猿人の像《イメージ》をかなりよく示している、と思われていた。それが出現した地質年代をいつと定めるべきかは、まだほとんどわからなかったが、この時代には、最も確かな学者でも、打ち欠いた、あるいは火でひび割れを入れた燧石《フリント》が、第三紀層のさなか、つまり中新世、鮮新世に存在することを認めているのである。一九五九年には、タンガニーカでジンジャントロプスが発見され、これに人《ひと》という名を与えるべきかどうかで大いに迷ったが、それが第三紀との境目で道具を刻んでいた事実に直面したことを考えるならば、偉大な正しい見方が偽りの資料やありもしない資料を拠りどころにしていたことにもう一度気づくのである。というのも、誤りが現在のサルの性質を勝手に解釈したためであるにしても、きわめて原始的な形態の人間が存在していたという公理に誤りはなかったからである〔人間がごく昔から存在し、道具をつくっていたという正しい視方が、ネアンデルタール人をサルと人の中間とし、しかもその年代を非常に古く考えるという誤りの中にも含まれていたことを指す〕。

それでなくても、研究者の態度には微妙な違いがあった。一八七六〔ママ〕年にトピナールは、いかにもサルらしいネアンデルタール人の像《イメージ》になおほとんど困惑しており、隔世遺伝をめぐる当時の考え方の一つをとらえ、有名な化石が第三紀層のお伽話のようなマンモスの先祖の時代における生き残りを現わしていることもあると漠然と仮定している。そのうえ、知られている化石のなかに原始形態の人類とは別の人種を求めようとして、最大の努力もなされている。一八七三年の『クラニア・エトニカ』のなかで、カトルファージュとアミーは、ネアンデルタールとラ・ノーレットの化石に、アルシー＝シュル＝キュールの最初の下顎骨とか、カンシュタット、エギスハイム、グルダンの人骨といった現生の人類の多様きわまる断片を結びつけて、カンシュタット人種という、人工的な人種をつくろうとした。それはあまりに融通がききすぎて、ちょっとした断片であれば、どんな資料でもそこに入ってしまうのであった。この態度はとりわけ興味ぶかい。この二人の偉大な人類学者には、実際の素養も、公正さも欠けてはいなかったが、批判の基準をつくるうえに必要な諸要素が欠けていたからである。

種々の研究者の態度に透けて見える進化段階の考え方は興味ぶかい。G・ド・モルティエは、化石の証明が何ひとつないにもかかわらず、彼の猿人《アントロポピテクス》をもって（彼はその諸種族をも命名しているが）人間の祖先がサルだとする主張を弁護し、ネアンデルタール人が半人半猿であることに賛意を表明しているが、彼らのつくった道具がすでにあまりに進歩しているのに当惑して、隔世遺伝によるありそうもない説明を考えだし、頭蓋骨そのものは知恵遅れの人間の遺骸だとしたのである（この態度は今日まで周期的にとられてきている）。アミーとカトルファージュはネアンデルタール人を、化石と思われるあらゆる人間の断片ででっち上げた〈カンシュタット人種〉のなかに集成し、文字どおりそれを溶解させてしまう。ネアンデルタール人が今日にいたるまで隔世遺伝的に再出現するように思われる、といったほとんど驚くにもあたらない事実がそこから生じるわけである。当時のフランスの人類学者らの傾向は一般化しすぎることにあったようで、一方英国のハックスリやキング、ドイツのシャーフハウゼンなどは、化石人類を猿類に近づける傾向を免れてはいないが、ネアンデルタール人のほんとうの位置についてより公正な考えをもっていたように思われる。

それに続く二十年はさほど変化がない。ジブラルタルの頭蓋は、一八七九年バスクによって簡潔に認知された後、ロンドンの蒐集品のなかに隠れて眠っていた。その上を沈黙が支配しつづける。一八八六年には、ベルギーのスピーで、ほぼ完全な復元を可能にするネアンデルタール人の頭蓋の各部分がついに発見される。ただし、頭がどのように脊柱の上にのっていたか、顎骨突出の比率を正確に決定するには不十分なものだった。この時期の画期的な事件は、一八九一年ジャヴァで、オランダ人デュボワが、G・ド・モルティエの猿人《アントロポピテクス》の決定的な具体例となったピテカントロプスを発見したことである。実をいうと、この新入りはこんどもまた、脳頭蓋と数本の歯と大腿骨だけであったが、文句のつけようもない証拠をもたらした。その額はネアンデルタール人よりいっそう後退しており、眼窩上隆起は文字どおり庇《ひさし》をなし、こうしてチンパンジーと人間を結ぶ鎖は、失われた環《ミッシング・リンク》によって一応つながれたのであった。大腿骨は完全に人間のものらしく、ほとんど当惑を覚えさせられるほどだった。木によじのぼる適性をかすかに示すちょっとした徴候を見いだすには、たいへんな探究が必要だった。事物は固定観念でしか見られておらず、人間の系統と類人猿のそれとを根本的に隔てるものを理解する時期はまだ来ていなかった。ピテカントロプスを生きた姿に復元することはすでに可能だと考えられ、一九〇〇年の万国博には、その等身大の石膏像が現われる（図版3、五七ページ）。実をいえば、この復元も細部ではありそうもない部分だらけだが、今日人間の祖先に与えられるはずの姿とさして変らない影絵を与えている。ひじょうに低い額、ひどく後退した顎、きわめて獰猛《どうもう》な様子はしていても、ともかくほとんど直立位といえる姿勢をとっている。首の上の頭蓋の位置、手の形、腕の長さはおよそほんとうらしくなく、人間の足とオランウータンの足との、とほうもない混合がなされたおかげで、この人間の祖先は、一対のエビの鋏のような足の上に立っている。胸にはいくらか体毛が生え、葡萄の葉をつけ、シカの角製の漠然とした二つの道具、それと平たい額の中央の一本の皺が、失われた鎖の環《ミッシング・リンク》についての二十世紀初頭の像《イメージ》を完成している。古生物学はなお、長いこと類人猿とホモ・サピエンスとを妥協させるのを事とし、今日にいたるまで、人猿《オム・サンジュ》のイメージは通俗文学を支配しているだけでなく、最も科学的な業績のなかにさえも、霊長類の祖先にたいする一種の郷愁のようなものが見てとられるにちがいないのである。

二十世紀

二十世紀の最初の十年間の記念すべきできごとは、原始人について、これまでにおける最大の一連の発見がなされたことである。マウエルの下顎骨、ラ・シャペル＝オ＝サン、ムスティエ、ラ・フェラシー、ラ・キナなどの骸骨、クラピナの多数の骸骨などが驚異的な速度で出土する。古人類学は一つの科学となり、一方、先史学もひじょうな進歩を遂げた。今やわれわれは、アシュレアン期からマグダレニアン期にいたるかなり詳細な編年学的な枠どりを持ち合せている。気候の変化については、ずっとよく知られ、地質学者による年代決定も、近い時代については千年単位の幅で確定できるようになり、その後それが信頼のおけるものであることもわかった。十九世紀中葉から、ブロカやその後継者らによって精力的に推進されてきた解剖人類学は頂点に達し、世界中の専門家が、例外は別として、前の世代より紳士的になった論争のなかで化石を分配しあっている。ピテカントロプス像にはもう進歩がなく、失われた鎖の環《ミッシング・リンク》についての疑問がまた人々の関心をそそるようになるには、最近二十年の〈アウストラロピテクス革命〉を待たねばならないことになる。逆にネアンデルタール人はほとんど親しみぶかいともいえる面貌をもち、ほぼいたるところから発見されたが、ときにはかなりよい保存状態で若いのや年とったのや女や子供が見つかり、ヨーロッパの各研究室が器用さを競って、微細な断片をつぎ合せて復元をした。残念なことに、最良の標本の大部分はそういう断片からできている。マルスラン・ブールは一九一一年から一九一三年にかけて、ネアンデルタール人についての問題点をすべて包括した労作、ラ・シャペル＝オ＝サンの人間に関する基本的な労作を刊行する。今世紀初頭のこの偉大な古人類学者の労作を、時間を隔てて眺めてみると、当時知られていた人類のかつての形をわれわれやサルと関連させて定義したその当意即妙さと、分析の科学的な厳密さとの対照に打たれないわけにはゆかない。しかしサルは、かなり探究の静けさを乱した。著作を飾る挿画を眺め、その形態学的な分析を読みかえしてみれば、霊長類が学者にまんまとしかけた悪洒落に気づくには十分である。十八世紀に、人間と大霊長類との近似という、議論の余地のない考えから出発した古人類学が想像するところが、自分の知っているサルとホモ・サピエンスの中間点をとるのがせいぜいといった状態にあったのは確かであり、その瞬間から化石を客観的に見ることがほとんど不可能になったばかりでなく、いってみればそれを見るのはほとんど無用になったのである。ある点まで化石は、みごとな進化のかたちを探る仕事をかき乱すことしかできなかったわけである。一八七〇年に、提出された下顎骨をアミーが先験的に《ア・プリオリ》アルシー＝シュル＝キュールのネアンデルタール人の骨として論じた際に起ったと同じ現象が、なぜ、ピテカントロプスやネアンデルタール人を論じる際にもあいかわらず起ったかという理由がそれによって説明される。われわれは、ピテカントロプスやネアンデルタール人が、どんな点でわれわれから離れてサルに近づくかを知ったが、猿的だといわれているこの諸性質がきわめて遠い昔にサルと人とが共通の起原をもっていたことを反映しているにすぎないこと、その起原があまりに古いことなので、実際には比較することにたいした意義はないことを理解するには、もっとずっと後まで待たなければならなかった。たいへん厳密に解剖学的叙述をしたこの時代では、明白な証拠によってサルと人との中間的な位置を明らかにできないとき、いつも一種の未練のようなものが感じられたのである。このことは、ほんとうならもっと握力のある親指をもつはずの足や、ずっと彎曲するはずの大腿骨や、まだもっと垂れさがるはずの腕、短いはずの親指や前に曲るはずの脊柱、ことに本来ならゴリラとわれわれとの中間的位置を占めるべき後頭孔などについて、とりわけ明瞭である。

この時代の復元は、しばしば旧人（ネアンデルタール人類）を獣化しすぎる向きがあった。断片をくっつけて頭蓋を復元することによっても、素描や写真の撮り方によっても、いつもどうしても顎骨が突出した。そのうえ古生物学者に罪を被せるのはむずかしい。というのは、後に発見された完全な顔面（ブロークン・ヒル、シュタインハイム、サッコパストーレ、モンテ・チルチェオ）は、当時の理論から想像できないところだったのである。

ジブラルタルの頭蓋骨は、顔が正常に頭蓋についていたのだが、この頭蓋骨が〈別に〉取りのけておかれたということは、証明を求められている一つの像《イメージ》に従って化石に加えられた、抑えがたい偏向をよく示している。頭蓋骨と顔面の関連が無傷なままの、この唯一の化石は、また〈正常な〉進化の動きに従おうとしない唯一の化石だったのである。

公平を欠きたくなければ、忘れてはならないのは、頭蓋も壊れておらず、完全で変形していないような化石は今日でもなお、ほんのわずかしかないことである。したがって、ある程度の解釈を加えることは避けられないのである。シナントロプスとピテカントロプスの復元は異なった個体から取った断片によるモザイクである。脊柱上の頭の位置や、顔の高さ、顎骨突出などは、なおも仮説に結びついているという基本的事実も忘れてはならない。

古人類学が祖先猿という像《イメージ》を払拭したのは、ごく最近のことで、昔よりも保存のよい化石が次第に見つかるために、確証に従うほかなくなったからなのである。尊敬すべき祖先は、たしかに小さい脳髄と大きな顔とをもっていたが、彼は立って歩き、四肢の割合は人間に認められるのと同じだった。一九〇〇年から一九二〇年までのあいだには、まだ、とうていそこまでは認められず、ネアンデルタール人像は、デュボワのピテカントロプスのように石膏ではなく、ちゃんとした石に刻まれていた。それは一世紀半にわたる科学の戦いの誤った伝統の決算を打ちたてているレ・ゼージーの博物館前の広場の巨大な記念碑なのである。

一九二〇年以後

一九二〇年から、原始人の登場する劇場は場所を移して、ピテカントロプスの舞台の上に新たな装置をつけ加える。実際そのころ、周口店の洞窟で北京原人の発見が始まるが、これはブラック、裴文沖、テイヤール・ド・シャルダン神父、ブルイユ師、ワイデンライヒらの一致協力のもとになされ、最も古い人類をめぐる知識に新たな飛躍がもたらされることになる。ドグマ的な立場は十九世紀末以来、すっかり変り、古人類学はいまや、信仰の擁護者と無神論的進化論者のどちらにも支持者が見られる。十八世紀から十九世紀にかけて、探究を進歩させるにも脱線させるにも、ひとしく役立った論争は、静かに無関心のなかに消えていくが、その痕跡は残っており、論争の渦中で受けいれられ、その後まったく改められなかったいくつかの観念のなかに、なお続いている。一九三〇年ごろの、北京のシナントロプスについての重要な資料を学者たちが直接研究しうるようになったころ、彼らを最も感激させたのは、理想的な人 猿《オム・サンジュ》の公式を実現していたこのピテカントロプスの従兄たちや、その遺跡にみられる竈の灰と石器類との対照であったらしい。石器類が、いずれにせよかなり進歩したものであることは認めねばならなかった。ある学者は、そのまま事実を受けいれ、他の学者は、別の場合にも見られる態度だが、〈シナントロプスの狩人〉あるいは〈ホモ・プレ＝サピエンス〉の仮説と名づけられそうな、一つの態度の先例をつくった。この態度は一九三〇年から一九五〇年代の特徴となったもので、確かに骨は人間とサルとの中間的存在であるにせよ、石器と火はもっとはるかに進化した人類の残したものであり、不幸なシナントロプスはその餌食にすぎなかったのではないかという態度である。すでにブーシェ・ド・ペルトにもあったこの態度の深い原因については、以下の章ですぐにまた触れる機会があろう。これと同じようなことは、一九二四年来、アウストラロピテクスを発見して彼らを獲物としたかもしれぬ狩人を探し求めた際にも、ブロークン・ヒルの人類が比較的最近に殺されたのかもしれないと考えた際にも、また一九五四年に発見されたテルニフィヌのアトラントロプス、つまりピテカントロプスのアフリカの従兄たちが地層のなかで共伴していた打製の燧石《フリント》の美しい石器の作り手だという可能性の前で人々が一瞬たじろいだ際にも起ったのである。

ごく最近でもイタリアの先史学者D・レオナルディは、ジンジャントロプスについて、「これと同時代に生きていて……未知のままである真の人類」という主題を取りあげていた。

これほど断定的な形ではないが、猿人《アントロポピテクス》の仮説にかわって打ちだされた仮説は、平たい額をもった、さまざまな先行人類がうろついていた世界に、どこから来たのか知らないが、すでに知能の高い捉えがたい人類がいた、というものであった。現代の科学らしからぬこの特殊な傾向は、不幸にも、五十年近くもピルトダウン人をほんものと信じこませた科学的なペテンによって押し進められた。周知のように、一九〇九年イギリスの墓掘りによって、現代の人類の脳頭蓋のばらばらな断片とチンパンジーの新しい下顎骨が、いくつかのアシュレアン期の燧石《フリント》とともに発見され、学界に受けいれられた。ピルトダウンのペテンは、それが空費させた時間と何人かの学者に書かせた論文のゆえに残念なことではあるが、祖先猿の神話について、前に触れたすべての偏見を最も赤裸々に示している。最もすぐれた専門家らは、ピルトダウンの、生物が混り合ったらしい様子の断片のなかに、躊《ため》らいもなく人間の頭蓋の断片とチンパンジーの顎骨を認めたのであった。彼らの一部はそこから先に進まなかったが、大多数の専門家は慎重な留保をつけてではあるが、サルの顎が人間の頭蓋につくこともあり得ることを認めた。キュヴィエなら解剖学の異端と見なしただろうそうした考えが、長いことホモ・プレ＝サピエンスの仮説をでっち上げていたことがわかる。くりかえしていうが、祖先についてのこのような見方は、解剖学の素養が不足していたわけでも、あやふやな考えから出てきたためでもなく、一時代全体の思想を反映したものであり、古生物学はそれを免れえないのである。プレ＝サピエンスという言葉は、ちょうどいい時代に現われた。すなわちそれは、まだ完全に祖先猿を棄て去ってはいない（チンパンジーの下顎）時代であり、かつての石器について、次第に知識が深まったおかげで、アシュレアン期からすでに、現代人たちの先駆者にも人間の知恵があると考えられていた時代（人間の脳頭蓋）であり、ごく原始的な化石が発見され（ピテカントロプス）、第四紀層の場の背景をこれらの生物が占めていたことを示し、他方あまりに立派な石器も残っていて、それをつくったのがこれらの生物だと考えるのがほとんど悪趣味に見えるような時代だったのである。逃げ道はただ一つ、なるほどサルのような動物性にはまだ近いが、その祖先が頭蓋の穹窿の下に今の人間の方向へ導いてその最良の未来を約束する脳髄をすでにもっていたという像《イメージ》である。ピルトダウンのエオアントロプスは、光栄なことに、より確実な戸籍をもつ二つの化石とくっつけられさえした。それはスウォンズクームの脳頭蓋とフォンテシュヴァードの脳頭蓋である。これらの化石の信憑性を疑うのではないが、そのほんとうの性格はどう考えればいいのか、今日でもまだわかりにくいのである。というのは、両方ともあまりに断片的で、本質的な部分がいずれにも欠けているからだが、とにかく、それについて何かいうのはもう少し待ったほうがいいだろう。さもないと、また、後ではるかに新しいことがわかった人骨の断片をラ・ノーレットの下顎骨のまわりにくっつけたアミーの二の舞になるだろう。またピルトダウン人の場合には、逆のやり口の可能性と危険性を示すことになる。

結局、原始人の像《イメージ》は、一九五〇年ごろから深く変化していったと考えることができよう。転換期にはいつもそうであるように、立場は必ずしもはっきりせず、最優秀の研究者たちですら、時おり矛盾する内容の仮説のあいだを右往左往していたのである。古い思潮はあいかわらず流れており、シナントロプスや一九三四年来ジャヴァから見つかったピテカントロプスの新しい系列の復元は、祖先猿の古い公式に暗示を受けてなされている。しかし、いくつかのネアンデルタール人は、十分いい状態で発見されたので、研究室で頭蓋底の復元をする必要がないほどだった。すでに一九二一年にブロークン・ヒルの人間は、祖先猿のように、なかば身を曲げた姿勢を取るはずはなかったということが確認されている。その後頭孔が完全に直立の姿勢を示していたからである。その当時人々はこの性質に驚嘆し、（ネアンデルタール人について一八七五《（ママ）》年にトピナールが試みたように）人間の体に前人間的頭蓋の一種の隔世遺伝的な名残りを見いだそうとして、ついには化石の年代を新しいものと考えたほどだった。なかば身を曲げたネアンデルタール人の姿勢とのはなはだしい対照を強調する者さえあったが、実はその姿勢とは、復元作業を支配した進化論的な考えの産物にすぎなかったのである。

頭蓋が確実に直立位を保証しているこの化石を前にしたときの、その控え目な態度には、考えさせられるところが多い。パイクラフトは、骨盤がなかば身を曲げた姿勢と対応していることを証明しようとした。他の論者たちは、骨盤や大腿骨の完全に人間的な性格を前にして、それが頭蓋と同じ骨格に属するものではないことを示そうとした。ブール（この方向でその後に続いたヴァロワも）は、ローデシア人が今日の世界に生き残っているうちに、ついにホモ・サピエンスのように立って歩くようになったと仮定し、より柔軟な態度をとった。一九三九年、イタリアのサッコパストーレの頭蓋骨の発見につづいて、セルジが頭蓋底の無傷な化石を研究するにおよんで初めて、直立位は先行人類にすでに獲得されていたという主概念が、ごく控え目に支配しはじめたのである。人猿《オム・サンジュ》の像《イメージ》がついに本質的に変化を受けるには、南アフリカのアウストラロピテクスにおける同様の証拠をまつばかりになろうとしていた。

現在

ここ数年来、人類の探究は、ダートが南アフリカのタウングで子供の頭蓋を発見した一九二四年に、そっと登場したアウストラロピテクスの一族の研究に主導権を握られていた。それ以来、アフリカ大陸における発見があいつぎ、一九五九年に、ケニアで石の道具を伴ったジンジャントロプスという大アウストラロピテキナエ（猿人亜科）の骨が発見されるにいたった。これらの発見は、人間の起原の問題を考える方法に深甚な変化をひき起した。これらの発見は、百科全書派がまったく呆気にとられたにちがいないような像《イメージ》の前にわれわれを置くのである。ガブリエル・ド・モルティィエの猿人《アントロポピテクス》は今や現実に知られているが、ほんもののサルとは何の共通点もない。その像《イメージ》は、小さな脳髄をもった人間という事実が包蔵するいっさいの解剖学上の諸結果を含めて、ごく小さな脳髄をもった人間なのであって、大きな脳頭蓋をもった超類人猿ではない。こうした確認によって、どれほど人間の概念が修正されざるを得なかったかについては、第三章で見ることにしよう。それというのも、リーキーがジンジャントロプスについて、ヴィラフランキアン期に、根本的にわれわれと同様につくられ、直立して歩き、燧石《フリント》を打製する生物がいたことを確認したとき、彼はピテカントロプスについてのデュボワの業績よりもはるかに多くのものをもたらしたからだ。彼は十九世紀から二十世紀なかばまで、消えることなくつながってきた一本の思想の線を断ち切る手段を提出したのであった。

人類の基準

ジブラルタルの頭蓋骨が発見されてから一世紀以上たって、人類とその祖先の全体に共通な基準を集約するものとして、いかなる像《イメージ》がつくりあげられただろうか。なによりも、最初の最も重要な基準は直立位である。すでに見たように、直立位という事実は、最も後になって確認された。そのため何世紀にもわたって、人類の問題は、やむなく誤った基盤の上で問われることになったのである。発見されたすべての化石は、アウストラロピテクスのようにひとすじ縄でいかないものでさえ、直立位を保っている。他の二つの基準は、第一の基準から派生してくる。つまり短い顔面をもち、歩行する際に自由な手をもっているということである。直立位と短い顔面とのつながりを理解するには、最近のアウストラロピテクスの骨盤と大腿骨の発見を待たねばならなかった。本書の第三章の考察の対象となるのがこのつながりである。〔脳頭蓋にたいする〕顔面の比率は、顎の大きさと関係があるもので、そのことによって、後日アウストラロピテクスに先行する生物の痕を見いだすことが可能になっていくのだ。数年前、トスカナのモンテ・バンボリのオレオピテクスがどれほどジャーナリスティックな成功を収めたかは、人も知るとおりで、〈二百万年前の男〉の見出しで飾りたてられたほどだったが、この化石の歯列の性質を考えると、それはサルのような顔よりもっと短い顔をもっていたかもしれない、ということである。

手が自由であるというのは、ほとんど必然的にサルの手とは違った技術的活動をもたらし、歩行中の手の自由は、攻撃的な犬歯を欠いた短い顔と結びついて、道具という人工具を使用するよう要請する。立った姿勢、短い顔、歩行中自由な手、取りかえのできる道具の所有、これが人類のほんとうに基本的な基準である。この諸項目はサルの特性とはまったく別であって、人間は、一九五〇年以前の理論家たちが好んで描いた過渡的な形では考えられないものとして、そこに現われてくる。

人は驚くかもしれないが、脳髄の質量の多少はその後で初めて問題になるのである。実際には、あれこれの特徴に優先権を与えるのはむずかしい。なぜならすべては種の発達に結びついているからだが、わたくしには、脳の発達はたしかにいわば二次的な基準であると思われる。脳の発達は人間性が獲得されたとき、社会の発達に決定的な役割を演じるが、厳密な進化の次元では、直立位から派生することは確かであって、長いこと信じられていたように本源的なものではなかった。

それゆえ、最も広い意味における人間の位置は、直立位によって条件づけられたようにみえる。直立位は、脊椎動物そのものと同じくらい古い生物学的問題、つまり食物をくわえる器官を支えている顔と、移動だけでなくものを把握する器官でもある前肢との関係、という問題に与えられた解決の一つでないならば、理解しがたい現象とみえるだろう。そもそもの初めから、脊椎と顔と手は（たとえ鰭という形でも）、分ちがたく結びついている。このおどろくべき古生物学上の事象が第二章の対象となるわけである。人間の直立位によって生みだされた状況は、確かに魚からホモ・サピエンスにいたる道の一階梯を代表しているが、これは、サルがそこで中継ぎの役を果しているわけではない。サルと人間の起原の共通性は考えられるが、直立位が確立するや、それはもうサルではないのだから、半人でもないわけである。直立位という人間の条件は、質量の増加とは別の神経心理的発達の諸結果へと人間の脳髄を導いた。顔と手の関係は、脳の発達のなかで以前と同じく緊密に結びついている。手にとっての道具と顔にとっての言語活動は第三章が扱う同じしくみの二つの極である。

ホモ・サピエンスは、人類の進化のなかでわかっている最終段階であり、しかも、動物的進化の拘束が乗り越えられ、無限に凌駕される最初の段階を代表している。道具および言語活動に与えられる大きな発展の新たな条件が、本書の第一部を完成させる第四章から第六章の骨組である。

第二部は、解剖学的な意味での体を延長した社会組織体の発展にあてられる。ホモ・サピエンスの場合、種《スペキエス》と人種の区分は、群の集団的記憶の組織にもとづいて機能する民族《エトニー》という区分のために、表面からは隠れている。第七章では、本能の生物学的なしくみが次第に社会的な記憶で置きかえられていくことに触れられ、第八章では、それが技術の進展に及ぼす影響についてたどられ、第九章の目的とするところは言語活動の伝達の進化である。

第三部は、価値および、リズムについての美的な古生物学と民族学の試みである。わたくしはそこで、ふつうには体系的な調査から脱け落ちてしまうような事実について、その一つの捉えかたの諸要素を集約してみようとした。第十章では、歴史の各時点で一つ一つの人間集団に特有な個性を与えてくれる価値の働きが示される。芸術に特有な点はさまざまに影響しあうところにあるのだから、芸術的な表現の分類は必然的に恣意的であるが、一つの段階から次の段階へと累進的に進む組織の段階を区別することはできるように思われる。それゆえ第十一章と第十二章は、まず生理の美学、つぎに機能の美学に捧げられている。前者のほとんどは動物的行動に入れられるが、後者はまず第一に技術における手の動きと関係する。第十三章は社会的行動の人間化にかかわり、本能とともに動物社会と人間社会との比較研究を培ってきた諸問題の一つに触れている。この問題は順々に、時間と空間の人間化の角度から、つぎに社会組織体の表象的組織の角度から、考察されている。最後に、古生物学に多くの証拠を提供している人間的な表出の一つとしての芸術が第十四章の対象となっている。

最後の章は、結論の代りとして、人間の未来の考察で占められている。生物界にあって類例のない平衡、行為において限りなく改良し得べき個人の延長としての社会組織体と個人の間の平衡、および古生物学的軌跡の延長として考えられた未来とが二つの主要主題である。

人間の科学の主な領域を総動員する著作にしては、調和に欠けているとあるいは思われるかもしれない。わたくしも著述の過程を通じて、その弱さと不完全さには気づきすぎるほど気づいていたので、この書物の弱点を考えてみないわけにはいかないが、人間が類例のない体制をもち、社会組織体によって包みこまれ延長されている哺乳類の一体であるということをどう表現したらいいだろう。しかも動物学は、この社会組織体の物質的進化の上に、古生物学、言語活動、技術、芸術を仲だちとしてかろうじて影響力を保っているだけなのである。

たぶん、精神分析学に一つの場所を与えなければならなかったのだろう。祖先猿の神話は、薄明のなかに消えているような深い源につながっており（図版1）、その神話が十八

1　ルアン、サン＝トゥアン寺院の焼絵ガラス、14世紀。憑かれた女の体から悪魔が飛びでる。「人間化したサル」の格好、突きでた眉、大きな鼻孔と鼻面、鋭い爪をした手、大きく開いた足の親指に注意。左手に細長い物をもつ。

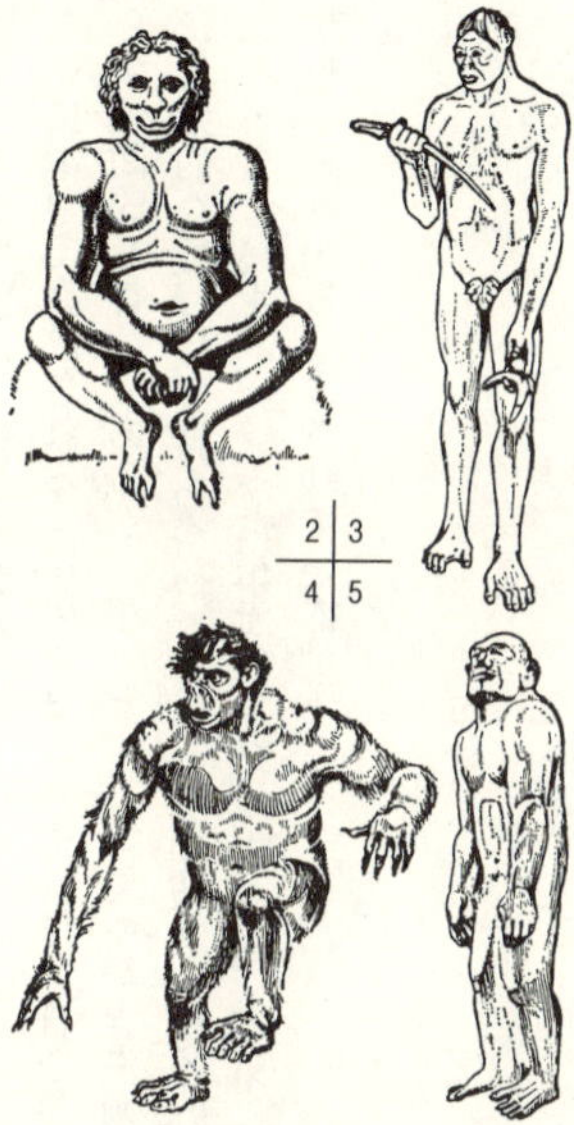

2　ベークマンによるボルネオのオランウータン、1718年。人間らしい様子。低い額、幅の広い鼻、鼻面のような唇、開いた足の親指などが〈人猿〉（オム－サンジュ）の定形化した特徴を再現している。
3　1900年のパリ万国博覧会でデュボワによって復元されたピテカントロプス。飛びでた眼窩、幅の広い鼻、鼻面のような唇、ひじょうに長い腕、開いた足の親指、何か分からないが手に持った物などが、六世紀たっても人猿の像がほとんど変化しなかったことを示している。
4　「レーダー」誌に載った恐ろしい雪男、1954年。十四世紀の焼絵ガラスと完璧な類似をみせる（直立位とも矛盾している腕の長さを除いて）。
5　化石学の有力な位置を占めるレ・ゼージーの人。古人類学の誤りのすべてと1000年にわたる人猿のコンプレックスを今なおはっきり証明している。

世紀に確固たるものとなったのは、爪のとがった毛むくじゃらな悪魔やオオカミや魚の体をした野蛮人の途方もない軍勢がちりぢりに消えさるちょうどその瞬間であった。柱頭や動物物語集、雑誌の続き漫画や祭りや市《いち》の見せ物の怪物などが深層心理学に属する人間像を並べたてている。結局のところ、この像《イメージ》は古生物学がつくるものとまったく無関係ではない。その後類人猿が現われたが（図版2）、まもなく洞窟の入口にいる猿人の不分明な姿によって完成される（図版3と5）。それは今日なお、教養ある人に特有の満足をもたらす学問的な神話であるが、ぞっとする雪男や続き漫画や場末の映画館のターザンのなかに大衆的な裏づけを持ちつづけている（図版4）。ターザンは理想の原始人であり、ブーシェ・ド・ペルトが夢みた祖先のように美しく、お気に入りのチンパンジーがいることでサルの重みから解放されている。

第二章　脳髄と手

「……こうしてこの体制《オルガニザシヨン》のおかげで、精神は音楽家のようにわれわれのうちに言語活動《ランガージユ》を生みだし、われわれは話すことができるようになる。もし唇が肉体の求めに応じて、食物という重荷を支えなければならなかったら、おそらくわれわれは決してこの特権を手にすることがなかったであろう。しかし手がみずからこの重荷を引き受けて、口を言葉のために解放したのである」

ニュッサのグレゴリウス『人間創造論』（西暦三七九年）
〔三三五―三九五年ごろ。東方教会の教父。三八一年のコンスタンチノポリスの公会議に大きな役割を果す〕

千六百年前にすでに明白だったことを、二十世紀の言葉で解説しなおすのでもなければ、この引用句につけ加えるべきことはほとんどない。手が食物という重荷を受けもち、唇が言葉のために解放される、これはまさに古生物学が行き着いたところである。ニュッサのグレゴリウスとはずいぶん違った道によって古生物学がそこへ行き着いたにせよ、古生物学もやはり、彼と同じく人間意識の頂上への進化を特徴づける〈解放〉について語っているのである。事実、古生代の魚から第四紀の人間にいたる展望のなかでは、人類はあいついで一連の解放に立ち会うように思う。つまり水からの全身の解放、地面からの頭部の解放、移動からの手の解放、そして最後に重い顔面からの脳髄の解放である。この感じが不自然なものであることはほとんど疑いをいれない。われわれは、説明に都合のいい化石を際立たせることによって、進化のごく不完全な像《イメージ》をつくりあげるからである。しかし明らかに、説得力のあるいかなる証明もいまだ姿を見せていないにせよ、生物界が時代をへるにつれて成熟し、人が現実に適合した形を選択しながら規則正しく進化してくる長い足跡に光を当てることになる、ということはいえる。この足跡の上で一つ一つの〈解放〉がしだいに増大する加速度を示しているわけである。

この連鎖のなかで現実に適合した形というのは、展開の各瞬間において、生物界の進化に沿った進行を証明してくれる選ばれた種《スペキエス》の根本的な特徴であり、栄養摂取と移動と外界関係器官の三つの視点から、運動性と敏捷さにおいて、最高の均合いがとれている。また定着することが生物学的に有利であると証明するのも可能だろう。クラゲやカキの地質学的な長命はこの意味で有利な証拠になる。しかし進化論においては、緩慢な進化という特性をあげつらうよりも、あからさまにいういわぬにかかわらず、生物界を今の人間に関係づけるほうが重要なのである。だから進化の哲学的な意味を求めるあらゆる探究心とは別に、〈生物進化論〉の公理からさえ別に、人間の進化を証明するために選ばれたあらゆる証拠が、空間と時間の征服という人間の主要な特徴の刻印をどれほど強く受けているのか、それを確認するのが正当な科学的なやりかたである。

人間に向う進化の意味ぶかい特徴としては、運動性ということが考えられるだろう。古生物学者はそのことを知らないではなかったが、いつのまにか人間を運動性によるよりも、知力によって特徴づける向きが強まり、もろもろの理論は、まず霊長類以後について、ことさらしばしば化石の解釈を歪曲した脳髄の優越性に重点を置いてきた。自由な大気の征服、爬行からの解放、二本足への到達は半世紀以上前からきわめてよく研究された主題だが、わずか十年前にもなお、すでに人間的な脳髄をもった四足動物のほうが、頭脳的にいえばアウストラロピテクスと同じほど遅れている二足動物より、いっそう容易に受けいれられかねなかったということは見るだに象徴的である。この〈頭脳に重きをおく〉という進化の見方は、今では不正確と思われ、脳髄が移動適性の進歩をひき起したのではなく、それを利用したということは、すでに資料によって、十分に証明されているように見える。だからここで、歩行は生物学的な進化を決定する事実として考察されるだろう。ちょうど第三部において、それが今日の社会の進化を決定する事実として扱われるとおりである。

動物の力学的体制

動物が栄養をとるには、ある分量の塊の形で食物をとることを意味する点で、動物は植物と区別される。また同化という化学的な過程が入ってくる前に、食物は機械的な操作で処理される。つまり動物において栄養の摂取は、植物におけるよりも、探すこと、つまり捕捉器官と探知装置の動きにいちじるしく結びついている。

運動性というこの一般的性格があるにもかかわらず、動物界には、そもそもの初めからかなり多くの種属があって、植物の純然たる化学的な栄養摂取の過程をとるわけではないが、動かずに食物を捕えるという適応のしかたをしたものがある。このことから、動物種は力学的な体制の上で二つの型に分けられる。一つは体が放射状の対称面にそってつくられており、他の一つは体の各部分が左右の対称面にそって配分されている。

無脊椎動物のうちで、海綿類、腔腸動物（ヒドラ、イソギンチャク、ポリプ母体）は、移動がなんの役にもたたないし、体制が放射状の体系《システム》に対応している有機体の像《イメージ》を完全な状態で示している。逆に他の種〔門〕で、虫、軟体動物、棘皮動物、甲殻類などのある種の成虫が定住するのは、動く種属とはまったく異なった進化の途をひらく一つの生態を採用したということであり、二次的な現象なのである。これらの形は、進化によって、われわれが下等動物類と考えるものへ導かれたわけだが、われわれの論点にとっては比較という興味しか含んでいない。しかしそれらは、宿命論的に説明すると二つの可能性についての選択と考えられるようなものが生物界の根底にあることを示している。この明白な選択は一貫しており、古生物学者が生物の多様性を報告するのに用いる〈藪のような〉進化という表現を正当化しているのである。

反対に左右対称の体構造は、いま取り扱われている命題を展開するのに直接問題となる。

それは諸結果が次々と重なって人間にまで到達する原因だからである。

左右対称

有機体の体が栄養摂取孔の後ろに置かれるという図式は、最も動きの速い原生動物にも見られ、海綿類と腔腸動物を除けば、動物のふつうの図式配置となっている。動きまわる生物において、口部とものを把握する器官が前に集まっていることは、あまりにも明白な生物学的かつ力学的な事実であり、だから、高等な生命形態へ進化する基本的条件がまさにそこにあって、他にあるのではないことを強調するのでなければ、そのことにいつまでもかかずらわるのはいささか滑稽なことになる。

運動性は、栄養を十分に保つために、方向や相手のありかを決定したり、また把握器官や食物の咀嚼器官を確実に調整したりする外界関係器官を、同じく前部へ集めさせることになり、運動性が獲得されてからわれわれの段階にいたるまで、昆虫であれ、魚であれ、哺乳動物であれ、生体のしくみはどれも同じ一般構造をおびることになる。こうしてさまざまな器官が集中することにより、左右対称の動物において複雑な生命活動が行われる前部領域が生れてくる。

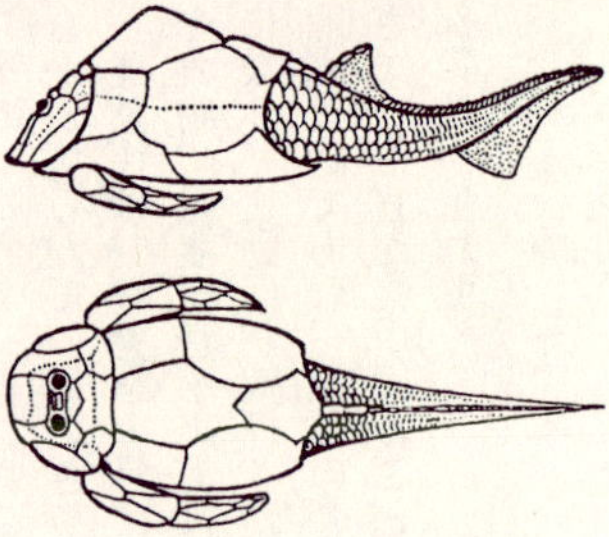

6　トラクェアによるスコットランド出土のデヴォン紀のオストラコデルムス（介皮魚）。

脊椎動物

放射対称の生物はさておいて、対称の体制が移動の軸によって支配されるような生物をあつかうとなると、どうしても無脊椎動物全体を捨てて、内骨格動物の発展をたどってみる必要がある。

古生代のなかば、シルリア紀とデヴォン紀に、まだ顎骨はないが最も古く最も図式的な脊椎動物の体構造図の形を示す最初の脊椎動物が現われる（図版6）。体はすでに現在の魚と同じく二つの部分に分れ、前部は硬い骨室をなし、後部は幅広い鱗で分節され、尾で終っている。運動をつかさどる部分は、脊索という縦走する筋線維性の軸によって組みたてられている。それに沿って脊髄が走り、魚の脇腹をなす筋肉群がしなやかな鱗で装甲され、左右対称につながって配置されており、その収縮は脊髄の神経突起に支配されている。そこでは、運動器官は、最も単純な形を示し、二つの筋肉帯からなっているが、それを交互に収縮させて尾鰭を動かす。

その頭は屋根瓦状の薄片からなる、孔のあいた平たい函で、前部の外界関係領域の主要器官、つまり把握器官、嚥下器官、外界関係器官、およびそれらを確実に機能させるすべての神経組織が集められている。顎骨はなく、口は吸い玉のかたちをした開口部で、周辺には電気器官が備わっている。それゆえ食物を取りこみのみ下す機能は後代の脊椎動物とはだいぶ異なった方法で確保され、頭蓋の力学的な役割はなお限られている。逆に脳室はすでに、光、振動、味、匂いを感じる器官の司令装置を脊髄の端にあつめた脆弱な神経器官を保護している。この専門化した神経細胞の集合は、すでに中枢をなし、その神経線維は感覚器官のほうに拡がっているだけでなく、体の動きの全体を支配し調整している。

頭蓋と体のあいだ、外界関係領域と運動部分の境界には、胸鰭、つまり関節をもった水掻板が見られる。そこには、まさに人間にいたるまでの、もろもろの脊椎動物の分析を可能にするあらゆる要素がある。堅固な頭蓋は口の骨組をつくり、脳髄を保護する。それとともに、運動器官が脳頭蓋底に密接に結びつき、この両者のあいだに、前肢が曖昧なかたちで置かれている。

もしオストラコデルムス（介皮魚）が模型化の限界にまで達した脊椎動物の像《イメージ》を与えるとしたら、それはオストラコデルムスが脊椎動物の起原に近い時期に生きていたからであるが、それと同時に、すでに進化によってわれわれに関係のある方向とは別な方向に刻々と進んでいく動物に属していたからである。今日のヤツメウナギやメクラウナギと同じく、事実これらと類縁関係にあるオストラコデルムスは、吸盤をもつ魚であるとともに、〈進化の〉因子に影響されることのない組織をもっている。ただ軟骨魚類（サメやエイ）、硬骨魚類、肺魚類（シーラカンス）などは、デヴォン紀にすでに、ひじょうに多様な組合せのもとに下顎骨をもった脊椎動物になっていたが、こうした種については事情はまったく異なっている。

古生物学は、胎生学と化石の助けをかりて、脊椎動物の下顎骨が鰓《えら》を支える弧の一つから派生したにちがいないことを明らかにした。デヴォン紀にはすでに、関節のある顎をもった魚類がいるが、そこにいたる正確な経過はまだ完全には解明されていない。しかしこの時期以後、脊椎動物の頭蓋が一つの新しい機能、すなわち顎骨を支えるという最も重要な機能をもつにいたることは確かである。それ以後、頭蓋の進化はすべて、運動という力学的な拘束と顎骨の円滑な働きという拘束に支配されることになる。

デヴォン紀にはいってすぐ、顎骨のない魚が全盛を誇っていた時期に、高等な形へ進化する、議論の余地のない出発点となったのは、軟骨魚類と硬骨魚類と、肺魚類の三つの種属であった。ある種のものは系統発生的にも機能的にも、すでに今日の魚であり、近代のシーラカンスや肺魚類の祖先は、大気内の生活に適応する先駆的な徴候を示している。

右に述べたことは、久しく前から立証されており、人間の進化を跡づけたあらゆる著作にくり返されている事実を手みじかにとりあげたにすぎないが、ここでは、ある重要な一点を証明する以上の理由はない。動物界全体は、最初から、機能の上で比較的少数の原型に分けられていたが、その選択は妥協を伴いながらも、静止と運動のあいだ、放射対称と左右対称のあいだでなされてきた。〈生物学的な成功〉という点から見れば、どちらの道も同じく輝かしい目的地へ到達している。クラゲは数億年来変化することなく生き残っているし、いっぽう、動く動物は知性にたどりつくのに必要な中継点を脊椎動物のかたちで保ってきた。この終りなき競争の勝者であるクラゲと人間は、両極端の適応のしかたを示しているが、そのあいだに地上動物の系統樹をなす幾百万の種類があるわけである。これらの系列はすでに、今さらいうのも陳腐なほどよく知られている。サメ、魚竜、イルカ(つまり魚類、爬虫類、哺乳類)の例を知らない者はいないだろう。これらは、いずれも水に適応して、体が同じ特徴のあるシルエットをもっている。力学的に適応している事例はありふれていて、歯列の構造に数多くの例が見られる。たとえば、ウサギ、ウマ、ウシといった動物は、発生学的にはひじょうにばらばらだが、力学構造の似た臼歯をもっている。これは平行現象といわれるが、もしこの現象が系統的な類型の基盤とされるならば、系統樹とはだいぶ異なった配置が確立されることになり、分岐している小枝の大半は切り落されてしまうだろう。

この機能上の平行現象は、哺乳類でも種属全体に及び、オーストラリアの有袋類のように偽食肉類、偽反芻類、偽齧歯類をつくることもある。この現象はまったくかけ離れた種に働いて、異常なほど類似するにいたることもある。われわれは南アメリカの中新世プロテロテリデ〔南米滑距目、または脊蹄目のウマに似た化石動物の一種〕の例は知っているが、これは馬科と同じ特殊化の道をたどって、機能的に本物とおどろくほど類似している偽ヒッパリオンや偽馬の系列を生みだしているのである。

生物学は、少なくとも概括的には、遺伝学的要素の働きを自然淘汰と結びつけて種の変遷を説明している。生物学はまた、環境へ適応する累積効果が時の経過とともに、しだいに効果的な神経系の体制づくりに導いていくことを、この説明につけ加えることもできよう。水棲の環境から大気環境への移行とか、鳥類や哺乳類に冷血動物よりはるかに大きな適応の可能性を与える体温の恒常性などが、中生代の終りに現われるが、それによって、機能上の適応が行われる基礎領域そのものは、そのつど新しくなる。神経系は進化の利益を最もはっきりと受けて、人間の脳髄にまでたどりつき、進化に超有機体的な意味をあたえる。一つの系統にだけ許されたこの到達点は、そもそもの初め、脊椎動物のごく低い段階に、かなり一般的に有利な条件があって、それが現時点に近づくにつれ、しだいに狭められてきた、とするのでなければ考えられない。それゆえ出発点は、ひじょうに広く深い生物学上の基礎の上に置かれていたのであり、あいついで与えられた好都合な条件を不完全にしか実現していない数百万の種属を忘れてしまわなければ、人間の系統について語ることはできない。今までに見たとおり、これらの条件のうち、最初で最も重要なものは前部領域の形成であり、動物種属の大多数と脊椎動物の全体に係わるものである。

前部領域の進化

第二の好都合な条件は、おびただしい数の動物種に現われている。その条件というのは、外界に係わる前部領域がたがいに補い合う分野に分れたことである。つまり、一つは頭の動きによって限定される分野、もう一つは前肢の動きによって限定される分野、あるいはもっと正確には、それぞれ顔面器官と前肢の先端の動きによって限定される二つの分野に分れたことである。この事実から、前部領域は、ごく入念な技術動作のなかで密接に係わり合いながら動く二つの極、顔面と手をもつことになる。

頭部と運動部とのあいだにある前肢の位置は、機能的にややあいまいなところがあり、最前部の移動器官は、節足動物でも脊椎動物でも、さまざまな程度に食物の捕捉と処理に加わることが可能である。このことは、十脚甲殻類に特にはっきりしていて、たとえばカニでは、一対の前肢が鋏に進化し、獲物を確実に把握し切りさくようになっている。前部領域が両極性をもつ例は関節動物にもかなり数多いが、脊椎動物ではきわめて多く、特に重要な意味がある。

綱《こう》とか目《もく》といった系統分類学的区分とは別に、脊椎動物の世界は二つの機能的傾向に分れている。一つは前肢が実質的に移動にだけ使われる傾向で、もう一つは、前肢が外界関係前部領域に多少なりとも密接に係わってくる傾向である（図版7）。

この区分の粗《あら》けずりな形は、すでに魚の段階にある。大多数の水中水上種では、胸鰭《びれ》は方向決定や緩慢な移動の器官として働き、もっぱら移動に結びついている。逆に、水底に生息する種類では、胸鰭が直接食物探しに係わっている例が数多く見られる。たとえば、コイの一種では、胸鰭が扇のように動いて、軟泥をもちあげ、食物の小片を発見し、ホウ

7　外界関係領域の二つの型の例。a、b、c は顔面の領域が実質的にすべてであるもの。速く泳ぐ魚（マグロ）、滑空して飛ぶ鳥（バサノのオサドリ）、歩行群の哺乳類（カモシカ）。d、e、f は顔面領域と手領域が組み合わさったもの。底棲魚（ホウボウ）、猛禽（フクロウ）、把握群の雑食動物（クマ）。

ボウでは、これが体を松葉杖のように支えて海底を探る〈肢〉か、味覚乳頭に富む触鬚に変化している。両棲類や爬虫類では、前肢が介入するのはごく限られるが、ある種類では、前肢が餌を地面に押えつけたり、邪魔になる不快な断片を口から払いのける手助けをする。

鳥類では、前肢が飛行に適応しているという事実から、事態はたいへん特殊になっている。赤道アメリカのオピストコムス〔爪羽鶏目。雛はその短い翼に二個の爪があり、それを樹枝にひっかけ、嘴と脚の助けをかりて木によじのぼる〕とか、ホアチンキジは、現生種では木をよじのぼるのに手を用いる唯一の鳥である。しかもこの特性は、雛鳥に限られている。だから〔親〕鳥では、前肢が関係領域へ介入するなどということは問題にならない。逆に、猛禽類が食物を捕える場合や、鷽《うそ》類の巣作りにかかわる技術的動作の場合に、後肢が介入するのは多くの種類に見られる。鳥の事例は重要である。なぜなら、〈手〉が介入する可能性は、直接シーラカンスからサルをへて人間にいたる狭い動物学的群に結びついているだけでなく、ある程度きまった解剖学的領域から独立さえしていることを示すからである。手の介入は、鳥の肢の場合でもゾウの鼻の場合でも、動物学的な使命よりも、ある機能上の現実に対応している。

哺乳類の様態については、本書の主題に直接結びついており、より詳しい論述が必要である。そこには、多かれ少なかれ同質の構成をもった二つの大きな群が現われる。

——第一は霊長類、食虫類、貧歯類、翼手類、齧歯類、鯨類、食肉類であり、第二はすべての蹄のある動物、ゾウからウマ、ブタからウシにいたるまでを集約する有蹄類の厖大な全体を含む。

機能の点から見ると、そこに同じ区別が見いだされる。第一の群は食生活が変化に富み〈肉食、果食、雑食〉、本質的には動物性または植物性の〈肉の厚い〉食物をこのむ種類である。逆に有蹄類は、大部分が繊維素に富む産物を食物としている。かりに、前肢が外界関係領域へ介入するか、それともその役割がごくわずかであるか、または皆無であるかによって、種のあいだを分離しようとすると、もはやそこには二つの主要な群しか残らない。いっぽう、第一の群〈鯨類を除いて〉には、前肢が介入する多くの例があり、他方、いかなる介入の例も認められない有蹄類と鯨類がある。最後に、われわれに最も興味ある角度から見ると、前部領域の左右対称は、広く分布している事実だが、有胎盤哺乳類の全体をなしている二十六目のうち、十一目だけに限られている。両極性が働くこれらの十一目については、それぞれの目内で、しばしば、きわめて重要な程度差に基づいた新しい分離が現われる。もっと後で見るように、顔の領域と手の領域との調整が最も進んでいるのは哺乳類である、とはいえるが、そのなかの種々の群については、必ず調整されているとか同じ程度に調整されているとは、とてもいえない。貧歯類、翼手類では、鳥のように後足が食物捕捉に適応できる魚取りコウモリや、果実を食べるオオコウモリを除けば、述べるにあたいする例は示していない。ごく古風な種属である食虫類では、きわめて変化に富んだ形で手の介入が現われる。それは、マダガスカルのハリネズミのようにほとんど介入が見られないのや、モグラのようにごくかすかに見られるのや、逆にツパイ〔熱帯アジアに生息するリスに似た動物の一種である〕のように、ひじょうに介入の顕著なものもあるが、系統分類学上ツパイの位置が食虫類であるか、霊長類であるかについては、いまだに議論がある。食肉類もまた、実質的にはそのすべての種において、なんらかの程度で手が外界関係前部領域に介入するが、介入の程度は千差万別である。犬科やハイエナ科では、四肢の先端が長距離の速やかな移動に合うように、すっかりつくりかえられている事実から、介入は目立たない。逆に鼬《いたち》科、麝香猫科、洗熊科、熊科、猫科においては、手の参加が相対的に霊長類の程度に近いところまで達することがある。たとえばアライグマの手の運動の可能性は相当なもので、実験ではある種のサルと競争することができるほどである。

齧歯類の目では、機能的しくみの変異ははなはだしい。哺乳類のなかでは、その変異はわれわれの観点から最も目立った対照を示す。実際山荒亜目では、赤道アメリカのミズテンジクネズミ、つまりモルモットのように、手の介入を痕跡としてしか残していないある種の形に出会うが、栗鼠亜目や真鼠亜目（リスやネズミ）では、ある種の食肉類のように、手の介入がいくつかのサルにおける重要度に近づいているような種がひしめいている。食肉類、食虫類、齧歯類において、手の活動が最も重要な種はまた、地上ないし樹上の運動の際に、前肢による文字どおりの把握がしばしば介入してくる種でもあることに注意すべきである。

今まで述べてきた特徴は、霊長類を見るとさらにずっと明らかになる。実際、霊長類として知られるすべての形は、前肢と外界関係領域の結びつきが高度に発達していることを示しているのである。もちろんこの結びつきにもさまざまな程度があり、解剖学的な見地からも神経心理的な見地からいっても、たとえばイボザルの手はゴリラの手のようには動かない。サルの世界も齧歯類の世界と同じように多様であるということは、あとで読者が見ることになろうが、人間がどのようにして、現在のような種、つまり移動の際に前肢が介入するのとは別なかたちで、顔の極と手の極の広範な連繫が行われる唯一の現生の種になったのか、その点をこの多様性によって理解する可能性がいくらか与えられるだろう。頭と前肢との本質的な連繫の影響を理解させるような事実に触れる前に、有蹄類の運命について、もう少し考えてみよう。有蹄類はわれわれとは別の途をたどり、移動にたいする適応の点で、人間よりはるかに遠くへ進化し、手と顔面諸器官との結びつきでは完全に無関係になってしまった。ニュッサのグレゴリウスの『人間創造論』からの新たな引用が当てはまるのは、この有蹄類についてであろう。〈しかし自然がわれわれの体に手をつけ加えたのは、何よりもまず言語活動のためである。もし人間が手をもっていなかったなら、顔の諸部分は四足獣におけるように、人間が自身を養えるように形づくられたことであろう。草を引き抜くために、顔は細長い形をとり、突き出して、角化した固く厚い唇をもち、鼻孔の辺で細くなったことであろう。歯で食物をこねるために、人間は歯のあいだに今あるのとは全く異なった舌を、肉の厚い強靭でざらざらした舌をもったことだろう。歯間のまんなかへ食物を流してやる、イヌや他の食肉類の舌のように、その舌は湿っていて、食物を一方へ移してやることができただろう。体に手がなかったらどうして体内で分節ある音声がつくられたであろうか。また口をとりまく部分の構造も、言語活動の必要に適さなかっただろう。その場合人間は、ウシやロバのようにないたり叫び声をあげたり、いなないたり叫んだりするか、野獣のように吠え声を聞かせたことだろう〉。有蹄類について古生物学や現在の動物学が証明している点は、まさにこれである。手の介入がないということは、実際きわめて多様な様相を伴って顔が特殊化することにより補われている。歯列の体制においても、ウマの歯やゾウの歯のようにきわめて複雑な形が見られるだけでなく、他の顔面器官においても前肢の欠陥をいわば埋め合せる構造をめぐって、ひじょうな多様性が見られる。最もめざましい発達を見るのは、手と直接置きかえられ、把握や防御の付属物としての犬歯である。ウミウシの伸縮する唇、バクからゾウにいたる厖大な数の現生種や化石種に見られる長い鼻、現世界ではサイが最後の所有者である鼻骨上の角《つの》、イノシシの牙に変化した犬歯、ブタの鼻、齧歯類の額の角や枝分れした角などを例としてあげればたりるであろう。

むろんグレゴリウスの解剖学的な説明は、文字どおりには受けとれないが、西暦四世紀の終りに、一人の哲学者が言語活動と手との関係をこんなにはっきり感じていたことに気づくのは貴重なことである。注意しなければならないのは、この関係が〈身ぶりによる〉ありきたりな手の介入としてではなく、手の技術性が言葉によって自由になる顔面器官を技術面で解放することに対応するという有機的関係として現われていることである。

これまでのすべてから明らかにされるのは、編年学的な解剖学上の確認だけに基づいた古生物学がたとえ進化の大筋を証明するにしても、系統学よりはむしろ行動に結びついた生物学上の事実を考察するもう一つのやり方のおもしろさはそれだけでは汲みつくせない、ということである。事実、研究法におけるこの二つのやり方は相補的なものである。そのことを、わたくしはこれまで証明しようとしてきた。われわれがここで採用した意味にとれば、一方の研究は、機能的適性の移り変りということに帰着する。生物界にそうした適性がごく広範に分布していなかったならば、ますますぴったりと適応するための変異の枠に沿って、ついに人間の形が現われるということもなかっただろう。それはまだ深く動物界に係わり、前部領域の二極を総合する最も進んだ形を最も遅れて採用した哺乳類の世界にまだ近いのであるが。

魚から人間へ

前部領域の二極のあいだの均衡の変化が脊椎動物の進化に演じた重要な役割を認めることは、生物の歴史のさまざまな段階で、最も進んだ存在が取った技術的総合の形をいっそうくわしく検討することになる。いいかえれば、古生物学と脊椎動物学が蒐集した厖大な資料をもとに、機能的古生物学の素描をしてみることができる。そうした素描に到達するには、時代の経過につれて次々とからみ合って出てくるそれぞれの型について、その主要な機能の要素を一つのパースペクチヴの下に総合しなければならない。これらの別々の要素を、便宜上五つに抑えることにしよう。第一は移動するさいの拘束、すなわち脊椎と四肢の力学的体制に係わるものである。実際には、この第一の要素は、他の部分とは切り離せない。移動するための器官は、外界関係生活の原動手段でもあるからである。そこに係わってくる第二の要素は、頭蓋を支持するということである。頭蓋は、その解剖学的な位置のために、機能装置のなかでも最も敏感な要素である。この事実は、古生物学の初めから経験的に理解されていた。それは脊椎動物における大後頭孔の位置についてのドーバントンの有名な論文が、頭蓋の支持を中心命題とする長い一連の業績の嚆矢《こうし》となったことからもわかる。第三は歯列である。歯が同時に捕獲、防御、食物の処理などに果す役割を考え合せるならば、その外界関係生活との係わりは容易に理解できるだろう。第四の要素は、技術的領域への総合の可能性から見た手あるいは少なくとも前肢の先端である。最後に、第五番めは脳髄である。その調整者としての役割はもちろん本質的であるが、機能的には全身のしくみの〈間借り人〉として現われる。この脳髄の位置は、いってみれば構造全体に従属しているが、その意味が完全に明らかにされないままにたびたび表現されたり、記録されてきた。実際、たとえば周知のことだが、中生代の初めの獣歯亜目の爬虫類、第三紀初めの食肉類、第四紀の食肉類のように、機能的にはきわめて近い形の頭蓋には、最古のものでは、脊髄よりほんのちょっと大きい程度だったが、しだいに発達してくる脳髄が宿ったのである。いまのところ、脳の進化がそれに支配される体のしくみの進化に優先していないことを明確にするには、この単純な確認で十分であろう。しかし第一章で、原始人についてつくりあげられた像《イメージ》を見た際にわかったように、これとは反対の考えが一世紀にもわたって支配していたのである。

脊椎動物の成立ちに加わる要素の一つ一つを個別に研究してみたところで、機能の変化をごく不完全に理解することにしかならない。逆に、機能状態を特徴づけるいくつかの大きな区切りのなかに、動物学上の秩序を再発見することが総合なのである。自然科学の編年学的な順序と系統学の秩序に同時に従いながら、順次(図版8)、また今までに分離された特性に関連させて、魚形態、両棲形態、竜《サウルス》形態、獣形態、猿形態[4]、人間形態の主な段階を調べることにしよう。これらはそれぞれ、水生環境における均衡、水からの最初の解放、頭の解放、立った四足による移動や、坐位や、直立位を獲得することと対応している[5]。

魚形態

魚の力学的体制は、デヴォン紀に顎をもつ最初の魚が現われてから変らなかった。その移動は、本質的に脊椎の軸に支えられた拮抗筋の動きにつれて、側面の振動することで保証される。このしくみは、密接に結びつけられている頭の先端を推進し、鰭によって補足されるが、これは、古生代のなかばからすでに、数と位置の点で現生の魚の鰭と対応しているのである。

頭の先端は、函のような骨を骨組にしているが、その役割は、歯を支える、下顎筋の付

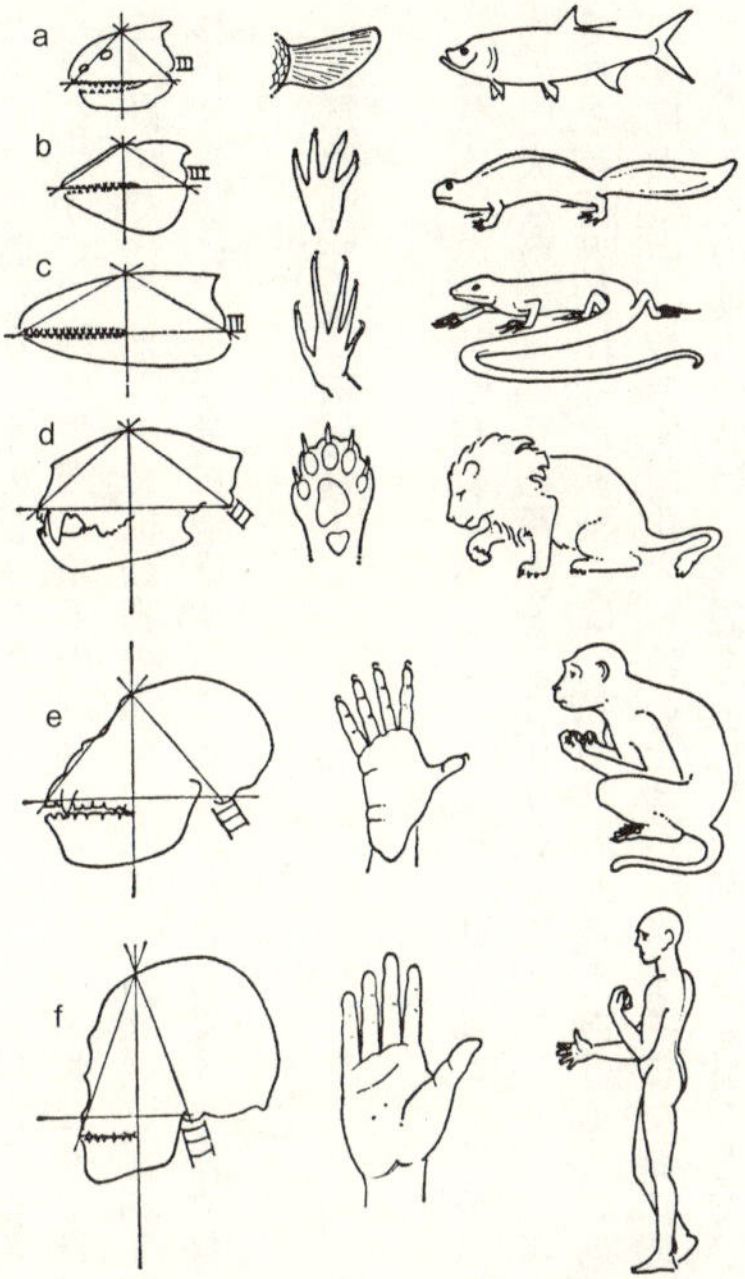

8　さまざまな機能のタイプ――左の列は姿勢と歯列との関連から見た頭蓋の骨組。中央の列は手。右の列はものを把握するときの姿勢。a 魚形態、水中に留まる。頸は不動、同形歯の長い歯列。b 両棲形態、匍匐爬行、頭が左右に動く、長い歯列、同形歯。c 竜（サウルス）形態、なかば身を持ち上げて爬行。頸は自由で、歯列は頭蓋構造の前半部分にあって均衡する。d ものを把握する獣形態、手は一時的に自由になる。異形歯の歯列。e 猿形態、坐位の場合に手が自由になる。重なり合う親指、頭蓋の後半部分を自由にする脊椎。f 人間形態、手が完全に自由、直立位、頭蓋穹窿が力学的に解放される。

着を保証する、外界関係器官を保護することの三つである。この頭蓋の函に、下顎と鰓を支える舌骨の装置と、前肢の骨組を支える肩帯部とが、うまく組み合わされている。この頭部は筋肉群によって動かぬようにしっかりと胴体に結びつけられており、脊椎軸はまったくそこで特別な支えの役割を担っていない。それはただ髄の先端を頭蓋構造の内部へみちびくだけで、髄の先端は頭蓋の内側にいわば吊されたちっぽけな脳髄となっている。そこにはすでに、地上の脊椎動物の進化が利用する諸要素があるのだが、大気内での生活へ移行する際に、力学的に適応することで、それらはすっかり修正されてしまう。

大気内呼吸と地上の移動

大気内での生活へ移行することは、ふつう単なるユニークな現象として、地上の脊椎動物の巨大な藪の細い根の役割を果す両棲類となっていく、いくつかの魚のごく特殊な場合であると説明される。実際には、動物学者が数えあげるところによると、なんらかの手段で直接大気中の酸素を同化するにいたった、さまざまな群に属する、数多くの魚がいる。かなり多くの動物学者は、浮袋を退化した肺とさえ見なしているが、いずれにせよ、この二つの器官のあいだに機能上の関係があることは確かである。空気呼吸は、酸素にとぼしい浅い水に住む種に欠くべからざるものであり、窒息を免れる手段を得ることと、最後の水溜りを求めて湿地の軟泥の上を移動することとのあいだに関連があるのは、よく理解できる。左右対称や、把握と歩行専門のあいだの選択と同じく、大気内呼吸と地上の移動は、水にもっぱら適応するか、大気内に相対的に適応するかの二者択一をさせるわけである。この選択にたいしては、きわめて多様な種が種々のやり方で答えているが、その一つに当るのは両棲四足動物の形式である。

他の形式も生れ、皮膚によって酸素を吸収できるウナギから始まって、変形した鰓室をもつインドアナバスや、浮袋が文字どおりの肺である肺魚類にいたる、いくつもの形式が今日まで続いてきた。大気内呼吸に部分的な適応を示している真正魚類の数がたいへんに多いため、決定的なことは四足動物に特有な移動のしかたという事実ではなくて、呼吸するという事実である、と見なしうるほどである。

地上の移動そのものも、さまざまな方法で確立されている。それはウナギの場合のように単なる爬行であることもあり、動きの上では泳ぐのと変らない。それはまた、腹をこすって動く平面移動になることもある。水からひき上げられた魚はすべて、自然にこれに頼るが、アナバスのようなある種類の場合は、一定方向に長時間の移動をするようになる。総鰭類、もっと限定していえばシーラカンスの場合は、まさしく脇腹による移動に適応しているように思われる（図版9）。これらの魚では、鰭は分節のない短い肢に似た肉茎で支えられる。二つの胸鰭と二つの腹鰭（これが四足動物の肢に当る）の他に、なお三つの肉茎のある鰭があって、そのうち二つは尾の両側にあり、一つは尾の先端にある。つまりどちらの側を下にして横たわっても、魚は進むために五つの支点をもっていることになる。

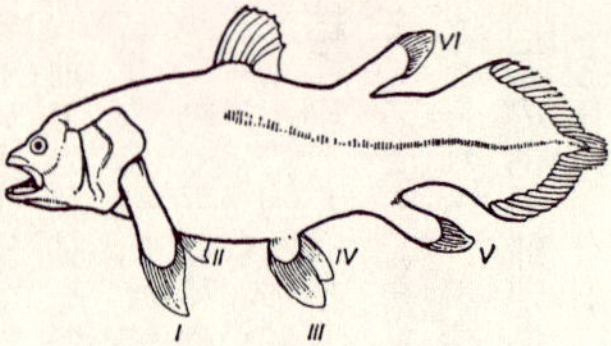

9　ラティメリア、1938年に生きたまま見つかったシーラカンス。その鰭は最初の四足動物と同じように、短い肢で支えられている（ⅠからⅣ）。しかしⅤとⅥの分節は横臥移動の方式らしく、後に現われる四足動物とは無縁である。

どの系統樹図でも、高等動物へ向う出発点になっているシーラカンスは、実際は例外的な移動前進の一形式の例にすぎず、その肢は四足動物のあり得べき祖先のそれと、どうにも避けられない最少の係わりをもつにすぎない。ラティマー属〔シーラカンスなどを含む属の名称。イギリスの生物学者ラティマーによる〕という驚くべき生き残りは、はなはだ深い興味を与えてくれるが、大気中での移動の問題を四足動物の場合とまったく異なる方向で解決した魚の一グループを、人間の系統図の出発点としないほうがいいだろう。

地上生活の選択といった、ごく一般的な事実に特殊な起原を見いだす望みがあるとしての話だが、両棲類の起原は、そもそも円筒形の体をした総鰭類のなかに求めるべきだろう。古生代の後半、デヴォン紀、石炭紀、二畳紀に〈地上脊椎動物〉の形式が実現されるので、多系統説や単系統説の問題はおそらく偽りの問題である。種《スペキエス》を維持する動きをどう説明しようと、目に見えるのはただ一つ地上での生存への傾向であり、それにただ一つの答えが与えられたとはとても思えない。今日でもなお、アナバスや、トビハゼや、ケラトダス〔三畳紀の肺魚の一種〕や、イモリや、カエルや、ガマにみられるような、数多くの中途半端な解決が残っているのである。それらは、たしかに真正魚類と爬虫類のあいだにありうる過渡形態の像《イメージ》を示してくれるが、その像は系統的には、ばらばらの要素から借り集められた多次元的な像なのである。

両棲形態

両棲による解決はまだ中途半端な解決でしかなく、ほとんど日和見的解決ともいえるであろう。というのは、その解決に到達した脊椎動物でも、なお水にたいする皮膚平衡や水中での生殖に結びつけられているからで、彼らがそんなに長時間、水から離れていることはできないだろう。しかし、力学上の大問題に解決の糸口以上のものが与えられたのはこれらの最も古い両棲類とともにであって、地上脊椎動物は、すでに決定的な道を進みだしたのである。体構造を復元できる最初の両棲類は、石炭紀に遡る。一般的な外見からすると、われわれの時代のイモリやサンショウウオを思わせる。尾軸が泳ぐ際の動力として介入するが、四本のひ弱な肢が地上の移動を助けている。肩帯部〔鎖骨、肩峰、肩甲骨突起、肩甲骨の全体をさし、上腕を肩につける役をする〕はなお頭蓋にじかに接しているから、頭はほとんど動けないが、後のあらゆる脊椎動物の骨格がすでに現われている。骨盤は歩行を支えるような構造につくられ、腕も肢もわれわれと同じ骨をもち、手と脚には五本の指がある。

頭蓋の構造は、とりわけ興味ぶかい。実際、水中から大気内へ移ると、新しい力学上の拘束が生じる。もはや、頭が水という比重の重い環境に支えられるのではなく、体の端の突出部にあるからである。魚の場合、水中に静止しても、頭には垂直方向でのいかなる屈折の拘束力も加わらなかった。頭蓋の構造にかかわる力学現象は、下顎の運動（咀嚼筋の牽引による拘束）と、顎の圧力を吸収する支えの骨組が上顎に形成されたことだけに限られる。この牽引・支持両用の力学的なしくみに、一つの働きがつけ加わる。大気内へ移る際に、頭部を支え、頭蓋の後方に働く効果である。力学的平衡は三つの拘束力がしだいに有効に統合されて果される（図版10）。

　重力は、いまでは、鼻づらの先（歯槽点《プロスティオン》）〔上顎切歯中央部での歯槽前突起をプロスティオンという〕から頭蓋が脊椎上につながる点（頭蓋底点《バジオン》）まで伸びる梃子の上に作用する。頭蓋の本体は、重力の作用と均り合う外後頭隆起《イニオン》・頭蓋底点の梃子の腕に従って、首の上方（外部イニオン）へ引っぱる筋肉や靭帯の動きによって、水平に保たれている。顎の拘束と支持の拘束との和解が、人間を含めた脊椎動物の頭蓋の進化の要《かなめ》になっている。歯列と姿勢は、そもそも最初から密接に結びついている。古生物学者は、直立姿勢と短い顔面が人間の特徴であることを早くから理解していたが、この二つの特徴を説明する機能的な関係は今日まではっきりと浮彫りにされたことがない。だからこそ脊椎動物の源まで遡ることが欠かせないのである。

　両棲類の頭蓋は、なお解決の糸口しか与えないが、この糸口はすでにきわめて意味ぶかいのである。最古の陸生動物の頭蓋は、まだ魚の頭蓋にごく近い（図版11、12）。しかし肩はすでに頭蓋と離れ、外後頭隆起《イニオン》による支持が実際に現われている。地上を爬行するには、奇妙な拘束が課せられる。というのは、下顎が地に着いて、かみつくのに十分な動きの余地がないからである。まだ四肢によって頭を地上に持ち上げていない種類にあっては、上顎が頭蓋《カルヴァリウム》冠全体(6)とともに箱のふたのように持ち上る。この過渡的な解決法のために外後頭隆起《イニオン》のほうへひっぱられることになり、胴体上での頭の動きを容易にする。

　最初の両棲類が力学的に位置づけられるところや、それが前肢の進化とともに肩の分離と首の出現とに果した役割などを想像するには、自分の顎をおさえて、口を開き、首の筋肉組織が働くのを感じれば十分である。しかも、このような構造はすぐ見られなくなり、古生代の終り以前に、両棲類自体においてさえ、ずっと簡単な力学上の平衡を確立するトカゲのような解決法がすでに導き入れられたのであった。

竜《サウルス》形態（図版13）

　動きやすい方向をめざし、よりいっそう豊かで複雑な存在に向う進化の流れに沿って、形のあいだでの淘汰を追究するならば、次は〈トカゲ〉の段階である。それは爬行によって、なお地面にしばりつけられているが、両棲類が呼吸でももろもろの困難をなめたことからは完全に解放されている。トカゲの形式は、中生代の初めより前、二億年以上前の二畳紀にすでに実現している。竜《サウルス》形態は、地上環境で力学的な平衡の問題をずばりと解決した最初の脊椎動物なのである。

　脊椎ははっきりとした彎曲線を描き、垂直方向での役割が側面方向での役割より大きい。

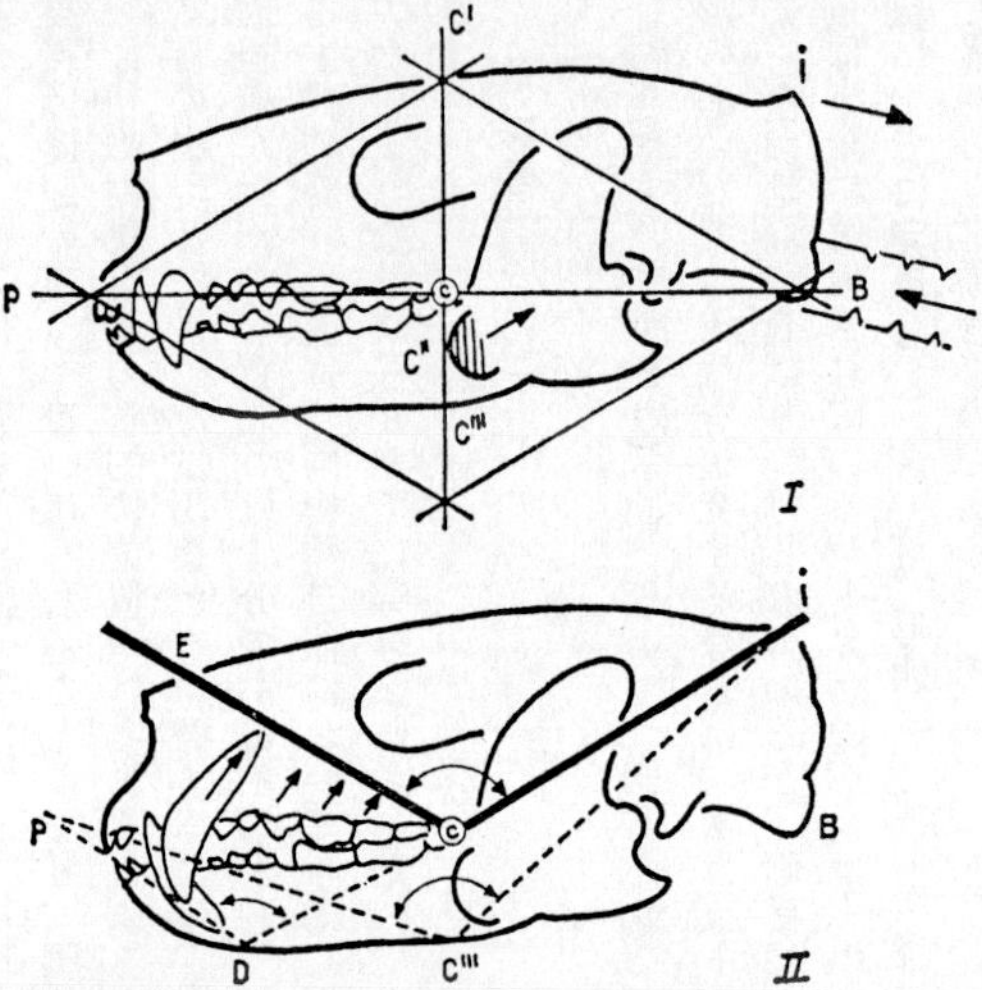

10　脊椎動物の頭蓋の力学的な構造。

I　C'C''' の線で頭蓋を顔と脳の半々に分ける四辺形。中心は PB（プロスティオン－バジオン）の線の中央、最後部の歯の後にある。脊椎はバジオンでつながり、頭蓋構造の根本的な支点になっている。頸の靭帯は外後頭隆起（イニオン）i に付着し、頭蓋を柔軟に確実につなぎとめる。側頭筋と咬筋は前方 C'' で上方に彎曲する下顎枝に付着する。

II　EC の線は歯の圧力を吸収する帯をなし、上部犬歯の根がそれに軽く触れる。中央の弧（ECi）が頭蓋輪郭の発達を支配する力学的拘束を全体的に示している。この例（第三紀初めの食肉獣）では、穹窿全体が力学的に閉ざされている。下顎結合部の弧（PDi）と頰骨弧（PC'''i）が下の歯列によって加わる作用力を合成する。それは脳底と iB の帯の抵抗線をなす上に大いにかかわっている。この例ではすべての角度が等しく 120 度である。角度が等しいことは古い形で、進化した形では角度は力学的に拮抗している部分ごとに均り合っている。

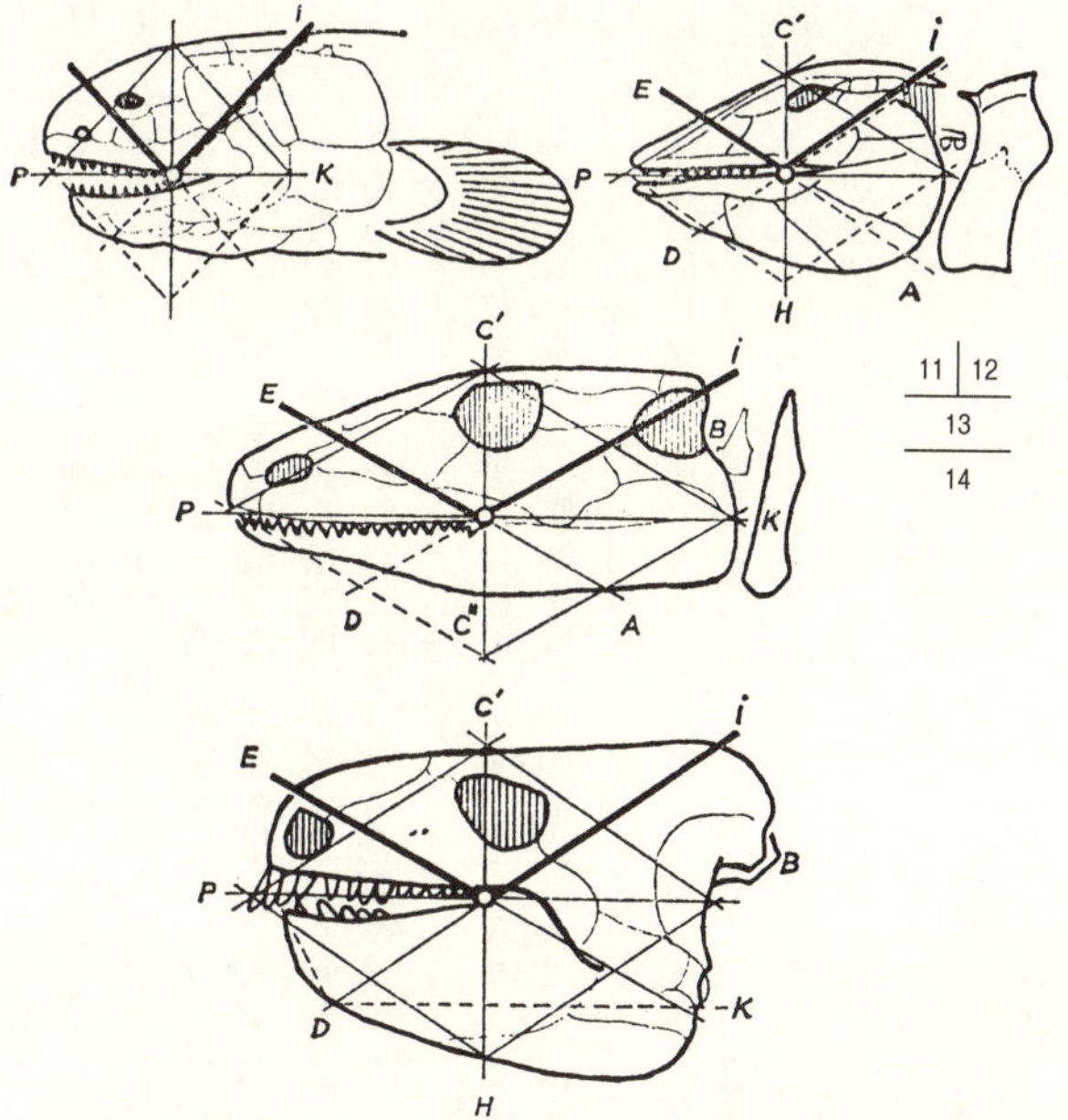

11から14　古生代を通じて魚類、両棲類、爬虫類における遊泳から体を持ち上げた四足移動にいたる段階。11　石炭紀の魚類（リゾドプシス）。頭蓋をつなぎとめる拘束のない正方形の枠。力学的な緊張は下顎骨の圧力に限られている。12　石炭紀の両棲類（エオギリヌス）。頭はまだ肩骨に固定されていてほとんど動かない。しかし四辺形は細長くなる。13　二畳紀の爬虫類（セイムリア）。頸の動きがはっきりしてくる（iBの基盤はまだごく短い）。下顎が低くなり、歯は中心線を越えない。この機能的型は今のワニに近い。14　二畳紀の獣形爬虫類（ジョンケリア）。身を持ち上げる移動が獲得され頭蓋は重要な変更を蒙る。iBの基盤は脊椎の端の繋留に必要な梃子の腕として長くなった。歯はなお同じ形をしているが後の分化を促す兆として大きさが違って来る。

その脊椎は、側面へ曲りやすいために、もはや体の軸線をうねらせる筋肉の働きによって移動をつかさどる一本の軸ではなく、まず頭と四肢の基礎が置かれている梁である。四肢はなお彎曲しているが、移動中や、捕捉の動作とか嚥下動作の際に、体を地面から持ち上げることができる。四肢によって匍匐移動するというのは、純粋な爬行から完全に解放されたわけではないが、頭蓋構造の決定的な変化を決定する。そのうえ肩の広範囲な運動性、ほんとうの首の端で動く頭を決定的に分離するようになるのである。

　竜形群動物の頭蓋は、それに先行する脊椎動物やその他、人間にまでいたる脊椎動物の頭蓋とくらべると、主要なところは同じである。頭蓋冠《カルヴァリウム》は、砲弾型の半球状の殻みたいなものをつくり、その前端の縁に沿って歯が植えこまれ、後端の外後頭隆起《イニオン》に、脳室との接点がみられる。脳室は、脳髄を収め、頭蓋底点《バジオン》のところで脊椎とつながっている。これは両側面も頂上面も、骨のブリッジによって頭蓋冠《カルヴァリウム》の穹窿の内部に繋留される。頭蓋穹窿の容積は、脳によってきめられるのでなく、顎の牽引と頭部を繋留する力学上の拘束によって決められる。このことに注目するのはきわめて重要である。脳の位置はまた頭蓋底点《バジオン》によって決定される。というのは、脊椎軸の先端は脊髄の終りと合致すると同時に、頭蓋が胴体上でまわる回転点とも合致するからである。しかし脳の容積は、骨組の限界に達しないかぎりそれとは無関係である。魚からイヌにいたるまで、脳の容積が大幅に増大しているのに、顔と頭蓋穹窿との容積の関係がほとんど変らないのはそういう理由があるからである（比率は下顎の歯列・筋肉組織の関係によって支配されている）。それゆえ、脳室は頭蓋穹窿内に繋留され、竜形群動物では、脳室と力学的に条件づけられている穹窿とが混同されるところまではまだまだ達していない。

脊椎動物の頭蓋は、頭蓋冠《カルヴァリウム》のほかに、下顎と舌骨格とをともなっている。両方とも原始魚の鰓のような装置《しくみ》から出たもので、下顎はたいへん古く、舌骨の出っぱりは空気呼吸が確立したころに生れている。舌骨格はきわめて重要である。それは顎を下げ舌を動かす筋肉組織に支骨として役立つからである。両棲類、とりわけ最初の爬虫類は、はじめて下顎と、舌や咽頭によって〔獲物を〕捕え、咀嚼し、嚥み下すのにある役割を果す技術的しくみをもった生物である。その役割のはるかな到達点というのが人間の言語活動における意識的発声なのである。

竜形爬虫類の頭蓋のしくみはたいへん特徴のある力学特性を示している。頭蓋底点《バジオン》ー外後頭隆起《イニオン》を軸に頭蓋をつなぎとめるのは、動物が地面に休む時を除いて今や恒常的な拘束となる。頸椎骨は伸び、頭蓋底部は拡がって、あらゆる方向への運動を支配する筋肉が付着する基盤となる。強い靭帯が外後頭隆起《イニオン》と脊椎に付着して、頭部は柔軟に支えられる。顎の強力な筋肉組織は、歯列や頭蓋の割合を条件づける強い牽引の拘束の決め手となる。その結果、はじめて、人間にいたるまで変らない比率の法則が現われるのである。プロスティオン〔歯槽点〕とバジオン〔頭蓋底点〕との距離を二等分すると、一方は歯に係わり、他方は脳に係わる部分になる。それゆえプロスティオンとバジオンの中点は、〔横から見て〕最後の歯の最後の結節に当る。この点が頭蓋構成の幾何学的な中心である。ある種の型の頭蓋では、反芻動物のように歯に係わる頭蓋が脳に係わる頭蓋よりも長いという例外が現われるが、その場合にも力学的構成は一般法則と関係があり、あたかも頭蓋を等分に前後に割って、その間を帯状に補塡したようなものである。

竜形群は、こうして地上脊椎動物の一般的構成が直接問題になる最初の段階に当るわけだが、人間の身体力学があいかわらず同じ拘束にきわめて密接に結びついていることを考えるならば、道の大半はすでにたどられたことに気づくだろう。脊椎の軸が体という構築物の主梁の役割を果し、四肢は形のきまった骨格ではそれぞれ独立に分岐し、その端は五本の指に分れ、バジオンにつなぎとめられる頭蓋はイニオンに付いた筋肉と靭帯で支えられ、頭蓋の容積は歯列によって支配され、その大きさは後頭部頭蓋の力学的複合によって条件づけられている。それらの相互作用のあらゆる効果はすでにあらわれているが、ただ全体のなかで頭蓋上半の空洞にひっそりと間借りしている脳だけが、力学的に受身の役を負わされている。体構造は脳の意のままであり、脳は全体の原動力のわけだが、脳が体形の力学に介入するのは即刻直接的にではない。それはダーウィンの適者生存の公式における淘汰の場合にも認められるはずだが、その力学的な推進力を証明することはできない。わたくしが脳の発達を一般的進化の偶発的要素と見なすのは、この面においてなのだが、そのことはなんら、神経系統がしだいに複雑な構造へ進化していくという、確立した事実を損うものではない。脳の進化と体の進化は、相互に利益を及ぼしあういわば対話のなかに組みこまれているのである。ある面からいって、進化のなかに脳の勝利が認められるとしても、この勝利は仮借のない力学的現実に結びついており、脳と体の進化のなかで、前者は各段階において後者の進歩に組みこまれている。神経系が体の進化よりも先行したような生物の例は挙げられないが、すでに長期にわたって獲得されていた骨組のなかで、脳の発達を一歩一歩たどれるような化石を数多く提示するのは難かしくない。

獣形態

古生代が終りをつげる前、二畳紀のころ、決定的に重要な出来事が起った。爬虫類が身を起して、四足による移動を始め、その四肢がイヌやゾウの四肢のような外見をとり、脊椎が体を地面から高く支える部分となった。同時に頸椎骨が伸び、首はかなり広範な視野まで頭を回らすのに適した形をとるようになった。その意味は、動きが増大し、行動範囲が拡がり、また立ち上った四足動物が踏みだす新しい一歩によって拡大した空間の所有が目指されるということである。これらの種の、またおそらく既知の動物〔種〕目のどれ一つとして、人間にいたる系統樹の上にあるとは断定できないし、その可能性はむしろ少ないだろう。しかし生物進化の流れの一般的な方向は、外界関係の可能性を増大させるすべてのものを同じ段階へと押しやるのであって、系統学的にいって、人間に向うきざしが全然現われていない無脊椎動物の世界についても、同じような進化を描くことは容易であろう。

獣形態の段階は、手の進化と頭蓋の進化という二つの点から見て、重大な段階である。その発達は、古生代の終りから今日にいたるまで続けられているが、この段階はすべて消滅してしまった爬虫類の大部分を含むばかりでなく、人類を除く化石および現生の哺乳類の全体を含んでいる。この発達をいっそうよく明らかにするために、爬虫類と四足哺乳類の獣形態を順次に見ていくことにしよう。

爬虫類獣形態（図版14）

古生代の終り、中生代の初め、二億年から一億五千万年前ごろというのが、爬虫類獣形態が出現し発達する時期である。そのとき生れたのは巨大な恐竜類ではなく、そのうち最強の動物でもイノシシの身長を越えることはなかった。しかし最初の哺乳類が生れる五千万年以前では、それはかなり印象的な証拠をもたらしてくれる。外見は、われわれが哺乳類によってなれ親しんでいるものと同じく、直立した四肢はブタと同様に指の先で支えられるか、アナグマのように掌で支えられ、いくらかブタやアナグマに似て、鱗のついた皮より毛皮のほうが似つかわしいのである。

頭蓋はとりわけ印象的である（図版15、16）。一般にその輪郭は、多くの種類において食肉哺乳動物に似ている（図版17、18）。後頭蓋は力強く形づくられ、厚い側頭弓は哺乳類の頬突起を思わせ、下顎骨はイヌのそれに似ている。歯列はさらに驚くべきものがある。そ

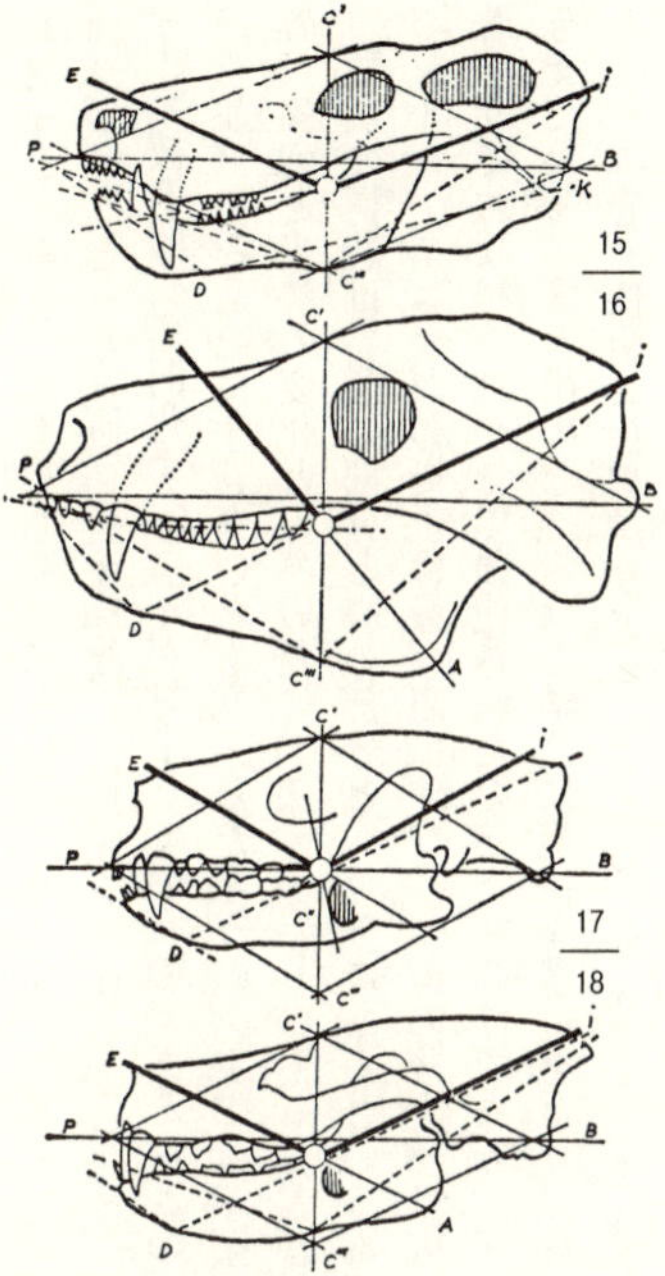

15から18　獣歯亜目爬虫類（15、16）と初期の肉食獣（17、18）の頭蓋の機能的進化の平行現象。

15　二畳紀のシラコサウルス（古生代終り）。16　三畳紀のキノグナトゥス（中生代初め）。17と18　始新生のヴルパヴスとリムノキオン（第三紀初め）。二つのグループは厖大な時間によって隔てられているが、機能の同一性から類似した力学上の特徴が出てきている。特に歯列が切歯、犬歯、前（小）臼歯、臼歯に分化して長くなっているのに注意。角度の開きはまだどれも等しい。頭蓋の輪郭は純粋に力学上の理由で決り、特に爬虫類の場合、脳は小さな部分を占めるにすぎない。

れまで、魚類、両棲類、爬虫類は円錐《コーン》状の同形歯、すなわち簡単な、円錐形の、すべてきわめて似通った歯列をもっていたのである（今でももちつづけている）。爬虫類獣形態群の場合は、円錐歯形であるが、その歯は大きさがさまざまで、われわれの切歯、犬歯、臼歯のような三種類の歯に分れている。この区別は、高等脊椎動物の特徴、つまり捕捉し、食物を引き裂き、入念に咀嚼するというパターンを意味している。同じく重要なことだが、頭部がそうとうな運動領域を獲得した段階と、歯列が（こうして切歯、犬歯、臼歯というふうに）技術的に専門化することが対応しているのである。この事実は、進化の進歩的な性格を並べてみせたにすぎないとも見えるだろうが、実際は、頭蓋の構造が示すところから、異形歯列と姿勢の変化とのあいだに、深い係わりのあることがわかる。

頭蓋の構造は、歯の部分と脳の部分とが等分であるという本質的な法則に則っているが、バジオン-イニオンの梃子は最大限に伸び、頭蓋の後方部は広い基部をなして、筋肉を付着させており、それが骨で強化されたのが下顎関節であり、下顎の牽引力に最大の抗力を与えている。顎と歯のしくみは力学的に複雑な構造をとり、ものを捕捉する前歯の作用線と、かみ砕く側歯の作用線が二つに分れる。前面にある犬歯の歯根部は（種類によって角度がちがうが）鼻面を構成し、その角度の開きは、後頭蓋の構造ぜんたいに影響している。下等な種の幾何学的な簡単なしくみにとって代るのは、あらゆる部分につながりをもつ複雑なしくみだが、それはたいへん発達しているので、あらゆる適応がなされているとはいえ、同一の構造原理が人間の頭蓋にもなお当てはまる、といえるようなものなのである。

これまでの進化の総まとめをしてみると、総鰭類がデヴォン紀、石炭紀に発達し、両棲類が同じころ発生し、最初の爬虫竜形態群や、最初の爬虫獣形態群が二畳紀に属することがわかる。それゆえ現代から三億年ないし二億年前に、高等脊椎動物の体構造の進化が始められ解決されるわけである。中生代の初めには、つけ加わるべきものはもうほとんどないが、それでもいわゆる哺乳類は、もちろんまだ先のことになる。この状況は、人類の脳がわれわれの水準にまで達するはるか前に、手を自由にして直立姿勢を獲得した早熟さと似ていないわけでもない。このことは、わたくしがすでに弁護した仮説、つまり神経系が整うのは身体の機能構造が整ってから後であるという説を支持するものである。獣歯亜目の爬虫類は、食肉獣の体をもっているが、脳はなおボールペンのキャップほどの大きさで、頭蓋の内部につなぎとめられており、二億年後にイヌの頭脳がその頭蓋を輪郭いっぱいまで満たすのである。

四足哺乳類

体構造の本質において、四足哺乳類は獣形爬虫類とかわらない。そのうえ前者がこの後者の流れから、ほんとうの再出発のかたちで発達してきたことは、ほとんど疑う余地がない。実際、最初の形は、中生代なかばのさえない存在に始まり、第三紀の哺乳類の波が生れるまでには、約一億年を要している。

歩行と把握

動物系統学をいっさい離れて、哺乳類の動態的な行動を観察すると、そこには二つの大きな傾向があることに気づく。一方では前部領域において生ずる動作に、相当の重要性をもって手が介入し、他方では頭だけが外界関係行為にあずかっている。そこで、もっぱら歩行するだけの哺乳類と、少なくとも一時的にものを把握することのできる哺乳類との区別が生じる。機能の点で区別されるこの二つのグループは、目的の異なる二つの世界、あるいは一つの根本的な選択にたいする二つの解答を証明するかのように、解剖学上も、行動上も、きわめて広範な分類に対応するのである。

歩行群の哺乳類(図版19から21)は草食性であり、四肢の先端は歩行のためにごく専門化し、頭蓋はあらゆる形に共通な構造のタイプを示し、その多くは、顔面のさまざまな解剖学的領域から借りてきた特殊な器官、洞角属反芻類や鹿科、麒麟科などの前頭部の角、犀科の鼻の表皮性の角などをもっている。また牙としては、カバの犬歯と切歯、猪科(イノシシ、イボイノシシ、マレーイノシシ)、豆鹿科 (ジャコウシカ)、駱駝科、セイウチの犬歯、ゾウの切歯があり、ゾウやバクの鼻に付属するらっぱ形の器官、海牛目や多くの草食獣の伸びる唇も、こういう特殊器官の一つである。

把握群の動物は雑食性、または食肉性で、四肢の先端には四本か五本の機能的な指があり、前肢が把握を受けもつことができる。その多くは坐れる、つまり手を自由にすることができ、頭蓋は姿勢の進化によって次第に変っていくが、獣形爬虫類の構造のタイプを温存している。最終的には、この把握群では特別な顔面付属器官がなくなっている。この分類にはごくわずかだが、特徴的な例外があり、ゾウ（図版21）は草食性でありながら、文字どおりの手をもち、イヌ（図版22から24）は食肉性でありながら、四肢は歩行むきにできている。両方とも頭蓋の構造は、手の機能的な類型に従っている。ゾウは中くらいの歯列をもつまれな草食獣で、一般に犬科、とくにイヌは肉食獣のなかでも長い歯列をもつ唯一の例である。ゾウは短い独特の頭蓋構造を示し、ちょうど〈顔面把握〉というその例が独特なのに対し、イヌは草食性歩行群の頭蓋図式からほとんど隔たりがない。

最も目だつのは、二つのグループに分れる齧歯類である。一方は純粋に草食性（ウサギ）で、その把握力はゼロであり、他方は雑食性（ネズミ）で、坐ることとものを把握することが重要な役割となっている。

それゆえ哺乳類の研究は、最初から、手の問題、顔の問題、把握姿勢の問題を取りあげるようになるわけだが、ほんとうはこれは、人間の体構造に最も直接に結びつくただ一つの問題なのである。歩行獣形群の歴史は教訓に富んでいるので、それにごく簡単に触れた後に、進化がすでにこの歩行獣形群をその方向へと進めていたにもかかわらず、ついに人間にいたることはなかった道の上で彼らと別れることにしよう。

約五千万年か六千万年前の第三紀の初めの時期、始新世において、今なお生きている

19

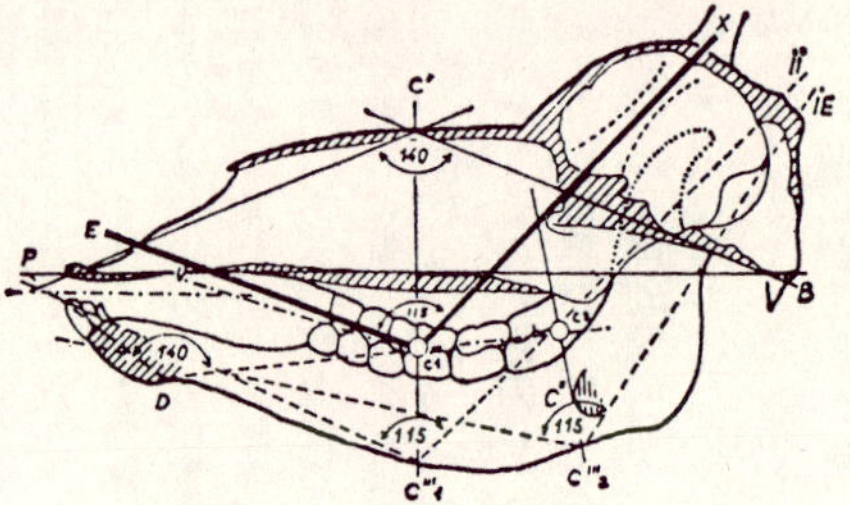

C'
140
E
P
B
X
ii
iE
115
140
D
115
115

20

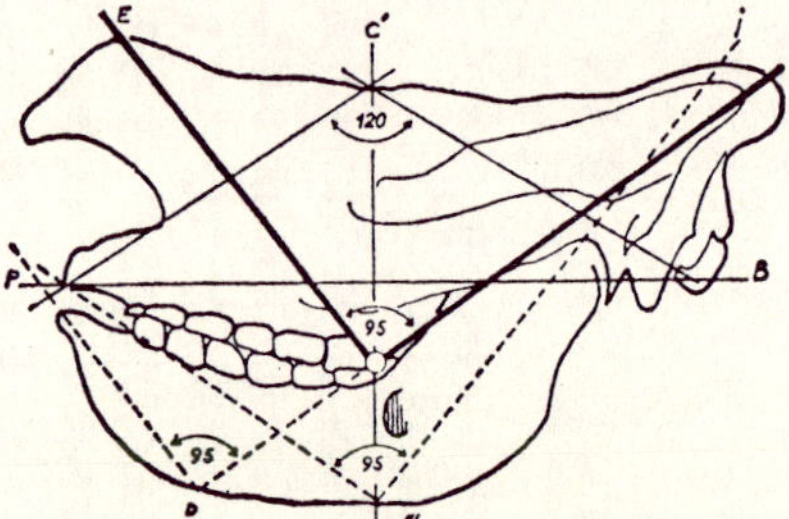

E
C'
120
P
B
95
95
95
D

21

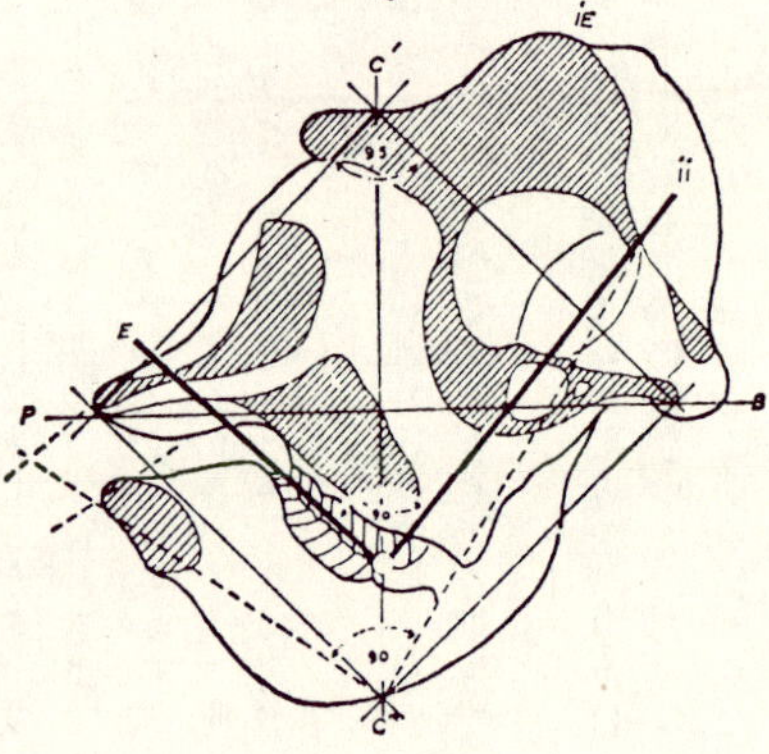

iE
C'
95
ii
E
P
B
90
90

〔種〕目の始祖と考えられる形の哺乳類が分化しはじめる。これは、ウサギかヒツジくらいの小さな体格で、先端の五本の指、専門化していない嚙みくだく歯、背の低いかなりよく似た横断面といった、きわめて一般的な特徴をもっている。しかしながら、おそらく把握群と歩行群のあいだの選択は、以前からすでになされていた。まだ、純正《ほんもの》の猫科、犬科、ウマやサイ、反芻動物などは存在していないにせよ、骨格を調べてみると、二つの主な獣形群のいずれかに分れ、霊長類の群さえも区別できるのである。

化石または現生の歩行群は、葉の多い植物の処理に適した長い歯列によって特徴づけられる。これも、歯槽点《プロスティオン》と頭蓋底点《バジオン》の距離の中点で均り合っている、ふつうの歯列の形から出発して適応がなされていったことにはほとんど疑いの余地はない。というのは、その

19 から 21　頭蓋の付属物をもった歩行群哺乳類における構造の型。シカ（**19**）を見ると草食性の結果、臼歯列が長くなって、第二の中心（C2）ができるのがわかる。切歯と臼歯の角度（それぞれ 140 度と 115 度）の均り合いと下顎骨圧力の吸収線と角《つの》を支える線が一致していることに注意（C_1X）。脳は利用できるスペースいっぱいになっている。イッカクサイ（**20**）には側歯だけがある。おもしろいのは、吸収線が角《つの》の骨組の線と一致していることで（EC）、シカの場合と反対の現象である。ゾウ（**21**）にも、犬歯がなく、吸収線は牙と鼻の根元を通る。そのため頭蓋の構造がだいぶ変っている。

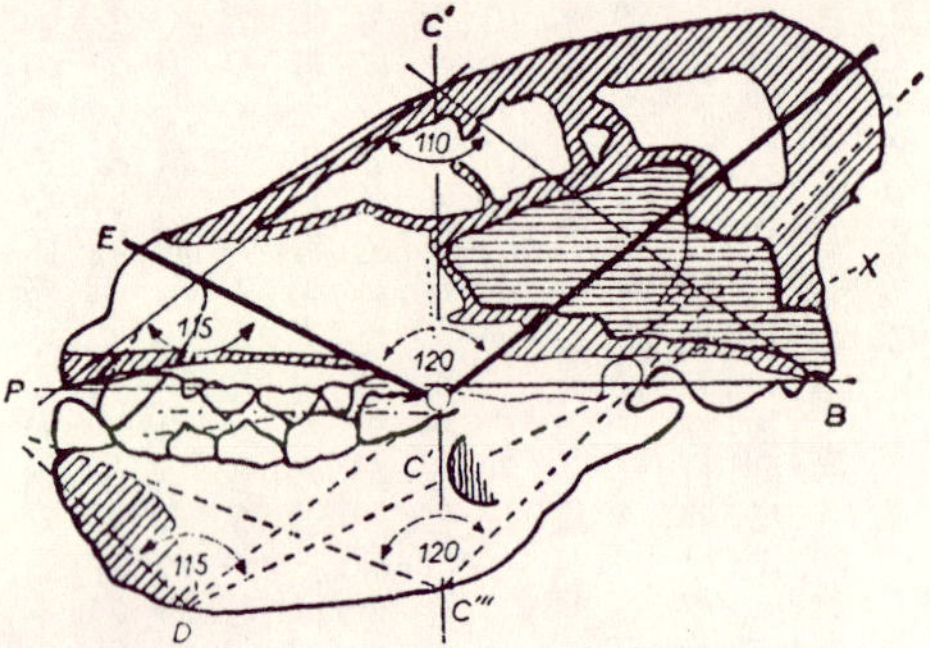
C'
110
E
115
120
X
P
B
C'
115
120
C'''
D

22
23
24

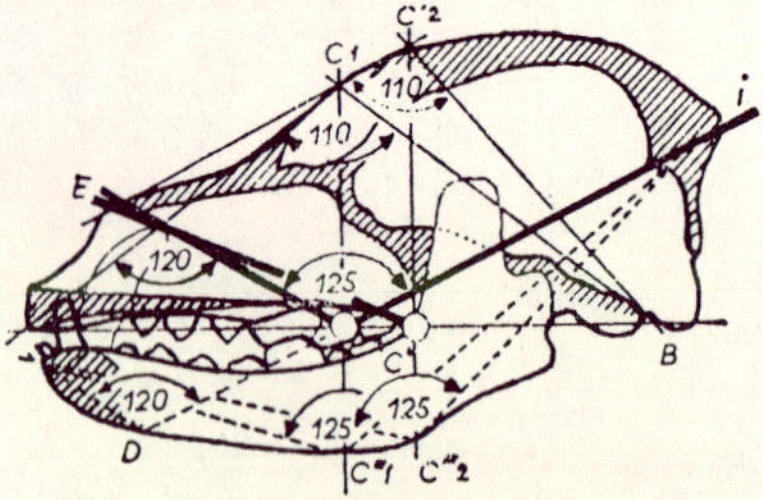
C'2
C1
110
110
i
E
120
125
P
C'
B
120
125
125
D
C'''1
C'''2

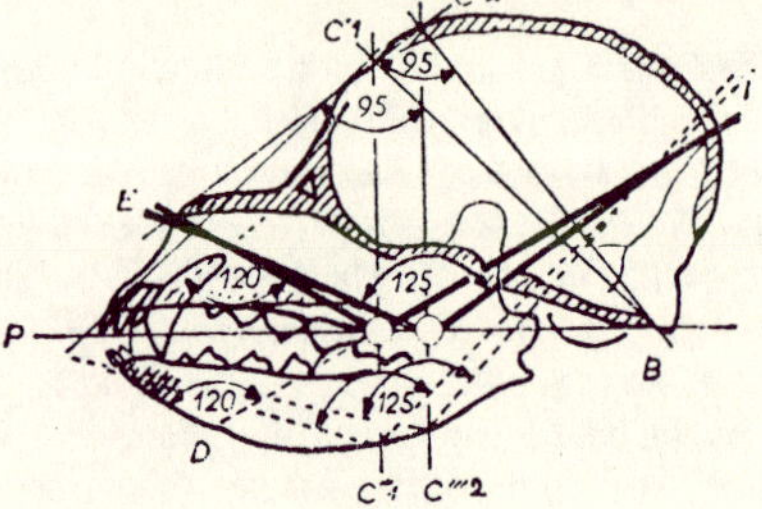
C'2
C'1
95
95
i
E
120
125
P
B
120
125
D
C'''1
C'''2

頭蓋は幾何学的な中心点上につくられ、臼歯の後方に補助的な中心が生じて、前者につけ加わっているからである。角《つの》のような頭蓋の付属物は、種によって異なるが、いちじるしい相互関連を示す一般的な作用線上に統一されている。造化の巧みさを称えることは時代遅れとなったが、ウマ、シカ、ラクダ、サイの頭蓋においてもたらされた力学的な解決を分析してみると、さまざまな状況にたいして、つねに同一の基本的な図式による答えが与えられることには、ともかく驚かずにはいられない。把握群の頭蓋構造では、脳と犬歯のあいだの妥協に思いがけない解決の例が多いが、歩行群の巨大な歯列と、顔面の技術的なしくみ全部をバランスを取って統一する場合に生じるむずかしさとは較べものにならない。とくに手が頭蓋を顔面から自由にする段階に達していないのだから、なおさらである。進化

22から24　食肉動物における脳の拡大。ハイエナ（22）、セッター犬（23）、ムクイヌ（24）。この三つの例によって、脳の拡大は力学的拘束に較べると二次的な事実であることがわかる。ハイエナの脳は小さく、それと力学上の輪郭とを隔てる空間は空洞になっている。通常のイヌ（23）では、脳は輪郭の形の通りになろうとしているが、前頭部は巨大な洞になっている。ムクイヌでは脳の構造と骨の力学的関係がうまくいき、利用しうるスペースはすべて満たされる。脳底とバジオンの位置が不変のため（四足位）、前頭部の脳が顔面の上にいちじるしく高まっている。イヌの進化は四足位において二足位における人間の進化と同じ現象を示している。

した哺乳類において、技術的動作が多様で洗練されている点は（すべてが頭蓋構造に集中している）、歩行群の場合その構造のしくみのたいへんな複雑さによって察せられる。把握群においては、その複雑さは顔と手のあいだに分配され、一般的なしくみの骨組は、比較的単純なままである。古生代の両棲類から受け継いだ五本指の手は、ウシやウマの手のような仕上げを受けなかった。肩は側面の動きを保っており、橈骨《とうこつ》と尺骨はたがいにくっついて動くのでなく、ねじれる可能性が大きくなっている。全体として骨格は、動きがより柔軟になる方向をとっている。把握獣形群は大部分が肉食獣、または齧歯類であるが、その頭蓋構造はごく簡単な仕方で均衡を保っている。脳に係わる頭蓋と歯に係わる頭蓋とのあいだの二分法則は変ることがなく、その体制は、最も進化した種においてビーヴァー、ネズミ、アライグマのような、手で操作する活動がごく高い水準に達する形を実現することによって、四足による移動と最高度に両立する点に到達したのである。

猿形態

動物学者が定めた動物学上の階梯は、動物群のあいだのはっきりした相違を示すだけでなく、サルのなかにいくらか四足動物の要素を認め、人間のうちにいくらかサルの要素を認めるというふうに、それらを結びつける関係をも示している。第一章で見たように、この態度が古生物学の誕生以前に進化の考えの枠をつくり、われわれと数多くの獣脚亜目とのあいだの形態学的な中間存在として、サルを考えさせるにいたったのである。機能の見地からいえば、四手類全体は、四足動物からも二足動物からも同じくらい隔たった、ごく分明な動物の一世界を形づくっていて、その基礎は手による移動と大なり小なり体を起して坐る姿勢とを交替させる独特の体位にある。把握獣形群においても、手が一時的に自由になって生じた結果はそれぞれ類似しているが、手がいつも同一の機能を果したとはいえない。サルは実際、樹上を歩きまわる場合でも、坐位をとって手を動かす場合でも、つねに把握に頼っている唯一の哺乳動物である。他の樹上哺乳動物はみな、多かれ少なかれ爪でひっかけるが、サルの場合は向い合うことのできる指と親指とで枝をつかむのである。把握は齧歯類や食肉類にもあるが、それもまた爪による把握である。

これらをはっきりと認めることによって、移動と把握とのあいだにある密接なきずなが浮彫りにされる。後者は前者の特性の関数である。サルにあっては、前足も後足も、移動のさいの手段であるが、前足だけが技術的な性格をもった手段である。二足による移動が人類をつくったように、霊長類のサルをつくったのは、移動前進をともなう把握である。猿形態はそれゆえ、何よりもまず体位が解放されて、移動前進四手性に結びついたことによって特徴づけられる。他の特徴は、いかに重要なものであっても、派生的なものである。

霊長類のすべての特徴をその移動のしくみに結びつけるきずなを、もっとはっきり浮き出させる必要があるならば、次のことを確認すればいい。つまりしだいに有効に正確になる指の対向的しくみの発達が、ものを把握する際に、ますます足よりも手が優位に立つこ

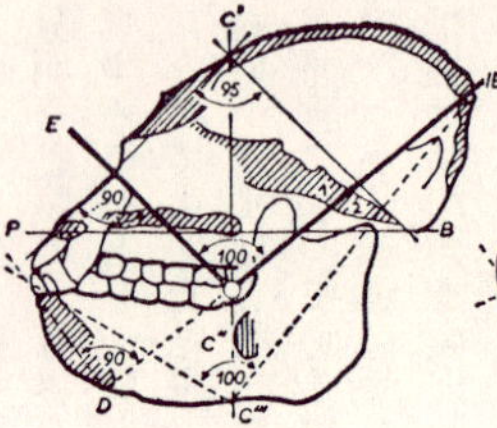

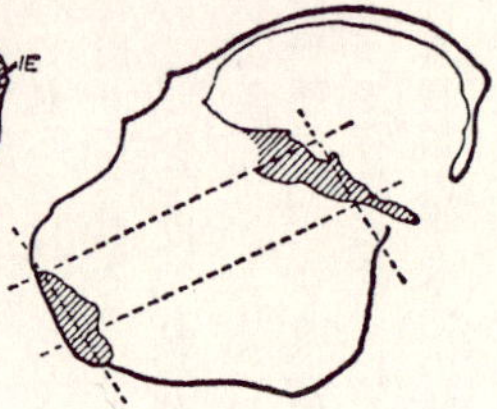

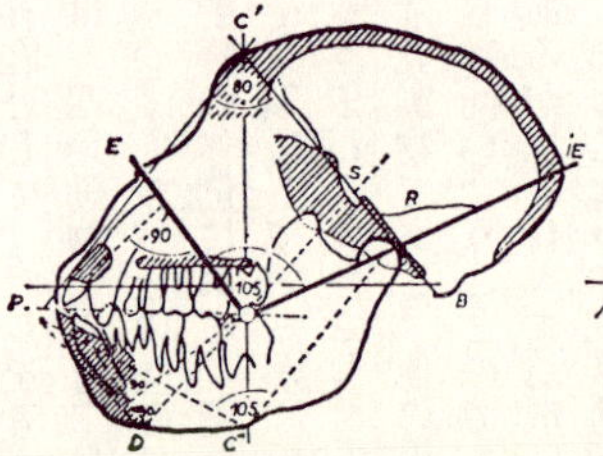

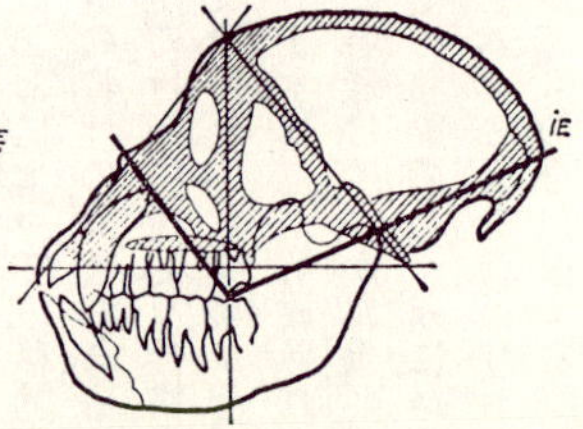

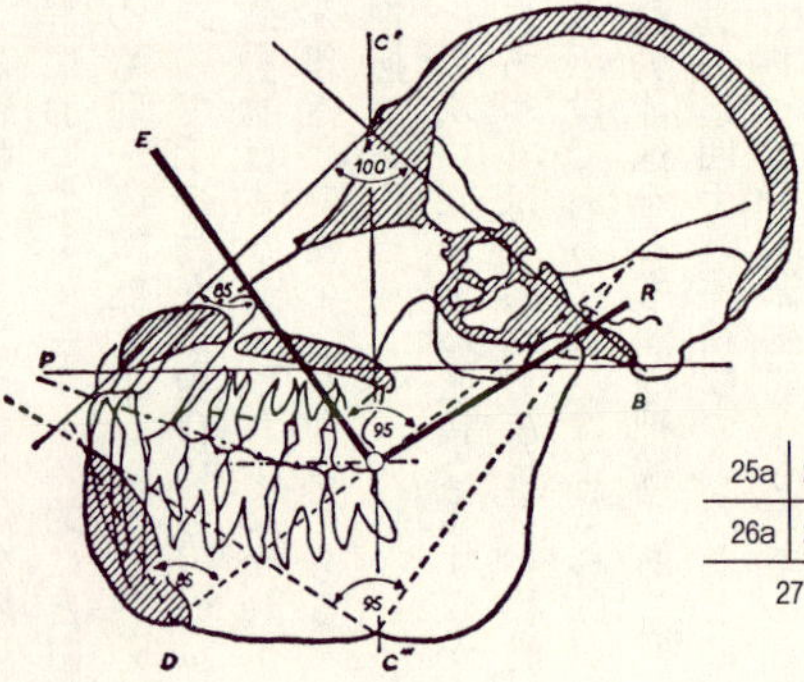

25a	25b
26a	26b

27

とがその基本になっているような移動、ますます身を起してくる坐位、ますます短くなる歯列、ますます複雑になる手の動作、ますます発達してくる脳といったものに対応しているということである。そのため、イボザル、オナガザル、マカカザル、ゴリラの手の一系列を考慮すれば十分であろう。

霊長類の頭蓋構造は（図版25から27）、機能上の特徴がこのように一致しているところを、そのまま反映している。頭蓋と姿勢を決定する骨格のあいだの根本的なきずなは、バジオンという大後頭孔の前縁であることを思い出していただきたい。獣形群やすべての下等な脊椎動物において、頭蓋の後方に位置していた大後頭孔は、サルにおいては、斜め下方に開いている。この位置は姿勢を決める動きから直接に出てきたもので、この動きに対応するのは、四足位と坐位の両方に合致すること

25から27　サルの頭蓋構造の進化。イボザル（25）、ヒヒ（26）、オランウータン（27）。イボザルは親指が小さく〈樹棲四足動物〉である。ヒヒは地上を四足で移動し、オランウータンは樹上を四手で移動する。三つとも、かなり頻繁に坐位をとることは、大後頭孔の位置が後ろ斜めにあることからわかる。いちばん重要な事実は、PC"B の骨組が頭蓋穹窿から顔のほうに移ってくることである。25から26、27までC'点が前頭部分に移ってくるのに注意。脳底はしだいにC'B線に合致し、直接下顎骨圧力の軸と向き合う（25b）。これによって脳は穹窿の全体のなかに解放されるが、外後頭隆起（イニオン）はなお拘束され（iE）、前方は眼窩上塊でふさがれている。眼窩上塊は顔面構造の要石の観を呈する。

のできる脊椎である。上に挙げたサルの系列においては、後頭孔の位置が二つの姿勢〔四足位と坐位〕における身の起し方の度合いと直接に係わっていることがわかる。それゆえ、四足位にあるゴリラは、坐位にあるイボザルと同じくらい身を起しているわけである。

こうした後頭孔と脊椎の姿勢との関係を地道に確認することによって、頭蓋におけるきわめて重要な一連の結果が導きだされることになる。実際、プロスティオンからバジオンにいたる基本線は、目立って短くなり、つまり歯列と顔面が獣形群よりはるかに短くなってくる。バジオン－イニオンの梃子は低くなり、頭蓋穹窿は、動物界で初めて部分的に頭蓋を繋ぎとめる拘束を免れることになるのである。次章では、この力学上の事実と脳の発達との関係を見ることにしよう。頭蓋穹窿が繋ぎとめるという拘束を免れるならば、頭蓋底もまた下顎部を牽引する拘束を免れることになり、顔面部は脳頭蓋にたいして自立性を得る。顔面に係わる頭蓋の構造線はプロスティオン、バジオン、眼窩上隆起を結ぶ三角形のなかに引かれる。こうして、霊長類における、顔の上部に文字どおりの庇《ひさし》をなす、密度の高い骨塊の形成が説明される。頭蓋穹窿の解放は、それゆえ頭蓋の後ろからはじまる。前額部の領域は、霊長類にあっても原始人類にあっても、眼窩上隆起によってふさがれているからである。次章では、顔面構造の新しい再調整によって、人類の額の庇がどのようにしだいに取り払われ、穹窿がどのように額へ確実に拡げられていくかを見ることにしよう。

霊長類にいたる進化についての一般的考察

霊長類の形而上学的な、あるいは合理主義的な方向づけが何であれ、また事実にたいして彼らが与えてくれる説明がどういうものであれ、進化論者たちは、われわれを運んでいく流れがまさに進化の流れであると見ることでは一致している。地衣類、クラゲ、カキ、ゾウガメは、巨大な恐竜と同じく、われわれの方向を向いている主流からこぼれ落ちたものなのだ。われわれ以前の生物が進化の枝のただ一本（つまり知性へ導く枝、もっとも、他の種も同様に名誉ある完成の形態に達するのだが）を代表するものとしてしか見られなかったと認めても、人間への進化は存在し、そのことを明らかにする鎖の輪を選びだすのに困ることはない。

ベルクソン哲学やテイヤール・ド・シャルダンの哲学のように、進化のなかに、飛躍《エラン》、つまりホモ・サピエンスに到達する意識の普遍的探究の徴を見ようが、あるいは、生物は自然に物質を利用するという動機にますます適合するような形にいたるものだ、と考えて、進化のなかに決定論の働きを見ようが（これは物質の次元で同じことをやるわけだが）、人間をやがて生みだす集団の行動は同一なのである。説明という上部構造の下で、事実の下部構造は同じ体系のなかで解決されている。

生物界は、物質を物理的・化学的に利用するということで特徴づけられている。その利用形態の両極端は次の二つで、一つはヴィールスの場合のように、いわば利用する分子と利用される分子との直接の衝突によって物質を有用なものにするやり方であり、もう一つは食べるほうと食べられるほうとが次々につながっている系列の極点で、人間がウシを食べているように、生物の鎖を通じて自発性のない物質を利用するという、いってみれば階梯化された食物摂取の系列である。この第二の形態は、しかしながら第一のそれに等しい。というのは、それは食べるほうの体内で結局最後には分子の衝突となるからだが、約十億年来、生物の一部はこの第二の形態によって意識的な接触を探り求める道をたどってきたのである。

すべての進化は、これを探求することに帰着する。なぜなら、精神性も哲学的・科学的検討も、自覚的な接触を探るその絶頂を占めることに他ならないからである。この接触は、あらゆる水準において、体の骨組および神経系統という相呼応する二つの枠組を通じて行われる。テイヤール・ド・シャルダンの場合もそうであるが、多くの進化論者にとって意味ぶかい事実は、脳とその神経系の付属物がたえずますます大きく発展していることである。結局脳は、思惟の支えであり、われわれは進化のこの方向でいちばん成功したのであるから、脳のしくみの増大と〈複雑化〉は、意識的な接触を探り求めるさいの生体のたえざる進歩をありのままに反映したものである、と当然考えるべき理由がある。また体の骨組と神経系は、二つで一つの全体を形づくっているので、これを分けるのは人為的で根拠がないこともまた認めなければならない。しかし、そういってみたところで、基礎となる資料によって提示される問題は、不完全にしか解決しないようにみえる。人間はたしかに一つの全体をなしているが、精神の発現と体とは、つねに別々のものと感じとられてきたし、宗教といわず哲学といわず、この区別によって自らを養ってきたのである。脳が思惟の器官または具であるということは、体とそれを動かす線維の精妙な網の目《レゾー》との関係をいささかも変えるものではない。進化は、物質的には二つの系列の事実によって示されている。つまり一つには、脳構造の累積的な完成であり、もう一つは、生きて動く存在というこの機械の力学的な平衡に直接結びついた規則に従う体構造の適応である。脳と体構造との関係は、内容と容器のそれであり、進化の相互作用については、どんなことでも想像できるにせよ（その本来の性質からいって）、内容と容器を同一視することはできない。

この立場の証拠は、資料の歴史的な展開に基づいている。四足脊椎動物のような力学の形式は、脳がまだごく小さいにもかかわらず、ずいぶん早くから現われている。群によって様相は違うが、ある一定の力学的な〔頭部の〕原型が獲得されると、そのとき初めて、脳がそこにしだいに侵入し、適応の働きのなかで力学的なしくみの改善が見られるが、その際脳の参加が明白であるとしても、それは自然の選択における利点を決定するものとしてであり、直接物理的な適応を方向づけるものとしてではない。脳の容積が力学的に利用しうる全空間に等しくなったとき、進化の一つの限界が窮められるのだが、そのとき種はたいてい長い停止状態に相当するようにみえる完成期に入る。少なくとも草食性哺乳動物のように、力学的解放の道が閉ざされている種についてはそうである。他の種にあっては、逆に体のメカニスムは急激な適応に鋭敏であり、古生物学者は、頭脳的に最も進んだ形を生んだのがいちばん特殊化の少ない群であることにずっと前から注目してきた。

進化のこの様相は、神経系の傾向と力学的適応の傾向という二つの傾向のあいだの密接なきずなを、適切に浮彫りにしてくれる。霊長類の例をとると、原始脊椎動物がすでにもっている五本指の四肢はあいかわらず保たれているが、そうした〔四肢を保った〕段階から出発して身体の専門分化が極度に進められたときに、四手類の形式《フォルミュル》が現われることにわれわれは気づくのである。この適応は、その原理において、すべての四手類について同じだが、一つの種から他の種へはいちじるしい内部変化をみせ、それは同時に、行動、活動の姿勢、物理的骨組に及ぶ。体構造が手をいっそう自由にするのに向いている種は、また、その頭蓋が最も大きな脳を入れることのできる種でもある。手の解放と頭蓋穹窿の拘束の減少とは同じ力学方程式の両項に他ならないのである。各種について技術の手段である体と組織手段である脳とのあいだに一つの因果関係が結ばれ、その因果関係のなかで、行動の有効性を通じて、いよいよ時宜にかなった選択的適応への道が開かれる。それゆえ、体のメカニスムが、ますます発達した脳の働きによる行動の練り直しに応じれば応じるほど、進化の発展のチャンスは大きくなる。この意味では、脳が進化を支配しているわけである。といっても、脳が骨組の選択的適応の可能性にどうしようもなく従属していることに変りはない。

これらの理由によって、わたくしは進化においてまず、発達の力学的条件を考察したのである。事実から見いだされる手掛りは無視することのできないいわば保証である。百の異なった種について、同じ生体構造的原理のもとに力学的な拘束によって課された同じ結果が見いだされるならば、発達の力学上の諸条件を決定することも可能になろう。それが決らなければ、脳の進化も抽象的現象の次元に留まってしまうのである。

第三章　原人と旧人

人類形態

分類用語のなかには、ときには邪魔になる遺物がたくさん残っているものである。古人類学には、こういう遺物が山積しており、しだいに時代遅れになっていった概念の網の目を織りなしている。ピテカントロプス、先行人類《プレホミニアン》、アウストラロピテクスなどは、伝統によって尊重されているレッテルだが、その語原を考えるのはやめたほうがいい。もっと危なっかしい〈類人猿〉という語が、巨大類人猿と人類とのあいだに一つのきずなをつくった。十八世紀の遺物であるこの語は、他の語にくらべていっそう議論の余地が多い。なぜといって、ほんとうに人間に似ている唯一の存在ならば、機能的にも形態学的にも、直立位とその結果のすべてをわれわれと頒ち持っている生物であるべきなのに、類人猿は猿形態に属しているからである。

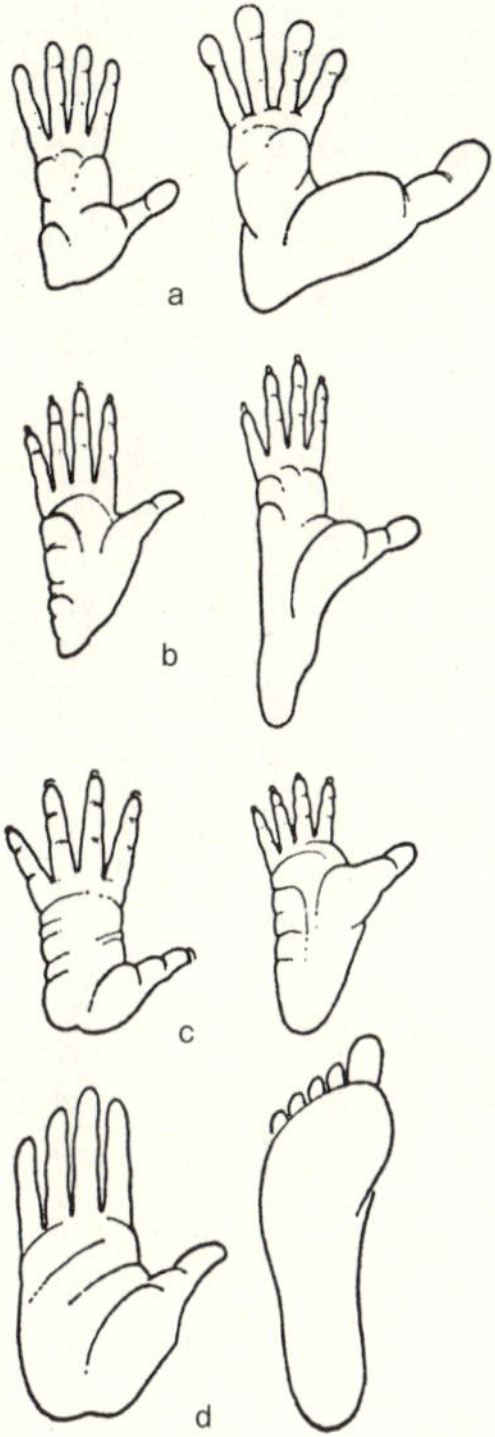

28 霊長類の手と足。キツネザル（a）、オナガザル（b）、チンパンジー（c）、人間（d）。人間の手は他の霊長類と根本的には同じで、ものを把握するという特性は親指を他の指と向い合せにできるということに基づいている。足は反対にサルと一致しない。初期の段階では足の第一指が他の指と対向することができたとしても既知の人類のいちばん古い段階よりもっと前のひじょうな昔にサルの足とは違うものになったと思われる。

人類形態は、実際サルとは異なった形式《フォルミュル》をつくっており、ただ人類という唯一の科だけが示す形式なのである。その根本的な特徴は、体の骨組を二足で歩行するのに適応させた点である（図版28）。この適応が現われるのは、足の特別な配置（指は歩行群脊椎動物におけるように、やや放射状に並んでいる）、足根骨と下肢骨の構造の細部、とりわけ胴の全重量を平均に支える骨盤においてである。脊椎は補正曲線を描き、その全体の軸の方向は垂直である。前肢は自由であり、手はサルの手と同じ部分からなっているが、その割合や能力の点では、はっきり決定的にサルの手から遠ざかる。頭は脊椎の頂点に安定して据えられているのが本質的な特徴である。

この機能の図式は、サルが獣形群から隔たっているのと同じくらいにサルの図式から遠い。なるほど、サルは若干の獣形群とともに坐位において、手を自由にする可能性をもっているが、親指が他の指と向い合っている手と頭蓋穹窿がなかば解放されているという理由で、サルはクマやビーヴァーと同一視できない存在となっている。人類は人類で、坐位および他の指と向い合う親指をもった手をサルと共有しているが、人類の二脚性および頭蓋穹窿が完全に解放されていることは、猿形態群と人類のあいだのきわめて大きな隔たりをなすので、この両者を結びつけてみても、ちょうど、チンパンジーのなかにひじょうに進化したアライグマの一種を見ようとするような意味しかないことになる。

人類の祖先

ともあれ、サルの行動を観察すると、その印象が頭にこびりついてなかなか離れない。物を考えるチンパンジーも、戸を開けたりジャムの壺をつかんだりするアライグマを観察しながら、きっと同じような感じをもつだろう。チンパンジーに何かをちょっとつけ加えるだけで、たちまち一種の下等人類ができ上るだろうという考えを、われわれはなかなかふり払うことができないのである。古生物学は、チンパンジーとわれわれ人類とを間近に結びつけるのが不可能だということを、年一年はっきりと証明している。過渡的な猿人《アントロポピテクス》を考えるのは、あきらめねばならなくなり、われわれは、祖先を第三紀の波に呑みこませたり、現在の意味における巨大類人猿も問題になり得ないような次元にまで遡らせることをここ数年来やめざるを得なくなった。

J・ヒュルツェラーのオレオピテクスに関する研究は、中新世、つまり第三紀のなかばごろからすでに、人間型への傾きをもったサルがいた可能性があるという印象を確認した。一九五八年にオレオピテクスのほとんど完全な骸骨が発見されるや、世界中の新聞がこの化石、「グロセット〔この化石の発見されたイタリア・トスカナ地方の町〕の男」「一千万年前のアダム」に飛びついたことは人も知るとおりである。二つの石灰岩層のあいだに押しこめられ、とりわけ復元が微妙だったこの骸骨の明らかにするものが何か、ということをいうのはむずかしい。その体の割合はかなりよく想像できるが、ほぼギボンと同じようで、ひじょうに長い腕と手、比較的短い脚をもっている。それには尾がない。それが人類のはるかな祖先として期待されている陸生動物である可能性は少なく、むしろギボンのように、懸垂枝渡り専門になった樹上生活者だったろう。この特殊性は対立する二つの主題のゆえに興味ぶかい。一方では、ギボンは地上にあるとき、両足移動を行なっている唯一のサルであり、他方そのとき彼は、平均を取る棒のように両腕を後ろへもっていき、直立してその腕を使う自由を失ってしまうからである。それゆえ、より詳しい報告が入るまでは、第三紀の中葉において、かなり短い顔面をもち、おそらく過渡的な直立位を保証した長い腕を備えた霊長類の一種としてオレオピテクスがあったと見なすことにしよう。

こうして、第三紀のなかばから終りにかけての三千万年ほどのあいだに、ギボンのような歩き方の動物がしだいに樹上の懸垂渡りをやめて、腕が短くなり、足が変化し、今日の類人猿のように、四足の段階を経ないで頭蓋を安定に保てる脊椎を獲得するにいたったと考えることができよう。この過程はなんら不思議なことではなく、かなり直接にアウストラロピテクスに近い生物へと導くだろうが、古生物学の現実は、しばしば、古生物学者の作りごとを凌駕することがあり、ほんとうの祖先の像をあまり急いで建立しないほうが用心ぶかい態度である。

アウストララントロプス

ダート、ブルーム、リーキーらの発見、第三紀終りから第四紀の初めに、道具をもち、しかもこれまで発見されたどのピテカントロプスよりも理想の祖先にずっと近い二足歩行の生物の群がアフリカに拡がっていた。それらはさまざまな名でリスト・アップされているが（アウストラロピテクス、プレシアントロプス、パラントロプス、ジンジャントロプス）、たいていはアウストラロピテキナエ〔南猿亜科〕の名の下に分類されている。これは、つい最近まで用いられてきたが不適当な名称で、明らかに彼らをきわめて進歩したサルとしか見ない。それをここではアウストララントロプスと呼ぶことにする〔南方（アウストラル）で発見されたヒトという意味〕。

その上に打ち樹てられてきた三十年来の仮説の網を破って、総合的な結果、特にここ五年間の結果だけを参照すれば、それがわれわれに提供してくれる像《イメージ》は、革命的な性格をもつにもかかわらず、きわめて首尾一貫していると考えることができる。

このアウストララントロプスは立って歩き、正常な腕をもち、小石の端を何べんか叩いて一様な形の道具に打ち欠いている。その食生活は一部が肉食である。このありふれた人間的な像《イメージ》は、いかなるサルの像《イメージ》とも係わりがないが、ピテカントロプスにもネアンデルタール人にも当てはまるはずである。唯一の重要な違いは、程度の違いであって、本質的な違いではないが、それはアウストラロピテクスの信じがたいほど小さい脳である。それは解剖学者に一種の困惑を覚えさせるほど小さい。アウストララントロプスの脳の問題は、もっと後に取りあげるつもりであるから、ここではその体構造、とりわけ頭蓋構造の主な特徴を調べることに限ろう。

まだ完全な〔全身骨格の〕例は一体も知られていないが、南アフリカのタンガニーカのさまざまな地層から数多くの骨格の断片が出土している。いちばんはっきりと証明されたのは、二足立位の骨組の主要部である骨盤と大腿骨が、根本において人間のそれとどこも変らないという点である。骨盤は腹部の内臓を下から支えるようにつくられているが、それは二足立位の決定的な証拠であり、足の裏は長時間支えるのにすでにたいへん適切にできている。頭蓋もまた、これと同じ方向でどこまでも対応している。すなわち後頭孔が真下に付いている。それゆえ南の《猿》《アウストラロピテクス》には、人類のなかの座席を拒絶できるいかなる理由もない。

頭蓋の構造

プレシアントロプスやジンジャントロプス〔図版30、36〕の頭蓋を検討して生じる最初の印象は、ゴリラとかチンパンジーのような類人猿の頭蓋の印象と同じである。同じような極端に長い顔、同じような眼窩上隆起、同じような無いに等しい狭い額。さらに進んだ検討によって、小臼歯および大臼歯の異常な発達、サルとはまるで比較にならず、われわれとくらべても、割合からいってずっと小さい切歯と犬歯、ゴリラのように小さい脳室、しかし真下に向って開いた後頭孔、人間のように円い、その下方に潜りこんでいる項《うなじ》などが示される。有名なオルドゥヴァイのジンジャントロプスを含むいくつかの標本では、人間の頭蓋の輪郭をもったこの微小な容れ物にゴリラのような〔頭頂部を縦に走る〕骨の隆起がついているが、この隆起は頸部靭帯の付着部に合体するかわりに、途中で跡切《とぎ》れて、項に広い中高の部分を残している。われわれに比較的近い化石のどれ一つとして、この人間化されていくサルの化石ほどには、あの奇妙な、ほとんど困惑させる調子はずれの感じを残すものはなく、これほど非人間化された人間という印象を与えるものはない。この困惑は、アウストララントロプスが実際はサルの顔をした人間であるというよりも、人間性に挑戦する脳室をもった人間なのだ、というところからくるのである。われわれは、すべてを認める用意はできていたのだが、事が足から始まるとだけは思いもしなかったのである。

アウストララントロプスの頭蓋の内部構造を研究することは、二つの理由からかなりむずかしい。一つは化石の状態によるのである。プレシアントロプスとジンジャントロプスの頭蓋だけが、力学上の観点からそれを研究しようとするのに十分な復元を可能にするのである。第二は、今いったこの二つの頭蓋は、まだ完全に成人とはいえない、最終的形に達したとはいえない個体のものだからである。

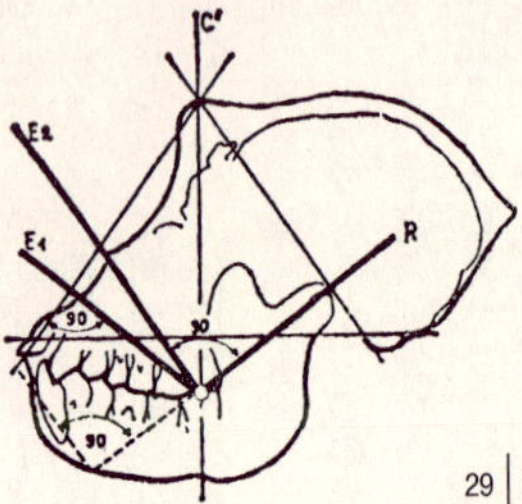

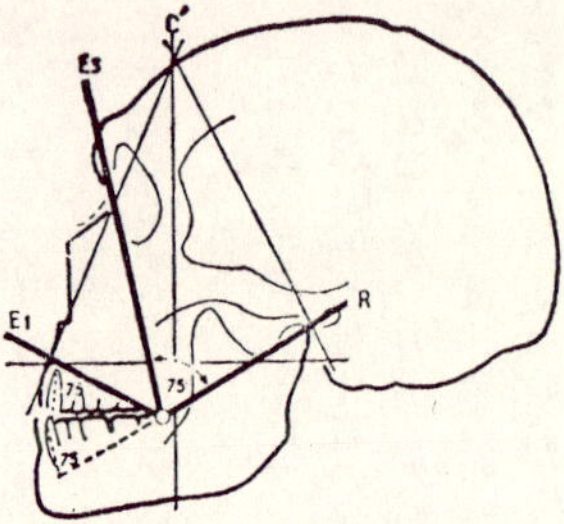

29	32
30	33
31	34

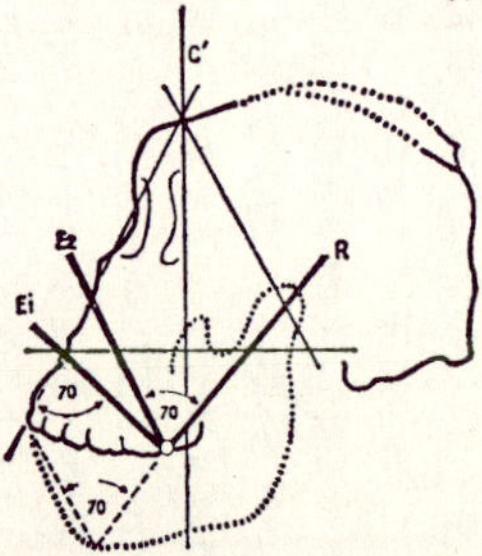

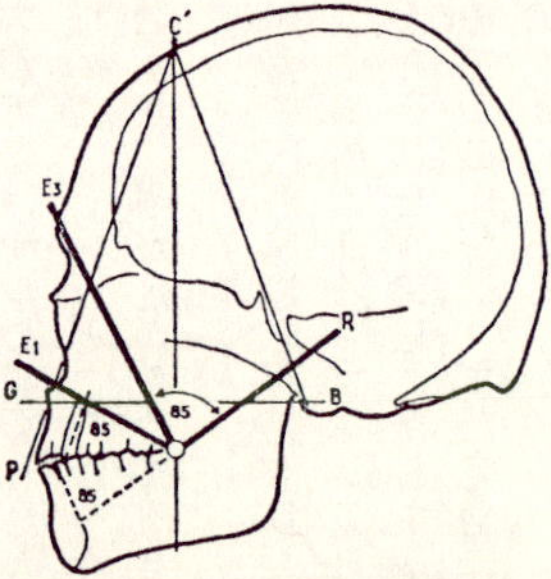

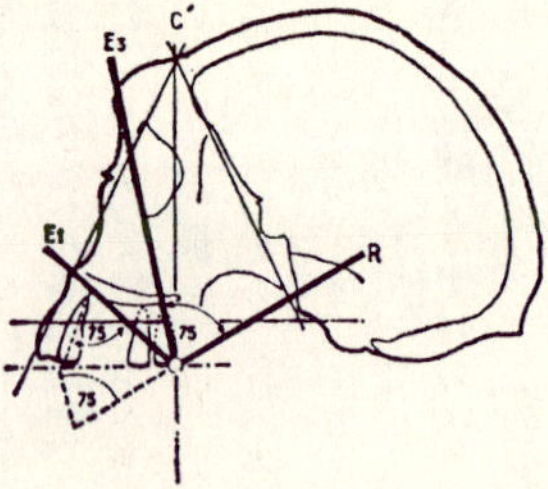

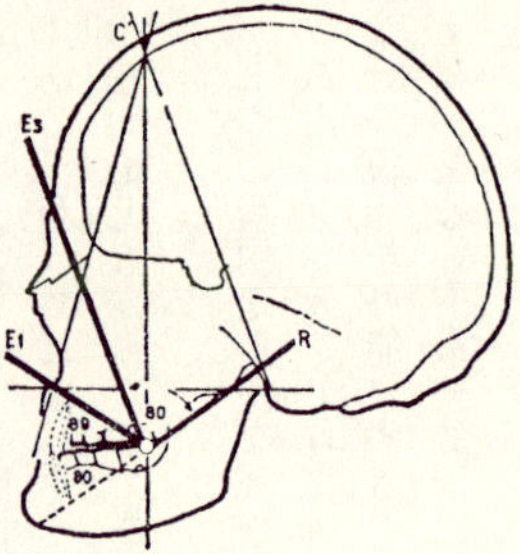

骨の構造から、一つの重要な事実が明らかになる。後頭孔は頭蓋の真下にあって、斜め後方にあるのではないということ（図版29から34）、バジオン－プロスティオンの基本線は目立って短くなっており、前歯は後頭孔の移動に等しい縮小を示しているということ。いいかえれば顎骨突出の減少の度合いは、直立位の力学的な結果、つまり脊椎が垂直になり、前歯列が小さくなったことからくる頭蓋底の面積のそれに等しいのである。

サルの体位の進化は、下顎骨の拘束を吸収するすべてのしくみを顔面に移すことによって、その結果として後方頭蓋を力学上の拘束から部分的に解放することになった。最古の人類が見いだされる時点では、顔面の構造は高等なサルの顔とそれほど異なってはいないが、後方頭蓋は完全に解放され、穹窿は六〇度の角度で拡がり、それが後頭部の丸い、き

29から34　前歯（切歯と犬歯）の支えの進化。前歯にくわわる力は顔面の眼窩方向と脳底方向で吸収される（R）。ゴリラ（29）の場合、眼窩上隆起は頭蓋のかなめで、吸収の軸の外にあり、平衡は眼窩と、平たくて犬歯の軸と垂直な頬骨の下縁E2線上に来る。ジンジャントロプス（30）の場合、顔面構造は同じ型だが、直立位によって基底が縮小したため角度の開きが小さくなる。旧人（31　ブロークン・ヒル、32　ラ・フェラシー）では、顔面骨格の頂点は穹窿のほうに移り、顔が軽くなったために、前部への圧力が直接眼窩上隆起にかかるようになる。E1とE3のあいだの部分は平たくて前頭部の隆起の方向に傾いている。ホモ・サピエンス（33　ニュー・カレドニア人、34　第三大臼歯のないヨーロッパの女性）では、頂点C'がさらに後方に移り、顔がせりだして、前歯の圧力吸収は同じ角度で傾く頬骨で行われる（犬歯窩）。眼窩部分は頬骨と軸E3を共有し、しだいに前頭部の閂という性質を失う。

わめて人間的な外見を説明している。

それゆえ、いちばん初歩的な人類の条件はプレシアントロプスやジンジャントロプスにおいて実現されている。顔面は、バジオン－プロスティオン－眼窩上隆起の三角形がサルと同じものであるが、その上方の角は、狭くなる傾向がある。オランウータンでは一〇〇度、チンパンジーでは九〇度、ゴリラでは七五度であるのが、ジンジャントロプスでは六〇度、旧人では五五度、ホモ・サピエンスでは四五度である。眼窩の上の閂〔眼窩上隆起〕はサルからアウストララントロプスにいたっても、厚く前頭部をふさいでいて、頭蓋の額部分はきわめて狭い。それは現存の人類型《タイプ》となる前に消滅すべきはずの最後の障害なのである。もし前歯とりわけ犬歯の縮小がなかったら、前部頭蓋はこうしてサルのそれと変らなかったことだろう。この縮小は後方頭

35から40　側歯の支えの進化。歯のしくみが小さくなるのは角度C'がしだいに閉じてくることでわかる。ゴリラの75度からヨーロッパ女性の40度まで移る。圧力の均り合いはどの場合も、90度から100度のあいだでなされるが、その様子は異なっている。ゴリラ（**35**）とジンジャントロプス（**36**）の場合、臼歯根の軸は前歯部分によって決るようにみえ、犬歯根の支えの線であるE1に対応する。旧人（**37**と**38**）においては、軸E2は頬骨の側面（錐体突起）と対応する。それゆえ前歯の支え（**31**と**32**）と側歯の支えのあいだで均り合いがとれる。ホモ・サピエンス（**39**と**40**）では、犬歯の支えが頬骨に移り（**33**と**34**）前頭眼窩部の隆起からますます離れて、頬骨のほうに集中する支えの場所ができる傾向にある。図例の**40**は大臼歯がなく、今日到達している頭蓋の進化の極点を示している。

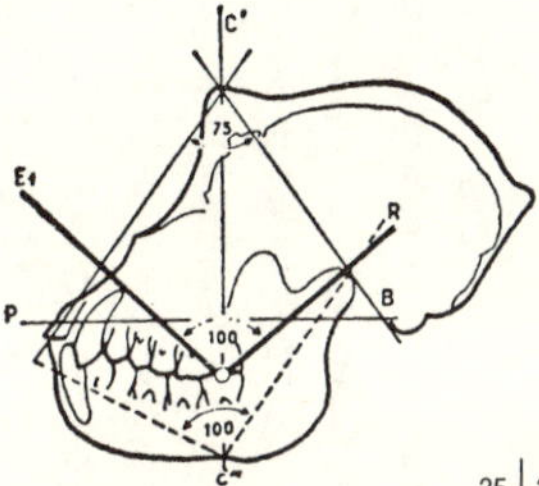

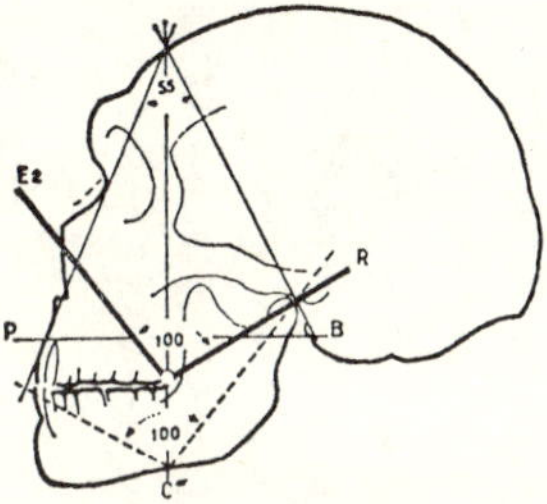

35	38
36	39
37	40

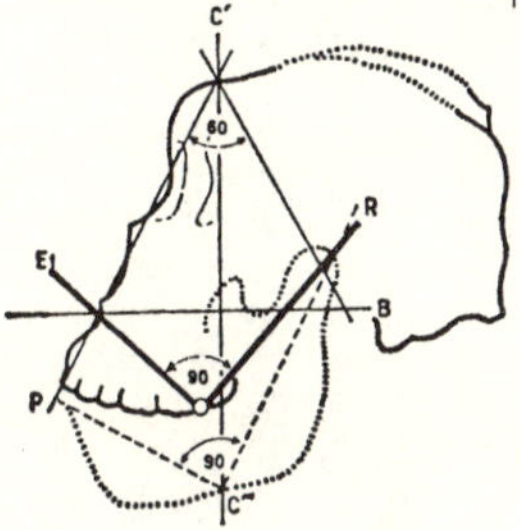

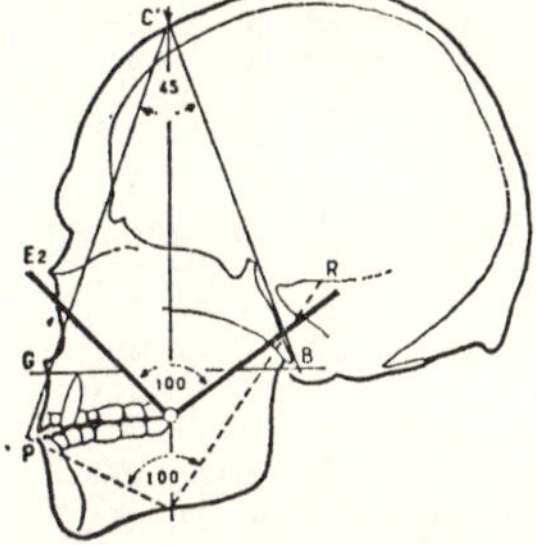

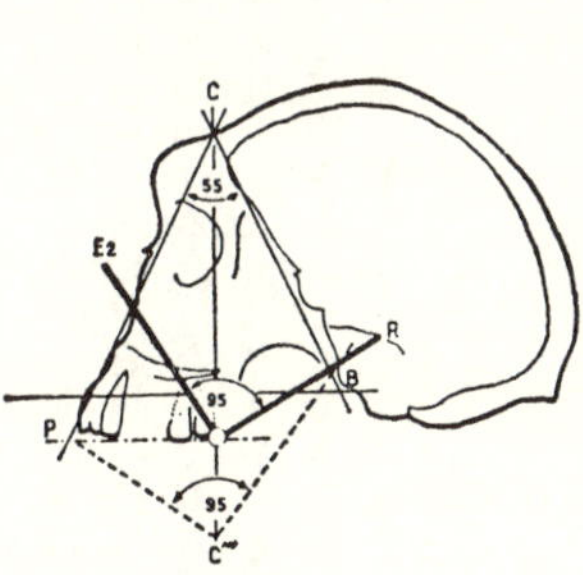

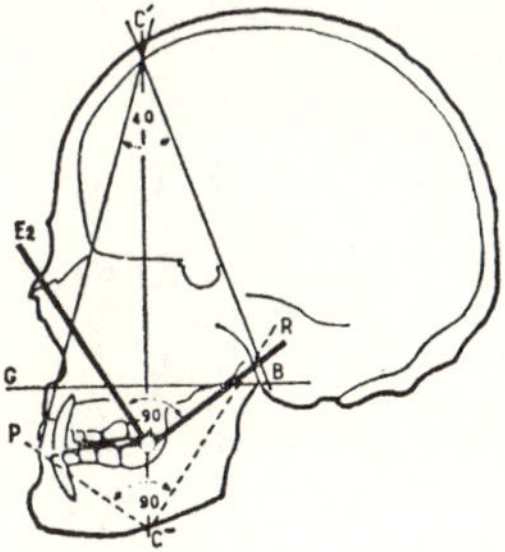

蓋が力学的に解放されることからくる一つの答えであり、歯槽弓を支える長さは収縮筋組織（特に側頭筋）が占めている部分と均り合っている。小臼歯と臼歯は巨大で、側頭筋は小さな頭蓋に十分な付着部を見いだせない。それゆえ、側頭筋が左右一緒になる線上に、ゴリラのと似ているが、ただ穹窿頂だけに限られた、骨の突起が現われるわけなのである。このふしぎな状態はもっと後までなお存続するが、頭蓋に収められた脳はもはやサルのものではなく、道具を打製する生物のものなのであるから、こうして明らかになってきた最初の人類がもたらした知識は、人類についての古典的な概念を大幅に変更させずにはおかないのである。

原　人

アウストララントロプスが天啓のように現われたため、三分の二世紀このかた人間の起原に関する理論が拠りどころとしてきた化石は背景に押しやられてしまった。ピテカントロプス、シナントロプス、アトラントロプス、マウエル人といった、数えきれない総合の試みの源泉となっているものは、今や中間の鎖の輪としか見えない。ジンジャントロプスと較べると、それらはわれわれにたいへん近い人間性をもっているので、ほとんど珍しくもないほどである。シナントロプスは火の知識により、アトラントロプスはすでに精巧な道具により、ピテカントロプスはほとんど現存の人類なみの大腿骨によって、各時代に重大な疑問を投げたのだったが、その疑問はアウストララントロプスが人間の始原と、これらの原人類の証人とのあいだに置いた数十万年の距離により解決されてしまったのである。つまり彼らは、なお多くのこと、おそらく驚くべきことすらわれわれに教えつづけるとしても、彼らが根本概念をひっくり返してしまう望みは今やほとんどなくなっている。原人は、その時代にすでに、きわめて遥かな人類の過去を背負っていたのであった。

だからといって、彼らの人類的な様相はわれわれをびっくりさせるようなものでなかったわけではない。彼らはなお巨大な顔をもち、われわれより遥かに小さい頭蓋をもっていた。額はなお身長に応じて拡大したアウストララントロプスの額であって、大きな眼窩上隆起でふさがれていたのである。今日では彼らをもう、以前のような半猿と見なしたりはしないが、彼らの頭蓋を解剖すると、人間化の諸階梯についての印象ぶかい一つの像《イメージ》が与えられる。

旧人《パレアントロプス》

実際、一連の鎖のなかでは、最初と最後の鎖の輪がなによりも問題になる。いちばん重要なことは、人類の長い鎖がその出発点において、どのように固定され、それがどうわれわれの位置する場所、つまりホモ・サピエンスという形での到達点につながるかを知ることである。鎖のいちばん手前の端を確保してくれるのは、旧人、特にネアンデルタール人である。分類がどれほど恣意的であるかを繰り返すのは無益ではない。というのは、もしわれわれがジンジャントロプスとわれわれ人類とのあいだに、ただ二十体の完全な化石をもつにすぎなかったとしたら、原人も旧人もなくて、段階その一から段階その二〇にいたる欠け目のない連続があったことだろう。なぜなら現存する形のものには、もろもろの変化があるにもかかわらず、時代遅れの考えに固執するのでない限り、議論の余地なく年代の確定しているいくつかの化石のあいだには、抵触するところも、目立つような部分的重なり合いもないからである。

旧人は、大部分はきわめて断片的ないくつかの頭蓋によって知られているにすぎない。ほぼ完全なのはシュタインハイム、ジブラルタル、サッコパストーレIの化石だけである。ローデシアのブロークン・ヒルの頭蓋は正確に年代を決められないが、ヨーロッパの昔の旧人の頭蓋にかなり近い、古い時代の状態を反映している。近ごろの旧人は数多い完全な骸骨によって知られている。しかし無傷の頭蓋は少なく、大多数はひじょうに多くの断片から復元されたものである。そのなかにはすでにホモ・サピエンスにたいへん近い、〈ムガレト・エス・〉スクールの頭蓋がある。ヨーロッパでの最良の個体標本は、ラ・シャペル＝オ＝サン、ラ・フェラシー、モンテ・チルチェオのそれである。

少なくともここでは、旧人の身体構造がいかなる点でわれわれと異なっているかを探る必要はない。探るのが無用だというのは、直立位の程度の多少という問題はもう問われず、第一、資料の現状からみても不可能だからである。逆に頭蓋構造は、最も大きな興味を呼びおこす。それはホモ・サピエンスの脳の獲得という最後の段階を記しているからである。もちろん、旧人の手や足の正確な形を決定したり、ネアンデルタール人の生き生きとした肖像を描くのに寄与しうるような解釈を提供するちょっとした細部を発見したりするのは、科学的観点からひじょうに興味ぶかい。しかしそれも問題に新たな解決をもたらしはしない。体の器官は脳の進化の終る遥か以前に、人間らしくできあがってしまっていたからである。

旧人の頭蓋（図版31、37、41）

ネアンデルタール人の肖像は典型的《クラシック》である。低く幅広い頭蓋、後退した額、頬骨の発達の弱い、唇のたいへん厚い、顎のない、がっしりした顔にあって、大きな眼窩の上にそびえる巨大な眼窩上隆起。力強い首が、太い二本足の上に立つずんぐりした体の頂点で、この野蛮な頭蓋構造を支えている。額や顎の細部や頭蓋の扁平度にちょっとした修正を加えれば、このモンタージュ写真は、最も古い時代から最近にいたる、あらゆる既知の〔旧〕人種に当てはまる。

ネアンデルタール人は、アウストララントロプスとは反対に、大きな脳をもった人類であり、これは二世代前の古生物学者をずいぶん手ひどく面喰らわせたのである。実際、最近発見された旧人は、現存の人種と等しい脳頭蓋容積に達している。しかしM・ブールや

R・アンソニーが以前から指摘しているように、さまざまの部分の比率は彼らとわれわれとで同一ではない。旧人の頭蓋は、後頭部が長く伸びているが、額は狭く低い位置にある。しかし、この特徴は、サルから人にいたる体位の進化についていわれてきたことを考えれば、説明がつく。霊長類の坐位における中間的な体位が確立したとき、頭蓋とのきずなが断ち切られたが、恩恵をこうむったのは後方頭蓋であった。下顎の骨組が顔面内部へ繰りこまれたことは、逆に眼窩上隆起の後ろで前額部がふさがれる結果になった。人類における垂直位へ移行すると、基底周囲における〈脳の巻きつき〉とかなり不適切にも呼ばれている現象をへて、そうとうなプラス面が生じたのである。アウストララントロプスにおいては、このプラス面はなによりも、後頭部と側頭部に影響をおよぼした。顔面の構造は、だいたい霊長類と同じで、前額部は、眼窩の後ろがふさがれたままである。それゆえ最も重要な古生物学的問題は、あいかわらずホモ・サピエンスにおける前額部の解放であり、顔の根本的な再調整にともなうこの解放によって、前額部と顎骨と顎が現われてくることになるが、旧人はこの変貌を証明する最適の化石なのである。

ジンジャントロプス、ブロークン・ヒル人、ラ・フェラシー人の体構造図を比較すると、顔面が頭蓋にたいし、しだいに減少していく現象が最初から鮮やかに見てとれる。すべてがあたかも眼窩から始まって、顔面が縮まっていき、しだいに上へ高く上っていく頭蓋の下にだんだん収まっていくといったぐあいである。あからさまな下顎突出がこうも小さくなるのは、顔の骨組構造に直接反映し、顔の頂点はジンジャントロプスでは眼窩上隆起の中心に、ブロークン・ヒル人では眼窩と額を結ぶ線上に、ラ・フェラシー人では額の中央に、現在の人類にあってはほとんど額の後方に来ている。これはプロスティオンとバジオンとの開き《コンパス》がしだいに狭くなることからも説明されるが、ジンジャントロプスから現存人類にいたると、この開きは六〇度から四五度になる。この進化は別なやり方でも説明される。人類の進化のなかで、眼窩上隆起はしだいに顔面構造の基礎という性格を失い、それと同時に小さくなり、たとえば今日の大多数の女性におけるようについには消滅してしまう。すべてはあたかも、前部領域が顔の力学的拘束から解放されるにつれ、脳がしだいにその領域を占拠するようになる、といったぐあいである。

　反対の推論を弁護し、より古典的な説明のしかたで、脳が前額部のほうに発達することにより、しだいに進む顔面の埋没と縮小とが決定されるということもできよう。それはウシの前に鋤をつけるようなもので、いかなる証明も不可能に思える脳の増大という原因に力学的な結果を〔無理に〕従わせるものだと、わたくしには思われる。これの反証は次のような事実によっても提起することができる。つまりそれは、一六〇〇立方センチの脳をもつ最も進化した旧人《パレアントロプス》でさえも、その脳は文字どおり力学的な妥協の果てに、拘束のない後方および横側方向にむかって拡張した、ということである。もし仮定されたような拡張力が脳にあったとするならば、前額部がもっとずっと早く発達しないわけも、また突き出した眉弓の上方にまで伸びないわけもなかったであろう。

　どうも他の原因が働いているようにみえる。古生代の終りに、身を起した四足動物の姿

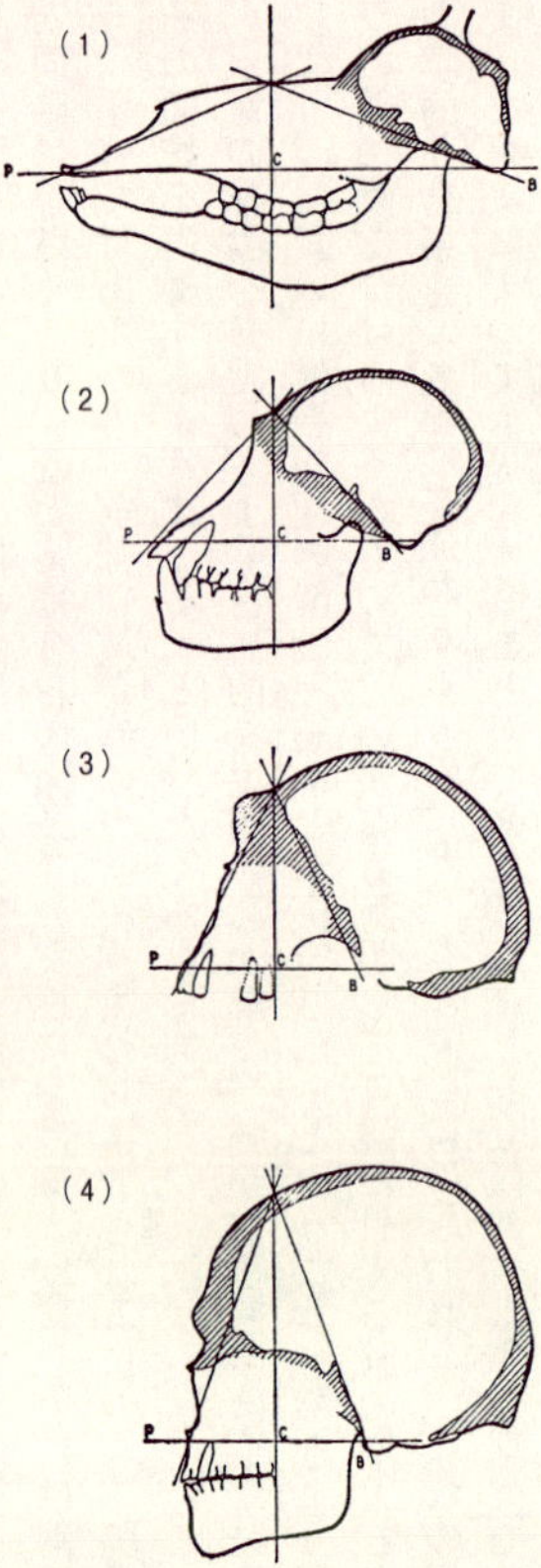

41　頭蓋底の短縮と脳の拡大。（1）鹿科。厳密な四足動物では基底PBが頭蓋の長さ全部を占める。（2）チンパンジー。（3）旧人。（4）ホモ・サピエンス。歯列の弧が縮小するにつれ、基底が短縮し、顔面の力学的一貫性によってPCとCBが等分に短縮していく。

勢が現われるとすぐ、異形歯が、つまり切歯、犬歯、小臼歯、臼歯への分化が現われたことを思い出していただきたい。同様に、この時点から犬歯の歯根が顔面構造の主要部分の一つになっていることも思い出していただきたい。犬歯と顔面の関係はたいへん密接で、ウマのように犬歯がほとんど完全に退化してしまった形においてもなお、それは全体の骨組にあいかわらず結びついているのである。サルにおいては、犬歯の歯根は歯冠の大きさとは係わりなく、同じ役割を果しつづけ、眼窩上隆起につながる骨の梁につづいている。言葉をかえれば、顔は四つの支柱（二つは両側の第一臼歯、もう二つは両側の犬歯）の上に構築されており、その支柱は眼窩上隆起が要石《かなめ》となっているのである。この構造は、すでに見たとおりアウストララントロプスにも残っているが、垂直位による基底部の短縮によって、犬歯の歯根の割合はいちじるしく縮小されている。

この〔縮小の〕過程は頭蓋構造が順応するにつれて、近代人にいたるまでゆっくりと続けられていく。ふつうこの進化は、対応する姿勢の進化に結びついているはずであり、今では数多くの化石によって証明されている直立位の原則そのものを疑うのではないが、わたくしが先ほど脊椎の彎曲の進化を仮定したさいに、暗に前提としていたことであった。

進化の過程は、しだいに短縮する頭蓋構造の支持部位が歯列の退化や脳の拡張――抵抗がなくなったところへ脳をいわば流しこむ――といったことと密接な脈絡をもっている事実にふたたび現われてくる（図版29から41）。年代のわかっているさまざまな旧人においては、犬歯根の漸次的な縮小はきわめてはっきりしており、ラ・フェラシーの頭蓋についていえば、歯根はすでに現存の人種にかなり近づいている。それゆえ旧人から現生人種にいたる顔の進化は、前部歯列の基礎がたえず小さくなるという、すでにアウストララントロプスの時に始まっていた縮小によって示されているのである。この退行の結果は、〈ホモ・サピエンス〉の顔を特徴づける最も重要な三つの変化によって提示される。すなわち、㈠前歯と眼窩上隆起とを結びつける骨組はだんだん小さくなり、この眼窩上隆起は消滅する傾向にある。㈡同じ現象が鏡に映るように下顎骨にも生じて、顎の部分は重大な変化をこうむり、それが顎の発達にいたる。㈢第一大臼歯は顔の最も重要な支柱の基礎となり、頬骨は眼窩上隆起の後方に主要な作用線を導き、その結果現生人種の頬骨は旧人のとはたいへん異なった形状を示している。

オーストラリア原住民のような、ある種の原始人種では、この過程がまだ完全に終っておらず、眼窩上隆起がいくぶんかの重要性を保っているということに注目すると、ひじょうに興味ぶかい。また、さまざまな人種における数多くの人間にあっては、顔の進化によって自由になった〔頭蓋〕空間のすべてが脳で占められてはおらず、かなり顕著な前頭洞がちょうど下等哺乳類におけると同様に、力学的には歯列によって条件づけられた容器〔脳室〕と、脳の内容とのあいだで、文字どおりの蛇腹を形成しており、この点に注意してみると、なおさら興味ぶかい。これこそ脳の拡張という仮定された作用などがないことのもう一つの証拠である。

それゆえ旧人は、時おりよくそう考えられるような、分れていく知恵おくれの枝などとはまったく別なものとして現われる。すべての形がホモ・サピエンスの直接の祖先であったと主張する必要はない（今日のホモ・サピエンスのある人種は、〈ホモ・ポスト＝サピエンス〉の未来に貢献することなく消滅するだろうから、この主張はホモ・サピエンス自体にとって馬鹿げたものになる）。ただ全体として、旧人が現実に現生人種の基礎にあることは明白だといっていい。年代のはっきりした旧人の代表例を年代順に位置づけるとき、われわれの方向への進化が標本のあいだに全体としてどんなに規則正しく認められるかを確かめれば、このことはいっそう明白になる。

大脳皮質の展開

今までわれわれは、人類の系統の長い発達の跡を見てきたが、そこで同時にサルと人間との類縁が今日ではきわめて疑問の余地の多いものと考えられていること、また、猿形態と二足の霊長類を隔てる分岐点のさらにこちらに位する仮説上の二足歩行の祖先みたいなものに頼らねばならないことも見た。実際、人間の特性はサルのそれには還元できない。というのは、魚からゴリラにいたる進化のすべてにおいて、姿勢がきわめて根本的な特性であることがわかるのだが、サルというサルは例外なく、四足と坐位の中間的な姿勢、およびそういう条件に足が適応していることで特徴づけられているからである。人類のほうも両足と坐位の中間的姿勢によって根本的に特徴づけられ、足は厳密にその特徴に適応している。

この差異が、他の指と向い合う親指のある手をもった生物の二系統のあいだの本質的な差異の源でなかったら、それは二義的と見なされたかもしれない。人類は移動のさい、手が自由であるということを、垂直位に負うているだけではない。小さい犬歯をもった短い顔を所有し、骨の函に繫留されるという拘束から解放された脳を所有するということも、そのおかげなのである。あいつぐ解放の結果として、脳の解放は、アウストララントロプスと名づけたほうがよさそうな、最古の証人であるアウストラロピテクスにおいても、すでに実現されている。人猿《オム・サンジュ》の痕跡をどんなに遠く探しても、今日までに見いだされたのは人間だけである。しかし、そのなかの最も古い形態といえども、なんと驚くべき存在であろう。足から首の先まで、現存の人間とさしたる違いがあるとは見えないのだ。しくみはすでに完全に人間なのである。それはサルとは違った頭をもっているが、顔はまだ人間化していない人間の顔である。広大で平たく額のない顔面が小さく丸い頭蓋についており、その頭蓋は巨大な顎の筋肉が付着する骨の突起を備えている。それはガブリエル・ド・モルティエが想像した陳腐な猿人《アントロポピテクス》よりもはるかに人を驚かせるが、この生物を支配している脳は、ゴリラの脳と較べるとより強力である。それはわれわれの脳と較べれば微小で、重さは二分の一しかない。知性はただ脳の容積に結びついているのではなく、脳の各部分の組織に係わっているのである。人間の脳に等しいような、きわめて大きなサルの脳でも、サルの脳としてしか機能しないだろう。なるほど神経細胞の数はゴリラの脳よりも多く含まれているだろうから、ゴリラ以上ではあっても、絶対に人間の脳と同じだとはいえないのである。ところがアウストラロピテクスはサルの脳をもってはいない。おそらく読者は、いっそう当惑することだろうが、彼は、その極端に原始的な顔に対応する人間の脳をもっているのである。

化石人類の脳の詳細な研究はもちろん不可能である。しかし、脳膜で覆われた脳の姿や、さまざまな部分の割合を定め、主要な大脳回の働きをかいま見るのに十分なイメージは、頭蓋腔の鋳型によって復元できる。だからこそ脳古生物学はある程度可能なのであり、半世紀このかた幾度も繰り返し行われてきたのである。

きわめて多様な動物や人間について脳がどう働くかは、数多くの業績によって知られている。この知識はまだはなはだ不完全だが、外科的に電気的に最も探りやすい表層部については、報告された事実は数多く、かつ首尾一貫している。この部位は大脳皮質の大部分に係わるが、まさにこの大脳皮質の次元で外界関係生活についての最も重要な現象が起るのである。脳硬膜の化石の鋳型が示すのは、ややぼんやりはしているがまさに大脳皮質の姿である。アウストラロピテクスや原人や旧人の知能表現を完全にリストアップすることは望み得ないにしても、鋳型と現在の生理学によって、彼らの脳器官のもろもろの可能性についてすでにきわめて根拠のある像《イメージ》を復元することはできる。

前にも見てきたように、人類の頭蓋が完全に直立した脊椎の頂に繋留されていることの最も重要な効果は、後頭部にたいし顔面が力学的に独立し、それが外後頭隆起の降下、および頭蓋底の傾斜の方向を決定するということである。これらの配置からくる最も明らかな結果は、くの字形に彎曲したかたちをとるいちじるしい脳髄の〈巻きつき〉である。脳底のこの内側への彎曲は、幾何学的には頭蓋穹窿の描く外縁がいちじるしく増大したことと切り離しては考えられない。いいかえれば、穹窿が文字どおり扇のように拡がるのである。この頭蓋の扇状の展開は画一的になされるのではない（図版42）。前額部は、確固たる基礎を置いている顔面によって、一定の割合に制限され、前額部をふさいでいる門が外れるためには、〈ホモ・サピエンス〉を待たねばならなかった。頭部もまた、繫留の力学的な拘束と比例しており、その結果、〔頭蓋の〕外縁の伸張は前後よりも中央において目立って大きくなっている。横断面の方向においても、それはいちじるしい増大を示し、直立位はその結果としてすでに、アウストラロピテクスにおいて、前額部、側頭部、頭頂部における頭蓋穹窿の面積の増加をともなっている。この増加は累進的であり、サルから人類にいたる一つ一つの型にその各段階をたどることができる。旧人まではつねにいちじるしく増大をつづけるが、旧人からホモ・サピエンスにいたるまでは、逆に増大の加速度が衰えてくる。人間にあっては、頭蓋穹窿は脳髄の実際の表面積に当るから、アウストラロピテクスから旧人にいたる脳進化の最もはっきりした事実は、額と頭頂の中間部分における大脳皮質の面積の増大であると、はっきりいえる。

この確認は重大な結果をもたらす。というのは、つまりそれは、人間の体の進化がきわめて早く終っていたとしても、脳の進化は、まずジンジャントロプスにあっては、まだそ

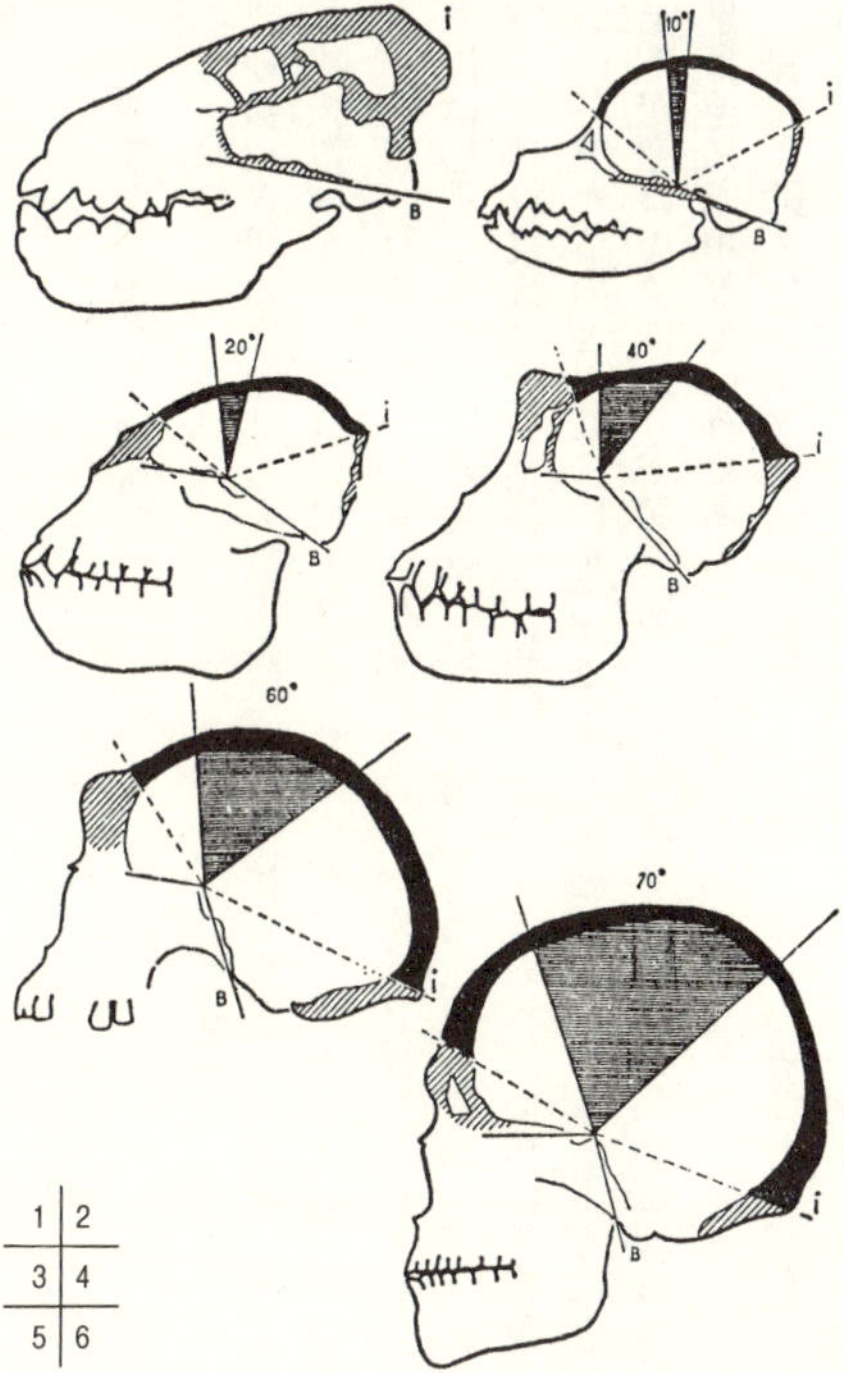

42　皮質の開き。ハイエナ（1）では頭蓋の穹窿は全面的に閉ざされている。他の例では、前頭部と外後頭隆起部分（i）が最大に拘束されている。ムクイヌ（2）における穹窿（黒い部分）の解放は、顔面が小さくなり、前頭部の閂が消滅して、空洞と歯の平衡を犠牲にしてなされる。脳底の彎曲はきわめてわずかで、側頭部の開きは小さい。イボザル（3）、ゴリラ（4）、旧人（5）、ホモ・サピエンス（6）では、基底が縮小し脳底の曲りがしだいに増大して、随意運動皮質と連合領に対応する中頭部分がますます広く開いてくる。

の始まりだったにすぎないことを示しており、次に巨大類人猿と最も古い人間とのあいだの知性の差を求めるべきだとするなら、対照が最もはっきりするのは中頭部の大脳皮質の属性であることを示すのである。

中頭部の大脳皮質（図版43）

動物や人間の中頭部の大脳皮質については、数多くの業績が残されているが、特に高等な哺乳類や人間の場合、ローランド溝の両側にある皮質に関しての業績が多い。この溝の前方には、体の各部分の運動機能と結びついた錐体細胞の投射線維（第四野）があり、後方には感覚をつかさどる線維（第一、第二、第三野）があって、体の同じ部分に対応している。神経電流検査や神経外科学のおかげで、いわば個体の神経運動知覚像を形づくる細胞の各群が体のどの部分に対応するかを正確に決定できるようになった。この知覚像は、上下が逆になっており、頭と前肢（腕と手）の運動に係わる線維は脳底のすぐ近くにあり、足は逆に頭頂部のほうにある。

神経運動図式の発達を四足動物からたどりはじめることは、われわれの話題にとってきわめて重要である。この研究から実際、動物界と人間界とのあいだの関係の主要点がいくつか浮彫りにされる。

神経系は、無脊椎動物の最もかんたんな図式、つまり知覚運動神経系が体の各部を動か

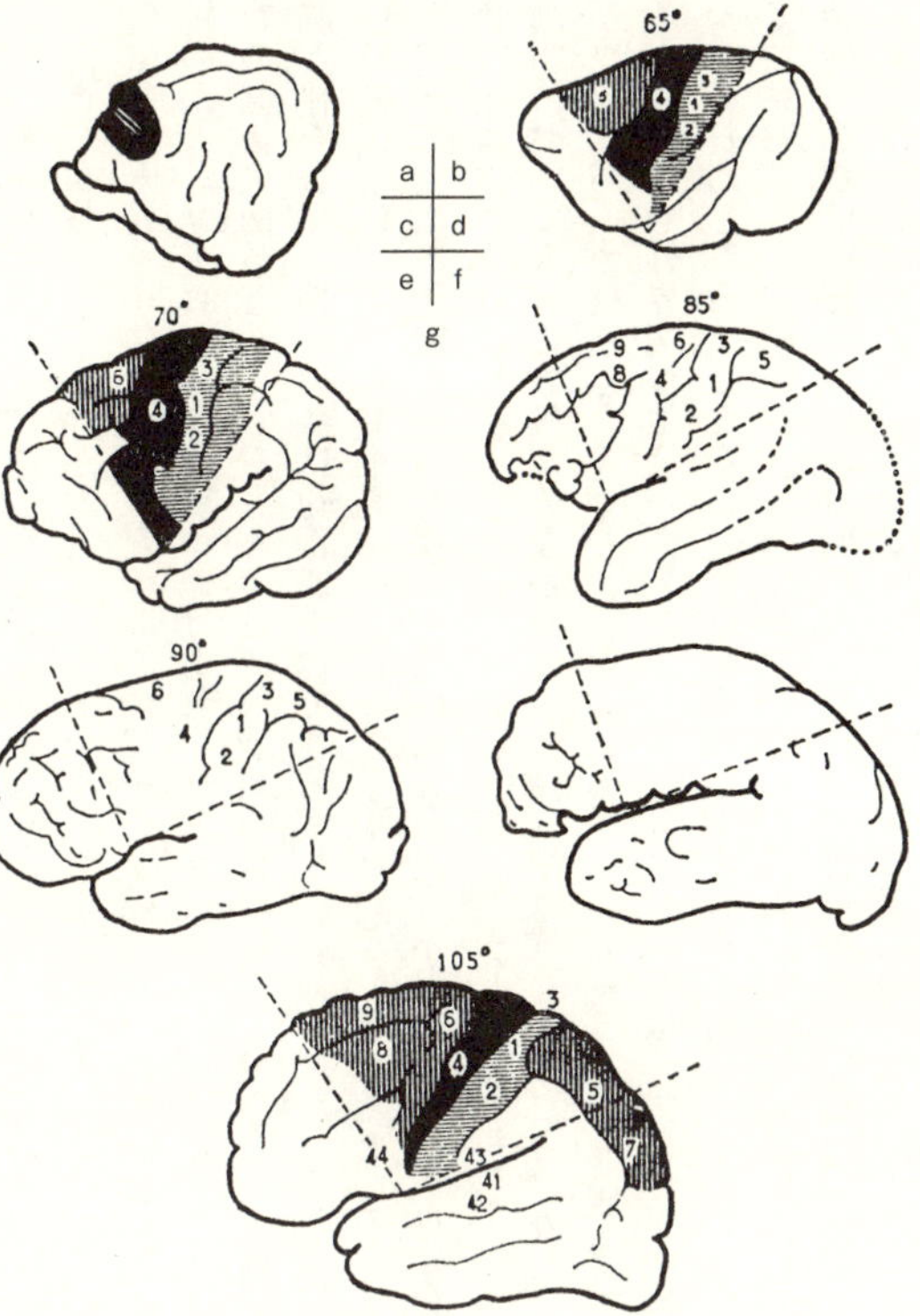

43 (a) ネコの脳、(b) マカカザル、(c) チンパンジー、(d) アウストララントロプス、(e) シナントロプス、(f) ネアンデルタール人、(g) ホモ・サピエンス。1、2、3 は身体運動野。4 随意運動野。5、6、7、8、9 は錐体外路運動野。41、42、43 聴覚野。44 言語発声野。脳内原形細部がよくわからないが、化石人類 (d、e、f) ははっきりと人間的な割合を示す。

す神経節の二本の鎖と最初の外界関係装置が形成されている前部神経叉だけに限られているところから始まり、体の器官との接続の数が増加し、脳中枢において、無数の神経指令の働きを調整する可能性が増えるのとあいまって豊かになっていく。その結果、ちょうど電気装置とか電子装置とまったく同じに、その末端で一つの統合装置のなかに合体する接続の糸（ニューロン）が程度の差はあれ、配線されることになる。この統合装置は、接続数の直接の関数としてもろもろの可変可能値を合わせもっている。人間にあって、脳と脳、脳と体をむすぶ接続の数は約百四十億である。

脳の構造は、下等無脊椎動物の〈銘々勝手〉という、目立たないかたちで歩みはじめたが、そこでは各体節がその有機体の他の部分と最少不可欠な連絡だけを保って、自分のために生きている。虫類にあっては、〔体各部の〕独立性はまだいちじるしく大きい。脊椎動物においても、この根本的なかたちでの独立性は残存することになり（ウナギの輪切りがフライパンではねることや、首を切られたアヒルが数メートル走ることなど）、しかし多少なりとも外界関係生活が介入してくる部分については、すべて、脳系統との接続によって裏打ちされることとなる。脊椎動物の最初の神経系統は、まだひじょうに単純で、すでに見たように、頭蓋の骨格のなかでもわずかの場所しか占めていない。器官をしだいに精妙に意識的に使うという方向でなされていく神経系統の完成は、感覚を総合し映像や応答を配分する統合装置が、すでに存在する系統の端につけ加えられることによってなしとげられる。簡単にいえば、動物から人間にいたる道はあたかも、脳に脳がつけ加わったかのようなぐあいであり、最後に発達した組織の一つ一つが、それ以前の組織のすべて——これもあいかわらず役割を果しつづけているが——にたいして、ますます微妙な一貫性を実現している。哺乳類になって初めて重要性をおびるいちばん新しい組織は、運動と感覚の統合装置である新皮質だが、これが人間の知性の道具となるのである。脊椎動物の皮質、あるいはネオパリウム（新脳外套）の機能的構造は、まだ細部が決定される段階からはほど遠い。さらに、ここでそれをそもそもの起原から取りあげるのも大して役に立たないだろう。神経学のいうところと、脊椎動物の頭蓋装置の力学的な進化について、わたくしが述べたこととのあいだの連続性を示すには、高度に進化した四足動物哺乳類における出発を考えるだけで十分である。

知覚運動皮質は、ウマ、ブタ、ヤギのような動物では、かなりはっきりとローランド溝の縁に沿って個別化する。これらの動物は歩行群四足動物であり、彼らにとってその前部領域は、本質的に顔面にのみ係わっており、ウマにおいては前肢の参加が実質的に皆無で、ブタの場合はきわめて少なく、ヤギの場合はやや重要である。これら三種の動物の皮質を調べてみると、知覚運動皮質において鼻面《マズル》がひじょうに細分化されて再現されていることがわかる。前肢は、反対に足首の前面にあたるいくつかの部分によってかろうじて個別化されているにすぎない。その結果、これらの動物の繊細な感覚と〈知恵のある〉運動機能は口腔の周辺に限られ、彼らの手足の技術性は肢で立ったり押しのけたりするといった、いくつかのわずかな可能性に限られる。

すでに手の介入がきわめてはっきりしている食肉動物にあっては、知覚運動をつかさどる皮質領域はより線維に富み、体のさまざまな部分がよりニュアンスに富んで再現されている。後部はひじょうに漠然と再現され、そこでの身振りの調整は意識が介入しない段階でなされる。しかし顔と二本の前肢は、はっきり区別され、かなり細かく組織されている。ネコは顔と前肢の特に強い分離度を示し、これは手が多様な動作に用いられることと照応している。このことは、わたくしがすでに幾度も主張したところだが、一般的な事実の正しさを示している。すなわち歩行群とは反対に、把握群はすべて、たとえ人間の到達点からはほど遠いにせよ、技術性の根本的な潜在力をもっているのである。肉食動物では、皮質の技術領域がきわめて窮屈な力学装置に限られ、皮質はまだほとんど開いていない。しかし動物界におけるどれほどの深みで人間的技術の器官が形づくられたかを理解させるには、そこに存在するものだけで十分なのである。

マカカザルのような、犬型のサルにおいて、皮質の扇は明らかに開きはじめ、一次知覚運動三角帯（第一野から四野）は、錐体外路運動前領（第六野）によって豊かになっているが、これは運動の総合のさらに進んだ程度への発達を示している。身体器官の知覚像はたいへん精細になり、体のあらゆる部分がさまざまな割合で霊長類の運動体制を示しながら、明瞭なかたちで皮質のなかに現われている。皮質の表面の約三分の二が顔と手と足をつかさどる細胞によって占められ、全面積のほとんど四分の一近くがもっぱら舌、喉頭、唇、手の親指と足の親指を支配する神経単位《ニューロン》で占められている（図版44）。チンパンジー

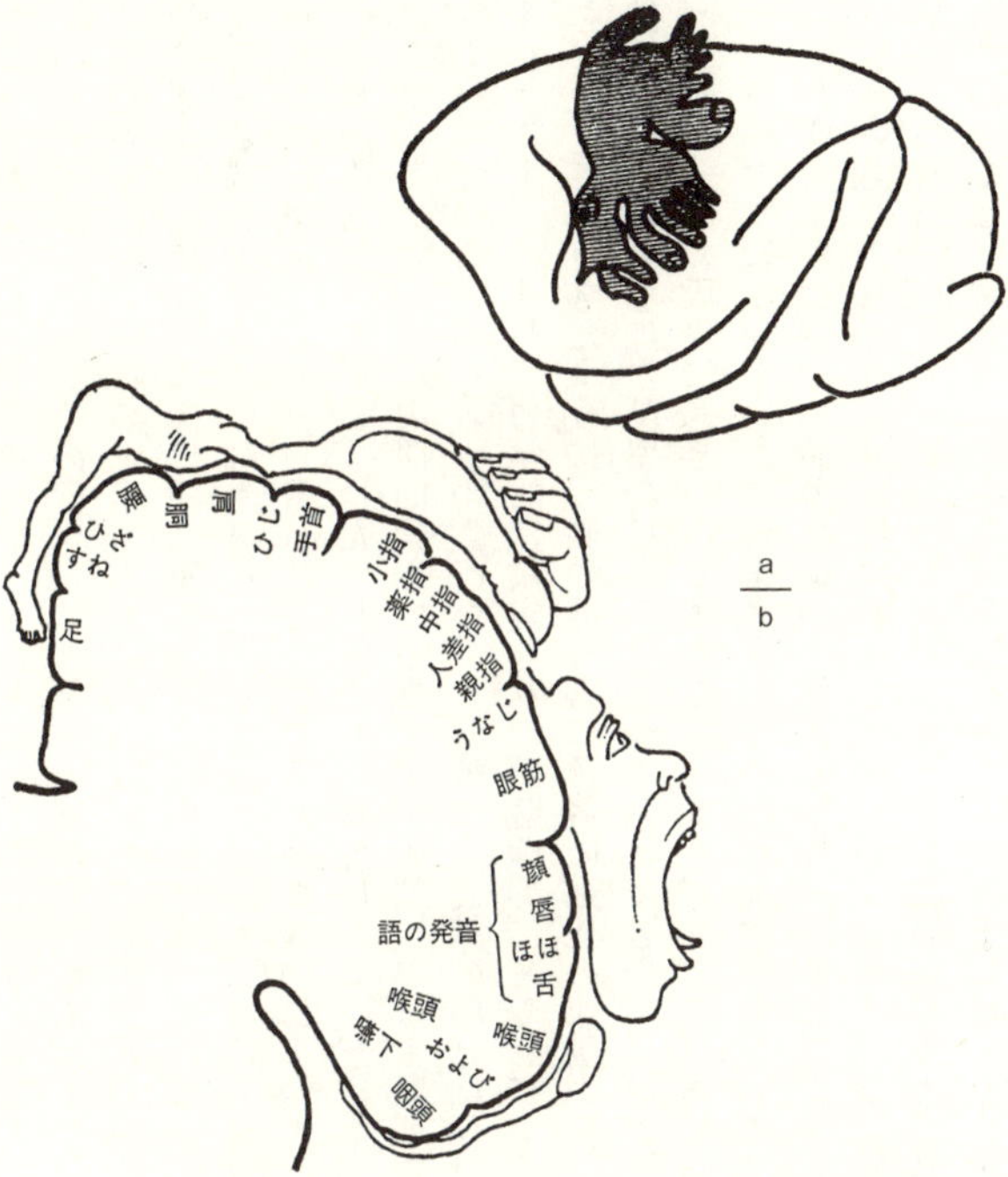

44　随意運動の皮質像。(a) マカカザル（ウルシイによる）、(b) ホモ・サピエンス（ペンフィールドとラスムッセンによる）。サルの場合、手と足の像、とりわけ顔に較べて親指が重要な部分をしめていることに注意。人間の場合、足の場所が少なくなって、手と言語活動の器官がたいへん重要になるのがわかる（顔の下部、舌、喉頭）。マカカザルの脳は横から見たところ、人間の脳は断面図。

やゴリラの場合も、本質的にはほとんど変っていないが、細胞の数がより多くなっているという事実からいっそう高度化しており、犬型のサルにあっては、手の四本の指が連動していたのにたいし、指の一本一本の動きが区別して表現されている。基本的な運動領、運動前領については、人間は類人猿の場合と根本的に変っていない。進化は各段階ごとに、先行する脳の上に新しい脳を構築し、高等四足動物の〔脳の〕運動帯をサルの運動前領三角帯が乗り越え、この三角帯自体もやがて新しい形成物によって凌駕される。

猿類の段階は、すでにまったく目覚ましい状態にある。解剖学的な相関関係が、四足移動と坐位とを両有する中間的状態の確立と、中頭部における頭蓋穹窿の発達とに重要な役割を演じている。ハイエナのような、ある種の肉食獣の脳とは反対に、霊長類の脳は、発達しうる限界に達し、力学的に決定された頭蓋輪郭に密着している。少なくとも暗黙のうちに仮定されてきたように、脳の伸張力に頭蓋の進化の原動力を見ることは不可能である。神経細胞の数の増加が脳室の拡大に先立つことはできない。脳の伸張と骨格の空間的改良とが同じ一つの現象に過ぎないと認めたとしても、脳が一般的動向に〈従う〉のであって、その原動力ではないということを考慮しないわけにはいかないのである。

それゆえサルは、その頭蓋穹窿の力学的な解放の状態に対応する脳、すなわち知覚運動皮質がいちじるしく拡がり、特に顔面と手の、独立のあるいは連繫した働きの制御を高水準に保つ頭脳をもっているわけである。だれでも高等なサルの行動を研究したことのある人にとっては、言葉の人間的な意味において、技術の行使にたいする障害がサルの運動皮質や、運動前皮質の装備如何にあるのではないことはほとんど疑いの余地がない。ところで、チンパンジーについての観察が印象的な性格をもつにもかかわらず、箱の上に上ってバナナをひっかけるために二本の竹をつなぎ合せるサルの行為と、ジンジャントロプスの製作の身ぶりのあいだには、測りがたい深淵がある。チンパンジーのような、動物学的にわれわれに近い存在が、初歩の技術性へのアプローチの反映といったものを示す、ということには驚くべきことは何もない。それは、たとえばバクのうちにサイを、リスのうちにビーヴァーを、クマのうちにアナグマを見いだすことができるのと較べて、それほど特別なことではないからである。しかしサイがバクに到達しないのと同様に、サルは人間へと到達しはしない。(7)

人類の脳

アウストラロピテクス、ピテカントロプス、ネアンデルタール人、そして現在の人の、脳硬膜の模型を観察すると、さまざまな部分のあいだに比率の違いがあって、それがとりわけ前頭葉にいちじるしいことがわかる。中頭部と後頭部の脳については、容積と面積の違いを除くと、現生人類の脳のあいだにも認められるような変化しかない。脳の総重量の増加（アウストラロピテクスからホモ・サピエンスにいたるまでに二倍以上になる）と皮質の表面積を増す大脳回の複雑化によって、進化の系列の初めと終りとでは、知的発達のたいへん異なった水準が与えられるが、それは先験的《ア・プリオリ》に人間と別のものを含むわけではない。いいかえれば、最初からジンジャントロプスの脳は、サルの形ではなく人間の脳の形をしているが、小さく、皺の寄りかたも幅広く、前頭葉は割合からいって、ひじょうに小さい。ホモ・サピエンス以前の生のさまざまな形態について、現在われわれが知っていることを、構造の差異からではなく、程度の差から出発して、人間的見地で解釈することが可能になるわけである。だからといってサルの位置づけを元に戻し、ここから人間が始まるという境界を好きなところに置けるような系列の先頭にサルを立てないようにしたからといって、〔人類の起原についての〕難題が減りはしないことを包み隠してはならない。〔サルと人類とのあいだの〕〈ミッシング・リンク〉をあきらめたとしても、現在の資料においては、人間についての定義の一致それ自体を論議させずにはおかないほど、さまざまな人間の化石群《コレクション》が目の前にあるのである。

第一章からすでに、化石〈人類〉の状況は直立位、短い顔面、自由な手、道具の所有によって位置づけられている。ここで解決すべき問題は、技術の行使という点で人間をサルから区別させる頭脳装置の構造の問題である。それというのも、ジンジャントロプスの発見によって、技術は最も貧弱な人間形態にも存在していることが確かめられたからである。現生人類の大脳皮質を詳細に研究することがいくつかの仮説の材料を提供してくれる。

原始的な運動機能（図版43、44）

高等哺乳動物の脳と同じく、人間の脳はローランド溝に沿って、上前頭回の上に、第一次運動領（第四野）をもち、そこで爪先から頭頂まで、顔面、手の指、上肢、胴、下肢を支配する神経単位《ニューロン》の群を正確に分離することができる。肉食獣やサルにおけると同様に、そこには第四野が調整板をなす身体メカニズムの知覚像（頭が下になった）が見いだされる。体の各領域に割り当てられている神経単位の量は、そこから引き出される働きの細緻さに比例している。現在の人間はだいたい次のような割合を示している。第四野の八〇パーセントは頭と上肢の運動制御に当てられ、つまり外界関係領域の二つの極点が第一次運動メカニスムの十分の八を動員しており、舌、唇、喉頭、咽頭、指はそれだけで第四野の総体のほとんど半分近くを代表しているのである。

サルと較べると、量的な違いはたいへんなものだが、異なった領域それぞれの割合は、そんなに変っていない。実際、サルにおいて運動メカニスムのなかばを代表するのは、顔面器官と手である。人間とのただ一つの違いは足の親指についてであって、樹上霊長類や陸上二足動物とのあいだの移動の違いに結びついている。このように、人間とサルは顔と手については等しい神経分布をもっていることになる。すなわち彼らは〔ともに〕顔面器官と前肢との活動を等しく分けるような頭脳の証拠をもっているのである。サルの場合、この分担は、手については、把握、食物の下ごしらえ、攻撃、防御、皮むき、移動、顔については、咀嚼、嚥下などの協関行為〔相互に関連する行為〕に関係し、これにいくつかの身ぶりと物まねがつけ加わる。現在の人間の場合、われわれも知るとおり、分担はかなり違っていて、把握と食物の下ごしらえの協関行為は、攻撃防御と同じく手の優越を示すが、移動はもはや手には関係しない。しかし、とりわけ手は、ものをつくる器官の使命をもち、顔は言語活動における体系的な発声の道具となっている。

こうしたことを確認することで、いくつかの一般的考察が導きだされる。厳密に錐体路運動機能の次元では、サルと人間は前部領域について同じ方式を示すが、適用のしかたが異なり、後者が手を製作に用い、顔を話すことに用いる理由はまだ説明されていない。注目すべき重要なことは、どう考えても、アウストララントロプスにおける錐体路皮質が同じような方式に対応する状態にあると思われることで、すなわちアウストララントロプスにおいても、顔と手がマカカザルやわれわれと同様、ほぼ同じくらいに重要な役割を演じており、協関によってつながっていたということである。

もう一つの事実も興味を与える。それは、第四野において顔と手の領域が隣接していることと、その局所解剖学上の位置が共通していることである。手の動きと顔の前部器官の動きとのあいだには、密接な関連協関がある。サルにおいては、この関連がとりわけ食物に係わる性格をもっているが、割合を別にすれば、人間についても同様である。しかし、そのうえ後者の場合、言語を用いるさいの手と顔のあいだにも、同様に強力な協関があることをはっきり認めておかなければならない。言葉を補うものとしての身ぶりに現われているこの協関は、声音の写しとしての書字《エクリチュール》のなかに再現される。

このように猿類と人類は同じ第一次運動皮質をもっている。つまり、体のあらゆる部分のはっきりとした知覚像をもっており、とくに圧倒的に顔と手が重要な部分をしめている。ネコやイヌにあっても、より漠然とはしているが、同じ表象が存在しており、それが脳構造の最終統合装置となっているのにたいし、サルにあっては、それがすでに、最後の一つ手前の段階でしかない。実際、訓練をほどこしたイヌやネコの場合、錐体路運動領を外科的に破壊すると、一般的な運動障害とは別個に、その動物において教育動作の連鎖によって訓練が創りだしたものを消してしまうことが認められている。動物は教わったものを失うのである。サルにおいては、前に見たように、皮質の扇の最初の発達から獲得された錐体外路運動前領（第六野）により、第一次運動領が前方に増大している。統合が起るのはこの次元においてで、錐体領だけが専ら介入してくるようなことはない。あたかもエレクトロニクス装置のなかで、最初の装置の何百万という組み合せを活用しながら、補助装置をつけ加えることで、その能力を増大させる可能性をもつようなものである。少なくとも概括的にいって、この譬えに根拠があることは、サルの場合、錐体路皮質を破壊しても、教育によって与えられた記憶が保たれるのを確かめてみれば、はっきりする。サルは学んだことを保存し、それを豊かにすることもできる。反対に、最後の段階である運動前皮質（第六野）を破壊すると、学習の喪失が起り、新しい動作の鎖を獲得する上に重大な障害が起る。それゆえ、扇の開きは、まさに神経系の改善に、四足動物よりサルにおいてより豊かになった統合装置の構造に、対応している。

人間の運動機能

化石人類の直接の脳所見がどうしようもないほど欠けているので、現生人類の次元でのわれわれの論議を、ふたたび取りあげざるをえないことになる。それに、後にわかるように、化石人類の文化《インダストリー》が産みだしたものから出発して、ある程度調整することはできる。他方、人類の有機的な統一がしだいに確立されてきた以上、過去を復元する際にも、現存の人類についての考察は、すべて妥当な価値をもっているのである。実際、問題はもはや、頼りない中間的な存在をもって二つの異なった動物群を結びつけることではなく、人類という同じ動物群のなかで、異なった時代に生きた同じ構造を較べることが問題なのである。第四章で検討するはずの問題の準備として、さしあたり前頭部を除いた、厳密に皮質の中頭部領域が問題であり、つまり技術（後で考慮されるはずの諸他の知能形態を除いて）が人類にあってはきわめて早くから見られる現象であり、その技術が動物全体のなかでも類のない特質をもっているということを証明するのが問題なのである。

現生人類の皮質のしくみ（図版43）は、運動に係わる部分として、第一次運動領（第四野）からなっていて、その前部にはサルの場合と同様に運動前領（第六野）がある。さらにその前に第八野がつけ加わり、その構造は運動前領の構造と、運動神経単位《ニューロン》のない前頭葉の構造との中間をなしている。扇はそれゆえ新たにまた一折り拡がったわけである。今や、三層をなしている運動統合装置は、四足動物以来、たえず前方へ前方へと場所を占め、前頭部の領域はサルにおいてはきわめて小さく、化石人類においてもまだ発達しつくしたとはとてもいえない段階にあるが、運動の統合は、第八野によって、運動に関係しないこの前頭部の領域へと移されていく。

運動をつかさどる扇のまわりには、感覚印象に属する装置が集まっており、神経運動メカニスムにおける印象の統合を確実に行なっている。視覚印象は後頭葉に固有の領域をもち（第十七野から十九野）、肉体感覚印象はローランド溝の後縁に沿って第四野に平行な帯を形づくり（第一、第二、第三野）、これらの区別は第四野のそれに対応している。側頭部（第四十一野から第四十四野）は人類の頭蓋の〈巻きつき〉運動の中心であるから、最も重要な運動はそこで起り、特別に興味ぶかい。というのは、ブロカ以来、その研究がたえず言語活動を問題にしてきたからである。

人類の言語活動（図版45）

言語活動の問題は、別な章で取りあげられることになるが、たとえ不完全でも脳解剖学の所与からいくつかの情報を引きだすべきである。その後でそれらの情報を実際の所見と

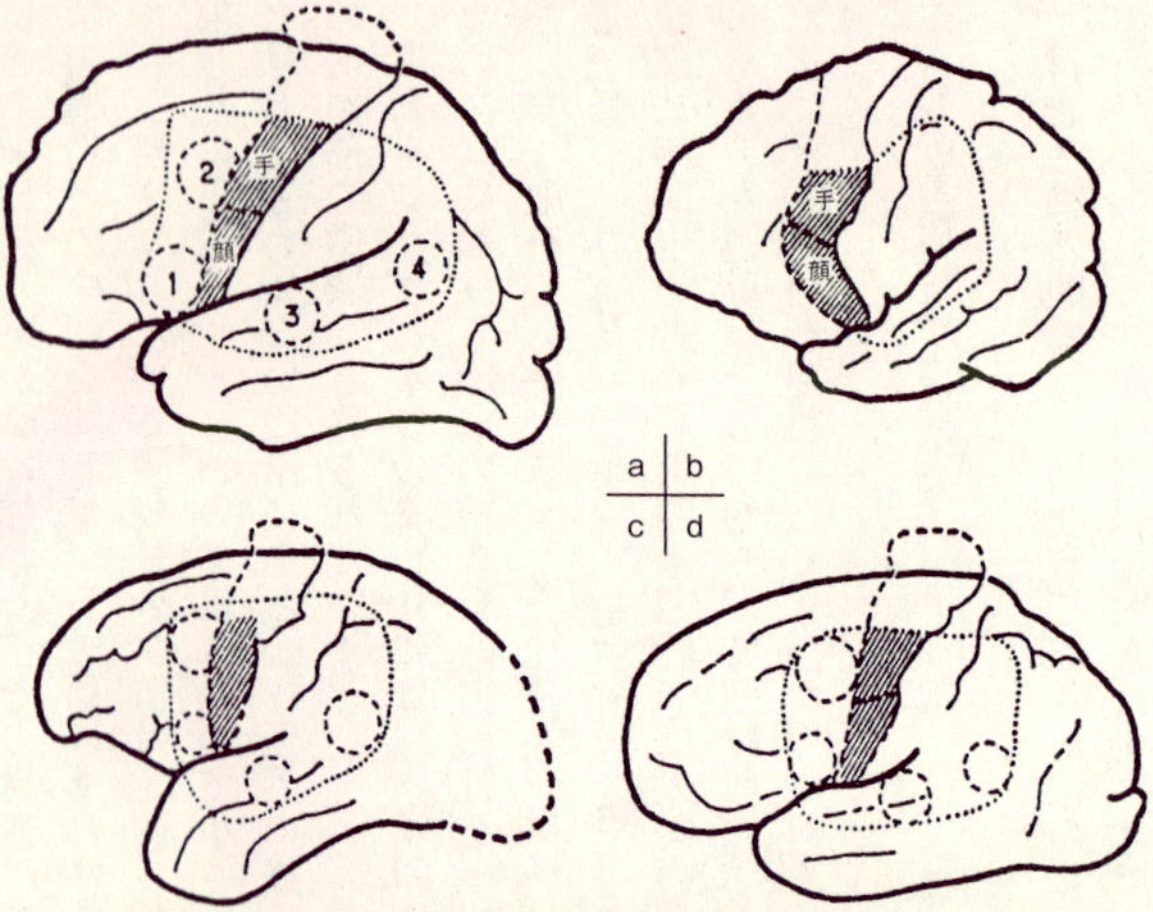

45　人類の言語活動。斜線部は手と顔の随意運動領。点線はP.マリの四辺形の境界で、このなかに損傷が生ずると失語症を起す。(a) ホモ・サピエンス、(b) チンパンジー、(c) アウストララントロプス、(d) シナントロプスにおける構音不能（1）、失語症（2）、語聾（3）、失読症（4）。サルの場合、聴覚・視覚による認知を除いて統合領にあたる部分がないことがわかる。逆にアウストララントロプスと原人では、局所解剖学的に言語活動の統合中枢があった可能性がある。

引き較べることにしよう。

前頭部、頭頂部、側頭部が合体している皮質は運動領および運動前領（第四、第六野）の下部、すなわち顔と手に影響をあたえる運動領域からなっている。前方では、運動前領が二つの連合領に接続している。一方は中前頭回脚（第九野脚）を占め、手の運動中枢と向い合い、他方は下前頭回脚（第四十四野）を占め、顔の運動中枢と接している。

後方では、顔と手の運動舌状帯がそれに対応する第一および第二肉体感覚領の部分と隣接しており、後ろ下方でそれは聴覚連合領（第四十一、四十二野）に触れ、さらに後ろでは視覚連合領第十九と間接的に結びついている。第四十四野はブロカが一八六一年に下前頭回脚の障害が言語使用の喪失を決定することを発見して以来、言語中枢といわれている。ここ百年のあいだに脳の局所解剖学は大きな進歩を遂げ、言語の問題は、大脳機能の局在性について、まだ脳位相学的な考えにひたっていた神経学が想像していたよりもっと幅広い基礎を獲得したのである[8]。

いままで述べてきた脳組織のすべては、現在の人間の言語活動の皮質の骨組を形づくっているのだが、顔と手の運動皮質を包む連合領が同時に音声的、図示的表象の作成に加わっていることは、神経外科学の実験によって認められている。顔面に係わる錐体路皮質と接触している第四十四野に障害が生じると、ブロカが見たように、失語症つまり首尾一貫した音声表象《シンボル》の形成をできなくしてしまう。第四十一、四十二野の聴覚領の障害は、語聾つまり聞いた言葉が何であるか聞きわけることをできなくする原因となる。顔面に係わる運動細胞の周りにある二つの領域のうち、一つは前頭部へ、もう一つは聴覚器官へ連続するので、それらは直接に音声言語において問題になる。しかし、書字《エクリチュール》の領域に係わる言語障害の性質を確認することのほうが、もっと重要なのである。手の運動領に接している中前頭回脚の障害は、ものを書けなくする失書症の原因となるが、第十九視覚前後頭領の障害は、ものを読めなくする失読症をひきおこす。これらの疾患は、もちろん見る、聞く、発声する、といった生理的な可能性に係わっているのではなく、音声的、図示的表象を表現したり理解したりする知能に関係しているのである。

　これらの材料だけでも、言語活動の古生物学的な最初の全体像が思い描けるわけだが、まず最初に、言語の問題においては、意味をもった《エクスプレッシフ》音や身ぶりを編成する生理上の可能性と、音や身ぶりに変換できる意味をもった《エクスプレッシフ》表象を理解する知的な可能性とを区別しておくのが適当である。表象は表象で、それを手の領域を動員する動作と具体的に結びつけて考えることも、手の動作を除外して考えることもできる。

　高等なサルの皮質を考察してみると、第四十一野から四十四野までが、ほとんどないことがわかる。第四、第六、第八、第九、第四十四という皮質の系列が全体として問題になるのではなく、神経単位の全体は実質的には第八〔皮質〕の段階で止まっている。それゆえ、発音《アルチキュラシヨン》〔調音〕と身ぶりは、前人間的なかたちで備わっていることになる。表象の聞き取りも、同じくほとんど欠如している。前頭部の骨塊と外後頭部の骨塊とのあいだに、窮屈に密閉された巨大類人猿の中頭部皮質は、言語を構成する生理的な可能性をもたなかったのである。
反対に、外後頭《イニオン》の閂が外れるやいなや、皮質が大きく扇開し、局所解剖学的には中頭部の皮質全体に恩恵をあたえる一つの状況が創りだされるのである。前頭部の伸張は、ホモ・サピエンスまではまだ不完全なままだが、音声および身ぶりに係わる連合領の存在については、早くもアウストララントロプスから完全に予想することができる。両足位と自由な手、それゆえ中頭穹窿をいちじるしく解放する頭蓋、に対応するのは、すでに言葉を行使するための備えができているような脳があるだけであり、わたくしの信じるところでは、音や身ぶりを生みだす生理的な可能性は、既知の最初の人類からすでにあったと見なさねばならない。ジンジャントロプスの言語活動《ランガージュ》はいかなる知的水準にあったのか。このことはもっと後で、別な論議のさいに取りあげることになる問題だが、だからといってそれは、最も古い人類において、言語活動が潜在的にあったということに、疑いをはさむものではない。

こうしてすべては、高等哺乳動物における皮質の扇の展開が体位の進化に対応する四つの時期に応じてなされた、ということを証明しているようにみえる。第一期においては、歩行群四足動物はローランド溝の縁に沿って、錐体路運動細胞の入念な組織ができた最初の証拠を示しているが、その組織はまだ、ほとんどすべて前部顔面器官の運動に係わるものだった。第二期は把握群四足動物によって示される。頭蓋繋留における変化はないが、この四足動物によって坐位や手の一時的な解放などの可能性が明らかになる。運動皮質帯はすでに組織され、手ははっきりと独立してくる。第三期はサルに対応している。坐位が確立したことは、頭蓋繋留の変化と結びつき、錐体細胞は運動前帯によって補われ、顔と手の動作は高度な特殊化の段階にまで達している。第四期は頭蓋繋留の根底からの変化と、手の解放をともなった両足位の獲得であり、皮質の扇は大きく開き、言語活動に係わるさまざまな領域に属する中枢と連絡するようになる。

ジンジャントロプス

化石人類研究にとっておそらく最も重要な出来事は、一九五九年七月十七日、タンガニーカのオルドゥヴァイ峡谷で、L・S・B・リーキーが、ごく原始的なしかし疑う余地のない道具一式を伴った人間大のアウストラロピテクス亜科の一つ、ジンジャントロプス・ボイセイを発見したことである。この発見は南アフリカのアウストラロピテクスの骨盤が発見された後、何年もたってから行われた。すでにアウストラロピテクスが直立して歩いたことはその二年前から知られており、道具類の所有についても当然あり得べきことだとする者も多かった。リーキーの発見は、少なくとも研究者のあいだの人猿《オム・サンジュ》の神話に終止符を打った。ここで残されているのは、第三紀の終りにすでに人類的な体型を獲得しながら、心的発達の点でまだはるかに遅れていた人類の化石が突然に発見されたことからくる結果を受けいれることである。

ジンジャントロプスは（そして他のアウストラロピテクス亜科も）道具を作りだす。このことは動物の系列のなかで初めて、解剖生物学とは異なった領域から借用された特徴が妥当なものかどうかという問題を提起することになる。特徴のなかに道具が現われたということは、まさに人類の特別な境界を記すものであり、長い過渡期をへて、ゆっくりと人間の動物学は社会学に取ってかわられる。ジンジャントロプスが見いだされた時点では、道具は文字どおり解剖学上の変化の結果として、つまり手や歯における爪や牙がまったく失われ、脳髄が入り組んだ手作業のために組織されるようになった存在にとっての唯一の突破口として現われる。

レイモンド・A・ダートは、一九二五年に南アフリカにおいて、最初のアウストラロピテクスを明るみに出し、ひき続いて既知の人類のなかで最も古いこの種族を数多く発見した人物だが、彼はそれらとともに発見された動物の遺骸の研究から、アウストラロピテクスは狩りをしていたという見解に到達した。これはサルにはほとんど類例をみないことなのである。アフリカ大陸の南部では、その獲物は中小のカモシカ、しばしば野生のブタやヒヒ、ときにはキリンやサイやカバのように大きな動物、ヒョウのように危険な動物から成りたっていたらしい。地層のなかから石器類が発見される前、ダートはアウストラロピテクスが骨の道具、とりわけ握斧のように使われるカモシカの上腕骨を用いていたと考え、最も特徴的と見える骨の破片を選びだして〈骨歯角〉文化《インダストリー》なるものを提案したのであった。確かにこの文化の大半は偶然的な性格しかもっていないようにみえたが、大きい骨を握斧として用い、角を棍棒や猪槍として用いる可能性も、もちろん棄て去るわけにはいかない。

オルドゥヴァイでは、ジンジャントロプスの化石は、打製された石に取りまかれて横たわっていた。この石は、アフリカではかなり以前から〈ペブル・カルチュア〉という名で知られていた礫石文化に属している。これは、第四紀の最も古い層や第三紀へ移行するあたりで北から南まで発見され、数年前からすでにアウストラントロプスがつくったものではないかと思われていたのである。

打ち欠いた石

このアフリカの石の文化《インダストリー》は、ただの小石とは違う〔人手の加わった〕最初の形として想像されるもの〔石製品〕と文字どおりぴったり合致する。人間の文化の最初の製作物を見分けるのは容易ではなく、前世紀の六〇年代から先史学者を悩ましてきた。二次的な加工によって、一定の形ができあがる瞬間から、道具を道具として認めるのは容易であるが、ただのかけらに過ぎないかもしれない打製の石について、何かをいうのはむずかしい。燧石《フリント》や珪岩のような剝離しやすい岩石は激しい衝撃によって剝片を生じ、それが打裂面に貝殻《コンコイド》状の表面、衝撃瘤を示す。剝片を生じさせる衝撃は、ある方向と、ある力をもって加えられるはずだが、これにはしばしば意識の介入が仮定される。もちろん、石に打ち寄せる波や滝の落下によって生じる幾十億の衝撃のなかで、人間の手にかかったようにみえるいくつかの剝片が偶然に生じることがある。つまり衝撃瘤の存在が人間の介入を高い確率で証拠だてるとしても、自然の戯れでしかないいくつかの剝片を発見する可能性もあいかわらずある、といえるのである。こうして十九世紀の終りには、中期前期の第三紀層における〈曙石器《エオリス》〉が先史学の学界を激しく動揺させたのである。

蒐集された曙石器を眺めた場合、その標本が意識的、無意識的にせよ、選別されたものでないとすれば、特に明瞭なある性格が目についてくる。そこには、定まった形態というものはまったく認められず、形の分布は完全に偶発的なのである。そこに導入できる唯一の形態上の定数は、ただ力学的な次元のものである。それは燧石《フリント》の塊の縁が偶然薄かったことによるもので、突き出している部分が区別なく問題なのであり、きわめて細長い塊が屈曲によって割れたものに対応している。こういうものが最も原始的な文化《インダストリー》であるとすれば、先史学はついに問題を解決することができず、最初の証拠を見分けることはできないだろう。

しかし偶然に加えられた衝撃などといったことは、原始人について、ガブリエル・ド・モルティィエ時代の想像にかまける学者の頭のなかでしか考えられはしない。そのような想像によれば、原始人はまだ経験のない一種の半猿で、最近歩行から解放された片方の手を目の上にかざしたまま、面白がって自分の周囲をもう一方の手で叩きながら最初の人という称号を獲得した、というわけである。問題を生物学的、また古生物学的な見地に置き直してみると、それはまったく別様に見えてくる。これまでの数章の後で、われわれは人類の体と脳の文字どおりの分泌物としての道具という概念に到達した。この場合、一定の道具、つまり人造器官に自然の器官の規準をあてはめるのが論理的である。それは一定の形、文字どおりの原型に対応するはずである。事実それが歴史時代の人間文化のあらゆる産物の規則だった。小刀、斧、車、飛行機などの原型が存在し、それはたんに首尾一貫しているだけの知性の産物であるだけでなく、物質と機能のなかに統合されている知性の産物である（第十二章を見よ）。石の文化については、破壊の偶然によって数多くの不規則な形の産物がもたらされたと反論することもできよう。しかし先史学者はそれに欺かれなかった。各時代は両面石器《ビファス》、搔器《ラクロワール》、彫刀《ビュラン》のような、それぞれの定形的石器によって名づけられている。最初の人類の知性がわれわれより劣ったものだとは想像できるし、むしろそう想像すべきであろうが、生物学的に秩序脈絡がないものであるとは想像できない。それゆえ、いちばん古い道具は、ただの石と区別できないか、あるいは一定の形にちゃんと応えているかのどちらかなのである。

アウストララントロプスの定形的石器（図版46）

礫石文化《ペブル・カルチュア》における打ち欠いた石は、幾百万の礫器によって証明されるある定形にまさしく対応している。それを製作するのには二つの石が予想され、一つは加撃器の役割をなし、

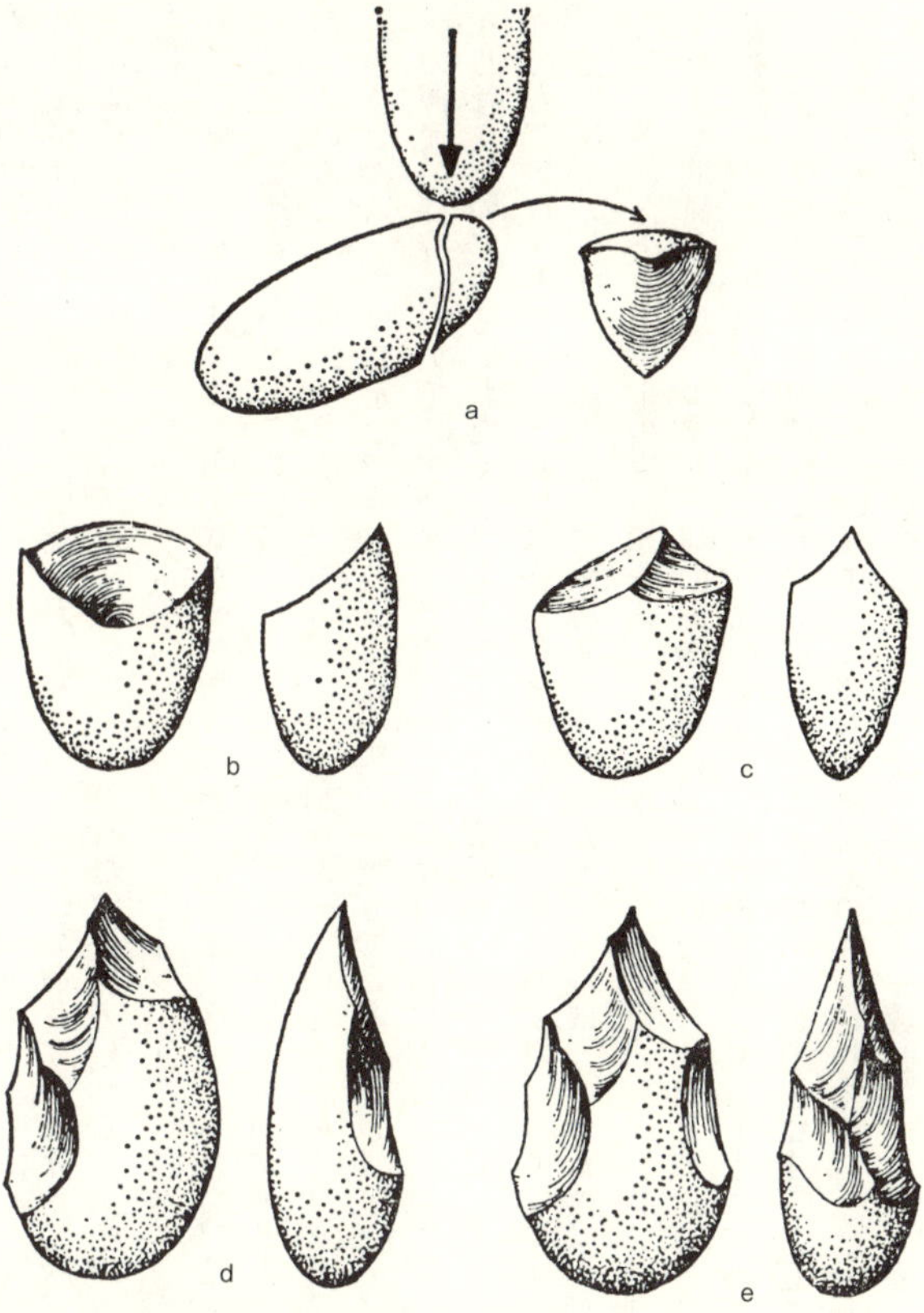

46 第一段階の文化。動作の鎖はただひとつの身ぶり（a）にかぎられ、道具に打撃面を付け加えたり、尖端部（ポイント）（c－d）をつくることによって、チョッパー（b）から、簡単な両面石器（e）をつくる。

もう一つは衝撃を受けとめるそれである。衝撃が石の一側面に垂直に加えられると、一つの破片がはがれて、石の上には鋭い刃が残る。二つ三つの破片がつながって欠けると、刃渡りはずっと長く曲ってくる。それがただ一方の面だけに加えられると〈チョッパー〉が生じ、二つの面に加えられると〈チョッピング・トゥール〉が生じる。この際、〈刻み庖丁〉とか〈刻み道具〉という言葉がその物の機能について、必ずしも当てはまらないということには触れないが、この作業がいちばん単純な、石の側面を直角に叩くという動作を含んでいることは確認できるのである。一つの動作が一つの刃を生みだすということは、まさにそれ以下では認定ができなくなる最小限の手懸りであり、それゆえわたくしは、文化の源流の探究において、アウストララントロプスより以前に遡ることはむずかしいだろうと考えるのである。わたくしはもちろん、この資料がないのを残念に思っている。というのも、アウストララントロプスが手作業の出発点ではないに決っているからである。

ジンジャントロプスとともに、またアフリカの大地に散らばっていた無数の仲間とともに発見されたチョッパーの道具類を通して、わかってくることは、アウストララントロプスが最も単純な一撃、つまり一回の動作で石に刃をつけたということである。この一撃は骨を砕くにも、胡桃《くるみ》をつぶすにも、棍棒で獣をうち倒すにも、同じように使われただろう。オルドゥヴァイでも他の場所でも、アウストララントロプスの遺骸は事実数百の砕かれた骨を伴っている。それゆえ、これまでに知られる最初の人類の技術性は、きわめて単純で、彼らの脳について知られるわずかのことにかなりぴったり一致している。しかしそれは、やはり確かに人間の技術であって、それが補足している存在の身体の成立ちと脈絡調和しているようにみえる。その技術性は技術意識の実態を示しているが、この意識についてわれわれの物差しで判断するのは慎むべきである。なぜなら、人間の技術の性格のなかに単なる動物学的な事実を見るほうが、ジンジャントロプスに創造的な思惟の体系を適用することよりも、確かに危険が少ないからである。数えられないほど長い年月のあいだ、彼らの文化が元のままで、いわば彼らの頭蓋の形に結びついていたことを見れば、そういう思惟の体系の存在は否定されるにちがいない。

　最初の人類についての研究は、人間の観念を完全に修正するにいたるかもしれない。本書の第一章では祖先の像《イメージ》が、十七世紀のイデオロギー的な論争の雰囲気のなかで、あらゆる古生物学的な根拠の外に生れた不自然な像《イメージ》であることを明らかにした。この像《イメージ》は、十九世紀および二十世紀の前半に化石が発見されるにつれて、その化石にも投影されつづけ、猿人《オム・サンジュ》と賢人《オム・サージュ》（ピテカントロプスとホモ・サピエンス）との対照を組織的に探究することになった。しかもこの態度は合理主義者と信仰者にあって、まったく同一だった。これは人間の問題を人間的に解決するのには結局無縁なものである。この態度の目的は、しだいに獣的でなくなる生物の系列のある一点に、〈人間の境界〉を、〈頭脳のルビコン河〉を、〈アダムの探究〉を置こうとすることであった。ところが、重要なのはまったく別のことなのである。アウストラントロプスは、なぜか人間的な〈最小限の思考〉を獲得するにいたった超獣性のかわりに、すでに完成した人間を現出している。たしかに、その人間らしさは、いわばうっかりすると見逃してしまうくらいの程度であり、サルを人間の祖先と見なすためにサルに与えられる〈最小限の思考〉の程度よりはおそらくもっと低いものであったが。……

原人

第二章で見てきたように、原人についての知識には重大な欠落があるが、それでもその身体の外見をある程度正確に思い浮べることはできる。地理的に見た彼らの分布はひじょうに広大である。というのは、発見の年代順にいうと、彼らはジャヴァ（ピテカントロプス）、ヨーロッパ（マウエル原人）、中国（シナントロプス）、北アフリカ（アトラントロプス）、そしておそらく東アフリカ（アフリカントロプス）でも見つかっているからである。これらの化石のすべては、解剖学上は差異があるにもかかわらず、ひじょうに多くの共通性をもっているので、これを原人という総称でまとめることができるだろう。判断できるかぎり、原人は時間的に割合秩序立って分布しており、第四紀の初めというたいへん長い時間（比較的狭い幅）に（実際は相当間隔を置いているが）だいたい集中している。こうして原人は、ヴィラフランキアン期に現われるアウストララントロプスと、第四紀中期に現われる旧人とのあいだに挟まれているわけである。その身体上の外見は、背丈と挙動からいって、人間の外見を備えているが、頭蓋はすでに見たように、まだわれわれとはきわめて違った形をもち、脳がアウストララントロプスよりいちじるしく発達しているとはいえ、まだ前方は眼窩上隆起に堅くふさがれており、その容積（一〇〇〇立方センチ）はアウストララントロプスの二倍弱で、現在の人間のほぼ三分の二に当る。原人の知能表現は、残念ながらごくわずかの資料によって知られるにすぎない。その住居において発見されたのはシナントロプスだけである。アトラントロプスは泉のほとりで、マウエル人は沖積土から、アフリカントロプスは細かな断片として、湖の沈澱物のなかから見いだされた。アジアの原人の文化はまだ、完全に解明されてはいない。シナントロプスとともに、石英質の岩の打製の道具が数多く出土したが、シナントロプスの製作者としての可能性を細部にわたってはっきりさせるにはまだはなはだ不適当である。

ピテカントロプスの道具類もあまりよく知られていない。骨が発見された場所がその住居でなく、ジャヴァで発見された文化の一部をピテカントロプスのものとするのも、ただ推量によってである。アトラントロプスの文化は反対によく知られていて、アシュレアン期のまだかなり初期の段階にあたる。マウエル人については、アフリカントロプスと同様、まだいかなる文化も知られていない。唯一の確かな目安は、テルニフィヌのアトラントロプスが与えてくれるものである。その寄与は、ある点までアウストラロピテクスのそれと同じほど革命的であった。事実、C・アランブールによって、一九五四年にアトラントロプスの道具と下顎骨がいっしょに発見されるまでは、原人の技術性の水準について、人々はなお錯覚を抱く惧れがあった。シナントロプスの文化があまりにも貧弱だったので、どんな仮説も勝手につくれたわけであり（ブルイユ師はしかし外見から予想されるよりも優れた技術水準にあるということに注意したが）、そして他の化石については、それに文化を結びつけるよう強いるものは何もなかったのである。先史学者と古生物学者は、事実のもつ否定しえない証言によって、原人が前期旧石器文化、特にアシュレアン期の文化の主な創り手であることをついに認めたが、それもまったく不承不承であったことを知っておく必要がある。握斧や両面石器を打製したアトラントロプスの証言は、アフリカや旧大陸の他の地方におけるその同時代人が同じ人類学上の特性をもっていたことを認めさせるに十分である。テルニフィヌで発見された文化だけに頼るにしても、原人の文化の型の性格を決定することは可能である。

原人の定形的石器（図版47）

チョッパーをつくることを可能にした、垂直の加撃による打製という原始的なやり方は、あいかわらず握斧や、両面石器の最初の加工に用いられているが、そこに、第二の一連の動作が加わってくる。道具になるべき石核は、もはやその動作によって、中心軸に垂直に叩かれるのではなく、接線方向に打たれ、その結果、はるかに長く薄い、すでに旧人の用いている剝片とごく近い剝片が生れることになった。しかし道具類の形はごく少なく、つまりそのまま用いられる剝片と〈石核石器〉、つまり握斧と両面石器に限られていたので

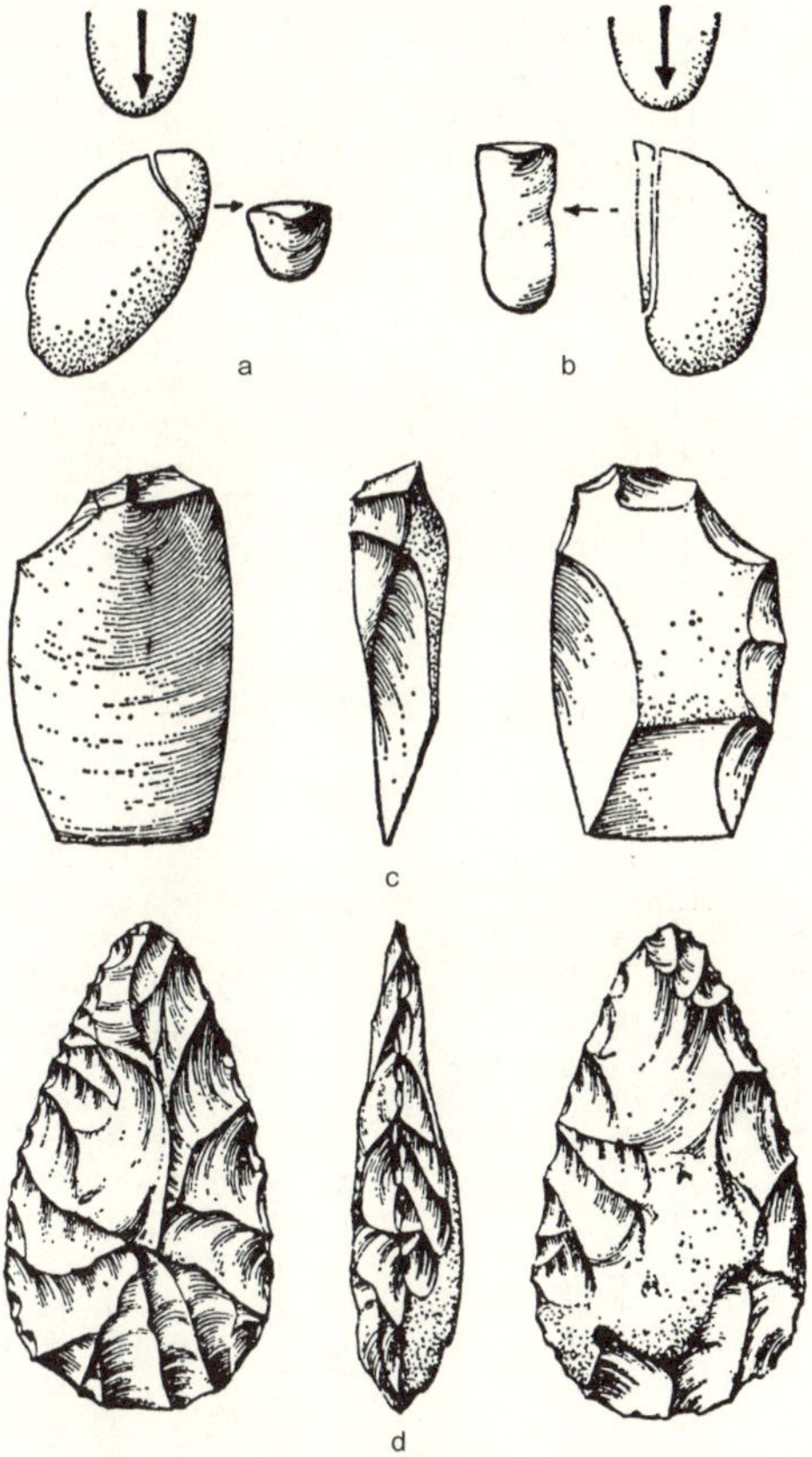

47　第二段階の文化。第一の連鎖（a）は、第二の打撃の型（b）により豊かになる。〔つくられる〕道具としては、そのまま使える剥片のほかに、握斧（c）と両面石器（d）がある。

ある。それゆえ、アウストラロピテクスと原人のあいだに生じた進化は、補助的な一連の動作を獲得したということによって説明されるわけである。こうした動作の獲得は、なにか単なる加算《たしざん》以上のものになっている。それはすでに、個人のレベルで技術作業を遂行するさいの、高い予測度を暗に意味しているからである。一つのチョッパーを打製する場合、アウストララントロプスは、これからつくろうとする道具を、すでに、かすかに予見していた。というのは、アウストララントロプスは、そのなかから、チョッパーを生みだしうるような形の石を選ぶことを強いられたからである。しかし、〔たまたまそうなる〕可能性の幅はきわめて大きく、つくり手個人の介入はほんのわずかの役割しか演じていなかったかもしれない。原人の場合、事情はまったく異なっている。握斧をつくるには、石塊から大きな剥片を分離できるようなある一点を選んで、剥片の刃渡りがやがて生れる握斧の前縁を形成するようにすることが前提となる。しかも、最初の剥片から、前もってつくり手の頭にあった形を切りとるには、第二次加工の仕事が欠かせなくなる。同じような手続きは、また両面石器の製作にも明瞭に現われる。それは、岩石の塊を厳選することを前提に、その石を修正刻み(打彫《トリミング》)することによって、巴旦杏形《はたんきょう》の道具が刻みだされていくのである。

それゆえ原人の技術的な知能は、すでにきわめて複雑であることがわかる。というのは、その文化を調べると、意識的に分離させた一塊から、一つの基本的な形の石器を入手するために、二種類の動作が組み合わされていたことが明らかになるからである。

これを確認することから、重要な疑問が提起される。前期旧石器時代の期間は厖大な長さであり、最も少なく見積っても、三十万年から四十万年間続いている。このきわめて長い時間のあいだ、文化はごく緩慢なリズムで進化するので、アブヴィリアン期からアシュレアン終期にいたるまで、いくつかの形がつけ加わり、仕上げの巧妙さがやや改められただけで、同一の基本型が保持されている。もし古人類学がもっと豊かな資料をもっていたなら、原人の身体の変化の重要さがどのようなものであったかについても推定できたであろう。残念ながら資料があまりに少なく、現在では、まだ頭蓋の（したがって脳の）進化と、旧大陸全体の何百万という資料によって証明される道具の進化とを結びつけることができないのである。しかし、最古の旧人が最も新しい原人に連続するはずだということは、かなりはっきりしている。以上のことから、化石と道具を同時に観察すると、道具類と骨格の同時的進化という考えがわれわれの頭のなかで支配的になってくる。原人において、だいたい道具は種《スペキエス》の行動の直接の顕現であるといえるだろう。個人の知性は、たしかにそこで何らかの役割を演じているが、アブヴィリアン期とアシュレアン終期の二つの両面石器を見ると、数十万年のあいだに、種全体の進化の流れのなかに現われて、石器の基本型を変えてしまうような天才的な原人がなんとわずかであったか、という感じはまぬがれない。哲学者のいう〈ホモ・ファーベル〉という概念は、かなり漠然としたものだが、アトラントロプス、シナントロプス、ピテカントロプスなどは、この概念にかなりよく当てはまるように思われる。それゆえ、年代を追って継続する時間の大半（この後に残っているのは通観すべきいくつかの地質学的な瞬間に過ぎない）を通じて、人間の技術の性格は、他のいかなる科学にもまして、より直接に動物学の分野に属することがらなのである。

旧人

前期旧石器時代と中期旧石器時代の境界は、原人と旧人の境界と同様、かなりぼんやりとしている。それは、進化を漸進的な現象として考えるならば当然のことである。遺骨によって知られる旧人の数は比較的多く、百体以上にのぼる。地理的な分布もたいへん広く、ベルギー、ドイツ、フランス、スペイン、イタリア、ギリシア、ユーゴスラヴィア、クリミア、トルキスタン、シリア、パレスチナ、イラク、北アフリカ、アビシニア、ローデシア、ジャヴァにまたがっている。その上、多くは遺物を伴ってかなりしばしば住居址で発見されている。その歴史の長さを定めるのは困難だが、だいたい最後より一つ前の間氷期後半から最後の氷河期前半に当ると見ることができよう。すなわちごく大ざっぱにいって、紀元前二、三十万年から前五万年ごろまでである。それゆえ原人と較べると、比較になるぬほど生存期間が短い。これは人間の文化が証明する一般的な加速度に対応している。さまざまな証人たちの年代的な進化曲線を跡づけるのは容易でない。その正確な前後関係は、なお専門家のあいだの論議の対象となっているからである。しかし最古のもの（シュタインハイム、サッコパストーレ）と最新のもの（ネアンデルタール人）について知られていることから推して、その進化曲線は、原人の後を継ぐものである。旧人は、しばしばネアンデルタール人という総称のもとに分類されていたが、わたくしはワイデンライヒやセルジとともに、この呼称が根拠のないもので、訂正すべきものだと思う。実際、自然科学においてはごく普通の現象なのだが、人は後から発見されたすべての化石を最初に知られたネアンデルタール人の化石に結びつけてしまった。というのは、古人類学が始まったばかりで、系列のなかの差異を弁別する状態になく、証人たちの一般的な外見しか問題にしなかったからである。今日では、〈ネアンデルタール人〉のなかでも相互に非常に大きな隔たりを見せ、ユーラシア大陸西部の最も新しいグループだけが、ネアンデルタールの化石の特徴に他ならないある共通の型に対応しているようにみえる。それゆえわたくしは、ブールによって記述されたラ・シャペル＝オ＝サンの人間に近い身体的な特徴をもち、一般にムステリアン期の文化と連合し、十万年から五万年以前と限定される化石だけをネアンデルタール人として考えることにしよう。これらのネアンデルタール人は総合を試みることのできる唯一のグループである。なぜなら、彼らだけが骨格と住居と文化を数例にわたって提供し、要するに原人とホモ・サピエンスのあいだの人類の主な段階を特徴づけるに十分な比較要素を提供してくれるからである。

前に見たとおり、ネアンデルタール人の頭蓋は、太古の人類の骨格構造が到達しうる極限状態を示していた。眼窩上隆起をまだ持っているために、その脳の形態はきわめて特殊な道をたどり、脳の膨隆は頭蓋の後方部分にとりわけ影響したのである。それゆえそれは、前頭部がまだ比較的小さい、人間の脳によって実証される最後の状態を表わしている。といって、その脳の能力は、われわれの平均と異なったものではなかったし、時にはそれよりも優っていた。このことが今世紀初めの古生物学者をかなり当惑させたのである。ひじょうに重要なことに変りはないが、前頭部の狭小という細部の違いを除いては、ネアンデルタール人の脳が、とりわけ中頭部の皮質領域の細胞の配分という点で、われわれの脳といちじるしく類似していることは認めなければならない。

ネアンデルタール人における知的証拠

中期旧石器時代の住居の発掘された数はたいへん多く、大多数の発掘が嘆かわしいほど粗略におこなわれたにもかかわらず、ネアンデルタール人の生活については、多量の重要な情報が入手されている。残念なことは、ほとんど例外なしに最良の先史学者が厳密な年代決定の問題に注意を向け、この時代の人間の知的・社会的な活動について、われわれの知識を豊かにしてくれたはずの無数の詳細な点を取りあげる労をおしんだことである。ともあれ、技術生活や住居について、また宗教性や芸術性をもつ活動と思えるものについては資料がある。そのなかで特別よく知られているのは技術生活である。

ルヴァロワジアン＝ムステリアン期の技術の定形（図版48）

中期旧石器時代に、石器による道具類にはひじょうに重要な一つの進化が生じた。前の時代の原人はまだ、おおよそ原始的な伝統に従っていて、彼らの道具は両面石器にせよ握斧にせよ、アウストラロピテクスのチョッパーがそうであったようにまだ石塊の芯の部分を打ち欠いている。この塊から副産物として剝片が生じ、その刃が役に立つこともあり、役に立たないこともあった。アシュレアン期になり、接線方向の打撃によって両面石器の縁が薄くなると、母型から幅が広く薄い大きな剝片が切りとられ、これは直ちに刃物として用いられた。両面石器のこのような加撃法の発達から、先史学者によってルヴァロワジアンと名づけられる技術が生れたのである。もともと巴旦杏形の道具になるはずの石塊が、こちらでも道具になるはずの一定の形の剝片を生みだす源となった。このために、石核は最初両面石器の形に粗削りされ、それから剝片を採取するために加工され（加撃のための準備面がつくられ）、核そのものがなくなるまで、連続的に剝片が採取されるよう、なんども加撃されるのである。加工は、加撃器の一撃によって思いのままに、尖った三角とか楕円形の剝片とか長く細い石刃を石核から取りだすまでなされることがある。

進化はずっと古く、すでにネアンデルタール人の時代に完全に実現していたが、その進化の頂点にあるルヴァロワジアン期の技術は、燧石《フリント》の道具をつくりだすために、人類が創

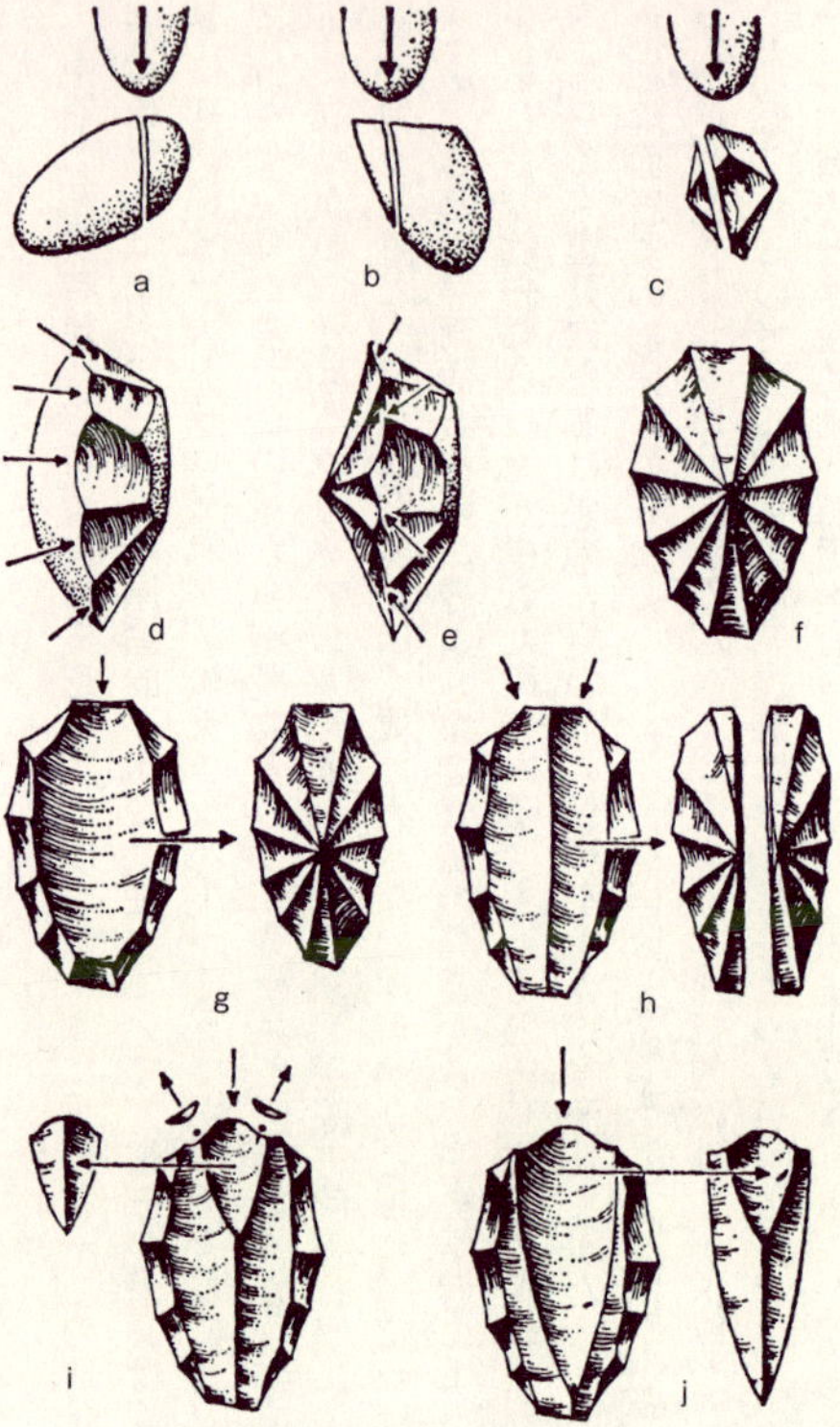

48　第三段階の文化。最初の二連の身ぶり（aとb）が調整された剝片（c）を生む。第一（d）と第二連を加えるとたいへん不均斉な両面石器、石核（f）ができる。それからルヴァロワジアン型剝片（g）や一連のブレイド・フレーク（h）が切りだされる。ブレイド・フレークの調整はルヴァロワジアン型尖頭器（ポイント）の切りだしに必要な稜を与える（iとj）。

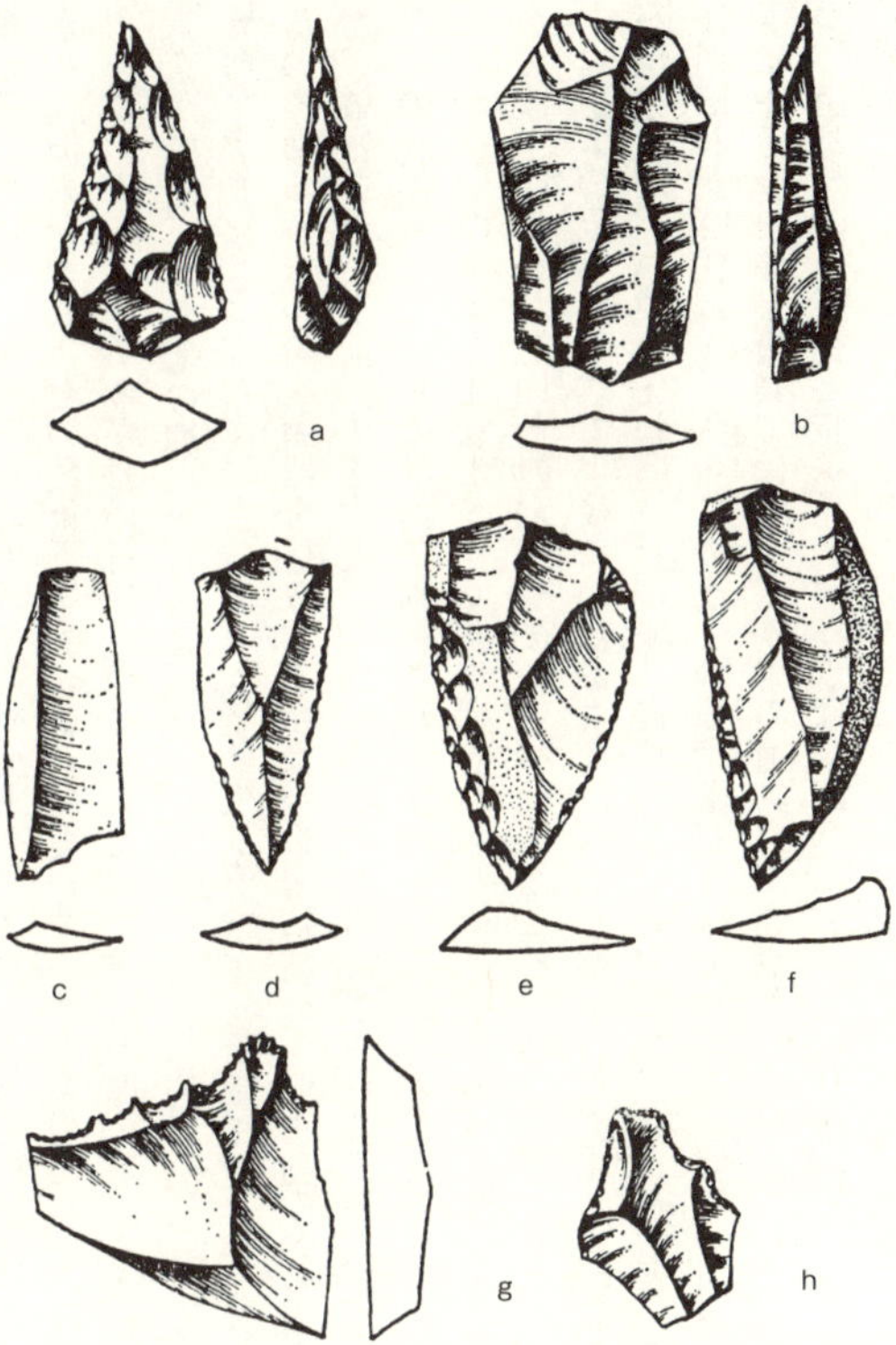

49 ムステリアン＝ルヴァロワジアン期の道具類。両面石器 (a) も残っているが、これから打ちわられた剝片ができる。ルヴァロワジアン型剝片 (b)、ブレイド・フレーク (c)、尖頭器〔ポイント〕(d)。石核を調整する副産物としての剝片は、打製の尖頭器 (e) や掻器〔ラクロワール〕(f) に仕立てられる。石屑は歯の形をしたもの (g) や小掻器〔ラクレット〕(h) として用いられる。

造した最も精妙な段階を示している。旧人が代々原料を切りだしにやってきた広大な石切場が残っていて、幾万という剝片や、加撃しつくされた石核や、製作途中の出来損いなどから、旧人がどれほどの技術性をもつようになっていたかを想像させてくれる。尖った三角をつくるには、あらかじめ石核をつくれるような燧石《フリント》の塊を選ぶ必要があった。この選択をへても、なおその塊に欠点が残っている場合もあるだろうが、不完全な部分は、〔加撃面を平らにする〕加工によってなくなるか、あいつぐ修正をへて除去される範囲内にあるのである。一つの尖頭器《ポイント》を採取するには、厳密に結びついた動作、たがいに関連しあった、厳密な予測を前提する六連の動作が少なくとも要求される。原人によって獲得された二連の動作も、これらの動作に動員され、結びつけられるのである。

もう一つの事実も注意すべきである。もともと道具とするべく定められた石塊とその塊からはぎ取られた剝片との重点が後者に移行したことである。その結果、アウストララントロプスの原型に較べて、後にわかるように、より進歩した文化の特徴となる一つの傾向が現われた。いいかえれば、元の塊は道具自体であったが、それが道具を生む源となり、後期旧石器時代以後、さらにもう一つの段階がつけ加わって、剝片や刃がさらに分割され、もはやそれ自体が道具ではなく、本来の道具の出発点として用いられるのである。もう一つ、道具類の多様化と特殊化という点は第四章において取りあげる。それ以前の時代に比して道具類が多様化したことは、すでにルヴァロワジアン期、ムステリアン期にひじょうにいちじるしい。つまり、石核から取られた剝片をもとに、掻器《ラクロワール》や尖頭器《ポイント》や小刀や切込《ノッチ》みのある石器などが現われるわけである。旧人の石器文化はすでにたいへん発達した技術的知性を証明している。繰り返していうが、少なくとも厳密に技術的な知能の点では、旧人における職人とそれより新しい職人の態度とのあいだに、差別を置く理由はほとんどなく、旧人の技術的な知能は、少なくとも第八野までは、われわれのと同じ錐体路領と連合領を獲得しているのである。資料はおそらくそれ以上のことを予想させるだろうが、言語活動の問題に触れるのを待って旧人の知能の性質に話を戻すことにしよう。ルヴァロワジアン期、ムステリアン期においては、燧石《フリント》の文化が提起する重要な問題はすべて解決され、そこから直接に金属の出現にいたる進化が続いていく。この面で、ネアンデルタール人を〈類人猿の帝国〉の最後の証人と見るのは不当である。

骨や木の工作については、ごくわずかな証拠しかない。骨器工作の場合、アウストラロピテクス以来、状況がほとんど変らなかったようにみえる。ネアンデルタール人はシカの角《つの》を鋸で引いていた。しかし、それがただ一つの確かな証拠である。先史学者たちは、直接自然の剝片を使用したと思われる工作の証拠として、砕かれた骨や磨いた骨の剝片を、再三にわたって提供した。クマの下顎骨で作った鶴嘴《つるはし》や握斧が皮を加工する道具として使用されたとさえ考えた人もいるが、この仮定はやや綿密な生活技術論的批判にも耐えられなかった。木の加工の場合、証拠は間接的だが明瞭である。加工された骨器がないのに、使用の痕跡から見て、骨や木を加工するのに用いられたと思われる燧石《フリント》の剝片が異常に豊かであるという場合、木の加工が重要な役割を演じていたという考えに、どうしても立ちいたらざるを得ない。たとえばオーストラリア原住民のに似た投槍を使用する旧人を想像することもできる（図版49）。

住居と衣服

ムステリアン期の住居については、ごくわずかの観察がなされているにすぎないが、それは洞窟であれ、戸外であれ、数百の遺跡が一掃されてしまっただけに、いっそう惜しむべきことである。そのわずかな観察によると、ネアンデルタール人が小屋をもっていたことは確からしい。寒さがひどくなると、人間は洞窟に引き籠るという伝説のために、近代の人間が中期旧石器時代人について、どれほど誤りを犯してきたか、このことはいくらいってもいい過ぎるということはあるまい。洞窟はまれであり、数百万平方キロにわたってまったく存在しないこともあるが、アフリカでも西部ユーラシアでも、いたる所で、旧人がしばしば現われた証拠に出会うのである。さらに綿密に観察して気がつくのは、戸外で発見された工作が多少とも円を描く形、おそらく昔の小屋の跡に照応していることである。これらの小屋の内部の構造は、ごく少数のネアンデルタール人が暮していた洞窟の構造と同様、西欧とソビエトの二、三カ所の例から知られている。それによると、家族組織がひじょうに進んでいたとはとうていいえない。旧人は数メートルの円周内に生活していて、その囲りに彼らはその食物消費の残骸と、特に動物の挽き砕かれた骨の断片を順次に押しやっていたのである。ジンジャントロプスやシナントロプスの住居の状況も、これとそう大きく変っていたとは思われない。

反対にわれわれは、屠殺と皮剝ぎの技術（図版50）が燧石《フリント》の技術と同じに進んでいたことを知っているが、これはなんら驚くには当らない。というのは、道具の大多数は断ち切りや削りとることを目的としていて、石器技術と道具の用途とのあいだには、密接なつながりがあるからである。動物の骨に残された小刀の刃の痕は、使用することを目的として動物の皮が剝がれたことを確認させてくれる。そのうえ、クマのような毛皮をもった肉食獣の指骨や爪が見いだされるということは、今日の〈ベッド下敷き物〉のように、少なくともある種の皮に爪が残っていたという事実を証拠だてるのである。ここから体を保護するために毛皮を使用したのは自明だと考えることはできるが、衣服としての使用と寝具としての使用を区別できるような要素はない。ただ実際問題として寝具としての使用は確実だといえるだろう。そのうえ、旧人の地理的な分布がたいへんに広く、アフリカの旧人が西部ヨーロッパの旧人と異なった生活様式をもっていたかもしれないことを忘れてはならない。〈氷河期の〉気候の厳しさを誇張すべきではないが、ともあれ後者は確実に体を保護する必要があったわけである。旧人が多毛だったかもしれないという説については何もわからないし、仮説を可能にするものも何ひとつないが、二十世紀でもなお、パタゴニアのような厳しい気候のもとで、最後のフエゴ島人は銘々生皮の風除けで保護されただけの裸で生きていたのである。

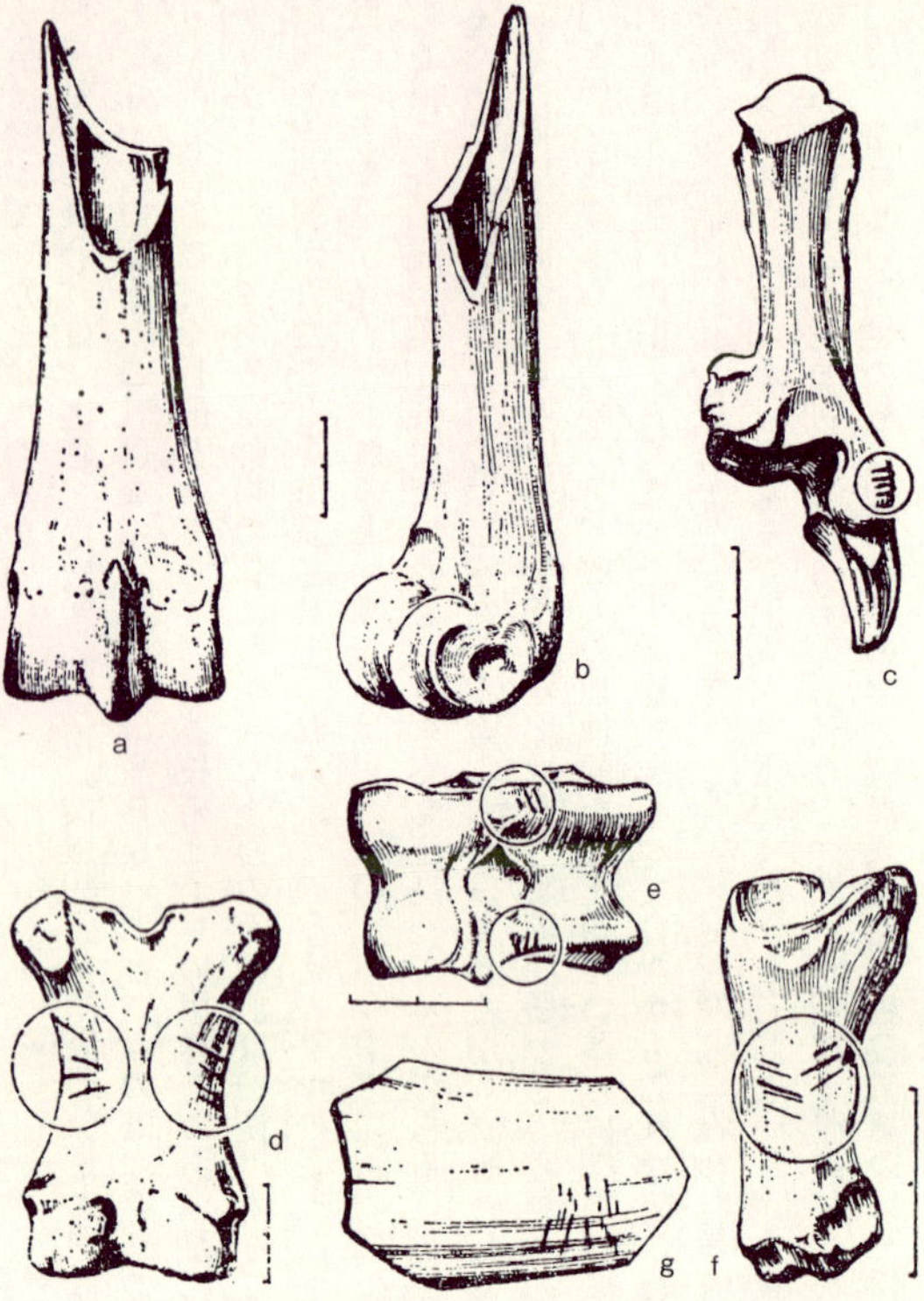

50　髄を引きだすために砕かれた骨がしばしば道具とまちがえられた（a と b）。使用された実際の痕はまったく見いだされない。逆に燧石（フリント）の小刀で傷をつけられた痕が関節（c、d、e）や趾（f）にしばしば残っている。骨の断片は燧石（フリント）の修正刻みの支えとしてしばしば用いられ、その痕が残っている（g）。図版の目盛りは 1 cm 刻みで 2 cm を示す。

厳密に技術的とはいえない知能の証拠

人間が自問しうる最も個人的な問題は、自分の知能の性質という問題である。というのは、結局のところ、彼は存在しているという自分の意識によってしか存在していないからである。教会は、こと進化論に当てはめられる場合でも、やはり伝統的な自己流の考えにしたがって、宗教的な意味における全き人間性が十分に成熟した最初の人類にたいして、恩寵によって与えられたものである、と考えることによって、このしだいに人間的になる存在という難問題を切りぬけようとするかもしれない。そうであれば、恩寵によって最初の人間になったのが人類の鎖のどの輪なのかを探るのは意味がなくなってしまう。宗教あるいは呪術への関心を示す者が、すでに人間であることは確かだろうからである。どんなに奇妙に見えようとも、神という名前をもつことをやめて、漠然たる進化の力となった原動力という違いはあるが、伝統的な合理主義の立場もこれと異なってはいない。十八、十九世紀の聖職者と合理主義者は、文化起原の共通性の点から、また一見矛盾する立場のあいだの数多い和解の試みから、人間をこんぐらかったしかたで、神の像と重ね、神とホモ・サピエンスを重ね合せている。資料のつくるひそかな薄暗がりで、どうにか辻褄を合わせているこの視点には、二十世紀の前半で大したものはつけ加えられなかった。ごく漠然とした姿のサルが進化の歩みの出発点にいて（神によってか、彼自身によってか決定論によってか）、ついに知性の輝きのただなかに置かれた賢人になったということは、合理主義者にとっても、聖職者にとっても、結局それほど困った問題ではなかったのである。

しかし、サルであることをやめて祖先になったきわめてはるかな不確かな人間役を問題にするのではなく、直接現在の人間を問題にするようなしかたで疑問を呈することはできないだろうか。われわれは知性を一つの堆積物と感じ、われわれの道具を思念の高貴な果実だと感じている。アウストラントロプスは道具を爪に相当するものとしてもっていたようである。彼らが道具を獲得したのは、ある日天才的なひらめきによって、拳を武装するために割れた小石を手にした（幼稚な仮説だが、多くの入門書のなかで人気のある説明である）からではなく、脳と体がしだいに道具をいわば絞りだしたからである。ある意味では、技術とは根本的にいってほんとうに知的な性質のものなのかどうか、そしてしばしば知的なものと技術的なもののあいだになされる区別が古生物学的な現実を表現していないかどうかを、問うこともできよう。動物集団から民族的な集団へと、しだいに移行していくことに関連して、第二部で同次元の質問が取りあげられるだろう。アウストラントロプスと原人におけるきわめて長期にわたる発達の過程を通じて、技術は生物学的な進化のリズムをたどるようにみえ、チョッパーとか両面石器が骨格と一体をなすようにみえる。新しい脳の可能性が浮び上る瞬間から技術は驚くべき上向運動を起すが、種形成の進化とあまりにぴったり一致する筋道をたどるので、それがそうとうな程度まで種の一般的発達の忠実な延長ではないだろうかと自問さえできるほどである。

もし、技術性が人類の特徴につけ加えられるべき一つの動物学的な事実に過ぎないのなら、技術のいちはやい出現やその緩慢な最初の発達をいっそうよく理解することができ、技術性がホモ・サピエンスの知的な鋳型のなかに流れこんだ瞬間からその進化の主な特性になったことをも理解することができる。旧人はとりわけ興味ぶかい。というのは、彼らは、技術性に均り合いと刺戟とを同時に提供する新しい脳の能力の最初の躍動に立ち合せてくれるからである。

霊長類においては、ただの物質的な生存とは縁のない性質の活動が認められてきた。その場合、遊戯の表現とか関係行動といったものは別に考えるのが適当である。反対に、壁の上の自分の影を指でなぞるチンパンジーや、自分の自由になる糞や絵具を体に塗ったり、大鋸屑《おがくず》の団子をいつまでもつくっては壊しているゴリラの身ぶりの下に何が隠されているのか、といったことは問われていい。これらの意思表示が芸術や呪術でないのは、バナナを取るために箱を重ねることが技術でないのと同じことである。しかし、それははるかな距離を隔てて人類の水準点に開くひとつの出口を示している。現象のあいだの関連をつかむだけでなく、その表象図式を外へ投射することのできる反省する知性、これは脊椎動物が獲得したもののうちで疑いもなく最後に来るものであり、人類の水準でしか考察できないものなのである。それは脳の組織に左右され、その始まりは手が解放されたころであるが、決定的開花はホモ・サピエンスと一致する時期になされるのである。実際、技術の分野における省察の能力は、皮質の連合領の神経営生組織と混同され、知能作業でも〈外から強制されぬ〉分野では、前頭部領域の成長発達がたえず増大する表象力を生みだすようにみえる。技術的な運動機能を超えるこの活動の考古学的な痕跡は、第四紀初期ではとらえがたい。しかし、旧人の段階で、最初の考古学的証拠が現われる。それは美的・宗教的な性格をもつ最古の表現であるが、これは二つに分類できるだろう。一つは死に係わる反応を立証するもので、もう一つは形の異常さに関する反応を立証するものである。先史学の資料はきわめて乏しい。生きた人間群をつくっていたもののなかで、残ったものとして最もいいケースでも、ただ打製の石や骨、それに化石人をひきつけたかも知れないいくらかの鉱石があるばかりである。つまり、先史学者は、最も意味ぶかかったにちがいないもの、身ぶり、音、物の並べ方などをあきらめねばならず、だいたいは使い減らされた、腐ることのない遺物だとか、使えなくなった燧石《フリント》、食事や屍体から出た骨の残骸などで満足しなければならないのである。骨の資料は、化石人の考え方といったものをとらえるためにたいへんよく研究されたが、その研究から出てくるいくつかの主題は典型的《クラシック》な性格を帯びるにいたっている。

〈骨崇拝〉

人間や動物の骨格の特定の部分が残される頻度や配置については広く研究されている。それらの資料は三つの大きな主題に分類することができる。すなわち熊崇拝、頭蓋崇拝、顎骨崇拝である。

熊崇拝というテーマは、空洞内に文字どおり熊納骨堂が見られるヨーロッパの洞窟でなされた数多くの調査から出ている。何人かの研究者が注目したのは、発掘のときにしばしば大腿骨、脛骨、上腕骨などの長い骨の束が壁に沿って並べられたような状態で発見されることだった。彼らは動物の頭蓋がある意図をもって置かれたかのように、たいてい奥まった一隅にあることにも注目した。スイスの先史学者エミール・ベヒラーが一九二〇年にドラーヘンロッホ〔竜の穴の意〕でクマの頭蓋がきちんと詰った石灰岩板の函を発見してこれを報告したとき、熊崇拝の理論は一見確認されたようにみえた。残念ながら証拠資料がずっと後になってこの論者の記憶に頼って描かれた素描以外になかったため、この並はずれた頭蓋群の正体が何であるかを確認することはできず、ベヒラーの見解は激しく攻撃された。他の洞窟における丹念な発掘を通じて、人々が気づいたのは、冬眠にやってくるクマが粘土層に寝床を掘ろうと床土をひっかいたために、観察されたような構造が残ったのではないか、ということである。長い骨は、〔クマが〕動きまわったために、しぜんに通路に並び、それにつづいて通路を保護するかっこうの穹窿の下で束にされるわけである。偶然、片隅や二つの石のあいだなどに転がっていかなかった頭蓋は、手もなく踏みつぶされるか、消えうせるかしたに決っている。骨は寝床のまわりに冠状にとび散り、ちぐはぐな骨の輪をつくる。おそらく熊崇拝については、現在オーストリアの一例をのぞいて大したものは残っていない。その例は、頭蓋が壁面のへこみに納め置かれたようにみえる場合だが、そこに置いたのがネアンデルタール人であることを証明するものは何もない。そこに崇拝の行為を見てとることができるとしても、ネアンデルタール人が洞窟に住むと考えさせる原因になったという熱烈な骨崇拝を考えるには、まだ不十分なのである。シナントロプスの場合は、やはり頭蓋崇拝が考えられた。周口店の洞窟を発掘するさい、頭蓋の断片がある場所に比較的集中して発見されたことが注意をひき、礼拝の目的で頭蓋を意図的に石の上に集めたのではないかという考えが生れた。発掘がしばしば爆薬で切りだされなければならなかったような、ほとんど五十メートルに近い厚さの割目のなかで行われたという地質学的な条件をふり返ってみても、こういう仮説が真面目に取りあげられたことには驚かされる。挽き割られ、散らばった骨の断片がこなごなになっている状態を見てもそう思われるし、発見と同時に確認されたなにがしかの正確詳細な平面図をもとに、遺物の配置の検討がなされたはずだと思って調べても、それが徒労におわるとなれば、いっそう驚かずにはいられない。先史学においては、あまりにしばしば、確認できなくなった印象がゆっくり熟していって〔動かしがたい〕確かさになってしまうことがある。

原人についても、旧人についても、これほど貧弱な資料を真にうけるわけにはいかない。ただ、ある一群の事実についての観察だけは、不完全だが意味ぶかい方法でなされている。一九三九年にA＝C・ブランがモンテ・チルチェオの洞窟に入ったとき、ネアンデルタール人の頭蓋がいくつかの石に明らかに囲まれて地面に横たわり、壁に近く動物の骨が認められたが、その集まり方が意図的に見えたのである。それゆえ、下顎も骨格の他の部分もないネアンデルタール人の頭蓋が洞窟の床に置かれていたという証拠があるわけだが、そのうえ道具類がほとんど見当らないことから、この場所が長く使われた住居ではないことがわかる。

顎骨崇拝には、統計的な意味でだが、もう一つの起原がある。アウストラロピテクスから先史時代の終りにいたるまで、人間の遺物のなかでは下顎骨が脳頭蓋をはるかに上廻って圧倒的な頻度で見つかるということが認められている。この事実を類似の民族誌上のいくつかの事実、特に死んだ夫の顎骨を首にかけているメラネシアの女の場合に結びつけて、これらの化石のおびただしさは顎骨崇拝によって説明されるという仮定がなされた。下顎骨が破壊から免れやすいというより形而下的な理由がなかったのかどうかを知ろうとするいかなる真面目な検証もなされなかったのも妙な話である。

実際、骨の物理的、化学的な破壊は、骨の形や緻密度に結びついている。下顎骨は第二章で見たとおり、頭蓋骨格の中心部分であって、とりわけ丈夫である。この事実を確かめるために、わたくしは一方でアルシー＝シュル＝キュールのムステリアン期の地層に散乱するオオカミ、ハイエナ、キツネ、他方でヨーロッパで発見された旧人の遺物から同じ骨格の部分を四つずつ取りだした。アルシー＝シュル＝キュールの三つの骨の山は狩りで殺された動物と洞窟に隠れて死ぬためにやってきた動物の混合であることがわかっている。通常の屠殺場の動物、トナカイやウマの他の断片（人間によって砕かれた）と混って、地層のなかでそのまま発見された破片については、崇拝に関する問題で考慮する必要はほとんどないであろう。得られた割合はひじょうに説得力が高い。

	オオカミ、ハイエナ、キツネ （アルシー＝シュル＝キュール）	旧人類 （ヨーロッパ）
歯	七・一％（百分比）	一・〇五％
長い骨	八・八	一・〇〇
上顎	二六・〇	一七・五〇
下顎	五四・〇	六二・〇〇

それゆえ、旧人が穴の奥や芥箱《ごみばこ》のなかで、キツネの下顎を礼拝していたということを、あらゆる考古学的明証に反して認めるか、それとも顎骨崇拝は一つの〈人間の製作物《アルテファクト》〉、つまり実験の不完全さから生れた事実と考えて、それを科学の民間伝承《フォークロア》のなかに分類することを認めるか、のいずれかでなければならない。

結局〈骨崇拝〉については、旧人に帰すべき事実がきわめて乏しく、広間の床の上にあったモンテ・チルチェオの頭蓋の存在ただ一つになってしまう。この最後の事実は重要で、単なる即物的な技術性を超えるような発想をめぐる他の証拠と合致するが、資料に資料以上のことをむりに語らせようとするのは行過ぎだろう。

墳墓

死者の埋葬の風習は、ふつう宗教性に結びついた配慮を示す意味ぶかい特徴である。それでなくともこの問題は、十九世紀末に宗教の賛否論争を通じて、最も激しく討議された主題の一つであった。なお現生の人種についてさえ、埋葬の風習に含まれる精神性の割合を分析するのはむずかしい。しかし埋葬の発達がまさに人間的といえる情緒の発達と対応するのは確かであるし、旧人が死者の未来について何を考えていたかを是が非でも確定しようとしなければならないわけではない。が、埋葬の表象体系《サンボリスム》がきわめて早くから超自然的なものを志向することもあったことは確かである。死者にたいする感情は心霊的行動の深層に属し、今日の社会において宗教の上部構造が消えても、埋葬の風習はなんらその重要性を失いはしないのである。

旧人の心性の研究にとって残念なことだが、ほんとうに科学的な観察というのがほとんどの事例について欠けている。ともあれ、その資料の一部は二つのグループに分けることができる。第一の場合、骨は砕かれ、解剖学的な連繋もなく、食物の残骸と同じ状態で見いだされる。食人行為の痕跡なのか、地面に遺棄された屍体が獣にばらばらにされたものなのか、どちらとも決めかねるのである。いくつかの事例では食人のほうに傾きそうだが、他の大部分は、アウストララントロプスからネアンデルタール人にいたるまで、単に遺棄されたもののようにみえる。

第二のグループをなすのは立派な墳墓である。いろいろな場合に、たびたび検出された痕跡からすると穴と思われるところから、体を伸ばし、あるいは屈みこんだ遺体が、発掘者によって発見された。少なくとも、同じ個体の頭蓋の一部といくつかの長い骨が同じ場所に残っている場合は、埋葬と考えても、さほどひどい過ちをおかすことはないだろう。というのは、すぐに埋められたのでなければ、洞窟の入口に屍体が残ったような例は一つもないからである。

こうして旧人は、彼らの死者を埋葬した。より正確には、最後の旧人であるネアンデルタール人は埋葬を行なっていた。最後の氷河期の初め以前には、埋葬が確認されていないと考えられるからである。それゆえ、埋葬は人類が今日の人種的諸形態に到達する瞬間をへだたること遠くない時期の発明であったろう。ネアンデルタール人の顔のつくりは、なおきわめて古風ではあるが、その頭脳は大きく、その働きがわれわれの脳とひじょうに異なっていたとは思えない。

その他の証拠

旧人にもホモ・サピエンスと同じ性質の感情生活があったことは、いくつかの事実によって確証されている。ムステリアン期の地層からベンガラがなんども見いだされている。

絵具の材料があるからといって、芸術作品をともなっているわけではない。事実を超えて解釈することはふたたび慎まねばならないが、ベンガラはこの時期からホモ・サピエンスの初期を通じてたいへんな重要性を帯びるので、ムステリアン期にまったく何の意味もなかったはずはない。

はっきりした例をあげれば、アルシー＝シュル＝キュールで、ムステリアン終期の地層から、いくつかの貝の化石と他所産の黄鉄鉱を含む塊が発見された（第三部図版128）。チュニスの南、エル・ゲタールで、進化したムステリアン中期の地層に、直径一メートルに近い石灰岩の球が集まってできた不思議な堆積が見いだされた。その球と球のあいだには、骨や燧石《フリント》の断片が挿入されていたのである。

旧人の宗教性をめぐって書かれたおびただしい文献も、要約すれば、ごくわずかの資料しか残らないであろう。最も目につくのは、いくつかの説得力ある事実がたいへん新しいという性格である。新しい世界の序曲、表象的《シンボリック》思考の序曲に立ち会わせてくれるのは最後の旧人たちである。モンテ・チルチェオの頭蓋、いくつかの埋葬、わずかばかりのベンガラ、いくつかの不思議な石がネアンデルタール人の周囲に漂う非即物性のかすかな背光をなすものである。どんなにかすかなものだろうと、この光の縞は決定的な重要さをもっている。なぜならそれは古生物学において脳が現在の水準に到達しようとしていることがよくわかるような瞬間に現われるからである。巨大な眉弓をもつにせよ、ネアンデルタール人は十九世紀の進化論者が想像していたような第三紀から逃げこんできた猿人《アントロポピテクス》ではなかった。それが実際われわれ自身の先史時代との橋渡しをしているとの確認はさらにいっそう重要である。ネアンデルタール人の文化は、いくつかはほとんど冶金術まで引き続いて発見され、真の人間的思考の占有物と考えられるものをもっているが、それらによって、彼らは橋渡しをしているのだ。

ネアンデルタール人にほんとうの場所を与えるのに要した時間には驚かされる。ネアンデルタール人とその後継者であるわれわれのあいだにあまりに近い類縁性を認めるのを拒絶しようとして、あらゆる無意識の術策が用いられてきたのである。今日なお最も根強く用いられているのは、どこかにホモ・サピエンスが存在していたという考えで、ネアンデルタール人はよりよくなっていた世界での知恵遅れに過ぎなかった、というものである。ヨーロッパ人種とオーストラリア人種を分つような次元での、重要な人種上の違いは想像できるだろう。しかし、仮定的なホモ・プレ＝サピエンスを蘇らせ、その知性が距離を隔てて旧人の厚い頭蓋のなかに浸み通ったとするのは根拠がない。かりにそれが存在したとしても、旧人がよりいっそう進化した存在から示唆されたところを理解し生きたというずっと印象的な事実の重要性を少しも減らすことはできないだろう。現実はおそらく、もっと単純であり、もっと正確な発掘によって明らかにされるだろう。ネアンデルタール人の世界を限る五万年間を通じて、古風な最後の人類からわれわれの種の最初の代表者への移行が体、脳、行為についてしだいになされたのである。

〈先行人類〉の言語活動

書字《エクリチュール》以前の言語活動を直接とらえるというのはできない相談である。時には、言語の行使を下顎の形や舌筋が付着する突起部の大きさに結びつける試みもなされた。しかしこのような空論にはほとんど意味がない。言語活動の問題は、舌筋の問題ではないのである(9)。舌の運動は発声の目的をもつ前に、食物に係わる意味をもっているので、マウエル人の舌の自由な働きの余地が小さかったかどうか（この判断もむずかしいが）は、たいして重要ではない。ここで問題になるのは、なによりも神経運動系と、脳の投射の特質だからである。言語活動の問題は脳に係わっているのであって、下顎骨に係わっているのではない。しかし顔面筋や顎筋がどういうぐあいに付着しているかを研究すると、発声、模倣器官の柔軟さの程度について、有益な指示を引き出すことはできる。わずかに知られていることからいえば、表情のための筋肉組織は、人類の段階で、一段と精巧さを増していくが、それはあくまで顔の表情がしばしば、ひじょうに重要な役割を果す高等哺乳動物から始まった進化の跡を延長するにすぎないのである。

化石人類の言語活動の問題を取りあげるには、廻り道をする必要があるとわたくしは思う。第二章において、高等哺乳動物の場合、二極に分れる関係領域がどうやって発達したかを見たが、その二極のあいだで、神経運動のしくみが顔の動きと手の動きを調整するのである。同様にこの章の冒頭で、手に係わる投射線維と顔に係わる線維のあいだには、生理学上密接な大脳皮質の類似があることを見たが、そのうえ、前頭頭頂皮質の第八野と第四十四野が、一つは言語の文字表象の形成不能、一つは音声表象に秩序を与えることの不能という、言語活動に結びついた二つの異常（失書症と失語症）に関係していることもわかっている。

それゆえ、手と顔面器官のあいだには、一つの繋がりがあり、前部領域の二極が伝達表象の形成に同等に係わっていることを示している。現在の人間のこの状態を書字《エクリチュール》のかなたにある過去に遡らせることができるのだろうか。

失書症の現象は、書字《エクリチュール》の発明以後、人間のうちに確立されたと思われる連繋に対応するものではない。さもないと、オーストラリア原住民は、書くことを学ぶことも、また書くことを学ぶ子供に発達するであろう神経単位《ニューロン》的連繋を会得することもできないと認めねばならなくなる。そして文盲の大人が書字《エクリチュール》を獲得するのが不可能になるからである。それゆえ第四十四野と顔面にかかわる錐体路中枢との関係は中前頭回脚と手に係わる錐体路中枢を律する関係と同じ性質のものだと考えられるわけである。ところが霊長類にあっては、顔面器官と手に係わる器官は、それぞれ技術行為に係わる同等の水準を保っている。サルは唇、歯、舌、手を働かせるが、現在の人間は唇、歯、舌で話し、手で身ぶりと書くことを行う。それにまた人間には、その同じ器官〔手〕で物をつくることがつけ加わり、一種の均り合いが機能と機能のあいだに生じた。書字《エクリチュール》以前には、手がとくに製作に介入し、顔がとくに言語活動に介入したが、書字《エクリチュール》以後には均衡が回復する。

いいかえれば、人間は霊長類と同じ方式から出発して、具体的な道具をつくり、表象をつくるが、それらはいずれも同じ手続きによるというか、根本的には脳のなかの同じ装備の力を仰ぐのである。このことは、言語活動が道具と同じく人間の特徴であることを考えさせるだけではなく、ちょうどチンパンジーの三十もの異なった音声信号が、心的には、ぶらさがっているバナナを引き寄せる継ぎ足し棒と正確に対応するものであるように、言語活動と道具はどちらも人間の同じ属性の表現に過ぎないということを考えさせる。つまり棒の操作は、本来の技術とはいえないと同じく言語活動ともいえないのである。

このことから出発して、言語活動の古生物学を素描しようとするのは、化石言語の肉を見いだす望みがほとんどないのだから、まったく骨だけの古生物学になるわけだが、可能性はあるかもしれない。しかし、一つだけ重要な点が明らかにされる。それは、先史学が道具を見いだすその瞬間から、言語活動の可能性があるという点である。道具と言語活動は神経単位《ニューロン》的に結びついており、両方とも人類の社会構造のなかでは切り離し得ないのである(10)。

さらにもう少し先へ進むことができるだろうか。おそらく人類の原始的段階で、言語活動の水準と道具の水準を切り離す理由はないはずである。というのは現在も、また歴史の全段階においても、技術の進歩は言語活動の技術的な表象の進歩と結びついているからである。抽象的には、まったく身ぶりだけによる技術教育というのも考えられる。具体的には無言の指導においてさえ、教える側でも教わる側でも、ともかく省察をともなう表象体系《サンボリスム》が働いてくるはずだ。アウストラロピテクスと原人にその道具と同程度の水準の言語活動を考えるのが不自然でないほど、その有機的な連繫は強いようにみえる。道具と頭蓋の比較研究によって、文化が生物的進化に応じたリズムで発達するのがわかるこの段階では、言語活動の水準は確かにごく低いにちがいないが、それでもかならずや音声信号の段階は越えていただろう。実際巨大類人猿における〈言語活動〉と〈技術〉を特徴づけるものは、それらが外部の刺戟のもとに自然発生的に現われることであり、それらを生じさせた物質環境が消滅するとか現われていない場合には、それらがやはり自然に消滅し、あるいは出現しないということである。チョッパーや両面石器を製作するのと、使用するのとは、ごく異なった手続きに属している。製作の作業は使用する機会に先立っており、道具は後の行為をめざして存続するからである。信号と単語のあいだの相違もこれと性質を異にするものではない。概念の不変は道具の不変とは性質は違うが類似のものである。

動作の連鎖の考えは、第七章と第八章でふたたび取りあげることになるが、技術と言語活動のあいだの繫がりを理解するためにここでちょっと触れておく必要がある。技術というのは、一連の動作に安定と柔軟さとを同時に与える文字どおりの統辞法《シンタクス》によって、連鎖的に組織された身ぶりと道具のことである。動作の統辞法というのは、記憶によって提示され、脳と物質環境のあいだで生みだされたものである。言語活動との比較を推し進めてみても、それと同じ手続きがつねに存在している。それゆえ、複雑さの度合いや概念の豊かさの点で、技術の場合と酷似している言語活動についての仮説を、礫石文化《ペブル・カルチュア》からアシュレアン期にいたる技術の知識にもとづいて立てることができる。ジンジャントロプスは、ただ一連の技術的な身ぶりや、わずかな連鎖動作と対応するような言語をもっていたと考えられる。その内容は、ゴリラの音声信号とほとんど選ぶところがないが、外界によって完全に決定されてしまわない、あらかじめ用意されたいくつかの記号からなっていたであろう。確かに原人は、二連の身ぶり、および五つ六つの形の道具によって、すでにたいへん複雑な連鎖動作を予想させるが、原人のものとして想像しうる言語活動は、いちじるしく豊かだとはいえ、たぶんまだ具体的な状況の表現に限られていただろう。

最初の旧人は、先行者の状況を直接ひき継いだが、可能性はしだいに大きくなっていた。ネアンデルタール人において非具象的な表象の外化〔客観化、物質化、具体化〕が始まった。この段階から、技術の概念は別な概念によって乗り越えられるわけだが、後者についてわれわれは、埋葬、絵具、不可解な事物などといった手の動作の証拠しかもっていない。しかし、これらの証拠は、思考が生存に欠かすことのできない技術的な運動機能を越える領域へ確実に適用されるようになったことを知らせてくれる。ネアンデルタール人の言語活動は、現在の人間について知られているような言語活動と、そう大きく隔たっているはずがない。本質的に具体的なものの表現に限られていたネアンデルタール人の言語は、もともと言語活動が技術的な行動と密接に結びつく本来の場である、行為中の伝達という機能を確実にもっていただろう。それはまた、行為の表象の時間差伝達を物語の形で確保していたにちがいない。この第二の機能は、しだいに原人において浮び上ってきたにちがいないのだが、その証明はむずかしい。最後に、旧人の発達を通じて第三の機能、言語が具体的なものあるいは具体的なものの反映をとび越えて、不確定な感情を表現するにいたる機能が現われてくる。この感情が部分的には宗教性のなかに入るものであることは確かであったろう。この新しい様相については何かの機会にまた取りあげられるだろうから、ここでは旧人におけるその露頭面を示しておけば十分である。

さて、ホモ・サピエンス以前の人類の言語は、技術的な運動機能と密接な連繫をもって現われてくるようである。その連繫はたいへん密接なため、人類の二つの主要な特徴は同じ脳のプロセスをたどってただ一つの現象に属しているともいえるほどである。古い原人の技術活動は、ホモ・サピエンスの方向へ少しずつ共時的に改良されてくる道具と頭蓋がところどころで目印になる、きわめて緩慢な進化の相を呈する。末期のものを除いて、どのようなほんものの資料にも、まだ彼らの生存に必要な連鎖動作を行なっているということ以上のものは示されていない。もしほんとうに言語活動が技術と同性質のものなら、この言語活動についても、単純な連鎖動作のかたちで具体的なものの表現に限られたものとして考えてもいい。まず具体的なものが直接に展開するというかたち、ついで直接動作を離れて、これとは別に発音の連鎖を保存し、意のままに再生するというかたちで、これを考えてもいいわけである。数年来、化石人類の哲学的な意味での位置を根底から変えたのは、ジンジャントロプス以来、早くも立って歩き、道具をつくり、そしてわたくしの論証が認められるならば、話をしている、すでに完成した人間を認めなければならなかったということである。この始原的な人間像は、二世紀にわたる哲学思想のおかげで見なれてきた人間像とおよそ一致しない。人間はそう考えならされてきたような、古生物学的構造をもつ堂々たる完成品として、しだいに改められていく一種のサルではなく、人間存在が観察される瞬間から、もうサルとは違っているのだ。人間が出現したときから、なおたどるべききわめて長い道程が残されているが、人間は動物学的な進化への道をたどるよりも、むしろ動物学的な枠をとりはらう方向へ、社会がしだいに種形成の流れにとってかわるまったく新しい組織への道をたどることになる。どうしても出発点をサルにしたければ、いまやサルを第三紀の真っただなかに追い求めなければならない。そのうえすでに、人間的なアウストララントロプス像だけでも、この起原問題の基礎を変えるには十分なのである。その両足位はたしかに昔からのもので、現在のサルの祖先からひじょうに隔たりがあるということを意味する。それはちょうどウマの系統とサイの系統を分つ距離に較べられるような隔たりであり、つまりサルでも人間でもないが、その末裔がいつの日かそのどちらかになれるかもしれない小動物を発見する見通しがないわけではないという程度のことなのである。

〔補注〕このほどL・S・B・リーキーの長男リチャード・リーキーによって、二百五十万年前の人類の頭骨が発見されたと報道されたが、これが実証されれば、知られている人類の祖先がさらに百五十万年だけ遡って第三紀にますます深く入りこむわけで、サルと人類をかんたんに結びつけることの無意味さを強調するルロワ＝グーランにとって、いっそう有利になるといえるだろう。

第四章　新　人

ホモ・サピエンスの生理的な過去と未来

すでに見たように、人間に向う流れに乗った動物群の一般的な進化には、あいついで〈解放〉があったが、その主なものは、古生代の獣形爬虫類において、頭が解放されたことと、第三紀の最後の残光のなかでアウストララントロプスにおいて手が解放されたことの二つである。人類固有の進化によるところは、脳の解放と、それにともなう動物的なきずなの大半からの解放とがこれに当る。いま、概略を跡づけようとするのはこの進化である。

アウストララントロプス以後、ただちに頭蓋底が確実に自由になり、同時にこれまで見たように、皮質の扇が開きはじめる。かなり早く、少なくとも旧人の時代から、すでに錐体路運動器官とそれに接した連合領は、現在の人間とほぼおなじ程度に発達していた。旧人の高い技術性については、われわれの手許にある数えきれない証拠がそのことを立証している。その結果、脳の進化においても、獲得した構造が固まるという同じ現象、新しい器官によってそれが凌駕されるという現象がやはり見られるのである。手は、アウストラロピテクスからただちに、ほとんど現在の形になり、技術的な頭脳は原人の終りで実質的に完成している。

人間にとって、技術的な頭脳が完成し、ついでそれが凌駕されるということは、最も重要な意味をになっていた。なぜなら、進化がたえず神経運動系の皮質化をいっそうおし進める方向になされたならば、人間の進化は、最も進化した昆虫に比較できるような〔特殊な〕生物にいたる、閉ざされた進化になったことだろう。ところがそれとは逆に、脳の運動領は、きわめて異質な連合領によって乗り越えられた。この連合領によって、脳はます技術の面で特殊化の方向に進むかわりに、少なくとも動物的な進化の可能性にくらべれば無限ともいえる一般化の可能性に向って開かれたのである。爬虫類以来の進化を通じて、人間は解剖学的な意味で、特殊化を免れた生物の進化の継承者として現われてくる。人間の歯、手、足、それに結局は脳も、マンモスの歯やウマの四肢やある種の鳥の脳のような高い完成度には達しなかったのである。つまり、それで人間はほぼあらゆる可能な行為をなしうる者として残り、ほとんど何でも食べることができ、走り、這うことができるとともに、骨格上ふしぎなほど古風な手という器官を、〔特殊的限定と反対に〕一般化がその持ち前である脳によって支配される動作のために、用いることができる。人間をそこへ導いた道をたどることは、これでほぼ終ったことになるが最終的な解放がどのようになされたかの説明が残っている。

ホモ・サピエンスの頭蓋

人類の頭蓋の進化は、たしかに三重の手続きを反映しているようにみえる。すなわち、直立位をとったため、後方頭蓋が力学的に解放されたこと、歯根がしだいに縮小したため額が力学的に解放されたこと、ネアンデルタール人にいたるまで脳容積が増し、ついで容積はそのままで脳が前頭部へしだいに侵入したことである。新人について最も特徴的なことは、顔の骨組がしだいに軽減されていったことで、その骨組は、最も進化した黒人、白人、黄色人種では、いちじるしく薄くなった支持部分を残すだけになっている。新人の頭骨の構図はみな同一であり、すでにネアンデルタール人によって獲得されたものだが、ただ角度の開きだけはいくらか変っている。この違いはそのうえ、オーストラリア原住民のような、いくつかの原始的な小集団の例を除いては、通常の意味で人種の違いに帰せられる事実ではない。というのは、最も進化した形がすべての〔白色人種、黒色人種、黄色人種といった〕大人種集団に見られるからである。根本的な頭蓋構造は、どうみても人種の違いとは関係がないようであり、もっと正確には、頭蓋構造の進化の方向は、全人類集団のごく緩慢な、しかし同時になされる進化の歩みに支配されている、といってもよさそうである。それゆえ今日地上には、皮膚の色、身長、血液型、歯の突出、その他数多くの特徴の違いはあっても、ホモ・サピエンスだけしかいない、ということになるわけである。これは、生物の系統全体が基本的類型の特徴すべてに及ぶ適応期を経過する、というG・G・シンプソンの大進化《マクロ》の考えかたに一致する。このマクロの次元の流れの方向によって、原人がアウストララントロプスを、旧人が原人を、そして最後に新人が他のすべてをひき継いだのである。それゆえ力学上の平均値のグラフによって黄色人種、白人、黒人の区別が明確にならないからといって驚く必要はない。

人類学は一世紀半以上も骨格、特に頭蓋について、人種の差異をリストアップすべく仕事してきたが、結局その結果はたいへん貧弱であって、頭蓋がどの人種に属するかを一目で決定するほうが、コンパスと数字の助けを借りて測定を立証するより、どれほど容易かを確認するるだけだというのは奇妙な話である。人体の特徴を測定する従来のしかたは、本来人種的な特徴も、進化の別な段階に対応するもっとずっと一般的な特徴も、違いを区別できないまま、ごく大ざっぱな組織の部分に一括してしまう。しかも意味ぶかい微細な人種的価値、眼窩曲線の微妙なニュアンスとか、それとわからないような頭蓋穹窿の屈曲だとかは、計測法ではすっかり抜け落ちてしまう。この方法は結局基本的な構造を表わすにも人種的な微妙な点を表わすにも信頼できるものではない。逆にそれはかなりよく顔の寸法の一般的な割合の変化を明らかにしてくれる。つまり、ホモ・サピエンスとして明らかな時期全体にわたるさまざまな標本の編年学的順序に従っていけば、それが起原以来進化してきた跡を寸法によって明らかにすることが望みうるのである。

グラフによる横顔（図版51）

寸法の一般的割合の進化は、頭蓋、顔面、眼窩、鼻を、二つの次元について次々に対比した結果から表わすことができる。これらのデータをもとに、現生のホモ・サピエンスの統計的に算出された平均値と関連させて、さまざまな人種の縦横比の輪郭をうちたてることができる。次の図表（図版51）では、さまざまな旧人（A）、ヨーロッパ、アジアの後期旧石器時代のさまざまな化石人（B）、各人種大集団から取られた最も古風な型の現生人（C）、同人種集団から選びだされた最も進化した型の現生人（D）を示す。

旧人については、一般的構造がすべての標本について同じなことがわかる。現在の平均と較べると、すべてがはなはだ大きい。頭蓋は大きくまた前後に長く、顔は巨大で前にせりだしており（歯のないラ・シャペル＝オ＝サンの標本を除く）、眼窩は大きく広く、鼻は並はずれて大きく広い。こうした旧人のような比率は、既知のどんな原始的な新人にも見いだされない。これはまさに、はるか昔に完全に終ったものだが、同質の特徴をもった一段階に他ならない。

発見された化石新人（B）は、フランス、ドイツ、チェコスロヴァキア、ロシア、中国のいずれを問わず、明らかに型が同じである。それはきわめて明瞭な外形上の特徴でも一

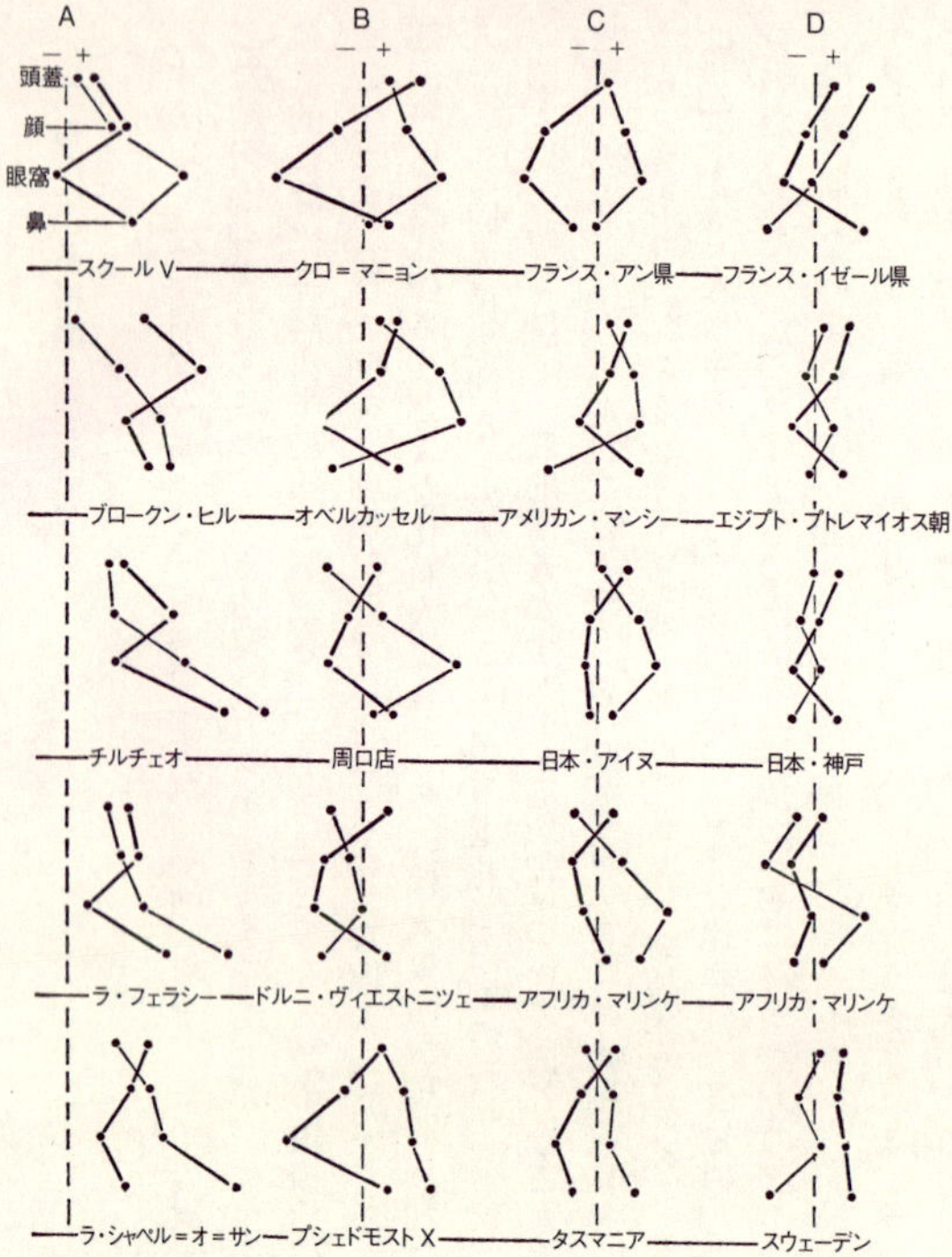

51　旧人とホモ・サピエンスの顔面特徴のグラフ。これは頭蓋、顔、眼窩、鼻の長さと幅を現在のホモ・サピエンスのすべての人種の平均と比較したもの。この方法で頭蓋の主な割合のグラフをつくることができる。A 旧人、B 化石ホモ・サピエンス、C 化石ホモ・サピエンスと近い割合を示す現生人、D いちばん相違点の大きい現生人。例は各大陸からとられ、人種的な現象ではなく、種の一般的進化が問題なことを示そうとした。Dに属する全例は、最後の数千年間の頭のいちじるしい後退を示している。

致しているため、人類学者はそれを言い表わすのに〈クロ＝マニョン人〉なるものを創りあげたが、これは実際には一つの発展段階にある人種なのである。ネアンデルタール人より長頭だが、はるかに小さい頭蓋を除いて、クロ＝マニョンの型《タイプ》は、あらゆる点で旧人と異なっている。顔はごく低く、幅広いが短く、眼窩は並はずれて低く幅があり、鼻は適度の長さでせまい。最も新しいネアンデルタール人は、およそ五万年以前だと思われるが、化石新人は、現代から約三万年以前に遡る。この二万年間に、ある変化が起ったわけだが、その内容は化石がなかったり、あっても適当な解釈がないため、まだほとんど知られていない。

実際、新人の特徴をそなえた一種の〈ネアンデルタール人〉と考えられ、スクールの頭蓋Vとして知られるいくつかの化石や、ネアンデルタール人に近い新人と思われるプシェドモストXの頭蓋は、進化の方向を示しているように見える。スクールの頭蓋をブロークン・ヒルやクロ＝マニョンのそれと較べてみると、頭蓋と顔面にはなおネアンデルタール的な性格が残っているが、眼窩と鼻はクロ＝マニョン型の割合になっている。いいかえると、顔はなお幅が広く、前にせりだしているが、眼窩は低く鼻は細くなった。ついで、プシェドモストXとラ・シャペル＝オ＝サンを較べると、長さ、せりだしともにいちじるしく減少しているのを除けば、全体の割合は同じであるのがわかる。クロ＝マニョン型は旧人型からさして隔たっておらず、あるいはその差はむしろ質的ではなく量的であるように思われる。〈過渡的な〉この二つの標本を較べてみれば、両方とも手直しは眼窩の盛りあがり方に関係するのがわかるだろう。スクールの顔は、なお相当にせりだしているが、プシェドモストのほうは、文字どおり陥没を示している。両方とも新人と同様に、歯列は歯根が全体に退化を見せているが、臼歯のほうは第一から第四臼歯まで歯冠が小さくなっている。いいかえると、両方とも親知らずがいちじるしく退化し、第一臼歯が顔面の均衡にいちばん大きな意味を占めていたことを示している。こうした条件のもとに、眼窩頬骨部分で大きな変更が始まる。そのことは、この段階で顔が不調和に引っこむことや、眼窩上隆起の顔面構造が眼窩側面の骨組に移動することに現われている。

〈クロ＝マニョン型〉は、こうして前頭部が発達過程の終局に向う最初の段階として現われてくる。歯の縮小、それに、犬歯と臼歯に同時に係わるものではなく、もっぱら臼歯だけに係わる新しい顔面平衡の獲得、これが既知のすべての化石に共通するホモ・サピエンスの古風な型を決定し、ヨーロッパではこの型が中石器時代まで持続し、その後しだいに消滅していく。この古風なサピエンス型が生きながらえたなどということが、数多くの研究者によって指摘され、〈クロ＝マニョン人種〉の起原と分布についての大胆な仮説を生んだこともあったが、実際には、今も世界のあらゆる場所にさまざまな頻度で存在する普遍的な頭蓋構造の型なのである（C）。この型は、メラネシアやオーストラリアの原住民に比較的多いが、個々の例としてなら、アメリカでもヨーロッパでもお目にかかることがある。どの場合にも、それは概括的にみた比率（長い頭蓋、ごく短い顔面、ごく低い眼窩）だけについてのことで、本来の人種的な細部とは依然として無関係なのである。

新人型《タイプ》の進化

人種の多岐にわたる進化の系統を通じて、一般的進化の糸が、こうした緩慢な、絶えることのない〈進化の方向〉のなかから浮きだしてくるようにみえる。これについては、数多くの動物の系列について明白な、おびただしい証拠がある。この流れは人類の方向へしだいに加速してくるようにみえる。というのは第四紀の七〇パーセントはアウストラロピプスと原人に属し、二五パーセントが旧人に、五パーセントだけが新人に属しているからである。われわれ人間種の過去に属しているこの五パーセントで、クロ＝マニョン人から二十世紀の人間へといういちじるしい変化を探りだすのに十分だろうか。われわれはクロ＝マニョン人から三万年ちょっと隔たっていて、そのあいだに実際かなり重要な手直しが介入したように思われるのである。

現生人類と化石人類とを比較する条件は何かを、まず考えてみる必要がある。現生人類については、幾千もの標本を通じて現われるあらゆる人種的変異のこみ入った統計図表があるが、ある種のエスキモー、オーストラリア原住民、いくつかのアフリカの部族のような孤立した稀少集団を除いて、人種型はひじょうに個人的変異に富んでいるので、そうした表から出てくる像はまったく統計的な像でしかない。標本の正確な地域分布決定ができないときには、測定の結果からは〈東南アジアの蒙古人型の頭蓋〉とか〈アルプス型〉とかといった大まかな限定しかできない。化石人類については、状況は逆である。数千年の時間としばしば厖大な距離に隔てられた二、三の個体例があるだけで、比較の材料がなく、その変種を見分ける方法もないために、彼らの人種型がもはやわからないし、データにすべて意味があると考えるしかない。そのうえ、長いあいだ最初のネアンデルタール人を中心に集められていた旧人の場合と同様に、ばらばらの化石を大きな類にまとめてしまうことも避けがたい。

ネアンデルタール人の生理的進化の問題については、資料の物理的な条件だけでなく、人種の発生にも係わるもう一つの局面を考慮に入れなければならない。動物についての遺伝的な知識から、いくつかの人種的・個人的な変化の局面が理解される。二つの要素が個体の人種形成のうえに、主要な役割を演じているが、その組み合せから人種型が導きだされる。それは標本の隔離と密度である。

隔離は密度に応じてさまざまな度合いに作用する。たとえば、基本的人種群（白人、黒人、黄色人）がそれぞれの接触面に比して、はるかに大きな分布面積をもっているため、それらは実質的には互いに隔離された状態にあり、周辺が混血の境界領域にうっすらと縁取られるにすぎないことは自明である。その集団の内部では、それぞれあらゆる度合いの発生形式が見いだされる。密度の低い集団では、隔離は発生学的にたいへん重要な役を演じ、数千人ぐらいの単位の集団は分離し孤島化し、時間の経過とともに同一種族の性格を獲得しようとする。アイヌ、ブッシュマン、ラプランド人、エスキモー、オーストラリア

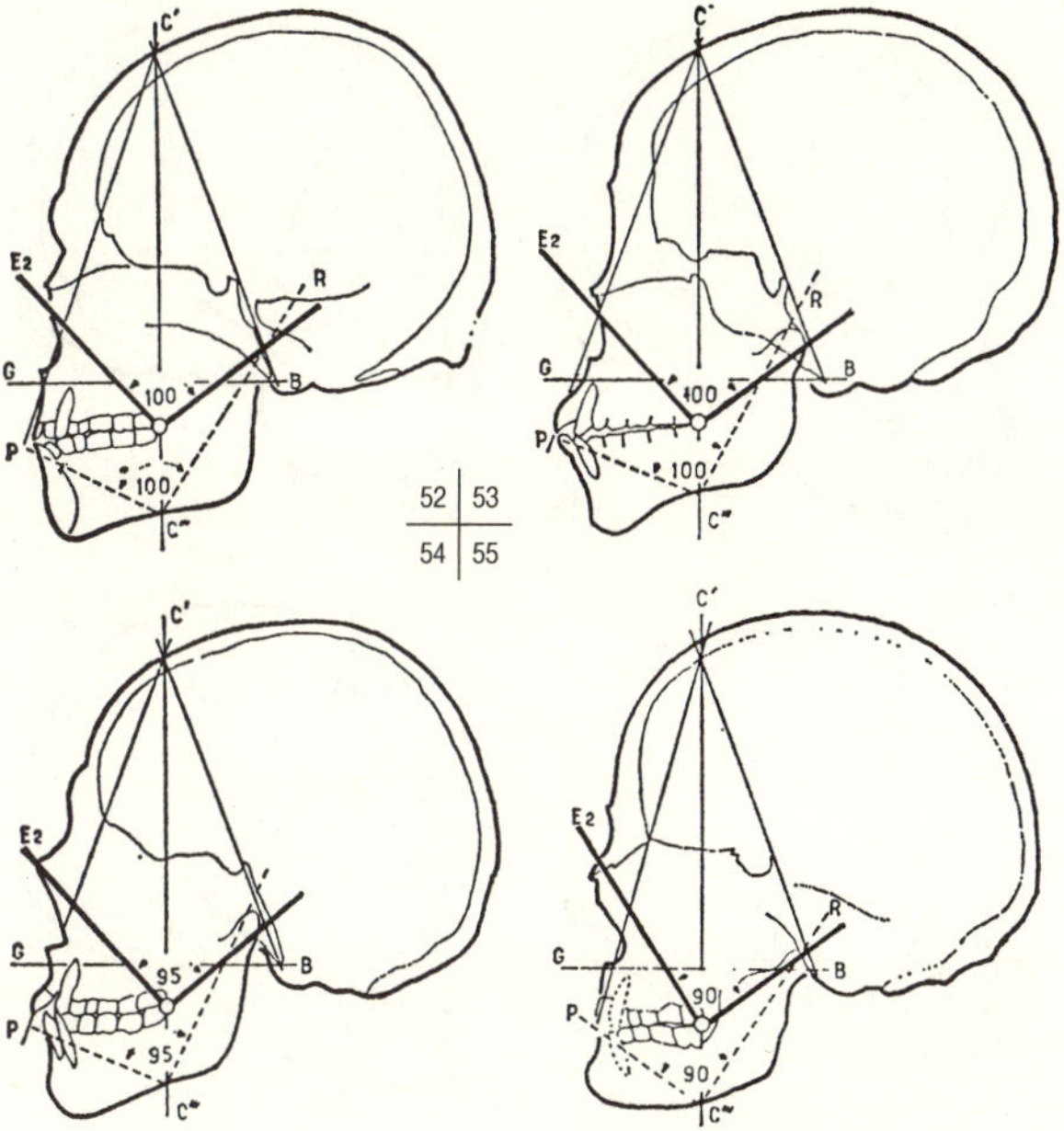

52から55　ホモ・サピエンスにおける頬骨弓のせばまり。ニュー・カレドニア原住民（52）と、メラネシア・アフリカ原住民（53）の100°から完全な歯列をもったヨーロッパ人（54）の95°、第三大臼歯のないヨーロッパ女性の90°へ角度が変る。軸E2が移動し（55）、頬骨の支えと前頭部の支えがいっしょになる傾向に注意（前歯が力学的に独立性を失う）。

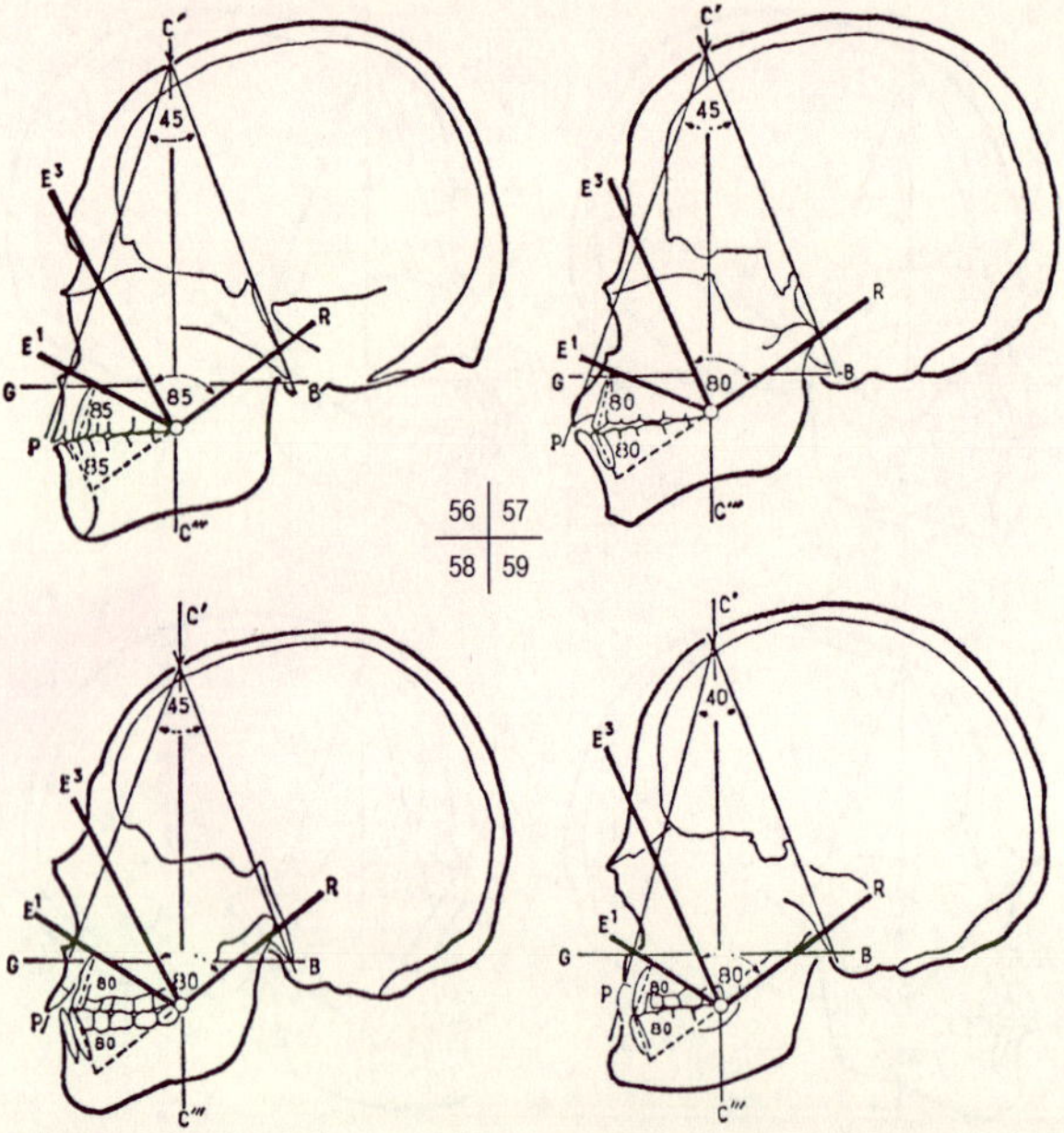

56 から 59　ホモ・サピエンスにおける犬歯の骨組。(52) から (55) と同じ標本。前歯と前頭部との連繋が現生人でも保たれているのがわかる。後臼歯のない例 (59) では、角度C′が基底PBの短縮を示して40°にせばまり、犬歯の支えE3は臼歯の支えと重なろうとしている (55図E2)。

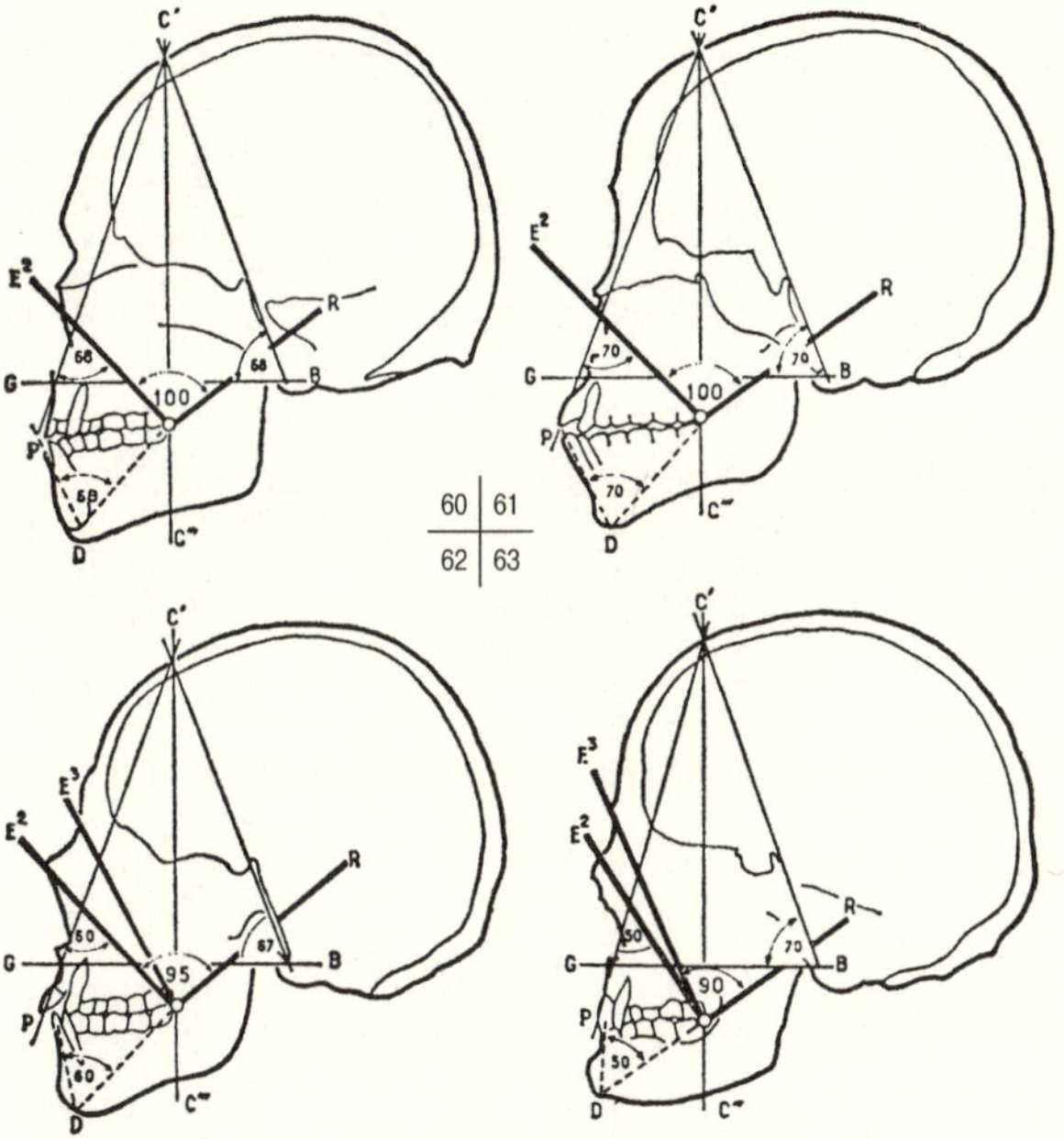

60 から 63　顔面の一般的な均り合いは頬骨 E2、顎D、底部突起Bの角度の等しさで表わされ、顔面の骨組が直立位という拘束に結びつけられる。ニュー・カレドニア原住民（**60**）とメラネシア・アフリカ原住民（**61**）を、ホモ・サピエンスの通常の均り合いを表わしているとみれば、頬骨、顎、底部の値が等しいことがわかる。ヨーロッパ人（**62**）では、軸 E2 の E3 への移動が始まっており、顔（60°）は底部（67°）と均り合っていない。智歯〔親知らず〕の消滅（**63**）は直立位を保つことと和解しがたい新しい構造型を求めて頭蓋構造に文字どおりの歪みが加えられていることを示す。この超進化の状態はムクイヌの場合と比較できる（**24**）。

原住民など、古典的人類学に馴染みのふかい〈純血〉人種は、遺伝的資質が画一化してしまうほど長い隔離を蒙った集団に他ならない、という理由がそれでわかってくる。同じ条件に置かれた動物群の場合と同様、地理的に辺境にあるこれらの集団は、しばしば異常なきわめて目立った特徴を示し、往々にして古風な共通の構造を保っている。原始新人型が最もはっきりと残っている例は、これらの集団に見いだされる。

密度の要素は、ヨーロッパ、インド、極東のように、人口のごく密集した狭い地域の場合でも、またはアフリカのように、比較的人口密度が低いために、集団や個人の動きで埋め合せしている地域の場合でも、地理的に開かれた状況と結びついて、住民の一般的な外見に決定的な役割を果す。これらの集団においては、人種形成における固定の効果も、攪拌されて消されてしまうので、はっきりした輪郭をもった人種型は明らかにしがたい。数百万の人間を擁するような集団は、個体変異が均《なら》された結果生じる漠然とした平均的な型に向って、一団となって進化していくのである。こうした状況が発展段階における速やかな進化の流れに最も適しているようである。というのは、これらの集団には古風な新人型に属する標本が最も少ないからである。

ごく多種多様な個体のストックから、原始新人類の示す一般的傾向に合った個体を取りだしてみると、実際、段階的にみて、すでに新しい型が非常に広く実証されることがわかる（図版51）。この新しい型は、白人にも黒人にも黄色人種にも、長頭型にも短頭型にも存在している。その主な特徴は、とくに顔と頭蓋の長径と幅径の均衡である。脳の能力の増大は〔骨では〕まったくわからないが、顔は狭くなる傾向にあり、ただし上下の長さは短いままである。眼窩は比較的大きく、鼻は、黒人では広く、他の人種では狭いが、絶対比はそれほど変っていない。

最も古い新人の特徴である顔の縮小現象は、顔幅がへって、顔のせりだし度と一致してくる経過のなかで（図版52から63）、密度の高いすべての人間集団に続いている。この現象は、親知らず（第三大臼歯）が減少したり、なくなったり、歯根がぜんぶ狭くなったりして生じる歯牙組織の退縮という一般的な動きに結びついている。人間における脳化の歴史全体を単一の力学的な結果（それもまだ、われわれにほとんど知られていない遺伝的な進化によって決定される歯の退縮だけだが）に従わせるのは危険だろうが、歯の変化は他の何よりも、すべての現生人類のなかに続いている複雑な進化の歩みのメカニスムを説明してくれるのである。

生理学的な決算

さまざまな人種を通じて、われわれは約三万年来のホモ・サピエンスの生理的な発達の跡をたどることができる。人種型が多様なため、このような短い期間についても、人類の生理的な進化がどのようなものだったか、細部を把握するのはかなり困難になる。しかしいくつかの事実が年代分析から現われてくる。最も古いホモ・サピエンスは、かなりの数が〈クロ゠マニョン人種〉に結びつけられているが、この骨はごく特別な頭蓋の型をもっている。頭蓋は大きいうえ長径も長く、顔は幅広く、とりわけそれ以前のネアンデルタール人と比較すると並はずれて顔高が低い。眼窩はごく低く長方形である。この型の頭蓋構造は、フランス、中央ヨーロッパ、ドイツ、ソ連、中国における後期旧石器時代のすべての化石人類に、ほとんど例外なく見られる。それは確かに、われわれ自身の種がかつて経験してきた最も古風な構造に相当するようである。ヨーロッパでは、この型が持続するのは中石器時代に見られ、ポルトガル、ブルターニュ、デンマークにもその証例が見いだされる。個体の次元では、この頭蓋構造は今日、世界の全域でなお見いだされるが、集団の人種形式として代表的なものは、タスマニア原住民、オーストラリア原住民、それからニュー・カレドニア原住民の一部にしか残っていない。後期旧石器時代の後で、頭蓋構造の型はいちじるしく多様化してくる。最も多様な人種のなかでも、特に人口のきわめて多い地域では、人類の進化を延長しているようにみえるある種の特徴が、有意と考えていいほどの密度で現われる。脳容積は増加の傾向をはっきり示してはいないし、事実ネアンデルタール人以来、この面では少しもふえていないようにみえる。反対に顔の容積は、小さくなる傾向を見せるが、この顔の容積の減少はしばしば、親知らずの消滅によって現われる(図版55、59、63)。顔面全体の支えはあいかわらず第一小臼歯の上に置かれているが、歯弓の長さが減少していく結果として、額がますます上方に持ち上ることになる。この特徴は、半世紀以上前から気づかれていて、いくつかの理論の源となった。その理論によると、現在の人間はいわば胎児か、あるいはごく早い段階で発達が停ってしまった子供のようなものだというのである。サルにおいても、人間の場合と同じに、思春期になって初めて最終的な格好《プロポーション》となる顔と較べて、幼年期と青年期における脳容積がたいへん大きいことがつねに認められている。そこから人間の進化に、一種の〈進行性の〉遅滞、知性に発達するための余裕を残してくれる幼児的状態の延長を見てとるところまではほんの一歩の距離であり、その距離もあっさり乗り越えられたわけである。わたくしとして、人間にゴリラの胎児を見いだすのは断念すべきだと思う。これは、怪物のような双生児を探しだしたいという同じ病的な傾向の別な形である、祖先猿についての考え方も断念しなければならないのと同じことである。実際、人間という形式がサルとは完全に異なった形式であることを人は見てきた。同様に、ジンジャントロプスは、小さな脳を納めた、人間並の頭蓋という力学的に首尾一貫した形式を、これも人間並の胴体の上につくりあげていたのである。サイは小さなヒヅメウサギの過熟児であるとか、ニジマスはシーラカンスの胚であるといったことは認められるだろうか。われわれ人間が他の生物より大きい脳をもっている理由を説明しようとする場合に生じる危険は、進化によって最初からより高度な神経系へ導かれ、その結果、脳組織の重さも増加したという事実に逆行することである。最初の二足動物のときから、人間にはすでに、ふつうの力学的な次元での根本的な再調整は起らず、一連の手直しが進んでいたのである。顔面の均衡は、左右の犬歯と第一小臼歯の上にあって、なおネアンデルタール人のそれであるが、ホモ・サピエンスでは犬歯の上での〔前後の〕

均衡がほとんど失われ、前頭部の門がはずれるにいたる。こういったことはどれひとつとして、サルを引合いに出す必要はない。ことに人間の進化を説明するために、その小児段階を利用するのが目当てで引合いに出す必要はない。ジンジャントロプスは、サルの胎児のようなところは何ひとつなく、われわれにまでいたるすべての系統の発達は、〈胎児化〉とは無関係であり、生物学的に正常な手続きによっているからである。

未来の人類

人間のたどった道をさらに延長することは可能だろうか。その根本的な特徴（直立位、手、道具、言語活動）を考えてみると、器官はおそらく百万年前から進化の極限にきている。根本的な価値を何ひとつ失うことなく、人間がどうやってなおも進化できるのかを探ってみると、たどる道は必然的に頭蓋構造の手直しの方向になるだろう。頭頂、後頭部の全体は直立位によって形成されてから、たいへん長いことたっており、この方面で変形が生じるには、姿勢の変化が必要だろう。頭蓋穹窿も中頭部では、固定されているようにみえる。皮質の扇は、いくつかの変種をのぞいて、完全に拡がっている。眼窩上隆起がなくなったこと、それとまだ始まったばかりだが、親知らずが消滅したことで、前頭部領域に最後の新開地ができた。この方向への進展は無際限ではありえず、生理的にも精神的にも、われわれが考えるとおりの人間としてとどまるために、それほど大きな余裕はもう残っていないのだ、という事実に留意しなければならない。十九世紀終りに、未来学者は胎児に着想を得て、二十世紀終りごろのわれわれの同時代人を、脳は巨大だが、顔も胴体も小さな人間というかたちで想像したが、この像は実現しなかった。容積のいちじるしい増大が数万年もの長い時間を経過せずに生じると考えられる理由は何ひとつないからである。われわれ新人の年齢はまだ三万年にしかなっておらず、種の流れの方向がはっきりと感じられるには、まだ厖大な歳月が必要である。この脳の重さという性質が実際にそれほど重要であるなら、人為淘汰によって、脳の重量を相対的に増すことはできるだろう。しかし未来学者が予見しなかったことは、手を失い、歯牙を失う(このことはつまり、直立位を失うことである)という以外に、いかなる大きな変化ももうほとんど起り得ない、ということであった。歯のない人類、部分的に残った腕でスイッチのボタンを押しながら、横臥したままで生存する人類というのは、まったく考えられないことではなく、ある種の空想科学小説がいかにも尤もらしい、あらゆる公式をつきまぜたおかげで、〈火星人〉や〈金星人〉を創造したが、これは進化の極致に似かよっている。しかしそれらをまだ人間と呼べるだろうか。古生物学において、種がある均衡点に達した後、そのまま固定されるような例がないわけではない。あるものはサメのように、進化が恒久的に止ってしまい、またあるものは完全に絶滅することによって進化が止るのである。人間の将来は、第二のカテゴリーに属しているようにみえる。どの哺乳類をとってみても、診断はいずれも絶対に悲観的であり、それにたいするいかなる反対理由もない。しかし人間は、自分が種の方向の大きな流れに従っており、絶滅までにはおそらく数万年の猶予があると考えれば、慰められるというものである。また、少なくともある期間、意図的な行為によって進化の流れをとめるために、遺伝学の法則を利用することも許されるはずである。いずれにせよ、種を変えてしまわずに、みずからを何から〈解放する〉ことができるのかわからないことは否定できない。

新人類の脳の進化

人類の進化についての、ほんとうに度肝を抜くような最後の挿話は、すでに見たとおり、前頭部の〈脳の増大の障害となる〉門がはずれた、ということである。それゆえ他の人類と同じく、この新人類についても、こうした頭蓋構造の重要な変更が脳の機能にどのような結果をもたらしたかを見てみるのがよかろう。脳容積は、最も進化した旧人から、ずっと変化してはいない（原人・六〇〇―一二〇〇立方センチ、古い旧人・一二〇〇―一三〇〇立方センチ、ネアンデルタール人・一四〇〇―一六〇〇立方センチ、新人類・一四〇〇―一五五〇立方センチ）。本質的な変化が生じたのは、新しい内容がつけ加えられたためではなく、当然、脳のさまざまな部分の割合が手直しされたために生じたのにちがいない。われわれには、それを進化史のうえで証明しうる可能性はまったくないが、細胞密度が高まり、神経接続が倍加し、利用しうる容積《スペース》がより完全に活かされるといったことが、おそらくは生じたのであろう。しかし根本は、脳の前頭部の発達であったらしい。額と知性との関連については、ひさしく経験的にいわれてきた。十八世紀末の業績、とくにドーバントンとカンペルの業績以来、その関連には、ほとんどドグマ的といってよい科学的な価値づけが与えられることになった。いまではありふれた概念になっている事実を受けいれて、議論を展開する前に、脳の容積、額の発達、知性などのあいだには、絶対に必然的な関連があるわけではないということを想起すべきであろう。個人個人の現実としては、例外はひじょうに多く、たとえ額がせまい場合でも、繊細で稠密な組織をもった小さな脳のほうが大きな脳味噌よりましなことは以前から知られている。しかし人類の脳の進化にとって、まさしく骨子となる統計的な真理、つまり人類によって脳が前頭部領域を全面的に占めるにいたったという事実はなくならないのである。

神経生理学と神経外科学は、数十年前から、二つの領域に分けられている脳髄のこの部分をだいぶ研究してきた。その二つは運動前領の前に拡がる新皮質の部分、および脊椎動物におけるひじょうに古い脳の構造に相当する嗅脳である。嗅脳は下等脊椎動物以来、嗅覚上の対象を処理するのが主な役割だったが、高等哺乳類ではいちじるしく変化し、情動を調節する装置の一つとなった。それは、いわば脳器官のなかで感情を統合する中心である。前頭部皮質のほうは、数多くの実験や外科的な確認がなされるとともに、個性の主な要素のひとつと見られるようになり、大多数の神経学者によって、作業の制御支配、先見、明晰な意識などに支配的に係わるものと見なされている。嗅脳が動物的な段階を越えて発達したこと、および制御支配の皮質に近いことから、前頭部の門が少なくとも部分的にはずれた結果、人間に何がもたらされたかがわかってくる。ホモ・サピエンスの前頭葉は、前頭部の調節器官を介して、いわば技術運動皮質と、情動のシャッターを切る皮質とのあいだに挿入される。前頭葉切除術は、ある種の精神病患者の治療にしばらく一役を果していたが、同時に、感情を表わすとか運動を行うといったさいに、前頭葉皮質がそれを和らげたり、刺戟したりする役割を、もっていることを明らかにした。情動と運動を同時に総合するこうしたメカニスムほど、知性にかなったものは想像できないだろう。まだよく知られていないとはいえ、感情の調整、制御支配、判断をつかさどる器官としての前頭部皮質の役割は、欠くべからざるもののようにみえる。まさに、それが圧倒的な重要さを帯びる瞬間から、言葉の十全な意味で、人間的な知性や省察といった観念をもちこむことができるようになるのである。しかも、前額部をふさいでいた門〔障害〕がはずれると、人間社会の歴史において、人間と生物界の関係にひじょうな、また急速な変化がおこることがわかる。最も原始的な人類の場合でも、前頭部がある程度発達していたという可能性は否定できない。道具類の出現や動作の鎖の発達は、運動領、運動前領の装置からだけでは考えられないからである。ジンジャントロプスの水準で、すでに、物を製作するとか組みたてるという運動反応と情動とのあいだには、前頭葉が介在しており、その役割はたしかにきわめて重要であったにちがいない。しかし、印象的なのは、時がたつにつれ、ますます支配的になってくる知性が技術に反映されるにつれて、前頭部がたえまなく増加するということである。アウストラロピテクスや原人において、技術の発達がだいたい頭蓋の発達にともなっていたということを認めたとき、われわれは、個性をもった創造的知性から表出されたかもしれないものをすでに考えに入れていたのだ。この水準で、技術上の進歩を生物学的な進歩と関連させることによって、わたくしは、ホモ・サピエンスに始まる技術の進歩を社会集団の組織と関連させることと匹敵する現象を、まさしく確認しているのだと信じている。前頭葉の解放から現われてくる最も明らかな事実は、社会のもつ重要性が種の重要性にくらべて増大したということである。個体変異の戯れが進歩に支配的な影響を及ぼすようになると、同時に価値の音域が変化する。この進化のなかで、旧人類が蝶番の役目を果していることがはっきり感じられる。その形からすると、旧人が属しているのは、彼らを強制する価値がまだ動物的な次元にあるような世界、技術や言語活動が完全には可能性を制御支配するにいたっていない世界であるが、重要な細部では、旧人はすでに、われわれの世界に属しているのである。旧人文化の研究は、人間を理解するよりも、頭蓋探しに没頭していた研究者たちからあまりにしばしば閑却されたが、その研究はわれわれ自身を理解するうえで欠かすわけにはいかない。結局、われわれの歴史の最後から一つ手前の場面を演ずるのは、アウストラロピテクスではなく、旧人なのである。

技術の進化の多様化とリズム

ホモ・サピエンスの領域に問題を限定する前に、人間の祖先の生理的な現実と知性について今まで確認されたことをすべて踏まえて、祖先の技術の歴史を証言台へ喚問する必要がある。わたくしは物質的な進歩の要点を次々と取りあげ、当初に物質的進歩と生物学的進歩とのあいだにあった関連を示してみたいと思う。

技術の進化の段階

人類の技術の進化について、われわれが得た知識は、最も古い段階から現在と同じ気候にはいった〔後氷期の〕初期にいたるまで、本質的には打製の石器類に基づいている。この石器類は化石人類の装備のごくわずかな部分しか代表していないことを認めたうえで、初めてそこに正当な証拠としての価値が認められる。燧石《フリント》のように腐らないもの以外には、われわれは実際に何ひとつ知ることができないからである。

十九世紀には――今なお多くの啓蒙家がまねているが――単なる置換えによって先史人類の像《イメージ》がつくり上げられた。背広上下＝腰のまわりのクマの皮、木樵の斧＝棒にしばった両面石器、家＝洞窟、等々である。円形劇場の壁画から映画や漫画にいたる、あらゆる形の想像図がこの像《イメージ》を普及したが、それは現存の未開人から得たものですらなく、近代の人間をただ貧しくしただけのことである。実際、オーストラリア原住民やエスキモーは、比較のうえで研究者の想像を刺戟するものがある。しかし、彼らが所有している品物の用途の特殊性や種類の多いことは、先史人との比較をあまり極端には進められないことを示しており、結局、先史人の技術については、ごく貧弱な像《イメージ》しかない。実際、ごくわずかな技術文化しかなかったにちがいないジンジャントロプスについても、さらにまた、おびただしい家財道具があったにちがいないが、石とわずかの細工した骨しか残さなかった化石人ホモ・サピエンスについても、貧弱さの程度は同様である。

細部にわたると、三万年から八千年前に生きていたホモ・サピエンスについては、かなり稠密な資料をつくり上げることができる。あまり厳密な文化上の区別に固執しなければ、ホモ・サピエンスは小屋やテントをつくり、着物は精巧に縫われた毛皮でできていて、動物の歯や貝殼、切断した骨片からつくった首輪、ヘアネットのような装身具を身につけていたといえる。彼らが投槍で狩猟し、ひじょうに経験に富んだ肉屋であり、毛皮商であったこともわかっている。職人としては、燧石《フリント》の打製やひじょうに精巧な骨細工に適した多様な道具類を所有していた。さらに籠細工、木の皮や木の細工などからも想像されるところをつけ加えれば、絶滅した、あるいは現存の無数の原始文化の雛型《パトロン》にでもなれそうな、かなり豊かな像《イメージ》が得られることになる。

同じ総合を、新しい旧人について試みると、ヨーロッパのムステリアン期がそのだいたいの証拠を提供してくれるが、まとまってはいても、実際よりいちじるしく貧弱な像《イメージ》しか得られない。進化した旧人は隠れ家、小屋、テントをつくることを知っており、おそらくは投槍で狩猟をしていたのである。動物の皮をはぎ、切り刻むことにかけての巧みさにはすぐれた証拠がある。製作用具は限られていて、骨の細工はしなかったが、木や木の皮の細工はしたという仮定を可能にする若干の理由がある。

これ以上続けるのは適当ではないだろう。古い旧人や先人について、ほんとうに文化を理解しようとする方向をめざした発掘は何ひとつなされなかったし、彼らが住居で発見されたことは実にまれなのである。ホモ・サピエンスとアウストラントロプスとのあいだには、技術上の進歩のある種の軌跡が感じられるが、時代をさかのぼるにつれて、資料が減少し、進歩の軌跡を見分けるのが困難になり、それを信頼できる拠りどころとすることはできなくなる。ほんとうの進化の像《イメージ》が得られるとすれば、それは石器文化から以後ということになる。

石器工作

加撃器として用いられた石や用途不明の多面楕円体石器などを別にすれば、石の道具類は、総じて切る、ひっかく、刺すといった用途を目的とした刃をもっているといえる。それゆえ打製の石器に頼って人類の技術の進化の跡をたどろうとすれば、刃物だけに狭く限定された文化像を用いるということになる。化石人の文化についての知識がどれほど少ないものであるかを感じとろうとするなら、今日の文化をいくつか取りあげて、道具と武器の刃物以外の装備をぜんぶとり除いてみるだけで十分であろう。いったんこうした資料の性格について、明晰な観点ができれば、こまかな形式上の問題にかかずらうことなく、進化のイメージを与えてくれるような研究の方向が可能になる。

ヨーロッパの先史学者は、ひさしい以前から、燧石《フリント》道具の平均寸法がアブヴィリアン期から中石器時代にいたるあいだに小さくなっていることを経験的に確認していた。大きな両面石器は、しだいにムステリアン型の剝片にとって代られ、それから後期旧石器時代の石刃にとって代られるが、後者は中石器時代の〈細石器〉へとつながっていく。数年前わたくしは、ある種の古生物学における進化上の類似に感銘を受けて、こう考えた——この類似は、道具の形と無関係に、文字どおり〈定向進化〉に対応する一般的な技術上の事実を説明できる、と。燧石《フリント》の塊から刃を切りだす仕事は、時代をへるにつれて、得られた刃の長さと、それを得るのに要する燧石《フリント》の量との比例関数として変化する、というのが最初の仮説であった(図版64)。

その実験による検証は、きわめて容易であった。というのは、剝ぎ屑を考慮に入れずに、決った形の道具に刻まれた燧石《フリント》一キログラム当りの石器の刃の長さを確かめればいいからである。表を見れば、人間と地下資源との関係の驚くべき進行がわかる。印象的なのは、この関係の進歩が人間自身の進化と厳密に並行して発展していることが確認される点であるが、この進歩が刃物の先史学に奇妙に生物学的な性格を与えることになる。この並行は、形の連鎖をさらに詳しく見れば、よりいっそう明らかになる。

〈チョッパーから両面石器へ〉刃先は単に石の側面に垂直に加えられた衝撃によって決るのだが、それによってチョッパー、〈石核〉石器という長い系列の原型がもたらされる。石の一端を最初に打ち欠くと、石の両面からさらに一連の余分な剝片が打ち欠かれ、刃のいっそう適切な位置を確定するうえでの目安になる尖頭器《ポイント》ができる。このきわめて粗削《あらけず》りな道具以後、もっぱら両面石器がつくられることになるが、それはほぼ四十万年にわたってゆっくりと進化していく巴旦杏形《はたんきょう》の輪郭をした重い庖丁である。最初、同じ垂直の衝撃によって得られた刃（六十センチ）は、アシュレアン初期には長い剝片を初めて生みだす接線方向の衝撃が加えられた結果、より規則的でより精巧な形（百二十センチ）に達する。進歩の頂点で、この両面石器は、厚みがあるがよく均斉のとれた巴旦杏形の燧石《フリント》となり、断面は最初の工程の二通りの加撃による不均斉をはっきりと示している。端から順々に縦に切りだしていくと、規則正しい形の剝片をとり除けることになるわけだが、これも庖丁として使うことができるのである。

〈両面石器からルヴァロワジアン型尖頭器へ〉ここまでくると、両面石器は剝片石器をつくる素材となり、〈石核石器〉ではなくなって、石核そのものになる。厚みの不均斉が

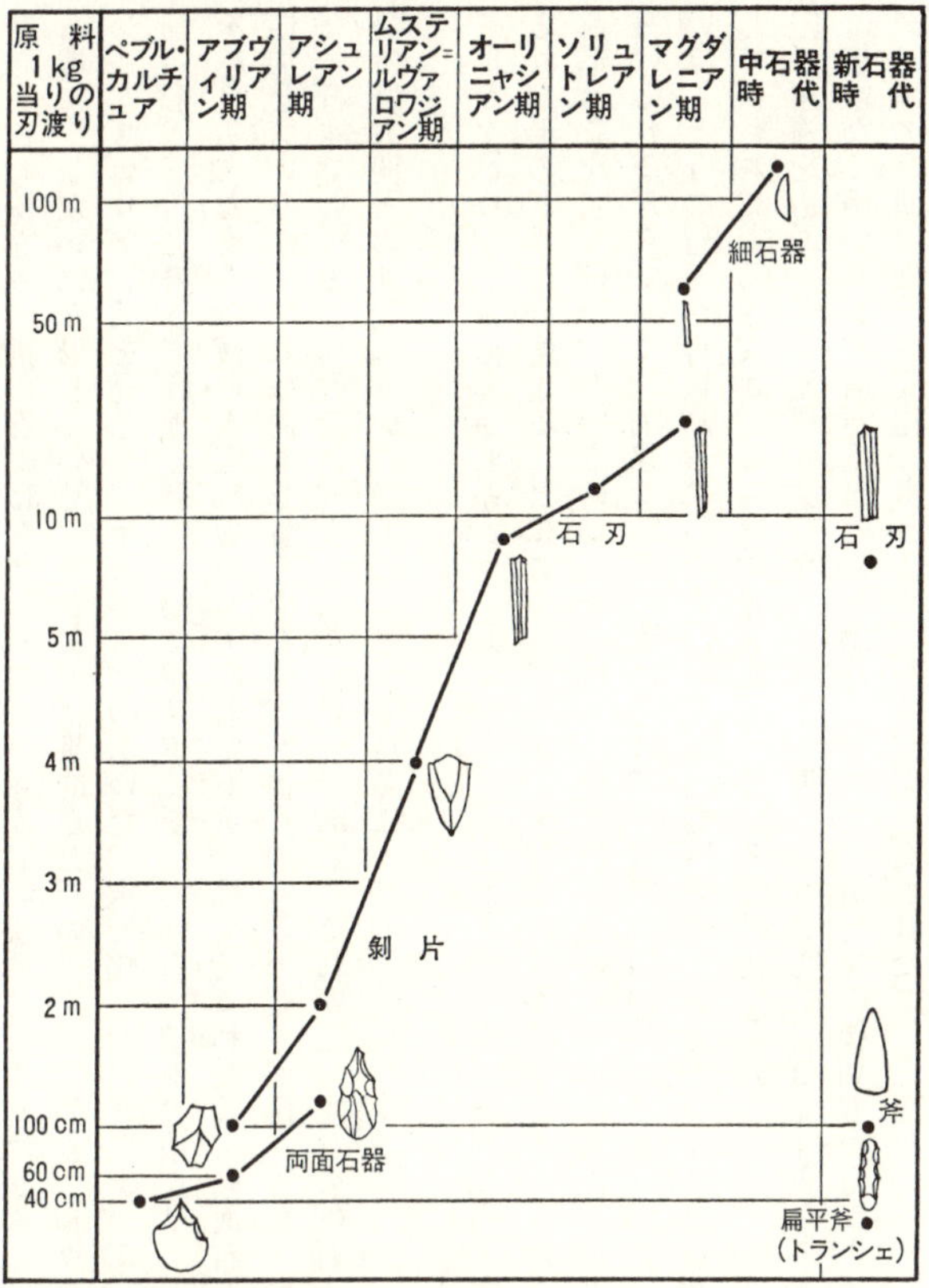

64 旧石器時代のさまざまな時期における燧石（フリント）1kg当りから得られた有効刃渡りの図表。

いちじるしくなり、両面石器は全体として、あらかじめ決めた形の剝片が得られるような石塊に、しだいに変形していく。時とともに目的がしだいにずれていき、ルヴァロワジアン＝ムステリアン期を通じて、十万年ほどのあいだ、定形化した石核によって、卵形、細長い形、三角形の三、四種の剝片の製作が確実になっている。技術の頂点は、二十センチを越えることもある薄い基底部を持つ尖頭器である。技術的な利益は、両面石器に較べて倍加しているが、それは同じ分量の燧石《フリント》で、三倍もの有効刃渡りが確保され、かなり小さな燧石《フリント》塊でもうまく利用できるようになるからである。それゆえ、燧石《フリント》の鉱石を提供する場所と人間との連繫は、いちじるしく軽減されることになったのである。

〈ルヴァロワジアン型尖頭器から細石器へ〉　ムステリアン人は、石核をあらかじめ決められた形の剝片に分解することによって、人類の全歴史のなかで、おそらく最も重大な技術革命をなしとげた。というのは、その後の進化は製作法のちょっとした手直しによって続けられるからである。加撃の角度が改められて、石核の面が長くなり、いよいよ薄く細いほんとうの石刃が得られるにいたる。後期旧石器時代に、石刃がさまざまな形の道具として供されている事実が、この間の進化を示している。他方、剝片は一つ一つの形態が一定の用途をもち、その結果、グラヴェティアン期、すなわち二万五千年前ごろから、燧石《フリント》は無駄なく用いられ、屑石はほとんど出なくなった。道具類の種類も一万二千年前のマグダレニアン期には十分変化に富むようになり、切りだされた二、三キロの燧石《フリント》から数百もの道具をつくることができるようになった。この時期に、燧石《フリント》が天然の産地から数百キロも離れた住居趾からも見いだされる理由がこうして明らかとなる。マグダレニアン期の終りから中石器時代にかけて、つまり八千年から六千年前になると、細石器への傾向が強まり、技術工程のなかに余分な特徴が一つ加わってくる。それは、石核から切りだされた石刃が幾何学的な小片を製作するために、胴切りにされるということで、その結果、石刃もまた製品の素材となったわけである。

一般的な技術上の伝統は新石器時代にも残っているが、重量と刃の比率は突然変化し、きわめて低い数値に落ちる。農業が技術の必要性をすっかり変えてしまい、斧や手斧が狭い刃の割に大きな重さを必要とするようになったためである。燧石《フリント》の庖丁のほうは後期旧石器時代のものと近い割合（一kg当り六ないし八メートル）を保っている。フランスで冶金が開始された紀元前二千年ごろ、グラン・プレシニーの仕事場で、古い伝統にのっとって整えられた巨大な石核から初期の銅の短剣を模倣した三十センチ以上もの庖丁がなお作りだされていたのである。

こうして、最初のチョッパーからグラン・プレシニーの長い刃にいたるまで、石刃が得られるには、形を抜きにすれば、素材を機能によりよく適合させるような進化の系列だけが一歩一歩たどられてきたのである。第四紀の地質年代の決定には、なおかなり大幅に不明確なところがあり、地質学者の意見には、五十万年からその二倍の百万年のあいだという見積りの違いはあっても、だいたいの年代の割合はほぼ共通に認められ、紀元前十万年

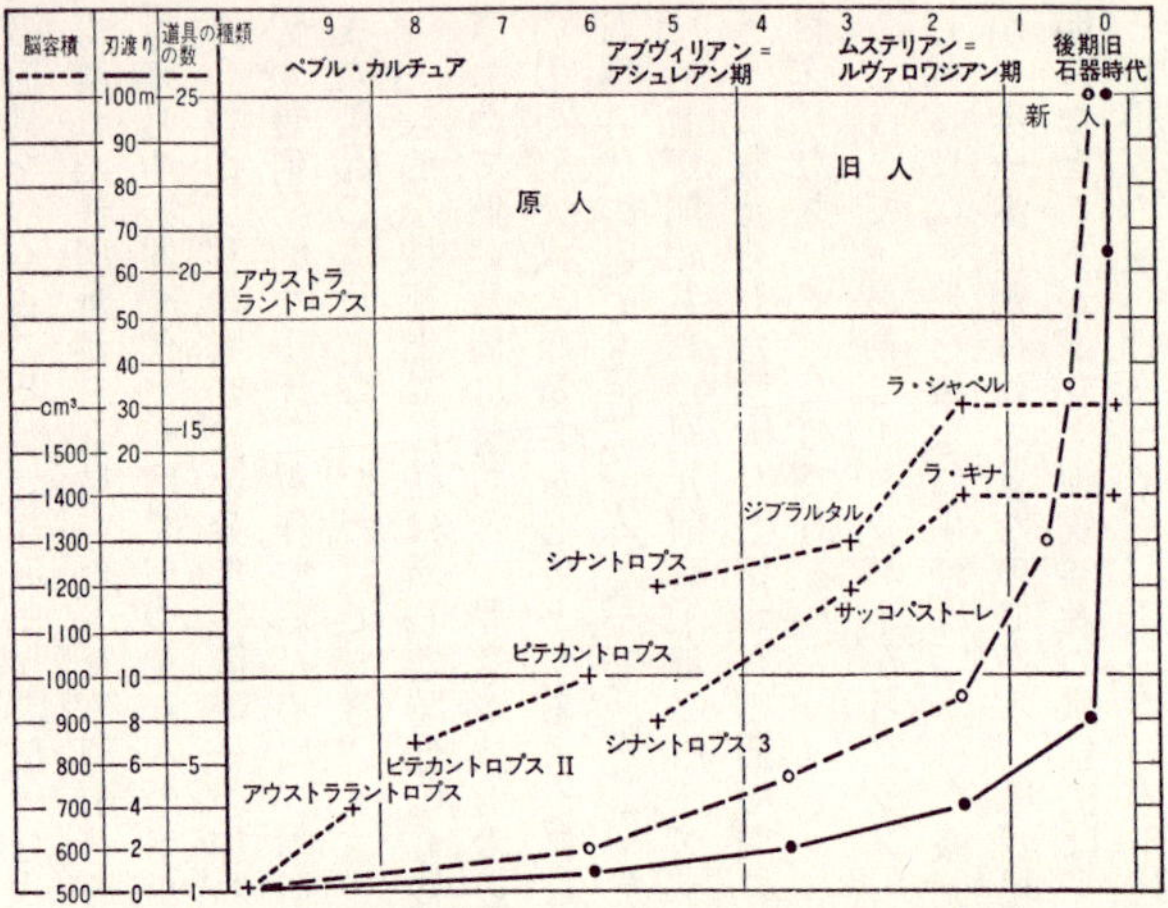

65　第四紀における脳容積の増大と技術上の進化（原料 1kg 当りの刃渡りの長さと道具の種類）。

以降はほぼ例外のない一致が見られる。第65図はさまざまな化石人類の脳容積と対照させた刃ー重さの比率の発展を編年学的に図式化している。

この対比は、生物学的な論拠と技術の進歩という現象を突き合せるのだから、一見人為的に見えるが、それでもたいへん特徴的な進化を浮彫りにする。二つの曲線は、原人を含む人類の発展を通じて、ほとんど上昇することなく平行を保っているが、ムステリアン＝ルヴァロワジアン期、すなわち古い旧人類の発展を通じてこの二つの曲線がいちじるしく上向きになり、ついで工作曲線は垂直に上昇し、一方、脳容積の曲線は今日まで頭打ちのままになる。これを確認することによって前章で明らかになったと思われる事実が確かめられるようになる。脳、つまり頭蓋容積が増加したことからかなり忠実に示されるはずであるが、皮質の扇のごく緩慢な展開が旧人類まで順を追って続けられるのである。そして旧人類は、前頭部の閂が外れるときまで解決されない文字どおりの生物学上の危機の時期にあることになる。それまで技術活動は忠実に生物学的状況を表わしているのだから、もし人類がいまだにホモ・サピエンスならざるところに留まっていたと仮定すれば、マグダレニアン期の技術曲線の上昇点は一万年前ではなく、現代から二十万ないし四十万年後と予測されていたにちがいない。言葉をかえれば、生物学的な進化曲線の曲りかたが人間を種の行動の正常な法則に従う動物学上の存在たらしめていたのだが、この曲線を〈前頭部の一件〉がぶちこわしたようにみえるのである。ホモ・サピエンスの場合、技術はもはや脳細胞の進歩に結びついたものではなく、完全に外化〔客観化、物質化、具体化〕され、いわば技術自体が生命をもっているかにみえる。この分裂は以下の諸章で、異なった角度から観察されるであろう。

製作物の多様化

人類のものとなった道具類を順を追って製作・加工の進化の段階と関連づけながら、目録にすると、重要な点が確認される。次の図表〔図版66〕は、道具の進化が特殊化するような像《イメージ》、および最終〔第四〕段階で骨文化や、単なる生存には不必要なものの創造が重

	第1段階	第2段階	第3段階	第4段階
	垂直の打撃 石核石器	垂直の打撃 接線方向の打撃 石核石器	垂直の打撃 接線方向の打撃 加工された石核 剝片石器	垂直の打撃 接線方向の打撃 剝片石器 石刃石器
石	チョッパー クラクトニアン型剝片	チョッパー 両面石器 クラクトニアン型剝片 ブレイド・フレーク 小斧 〔ラクロワール〕	チョッパー 両面石器 クラクトニアン型剝片 ブレイド・フレーク ルヴァロワジアン型剝片 小斧 ラクロワール ルヴァロワジアン型ポイント ノッチ 〔バックト・ブレイド（片刃）〕 〔ビュラン〕 〔グラットワール〕	ブレイド・フレーク 石刃と薄刃 バックト・ブレイド（片刃） ノッチト・ブレイド 月桂樹葉ポイント 有肩ポイント 幾何学的細石器 ノッチ グラットワール ビュラン 錐（ペルソワール）
骨			〔骨錐（ポワンソン）〕	〔骨錐（ポワンソン）〕 針 投槍 銛 投槍器（スピア・スロワー） 有孔棒 篦 半円棒 楔 鶴嘴
その他	多面体	多面体？	多面体 〔染料〕 〔化石〕 〔小屋〕 〔墓〕	染料 化石 装身具 ランプ 小屋 墓 象形芸術

66　旧石器時代における道具の形の多様化を示す表。

要になってくるという像《イメージ》を示している。
特徴がひとつはっきりと現われる。つまり最初の三段階は、古い形から派生した新しい形を併せ加えはするが、前の形をすっかり捨ててもしまわず、同じ品目《カテゴリー》を追って進行していく。礫石文化《ペブル・カルチュア》からムステリアン期までの石器には、アウストラントロプスからネアンデルタール人にいたる首尾一貫した生物学的な進化が浮彫りにされているが、単一な石器の流れも一貫して認められる。しかし第三段階は、すでに新しい道程にかかっていて、ネアンデルタール人はすでに第四段階のいくつかの特徴をもっている。とはいってもネアンデルタール人が君臨していた長い時期の最後になってようやく、ほんとうに加工された骨錐《ポワンソン》がいくらか現われるにすぎない。

第四段階では対照は全体に及ぶ。西ヨーロッパでは、三万五千年前から三万年前に速やかに始まる移行期になると、道具類の種類が一挙に三倍に増えるだけでなく、現存する未開文化に直接の影響を感じさせる道具や物体が現われてくる。現代の世界の諸民族の手中にも、石刃石器、削器《グラットワール》、錐《ペルソワール》、針、投槍、銛、投槍器《スピア・スロワー》、ランプが見られたし、いまだに見られることもある。こうして新しい技術の世界が開かれるが、それはつまりわれわれの世界なのである。

第四段階の石器文化（後期旧石器時代）は、前の段階に堅固な根があって、新しい形が古い形に速やかにしかも順を追って組み合わされるのが見られる。刃と重さの比率と形の多様さを示す二つの曲線はムステリアン期の終りからマグダレニアン期にかけて垂直に立つが、そこに事象の本質的な変化を見るのではなく、単にその可速度を見ることもなお可能である。しかし、この間の事情は晩期旧石器時代が近づくにつれて生れてくる骨の文化についてはまったく別である。

古い段階に骨器工作が存在していたことは前に触れた。アウストラロピテクス、シナントロプス、アルプスのムステリアン人のものとされている骨の砕片は、ほんとうの工作とは認められないように思われる。せいぜい彼らが髄を取りだすために、砕いた骨の断片のなかから、直接利用できる尖ったかけらを選んだとはいえるかもしれないが、証明はどこにもない。議論の余地のない資料としては、簡単に輪切りにされたシカの角があるだけで、ごく稀に骨錐《ポワンソン》、それも、かなりみごとに刻まれた骨錐が現われるのは、ムステリアン期の終りになってからである。

骨工作が欠けているということは、きわめて特異なので、一般的行動の面で、ひじょうに重要な事実に結びつけられるかもしれない。素材の石塊のなかに、両面石器や尖頭器の形をただちに見てとることのできた驚くべき技術屋である原人や旧人が骨塊のなかに骨錐《ポワンソン》や投槍を読みとることができなかったというのは、すぐには説明しがたい。石器類や、いくつかの実物の証拠によると、彼らはさらに木でつくった猪槍や投槍をもっていたらしい。同様にふしぎなのは、骨から取った道具類が同じ材料から作られた装身具と同時に現われるということである。骨錐や投槍は、吊すために細工された耳環や集められた動物の歯と対をなしている。われわれホモ・サピエンスの頭脳でははっきり考えられないが、まだ短い動作の連鎖で、燧石《フリント》の道具を切りだすとか、シカの角を削って猪槍をつくるといったことは、マンモスの牙の巨塊から長いことかかって投槍を刻みだすこととは違った次元の作業なのである。骨錐《ボワンソン》やよりよい投槍の先がムステリアン期の終りになって初めて必要と感じられたと想像することもできるが、終りになって必要を感じたこと自体、それが古い人類とは無縁な技術上の関心や手段の次元にあったことを啓示している。結局のところ、彼らがわれわれの関心事を関心事としていたと想像し、その骨器工作の一部始終をでっち上げるよりは、これらの技術が現われるところまでには達していなかったと考えるほうが、おそらくまだ無理がないであろう。

民族の多様化

人間の現象の全体は、最初の仮説を数多くの点について検証する何通りもの調査によって初めて理解されるが、いまのところ、まさに根底からの変化が起ったのは、工作の進歩と脳容積の規則正しい上昇曲線上に驚くべき分離が生じた時期、つまり前頭部の閂がはずれる瞬間であるようにみえる。脳はその最大容積に達したようにみえるが、道具は逆に垂直上昇の方向をたどる。この転回点上に、生物学的リズムに支配される進化から、社会現象に支配される進化への文化の移行を位置づけることができる。

その最初の仮説を検証するのは可能だろうか。理想をいえば、先史時代が残した遺跡のなかから諸民族を区別する少なくとも一つの基準が活用できるということだろう。実際に、社会現象の支配を論じるということは、最も進化した脊椎動物の社会と対比できるような形態をとらず、文化的な類縁性によって集まる人間集団の凝集力を仮定することに他ならない。現在の世界については、こうした基準の研究はやさしい。言語学が最も便利な基準を提供するが、社会的あるいは宗教的な慣習や、美的な伝統もまた、人間集団における民族の境界を跡づける手段を確保してくれる。不幸なことには、これらの基準のどれひとつとして、先史学者にとって近づきうるものはない。われわれが問題にしているこの最初の章の段階では、民族を区分するのに、芸術を使うことはまだできない。唯一の拠りどころは技術のなかにあるが、現に生きている世界の民族区分で、技術的な基準の価値を試そうとすると、一種の失望を味わうことになる。デンマークの鎌がちょっとした細部からオーストリアや、スペインや、トルコの鎌と区別されるのは確かであるが、数千年の時間を隔ててこれらの物体を眺め、しかも柄が失われているとなると、デンマーク、オーストリア、スペイン、トルコという、はっきりした文化的な個性の証拠を確実に見いだせるものだろうか。われわれの先史学の資料は、そのような研究にとってあまり都合のいい基盤ではない。たしかに、道具は民族の多様性の証拠としてあまりぱっとしないにせよ、その多様性の存在を暗示する唯一の手段だということは認めなければならない。暗默のうちに先史学者は、たえず民族集団の区別にかかずらってきた。歴史のなかでは、いっさいが民族のあいだで起るため、彼らはその影響を無意識に受けて、習慣的にアシュレアン人、オーリニヤシアン人、ペリゴルディアン人などを、ほんとうの民族単位、時には民族的で人類学的な単位として考えていたのである。こうした態度は、〈ソリュトレアン期の月桂樹葉〉のように目立ちやすく容易に確認できるような対象をめぐって結晶する場合に、特にはっきりする。その場合、ソリュトレアン人はまったく気軽に一つの民族、さらには一つの人種にまでなりかわり、探究や発掘のおもむくまま、ヨーロッパや全世界を股にかけ、ありとあらゆる方位方角に出向いていくのである。ところで、この例をさらに論じるなら、ソリュトレアンというのは人ではなく、物を製作するそのつくり方の一つなのである。さらに幅広くいうと、それは、どう見ても骨製の投槍の尖端のつくり方を石の場合に移し換えたものらしく考えられ、燧石《フリント》加工のある様式を物体に適用したものに他ならない。実際の内容だけからみていけば、ソリュトレアンなるものは、頭のなかだけにある観念の伝播にしか係わらないわけである。将来、先史学がもっと進んだ場合、今日西欧の農村地帯におけるテレビ受像機の分布図をつくれるように、ほぼ紀元前一万五千年のヨーロッパでソリュトレアン的な考え方がしだいに拡がっていくさまを明らかにできるかもしれない。この最後の例が示すように、その革新性によって一時期を画するような対象から一民族の内面的な個性を求めようとするのは無意味なことである。そのことをしっかりと心得たうえで、先史学に残された仕事というのは、道具を基に民族を区別するといったことではなく、ともかく対象の上に及ぼされる民族的な多様性の反映と思われるものを探し求めようとすることである。いいかえれば、主な民族型の分布図、とりわけ時代ごとの変種の地図を作製することが有益な手懸りを与えるはずである。先史学はこの仕事をまだごく大まかにしかできないが、現状でもすでに貴重な手懸りを与えている。第一段階、すなわち礫石文化《ペブル・カルチュア》について得られている資料は、アフリカ大陸の全域にわたって、使われていた岩石の性質上の差以外の違いがないことを示している。チョッパーとクラクトニアン型の剥片だけが、現在まで第一段階にぴったりした性質として認められているように、変種はほとんどあり得ない。

第二段階では、欠落部分もひじょうに大きいが、いくつもの大きな文化の波が存在したさまが窺われる。その波は時によって両面石器とか、クラクトニアン型剥片とか、接線方向に切りだされた大きな剥片とかに重点を置いている。これらのさまざまな影響はインドネシア、アジア、インド、中部ヨーロッパ、地中海、アフリカのひじょうに広い面積にわたって分布している。もし文明という言葉が都市の出現に結びついた事実のためにのみ取って置かれるべきものではないとしたら、この状況は少なくとも〈文明〉の波と呼び得る何ものかを啓示している。前期旧石器時代に同質の巨大な文化圏がいくつもあったと考えてもいい。どこから見てもこれらの文化圏の内部では、原材料の違いによる変種以外に変種の存在が見られないらしいとなると、その差異もまだこの段階では、動物学的でいう亜種に現われる違いと異次元のものではないとも考えられる。これは、分布が根本的に気候や大陸の地形の起伏によって制限されているのだから、なおさらである。アブヴィリアン期、アシュレアン期を通じて、ヨーロッパとアフリカに、ほんとうの文化的小単位の存在を確証するのはむずかしいように思われる。アシュレアン語が知られれば、あるいは無数の方言の存在が示されて、これと逆のことが証明されるかもしれないが、現在ある資料からは、サハラの両面石器もソンム河畔の両面石器も、その技術において何ひとつ変ったところがないといわなければならない。

第三段階はルヴァロワジアン＝ムステリアン期の全体を包括しているが、第二段階とあまり違った状況を示してはいない。道具の形は数少なく、変種もまれである。最もよく知られている地域、赤道以北のアフリカとヨーロッパを考えても、地域的な変種の目立った例としては、アテリアン文化の伝統を継ぐ有柄器が挙げられるだけである。しかしたとえば、東ヨーロッパの文化を立ち入って研究することによって、大きな波の細分化が前期旧石器時代よりも中期旧石器時代においていっそう進んでいるといったことがあるいは示されるかもしれない。

第四段階になると、様子がすっかり変ってくる。オーリニャシアン期の二股に割れた投槍やソリュトレアン期の尖頭器のような形も、確かに全ヨーロッパ大陸を覆っているが、道具類の全体について、すでにはっきりと地域による区別の反映が感じられる。現在のところ、研究が不完全なため、ヨーロッパだけについても、千年単位の分布図すら決定できない状態だが、それでも次のようなことは確認できる。たとえイギリスから南アフリカにいたる両面石器が数十万年にわたって変化していないとしても、後期旧石器時代では二万年のあいだに、西ヨーロッパだけで二十種の道具の基本型から二百以上の変種が生みだされている。この多様な変化は必ずしも民族の多様化に結びつくのではなく、刃と用いられる材料の重さとの比率関係を明らかにしたときに証明された加速運動に結びつくとも考えられようが、それでは因子の実際の順序を逆にすることになる。なぜなら、後章で明らかにするが、ホモ・サピエンスの水準では文化の多様化が進化を調整する主役だったからである。われわれが見てきたように、道具類は基準として選ぶには最も不適当なものであったが、後期旧石器時代から目立ってくる技法のおかげで、同じ物質文化に浴してはいても、群としての個性がもっている無数の微細な点で、たがいにはっきり違う地方単位が並行して存続していたということが議論の余地なく示されている。

第五章　社会組織

社会の生物学

これまでのところ、われわれは人間を一つの系統〔門〕として、つまり長い時間をへてホモ・サピエンスにいたる一系列の特別な個体集団と見なしてきた。これらの特別な個体集団（アウストララントロプス、原人、旧人）は、ホモ・サピエンスの出現にいたるまで、技術と言語活動の発達と歩みを共にしてきたが、ホモ・サピエンスにいたると、技術の進化のリズムがまったく変化するのが見られる。この変化は脳構造の重要な変更に帰因するように思われる。この〔技術的進化のリズムの急変という〕事実と、人間という動物学上の種を民族として分割しているさまざまな文化価値に基づいた社会構造の出現との因果関係がなかば認められるようになり、個体に有効性を与える集団構造と個性との関係に、新しい型が予想される。そういえば読者は、社会生活というものがホモ・サピエンスの水準で現われたと仮定することになる、と思うかもしれないが、これは正しくない。人類が最も原始的な段階にあって、すでに社会的存在であったことは、いくつかの理由から認めざるをえないからである。それを証明するために、さまざまな形で組織された社会生活を営む類人猿を引き合いに出す必要はない。というのも、哺乳類、もっと広くは脊椎動物、いやもっと広くは生物全体が互恵的な集団であるという事実には事欠かないのだから、〔生物が〕放射対称から左右対称になる場合や、前肢がもっぱら物を把握するようになる場合と同じ資格で、社会生活の場合でも、基本的な生物学的選択がなされていることはじゅうぶん観察されるわけである。

個人対社会の関係は、人間において技術・経済構造の進化の直接の関数として変化する。そして進化のさまざまな段階における社会組織体の特徴をある程度理解するには、この構造の定義づけをすることが重要である。技術水準が社会集団におよぼすいちばん直接の影響は、集団の人口密度そのものを左右する。知性の進化によってホモ・サピエンスに特有の価値がつくりだされる瞬間から、〈技術水準と社会的密度〉の関係が進歩の主要因子になる。読者は第十三章で表象による外界の把握と、完全に人間化された宇宙《コスモス》の構築への歩みについて見ることになろうが、今のところは、環境にたいする人間の物質的支配の関係を意識し、その結果、技術的・経済的な発達の主な段階を定めるということで必要かつ十分である。

技術を分析してみると、かつて技術はみずから進化するとも見え、ともすれば人間の制御から逃れようとする進化力を享有して、まるで生き物の状態にあったということがわかる。〈自分の技術に追い越された人間〉という陳腐になってしまった公式のなかに不正確な点があるのは、疑いをいれない。しかし、古生物学と技術的進化（特に『環境と技術』三五七―三六一ページ）のあいだに奇妙な類似があることもまたほんとうである（その点をわたくしはなんども強調してきた）。それゆえ、文字どおり技術の生物学をつくりあげることができる。また社会組織体は動物学上の群から独立したものであり、人間に動かされていても、予測しえない力があまりに多く累積されているため、その内部構造が個人の理解をはるかに越えた存在であると考えることもできよう。この巨大な社会組織体は、脳の進化と比較でき、これと軌を一にした漸次的な進化の結果生じたのであろうか。それとも、現代社会が一万年たらずのあいだに取るにいたった形は、生物学上の理由ではない何か別な理由によって決定されたのであろうか。それについては、われわれが時代から時代へと再構成しうるおおよその社会の目録が、きっと何らかの解答を与えてくれるだろう。

この書物の第一部の主題《テーマ》として、わたくしは脳と手の歴史を取りあげ、そもそもの初めから始めたいと思った。というのは、人間はまず現実の肉体として知覚されるものだが、その次の正常な手続きは、運動の結果を測定する、つまり人間が自分の考えを実現しようとして製作していたものを測定することだ、と思われるからである。このような手続きには、人間の現実にある非肉体的なものを見落すという危険がある。直立位がなければ人間の脳もなく、したがって人間の思想もないということは、中枢神経系が環境に適応して進歩するという一般的な傾向がなかったなら〈人間的な〉直立位もなかっただろうという事実を無視することになる。人間を人間たらしめる体位の進化と神経系の進化との符合は明白であり、テイヤール・ド・シャルダン的な展望のなかでは、人間の運命は、地質時代を通じて映しだされている思惟がゆっくり姿を現わしてくる時に決まる文字どおり古生物学的な使命〔召命〕であるようにみえる。しかし、命題の第一項を証明できるのは証拠によるが、進化が思惟によって導かれた可能性があるという事実については、形而上学上の証言者を呼びだすことしかできず、これは古生物学的方法を十分に適応できない平面に論議を移すことになる。古生物学の次元から民族学の次元に移っても、事情はまったく同じである。物質的、技術的、経済的な均衡が直接に社会形態に影響し、ひいては思考方法に影響するということは証明できるが、哲学的あるいは宗教的な考え方が社会の物質的な進化と一致するということは、法則として確立できないのである。もし、そのような一致があるとすれば、われわれにとって、プラトンや孔子の思想は紀元前一千年の鋤と同じように、ふしぎなほど時代遅れのものとして映るだろう。ところが、彼らの思想はいずれも、物質的な手段の進化によって生みだされた社会条件にはよしんば適合しないようにみえるとしても、そこに、今日のわれわれにとって、なお近づきうる概念が保たれていることに変りはない。人間の思想の等価性は、時間的な事実であるとともに、空間的な事実でもある。技術の分野や技術史的な関連と無縁な領域では、アフリカ人の思想であれ、ガリア人の思想であれ、わたくしの思想とまったく等価値なのである。ということは、それらの思想がそれぞれの特殊性をもたないという意味ではなく、ただそれらの思想の照合根拠が知られれば、価値はそこからおのずと現われてくる、ということである。この事実は、頭蓋の進化において脳の膨張力を当てにできないのと同様に、物質的な世界に移しかえられない次元のものなのである。各分野には、それぞれ証明の方法があるわけで、物質の分野は技術・経済と歴史のうちに、また思想の分野は倫理的あるいは形而上学的な哲学のうちに証明の方法があるわけだ。物質と思想を相補うものと見ることが許されるとしても、その相補性は実際には対立関係にあるのである。

技術、経済、社会

社会制度が技術・経済的な構造と密接に嚙みあっているということは、事実によってたえず検証されている確認ずみの事項である。実際に倫理的な問題の性格まで変るというのではないが、社会は物質界から提供される道具をもって自らの行動をつくりあげるのである。社会保険がマンモスの狩人たちについて想像できないのは、家父長制が工業都市について考えられないのと同じである。技術・経済上の決定論は一つの現実であって、社会生活にじゅうぶん深い刻印を与えるから、その結果、自分自身や同類にたいする個人の行動を規制する倫理法則と同じように、そこには堅固な、全体としての物質界の構造法則が存在することになる。物質世界の真向いに思想世界の現実性を認め、前者が後者の結果としてしか生き得ないと認めたとしても、それは、思想がこの構造を与えられた物質の形で表現され、この構造がさまざまに相を変える人間生活のあらゆる状態に直接刻みつけられている事実をなんら否定するものではない。

社会的行動と技術・経済的なしくみとの密接な結びつきは、神経系に支えられる思惟と身体器官との結びつきにも似た弁証法的なかたちをとっているが、このことについては、リズムの進化や時空の構造化の点からさらにはっきりと浮彫りにしていきたい。人間集団が生きた対象物であることからくるあらゆる後戻りを許しながらも、研究の出発点は技術・経済的な骨組であり、この精神においてわたくしは、二十年前に『人間と物質』を書いた。

ジャン＝ジャック・ルソー以来、多くの業績が〈原始〉人の行動に捧げられてきた。十八、十九世紀の業績は、意図的に政治社会学の証明に向けられていた。オーストラリア原住民やフエゴ諸島原住民を観察するよりも、社会制度の理論曲線を跡づけ、どの点で西欧社会がそれらの社会から離れているかとか、未来人のよりよき社会福祉に応えるためにたどるべき道は何かを示すほうに重点があった。マルクシズムはそもそも、この動きのなかから生れ、そこに留まっている。政治行動の社会学は観察される事実から実地証明に必要な点しか利用しなかった。十九世紀末に原始社会学が形成されたが、それは一般的な社会学の動向に刺戟されたもので、フランスではデュルケム、モース、レヴィ＝ブリュールらが現存未開人を間接的に観察し、初歩的な社会行動を形づくる要素を取りだしたのである。

今日レヴィ＝ストロース学派は、社会人類学に基づいて、厳密科学から着想を得た見通しを立て、その機能を更新しようと努力している。外国においても学問の進歩の方向は明らかにこれと同様である。物質文化史家からなるロシア学派の場合を除いて、技術・経済という下部構造はたいていの場合、婚礼や祭祀といった上部構造を露骨に規定する程度でしか係わってこない。社会《グループ》をあらしめている二つの構造面が連続しているということは、一流の社会学者たちによって、みごとに洞察されてきたが、この二重構造の流れを根底において推進しているのは、物質的なものだというよりも、むしろ社会的なものが物質的なもののなかへ流れこんだとして説明されてきた。その結果、日常の交換よりも、晴れのきらびやかな交換が、またつまらぬ共同賦役よりは儀式的な賦役が、野菜の流通よりは持参金の流通が、要するに社会の実体よりもその社会についての思想のほうが、ずっとよく知られることになったのである。

このように考察したからといって、なんら社会学や社会人類学をおとしめようとするわけではなく、事実のありようを記録しただけのことである。デュルケムやモースは、〈全体的社会的事実〉をぞんぶんに弁護する際に、技術・経済的な下部構造を当然知られているものと仮定した。このような見通しの立て方によれば、物質的生活はすべて社会事象のなかに浸されることになるが、第二部で見られるように、このことは民族のとりわけ人間的な様相であって、証明がひじょうにやりやすいところなのである。しかし、もう一つの面、つまり人間集団を生物の一員たらしめ、しかも社会現象を人間的なものたらしめる基礎となっている一般生物学的な条件は、影のなかに残されてしまうことになる。人間を探究するにあたって、この二面は相殺《そうさい》されるものではなく、相互に補足し合うものである。人間という事実が全的であることは、どちらの斜面から見ても明らかだが、それぞれの感じ方には程度の差がある。社会学者や社会人類学者にとっては、社会事象は斜面の頂から下の方へ人間を押し流すのであるから、全的に人間的である。〈深層民族学〉者にとっては、社会事象は一般生物学的事象として、ただし全的に人間化されて現われてくるだろう。多くの人がこの社会事象が人間化する段階を理論的に粗書きしているが、その分析的なイメージを与えようとした人は少ない。人間化が足から始まったことを、ジンジャントロプスによって確認するのは、解剖学的な隔壁を打ち破って脳をつくりだそうとする思惟を想像するよりも、おそらく人を夢中にさせないかもしれない。しかしそれは十分に確実な道である。社会構造についても同じ確実な道をたどるべきだろう。

原始集団(11)

人類は、すりつぶす臼歯をもった短い歯列、一つの胃、繊維素の同化醱酵がたいして役割を演じていない中位の長さの腸からなる消化管を霊長類の全体と共有している。人間的な秩序の最も単純な基本項は食物摂取と関係のあるこれらの生命の維持器官にあるのである。

人間は、その体質からして、肉付の充実した食物、つまり果物、塊茎、若芽、昆虫、幼虫などの消費に結びついている。食生活は同時に植物・動物界の両方に係わり、霊長類のなかでは、人間だけが動物肉の消費をおこなっている。事実、サルが爬虫類や鳥を捕えて食べるのは偶然のことにすぎない。考古学によって判断されるかぎりでは、この事情は昔からのものであった。というのは、アウストララントロプスはすでに狩猟者だったからである。つまり巨大な犬歯をもち、若芽や果物を食べるゴリラとは反対に、最古の人類は肉食だったが、発達した犬歯はもっていなかった。彼らは確かに肉食専門ではなかったし、食物の残骸のなかで骨だけが地層中に残っている事実を見れば、化石人が肉食中心の食生活だったという誤った想像をさせることも確かである。ほんの百年前に、ヨーロッパの農民が消費した野生の穀粒、果物、茎、若芽、木の皮などのリストをつくって、これを厳しい氷河時代のフランスに生えていた植物のリストと較べてみれば、ネアンデルタール人が数多くの植物を消費する手段をもっていたことが実感されるだろう。

このタイプの食生活が原始集団形態の第一の条件を決定するのである。植物性であろうと動物性であろうと、自然のなかで柔らかい、充実した食物というのはまれにしかなく、一年が経過するなかでも、大きな変動を受けるものである。もし人間が鑢《やすり》のような歯列と反芻動物の胃をもっていたなら、社会学の基礎は根本的に異なっていたことだろう。人間が草本類を消費できたとすれば、人間はヤギュウのように数千人単位で移動する集団を形成したことだろう。柔らかい果物を食べる者として、人間には集団を形づくる最初からきわめて厳密な条件が課せられていたのである。それはもちろん言い古されたことがらにすぎないが、それなくしては、人間集団形成について研究する出発点がなくなってしまう。

〔生活〕領域

実際、食物と生活領域と人口密度との関係は、技術・経済上の進化の全段階を通じて数値の変化はあっても、その変化が相関的であるような等式に対応している。原始集団については、方程式の左右の項は、エスキモー、ブッシュマン、フエゴ島原住民、アフリカのピグミー、アメリカ・インディアンの一種族を問わず、同じ関係を保っている。それはひじょうに厳密に一定値を保っているので、先史時代の資料も、これとちがった方向では解釈できないほどである。食物は動植物の生息地についての深い知識に結びついており、〔ふつう考えられているような〕さまよい歩く原始の〈流浪の民〉という昔からの像《イメージ》は、明らかに誤っている。集団の領域がしだいに地辷りしていくこともあり、たまたま冒険的に移住することもあるだろうが、正常な状況というのは、最少の食物の可能性についても知りつくされた領域を長期にわたって頻繁に巡回することであった。原始的な領域、アウストララントロプスや原人の領域の一般的な状況を決定するのは、もちろん困難なことであるが、旧人以後の小屋やテントの存在が証明されたことで、現存の未開人との比較も可能になってくる。そのうえ、動物界からひきだされた規準をアウストララントロプスや原人にあてはめても、かなりの近似項に到達する。霊長類や食肉動物の領域は広大であろうと思われるが、そこには採餌地や隠れ場もあるので、起伏も境界もないただの表面とは違う。

領域を頻繁に往来するためには、周期的にたどられるルートがあったはずである。原始集団はふつう、移動する民族であり、いわば食物源のあるなしに合わせて、たいていは季節的な一定の周期で、その領域を利用しながら移動する。だから、食物源の密度や、一時的な定住点のまわりで食物を獲得するための毎日の移動面積と、領域の全面積――これは季節的な採餌地についての十分な知識の関数だが――とのあいだには、複雑な関係があり、つまり食物、住居における安全感、他の集団の領域に接する境界などのあいだには、均衡がつくりあげられる。究極的な関係はやはり食物の量、集団を形づくる人数と巡回する領域の面積とのあいだにうち樹てられる。食物の密度はただちに、口の数を制限する因子として係わってくる。領域の面積も、やはり拘束的である。なぜなら集団というものは、日常の移動が共同生活を保証し、周期的な移動が集団の人数に応じた食物を確実に供給できる程度でしか存在しえないからである。原始人の最終的な人口は二重の規準によって変化している。恒常的な食物源と周期的な食物源という規準である。恒常的な食物源は、最大限数十人、ふつうは十人から二十人の集団の正常な生存を保証するにすぎない。周期的な資源は、サケやトナカイが一時的に豊富な場合のように、単位集団がいくつも集まることを可能にする。それゆえ、社会関係の糸はそもそもの初めから領域と食物との関係によっ

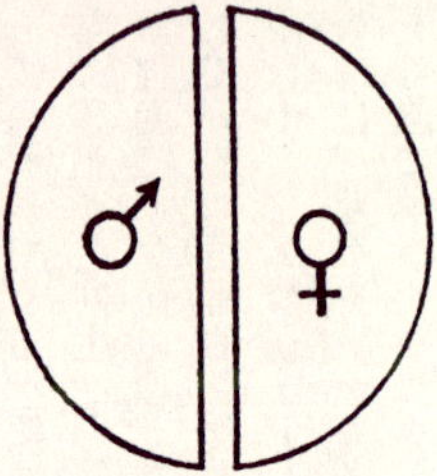

67　民族の知識の総体を分けもつ集団の基本単位である原始的カップルの図式。

て厳密に制御されていたのである。

〈夫婦という単位〉(図版67)　すでに知られるすべての人間集団のなかでは、男女の技術・経済面での関係が密接で、補い合っている。原始人においては、厳密な分業とさえいえるだろう。こうした状況は、領域とは逆で、高等動物の世界には、ほんとうに夫婦に相当するものが見いだせないだけに、いっそう興味ぶかい。食肉動物では、牡も牝も同じ程度に獲物をとるし、霊長類では食物を探す仕事は個別的で、性による分業の痕跡は見られない。この点についての最も古い人類の状況は、おそらくわれわれに決して知られることがないだろうが、推論によって一つの仮説をつくりあげることはできる。人間の食生活はひじょうに異なった二系統の作業を予想させる。大きな動物の肉を獲得する荒々しい作業と、小動物、無脊椎動物、植物などを獲得する比較的安全な作業である。われわれに知られている未開人の集団ではすべて、狩猟はふつう男に、植物の採取は女に帰せられている。この分離は宗教的、あるいは社会的な関係からも説明されるだろうが、それが有機的な性格のものだということは、民族によって男性の領域と女性の領域の境界が揺れ動くという事実から証明される。エスキモーにおいては、女は狩りをしないが、アメリカ西部のある種のインディアンでは、ウサギの捕獲は女の役目である。ブッシュマンの場合、男は原則として採取に加わらないが、実際は男女の分業にこだわっていては手に入らないような植物性食物を探したり採集することには参加する。それゆえこの分業は生理的な性格に基づいているようにみえる。牡に目立つ攻撃性と牝の劣った運動性ということから動物界にふつうにみられる、動物と植物の双方にまたがる食物探しの分化が説明される。人間では子供の成長がひじょうに遅くて、当然女性を動きにくくするし、動植物両面の食生活を建て前とする以上、原始集団では、男の狩猟と女の採取という解決以外には有機的な解決法はなかったのである。この生物学的な至上命令が人間化してくるのは、それぞれの人間集団ごとに生じる社会的・宗教的な事情によっている。基本的な現象というのはまさに一般的な現象であって、それが人間において特殊なのは、ひとえに食生活の例外的な性格によるわけである。しばしば分業の境界がひじょうに厳密であるとか、男女間で食物を交換するという伝統的な合理化が分業に伴っているといったことは、逆に全的に人間的な社会現象の分野に入る。

技術の多価性（図版68）

それゆえ原始集団を構成しているのは、欲求をみたすのに見合った領域を周期的に訪れ、機能的にも分化した、限られた頭数《あたま》の男女ということになる。基本的にはこれが生存のための単位集団で、周期的に他の単位集団と結びつくことはあっても、これだけでじゅうぶん持続して生存できる状態なのである。この集団の第一の性格は、生きるうえでのさまざまなやり方について完全な知識をもち、技術的に多くの機能をそなえているということである。オーストラリア、エスキモー、フエゴ島社会の全体像は、それぞれの原住民の、わずかな数の夫婦とその子供たちからなる基本集団のなかに示されている。というのは、孤立した集団が生存するには、物質文化のすべてを所有することが欠かせないからである。さらに狭くいえば、生存に必須な文化がすべて、夫婦という単位にはめこまれ、男と女に配分されているのだ。実際、とくにエスキモーの場合、夫婦は一時的にいっさいの社会単位から孤立することがある。原始集団において、生存に必須な作業に技術の分業が入ってこないという事実は、社会の各部分が生存に必要な知識をすべて所有していなければならないという原始経済の条件そのものに対応している。ふつう基本集団には、仕事の配分をするのに十分なだけの人数がいて、老人や弱い者は二次的な作業に役割を見いだしている。しかしこの分業は、個人に多くの機能がそなわっているという集団の原理そのものに抵触するわけではない。分裂していくつもの基本単位を生むいちばん最初の集団を便宜上抽象して考えるならともかく、ホモ・サピエンスの水準《レベル》では、基本的な原始集団がたえず孤立していたとは考えられない。ふつう各集団は、より大きな社会組織のなかに含まれているが、この社会組織は、いくつもの面、特に婚姻の面で、おたがいに交換を行なっている集団が集まってできあがったものである。伝統的な社会学によって簡単に、しかし便宜上

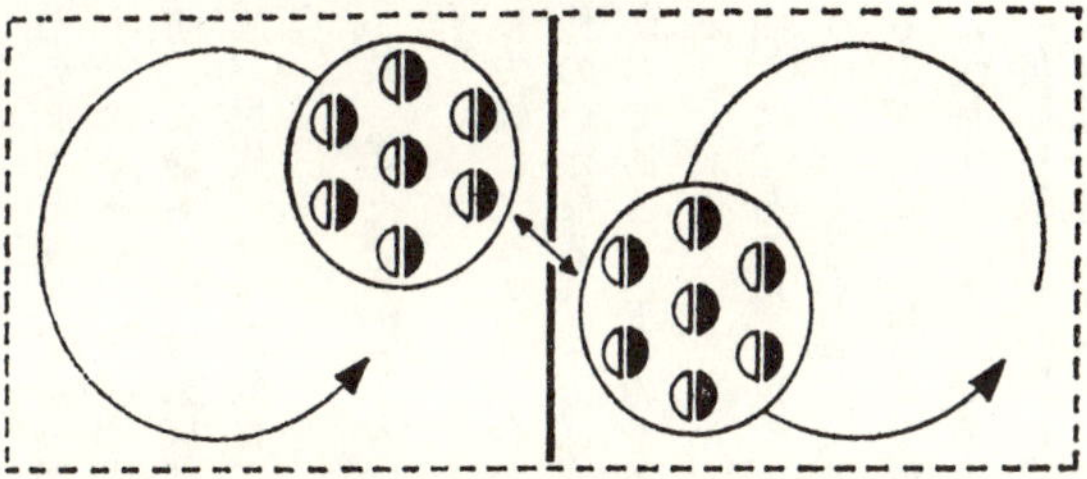

68　原始経済の遊牧集団は周期的に領域を巡り、補完関係にある隣接部と結婚や経済の交換関係を結ぶ。

〈氏族〉と呼ばれてきた二次的な単位の組織における婚姻制度の役割については、社会学者たち、フランスでは特にレヴィ＝ストロースが明瞭に浮彫りにしている。彼らはまた、久しく前から生産品と妻との複雑な交換の網の目を明らかにするとともに、食物の獲得・消費・作業が交換を行う集団間の関係を正常化する役割を明らかにしている。人類の水準では、生殖と食物は技術・経済の面で分離しえないもので、この二つの基本的な様相のもとで、集団の行動を人間化するシステムは、しばしばたいへん複雑だが、これにしても生物学的な次元にある事実の反映にすぎないのである。〈原始的な〉乱婚という考えは、〈さまよう流浪の民〉といった考えと同様、生物学的な面でも妥当しない。動物の社会も、社会と環境との均り合いの関数として、一つの種から他の種へと変るが、それなりに一定した厳密な組織のおかげで生存しているのである。人類の神経解剖学的な脈絡が動物のそれと変らないことは、はじめの章で証明されている。手と言語の技術性に基づいた生理・経済的なメカニスムの発達は、同様に一定した社会的な刻印を〔社会組織の上に〕記す。すなわち、食生活や生殖の必要と関連する交換網によって隣接する最小単位《セリュル》に結びつく基本的な最小単位が存在するのである。集団形成の二つの段階においては、食物を獲得するという事実が第一次集団（夫婦あるいは家族）にいちじるしく見られ、配偶者の獲得という事実が広い集団（親族、民族）に支配的になる。

共　生（図版69および70）

夫婦によって補い合われる技術活動は、厳密な意味での共生という事実をつくりあげる。他のいかなる分業方式も、技術・経済面で社会を非人間化することなしには考えられないからである。生存のための原始集団は、できるだけ緊密な〔せまい〕基礎の上に確立される。それゆえ、さしあたり生き残るための共生は、夫婦の次元に留まるが、それだけの条件では、ある種の技術・経済生活の領域において、生存は遅かれ早かれ脅威をうけるだろう。少なくとも必要と考えられる生産物、原料、品物のうち、基本集団が自由にできないものがある。近代まで残っていた未開人における加工品や原材料の流通については、つねに注目すべきことがある。独自の資源を利用することによって、小さな集団は、その近隣の集団に較べ、一団の専門家《エキスパート》になる。エスキモーにおいては、最近まで、主に石製ランプ、銛の柄や橇《そり》に用いる木材、冬の衣服のためのトナカイの皮が流通するおかげで、社会の均

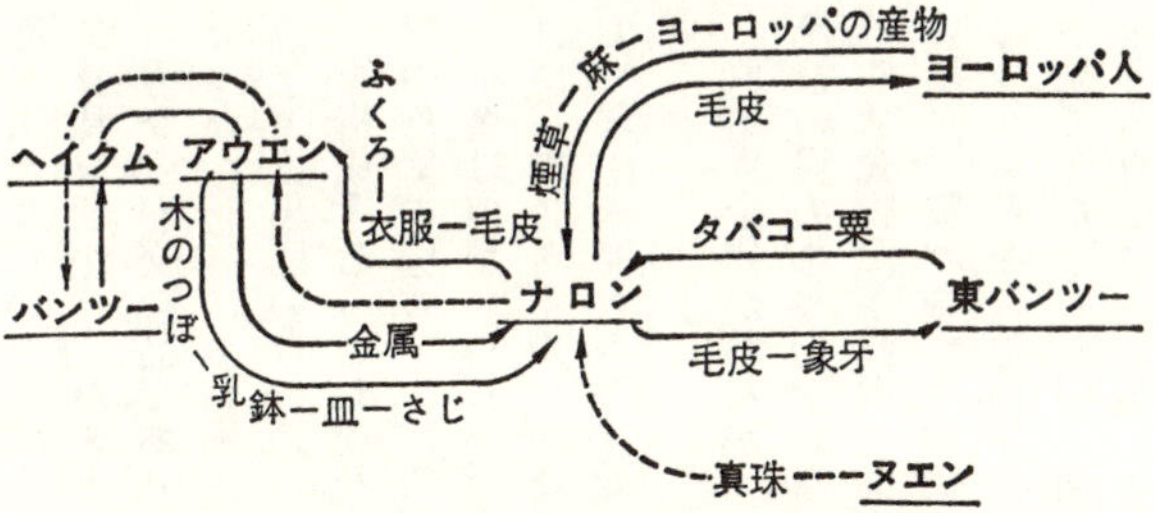

69　ブッシュマン・ナロン族の経済体系図。最初の段階では家族群が68図のように民族内で機能する。交換はしだいに他のブッシュマン、バンツー、白人に及ぶ。

70　中世から伝統構造が消滅するまでのエスキモーの経済関係の体系図。近い者同士での交換がいちばん大切な原材料（象牙、皮、木）、地域でつくられる産物（石のランプや鍋、自然銅）、アジア、インド、ヨーロッパ起原の産物（パイプ、煙草、鉄器）の循環を保証していた。

衡が保たれていた。ブッシュマンにおいては、皮、ダチョウの卵殻からつくった真珠様の装身具などが、またオーストラリア原住民においては、装飾のほどこされたブーメラン、石刃などが交換品であり、それが跡切《とぎ》れると、基本集団の生存がしばしば根本的に危なくなったらしい。労働の場合と同じく、食物や物品、原料の交換は、婚姻によって生じる最小単位集団《セリュル》の機能の一部をなしており、この集団が従来の学者が〈氏族〉と名づけたものを構成する。これが社会的な均衡であるとともに、少なくとも同じ程度に技術・経済面での均衡の図式でもあるが、晩期旧石器時代からすでにそうなっていたと考えるのを妨げる事情は何ひとつない。きわめて質のいい燧石《フリント》が流通していたことを示す資料があるし、日用品のスタイルにかなりはっきりした地域的な統一のあることが見られるようになるので、現生未開人の例で知られるものとまったく異なった領域の分割があったとは思われない。

原始集合体がおたがいに組織的な接触もせずに、はてしない旅路の途上にあるさまよう流浪の民の小集団からなっているといった考えは、生物学の最も簡単な規則にさえ反している。食物源が潤沢である生物種の場合、秩序だった大きな集団となり、食物源がとぼしい場合、隣り合った領域に割拠した個体の形をとるという違いはあっても、生存するには、じゅうぶんな数の個体からなる共生的な組織があらゆる種の場合に要求される。われわれが見てきたとおり、人間は、獣のような群や分離した個体として生存するものではない。社会学的な、あらゆる結果をともなう種特有な集団形成の形は、〔太古の〕出発点の条件がそのまま残っている未開民族に見られるのとかわりはなく、そのことは認めなければならない。この特有な形から予想されるのは、少なくとも領域が比較的変らないということと、他の安定した領域に隣接しているということで、その結果、技術・経済・社会生活という特別に人間的な現象が始まり、継続されることになるのである。

最近の四万年については、確実にこのような状態だったと考えられる。こうした人間集団の形成は、動物種から〈民族的な種〉への移行という点からも、必然的に予想される。しかし以前ホモ・サピエンスという考えがまだ固まっていなかったときにはどうだったのだろうか。われわれは、第三章および第四章で、ホモ・サピエンス出現の瞬間に、技術の進化曲線が突如として上向線をたどりだすのを見たが、この突然の変化は前頭部の〔障害となる〕閂がはずれ、表象《シンボル》が外界をコントロールする手段として加わってくる高度な思惟が可能になったおかげであると考えられた。このようなコントロールは、言語がなければ考えられないが、複雑な社会組織を前提としなければ、想像することもできない。もし一歩ゆずったとして、われわれはピテカントロプスやアウストララントロプスの社会について、どんな像《イメージ》を描くことができるだろうか。アフリカ大陸についての技術の原型があるだけで、現実の生活様式の資料がないために、あらゆる考察は、ひじょうに抽象的な性格を帯びてしまう。比較的に夫婦関係が永続きするゴリラやチンパンジーの家族群、その一夫多妻的なしくみ、かなり安定した領域、中間の群が分裂によって形成されることなどが、当然思い浮んでくる。子供の成長がさらに緩慢な高等生物種では、現在の人間が属している一般的な社会組織の型から離れることはできない。たしかに〔ピテカントロプスの社会について〕、夫婦の結合が比較的永続きしなかったとか、集団の成員相互の拘束がずっとあいまいな輪郭をもっていたといったことは想像できる。しかし人類社会の基本構造は、最初から実際にまた全体として人類的なのであり、それに続く文化によって、法とか教義の言葉で敷衍されるわけであるが、実は生物学的な原因のおかげで安定している法則によって、今のような形にしっかりとつなぎとめられていたようにみえる。

農業経済への移行

旧石器時代の終り、環地中海社会に急激に技術・経済的な転向がおこった。紀元前八千年から五千年以前に、農業と牧畜にもとづいた技術・経済的な構造が現われ、社会は発生以来知られていたのとまったく異なった形をとるにいたる。地質学的な次元では、ヤギュウの最後の狩猟者からメソポタミアの書記までの年月は一瞬にすぎず、新しい経済への到達はいわば爆発的だった。長いこと、この現象はそう見られてきた。だから、今なお物本に、農業の〈発明〉という項目が目につくほどなのである。一世代前の先史学者は、まさにこれと似た考えの次元でトナカイやウマが少なくとも部分的に家畜化した点を問題にした。原始人の世界と農民、牧畜民の世界は、一見違いすぎるため、〈発明〉といったものを想像しなければ、最初どのようにこれをつなぎ合せればいいのかわからないほどである。『環境と技術』で、わたくしは発明という現象には、〈好ましい環境〉が重要なことと、発明にはふつう非人称的な性格があることを浮彫りにした。農業と牧畜について、条件がとくに変っていたという理由はないわけだから、自然発生的につながっていく可能性があった状況を探す必要があるわけである。最近十年間を通じて、この方向に大きな進歩がなしとげられている。近東関係の考古学は、この農業および牧畜技術の最も古い中心の一つが地中海とカスピ海のあいだに位置づけられると考えてきたが、イラク北部、シリア、レバノン、パレスチナ、トルコの発掘が進むにつれて、今やこの問題が核心にせまって理解されるようになり、すでに解決の手懸りが見つかっているようにみえる。紀元前八千年から六千年前に、野生の穀物の拾い手やヤギの狩人による原始経済から、麦の栽培者やヤギの飼育者による経済へ移行した証拠がジャルモ、シャニダール、ザヴィ゠ケミ、チャタル・ヒユクなど、今では有名になった遺跡で見つかったのである。この移行はゆるやかに行われた。鎌は農業以前に存在していたし、ヤギが狩りの獲物でなくなったことが統計的な分析によってわかるのである。イラクの例は、理想的な証例であり、数世紀のあいだに文化的生存を危うくする大変動なしに転換が完成したのだが、この転換の構造そのものを明らかにするには比較検討が必要になる。

原牧畜

狩猟からの過渡期をなす牧畜が出現するについては、かなり特殊で、しかも有利な環境条件が要求される。というのは狩猟者と狩られる獣がいわば個人的に結びつくことを仮定するからである。この事実によって、大規模に移動する草食の大動物がまず除外される。その群は一年に一度か二度、武器の射程内を歩むだけだからだ。ウシ、ヤギュウ、ウマのように、広い範囲に行動し、近づきがたく、捕えておくことも不可能な、危険で、足の速い草食の大動物も、同じく除かれる。牧畜へ移行しそうな要件を分析する場合に気づくことだが、物理的な環境条件は、生態学的な条件よりもはるかに決定的であって、牧畜がアフリカや中央アジアのステップで誕生する機会はごくわずかだった。現在の世界で知られる最も初歩的な牧畜民の一般的状態を研究すると、問題はずっと完全に明らかになる。ラプランド北部のトナカイの牧畜民や極東シベリアの牧畜民は、トナカイがなお野生の状態で生きている環境にある。彼らが群を利用するやり方は、地理的環境によって容易になり密接に共生的である。山の高みから下る急な斜面が東西にあって、そのため夏期の高い牧草地と冬期の低地とのあいだを、数十キロメートルにわたって移動する畜群が誘導され、孤立させられる。同じ畜群が自然の行動をそれほど変えられることなく、動物の生息を保証する丘陵の牧草地のなかを毎年上り下りするのだ。牧畜へ移行する条件が確実にでてくるのは、その条件がここでは人間集団の領域の境界と合致しているし、そのうえ草食獣の正常な通路や植物性の食物を補足的に獲得するための草原の季節的なリズムのなかにも見いだされるからである。[12] イラク北部のヤギをとりまいていた条件は、ラプランドのトナカイをめぐる条件と厳密に呼応しており、原牧畜が山中に生れた可能性はきわめて強い。アメリカ・インディアンが牧畜に移した唯一の大きな哺乳動物がアンデスの山地に住む草食獣ラマであったことを考え合せても、このことはいっそうほんとうらしくなる。要するにマグダレニアン期に、中央山塊やピレネーの谷間で、これとひじょうに近い条件が揃っていたという可能性がある。牧畜の条件は、あるいはまだ十分に熟しては現われていなかったのだろう。しかし、谷間を移動するトナカイの群と狩猟民の集団は、かなり進んだ親近関係を見せていたはずである。

牧畜が始まったころに現われる家畜としてのイヌは、もちろんたいへん重要な役割を果していた。跡をつけて狩りだし、獲物をとる点では、犬族は人間の狩猟民にひじょうに近い行動をする。マグダレニアン期にはまだ現われていないイヌの起原については、何ひとつ知られていないが、狩猟のさいに、ついで畜群を誘導するさいに、犬族と人間とのあいだに協調関係が生じたにちがいない、ということは理解しがたいことではない。

山地におけるヤギやヒツジの牧畜から草食の大動物やブタの牧畜への移行はまだ明らかにされてはいない。しかしその移行も、山羊類の原牧畜から生れた最初の刺戟に結びついているらしい。その後しばらくして、もとの中心地のまわりに後光のように移行の展開がみられるからである。前六千年から三千年に、ヒツジ、ウシ、ブタ、ロバ、ウマの牧畜が現われ、それからインダス河の方向にスイギュウ、コブウシ、ゾウの牧畜が拡がり、近東からアジア、ヨーロッパ、アフリカに達している（図版71）。この動きでは、そもそもの始動だけが重要なのである。それはアメリカのラマの場合を除いて、牧畜全体が歴史的に一貫した因果関係をなしているからである。原則が確立すると、新たな種の家畜化は、製陶術から冶金術への移行ほど困難ではない。食生活の条件がごく特殊なトナカイを除き、すべての牧畜草食動物はまさに草食種なのであって（牛類、ヒツジ、ウマ、ラクダ）、じゅうたんのごとく連続した植物の上に稠密な群社会をなし、その退避行動の特徴は一カ所へ集合するということである。こうした動物には、牧畜民とイヌによる狩りだし行為が有効に当てはまる。木の葉を食べる動物（鹿科）は、隠れたところで小さな移動する群をなして生き、退避行動の特徴は分散であるが、この動物は牧畜から除外されてしまっている。

原農業（図版72）

農業が牧畜と同じ時期に、同じ地域に現われるということを確認するのはたいへん重要なことである。原始集団の技術・経済上の構成から相対的に知られる点を考慮すれば、この事実になんら驚くことはない。人間の集団は根底において混食経済の上になりたち、先史時代全体を通して動物界と植物界を相補的に利用して均り合いをとっている。農耕民と

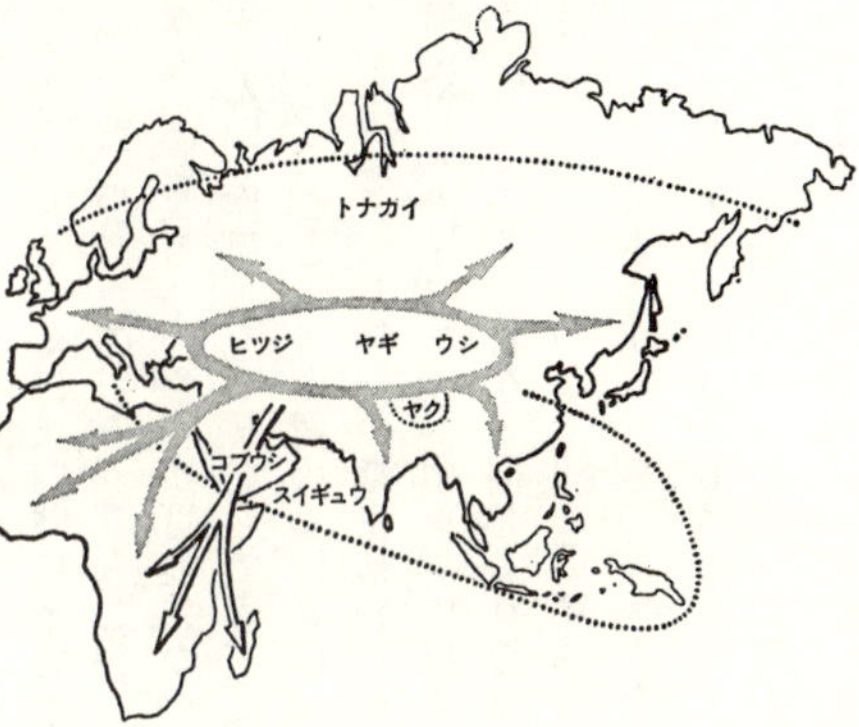

71　牛科と羊・山羊科の伝播。ユーラシアの中心を出発点にウシ、ヒツジ、ヤギの種は適応の可能なすべての地方を占めた。その際たぶん野生の在来種の一部を同化したらしい。生物圏（ビオトープ）の北限で家畜化したトナカイがウシに取ってかわり、乾燥地帯ではコブウシが、沼地ではスイギュウが、チベットではヤクが牛科の浸透に加わっている。

72　東地中海および近東における原農業または原始農耕の形に対応する、主要な都市集中居住地の分布図。

牧畜民の分離はかなり早く、おそらくそもそもの初めから生じていたにちがいない。実際、植物性の食物については、採集に頼っている原牧畜民の原始的な最小集団を想像したり、狩猟によって食生活を補っている原農耕民の集団があったと仮定したりすることができる。進化は、おそらくほぼ同時に植物と動物の組織的な生産に移行していった隣り合う共同体の内部で生じたのだろう。もし相対的に例外的ともいえる近東の地形条件のせいで畜群の誘導や原牧畜への移行が可能になったと認めるなら、同じ地方で、しかも、強いて同じ民族単位に作用したとしなくても、農業への移行を可能にする好ましい植物学的条件がそろっていたこともまた認めなければならない。

食用にされる無数の野生植物のなかでは、種子の食べられる種類が、温帯全体、特に回帰線以北のアフリカ、中東、中央アジア、アメリカをふくむ温帯の南部などを通じて主役を演じている。現在と同じような乾期が訪れるより以前、原農業への移行が行われた時期には、種子をもつ草本類の周期的な採集が確かに食物探しの本分だったのである。厳密にいえば、禾本科がこれらの植物のなかで重要な地位を占めていた。それらは種子が小さいにもかかわらず、栄養価が高く、また長く保存のきく食物であった。最近、近東地方、特にイラク北部に、少なくとも最後の氷河期のなかばごろから、今の穀類の先祖である大粒の種子を持つ禾本科のあったことが知られた。野生の麦をしだいに農業に利用するようになる基本条件は、ヤギの牧畜が最初に現われたと同じ地方で実現しているわけである。

一つの経済から別の経済へ移行する様子はなお仮説のままであるが、移動する動物を谷間のなかへ誘導して家畜とし、他方広大な環境に群生する野生植物を自由に利用する狩猟民であり採集民である集団が均衡を破ることなく、しだいに密な植物利用に傾いていく有様を想像するのは容易である。十七世紀から二十世紀の初めまで、現在シカゴのあるあたりに住んでいたウィスコンシン・インディアンはこのような進化の段階をかなりよく想像させる経済をもっていた。シュペリオール湖とミシガン湖の周囲の沼地には禾本科（ジザニア・アクワティカ）の野生の米が生えており、いろいろな部族にかなり利用されていた。その利用状況にはとりわけ教えられるところが多い。ヤギュウの狩人で野生植物の採集民であるスー・ダコタ族は、米の稔る時期に遠出をこころみ、副次的な食物に過ぎないこの植物をただ刈りとるのである。アルゴンキン・インディアンのメノミニ族は森の狩人であり、楓糖《ふうとう》の採集者であるが、秋と冬の食物となる野生の米とは密接な共生生活をしていた。彼らは土地の耕作も播種もせず、鳥から穀粒を保護するために穂を束ね合せるだけだった。野生の米の生えている地面はひじょうに精密な土地制度にしたがって配分されていた。野生植物の生育地を保護し、各人に割り当てるといった似たような事実は、他の原始集団においても知られている。

少なくとも部分的に定着した植物資源に依存し、限られた範囲で流浪する動物資源に依存する〈新石器〉型の経済が現われてくるしくみは、比較的明らかである。農業はそこで牧畜と連帯しており、原始経済と農耕＝牧畜経済の境界線ははっきりとは見えないが、文字どおりの穀物による飼育もすでにある。それから少し経つと、近東の社会ではかなり早くこの状態がもっぱら農耕＝牧畜経済に移行する。しかし元になる農業面のはしはしに、最初の状況（狩猟と採集によって均衡経済を図る原農耕民または原牧畜民）が生きつづけ、必要な過渡期をお膳立てすることになる。実際、地中海を除いたヨーロッパの最初の農耕集団は前六千年から前四千年のあいだに農業と牧畜を始めた。穀物と家畜が同時に彼らに伝えられたわけだが、そのどちらも直ちに根本的な役割を演じるまでにはとてもいたらなかった。新しい経済は、地方によって割合が異なるが伝統的な狩猟と採集技術を結び合せている。フランスのいくつかの新石器時代遺跡に、家畜の骨と同じくらい獲物の骨が多いのを見て驚きもするが、植物について知られているかぎりでも、鉄器時代になお、食生活の無視できない部分を野生の穀粒に依存していたことがわかっている。農業〈革命〉についての判断を改めることが確かに必要であろう。地質学的次元から見れば一瞬の事実であるが、それを経験した数世代からすれば気づかぬものでもなかったろうが、少なくともきわめて目立つものではなかったにちがいない。

農業と牧畜

農耕経済の採用と周辺部における過渡的形態の漸進的な性格にもかかわらず、紀元前八千年ごろ近東の中石器時代に始まったこうした過程は、すでに前五千年ごろにはメソポタミアからトルコ、ギリシア、エジプトにいたる諸社会の構造を完全に変えていた。経済の基盤は、小麦、大麦と、ヒツジ、ヤギ、ブタとの結びつきによって、土器の出現する以前（前六千年から前五千年のあいだ）に形成され、最初の定住村落が現われる。文化様式はすでにたいへん変化に富んでいるが、後にそうなったほどは砂漠化していなかった環境に置かれた最初の農耕・牧畜民の生活様式について、詳細なイメージをつくりあげるには、資料がまだ不十分である。しかし、少なくとも一年の相当な期間、彼らは定着していたと考えられる。というのは、ほんとうの村落があり、少なくとも周期的に家畜を一定の生息地に接触させつづける体制《オルガニザシヨン》があるからである。

牧畜民が畜群の移動について回るよう強いられる、という原牧畜の方式のために、近東の住民が農業的に定着したある段階以後、定着民と遊牧民とに分離することになったのは、たぶん真実であろう。原牧畜は、それに先行する構造と断ち切れていない一つの平衡状態に対応しているが、逆に、農業の定着は新しい事実であり、その結果はきわめて重要である。原農民が一年の一部だけ野生の穀物のある場所にしばられていたことは想像できる。しかし、定着という言葉が意味をもつのは、集団の生存が栽培された穀粒にまったく依存するようになる瞬間からである。永住が必要になるのは、畑の監視と食物のストックがあるためなのである。(13)

初期農村の構造についての完全な図式《モデル》はないが、メソポタミア、トルコ、シリア、レバノン、イスラエルにおける最近の発掘によって、先土器時代や土器時代の初期における集落の重要な要素が明らかにされている（図版73）。他方、ヨーロッパでは、東西に、農業が浸透した初期の集落について数多くの資料が存在している。機能的には図式は単一である。それは稠密な群落で、社会的な身分差をさほどはっきり示すような建造物は残していない。居住単位としての家の形や材料はさまざまである。パレスチナ、レバノン、トルコの前都市的な段階の集落には、聖所や平均以上にりっぱな家があったかもしれないが、まだほんとうの宮殿などは見られず、社会階級の上下の差は、後に見られるような重要性を帯びるにはいたっていない。集合の核であるこれらの集落は、柵や城壁のような防御構造や家畜の囲い、穀物の貯蔵室《むろ》などをもっている。原始集団と較べてすぐに気がつくのは、相対的に多数の人口が集中していることである。農耕により定着した結果は、すべての地域に同一であり、貯蔵された食物を取りかこみ、防御策を講じて自然環境や他の人間集団から自分たちを保護する数十人の集団が形成されることになった。そのことが、この段階の人間社会がこうむる完全な変質の原因になるのである。社会学者は、以前からこの変質の最もいちじるしい特徴として、資本化、社会的隷属、軍事的ヘゲモニーなどを挙げてきたが、ここでは、技術・経済的な機能に直接係わるものについてだけ特徴をはっきりさせれば十分であろう。

定住民と遊牧民

農耕による定着が生じると、社会のなかで農耕・小牧畜民と、遊牧・大牧畜民との分離

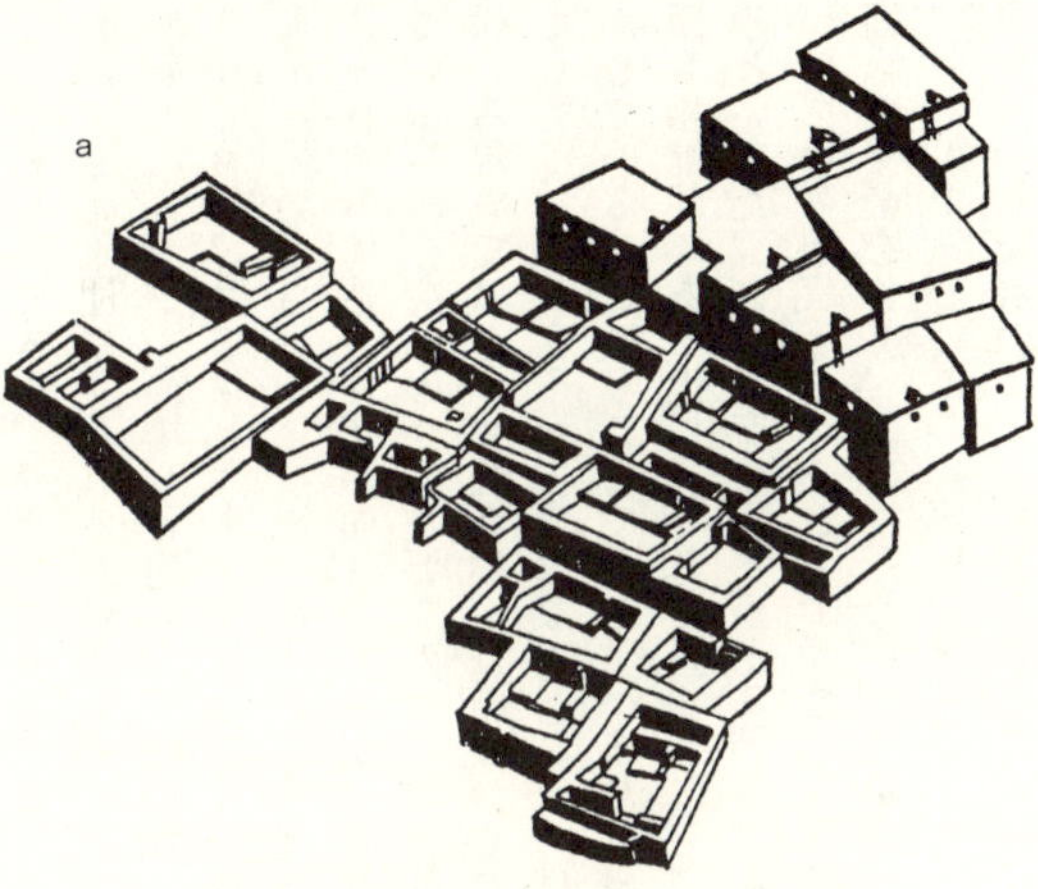

73 (a) アナトリアのチャタル・ヒユクの新石器時代の村落部分図 (J.メラートによる)。紀元前60世紀の初めのこの村は農耕＝牧畜経済の定着居住地として最古のものの一つである。(b) インダス川モヘンジョ＝ダロの都市の部分図――前20世紀。

が起った。これは今日にいたるまで、南アフリカから北京にまたがる数多くの文明に特別な性格を与えてきた。サヴァンナやステップ地帯において、集団の専門化が生じたが、それは、原始集団に見られるそれぞれの場合での共生にともなう専門化と似たところがある。原始人のカップルの場合と同じく、動植物は技術の面で補い合っている二つの集団に配分されており、動植物と共生している部分の機動性に程度の差があることについても、同じ理由が見いだされる。技術・経済的な構造面で新たになされた分化は、機能的には、それに先行する構造と性質が同じであるが、質的には大幅に異なっている。牧畜社会と共生している農耕社会にとって重要なのは、牧畜社会がもはや同じ文化、同一の技術水準部分に係わる現象ではなく、経済的には結びつきながら社会の枠組では二つに分れ、婚姻についてもはや補い合うものではなく、しばしばおたがいに閉鎖的な別々の技術・経済体系が生じている、ということである。つまり夫婦が相補的であり、交換系でつながっている集団も相補的である上に、それと重なって、二つの別々な社会がこれまた相補的な関係にあるといった、より高度な構造があるわけである。ここに見られる事実は、生体組織を特徴づけている事実と較べられる。すなわち下等なものから高等なものへ、植物系が独立した細胞の接合をへて、おびただしい数の集合した細胞を組みたてる生体系の接合へと移行していくのである。この対照は、テイヤール・ド・シャルダン神父が動物学的なものの中継ぎを社会的なものによって明らかにした際に、彼の考えに自然に浮んできたことでもあった。同じ原因に同じ結果が対応するのは当然である。というのは、農耕牧畜社会に特有な性格の根源には、食糧生産によって決定的に必要となった人口密度の増加があり、それが相補的な関係の変化する原因であり結果だったからである。農耕民と牧畜民は、この時点から、複雑な共生関係を示しはじめる。彼らは経済的に切っても切れない関係にあり、社会や歴史の流れにしたがって、あるときは牧畜民が農耕民への封建的な隷属のきずなによって結ばれ、あるときは、それと逆の形態に従属してきた。数千年間、聖書の昔からフン族やモンゴール族の侵略まで、あるいはアフリカのプール族やバンツー族の動きまで、古代世界はその歴史の重要な部分を、二つの経済の相補性が交替するなかで生きてきたのである。

〈戦争〉　農耕民と牧畜民の相補性は、しばしば暴力的な形をとった。これは今日の経済の形にもあいかわらず特有な性格の一面である。それの先行形態の場合と同じく、まったく新しい状態というわけではなく、基本的性格の規模と形が変ったことが問題なのである。原始社会にあっては、殺人は連盟関係にある個人個人に係わり、復讐は一般に個人的な動機によって集団の一部を動員する。新しい土地、生産物、女性などを獲得するための争いが現われるのは、同盟関係にある集団のあいだか、あるいは異なった民族間かのいずれかである。原始人がそれほど攻撃的ではなかったと考えるべきいかなる理由もないが、強固な定住単位ができてからの戦争の性格は、組織体としての理由から、原始人における攻撃とはひじょうに異なるものとなったと断言できる。それゆえ戦争は、新しい現象の一つに入るわけで、今日まで社会の進歩と切り離せなくなっている。共同体の攻撃的行動が初めて何かの獲得行動からはっきりと区別されたのは、歴史の経過のなかでも、ごく新しい。つまり今日、相手がこれから獲得行動に出ると本能的に感じるのとは違う次元で、相手の反応を予測できるようになった、その程度に応じて、この区別がはっきりするわけである。いついかなる時代にも、攻撃は物の獲得と本質的に結びついた技術として現われているが、原始人の場合、攻撃の最初の役割は狩猟であり、食物の獲得と混同されていた。農業社会へ移行するなかで、社会のしくみが人間の生物学的な進化の展開といちじるしく異なる方向を取ったため、こうしたもとの傾向は一見曲げられたようにみえる。攻撃行動は少なくともアウストララントロプス以来、人間社会の現実であった。社会のしくみは可速的に進化をとげたが、種《スペキエス》としての成熟はあいかわらず緩慢な進化を続けていた。狩猟と姉妹である戦争が、新たな経済から生れた戦士階級に集中するにつれて、しだいにこの二つが、密着したのである。原始人類を解放する鍵である穀物と家畜によって、技術的な進歩の道が開かれたが、人間は、遺伝的な束縛からはまったく解きはなされず、歴史は三つの不協和面の上を進行するのである。その一つである博物学的な面から見ると、二十世紀のホモ・サピエンスは三万年前とほとんど変っていない。次の社会的な進化の面では、生物学的な集団の根本構造が技術的な進化から生じた構造に、どうにかこうにか妥協している。最後は技術的な進化の面で、いわば異常腫瘍だが、ホモ・サピエンス種は、生物学的にそれを制御する手段をもたないまま、そこから自分の有効性を引きだしている。人間をついには単なる道具にひきおろしてしまう技術人間と、生理人間という両極端を結びつけているのは社会なのであるが、その回答は、問われている問題よりも、必ず遅れているのである。また社会は、社会倫理に源を発している宗教やイデオロギーに裏づけられた倫理観念を結びつける役目もするが、これらの倫理観念が生みだした反生物学的人間像のおかげで、サピエンスの域を通りこしたホモ homo という、きわめて抽象的な亡霊がつくりだされる始末にもなったわけである。農耕人間は、マンモスを殺戮していたはるかな時代の人間と同じ殻のなかに入っているのだが、彼を資源の生産者とした経済のしくみが変転するたびに、そのつど狩猟者になり狩られる獲物になっている。

社会階級

農耕牧畜の水準では、動植物性の生産物を貯えておくのがその基本的な性格である。穀物、棗椰子《なつめやし》の実、オリーヴは、ちょうど畜群が遊牧民をその足取りに合わせて歩かせる〔縛りつける〕ように、貯蔵した食物のまわりに集団を定着させる。食物のストックと人間とのあいだの新しい関係によって、社会関係が必然的に調整され、まさに進歩の源ともいうべき階層化された組織がつくられる。最初の村落が現われてから、首長、戦士、下僕、隷属した村人とともに最初の都市が現われるまで、二千年とはかからなかった。この進化の理論は、百年来、史的唯物論によって明らかにされてきたが、注意しなければならないのは、初期の社会学者の理論によって暗に予想されていたように、病理学的な異常が問題なのではなく、正常な均衡の事実が問題なのだということである。社会形態がかなり遅れて技術・経済的に適応しようとしているにしても、それはひとえに、種形成上の進化と技術上の進化との解決しがたいジレンマになんとか応えようとしているということなのである。歴史に記されているような人間と資源の信じがたい浪費のなかで、人間はとにかく次々と現われる諸段階のあいだの調節蛇腹の役割を演じてきたのである。

技術家の解放（図版74、75）

先史学者は、すでに久しい以前から、現存社会の歴史において主要な〈発明〉が突然出現していることに注目してきた。紀元前六千年ごろ、農業がやっと固まったか固まらないころ、製陶術はすでにひじょうに進んでおり、ついで前三千五百年ごろには、金属と書字《エクリチュール》が生れようとしていた。ホモ・サピエンスが農業の段階に達するのに三万年が必要だった。それにたいし、オリエント社会が今なお人間社会の基礎をなしている技術・経済的な拠りどころを獲得するには、二千五百年間の農業でじゅうぶんだったわけである。この転変から考えられるのは、原始社会にはなかった要素が人間集団の構成部分として現われたことである。すなわち、食生活にそのまま利用されない仕事にたずさわる個人の食物消費を満たす可能性である。

実際、技術の進歩は、農民のほうにストックしておける食物があることによって始まった動きに含まれている。近東の最初の文明については、進化の複合因子に牧畜民を付加しなければ理解できないとしても、経過のそもそもの始まりは、定住農民のうちにあったにちがいない。事実、陶器と金属の〈発明〉には、労働のリズムと貯えられた資源があるという二つの原因が働いている。職人的な作業は、農事の合間を自由に利用できるようになった食物生産者だろうと、食物生産から完全に解放されたほんとうの専門家であろうと、彼らがひじょうに長時間自由でいられるようになっていたからこそ可能なのである。農事の季節的でリズミカルな性格と、いちじるしく安定した栄養余力をなす食物量があるということから、〈好ましい環境〉条件ができあがる。アウストララントロプスの自由になった手が、いつまでも道具なしの〔空手の〕ままではなかったように、農耕社会において自由になった時間は、速やかに仕事で満たされることになった。

定住するということは、おそらく以前からあった籠細工や織物のような技術の発展にとって好ましいものだった。だがそれらは、農業のために必要だったことや、動物の皮と人間との関係が疎遠になったという事実によって、必需品的な色彩をおびるようになる。しかし、とりわけ変ったのは、火の扱いであり、まさにこの〈火の技術〉をめぐって技術の進歩が結晶するのである。その起原は、はるか以前に遡る。粘土を焼くというような偶然の知識は、旧石器時代にもありえたわけだからである。しかも、黄鉄鉱や方鉛鉱の結晶の形で存在していた自然金属が、すでに紀元前三万五千年に、シャテルペロニアン人やオー

74 | 76
75 |

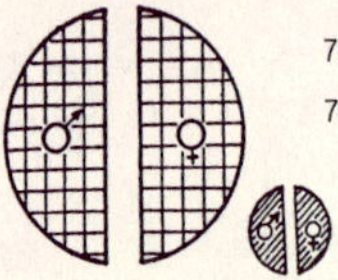

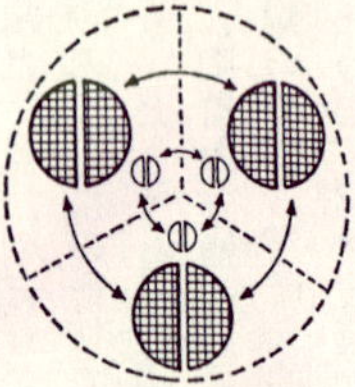

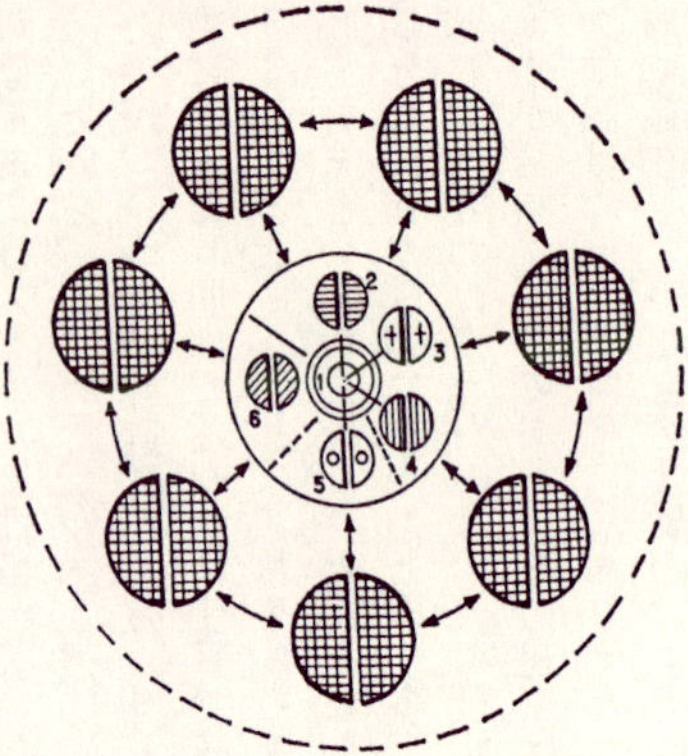

74　初期農耕群の機能的図式。いちばん大切なしくみは拡大家族に基づくいくつかの社会的型に属した性別によって集まる個人間に分有されている。このシステムは特に年齢別にある程度の専門分化の幅を許す。多くの場合青銅時代から農民群は、限られた個人群または集団群によって補完される。それが職人（鍛冶屋、陶工、指物師、織匠など……）である。

75　農耕群の空間的組織。各群は少なくともある程度までその領域に定着し、隣接群と交換を行うが、それは通婚関係にいたることもあり、物質交換に限られることもある。職人も彼らのあいだで同様の型の関係体系をもち、広大な地域にわたることもあり、厳格な内婚が行われる。

76　都市のしくみの機能的図式。都市は領域の中心の役割を果し75図のような型の農耕村落群に組入れられ、そこから資源を取りその結合を確保する。中央権力(1)は軍事(2)、宗教(3)、司法(4)の機能に結びつき、これらは特別な個人または階級の専門になる傾きがある。商人(5)は一つの群を形成し、支配階級からの差別の程度はさまざまだが、その間接の行動や同盟によって常に注目すべき重要性をもつにいたる。職人(6)と小商人は依存する支配階級から完全に遠ざけられているが、一部は商人階級(5)の浸透力のおかげで出世することもある。

リニャシアン人によって、おそらく呪術宗教的な目的で求められ、採取されていたのである。ただ、これらの知識は製陶術にも冶金術にもいたらなかった。原始集団にはまだ、無数の個人に配分された無数の時間という、発明を一挙になしとげるに必要な余裕がなかったのである。

自由な時間があるということだけが問題なのではない。人口のたえざる増加と集団のさまざまな必要が増したという事実から、均衡のとれた環境における社会ではごくかすかにしか感じられない文字どおりの〈革新への呼びかけ〉が続いていたのである。居住領域が固定され、人口を増やしながら、たちどころに食物資源を増やせるようになった、そのことが時間の解放と符節を合わせる内的環境の特徴的な状態をつくりだす。この基礎の上に、友好的な、または戦争による交換網をもって交流する領土ごとの稠密な単位で構成される社会構造のなかで、加速的な雪だるま式の進歩が始まるのである。

文　明（図版76）

本質的に田園的な新石器時代から金属時代へ移行することは、その漸次的結果である領域のしくみの発展、厳密な意味での〈文明〉、すなわち民族組織体の機能として古代都市が加わってくることと符節を合わせている。移行はもちろん目立たぬものだった。原農業の極限まで遡るにつれて、しだいに古くなる半ば都市化した単位が見いだされることは考えられても、最初の都市を見いだすことはおそらく不可能だろう。しかし前六千年から前三千年のあいだのメソポタミアからエジプトにいたる考古学資料のなかから、都市という現象を理解するのに必要な要素を抜きだすことは容易である。

ただし、自然の小丘に建てられたいくつかの特別に有利な村に始まって、以前の村の廃墟である築山《テル》の上に建てられた最初の都市にいたる移り行きは、まことに緩慢である。廃墟がつぎつぎと残した層位から、考古学はその場所の占有が新石器時代以来続いていたことを示している。文明は機能的な性格によって特徴づけられるので、最初からはっきりした形態上の特徴があったわけではなかった。中心都市の役割を果す集落に一群の村が有機的に結びついている、というのがその図式であって、このようなしくみは、社会の階層化が確立し、権威と穀物資本が軍事的で同時に宗教的な権力からなるエリートの手中に固定されることを前提としている。技術・経済的な面から見て、最も重要な事実は、職人の登場である。というのも、すべての技術的進化が職人の双肩にかかっているからである。

文明は職人の双肩にかかってはいるが、職能構造のなかでの職人の位置は、民族学がなお不完全にしか定義できない事実である。その職能は基本的な機能のなかで価値づけるのに最も不向きなものである。史上のどの民族においても、その活動が密接に宗教体系に合体している場合ですら、職人は他の職業よりも背景にひっこんでいる。司祭の〈神聖〉、戦士の〈英雄主義〉、狩猟者の〈勇気〉、弁論家の〈権威〉、田園の仕事にすらある〈高貴〉に較べて、その営為はただ〈たくみな〉だけである。人間において、最も人類的なものを具体化するのは職人なのであるが、職人は長い歴史から二つの極の一方、瞑想の対極にある手だけを代表しているという感じが生れてきた。〈知識人〉と〈技術屋〉とのあいだで今なお行われている差別の源には、技術行為と言語活動、最も現実的な現実に結びついている作品と表象《シンボル》に基づく作品とのあいだで、人類がうち樹てた階層構造がある。実際、農業社会においては、財産や貨幣の所有ということが、ごく早くから司祭、首長、製作者、農民の機能に沿った階梯をつくりあげたが、発明の神格化が技術崇拝を生みだしている今日でも、なおロケットで飛行する軍人が英雄視されるのにたいし、それを考えついた技師は人間科学の偉大な召使い、一つの手に過ぎない。われわれの上昇曲線を単なる偶然の事件とか神秘な予定の働きと考えないようにするには、これほど陳腐な社会学的主題に深くひそむ生物学的な価値を理解することが不可欠である。なぜなら偶然は始原から一定の方向に働いており、神秘は進化する総体のなかにあって部分部分にあるのではないからである。

　文明の最初のしくみが形づくられるのも、一つの総体としてである。農産物を貯蔵するということから生れた定住によって階層化された社会が形づくられ、富や宗教的、軍事的な二重権力が中心都市に集められるようになった。首長《シェフ》も中心都市《キャピタル》も語原的な像《イメージ》として類推すると、有機的な民族体の〈頭〉ということである。この像《イメージ》は、階層化された社会集団の代表する機能組織が、原始集団におけるこの機能の、個人間の階層化に取ってかわるような構成を示している。社会のしくみは、巨大な有機体としてのその構成を、サンゴからミツバチにいたる全生物社会と同じ淵源から汲みとっているのである。人間の個体の組織もまた、同じしくみでつくられている。すなわち、器官別に集められ、専門化した細胞の集合体が生命の構造のさまざまな分野を確保しているのである。それゆえ、文明化した個々の人間が複雑な集合の形をとる場合、彼らはしだいに一つの個体のような外見を帯びる傾向がある。その個体においては、部分がしだいにぴったりと全体に従属するのである。いたるところでこの社会組織体を特徴づけているのは、たとえ形の上では生物学的な進化の途を借りることがあっても、発達のリズムのなかばで、まったくそこから離れてしまうということである。実際、ピラミッドの頂点はほとんど進化しない。メソポタミア最初の都市の建設以来、宗教的、哲学的な思想の進歩はいちじるしいが、しかしだれかが(厳密な意味で)プラトンより深く考えていると断言できるだろうか。ひじょうに早くからホモ・サピエンスは超物質的なものを深めようとして、魂の可能性を十二分に生かし、あとはただ進化の流れの向きがゆっくりとよりはっきりした展望へ導いてくれるのを待っていさえすればよかったようにみえる。もし知的な進歩があるとしても、それは生物学的にはなお感知できないものであり、思弁の方法や領域が心理・生理的にずっと深められるというより、むしろ拡大されることに重点がおかれているのである。

逆に生物学的な進化のリズムで技術の解放を説明しようとしても無駄である。農耕組織がつくられると、人類は直接今日にいたる垂直の進化過程にはいるのである。ごく単純な機能的図式(首長、中心都市、資本、製作者、田園の生産者)の上では、もろもろの社会的機構は、調和のとれた社会秩序という原則的な状態と、技術・経済上の要請に大きく影響される実状とのあいだに折衷的な妥協点を見いだしてきた。技術は、最初のアウストラントロプスの最初のチョッパー以来、人間の体から離れ、地質学的な数億年の進化の経過を眼を奪うような速さで模倣し、ついには人工神経系やエレクトロニクス的思考をつくりだすにいたる。最初の都市の建設、文明化した世界の誕生は、それゆえ、絶対的な要請のかたちで恐竜と同じ流れに従っている生理的人間、および思考から出てきたが、遺伝的なきずなからは解放されてしまった技術との対話が始まった時点を示しているのである。

プロメテウス的な上昇（図版77）

文明化した社会の発展に直接問題になるただ一つの領域は冶金術であるが、この冶金術も、火の工芸全体（製陶術、ガラス製造、染料、石灰および漆喰）という、不可分に束ねられたもののなかに戻して考えなければ、理解しがたいものとなるだろう。発明についての錯誤は、無から実体のある独立した技術をひきだせるといった、ユニークな天才的事実を信じるということであろう。個々の天才が物質に働きかけるには、ある程度の実質が必要なのである。何世紀にもわたって、きわめて数多くの個人を動員してきた技術の集大成から、まさに冶金術の誕生が可能になったのである。火を使いこなせるようになった時期は、いつからだともいえない。シナントロプスが火を管理し、旧人もそれをもっていたことだけは知られている。料理以外で最初に火を技術的に応用したのは、知られるかぎりでは後期旧石器時代の初め、紀元前三万五千年に遡る。鉄を含んだ黄土を焼いてオレンジがかった黄色から紫がかった赤にいたるさまざまな色を連続的に得ようとした証拠が早くもこのころからある。鉄を含んだ染料を火によって処理したのは他の面での応用よりもはるかに先立っている。というのも、いかなる資料によっても、粘土を焼くといった実際の応用があったかどうかわからないからなのだが、これは偶発的には洞窟の住人の炉のなかで起ったのである。紀元前六千年になって初めて、意図的に焼かれたのでないにしても、粘土をこねて形をつくって焼いた小像や窯《かま》の例がイラクでたくさん出てくる。そして前五千年になって初めて厳密な意味での製陶術が最初の農業社会に現われ、拡まっていった。同じころ漆喰が初めて出現し、メソポタミアから地中海にいたる地方では、壁に塗った漆喰が火によって還元されて、床や隔壁の上張りになっている。

製陶術や漆喰づくりがなされたということは、すでに五〇〇度から七〇〇度の温度を制御することが確立していたことや、炉のごく限られた通風のいい個所では一〇〇〇度を越えることもあったということを示している。紀元前四千年ごろ、火が無数の陶工や石灰製造工たちに扱われるようになると、火はしだいに金属酸化物を還元するのに適した条件をもつにいたる。そのうえ、適当な石灰岩からとった石灰の処理は、鉱石の溶融点を下げるのに都合のいい還元性元素がおそらく炉のなかに存在していた、ということと対応しているのである。冶金術の出現に好適な環境は、少なくとも潜在的には確立されていたのであ

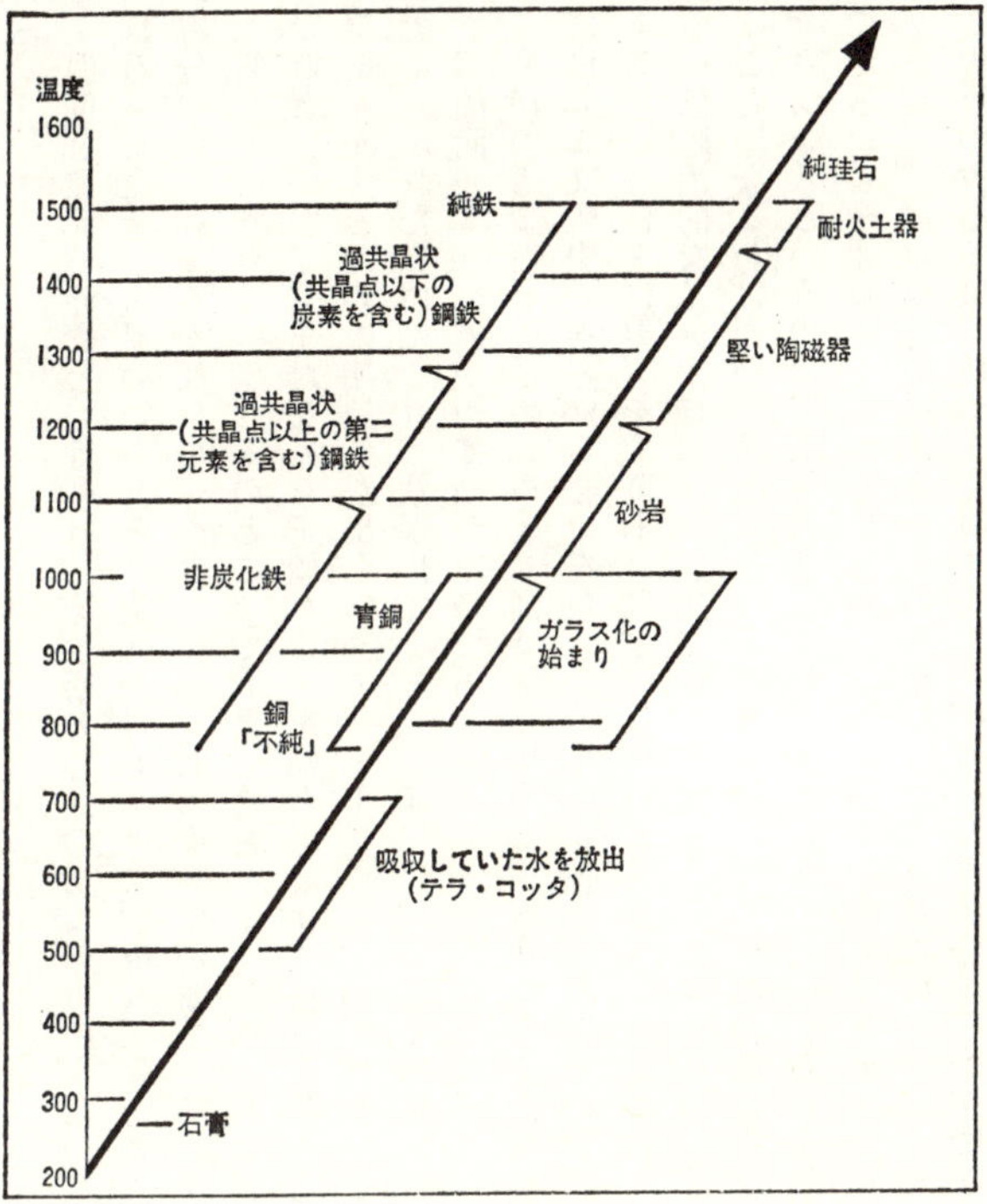

77　火の技術の表。温度の線上に金属、製陶、ガラス技術のあいだのつながりを示す。

る。

温度と還元性元素というのは、冶金術方程式の三つの項のうちの二つをなす。第三の項、鉱石もまた昔から見いだされる。還元がひじょうに困難な、鉄を含んだ黄土の他に、銅含有分の多い孔雀石が顔料の一つとして現われるからである。おそらく白粉として用いられたらしく、それはエジプトのどこででも見いだされる。われわれは銅の還元法が発見されたことについて、まだなんら正確なことを知らないが、前五千年から三千年のあいだに、銅を還元するための諸条件が出そろって、三千年以後、銅がエジプトからメソポタミアまでありふれた金属になり、鉄が出てくる二千年には、青銅や銅が大西洋から中国にいたるまで油滴のように拡がっていったのである。

最初の冶金術と最初の都市との同時的な出現は、偶然をこえた事実である。それはすでに偉大な文明史のあらゆる結果を包みもっている技術・経済上の公式を肯定するものである。ばらばらに要素を取りあげれば、文明は理解しがたいものになる。それを宗教的あるいは政治的なイデオロギーの進化によって捉えようとするのは、まさに問題を逆転させることになるわけだが、そこに単なる技術・経済上の偶然の戯れを見るのも、同じく正確ではない。というのは、上部構造と下部構造とのあいだに相互に干渉がなされているからである。イデオロギーはいわば技術・経済の鋳型に流しこまれ、その発展を方向づけるのであって、前章で神経系が生物体の鋳型に流しこまれたのとちょうど同じである。しかし、この章の段階では、技術・経済的な基礎が根本の要素であるようにみえる。その後で、しだいに個人を非個性的な単位に変えてしまう物質世界の支配から逃れようとして、めいめいが工夫した結果イデオロギーの流れがどのように傾斜していったかを求めることはできよう。だが、あらかじめ社会の骨格や筋肉の部分について現実の像《イメージ》を与えておかなければ、表層しかとらえられないだろう。近代社会の最も古い時期の記憶をわれわれに伝えてくれた民族は、当初生れようとしていた組織体の多義的な性格に気づいていたのである。プロメテウスの神話が神々にたいする勝利と束縛とを同時に映しだし、創世記において農夫カインは最初の町の建設者である一方、名前からも最初の製錬工のトゥバルカインの祖先と知れるのであるが、そのカインがアベルを殺害したことが聖書に述べられているのは、動機のないことではない。

技術家はそれゆえ文明の支配者なのである。というのは、彼は火の芸術の支配者だからである（数世紀の製陶術が彼にそれを導くことを教えたのだ）。窯から石灰が出て、その直後に銅と青銅が出てくる。ガラスを生みだしたのは鍰《からみ》と鉱滓、つまり金属精錬の残り物であった。しかし職人は従属したデミウルゴス〔プラトンが世界形成者と考えた人間〕であり、すでに見たように彼らの技術・経済組織における位置は、従属の位置であった。首長が用いる武器を鍛えるのも、その妻が身に着ける装身具をつくるのも、神器を打つのも彼らであったが、彼らは全能ではあっても、跛《びっこ》をひいて馬鹿にされるヴルカヌス〔ローマ神話の火と鍛冶の神〕であった。彼らこそ、五千年の流れの始めから終りまで、イデオロギーの水準は現実に進化しないまま、〈主要な〉〔資本の意もあり〕人々の手中に自然界にたいする人工世界の勝利の手段を与えてきた人々である。大多数の文明における、火の職人の歴史が始まる際の呪いにみちた雰囲気は、最初から本能的に感得されていた挫折の反映に過ぎないのである。

町（図版76、78、79）

紀元前二千年ごろエジプトからトルコ、インダス、中国、地中海の北辺にかけて、文明の最初の偉大な発展を明らかにする町が存在していた。その構造は、ふしぎなほど単一だが、それに驚くことはない。というのは、すでに見たように、都市は人間集団が身につけた新しい機能のシステムを表現したものに過ぎないからである。

あらゆる時代に、しかもアメリカでも、地中海沿岸を除いたヨーロッパでも、ブラック・アフリカでも、さまざまな人間集団が農業段階に達し、金属段階を越すたびに同じ機能上のシステムが形成される。都市がその車の心棒であり、穀物の貯蔵と財宝を中心に防壁のなかに閉じこもっている。都市を活気づけている最小単位《セリュル》は、王とその廷臣、軍人の高官、司祭であって、召使いや奴隷の群れがそれぞれ仕えていた。都市のしくみの内部では、職人はふつう内婚による一連の最小単位をなしていた。彼らの運命は支配階級の運命に結びついているが、その身分はふつう、完全な奴隷のそれでもなく、この身分に付随するすべての権威を身に帯びた人間のそれでもなかった。都市とその構造は田園とつながっており、そこから都市は栄養源を吸いとり、田園との連繋は王とほぼ奴隷化されている農民とのあいだを仲介する代官の管理網によって保たれていた(図版76)。まもなく貨幣が出現するとともに、補足的な社会階層、つまり土着のこともあるが、よりふつうには他国から来た商人が現われ、根本的なしくみに深い構造的変化をもたらすわけではないが、それを複雑化するようになる。

それゆえ進化は、最初の農業経済の発達からずっと、穀物の貯えのまわりに定着することから直接生れる資本主義の形成にひきつがれて、定着を強化する方向でなされた。この定着によって、社会の階層化を必然的にもたらす防御のしくみが形づくられることになる。この階層化も正常な基礎の上で行われる。というのは、社会のしくみも、生体と同じく、集団のイデオロギーを生みだす頭部と、行動の手段をつくりだす腕と、集団をじゅうぶん維持し増大させるためにものを獲得し消費する厖大な体系《システム》をもっているからである。

都市化された(語原的な意味で文明化された)組織体の発達は、今日の社会でも、すでに建設的でないものを必然的にともなっている。実際、自然界の生物細胞に似た専門分化がこの人工有機体のなかで、社会的な差別という形を強くとる程度に応じてのみ、この組織体は形をなすのである。土地所有者、農民、捕虜など、それぞれの機能の隔たりが大きければ大きいほど、それだけ有効なレパートリーができあがる。農業社会の水準では、社会的な不正は自然環境にたいする勝利の楯の反面なのである。

首府の防壁のなかで、専門家が分極するのは、文明化したしくみのもう一つの特殊な外見である。すでに見たように、職人は食物の余計な消費者だが、これは原始社会では考え

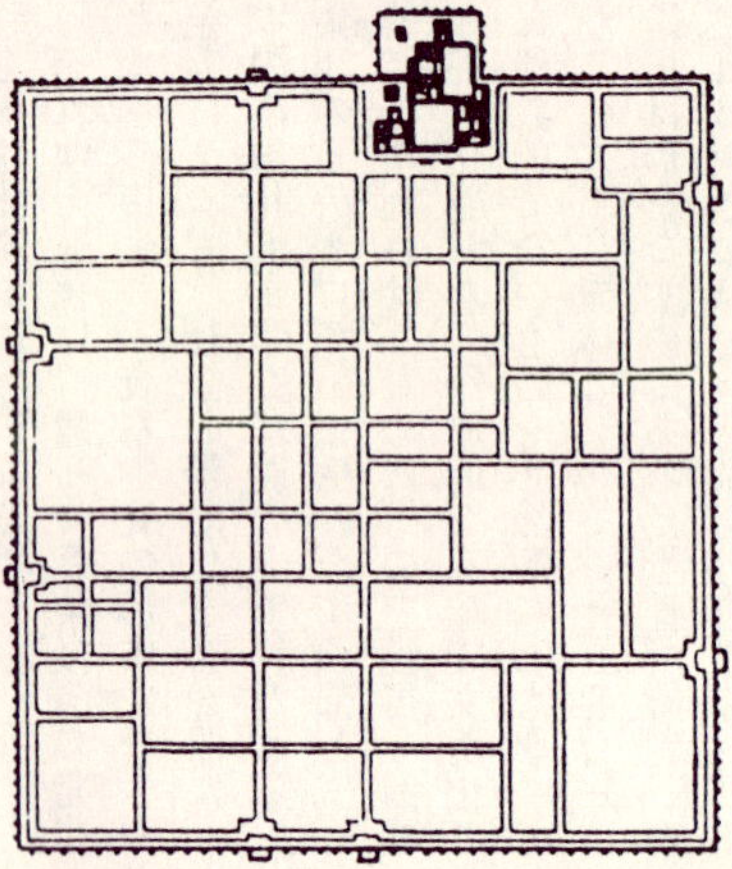

78
―
79

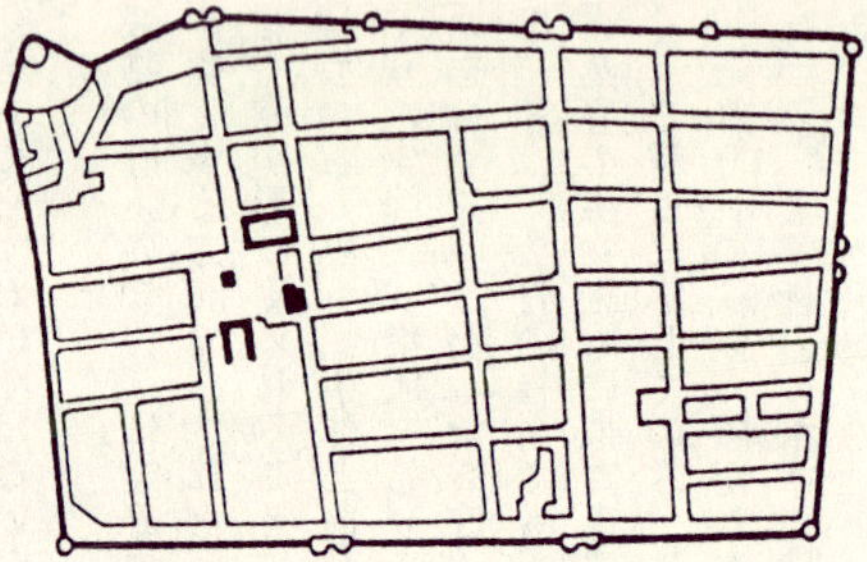

78　アッシリアの都市コルサバッド図（紀元前 8 世紀）。
79　エーグ＝モルトの都市図。

られない贅沢であり、未来における行動手段を増大させるために、その資本の面で集団として行う前払いなのである。職人の生活は、支配階級の過剰設備のおかげで初めて可能になる。今日まで、このことはあいかわらず現実にあてはまる。現在でも技術研究はいわば贅沢であり、文明は、あいかわらず対立した政治形態のもとで、おびただしい余剰資本を自由にするところから生れ、集団の支配層の技術的な設備過剰をもくろんだ作業なのである。職人はそもそもの最初から、まず武器の製造者であり、金銀細工師でもあったが、道具つくりのほうは二の次のことであった。大工や石工といった宮殿の造営者たちは、ひじょうに早くから、主な集団の設備過剰と結びついているかぎり、金属器を自由に用いることができたが、農民が木鍬を金属の鍬に換えることができたのは、いたるところに存在する鉱石のおかげであり、地方における小規模な冶金術の発展が可能になった鉄器時代になってからのことである。

人類は、われわれの扱いかねるものになろうとしているが、そうした人類の社会形態のなかで、昔から今日まで連綿として続いているものは、おそらく今のほうがよりよく把握できるだろう。それに、そもそもの初めから、農業における技術・経済のしくみが、いかに技術の進歩と社会的困難のすべての要素をすでに含んでいたかということも、よりよく把握できよう。ところで最初の都市の発達は、ただ火の技術家の出現に対応するだけでなく、冶金術と同時に書字《エクリチュール》が生れてきたのであり、このことに注意しなければ、完全な図面はできあがらないであろう。ここでも、ことは偶然の符合ではなく、一貫した性格をもっている。後期旧石器時代の最初のホモ・サピエンスの社会は、旧人の社会に較べて技術が異常に発達したことだけでなく、最初の図示表記法を編みだしたことによっても特徴づけられる。農業社会は過渡期を脱けだして、ほんとうにそれなりの構造をとると、必要に応じて表象《シンボル》による表現手段を生む。この手段は、数多くの証拠から知られるように、計算の道具として生れ、速やかに歴史を記憶する道具となった。いいかえれば、農業資本主義が確立しはじめるころに、簿記の形に書きつけて保存する手段が現われたわけで、また社会の階層化が確立するころに、書字《エクリチュール》が最初の系図を記録したわけである。人間の記憶の発達の、この図示による側面は次章で扱うことになるだろう。

都市の分解（図版80）

十八世紀の終りまで、技術・経済のしくみは、古代に較べてほとんど変化していない。町は栄養となる物資をまわりの田園から取りこむわけだが、〈城壁外の〉市や定期市によって農村部や遠くの世界と結びついており、城壁内では、宗教や行政上の中核の周囲に、異なった社会集団に属する個人が相並んで空間を占めているだけに、商人と職人は、それだけいっそうきびしく区分された場所的な仕切りのなかに閉じこめられている。新しい技術・経済の公式への進化が始まったのは、ヨーロッパにおいてであった。中世以来、アジアやヨーロッパの偉大な文明国家では、火の芸術家が専門分化することによって、都市のしくみの外に冶金、製陶、ガラス製造の中心が形成されることとなった。これは家内工業から前産業的構造への移行を示しているのである。製陶術は地方の職人的な性格を残していたのだが、冶金術についてはそうでなかった。金属器の需要が増大したために、地理的に燃料と鉱石がともに確保される地点に、新しい集合の形、産業都市を予示する専門家の集中をもたらしたのである（図版81）。

現代史にこのように密接にかかわる事実について語るのはどうも通俗に流れるが、冶金術の分散や都市の形成――伝統的な性格をすべて失い、工場のまわりに労働者が〈密集〉しているだけの都市――を思い起すことは、原始社会の夫婦における男女の技術の分業が必然的に起ることや、農業経済への移行期に農耕民と牧畜民の根本的な調和が生じることを強調するのと同じくらい重要であり、興味ぶかい。産業革命は、農業社会で五千年間に起った唯一の大規模な変動であっただけに、いっそう重要である。こう考えてくると、社会の構造全体におよぼす反響が農業経済への移行と匹敵するほどの重要な事実が問題になっているということがわかる。実際、冶金術に結びついて人口が分散したことや、石炭や鉄鋼地帯に都市の単位が生れたことで、一世紀にも満たないあいだに、宗教構造を含めた社会の構造全体の完全な再検討が余儀なくされたのである。産業革命によってひき起された変革については言い古されているが、この変革が社会・技術面で人工組織体の機能上の発展と矛盾しているのではなく、調和しているのだということを明らかにしておく必要があるある。この人工組織体には、生体組織の反映として、われわれ人間自身のものであるとい

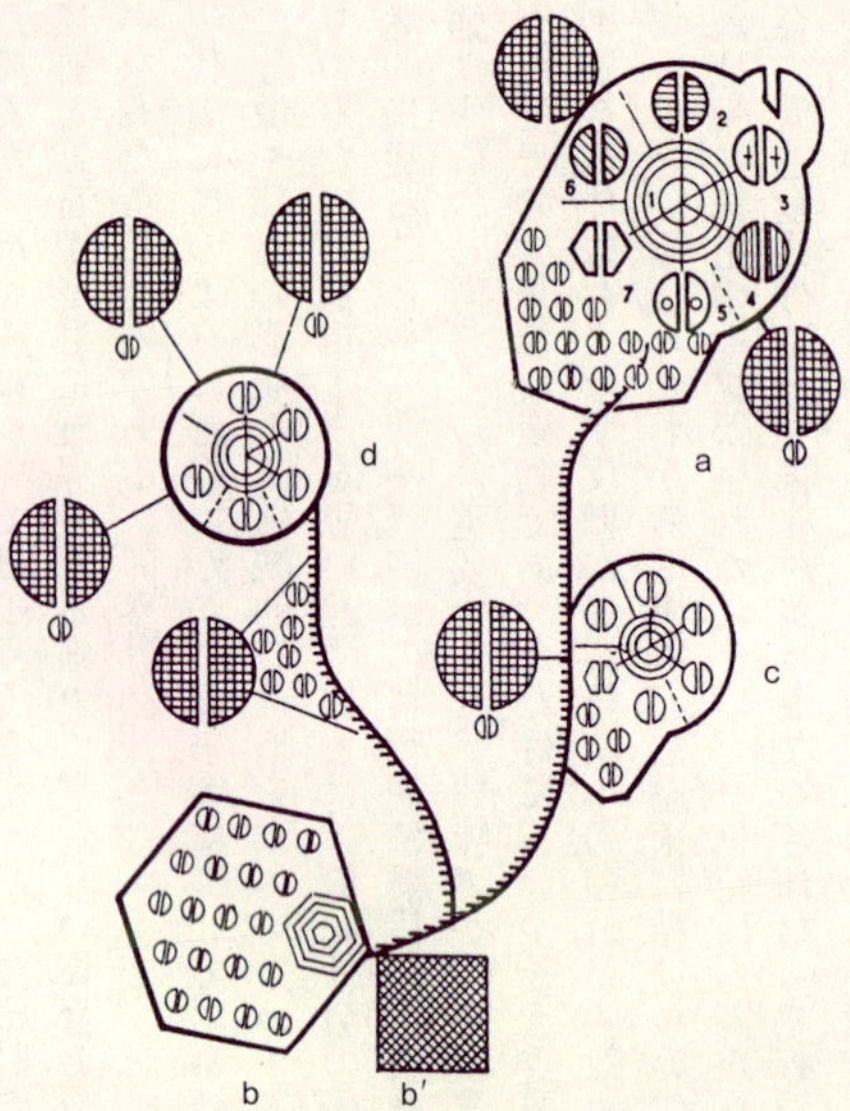

80　19世紀工業システムの機能的図式。前工業システムが根を下ろす基礎になる。首府（a）には76図と同じ区分があるが工業的機能は、商業(5)と結びつき、国家の形がどうあれ、直接権力と結びつく群(7)に代表される。農耕村落は職人と小商人を擁して昔と同じしくみで機能し続け、市が立つ地方都市に結びつく（c、d）。変質は輸送網によって伝統の枠に結びつく工業の中心（b）の誕生による。原料や動力に近い必要があるので最初は孤立しているが、鉄道網に沿って工業的中心が増えると、郊外が現われる。そのプロレタリア住民は伝統の枠にはもう入らない。

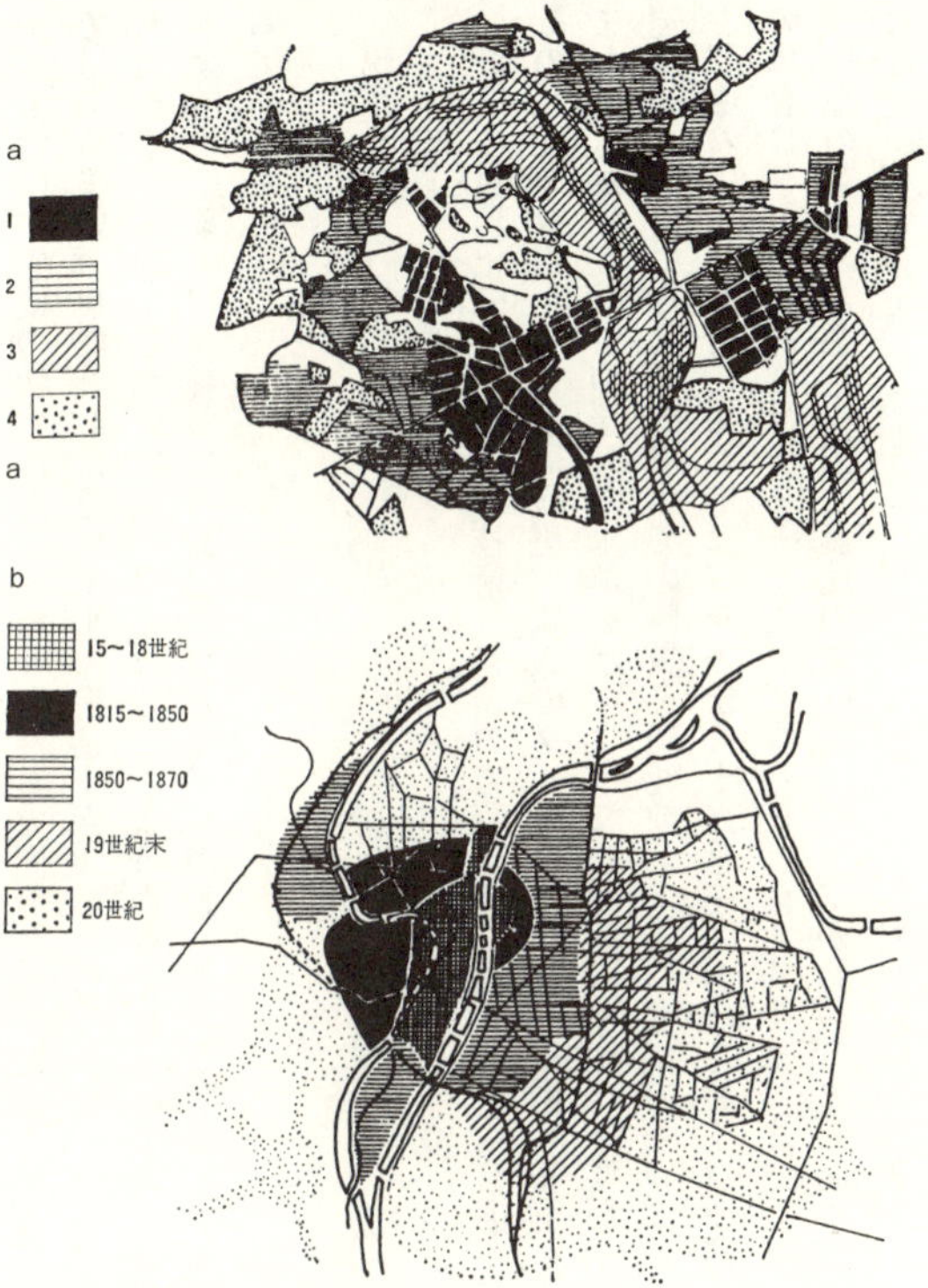

81 (a) クルーゾの人口集中地帯図。鉄道に沿って工場が集中し、住宅区域が無秩序に増殖するのがわかる。1 工場、2 建築物密集、3 やや密集度の低い部分、4 緑地。(b) リヨンの漸次的拡大。ソーヌ川、ローヌ川沿いの古い町の周囲に 1850 - 70 年ごろ幾何学的な町がつくられて鉄道のほうに伸び、不規則な形のヴィルユルバンヌの付属部がつけ加わり(19 世紀終り)、最近の増殖にいたるのがわかる。

う刻印がしだいに強く押されてくる。農業問題と冶金術から生じる問題は、紀元前三千年からすでに、危機の状態にあるというかたちで問われていたことを強調しておくのも無駄ではあるまい。農業社会がその本来の構造を保っているかぎり、動物学的には本性に隷従したままの人間をしだいに強く枠にはめこむような社会にとっては、家内工業、さらに産業段階の工業は、物質面での進化の強力な、しかしいささか呪わしい原動力でありつづけるであろう。

現在点

最近の数世紀のあいだに、技術・経済の方程式は、それぞれの変数を変えないままに、その尺度を変えた。首長、官吏、職人のグループ、市場、田園、畜群、小ぜり合い、掠奪、また頂点だけが社会の達した水準を示すようなしくみの発達に必要な余剰を生みだす被圧迫階級、こういう社会のすべての特質を紀元前二千年の近東のちっぽけな都市が示している。このはるかな古代の都市は、そのまま十九世紀におけるヨーロッパのどこかの大国家の場合にぴったり当てはまる。ただし行動半径は南北両半球にまたがり、余剰を供給する植民地のしくみが都市周辺の農民の農奴化に取ってかわったのである。わたくしは『環境と技術』のなかで、〈文明人―異邦人―未開人〉という体系の生物学的な一貫性と人間の物質的な進歩が今日までこの体系に結びついたままである事実を示した。この体系は、すべての生命組織体と同じく、明らかに特権を与えられた分子と目立たぬ大衆とからなっていて、後者の役割は厖大な消耗という代価をはらって、次の段階への移行を可能にする推進力のわずかな貯えを供給することであった。この生物学上の真理は、社会的な次元では正義、不正義といった言葉で表現されるが、こう表現しても、厳密に有機的な起原をもつ問題の解決にはほとんど役立ちはしない。

この本来の方程式はどの程度まで有効なのだろうか。正義、不正義という価値の基盤となっているものは、現在のところ進歩であるよりむしろ、ホモ・サピエンスの攻撃性であるが、技術・経済および農業・冶金術上のしくみから生れた否定的な強制がなくなるためには、おそらくホモ・サピエンスが生物学的に新しい段階に踏みきって、その攻撃性を制御できるようになる必要があるだろう。獲得本能と呼応する潜在的な攻撃性が減少することは、他方、創造する必要、ひいては生きる欲望が同時に減退することによっても示されるだろう。なぜなら、創造の精神と破壊の精神は、同じ現象の明るい面と暗い面に過ぎないからである。人間がみずからほとんど唯一の獲物になったときに、社会は一つの円環のなかに閉じこめられたのであるが、この円環を断ち切ることができるかどうかが問題なのである。おそらく農業と冶金術がなにか別な技術・経済上のしくみに場所を譲らなければならないだろう。そのしくみがどんなものか、今日ではまだ、想像するのもむずかしい。というのは、人間の栄養はあいかわらず植物と動物に頼っており、金属は今なお進歩に最も役立っているからである。社会主義的イデオロギーは、一世紀以上も前からこの問題に取り組んでいるが、進化の全体的展望に立った場合、とりわけ興味ぶかいこの問題のさまざまな影響を汲みつくすことができないでいる。実際、後期旧石器時代、とりわけ農業が始まって以来、表象《シンボル》（宗教的、美的あるいは社会的）の世界が階層的に技術の世界よりもつねに優位に立っており、社会のピラミッドは、すべての社会の原動力である技術よりも表象機能に優位を与えるという、あいまいなやりかたで築きあげられてきた。社会主義イデオロギーは、社会を技術に隷属させることによって、この生物学上の問題を解決しようとしているが、これは一見、勝利を〔脳にではなく〕手に帰することに等しい。

それはほんとうに出口だろうか、それとも袋小路でしかないのだろうか。こうした路線でマルクシズム国家と資本主義国家の行動がともに画一的なのは、新しい方式への進化がいずれにせよ確かであることを感じさせる。ほんとうに、すべての価値を回復する場が人類の方程式（頂点は事実上脳にあり、基礎は手にある）のなかに再発見されるような、新しい均衡に向う進化なのか、それとも文明が発達させた人工組織体によって人間本来の生理的な均衡を断ち切ることに過ぎないのか、と問うことはできるだろう。もし後者であれば、〈技術によって追いこされた人間〉という、陳腐でよく使われる公式が掛値なしの真実ということになるだろう。

どちらのイデオロギーの理論家によろうとも、無限に数を増す個人の物質的な快適さを無限に増大させるような、そういう均衡をはっきり想像するのはむずかしい。生産と消費と原料との関係は、人間がますます多量に、しかもやり直しのきかないやりかたで、自分自身の実質、すなわち自然環境から与えられるものを消費してしまうということを予想させる。

現在の状態では、社会的な努力や植民地解放があるにしても、すでに地球的な規模で一般化した人間集団と四千年前のメソポタミアの小社会とが異なった形をもっているというわけではない。すなわち〔政治方式の如何にかかわらず〕世襲とか競争による厳密な社会の階層化が個人をしだいに決った機能に条件づけ、世界の経済は、技術的な手段以外では巨大な変革を生むこともなく、つねに動物と植物の利用を基礎にしており、また、最初期の家内工業の後継者である産業は、燃料を変えたにせよ、あいかわらずその基礎を金属に仰いでいる。

結論として、物質にたいする人間のすばらしい勝利は、文字どおりの置換えという価を払ってなされたのだ。われわれが見てきたように、後期旧石器時代のホモ・サピエンスの出現以来すでに感じられる、新しい均衡が、人類の進化の過程で動物学的な均衡に取ってかわったのである。民族、〈国民〉が種、人間に取ってかわり、人間は、肉体としては正常な哺乳類のまま、実際上無限に更新を積みかさねることのできる集団組織体のなかで二重の性質を帯びるのである。その経済は、農業や牧畜へ移行した後でさえも、高度に掠奪的な哺乳類の性格をとどめている。この点から集団組織体がますます至上命令的に裁決権をもつようになり、人間は、技術・経済を上昇させるために、思考と腕を貸し与え、その道具になってしまった。その結果、人間社会は、暴力によるにせよ労働によるにせよ、あらゆる形で人間そのものの主な消費者となった。人間はしだいに自然界を確実にわがものにすることで利益を得るが、もし現在の技術・経済用語を未来に投影するなら、この自然界をわがものにすることも、最後のネズミにそえて食べる最後の一握りの草を煮るために、最後の石油の一滴を使いはたすといった、完璧な勝利のうちに終ることになるだろう。このような見通しは、ユートピアどころではなく、むしろ人間の経済の特殊な性質を確認することに他ならない。動物学的にいえば、賢いはずの人間がこの経済にたいし現実の支配力をもっているということをいささかでも示唆するものは、まだ何ひとつない。少なくとも、ここ二十年間に見られたように、消費の理想は、技術・経済をめぐる決定論の確実さにたいする一種の不信で裏打ちされているのである。

第六章　言語活動の表象《シンボル》

これまでの章で、わたくしは技術・経済的な組織の発達や、技術の進化に密接に結びついた社会のしくみの成立を考えてきた。この章では、人類の発達のなかで、ホモ・サピエンスとともに姿を現わすある一つの事実の進化を考えたいと思う。すなわち思想を物質的な表象《シンボル》として定着する能力のことである。実際、象形芸術《フィギュラチフ》と書字《エクリチュール》は、すでに数かぎりない研究の対象となっており、二つの領域の関係はつながりのはっきりしないことが多いので、一般的角度からそれを探ることも無益ではないように思われる。第三部では、もろもろのリズムや価値について、美の見地から考察することになるだろうが、ここで、物質としての人間の性格が本質的な関心事であった長い発展の終りに、個人および集団の思想の所産を恒久的に確実に社会に保存させる体系が、どのような具体的な道程をへて、徐々に形成されたかを考えることは無駄ではあるまい。

図示表現《グラフィスム》の誕生

図示表現のいちばん最初の証拠は、われわれをきわめて重要なひとつの事実に直面させる。第二章と第三章で見たように、数多くの脊椎動物において二つの極に分化していた技能的な特質が、人類においては、二つの機能の結合（手・道具、および顔・言語活動の）をつくりあげるにいたった。こうして音の表象《シンボル》としての思想を、具体的な行動の道具、手段としてつくりあげる際に、第一に、手と顔の運動機能が係わってくる。旧人の時代の終りに、表現表象《シンボル》が姿を現わしたということは、二つの動作極のあいだに、新しい関係がうち樹てられたことを仮定させる。この関係は、言葉の厳密な意味で、人間だけの特徴であり、つまりわれわれが自分で表象《シンボル》を用いる度合いに応じて表象《シンボル》的になる思想という形に呼応する。この新しい関係のなかでは、視覚が顔―読みとり、手―書きとりという二つの対《つい》を支配するようになる。この関係がもっぱら人間に限られているというのは、厳密にいえば、道具の例はいくつかの動物で知られており、言語活動は動物界の音声信号をただ嵩上げしただけだともいえるが、ホモ・サピエンスの曙までは、表象《シンボル》を描いたり読みとったりするのに較べられるようなものは何ひとつ存在しないからである。だから、人類全体の技術と言語活動において、表現を条件づけているのが運動機能だとするならば、最近の人類の象形言語において図示表現を決定しているものは、省察だといえるだろう。

最古の〔図示表現の〕痕跡はムステリアン期の終りまで遡り、シャテルペロニアン時代を通じて紀元前三万五千年ごろに多く見られるようになる。それは染料（黄土、マンガン）や装身具と同じ時代に現われる。具体的な象形を離れた表現が現われた証拠、またリズミカルな形が現われた最古の表現の証拠ともなるのは、骨や石に刻まれた殻斗《かくと》の線や一連の筋、等間隔の小さな刻み目などである。このひじょうに控え目な証拠の正確な意味が何であったのか、それはもはや把みがたい（図版82）。そこに〈狩猟のしるし〉、一種の数の記録を見る人もいるが、このような仮説を支持するような実質的な証拠はまったくない。おそらく、オーストラリアのチュリンガと較べることが唯一の可能な比較であろう。チュリンガというのは、神話的な祖先の姿や神話が生れる場所を現わした抽象的なモティフ（螺旋、直線、点群）を刻んだ、石や木の板のことである（図版83）。このチュリンガの二つの外見が旧石器時代の〈狩猟のしるし〉の解釈に役立つかもしれない。その一つは再現の抽象性だが、これはこれからわかるように、これまでに知られている最も古い芸術にもある。もう一つはチュリンガが呪術の朗誦を具体化している点であるが、これは朗誦を支え、祭祀を行うものが朗誦のリズムに従って指の先で形をたどっていくのである。こうしてチュリンガは、表現の二つの源、つまり言葉のリズムによる運動機能と、同じ律動的な過程にひき入れられた図示表現の運動機能を利用する。わたくしは、後期旧石器時代の刻み目の列がチュリンガと同一視できるというのではない。ただ、さまざまに解釈できるなかでは、呪術的なあるいは朗誦的な性格のリズムのしくみということも考えられると信じ

82

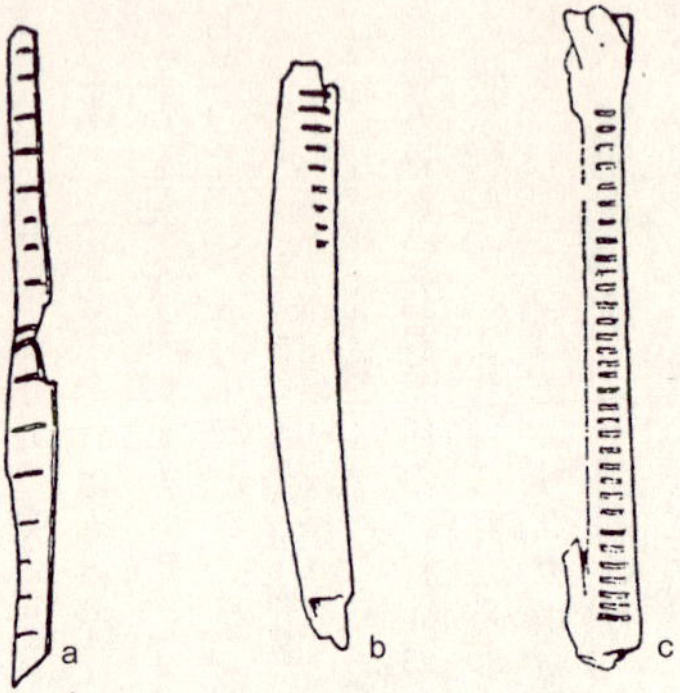

83

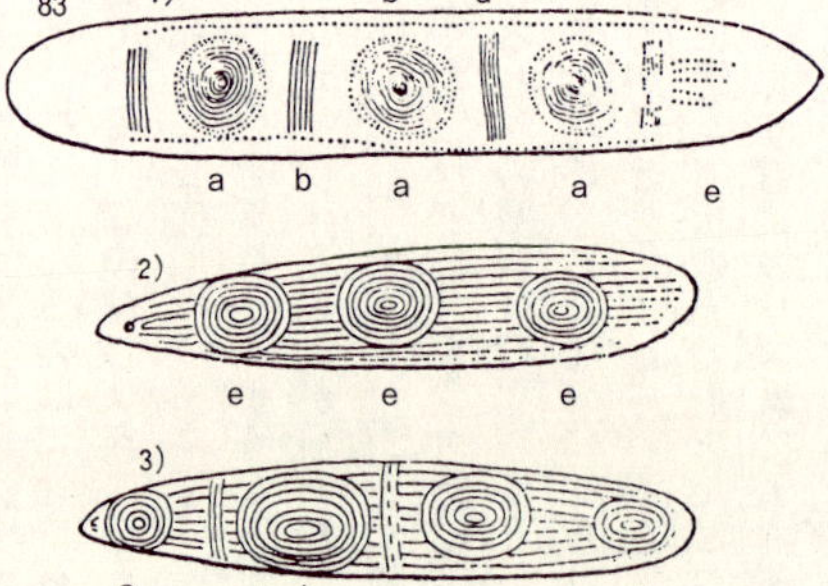

82 〈狩猟の印〉といわれる旧石器時代の骨の上の刻み目。aシャテルペロニアン、bオーリニャシアン、cソリュトレアン。
83 オーストラリアのチュリンガ（スペンサーとギレンによる）。1）aの輪が木を表わし、点が踊り手の歩み。dの線が拍子を取って打つ棒と、踊り手の動きを表わす。2)、3）ミツアリのトーテムのチュリンガ（首長のもの）。a目（アリの）、b腸、c胸の上の絵具、d背、eミツアリと同盟した小鳥。82図を参照すれば、チュリンガのように口頭や身ぶりの文脈に結びつく再現表象には、リアルな具象的内容が全然ないことがわかる。

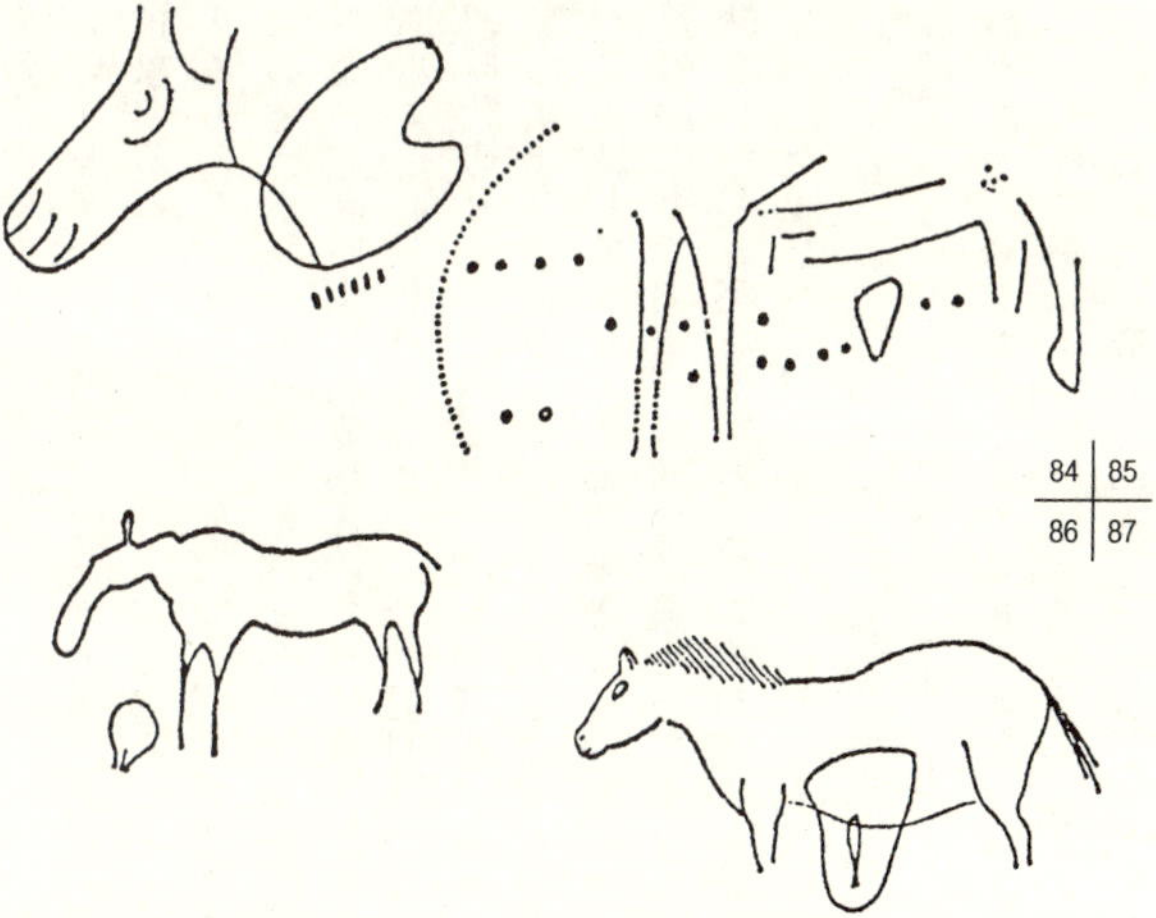

84　セリエの洞窟のオーリニャシアン期Ⅰの壁画（ドルドーニュ）。はっきり年代のわかる最も古い象形的資料のごくまれな例の一つ。見えるのは、たぶんウマの頭と女性の象徴と規則正しい刻み目。
85　ラ・フェラシーのオーリニャシアン期Ⅳの壁画（ドルドーニュ）。（足の折れた）動物と女性の象徴と規則正しい点を表わしている。
86　ガルガのおそらくグラヴェティアン期の壁画（上部ピレネ）。ウマと女性の象徴。
87　コンバレルのマグダレニアン期の壁画（ドルドーニュ）。上と同じ。同じ主題について神話文字の諸要素のリアリズムが強まっているのがわかる。

ているのである。

いまやまったく確かだと思われる一点は、図示表現が現実を素朴に再現するのではなく、抽象することから始まったということである。十九世紀末における先史芸術の発見は、見えるものを〈素朴な〉状態という、一種美的な弛緩状態で再現した芸術の問題を提起した。この考えが誤りであり、第四紀の象形芸術が呪術的、宗教的な関心に帰せられなければならない（高い文化的成熟度の状態に限られる例外を除けば、すべての人間の芸術がそうであるように）ということは、今世紀初頭から早くも気づかれていたのである。しかし旧石器時代のリアリズムという考えの基礎になったマグダレニアン期の資料は、象形芸術の実際の始まりが三万年以上も前であるにもかかわらず、紀元前一万一千年から八千年のあいだに連続しており、象形芸術のごく後期の状態を示している、ということに気づいたのは最近のことである。当面の話題としてとりわけ興味ぶかいのは、図示表現がいわば現実に隷属した、忠実な模写としての表現から始まったのではないということで、それが一万年ほどの時間をへて、まず形を表現した表徴《シーニュ》ではなく、リズムを表現した表徴《シーニュ》から形づくられてくるということである。最初の形が現われるのは、実際、ほぼ三万年前のことだが（図版84から87）、それも細部の表現のなかに、いくつかの約束事に従って描かれているものがあるため、わずかにある種の動物と認められそうな、様式化された姿に限られている。こうした考察によると、象形芸術はそもそもが言語活動に直接結びついており、芸術作品というよりは、最も広い意味での書字《エクリチュール》にずっと近かったとするのが自然であろう。それは、現実の表象的な置換えであって、引写しではない。つまり、人がヤギュウと認める図とヤギュウそのものとのあいだには、言葉と道具にあると同じ距離がある。記号にとっても、言葉にとっても、抽象が生れてくるのは、表現を生みだすしくみがしだいにニュアンスに富んでくる脳の要請に応えて、しだいに適応を遂げる状態からである。つまり、これまでに知られている最も古い姿は、狩猟や、死に瀕した動物や、感動的な家族の光景などを表わしているのではなく、とりもどす術《すべ》もなく失われてしまった口述の文脈が支えていた単なる目じるしであって、〔現存しているものには〕叙述という結合の因子が欠けているのである。

先史芸術の資料がひじょうに数多くなり、ほぼ年代順に並べて統計的な処理ができるようになってきたために、描かれたものの一般的意味を解読するとまではいかなくとも、弁別することが可能になった。先史芸術においては、動物の像と男女の絵が補い合うように向いあっているおそらく神話的な主題をめぐって、数多くのヴァリアントが描かれている。動物は向いあった一対のヤギュウとウマを表わすようにみえるが、人間は、性的な特徴をごく抽象的に表わした象徴《シンボル》によって描かれているのである（図版91および図版143）。抽象作用を図示による最初の象徴《シンボル》と結びつけるきずなを理解するうえで、この内容の意味を決定できたことはひじょうに重要なことである。

初期における図示表現の発達

短い棒線や点をリズミカルに配列したものは後期旧石器時代の終りまで残存しているが、それと並行して、オーリニャシアン期以後、前三万年ごろから、最初の絵が次々に現われてくる。これは今日にいたるまで、人間の歴史全体のなかで最も古い芸術作品であるが、その内容がすでに、言語活動によって高度化された概念と切り離せないような約束事を含んでいるということに、われわれは驚きをもって気づくのである。しかし内容はすでにひじょうに複雑であっても、仕上げはなお片言の域を出ない。最もすぐれた絵でも、動物の頭部とごく様式化した性的な象徴《シンボル》を無秩序に重ね合せているにすぎない。

次の段階では、前二万年ごろグラヴェティアン期を通じて、もっと出来のいい絵がつくられるようになる。動物は頭から背までの骨組の線で表わされ、種としての特徴的な細部(ヤギュウの角《つの》、マンモスの鼻、ウマの鬣《たてがみ》など)がつけられている。絵全体の内容は、以前と同様であり、その表現が改良されただけである。前一万五千年ごろのソリュトレアン期になると、彫ったり描いたりする人間の技術は、あらゆる手段をもつようになり、今日の彫刻家や画家とほとんど変らない。形の意味は変らないまま、絵が描かれた壁や板には、二匹の動物や女や男の主題の、無数のヴァリアントが展開されている。ところが、奇妙な進化が生じた。すなわち、人間を描いたものは現実性をいっさい失い、三角や四辺形や点や短い棒の線といった形をとったらしく、たとえばラスコーの壁はそういうもので覆われている。反対に、動物は少しずつ形のうえでも、動きのうえでもリアリズムに近づいている。しかし、ラスコーの動物のリアリズムについては何とでもいえるが、ソリュトレアン期はまだほんとうのリアリズムからは程遠い。技術の腕前と神話的内容からいって、それは〈旧石器時代の中世紀〉の形象の性格にまさにぴったり当てはまる。しかし、こうしたものの全体も、バジリカ聖堂のフレスコや画架上の絵とは同一視できない。それは、実際は〈神話文字〉であり、叙述的芸術よりは絵画書法《ピクトグラフィー》〔絵文字〕に、絵画書法よりは表意書法《イデオグラフィー》に近いといったものである。

前一万一千年から八千年のあいだのマグダレニアン期は、アルタミラとかニオーにおける集大成の時期であるが、人間が形象化される場合、あるときは表意文字へいっそう深く埋没し、あるときは反対に男や女の現実的な再現に、はっきりと回帰している。動物の場合は、熟練によって、絵が少しずつ形《フォルム》のアカデミズムのほうに流される傾向にあり（これがアルタミラのころである）、マグダレニアン期の終り近くには、動きや形の点で写真のように正確な、様式化したリアリズムの方向へ近づいている。最初に発見されたのがこの同期最終期の芸術であったために、そこから原初のリアリズムという考えが生れたのである。

旧石器時代の芸術は、広大な拡がりと資料の豊かさによって、芸術的な形と書字《エクリチュール》とが現実にどんなものであるかを理解するための、またとない証拠を示してくれる。農業経済が誕生して以来、分岐していく二つの道のように見えるものは、実はただ一つのものにほかならない。象徴的《シンボル》表現が早くもオーリニャシアン期に一挙に最高水準に達するということを確認するのは、ひじょうに好奇心をそそる問題である（図版84から87）。いわば芸術がほんとうの書字《エクリチユール》から離れて、抽象を出発点に、しだいに形と動きの約束事から解放され、ついにリアリズムによって頂点に達し、それから下降するという抛物線をたどるのである。この道は歴史時代の芸術がひじょうにしばしばたどっているため、一般的傾向、成熟の過程を示していると考えられ、抽象が実際に図示表現の源にあったということは、はっきり認めなければならないだろう。第十四章では、芸術が考え直された抽象に帰っていく問題に触れるつもりであるが、現存の未開民族の芸術作品を熟視することから生れた近代美術や、近代詩における無償のリズム性や非具象性《ノン・フィギユラチフ》の追求は、逃避的な逆行でもあり、出発点にもなると同時に原初の反応という避難所へ没入することにもなることがわかるだろう。

表象《シンボル》の拡張

今見てきたように、象形芸術は言語活動と切り離しがたく、発音―書き記すという知的な組み合せから生れてきた。それゆえ、そもそもの初めから、発音と図示表現が同じ目的に照応していたことは明白である。おそらく象形芸術の最も重要な部分は、いい呼び方がないが、ここで仮に名づければ、〈表意絵文字〉〔表意・絵画書法〕に係わっている。四千年にわたる線形の書字《エクリチユール》が芸術と書字を分離してしまったので、音標文字化や書く際の線形の表記などの影響をこうむっていないすべての民族について、過去現在に共通な象形態度を頭のなかで再構成するには、文字どおり抽象する努力と、ここ五十年間の民族誌の業績が必要になる。

書字《エクリチユール》の起原の研究にたずさわった言語学者は、絵文字を考える際、しばしば書字の使用から生れた精神状態をその上に投影してきた。確認するうえで興味ぶかいのは、われわれが知っている唯一正銘の〈絵文字〉がごく最近のものであり、大部分は書字をもった国々からの旅人や移民と、書字をもたない集団とが接触した後に生れてきたということである（図版88から90）。だからエスキモーやインディアンの絵文字を、書字以前の表意記号法を理解するための比較の材料に用いるのは、不可能のようにみえる。他方、書字の起原はしばしば数値記憶の手段（規則的な刻み目、綱の結び目など）と結びつけられた。実際、アルファベットにおける線形《リニアー》表現は、最初から必然的に線形をとる計算のしくみと関係があったといえるにしても、最も古い象形表象による表現の場合には、そうとはいえない。それゆえ、わたくしは絵文字を書字の幼年時の一形式とは別なものと考えようとしている。

人間の水準《レベル》になると、しだいに正確さを増してくる分析の過程をへて、反省思考が、現実の世界と並行して言語の世界を構成する表象《シンボル》を、現実から抽象することができるようになる。この言語の世界が現実にたいする確実な手がかりを与えるのである。おそらくは人

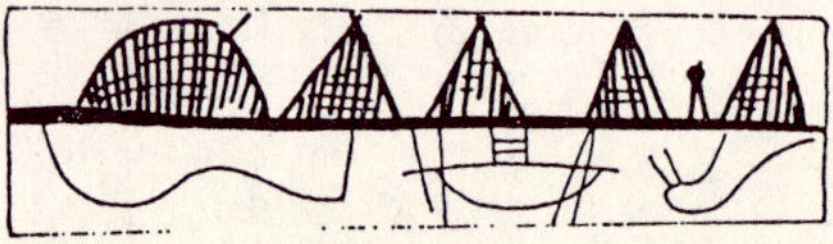

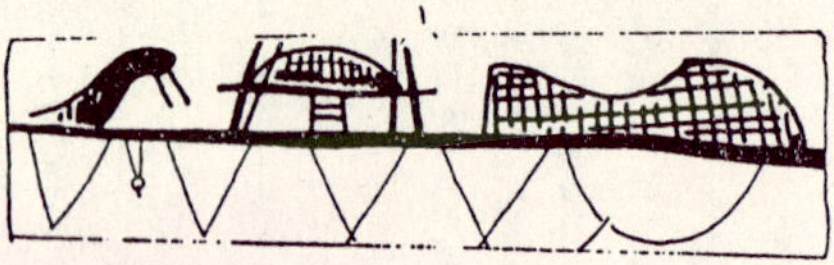

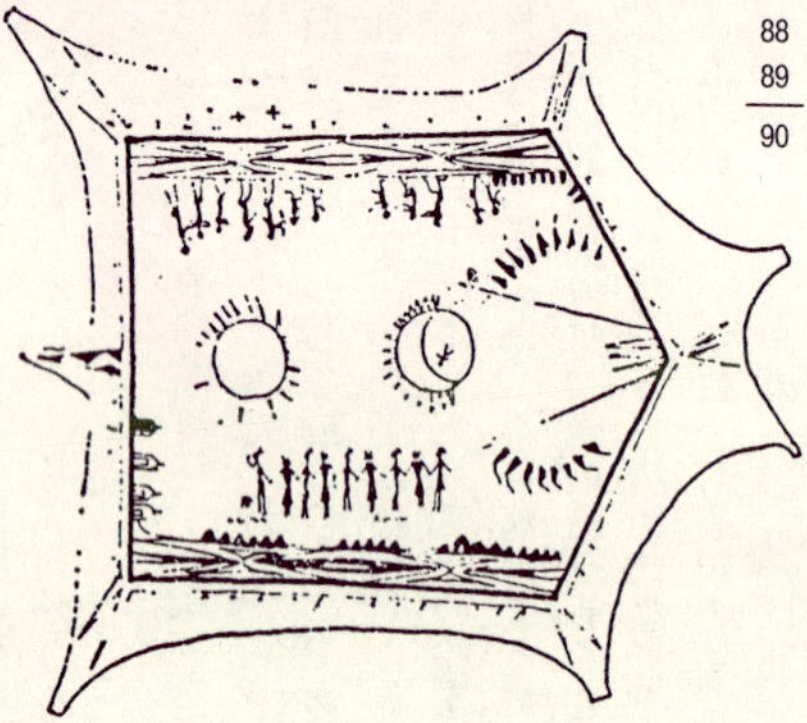

88
89
90

88 から 89　うすい象牙板に彫られたアラスカ・エスキモーの絵文字。20 世紀初め。片側（88）に夏の野営が描かれ、丘のそばの四つのテントと人が見える。板を裏返すと同じ地平線上に冬の野営が描かれ、セイウチ、台上に仰向けになった毛皮でつくったカヌー、丸屋根と長い入口の廊下のある冬の住居が見える。これは野営址に残された伝言板になっていて、たまたま訪ねてきた人にどちらの方角へ行ったらいいかを示すものである。アラスカのエスキモーだけが、それも最近になって（19 世紀）絵文字を用いた。
90　スー族のヤギュウの皮（18 世紀終り）。その上に遠征の物語が絵文字で描かれている。

類の最初から、音声または身ぶりによる言語活動に具体的に現われていたこの反省思考によって、後期旧石器時代に具体的な現在という時間を越えた表現を可能にする再現手段が獲得される。同じ源をもつ二つの言語活動が、動作領域の二つの極に形づくられる。音の整合領の進化に結びついた聞きとり活動と、図として具体化された表象《シンボル》に帰着する身ぶりの整合領の進化に結びついた視覚言語活動とである。このことから、これまでに知られる最古の図は、リズムをあるがままに表現したものである、ということが説明されるかもしれない。いずれにせよ、図示表象表現は音声言語に較べて、ある程度の独立性を保っている。つまり音声言語が時間という唯一の次元で表現することを、空間の三次元で表現しているのである。書字法《エクリチュール》の勝利は、線形のしくみを用いることで、図示表現を完全に音声表現に従属させることに他ならなかった。われわれが今も位置している次元では、言語活動と図示表現との結びつきは整合であって、従属ではない。その場合、映像はつねに書字に欠けている多次元の自由をもつことになる。映像は、神話の朗誦にいたる口述の過程をスタートさせるかもしれないが、文脈はそれに結びついてはいないから、朗誦者とともに消滅する。線形書字《エクリチュール》以前の体系における表象《シンボル》の拡張の豊かさがそれで説明される。原始中国や、オーストラリアや、北米インディアン、ブラック・アフリカのある民族などについて、さまざまな研究者が神話的思考の系列を浮彫りにしたが、それは世界の秩序がおどろくほど豊かな表象照合体系のなかで統合されているような思考なのである。その研究者の何人かは自分たちが観察した民族に、豊かな図示再現の体系があることを指摘している。書字に移行した後の資料しか見つかっていない中国を除けば、いずれの場合にも、研究者が直面するのは、線形構造《リニアー》とは無縁な、したがって連続した音声化の可能性とも無縁な体系のなかで、配列された図柄群に他ならない。いわば、旧石器芸術の図柄、アフリカのドゴン族の図柄、オーストラリア原住民の木の皮に描いた絵の内容などと、線形表記のシステムとのあいだには、神話と歴史物語にあるのと同じような距離がある。神話と多元的書法《エクリチュール》は、ふつう原始社会では対応しており、術語にあえて厳密な内容を与えるなら、わたくしは口述にもとづいて多元的に構築されたものである〈神話《ミト》＝学《ロジー》〉および、それの厳密な対応物であるが、手を用いる〈神話誌《ミトグラフィー》〉とを区別したいと思うほどである。ホモ・サピエンスの進化の最も長い部分は、われわれに疎遠なものとなってしまった思考形式のなかで行われたが、それでもこの思考形式は、われわれの行動の重要な部分の底流をなしている。われわれは、音と結びついた書字《エクリチュール》によって音が記録されるという単一の言語活動を行なって生きているので、思考がいわば放射状の組立てをもって書きとめられるといった表現方式の可能性はなかなか想像できない。旧石器芸術の研究で最も目立つ事実の一つは、洞窟の壁の上の図柄の組立てかたである（図版91）。表現されている動物の種類はわずかで、その配置関係は一定している。ヤギュウとウマが壁面の中央を占め、野生のヤギとシカが周りから取り囲み、ライオンとサイが端にいる。同じ主題が同じ洞窟でなんども繰り返されることがある。変化はあっても、いろいろな洞窟から同じような図柄が見つかっている。それゆえ、これは狩猟の動物を偶然に再現したものでも、〈書字《エクリチュール》〉

でもなく、まして〈絵〉でもない。さまざまの図を表象的に集合させた背後には、必ずやこの表象的集合に秩序を与えているそもそもの口述の文脈があって、前者は後者の意味を空間的に再現していたにちがいない（図版92と93）。同じことは、オーストラリア原住民が砂の上に螺旋形の図形を描いて、トカゲやミツアリの神話の経過を象徴的に表わし、アイヌがクマの生贄の神話化された物語を木杯に彫りつけて具体化する場合にも明らかに見られる（図版94）。

このような再現のしかたは、ほとんどそのままそこに表わされた世界秩序《コスモス》的な表象に結びついているが、その進化については時間・空間の人間化を扱う第十三章でふたたび取りあげることになろう。表意文字書法が音声表記より優位をしめていた文明では、その再現のしかたは書字《エクリチュール》の出現を抑制し、その上にいちじるしい影響を及ぼしている（図版95から97）。この再現のしかたは、線形に書かれた表現から最初に生れた思考にも、なお生きつづけており、さまざまな宗教において、正確な意味で民族誌学者のいう神話的な一つの文脈を表わす図柄が空間的に組みたてられている例はたいへんに数多い（図版98）。科学においても、この表現のしかたが優位をしめているが、書字の線形化は一つの障害であり、代数方程式や有機化学の公式は、音声化が解説の段階でしか入ってこず、（そのため）表象的集合がみずから〈語る〉ような形象において一次元的な約束を打ち破る方法を見いだしている。このような表現法は、最後に知的行動の下言語《インフラ・ヴェルバル》的な深い部分に呼びかけるコマーシャルに再現されている（図版99）。

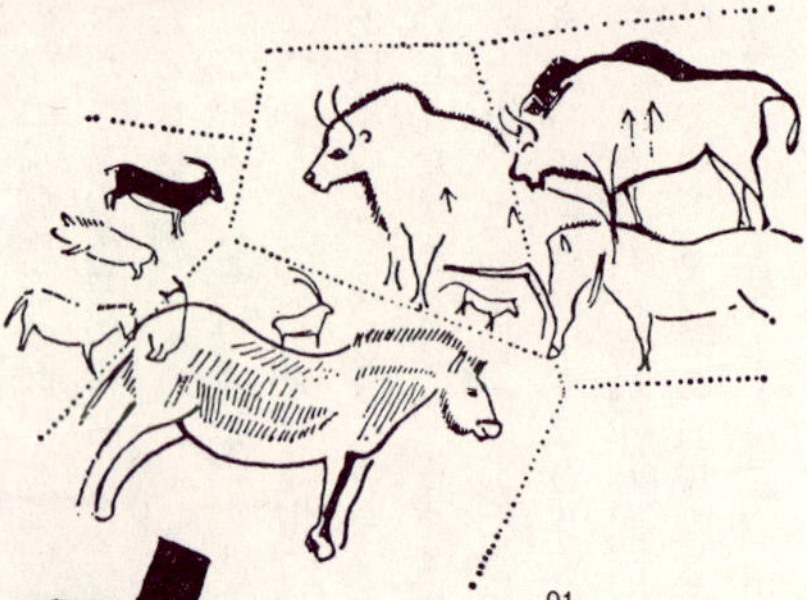

91

92 | 93

91　ニオーの洞穴の神話文字的構図（アリエージュ)。マグダレニアン期。同じ大きさの野生のヤギ、ヤギュウ、ウマ、小さなヤギュウと野生のヤギを従えた大きなウマ、肢のあいだに小さなウマのいる大きなヤギュウ、同じ大きさのヤギュウとウマが見える。ヤギュウは象徴的な一連の傷を受けている。全体の神話文字的性格のため、直接的な解読は不能。

92　ヴァル・カモニカ（イタリア）の原始時代の岩窟壁面上の絵。謎のような表象を伴った庭。前の図と同じように口頭の内容だけがこの群の意味を明らかにしたことであろう。

93　ヴァル・カモニカ（イタリア）の原始時代の岩窟壁面上の絵。物語的な性格から全体は絵文字に近づく（耕す人がいてその後ろに鍬を持った人が従い、播いた種子に土をかぶせている)。しかし絵文字の連続のような〈線〉がない。

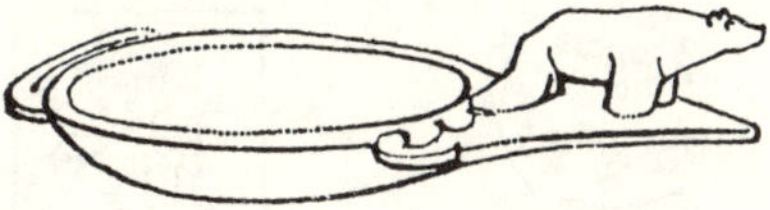

94

95 | 96

97

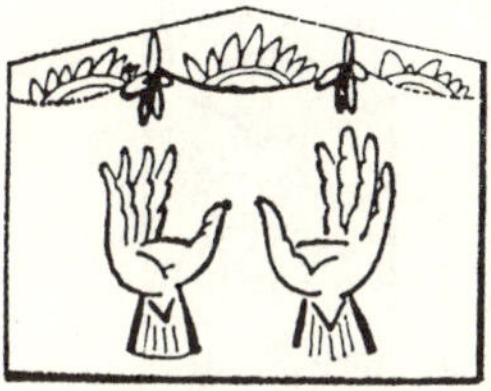

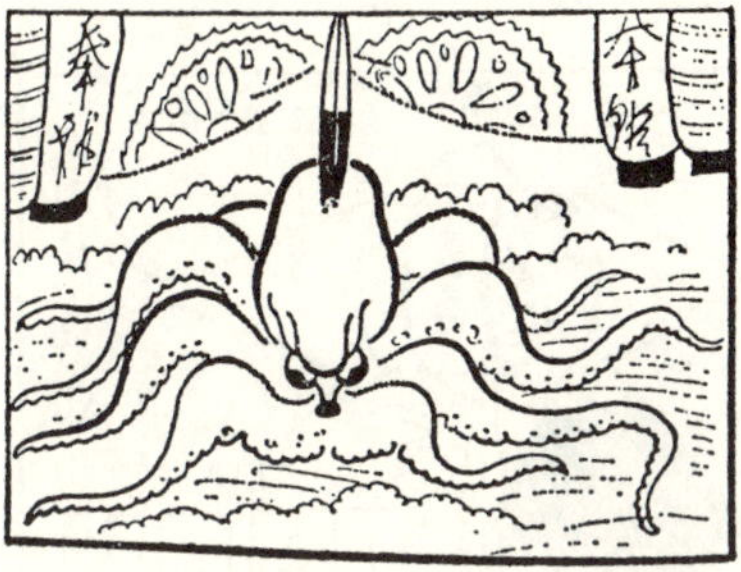

94 クマの犠牲を記念する杯。カラフト・アイヌ。これらの杯は熊祭のたびに作られて記憶に役立ち証拠になるのである。

95 日本。絵馬。願いごとを口にする前に神仏の注意を惹くために手を打つ身ぶりが描かれている。

96 日本。絵馬。二匹のカツオが勝つという観念を表わすために描かれている。

97 日本。酔っぱらいを治すため神社に捧げられた絵馬。酒のなかで赤くゆだっているタコが暴飲の表象。

a　98/99　b

98　a）ポリネシア、ツブエ島。大洋の大神が神々と人間を創造した神話を表わす小立像。b）フランス、16 世紀。黄道と人体の各部の照応。

99　さまざまな具象的な表象（漁師の妻、缶詰、缶切）が魚の形といっしょになっているポスター広告。〔文字は油漬、水煮、マグロ、美味！　の意〕

それゆえ、芸術が宗教と密接につながっているとしたらそれは、言語にとって言い表わしようのないものの次元が図示表現によって可能となり、同時に見てとることのできる視覚表象において事実の次元を倍増する可能性をもたらすからである。芸術と宗教の根本的つながりは感情に基づいている。しかし、漠然とそうなっているわけではなく、このつながりは、人間が中心となっている世界秩序《コスモス》のなかで、そのほんとうの位置を取り戻してくれる表現方式の獲得と深く係わっている。しかし、思考は文字によって遠くまで届くが、糸のように細く浸透する線になっている推理の筋をたどってこの表現方式自体を貫き通すことだけは人間もまだ試みたことがない。

書字《エクリチュール》と表象《シンボル》の線形化

農耕民以外の民族に、線形書字とちょっとでも比較できるような図示体系があるかどうか、はっきり知ることはできない。エスキモーや平原のインディアンの古典的な例は、アルファベットに触発されて絵文字をつくった集団の場合である。実際、〈神話文字的《ミトグラフィック》な〉記録を根本的に区別するものは、その二次元的な構造であって、それゆえそれは線形に表出される話し言葉から隔たっている。逆に数多くの非アルファベット的な書字においては、多次元の表象体系が残存しているため、最初期の表記体系の骨組が示されている。このことはエジプト、中国、マヤ、アステカのどれにも当てはまる。これらの〈書字《エクリチュール》〉のなかに、われわれは、歩いているウシとか人といった具体的なものを表わす記号が、言語の系に当るように並んでいる絵文字の始まりを見たくなるかもしれない。しかし、有史以前の中国においても、近東の碑板においても、計数のときに列挙する場合を除いては、実際に絵文字が書字《エクリチュール》の源にあるという証拠は何ひとつ知られていない。神話文字的な形象群や単なる〈岩窟の壁面に描かれた版画〉や物の飾りなどから、線形化されすでに音声化に深く係わった表象への移行は、直接になされるのである。

絵文字の仮説は、出発点をゼロとし、絵文字の最初の発想が映像を一列に並べて音声言語の系に当てはめるということだったと想定するのである。この仮説は、以前にいかなる表象体系も存在しない場合には認められるが、好ましい環境規定を当てはめて、その表象体系が前と断ち切れたものでなく、移行したものだと認める場合には誤りをおかす可能性がある。農耕の出現はそれ以前の段階がなければ起らなかったように、書字《エクリチュール》は図示のないところから突然姿を現わしたのではない。神話表象《シンボル》を組織的に再現した体系と、初歩の数の記録体系とは、ある時期にはたがいに組み合わされているらしいが（図版100）、この時期は地球上の場所によって異なり、やがてふつうの象形表現のレパートリーから借りた映像がいちじるしく単純化されて、続いてたがいに一列に並ぶようになるスメールや中国の書字体系を生むにいたる。この手続きではまだ、真の意味での文章は確実に書かれていないが、生物や物体を数え上げることは可能になっている。図柄が単純化したのは、図柄が資料として記念碑的な不朽のものでなく、一時的なものだったことによるが、このことが、図柄によって具体的に喚起される文脈と図柄そのものとがしだいに離されていく原因となる。表象《シンボル》が拡張され、含蓄に富んだものになるにつれて、図柄は記号となり、厳密さが信頼できるようになる記憶のための文字どおりの道具となったのである。

受領証や系図などの作成は原始社会のしくみには無縁であり、人間や神にたいする証書類が現われて社会的な複雑さを示すのは、都市化した農耕組織体が確定してからのことになる。数字や、単純化された動物や計った穀粒の絵が並んでいる数の記録は考えられるが、物ではなく行為を表わす絵文字記号の線形化は、音声現象の介入なしには考えがたい。実際、〈神話文字〉はすでに表意文字だったのである。そのことは、われわれの今日の思考のなかに残存しているものからも考えられる。十字架、槍、海綿をつけた葦《ヒソプ》の棒を並べただけで、キリストの受難という考えが浮んでくる。図柄は音声化されたあらゆる口述表現と無縁であるが、逆に書字《エクリチュール》には見られない拡張性をもっていて、〈受難《パッション》〉という語から始まって、キリスト教形而上学についての最も広汎な注解にいたる口述によるあらゆる外延化の可能性を含みもっている。この点で表意文字は、絵文字に先行しており、旧石器時代のすべての芸術は表意文字的なのである。

他方、三本の線と牡牛の絵、七本の線と穀物の袋の絵が対応する体系は容易に考えられる。この場合には、音声化が自然に生れ、音読はまさに避けられない。おそらくこれが書字《エクリチュール》の源にあった絵文字の唯一の型なのだろう。こうした体系は、生れるや否や、前にあった表意文字の体系とたちまち合流するのがせいぜいのところであった。地中海、極

100　第四（a）と第二十一王朝（b）のエジプトの象形文字。新しいほうの音声表象の線形化が目立つことに注意。

101
―――
102

101　マヤの古記録。１年の始まりと終りの儀式を表わしたものの一部。一列になった数の記号と神話文字的形象が同じ構図に総合されている。

102　アステカの移住の開始を表わした古記録。左から右へ、⑴島の上にアストランが坐り、象形文字がその名と六つの部族を表わしている。⑵アステカの渡航。⑶長方形のなかの日付。⑷足痕によって表わされる歩みが象形文字で表わされているコルワカンの町へ導く。⑸象形文字で表わされる八つの他の部族と話している一人の男。この碑銘は部分的に音声化され、そのあいだを絵文字的框で結んだ一連の神話文字である。

東、アメリカの最も古い書字が、横に並んでいる神話文字のように小群をなして集まった図柄という形で、数または暦日の表記、および神々や高位の人の名の表記の二方面から始まっている事実は、この自然の合流によって説明されるかもしれない。エジプト、中国、アステカの書字は、音声化された神話文字の列として知られているが、それは絵文字が順に並んだ形ではない（図版100から102）。最近の大部分の研究者は、絵文字の段階から音声化された書字への移行がむずかしい点については確かに気づいているが、口述表現のほかに表意書法を内包しているごく古い神話文字的な表記法と、数と量から出発して音声化するようにみえる書字とのあいだに存在するつながりに気づくにはいたらなかったように思われる。

中国の書字《エクリチユール》（図版103）

すでに知られている音声化された書字《エクリチユール》の種類が多いわりには、完成した音声体系に到達している書字の数はごく少ない。実際、アメリカの書字は、初期の段階以上に発達する前に滅びてしまった。インドの書字はこれまでに知られるところでは後継ぎを残さなかった。いったん近東の書字群がつくられると、ごくまれな例外を除いて、もはや他の書字が生れる理由がなくなり、ユーラシアの言語は、じかに音節や子音書字あるいはアルファベットに移っていった。古い文明の両極に音声化された表意文字の体系を発展させたのは、

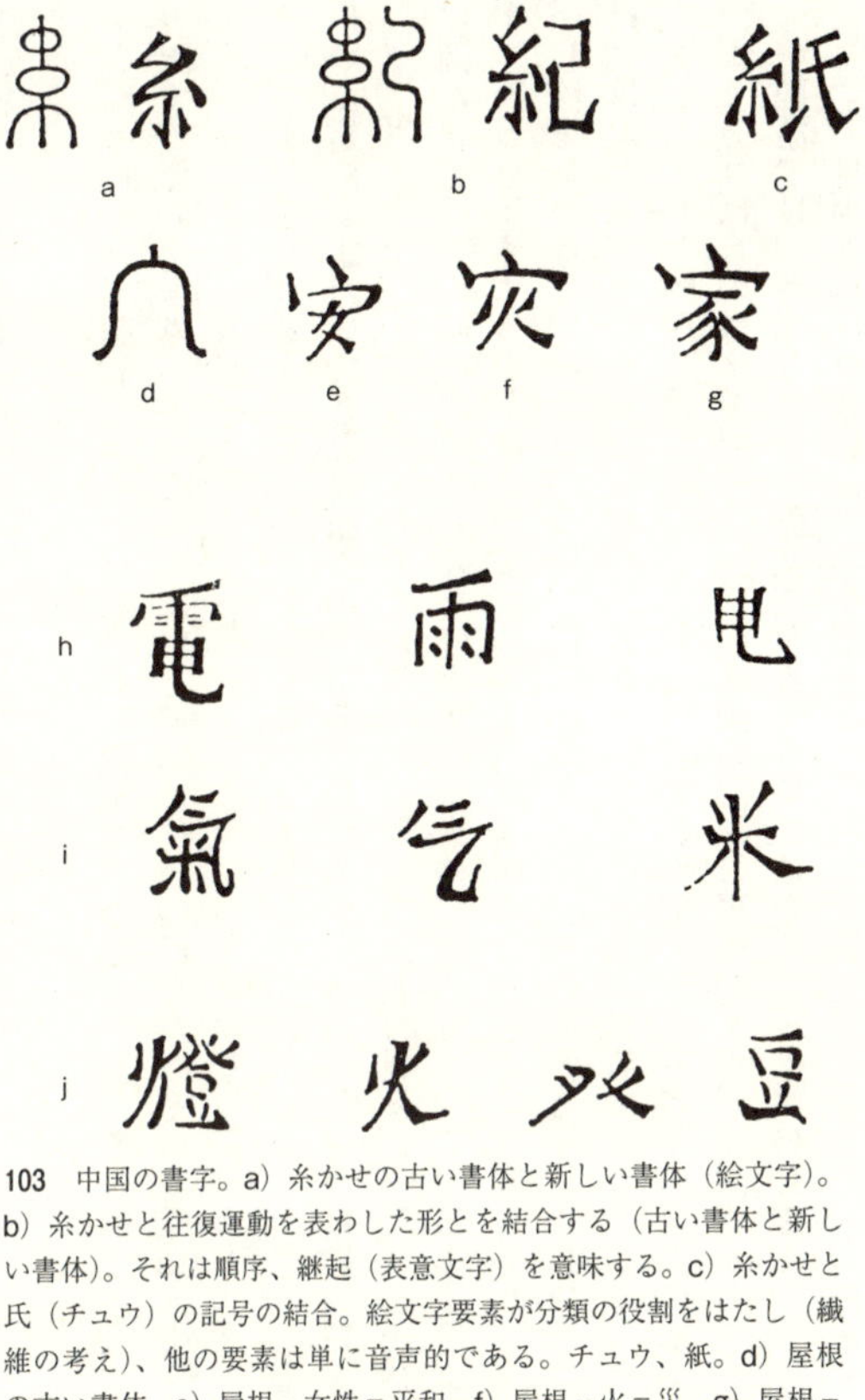

103　中国の書字。a）糸かせの古い書体と新しい書体（絵文字）。b）糸かせと往復運動を表わした形とを結合する（古い書体と新しい書体）。それは順序、継起（表意文字）を意味する。c）糸かせと氏（チュウ）の記号の結合。絵文字要素が分類の役割をはたし（繊維の考え）、他の要素は単に音声的である。チュウ、紙。d）屋根の古い書体。e）屋根－女性＝平和。f）屋根－火＝災。g）屋根－豚＝家内のしくみ、家庭。h）i）j）ティエン－キ－テン・電球。ティエン・雷＝雨と稲妻、キ・蒸気＝雲と米、テン・燈火＝火と上ると台。

エジプトと中国だけであった。エジプトは紀元前七世紀から、しだいに古風な言い方の大部分を失い、中国は図示表象に一つ以上の次元を保存する唯一の体系を今日まで伝えてきている。

中国の体系は、図示表示法の対立する二面を結び合せている。それは、各文字が音声を表記する要素を含み、他の文字にたいし線形に位置づけられ、その結果口頭で文章が読めるという意味で、一つの書字《エクリチュール》である。しかし、語と音声の対応はおおよそで厳密でなく、つまり音を表わす役割しかもたなくなった表意文字の段階にある。これは音標文字を用いる言語もまたへてきた段階なのである。音声の伝達手段として、ほぼ《île-ver-haie》（島《イル》―虫《ヴエール》―生垣《エー》）といった記号のなかに、《il verrait》（彼《イル》は見るだろう《・ヴエレ》に）を読みとる地口図か判じ絵の段階に当る。どんなに不完全なものであろうと、この伝達手段は記号〈漢字〉の数を多くすることによって、満足すべき言語の音声表記を実際に確保してきた。しかし注意しなければならないのは、口頭伝承だけが音声表記を確実に維持でき、それがなければ漢字は、たとえ話し言葉の録音があっても、永久に発音できなくなる、ということである。しかし中国の書字は、音声的な役割においてもやはり書字の規則に応えている。つまりそれは音の順序を記録し、言語活動の記録の再構成を可能にするからである。

中国語では、各記号が一音標文字を表わすのではなく、一単語の音を表わすのだから、言語学の見地からは単語の書字《エクリチュール》と考えられているが、事態はそれほど明瞭ではない。かつては多音節だった中国の単語がその後何世紀かのあいだに単音節になったのだから、結果として、第一に、文語として文学に残った書字は、実質的には眼あるいは心で読みとる作業の助けを借りなければ容易に理解できない単音節語の連なりである。第二に、話し言葉は単音節語をつないで、数多くの二音節語や三音節語をつくるから、その結果、話し言葉を表記すると、音節的な書字になってしまう。この両面から中国語は、書字が〈神話文字〉と音声的な線形化という二つの体系を補足して生れたことをよく示している。中国語がやや無理な、しばしば工夫をこらした音声表記に適用されたことと、結局中国語がかなりよくそれに耐えたという事実が、特別な形で神話文字的な表記の保存を可能にしたわけで、単に〈絵文字的な〉状態の最初の記憶が残存しているというわけではない。

　実際、中国最古の碑文（紀元前十一世紀から十二世紀）は、初期のエジプト碑文やアステカにおける彫られた線刻と同じく、物や行為を表わすいくつかの集合群という形で残っているが、そのハレーションのような効果は、後に線形書字において単語がもつ縮小した意味をきわめて大幅に凌駕している。安《アン》（平和）や家《キア》（家族）を音標文字に移すと、内容は骨だけになってしまう。屋根〔宀〕の下に女性〔女〕を置いて平和の観念を表わすことは、まさに〈神話文字的な〉展望につながっている。というのは、それが音の転写でもなく、ある行為や性質を絵文字として再現したものでもなく、民族的文脈のもっとも深いところに係わる二つの映像の結合だからである。屋根と豚の結合に家を見るとき、この事実はいっそう明らかに感じられる。その簡約化された一語の背景には、古代中国の家族集団の技術・経済的な構造が現われているのである。

絵文字とは音声表記を離れて行為や物を表わす絵が連続するものであると考えるなら、結局、このような書字《エクリチュール》と絵文字の違う点はほとんどない、と考えることもできよう。中国の書字は、一つの文字の半分が〈絵文字的〉で他の半分が音声的であるという原則に従えば、一見絵文字に近づくのだが、漢字は音声的小辞に範疇（語幹）を指示するものがついただけと考えるのは、その音味を理由なく減殺することになろう。〈電燈〉のような現在の例をあげるだけで、これらの映像が保っている柔軟さに気づくには十分である（図版103）。〈電　氣　燈《ティエン・キ・テン》〉は話し手にとって〈電燈〉以外のものを意味しない。〈稲妻＝蒸気＝燈火〉を意味する三つの連続する漢字は、注意ぶかい読者に、電燈の陳腐な映像の周囲を後光で輝かせる表象の一世界を開くのである。第一の漢字は雨雲に走る雷であり、第二の漢字は米の釜から立ちのぼる蒸気であり、第三の漢字は火と容器あるいは火と上昇の行為である。これはおそらく、余分な映像によって、表記されているものと無関係な拡散した動きを思考に与えるかもしれず、現代の事物を示すには何の役にも立たないかもしれない。しかしこれほど陳腐な例でも、言語をしだいに線形の音声表記に閉じこめてしまった体系とは反対に、拡散した多次元的な図式を喚び起す思考がどのようにして形成されるにいたったかを感じさせるのには役立つのである。

注目に値するのは、中国語において、意味を失った表意文字によって表意的表記と音声的表記が合流したことが、いわば神話文字的な表記を屈折させて深め、記録された音（聴覚的な詩材）と表記（映像の集合）のあいだに、きわめて豊かな表象関係をつくったということである。これが中国の詩と詩的な書法に驚くべき可能性を与える。一つ一つの漢字のすべての部分、およびそれぞれの漢字が語句の周囲に暗示を伴ってきらめいているといった複雑な関係をもつ映像の上で、語のリズムは句のリズムと平衡するのである。

中国の書字における表意と音声の二面は、補足的であると同時に、たがいに無関係であるが、そのために中国以外では、両方がそれぞれ異なった表記の体系を生んだほどであった。日本語による中国の書字の借用は、ヨーロッパ的精神にわかりやすい言葉で定義するのがむずかしい（図版104と105）。二つの言葉はおたがいにラテン語とアラビア語よりもはるかに隔たりがあり、中国の書字が日本語に結びつくのは、だいたい主な画像が転写すべき語の意味にほぼ似ているような切手を貼り並べて一所懸命フランス語を書こうとするのと同じようなものである。文法体系も音声表記も同時に、すべてが失われてしまう。それゆえ漢字の借用は、厳密に表意文字的な次元で行われ、日本語の音声表記は中国音を失った記号に結びついたのである。ちょうど3という記号が各国語で違った音で読まれるのと同じことである。ここではわれわれの数字と違って、借用が十個の記号について行われたのではなく、言語の音の部分を決定的に書字の外に残してしまった数千の記号について行われたのである。観念的《イデオロギー》な部分そのものも概念だけに限られ、あらゆる文法的屈折の外に置かれて、後者を説明するものは何もなかった。この欠陥を補うために日本語は、八世紀に中国語から、音声価値だけで用いられていた四十八の漢字を取って、一連の音節表記をつくり、表意文字のあいだに挿入したのだ。つまり中国語は、多次元的な要素のしくみで一

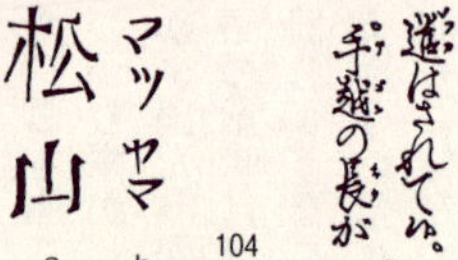

a　b　104/105　c

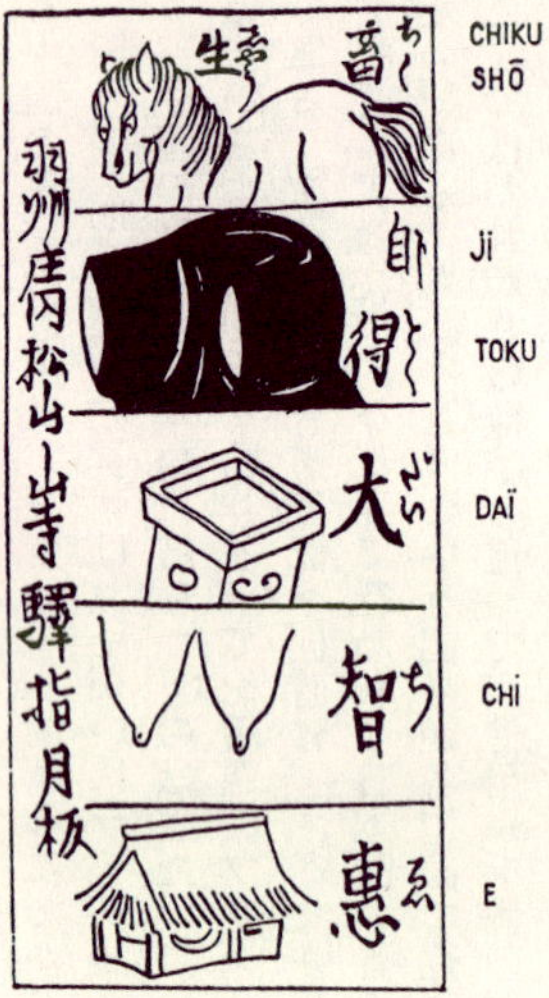

104　日本の書字。a）二つの漢字。ソン＝チャン、松の山。b）日本式の読み方はマツ＝ヤマと音節文字で表わされる。c）漢字を含む劇の本文の断片。続辞法のきずな〔編集部注／運筆のことか〕で草書体の音節文字と結びつけられ音声要素でルビが振られている。

105　大衆的な仏典の断片。まず日本式音声表記。チクショウ（獣）、ジ（自分で）、トク（得る）、ダイ（大きい）、チエ（知恵）。次に音声化された本文に対応する七つの漢字。それを動物（ショウ）、十徳（ジットク）、台（ダイ）、乳（チ）、家（エ）がだいたい発音を復元している。

漢字を形成している形象群に音声面からの説明を挿入したのにたいし、日本語は漢字から音声的な色彩を取り去って、あとからそれぞれの漢字に別な音声記号をくっつけたのである。

中国語の体系や日本語の体系は〈実用的〉でないといわれ、口頭言語を図によって表現するという当面の目的にふさわしくないとされている。実際には、こうした判断が有効なのは、ただ書かれた言語が線形の配置によって有効性が保証される正確な、しかしわずかな概念を経済的に表現しようとしているその度合いにおいてである。技術や科学の言語は、このような性格に対応しており、アルファベットはその役割をじゅうぶん果している。しかし思想表現の他のやり方、特に映像の柔軟さや連想のハレーションなど、すべて中心点の周囲を巡って補足的あるいは対立的に再現される概念を表現するというやり方を見失わないことも大切ではないだろうか。中国の書字は、人類史上類例のない均衡状態、つまり文章をつくりだす表象ではなく、意味ぶかい映像群をつくる表象の並列という最も古い図示表現体系に頼る可能性を残したまま、数学や生物学を、（ともかく）かなり忠実に表現することを可能にした書字という状態を代表しているのである。

線形の図示表現

線形書字《エクリチュール》の由来をくだくだと書くのは無益である。スメル＝アッカド書字は、紀元前三〇〇〇年からすでに、音声転写へ進化する過程にあるひじょうに数多くの表意文字をもっていたが、それがやがて子音書字にまでなり、フェニキア語は紀元前一二〇〇年にその最も古い例になっている。紀元前八世紀には、ギリシア語のアルファベットが出てくる。このたえざる進化は、対象物をリアリスティックに再現することによって、物を指す語を表現しようとする段階、同じ再現を判じ絵の体系にしたがって同音の他の語に転写しようとする段階〔例としては各、客、閣、など〕、単純化によって対象が見分けがたくなり、厳密に音声的な表象ができる段階〔たとえば「袢」など〕、字の組み合せによって音を転写するために別々の表象を結合する段階、という可能なすべての段階を経過している。この進化こそが、なんども述べられてきたが、まさに偉大な文明に進歩の手段を手渡したのであり、それは偉大な文明の栄光を意味する進化なのである。

実際、地中海およびヨーロッパの文明ブロックにおける技術・経済上の進化と、それによって完成した図示手段とのあいだには、直接のつながりがある。前に見たように、手の役割は、道具を生みだす手段として、口頭の言語活動を生みだす手段である顔面器官と均り合っているわけだが、これも前に見たとおり、ホモ・サピエンス出現の少し前の時期に、やはり手が口頭言語活動を補う図示表現の方式をつくりだした。こうして手は、口頭言語の進展とはいちおう独立しているが、文字どおりそれと並行する映像や表象を創造するものとなった。ほかによい名称がないので、わたくしが〈神話文字的〉と名づけた言語活動が生れるのは、この段階においてである。つまりその言語活動がひきおこす心的な連想の性質は、時間・空間の座標軸をもつ厳密な規定とは縁がない口承神話と並行する次元に属するからである。書字は最初の段階で、この多次元的視覚を大幅に保存している。それは不正確というわけではなく、背光に囲まれ多岐にわたるいくつもの方向におよぶ心像を喚び起すのに適している。人間の解剖学上の進化が技術的な手段の進化に道を譲ったとしても、人類全体の進化はなんらその一貫性を失っていない。クロ＝マニョン人はおそらくわれわれと同じような脳をもっていた（とにかくその反証は何もない）。しかし、彼は神経《ニューロン》器官に合わせて自己を表現するところからは、はるかに遠かったのである。進化は何よりもまず表現手段の進化である。霊長類においては、手の動きと顔の動きのあいだに一貫した均衡があり、サルはこの均衡を驚くほどたくみに用いており、まだ歩行にかまけている手が器官として果せない食物輸送の役割を頻にふり当てているほどである。原始人類においては、手と顔がいわば分離されてきて、一方は道具と身ぶりによって、もう一方は発声によって新しい均り合いを求めている。図示表象が出現したとき、表現の平衡関係が確立し、手は視覚に係わる言語活動を受けもち、顔は聞きとりに結びついた言語活動を受けもった。二つの極のあいだには、あのハレーション効果があって、身ぶりは言葉を翻訳し、言葉は図示表現を注解するのである。

書字を特徴づける線形図示表現の段階では、手と顔という二つの領域の関係が新たな進化をみせる。空間で音声化され線形化される書き言葉は、時間のなかで音声化され線形化される口頭言語に完全に従属し、口頭－図示という二元論は消滅する。こうして人間は、言語学的に単一のしくみ、つまりこれもますます一筋の推論の糸に論理的に統一されてくる思考を表現し保存する手段を保有するにいたったのである。

思考の緊密化

神話的思考から合理的思考への移行は、きわめて徐々に行われ、都市集中や冶金術の進化とまったく符合していた。書字がメソポタミアに現われる萌芽は、紀元前三五〇〇年に設定することができる(最初の村の出現後二千五百年)。その二千年後、紀元前一五〇〇年に、子音による最初のアルファベットがフェニキアに現われ、前七五〇年には母音をもったアルファベットがギリシアに確立した。前三五〇年にはギリシア哲学が全盛を誇るのである。

原始的思考のしくみについては、解釈のむずかしい数多くの証拠がある。一つには先史時代の資料がひじょうに断片的であるからで、一つにはオーストラリア原住民やブッシュマンの思考についての資料が、つねに科学的な分析を行うとは限らない民族誌学者の手を通してしか、われわれの手もとに届かないからである。知られているところでは、原始人の推理には、価値の対立が自己参加の論理で順序立てられているような過程が多いらしく、それが一時原始人の推理を〈前論理的〉と考えさせることになったのである。原始的思考は、たえず時間と空間が根本的に再吟味されるなかを動いているらしい(第十三章を見よ)。

口頭言語と図示表象が自由奔放に整合することが、確かにこのような思考、つまりその空間的、時間的な組立てすらわれわれの思考と異なり、考える主体と、その思考が働く環境とのあいだに恒久的な連続性のある思考の源の一つとなっている。

農耕の定着と最初の書字《エクリチュール》が現われると同時に、断絶が現われてくる。根本は都市を軸にすえた一つの世界秩序的な映像がつくられたことにある。農耕民の思考は、時間においても空間においてもある照準点、つまりその周りを天が巡り、そこから距離が測られるへそ《オムファロス》を出発点にして組み立てられる。アルファベット以前の古代の思考は、ウニやヒトデの体のように放射状であり、数の記録を除いては表現方法がまだきわめて錯雑したままの古風な書字のなかで、それはやっと直線的に進みはじめようとするところであった。世界を〈正確な〉表象の網の目に閉じこめる仕事は始まったばかりで、紀元前一千年ごろの地中海や中国の思考は、神話的思考を操ることにかけては豊かさの絶頂に達している。そのころの世界は、無限に網の目のごとく万物の交感がなされるなかで、大地に合体した天空の円天井であり、その前科学的な知識の黄金時代は、今にいたるまで懐かしい思い出のようなものを残している。

すでに見たような、定着農耕によって決定された動きと合わせて、個人がますます緊密に物質界に働きかけるようになる。道具がしだいに勝利を収めたということは、言語活動の勝利と切り離すことができない。実際これは、技術と社会が同じ一つの物であると同様、単一の現象なのである。事実、書字《エクリチュール》が話の進行を音声的に記録する手段でしかなくなったときから、言語活動は、技術と同じ平面に立ち、その技術的な有効性は、連合した映像にあって書字の古風な形を特徴づけていたハレーション効果が除去されることに比例している。

それゆえ書字《エクリチユール》は映像をひきしめ、表象を厳密に線形化する方向へと向っていく。アルファベットで武装した古典および近代の思考は、異なった活動領域において、つぎつぎに獲得した知識の正確な報告を記憶し留める手段を一つならずもっている。今や思考は、考えられた表象を言葉ででも身ぶりででも同じように表記させる手段をもっている。こうして表現過程が単一化されると、図示表現は音声言語に従属するようになり、なお中国の書字の特徴となっていた表象の漏出は減少し、技術が進化しながらたどったと同じ経過をたどることになる。

この単一化は、非合理的な表現手段の貧困化に対応する。もし、これまで人類のたどってきた道が未来においてもまったく望ましいものと考えるなら、つまり、農耕の定着に続くすべての結果に全幅の信頼を寄せるなら、多次元的な表象による思考がなくなったことは、馬科の三本指が一本になったとき、疾走のしかたが速くなったことと別な現象ではない。逆に、人間とは現実の全体との接触を失わない均衡のなかで自己を十全に実現するものだと考えるなら、技術的な実利主義が一本の導管で完全に導かれる書字に無限の発展の手段を見いだした瞬間から、最適条件は速やかに越えられてしまったのではないかと問うてみる値うちがある。

書字の彼方・視聴覚

アルファベット的な書字《エクリチュール》もなお、思考にたいしては、ある水準の個人的な象徴主義を残してくれる。実際、書かれたものを読む場合、視覚は個人的な音の再生を導きだし、狭いが一定の範囲内で音声的材料の個人的な解決を可能にする。さらに読者によって動きはじめる映像は、豊かさの度合いではさまざまであり、読者それぞれの想像力の財産なのである。次元を変えて、表意的表象を文字に置き換えても、アルファベットが再創造のすべての可能性を否定してしまうわけではない。いいかえると、アルファベット的な書字は、社会的な記憶の必要に対応しているのだが（第七章を見よ）、個人には解釈するための努力を要求し、そこから生じる恩恵を保っているのである。

現在、印刷物がますます増大しているにもかかわらず、書字はすでに亡びる運命にあるのではないかと問うことができる。半世紀のあいだに録音、映画、テレビがオーリニャシアン期以前に起原をもつ軌跡の延長上に介入してきた。ラスコーの牡牛とウマから、メソポタミアの記号とギリシアのアルファベットにまで図形化されるにいたった表象《シンボル》は、神話文字から表意文字へ、表意文字から音標文字へと移り、物質文明は、表出される一連の概念とその再構成のあいだの自由な余地がしだいに狭められている表象によって支えられてきた。思考を記録し、機械的に再生することになると、この余地はさらに狭められるが、このような緊密化はどのような結果をひきだしてくるのだろうか。かなりおもしろいことに、映像を機械的に記録するほうは一世紀たらずのあいだに、言葉の記録が数千年かかってたどったのと同じ道筋をたどったのである。最初の機械的な復元を経験したのは、写真による二次元の視覚映像であった。ついで言葉は、書字が現われたのと同様蓄音機によって機械的な固定を経験した。ここまでは心的同化のしかけはいかなるひずみもこうむっていない。写真は、純粋に静的で視覚的であり、かつてのアルタミラのヤギュウと同じように、自由な解釈を許すのである。蓄音機もまた自由で個人的な心象を編みだす聞きとりの連鎖を与えるだけである。

無声映画は伝統的な条件をそれほど変えはしなかった。無声フィルムは、眼に映る映像と個人のあいだに自由な余地を残してくれる音楽の伴奏によって与えられる音声的な、漠然とした表意文字に支えられていた。トーキー映画とテレビの次元になると、条件はいちじるしく変ってくる。それは動きを見てとる働きと聞きとる働きを同時に動員する、つまり全知覚領域の受動的な参加をひきおこす。個人的解釈の余地は極端にせばめられる。表象とその内容とは完璧に近くなるリアリズムのなかで混同される一方、観客はこうしてつくりだされた現実的状況によって、能動的な介入のまったく不可能なところに置かれるからである。状況が一方的に押しつけられたものである以上、これはネアンデルタール人の状況とは違っている。また、現実に聴覚において全的に経験されるものである以上、読者の状況とも違っている。実際、視聴覚の技術は、この両面から人間進化の新しい状態として現われ、人間の最も本質的な部分、省察する思考に、直接影響を及ぼす状態として現われるのである。

社会的な見地からすれば、視聴覚的な手段は疑いなく一種の進歩である。それは正確な報道を可能にし、また大衆のすべての解釈方法を凍結させるような手段で、情報を与えられる大衆に働きかけるからである。こうして言語活動は、超有機集団の一般的な進化につき従いながら、細胞としての個体をますます完全に条件づけることに呼応する。個人の次元では、形象化に先行する段階へ文字どおり戻っていくことは考えられるのだろうか。書字が人間における根本的な知覚方式である視聴覚行動を驚くほど有効に脚色したものであることは確かだが、それはまたたいへんな廻り道でもある。今確立されようとしている状態がある意味で完成でもあるといえるのは、〈想像《イマジナシヨン》〉（語原的意味における）の努力を無用にしてくれるからである〔想像の語原は「映像を描く」〕。しかし想像力は、知性の根本的な能力である。表象を生みだす能力が弱まる社会は、それと同時に行動の能力をも失うだろう。そのため、今日の世界においてある種の個人における不均衡〔精神的なアンバランス〕、あるいはもっと正確には職人的家内工業を特徴づけているのと同じ現象が現われている。すなわち生命の基本に係わる一連の動作のなかで想像力が行使されないという傾向である。

視聴覚言語は、映像づくりをすべて少数の専門家の頭脳に集中し、その専門家が個人に完全に形象化され終った材料を提供する傾向をもたらす。映像の創造者、つまり技術者としての画家、詩人、物語り手らは旧石器時代においても、つねに社会的な例外となっていたが、その作品は未完成のままであった。それは映像の使用者がどの水準にあろうと、個人的な解釈が要請されたからである。現在では、集団の次元でみればひじょうに有利なのだが、知的消化器官である一握りのエリートと、ひたすらただの同化器官となる大衆との分離が実現しようとしている。この進化はただ、視聴覚言語に影響するばかりではない。視聴覚言語は図示表現全体に係わる一般的な過程の到達点に過ぎないのである。写真は最初、映像の知覚に変化をもたらさなかった。あらゆる革新と同じく、それは先行するものに依存していた。最初の自動車はウマのない四輪馬車であり、最初の写真は色のない肖像画であり、運動図だった。〈前もって消化《こなれ》させておく〉という過程が形をとったのは映画の普及からで、写真や漫画の観念をまさに絵文字的方向にすっかり変えてしまったのである。スポーツのスナップショットや続き漫画は、〈ダイジェスト〉とともに社会組織体における映像の創造者と消費者の分離に呼応している。

貧困化が見られるのは題材においてではなく、個人の想像の多様さの消滅においてである。大衆（あるいはインテリ）文学の題材はもともとひじょうに限られていた。それゆえ強くてたいへんハンサムなスーパーマンや、悲劇のヒロインやいささか低能な巨人がインディアンのスー・ダコタ族とヤギュウのただなかに、百年戦争の乱戦の最中に、海賊船上に、ギャング追跡の自動車の轟音のなかに、惑星間の宇宙ロケット内にいつも見いだされるのに驚くことはない。同じ映像のストックを倦きもせず繰り返しているのは、個人の感情がいつも攻撃性とセックスの周囲を巡っているために、振幅がひじょうに狭くなっているからなのである。漫画映画が古いエピナルの版画よりも、ずっとよくアクションを表現するのは疑いない。後者において、拳骨は未完成の表象であったが、スーパーマンが裏切り者の顎に加えるフックの正確さはショック・アレルギー的で、つけ加えるべき何ものもない。すべては、頭を空っぽにして苦もなく呑みこむべき、完全に露骨な現実そのものとなったわけである。

この第一部では、言語活動はまったく実用的な角度から、人間の生理的事実の結果として技術と同じ次元で考察された。人間の進化は、外界関係領域の二つの極のあいだにあるもともとの均衡によって、顔と前肢の働きで動作の分担がなされているすべての動物の進化と結びつけられるが、言語活動や手の技術もまた、暗黙のうちに、そこに結びつけられている。十分な根拠をもって再構成できる範囲内でも、脳の進化の跡をたどってみると、直立位、手の解放、脳野の展開といった生理的な面で、人間活動を発達させる可能性を働かせる条件そのもののあいだの関連が解明され、新しい技術が可能になった理由がわかってくるのである。化石上の証拠はないが、この人間知性の二つの表出は、ことほどさように脳の次元でひじょうに密接に関連しているので、まるで動物の言葉とは性質を異にした言語が技術的な身ぶりと音声的表象という二つの鏡から反射されて出てきて、最初から存在していたと認めざるを得なくなるほどである。その後の技術の進化と言語活動の進化には、密接な共時性のあることを確認するならば、はるかなアウストラロプスからホモ・サピエンス以前の人間までについて、この仮説は確実性に近い価値をもってくる。思考表現の分野でも、手と声がどれほど密接に連繫しているかを見れば、ますますそう思われる。

実際、一方では物質的技術の発達がホモ・サピエンスとともに驚くほど加速されている時期に、旧石器時代の芸術は、思考がある抽象の程度に達していたことも同時に示しており、それは、言語活動も当然同じような状態に達していたことを予想させる。この時点で、すでに、神話型の表象的な思考、つまり口頭言語には結びついても音声表記からは独立している思考を表現する手段として、図示的なあるいは造形的な象形化が現われている。晩期旧石器時代の言語が化石を残さなかったとしても、その言葉を話した人間たちの手は、言語活動なしには考えられない表象活動や、言語化されて知的に定着することなしには考えられない技術活動の状態をいささかのあいまいさもなく示す証拠を残したのである。

どの段階でも、こうした並行関係は続いていたし、階層化され専門化した社会のメカニスムが農業的な定着によって動きはじめたとき、技術も言語活動も同時に衝撃を受けた。原始人類の大脳皮質における機能の局在性が整頓され、その結果として物質と言語の両面での発達が並行して生じたとするなら、都市という超有機体の機能の局在性が構造化するのもまた、それと同じ連続性を示している。経済体系は、一方で穀物の資本主義と冶金術という形になったが、それとともに、科学と書字《エクリチュール》という形にも帰着したのである。技術が都市の城壁内において現実世界への出発点を置き、空間と時間が天と地を一挙にとらえる幾何学的な網の目のなかで組織されるや、合理的思考は神話的思考にたいして勝利をおさめ、表象を線形化し、しだいにそれを口頭言語の進みかたに従うように曲げていき、ついには図示的な音声化によって、アルファベットが生れるにいたるのである。以前からすでにそうだったが、歴史が書かれるようになった最初から、言語活動と技術とは全的に相互に反映しており、われわれのすべての発達はそれに結びついている。言語による思考の表現は、図示表現を完全に音声化に従わせたアルファベットが使用されて以後、無限の可能性をもった器官を見いだすが、それ以前のあらゆる形もさまざまな程度で生き残っている。厳密な表記から逃れてしまうものを捉えるために、思考の相当部分が線形化された言語活動から離れてしまう、ということについてはこの書物の第二部で読むことになろう。

象形化の二極、聴覚と視覚との関係は、音声的な書字《エクリチユール》への移行においていちじるしく変ったが、口頭表現と文字表現を視覚化する個人の能力はそのままに保存された。現在の段階は、個人的な解釈の余地がほとんどありえないような表現形式にいたる視聴覚の総合化によって特徴づけられ、表象を創造する機能と映像を受容する機能が社会的に分離しようとしている。ここでもまた、技術と言語活動の相互交換がはっきり現われている。道具はあまりに早く人間の手を離れて機械を生んだ。最後の段階で、言葉と視覚は技術の発達のおかげで同じ過程をたどらざるを得なくなっている。芸術と書字という人間の手でつくった作品のなかで、すでに人間を離れていた言語活動は、発声作用と視覚作用という内密の機能を蠟に、印画紙に、テープに託すことによって、人間に最後の別離を告げているのである。

第二部　記憶と技術の世界——記憶とリズム　その一

第七章　記憶の解放

種と民族

十八世紀このかた、動物社会と人間社会の関係について、哲学の態度は二つに分れている。つまり、動物と人間の二つの世界が本質的には同じだとする態度と、そうではないとする態度である。この二つの見地は、事実、哲学の起原にまでさかのぼる同じ思潮、物質と精神との対立という認識から出てくる。この認識は、何世紀も通じて、ひじょうにさまざまな型のイデオロギーの容器を通りぬけているが、最も原始的な形而上学から、今日の社会学にいたるまで、自然と文化、動物学的と社会学的といった対立は、たえず姿を現わしてくる。オーストラリア原住民でも、東部シベリア原住民でも、動物界についての考え方を眺めてみてわかることは、根本的には、動物と人間とに本質的な違いをみとめず、両方とも同じ知能手段にめぐまれており、神話の糸を通じて動物と人間との同格を認め、その関係の連続性を認めるという反応をしているということである。この考え方は、動物が言葉を話し、人間行動の展開にはいりこんでいるヨーロッパの民衆的伝統、民話にも現われている。

文学的な形では、今日でも同じ態度が伝統的な民話と同じに、キップリングや、〈ミッキー・マウス〉にも見られる。これらの文学が子供じみたものと考えられているからといって、その深い意味がなんら少なくなるわけではない。この態度と、アリの社会集団を前にした十九世紀の博物学者の態度との差は、ごくわずかなのである。アリの〈言語〉を研究するのも、クマが人間の娘と結婚するといった数多くの神話と同じに、人間中心主義の匂いが強い点では同じなのである。本能と知性の対立からはじめて、動物と人間を徹底的に区別しようとする努力にも、おそらく同じくらい人間中心主義がある。

神話の思考のなかで、動物と人間が本質的に類似しているとしても、それぞれの道はある時を境目にして隔てられる。クマもヘビもトリも、それぞれクマ、ヘビ、トリの皮を脱いだときには男や女になる。皮をかぶると、彼らはそれぞれの種の行動を身につけるわけである。ちょうど、人間が特徴ある衣服を着て、その民族や社会階級の行動を身につけるのと同じである。この態度は、人間中心的であると同時に、自然のままの生物としての同一性とは逆の側面で、生物界が風俗や外的特徴のちがう社会学的な単位に分割される、ということを認めている。この見かたはごく自然に生れるものであり、どこにも見られるので、現実の事象、つまり生理的な人間とその社会の外皮とが分離するという事象とも照応しないわけにはいかない。その見かたは、人間存在に特有なものを動物界にまで拡大してはいても、人間が動物学的な世界と社会学的な世界の両方に属しているという本質的事実を分析しているのである。その見かたはまた、もう一つの本質的な事実を明らかにする。つまり人間存在は、その集団特有の行動を通じてのみ、人間として意味をもつ、ということである。神話において、動物が文字どおり民族に同化していることを考え合せれば、この見かたは、民族種形成の決定的な性格を確認することになる。

ここ二世紀のあいだの科学的思考は、二つの別々な道で、本能と知性の機能を探ってきたが、自然的と文化的という区分を求めることについては、同じ態度を示してきた。この二つの道の一つは動物心理学であり、もう一つは民族学である。動物学的なものと社会学的なものとのきずながしだいに弱まっていく段階を追って、これまで人類社会について説明されてきたところから、次のことがわかる。つまりこの二つの道にも同時に問題が出てくるだろうということ、あるいはむしろ、書字のない社会の経験像にかなり近いような第三の道があるということである。この第三の道とは、要するに、集団形成の問題が動物性とか人間性の問題に優先するという考えかたであり、すなわち動物であれ、人間であれ、社会は〈伝統〉の集合体として保たれていると見なすのである。その〈伝統〉を支えるものは、本能的なものでも知的でもなく、程度の違いはあっても動物学的であり、かつ、社会的なものなのである。実際、まったく無関係な観点からすれば、アリの社会と人間の社会に共通なものとしては、わずかに社会集団を生存させ発展させうる動物の連鎖を世代から世代へ伝える伝統があるにすぎない。その異同については議論の余地があろうが、集団は、行動が刻みこまれている文字どおりの記憶を行使することによって生き残るのである。動物において、それぞれの種に固有なこうした記憶は、本能というきわめて複雑なシステムに支えられているが、人類において、各民族に固有な記憶は、言語活動というこれまた複雑きわまりないシステムに支えられている。本能と知性というよりも、むしろ本能と言語活動との対照をつくりだすという、そのことにしても、対照の二つの項がほんとうに対応しているのでなければ正当ではないが、この章で、これから証明しようとしているのは、その対照である。種が動物の集団を形成する特徴的な形であり、民族が同じく人間の集団を形成する特徴的な形であるとするなら、特殊な記憶の形はそれぞれの伝統をもった集団に対応しているはずである。

本能と知性

この一見解決しがたくみえる知性と本能の問題に捧げられてきた研究の数は数えきれない。二十世紀初めまで、人間中心的な関心がめだっていた論議も、ここ一世代のあいだに関心が大部分失われてしまったようにみえる。本能も知性も、もはや原因としてではなく、むしろ結果とみなされるようになった。つまり本能は、本能行動を説明するものではなく、複雑な過程と多様な起原の到達点を哲学的に特徴づけるものなのである。個人にとって本能は、彼の属する種の手段と、その手段を動作の連鎖のなかで展開する外因、との十字路にある。この場合、外因とは教育であり、また刺戟である。

本能と知性の区別は、極限、つまり昆虫と人間についてしか、実際上の価値がない。そのばあいでも、なおこの区別のほんとうの値打を試すことはむずかしいだろう。実際、下等脊椎動物にとって、動作のプログラムは、内的環境と外的刺戟によって、密接に条件づけられている。アミーバや環形動物の動作行動は、短い連鎖をなすにすぎず、その行動の開始と展開は、反省する知性に対立するいわば〈自動的知性〉などとは別な原因に結びついているらしい。それゆえ、いちばん単純な動物から出発し、ついに知性にまで変化していく本能の進化を確認しながら高等動物にいたる、というわけにはいかない。動物的な行動の経験から出てくる唯一の事実は、個体行動が、所属する種の生き方をねじ曲げる可能性があるということで、これは本能からの解放としてではなく、生物学的な内部環境と外的環境との合流点に生れる連鎖からの解放として現われる。それゆえ問題なのは、動物の条件として、ある特有な性質があるということよりも、神経系のありかたなのである。もっと正確にいえば、神経系は本能をつくりだすはずのメカニスムではなく、プログラムをつくりながら内外の誘引に対応するメカニスムなのである。

今日、本能があまりに漠然とした概念にみえ、遺伝による行動の複雑さが感じられるにせよ、種の記憶などがもともと存在しないとは考えがたい(14)。もともと遺伝的にそうつくられているために、外部からの誘引があるたびに、同じ反応をつづける個体が、しだいに条件づけられた結果、そのような記憶が一連の行動として形成されることはある。そうだとしても、同じ連鎖、またはそれにごく近い連鎖が、世代の展開を通じて一つの個体から他の個体へ再現されることに変りはない。種の記憶として表現される本能は、それによって生じる動作の連鎖がどの程度一定して観察されるかに応じてのみ、現実のものとなる。それゆえ問題は、本能と知性のあいだではなく、二つのプログラミング方式のあいだの対照としてとらえられる。その一つは、昆虫において、プログラミングが最大限に遺伝的に予定されているということであり、もう一つは、人間においては、遺伝的に未決定にみえるということである。事実この区別は、昆虫と人間とのきわめて異なった脳器官に現われており、これは哲学の問題というよりも神経生理学の問題なのである。

本能と知性という点から見て、生物は簡単にいって、三つの型に分類できるだろう。第一は、ごく初歩的な脳系統をもった下等無脊椎動物で、プログラムは有機体と環境との均衡を表わすごく単純な、型にはまった短い行為の連鎖からなっている。ミミズ、ナメクジ、陣笠貝の記憶は、次のような意味で、かなりたやすくエレクトロニクス機械に較べられる。まず第一に、動物が要求とそれをみたす手段の一定の音域をもって生れるということ。第二に、動作の連鎖は、有機体としての衝動と外的環境との均衡点を探し求めながら、行為の開始と行為の連繫が生理的または外的な原因で決められるような過程のなかで展開されるということ。第三に、記憶は動物の条件を決定するプログラムの一部をなしているということである。この単純な型の神経系統はすでに人工的に再現されており、ロケットを制御するエレクトロニクス装置は、すでに下等軟体動物や環形動物の脳よりいっそう複雑である。

第二の型は、いちじるしく扱いにくい。これは、ハチとかアリのような昆虫に代表されるだろうが、その行動は、遺伝的に刻印され、幼虫や成虫において、一挙にしかも途方もなく精巧に展開されるたいへん複雑なプログラムがあることを予想させるようにみえる。このプログラムは、昔の研究者たちが思ったほど、完全にはなしとげられないこともあるが、条件づけられた記憶を形成させるのは外的環境と内的環境の単なる戯れにすぎない、と考えるのもやはりひじょうに無理がある。食物となる動植物の選択、建築の行動、社会的な結合に係わる行為などを説明するには、視覚、嗅覚、触覚の印象にたいする反応が極度に一定であるような神経システムを考えざるを得ない。このような遺伝的な決定は、ある潜在的な記憶があることと符合しており、その記憶作用があらかじめ決定されているらしいことは、反応するさいに最小限の選択しか許されないという事実から推測される。しかしまた、光の印象や化学的な印象を選びとって、これを複雑な行為の連鎖へ導くような人工装置を想像することもできる。また等価と考えられる印象のあいだにある程度の未決定、ある選択の可能性を許すような体系を考えることもできるだろう。体内の生命作用がそれぞれ、外から受ける印象にたいし特定の反応をひきおこすとしたら、このような制御システムのしくみは、昆虫のそれにごく近いだろう。

第三の型は脊椎動物である。そこには、下等な無脊椎動物の行動と同じものがある。動作の記憶を条件づけるものは、大部分が力学的な決定論、生理学的な脈動、外的環境の誘引などによるからである。脳組織については進化の階段をのぼるにつれ、しだいに明瞭ではなくなるが、やはり潜在的な記憶、つまり〈本能的〉、自動的な行動の存在と結びついた条件づけが見いだされる。この〈本能的〉な行動とは、可能な反応を遺伝的に選択した結果である。脊椎動物は、遺伝的な記憶に登録されていないような状況に適応できないことがあるために、時にあたかもばかげた結果をともなう予定されたプログラム、つまり〈本能〉に従っているかのような行動をするが、実際には、有機的な可能性の糸で鎖のようにつながった一連の反応を見せているのである。魚や爬虫類のような下等脊椎動物のばあい、その行動はほとんどすべて、最初の二つの型の枠内で記録される。だからトカゲのように、向光性や向熱性に適応し、温度に応じて活動を増し、吸収しうる大きさのあらゆる動く獲物を追いかけ、味や堅さで危険とわかる物を吐きだしたり、その体内の生命作用が攻撃反応をおこすと、同類さえも攻撃し、場合によっては逃げだしたり、視覚・嗅覚が興奮する結果、有色部位をしめしたりするようなエレクトロニクス機械を考えることができる。さらにつけ加えれば、手探りの連続でなされる初めての行為が、一連の記憶のなかに、プログラムとして記録され、ひきつづき行動連鎖がくりひろげられるなかで、これらの異なった記憶の動きが行動を修正してしまうほど複雑な動作の連鎖をおこなわせるきっかけとなる場合も考えられる。魚や爬虫類の場合に考えられたことは、鳥類の場合にもやはり、はるかに複雑な度合いで考えられる。鳥類は、自動的な行動のうちで最も精巧な行為が生殖の働きに関係していることを事細かに示してくれる。これは、動物群が秩序脈絡をたもつことと美学とのきずなを明らかにするために、わたくしが〈社会の表象〉の章で論じようと思っている一般的な事実だが、今の段階では、個体生存の働きと種の保存の働きの根本的な領域が、どの程度自動的に精巧になるかで、いちじるしい違いを示すことに注意すれば十分である。

下等脊椎動物の行動が高等脊椎動物に移し入れられ、その記憶の基礎を形づくることがある。しかし、段階をのぼるにつれて、新しい要素が現われ、前の二つの例がまったくは完全でないと考えさせられる。実際、哺乳類の個体行動、少なくともその生存行動を特徴づけているのは、動作の連鎖のあいだに選択の可能性があるということで、提供された状況にたいする適応が制御されている、つまり種によって異なるが、肉食獣や霊長類ではすでに支配の幅がたいへん大きい、ということである。エレクトロニクス機械との比較を進めるなら、反応と記憶の作動装置に補助装置をつけ加えなくてはなるまい。つまり比較対照を可能にし、また反応の方向をいずれかに決定するような装置である。実際、進化の歩みのなかで、神経系は相反する二方向に進んでいるようにみえる。一つは、神経装置が行動をしだいにせまく限定していく方向（昆虫や鳥）で、他の一つは、神経の軌跡が連結された要素でいちじるしく豊かになり、すでに経験した状況と新しい状況とを関連づけるのに具合がよくなる方向（哺乳類や人間）である。個体の記憶は、生の初期に基礎がつくられるが、種の記憶は神経装置の遺伝的傾向から生じたにすぎず、個体の記憶は種の記憶にたいし優位を占めているのである。

本能と自由

人間を特徴づけているのは、その脳が比較対照の能力をもつ装置だということである。しかし下位段階の神経系、とくに交感神経系には、初歩の行動を調整する装置がまたもや見られる。その有機体構造は、最も単純な無脊椎動物と同じく、あいかわらず外的環境と内的環境との均衡の法則に従っている。また中間段階、つまり〈本能〉の段階も見られる。そのばあい、動作行動は、遺伝的な体構造によって決定されることになる。実際、主に視覚的、聴覚的な存在である人間の行為は、基本的に嗅覚と触覚に拠っている動物とは、遺伝的に異なっているのである。もし、行為器官が遺伝的に条件づけられているような、そのような行為をなしとげるのを本能と呼ぶならば、人間活動の重要な部分は本能的である。遺伝的に得られた知的、生理学的な〈賜物〉は、たえず修正される人間集団内にうまれる短い血筋のなかにあり、動物の血統という〈本能の〉資本とは等価なのである。個々の人間と動物種の内在能力を比較すれば、本能行動の性質がとらえられるだろう。実際、いずれのばあいでも問題なのは、隔世遺伝によって伝えられ、有利な環境で自動的に展開される神秘的なプログラムなどではなく、問題は、行為の連鎖として登録された記憶を組み合せることのできる遺伝的、神経営生的なしくみなのである。音楽教育を受けた千人の人間のうちで、遺伝的に条件づけられて偉大な演奏家となるのは、あるいはたった一人かもしれず、その人は〈本能で〉演奏しているといえるだろう。しかし、音楽的な才能のある千人の人間のうち、たった一人だけが音楽教育を受ける機会があり、他の人は器楽演奏の記憶を形づくることがないために、遺伝的な能力と外的環境の誘引とを実際に結びつけることがないかもしれない。近代社会における職業適性指導は、動物界すべてに共通する遺伝的な能力のうち、人間にある能力を経験的に探しだすことに他ならない。

それゆえ人間の動作表出は、ひじょうに重要な本能的基盤に立つものなのである。そしてその基盤はすべての個体に共通な、深い有機的な脈動を調整する装置、および細部ではいちじるしい個体差もある動作のプログラムを登録する装置、の二つからできている。たしかにこの個体変異の幅は、最も進化した哺乳類より、さらにいちじるしく大きく、また人間社会の本質的な特徴なのであって、〈考える人〉、発明家、音楽の巨匠が社会を形づくる集団組織体と生理学上の人間との対話に決定的に介入してくるわけだが、ここで隠してならないのは、個人としての天才が存在するということは、人類において遺伝上正常であり、また進歩が、天才個人の問題であるよりも、かなりのところまで集団的な好環境の問題だ、ということである。

これらの事実を認めれば、最近の社会のイデオロギーにおける唯心論と唯物論という対立する立場のいわれも明らかになる。大宗教、とくにキリスト教において、遺伝的な人間個人の能力は、永遠の敷居を越えることがなく、階層構造は個人能力を越えた基盤の上にうちたてられている。聖人はかならずしも、考える人でも発明家でも音楽の巨匠でもなく、逆にそうした動作の輪をうち破って、かなたへと身を投げる人間なのである。偉大な形而上学はすべて、遺伝的なきずなからの解放と、同時に社会的なきずなからの解放を意味するこうしたきずなの打破の上になりたっている（別の次元でそれは、種と民族との対応も意味する）。逆に唯物論的イデオロギーは、マルクシズム社会だけでなく、実質的には、すべての人間社会に現存しているが、社会の能率面に固執し、〈能力のある〉個体を英雄視することによって、遺伝的なきずなの重要性を強調している。資本主義社会においては、このしくみが、社会階級で輪切りにされた階層構造の枠のなかに実現しているが、それにたいしてマルクシズム社会では、労働英雄、個人崇拝、個人の能率などにもとづいた線的《リニアー》な階層構造を通じて、遺伝的な余力を十分に活用しようと目指している。

しかし人間の問題は、ただ本能的な要素だけではとらえられない。動作・行動において、あまりにも忘れられがちな動物学的な部分についても確かに考慮する必要はあるが、一般生物学的な過程のなかに、知性を組み入れて考えるのでなければ、下部構造しかとらえられないだろう。われわれは第三章で、大脳皮質の運動野の破壊がイヌからサル、サルから人間へと示唆にとんだ進行をみせることを見た。イヌのばあい、運動皮質の消滅により、教えられた動作の連鎖の記憶が消えるが、サルのばあいは、それが基本運動野と接している連合領まで拡がらなければ消えず、人間のばあいは、ごく広汎な領域の破壊のみが同じ結果をもたらす。これらの事実から、進化の本質的な面が、運動に反省がともなうという方向で実現される手段が示されたわけであるが、現代の時点では、これらの事実はいわば、人間の脳の解放度を示している。この光背は、随意運動の中心を取りまいて、しだいに幅ひろくなっていくが、これはいわゆる知性に対応するもので、いわば数多い動作の連鎖が記憶のなかに登録されるということ、およびこの鎖のあいだに選択の自由があるということにあたる。最も進化したサルと人間における選択の自由の差は量的でもあり、最も賢い類人猿でさえ、比較対照できるプログラムはごくわずかな数に限られており、この比較対照も、人間とくらべてはるかに数少ない神経単位《ニューロン》装置の関数なのである。しかし何といっても、その差違は質的である。反省というものは、密接に言語活動に結びついているからである。

ごくふつうの動作を行うばあい、言語活動は介入しないようにみえるし、多くの行為は、動物的な動作をする状態とは本質的に切り離せない、ぼんやりした意識の下になされる。しかし、選択によって動作の連鎖が問題になる瞬間から、その選択がなされるや、言語活動と密接に結びついた明晰な意識がかならず介入してくる。実際、行動の自由は、行為の次元ではなく、意味表象の次元で初めて具体化されるのである。行為を表象《シンボル》で再現するというのは、比較対照するということと切りはなせない。まず遺伝的な条件づけと、獲得された条件づけの割合が逆転し、次に単純な動作のあいだで選択が可能になるということは、下等動物から高等哺乳類にいたるまで認められる。しかし動作行動は、完全に体験のなかに浸ったままなのである。というのは動作が、物質そのものにこだわらなくともよくなり、表象《シンボル》の連鎖に形を変えて初めて、体験の投影ということが可能になるからである。それゆえに、動物本能と人間の知性とは比較対照できそうであるにしても、それはこの二つの言葉を伝統的な意味から離し、本能という言葉がもはや正確な意味をもたないほど、複雑な現象全体を指すものだとし、知性が表象の連鎖を投影する能力だと考えた上でのことなのである。これは、言語活動を体験から解放する道具と考えるのと同じことである。これとならんで、手が用いる道具は、動物の有機的な道具〔四肢〕が動物種にしばりつけられているという遺伝上の拘束から解放する器官のように見えてくる。そういうわけで、人間の知性は言語活動の面でも道具の面でも、前に明らかにされたのと同じ関係を保っているのである。

人間の技術活動は、眼がくらむような、社会の器具装置の進化による所産をともないながら、三つの次元に現われる。すなわち種の次元、社会・民族的な次元、個体の次元である。種の次元では、人間における技術的な知性は、神経系の進化の程度と、個人の能力の遺伝的な限度とに係わっている。割合の違いを別にすれば、人間の技術的な知性を、動物の行動からはっきりと区別するものは何もない。特に、種の一般的な進化のごく緩慢なリズムに従っている点ではそうである。社会・技術の次元では、人間の知性はまったく特殊な、類例をみない働きかたをする。というのは、個体や種のきずなから離れて、眼がくらむほど急速に進化する集団組織体をつくりだすからである。個体にとって、社会・技術的な拘束度は、ホモ・サピエンスを生みだす動物学的な拘束と同じく絶対的である。しかしこうした拘束事項は、ものによってさまざまである。ある条件の下では、個人的にある種の解放が可能だからである。

個体の次元においても、人類はやはり例を見ない性質を示す。というのは、その脳装置によって、表象《シンボル》として翻訳された状況が比較対照できるようになり、その表象のおかげで、個体が遺伝的なきずなや、社会民族的なきずなから解放されることも可能だからである。生きている人間の現実は、二つの補足的状況のあいだにうちたてられる。二つの状況とは、すなわち動作の連鎖の比較対照によって有機界から物質的な手がかりを得る状況と、精神性が宿る直観的状況を創造することによって有機界の解放がなされる状況とであって、この二つの状況は、まさにこの解放の上に基礎をおいているのである。

社会の記憶

霊長類において、個体の体構造の記憶がしだいに遺伝による動作行動に覆いかぶさることが確認されるとすれば、人間における動作記憶の問題は、言語活動の問題によって支配されることになる。実際、われわれのばあい、個人個人に同じ動作行動が与えられるという教育の結果、遺伝的な条件づけと個体経験による条件づけの大部分は、完全に補われている。個体として構築された記憶や個人行動のプログラムの登録は、言語のおかげで完全に各民族共同体が保存、伝達している知識に従っている。こうして文字どおりの逆説が現われてくる。すなわち個体が比較対照をしたり自らを解放する可能性は、その内容がすべて社会に属している潜在的な記憶によっている、ということである。昆虫のばあいには、個体別にはっきりした比較対照を許さないような遺伝的な組み合せが生き残らないかぎり社会がない、という意味で、社会が記憶の保持者である。ところが人間は、同時に動物学的な個体であり、社会の記憶の創造者でもある。おそらく種と民族の接《つ》ぎ目がこうして照らしだされ、進歩（人類社会の特性である）のなかで、更新していく個体と社会的共同体のあいだにつくられる回路がこうして明らかになる。

たいへん重要なことだが、民族の記憶が動物種の外におかれる結果、個体が既成の民族の枠外へ出る自由や、民族の記憶そのものが進歩する可能性が現われる。人間の社会を昆虫の社会と較べるさいに、得てして忘れがちなのは、昆虫では、行動の遺伝的な刻印が至上命令的なまでに反射的であって、そのため個体は、集団の知識の全資本を所有しなければならなくなり、社会は古生物学的な進化の流れのリズムに従ってしか進化できないよう強制される、ということである。この二つの社会の型のあいだには、ほんとうに根拠のある比較の項は何ひとつ考えられない。人間は、よしんばまったく表象的《シンボル》な状況であれ、自分で状況を創造する自由をもっているからである。種と記憶とのきずなを断つことが、急速な連続した進化にいたる唯一の解決（そしてただただ人間的な解決）であるようにみえる。この事実から、人間社会が昆虫のような行動に閉じこもってしまう危険は決してないだろう。昆虫とわれわれ人間とは、まったく違う道をたどったのである。古生物学者はしばしば、人間が動物にごく一般な能力を保存する方向で持前を発揮したと主張しているが、それは生理的な枠をはるかに越えている。われわれがウマより走りかたが遅く、ウシのようには繊維素を消化せず、リスよりよじのぼるのが下手だということ、つまり結局のところ、われわれの骨・筋肉器官がすべて、どんなことでもできる能力を持ちつづけるためにのみ超専門化している、というのはほんとうである。しかし最も重要なのは、人間の脳がどんなことでも考えられる能力をもちつづけるように進化し、しかも実質的には空っぽなところから生れたということである。

個体は生れたとき、自分の民族に特有な伝統の集合体を前にしているが、幼時からさまざまな次元で、個体と社会組織体との対話が始まる。伝統が人類にとって生物学的に不可欠なのは、発生学的な条件づけが昆虫の社会にとって不可欠なのと同じことである。民族の生存は慣習化した行動例にたよっているが、対話が確立すると、その慣習と進歩のあいだに均衡が生れる。このばあい、慣例は、集団の生存に必要な資本を表わしており、進歩は、よりよい生存のために個体が更新されることを示している。

社会的な記憶の特性については、別の次元でとらえられるかもしれない。人類最初の人工的な道具の創造は、技術を動物学上の事実、数万年来の進化の展開の外に置いたが、それと同時に社会的な記憶が速やかなリズムで今までの結果を集約できるようになったのである。前章で見たように、脳の進化は、ホモ・サピエンスまでは未完成のままであり、まだ人間がじゅうぶんな比較対照の装置をもつにはいたらず、その欠けている部分のごくゆっくりした発達のリズムに、技術の進化がしたがっているようにみえた。同じく、いわば前頭部の閂が外れる解放によって、完全に人間特有の進化が始まり、遺伝上の進化とは別な起原をもつ技術の世界が突然出現したことも、われわれは見てきた。ホモ・サピエンス以来、社会の記憶をつかさどる装置をちゃんと確立することが、人間の進化のすべての問題を支配しているのである。第九章で触れるつもりだが、社会は人工頭脳を創造するにいたるいろいろな方法で、途方もなく増大する知識という資本を登録し、保存するという問題に正面から対処しようと努めてきたのである。

物質的なものと倫理的なものとの対立が新たに現われてくる。〈技術によって凌駕された人間〉というテーマは、技術の進化と社会の倫理構造の進化との不均衡を浮彫りにしている。数千年のあいだに、人間は個々人が物質環境にたいし、均衡のとれた支配を確立するのに手助けとなるだけの技術手段を獲得したが、その大半は、人間がサイと戦っていた時代に遡《さかのぼ》る有史以前的な精神の傾向を、あいかわらず無秩序に満足させているにすぎないのである。技術行動と同じ水準では、見たところ体験的な倫理行動をちゃんと確立できないというのは、なんら異常なことでもなく、とくに絶望的なことでもない。人間の進化が脳に始まったのではなく、足に始まったということ、高等な資質は、それが出現するための地盤が以前から用意される程度に応じてしか現われるにいたらなかったのであり、そのことは、実際にははっきり証明されているように思われる。個人の水準では人間は、数千年も前から、技術上の均衡において達したと同じぐらい高度な倫理的な均衡の概念に近づくことができた。社会はこれらの概念を倫理あるいは宗教上の一大法則として登録したが、その社会を構成する個々の大衆においては、遺伝上の行動が優先していて、彼らは本質的に有史以前のままの基本的な拘束から解放されることは許されなかったのである。だからといって、ホモ・サピエンスよりもっと進化した人間の脳が倫理的な記憶の実質を有効なものにするには、なお数万年待たねばならぬと結論すべきだろうか。それは疑わしい。実際、この領域での進歩は、生物学的な拘束から完全に解放されていないため、強く妨げられているとはいえ、同時に技術が集団の自覚にたいして提供するもろもろの手段のおかげで、この進歩がうながされるのだ、と考える余地もある。種の攻撃的性格を導き、正しく方向づける手段が生れるのは、生物学の法則をはっきりと認識することによってである。攻撃的性格が完全に失われることはおそらく人類の消滅にひとしいだろうが、思考と生理装置《システム》とのきずなを意識的に調整していけば、未来にたいする楽観的な見通しも開かれるのである。

動作の記憶

動作の連鎖が形成されるということは、さまざまの段階で、個体と社会との関係の問題を提起してきた。進歩は更新の積み重ねにしたがうが、集団の生存は、生死にかかわる伝統的なプログラムのなかで、個体に提供される集団的資本の登録によって条件づけられている。動作の連鎖の形成は、経験と教育の働きの割合によっており、前者は〈試行錯誤〉によって、個人のなかに動物とひとしい条件づけを生み、後者においては、変化はあるが言語活動がつねに決定的な部分をしめている。前に見たように、人間の動作行動においては、三つの次元を区別することができる。第一は、直接生物学上の性質に結びついた自動的行動に係わる深層の次元である。この次元は、基盤としてのみ意味があり、その上に教育が伝統の教えるところを刻印する。身体の性向や食物や性に係わる行動は、実際には民族的ニュアンスの影響を強く受けることはあっても、この遺伝的基盤に基づいている。第二の次元は、経験と教育によって獲得される動作の連鎖にかかわった機械的行動であり、身ぶり行動と言語活動のなかに同時に登録されてはいるが、はっきり意識されぬままなされる行動である。はっきり意識されぬとはいっても、自動作用ではない。というのは、動作の手続きがなされるなかで、それがたまたま中断すると、ただちに表象の次元での比較対照が介入してきて、第三の次元の行動に移るからである。この最後の次元は、明晰な行動で、その上に言語活動が大幅に介入して、活動がなされるなかで生じた偶発的な中断を償ったり、新しい動作の連鎖を創造したりすることになる。

この三つの次元は、いろいろな割合で、また社会的なしくみの生存と直接につながって、さまざまな水準の人間の行動に絡まり合っている。

機械的な動作の連鎖

すべて連繫しているものを区分する場合にはそうなのだが、動作行動を三つの次元に区別するというのは恣意的である。しかしそれは、無意識・潜在意識・意識という心理学の区別と重なっており、人間の神経系《システム》の三つの次元の機能に対応している。この区別は疑いもなく、本能と知性とに立てられる区別よりも重要である。というのは、この区分によって、遺伝上ひとまとめにされる厳密な本能の表出と、表象の働きからはっきり示される意識とか言語活動が整然と介入していない行動の連鎖の展開、この二つが区別されるからである。技術活動にも心理学の用語を適用できるだろうが、それとともに厄介な事情がまたぞろ入りこむので、ここでは採用しないほうがいいだろう。それゆえ自動的・機械的・意識的という用語が動作の行動例に適用されることになる。

民族学は、生理学上すべての人類に共通している点よりも、もろもろの異なった文化を生みだしているものを明らかにするほうに執着しており、自動的な行動の例を無視してきた。人種人類学は、人種の生理機能の相違を求めることを重要視し、粗書きの段階ではあるが、人種心理学さえも存在している。しかし、遺伝的な意味をもつものは、ほとんどすべて無視されている。そのわけは、指摘されている相違の大部分が文化の上部構造に属しているからなのである。伝説色の強い狼少年の物語をいくら読んでも、遺伝的な基盤の上にのみ生きた人間がどうなるかについては、ほとんど科学的材料を得られない。結局、たしかに解剖生理学的な基盤の役割が決定的であるにしても、そこに観察されることといえば、人類においては、自然発生的な動作行動が社会共同体を通じて得られる行動に包み覆われているということぐらいである。しかし、この書物で採用してきた見かたからすれば、この遺伝的な基盤に十分な重要性をあたえずにすませるわけにはいかない。この問題は、もっと後に、身ぶりと美の範疇をあつかうさいに、ふたたびとりあげることになろう。

動作行動の自動的な相にアプローチする材料はほとんどないが、逆に集団の環境から出てきた行動例のなかには、個体と環境との相互影響についての観察を可能にする余地がある。動作行動というのは、動作主によってなされるすべてを含んでいるが、それが初歩的な日常的な行動例であるか、もっと間隔を置いた周期的な行動例であるか、例外的な行動例であるかによって、ひじょうにさまざまな形と度合いをともなう。プログラムは、さまざまな水準の知能の介入や、個体＝社会関係を予想している。初歩的な行動例というのは、個体の生命にかかわるプログラム、つまり日常の身ぶりのうちでも社会の構成員としての彼の生存に係わるすべてをつかさどる行動例である。すなわち身体の特徴、食物や衛生についての慣習、職業的な身ぶり、隣人との関係行動などである。これらのプログラムは、その基礎が不動だが、型にはまった身ぶりの連鎖として組織され、それのくり返しによって、社会環境における動作主の正常な均衡と、集団内部における彼自身の心理的な安楽さとが確保されるわけである。初歩的な動作の連鎖は、その生涯の初期を通じて獲得され、模倣による訓練、試行による経験、口頭の伝達という三つの角度からなされる。動作主は、生の正常な時間の流れに従って、自分の動作の連鎖を滑らかにくりひろげる、その度合いに応じて社会に組み入れられる。たしかに、眼が覚めてから寝るまで、われわれがくりひろげる連鎖の大部分は、意識の介入をほとんど必要としない。といっても意識の介入が全然ない、まったくの自動的動作《オートマティスム》として展開されるのではなく、心理の薄明りのなかでなされるのである。しかも動作主は、連続した動作を展開するなかで、予期せぬ事態が生じるばあい以外には、その連鎖から脱けでることはない。洗顔とか、食事とか、ものを書くとか、移動するとか、通勤するとかの際になされる身ぶりのなかで、明晰な意識にもどることがどんなに例外的であるかは論じるまでもない。それゆえ自動的でも、無意識的でも、本能的でもない〈機械的な動作の連鎖〉という言葉が、わたくしには適当であるように思われる。

　機械的な動作の連鎖は、個体行動の基礎である。それは人間における生存の本質的要素を意味し、厳密に人間的な条件として〈本能〉にとってかわる。というのは、脳の自由な余力が高い水準にあることを意味するからである。実際、たえず意識の明晰さが要求される動作行動などは想像できないし、また意識がまったく介入しない、完全に条件づけられた行動も想像できない。前者は、どんなささいな身ぶりでも、いちいち新たに発見することになるし、後者は、完全に前もって条件づけられた、非人間的な脳に対応することになるからである。できかたそのものからすれば、人間の脳は自由な余力の一部を割いて初歩的プログラムをつくり、これが例外的な行動の自由を確保している。個体に民族の最も強い刻印を押すのは、初歩的な行動例であり、その連鎖は生れるとすぐにできあがる。身ぶり、態度、陳腐と日常性のなかでの行動のしかたが、出自社会集団との連繫の役割をはたす。個体は異なった階級や別の民族に移されても、完全には元の集団から解放されることはない。

政治的な再編成と現在の〈地球的規模への拡大〉は、この点で重大な問題をはらんでいる。民族が多様化して、大小の単位集団に共通な動作行動が形成されることになったために、個体には、人間集団をつねに特徴づけようとする心理的な均衡があたえられるようになった。われわれ人間という特殊な動物集団においては、民族が種にとってかわり、人間の個体は動物が種《スペキエス》として異なっているように、民族的に異なっている。初歩的行動例の次元では、比較対照されないかぎり、この特殊化が意識されることはない。わたくしのある身ぶりは、外国人の身ぶりと対立する度合いが大きくなるにつれ、わたくしの属する集団に特有のものとして感じられる。それゆえ民族的な行動例は、対立の根源であると同時に、同じ所属の個体間での気安さや親密さの根源でもあり、無縁な環境で孤立した個体にとっては、〈根こぎ〉の源でもある。社会の進歩の観点からいうと、個体を消費する社会にとって、完全に置き換え可能な人間というのは、たしかに一つの利益であろう。しかし人間が民族的に多様でなくなるとしたら、社会がどこまで人間を把えつづけられるだろうか。ともかくもこの局面については、後になってまた触れるとして、機械的な動作の連鎖は、同じ民族の構成員に共通な個体行動の基礎をなしているのである。それは集団の記憶の深い次元にあって、言語活動には限られた係わりかたしかしない。社会的あるいは職業的な身ぶりが、礼儀作法書や、職業の手引や、民族誌の教科書のなかに定着するのは、集団の意識がごく組織化されている状態においてだけなのである。それゆえ初歩的な連鎖の伝達は、根本的には小規模な社会細胞、とくに家族とか若者組のような単位の組織とつながっている。そこでは成人を模倣する遊戯が重要な役割を演じている⑮。

それゆえ行動主は、民族集団の進化の過程で、一連のできあがったプログラム——教育により運動記憶に登録される——の助けをかりて、みずからの活動の大部分を方向づける。彼は、明晰な意識が介入して動作の輪を調整するなかで、この行動の連鎖を展開するのである。もっと正確にいえば、明晰な意識は正弦《サイン》曲線をたどっており、その凹部は機械的な連続動作に相当し、凸部は行動状況における連続動作の調整に相当していることを示している。これはすでに、高等哺乳動物の知性の特徴であって、人間においては、行動の決定的な特徴として強烈に現われる。実際、比較対照の可能性と結びついた明晰な意識が介入するということは、動作の過程の方向づけを確定するだけでなく、偶発的な状況への対応をも可能にする。つまり適当な連鎖をそこにあてはめて、動作の過程を立て直すことになる。技術の分野と同じように、社会関係の分野でも、補正したり改良したりできるということは発明の因子となっており、進歩が展開されるなかで、個々の人間を発明家にする。技術革新を積み重ねて保存するという人間社会の特性は、集団の記憶に結びつくが、動作の連鎖を意識的に組み立てて新しい動作の過程を固定するのは、個体の役割なのである。

周期的または例外的な動作の連鎖

集団の記憶の組織化は、季節的に農事をくり返すとか、祭事をとり行うとか、建物を構築するとか、集団で漁労や狩猟を行うとかの、機械的な連鎖を越えた作業の場合には異なってくる。その周期性が速やかであるか、間隔があるかによって、動作の連なりを集団の記憶に定着する装置を介入させる問題が、程度の違いはあるが重要にもなり、取るにたらぬことにもなる。いずれの場合にも、言語活動が介入して遂行すべき行為の支えとなり、書字《エクリチュール》をもたない社会はすべて、格言とか教訓とか処方箋という形で一連の定着手段をもち、それらを残すについては、ある個体の記憶に依存している。とりわけ、間隔を置いてくり返す周期的な作業は、機械的な定着を凌駕し、人間社会を他のすべての動物世界から最も根本的に区別する特徴の一つとなる。動物社会でも、季節的な行動や、動物の生涯にただいちど行われる行動がみられるが、これは季節のリズムや生理的成熟によって発動するものである。そのさい、動物は、遺伝的にあらかじめ条件づけられた回路のなかで、新しい動作の連鎖を展開するか、同一の条件ですでに体験した作業の糸をたどり直すか、そのいずれかである。人間にとっても、周期的作業を前にした態度は、おもに季節の周期や生理的成熟に結びついている。同じ集団作業でも、主体の年齢や経験によって、さまざまに体験される。しかしその展開は伝統的であって、遺伝的ではなく、その内容は民族的資本の一部をなす口伝の公式の集積に支えられている。

全体的な動作行動

それゆえ人間の動作行動は、一見すると単一であるが、ひじょうに複雑な表出を一括したものである。それは、社会生活と密接に係わっているが、ミツバチの本能を人間の知性と一括して対比させる公式や、社会状態の同一性から昆虫社会と人間社会との本質的な共通性を引き出す公式などにはまったく当てはまらない。

じっさい、人間は知性と本能との伝統的な対立から考えられる以上に動物界に近く、それと同時に、組織的な集団生活を営む動物の社会構造を特徴づける、動物としての同一性から信じさせられるよりも、はるかに動物から遠いのである。われわれは、人間とサンヨウチュウやミミズとのはるかに遠い類縁を示しそうなものを、何であれ失うまいと努めているかのようにみえる。脊椎動物の心理的なしくみのうちで、根本的な均衡を確保するものを、われわれ人間は何ひとつ見逃していないが、それらすべては、われわれに固有な、厳密に固有なものの背後で生の活動を営んでいる調整器に他ならない。われわれに固有なものとは、表象化《シンボル》する能力、もっと一般的には、頭脳を支えている有機体とその体験との距離を保つという、人間の頭脳の持前である。個体と社会との対話の問題は、知性と本能の問題を取りあげるさいに、必然的に提起され、それ以後もたえず姿を現わしているが、これも、人間が浸っている内的外的な環境と人間とのこうした距離設定に他ならない。道具が手から分離し、言葉が物から分離することに現われるこの離脱は、社会が動物学上の集団だという事実にたいして社会がとっている距離にも同様に示されている。人間の進化はすべて、人間を除く動物界で種の適応に相当する部分を人間の枠外に置こうとすることと一致している。最もいちじるしい物質的な事実は、たしかに道具の〈解放〉ではあるが、実際の基本的な事実は、言葉の解放であり、人間がその記憶を自分の外、社会組織体のなかに置くことができるという、例のない資質である。

以下の章の対象は、この二つの距離設定、道具と記憶とによる距離設定ということになる。

第八章　身ぶりとプログラム

道具の形の分類と製作の過程の分析に限られている生活技術《テクノロジー》研究があれば、それが民族学と結ぶ関係は、体系的動物学が動物生態学と結ぶものと同じようなものだろう。じっさい、道具は動作をめぐってしか存在しない。ふつうそれには、動作をめぐる意味ぶかい痕跡があるので、動作のよい証人になる。しかしこのことはまた、ウマの骨格が、かつてその骨組であった足の速い草食獣の痕跡を帯びているのに似ている。『進化と技術』の二冊で扱われた体系的な生活技術研究が不可欠な基礎であるとしても、道具は実際にはその道具を技術的に有効にする身ぶりのなかにしか存在しないのである。

道具の概念そのものが動物界からとらえ直される必要がある。なぜなら、技術的行為は無脊椎動物にも人間にも等しくあり、われわれだけがもっている人工的産物に限って道具だとするわけにはいかないからである。動物において、道具と身ぶりは、運動部と行為部とのいかなる中断も見られない一つの器官と、渾然と一体をなしている。カニの鋏と下顎の骨片は、動作のプログラムと渾然と一体化しており、カニの捕食行動はそのプログラムを通じて現われる。人間の道具が取り外しでき、その特徴が種的ではなく民族的だということは、根本をなんら変えるものではない。かくかくの技術作業を、その展開の点でも道具類の点でも、典型的にニュー・カレドニア的なものにする社会文化的な断面は、心理動物学的な断面をただ置き換えたものにすぎず、この心理動物学的な断面が、かくかくの動物種の作業やそれを行う装置を典型的にその種のものとするのである。

道具と身ぶりの共同動作は、行動のプログラムの登録された記憶があるということを予想させる。動物の水準では、この記憶はすべての器官の行動と一体化して、技術作業はいわゆる本能的な性質をおびる。すでに見たように、人間において、道具や言語活動を自由に取り外せるというのは、集団システムの生存と結びついているわけだが、このことは動作のプログラムを体の外部に置くことを決定づける。それゆえ、いまや今日の社会において、道具だけでなく、機械における身ぶり、自動機械における動作の記憶、エレクトロニクス機器のプログラミングにまで達するほど推し進められた動作の解放を特徴的に示しているもろもろの段階をたどることが問題なのである。道具については、これまでの章で述べてきたこと以上には、もうそれほどいうことはない。逆に、身ぶりが研究対象にされたことはまれなのである。これからそれを研究するさいに、人間の反省をともなう運動活動と動物の行動とを、同じ見通しの下に考えることにしよう。

身ぶりの初歩的な分析

霊長類の骨・筋肉組織《システム》は、その腕や手がわれわれ人間とほぼ等しい力学的特性に恵まれていると十分考えられるほど、人間の系に近い。じっさい、人間の動きの繊細さには、サルと較べてニュアンスを認める余地が十分あるとはいえ、神経運動系の相違と較べれば、解剖学上の相違が無視できることは確かである。それゆえ、ふつうのサル、類人猿、人間を同じ基礎、同じ身ぶりの可能性において考えることができよう。

技術をめぐって、人間に固有な身ぶりの本質的な特徴は、もちろんものを把握することに結びついている。われわれが前に見たように、ものを把握する行為は、齧歯類や肉食獣などの、度合いは違うが同じ態度を示す哺乳類の全範疇に係わっている。手の動きが顔の動き、とりわけ唇と前歯の動きに結びつく行為と、両手または片手の動きが顔の参加なしに行われる行為、この二つの区別はさまざまな水準で介在している。これまでの章で前部運動領域が形成されるところを分析したさいに、この区別の重要性を浮彫りにしておいたが、手に特有な行為のしかたという、もう一つの区別がそれにつけ加わる。というのは、人間の技術行動を分析するさいに、まず重要なのはそれだからである。手に特有な行為は、爪がもっている傷つける働き、指と掌による把握動作、指相互による把握動作に現われている。前進運動とか回転運動で手動の道具を差し出したり、押しつけたりする行為を表わす、技術領域における身ぶり行動の分析は、前腕や腕の梃子に係わる第四番目の動作項によって可能になるはずである。完全な分析においては、体のメカニスム全体が介入してくるはずだが、今の段階では、高等哺乳類と人間の根本的な身ぶり行動の範疇にある一つの秩序がどのように出てくるかを示せば十分であろう。

サルと人間に共通な資本を決定するのは興味ぶかいが、それはサルのうちに人間らしさが見いだされるからではなく、生理解剖学の要素が共通に存在するところはどこかを示しているからである。106図は始原からホモ・サピエンスの黎明期にいたる霊長類の技術行動と人間技術の要点を同時に表わしている。

サルと類人猿の初歩的な行動では、食物の獲得とか消費、攻撃とか防御、顔面あるいは手の接触による外界関係行動などにかかわる動作として、体全体の力学的基礎に立った前肢と顔面との連合行為、あるいは単独行為が問題になる。対象に接するのにほとんどかならず唇、歯で把握する齧歯類とは反対に、霊長類は、まず手を介入させる。[16] 把握する手をもった齧歯類の行為と本質的に同じ一連の行為においても、手と顔の関係がこうして逆転するわけだが、このことは霊長類を他の哺乳類から区別する十分な理由になる。それは人間の動作行動の道を歩み始めているのである。

霊長類から人間にいたるまで、把握作業の性質が変っているわけではない。ただ目的が多様化し、遂行のしかたが繊細になっていくのである（図版106）。ものを把握する、親愛をこめてまたは敵対して接触する、こねたりものを受けるのに手を使うという、指・掌に

		歯による加撃	手による加撃	爪による加撃
	攻撃／獲得／食物摂取	すりつぶし 切　断	槌打ち	ひっかき 穴掘り
唇歯把握	外界関係	——ひき裂き——		
指掌把握	懸垂渡り－把握 感情的接触 こねる 〔能力〕 うずくまり、保護	粉砕器 ナイフ のみ 猪槍	打撃チョッパー 棍棒 〔へら〕	ノッチ 掘り棒 つるはし－鍬
指間把握	皮むき 毛づくろい 〔象り〕	彫刀－薄刃 〔錐〕 〔針〕		削器 (グラットワール)
投げる		投槍	石－投擲物 ボーラ＊	

106　身ぶりと原始的な道具の初歩的な関係を表わす図。＊南米原住民の用いる武器。数個の石を結びつけたもの。

よる動作は、手だけによる技術には、あいかわらず基本的であるが、霊長類においては、皮剝ぎや皮むきを可能にしている指相互の動作が、糸つむぎのような巧妙な動作を要する技術の場合にいちじるしい重要性をおびることになる。今日の人間の脳が最後に獲得されたものであるということは、他のどんな研究にもまして、技術的な身ぶりの研究のなかによく現われている。というのは、高等なサルには、すでに骨・筋肉装置のうちで、技術的結果を生むものが、すべてあるからである。すべては神経系の如何によるのである。

霊長類から最初の道具の所有者にいたる境界は、技術的可能性のなかにはない。巨大類人猿は、把んだり、触れたり、拾ったり、こねたり、皮をむいたり、手で操作したりする。彼らは、指と歯とで引き裂き、臼歯で嚙み砕き、切歯で嚙み切り、犬歯で刺し、拳で叩き、爪で搔き掘る。この一覧表《リスト》の内容は、原人や旧人の道具類を通じて数え上げられる作業を網羅するばあいに必ず含まれてくるものと、まったく同じである。

前章においては、道具がいわば人間の進化の過程を通じて滲みだしてきた、という印象を与えられたかもしれない。だが、血統が成熟して自由な手をもった二足動物に到達する時がやってきたのである。本書の第一部は二足動物に捧げられていたが、この二足動物は生物の連続性から離れることはない。最も初歩的な人間性の点で、すでに最も進化したサルとも完全に異なってはいても、なお同じ流れに運ばれて現われてくる。技術的な身ぶりの分析は、同じ印象をさらに強くかき立てる。なぜなら、身ぶりのうちで、動物との決定的な分離を告げるものは何ひとつなく、道具は霊長類の歯や爪から文字どおり湧きだしてくるのがわかるからである。

最も古い人類、アウストララントロプスや原人の技術的な装備は、加撃器、簡単な刃のついたチョッパー、棍棒や掘り棒として切りとられたシカの角、投げ球などから成りたっていたが、それらを操る動きは、直接に先行する身ぶりを鋳型として生れてくる。人間の手は、手とは別なものによって人間的なので、手そのものによってではない。手は、優れた力学的構成をもって把握とか回転とか並進とかの運動を確実に行うのに適した、サルから始まるかなり単純な骨・筋肉組織であって、これらの動き方には、その後も変るところがない。それゆえ、身ぶりの人間的な価値は手にあるのではない。手が存在するための十分条件は、歩行のときに解放されるということに過ぎないが、身ぶりを人間的たらしめるのは、まさに直立歩行であり、脳器官の発達に及ぼすその古生物学的な帰結なのである。触覚や神経運動メカニスムが、基本的なしくみの性質を変えずに、しだいに豊かになって、質的に介入してくるのである。

原始人類の水準では、把握する、操る、こねるなどの複雑な行為がなおも残っており、われわれの技術的な身ぶりの大きな部分を占めている。逆に加撃器、チョッパー、シカの角などが用いられるようになると、切断する、破砕する、象《かたど》る、ひっ掻く、掘る、などの作業は道具のほうに移り、手は道具であることを止めて原動力になるのである。

道具や原動力としての身ぶりの活用

人間の進化を通じて、手は動作手続きにおける行為の様式を豊かにしてきた。霊長類のものを操る行為においては、身ぶりと道具が混同されているが、それに続いて初期の人類の直接の原動力としての手が現われる。そこでは、手動道具が原動力としての身ぶりから切り離しうるものとなっている。次の段階に入るのは、おそらく新石器時代前であるが、手動機械が身ぶりをも併せ含み、間接の原動力としての手は、原動力の刺戟をもたらすだけである。歴史時代を通じて、原動力そのものは、人間の腕を離れ、手は動物機械とか風車のような自動機械において原動力としての手続きを開始する。最後の段階では、道具、身ぶり、原動力を外化《エクステリオリゼ》〔客観化、物質化、具体化〕するだけでなく、人間の記憶や機械的な行動にまで立ち入ってくる自動機械において、手はプログラム化された手続きを開始するのである。

道具と身ぶりがこうして人間外の器官《オルガン》に移行して用いられることは、生物学的進化の性格をすべて備えている。というのは、脳の進化と同じく、前の物を後の物が排除するのでなく、動作手続きをさらに完成させる要素がつけ加わることによって、時代とともに発達していくからである。先に見たように、ホモ・サピエンスの脳は、魚であった時期から獲得されてきた段階をすべて保存しており、その一つ一つの上に、もっと新しい段階が上積みされているが、その前の段階にしても、最も高度な形の思考のなかで、一つの役割を演じつづけているのである。複雑なプログラムをもった自動機械が存在し、作動するということは、それを製作し、調整し、補修する段階で、金属の操作から鑢《やすり》の操作、電線のコイル巻など、大なり小なり手動または機械による部品の組立といった種類のあらゆる技術的な身ぶりが、はっきり意識されずに介入してくる、ということを含むのである。

手による操作

手による操作を特徴づける、把握―回転―並進運動などの複合した作業は、最初に現われてからずっと置き換えられることなく続いてきた。それはなお、ライオンやウマの前肢のような、ひっ掛けたり走ったりするすばらしい器官に較べると、非常に古風であり、ほとんど専門化していない人間の手の特権なのであって、最も通常の身ぶりの基礎になっている。この持続してきた特権は、古生物学上、何でもできる種《スペキエス》に結びついているわけだが、これはまた徒手作業にも結びついていて、建物の構築、製陶術、籠細工、織物の最も完璧な形は、今日にいたるまで、人間の手工業につながっている。

ものを把みとり、運搬し、都合のいい位置で提示する装置は、高度に工業化した段階の組立て工程や自動操作のなかに初めて現われる。古代から知られている起重機や複滑車においては、手は鉤として出てくるだけで、機械は原動力の単なる外化にすぎない。織物の例がいい証拠である。ペルーや東洋の錦織のような、最も精巧な古代の織物において、手は装飾図案をつくるため、一本一本別々につながった糸を把える。しかし、かなり早くおそらく新石器時代から、糸をくり返し拾う作業を二、三本に一本というように減らすことで、指の自由が獲得されていた。パンチ・カードに記されたプログラムを挿入した機械織が、すでに徒手によって前々から実現していた操作の水準に達するには、十九世紀を待たねばならなかった。どちらの場合も、通った道は同じである。最初の段階では、徒手は力や速度の点では限られているが、無限に多様な行為をするのには適している。第二の段階では、複滑車であろうと機織の場合だろうと、手の作用だけが切り離されて機械に移される。第三の段階では、幼稚な人工神経系の創造が運動のプログラミングを構成しているのである。

直接の原動力としての手

手による操作とは反対に、歯や爪による行為は簡単に外化される。手は異なった範疇の加撃に適した原動装置の端にあるピンセットの役割しかはたしていない（『人間と物質』参照）。

類人猿がなし得る加撃の種類はかなり多いが、その主な器官は歯の装置である。切歯は切断し、削り、犬歯は刺し、裂き、臼歯はすりつぶす。手の役割は何よりも、試すべき対象、また食物の吸収のために適当に小さくすべき対象を、歯の働きに合わせて提供することである。爪の働きは、もともとリズミカルな周期性のゆえにも重要な、掻くとか掘るという行為に結びついた作業に現われるにすぎない。巨大類人猿の動作行動を観察すると、歯による加撃、操作、反覆して掻く動作などに配分されたばらばらな技術が潜在しているような印象が残る。人間の技術性をなす上に必要なすべてのものはすでに現存しており、道具が現われる時期に向って集中しているのである。

切歯がどうしてチョッパーになったか、つまり顎の端にあって断ち切る行為をする唯一の有機的な道具が、手で打ちかいた石で鋭く切る行為にどうして移されていったか、それは資料がないので想像しがたい。しかし、最も古い段階、アウストララントロプスの時代から早くも改造は行われていたらしい。直立歩行がここでも決定的である。サルのばあい、二つの領域の動作(歯の加撃+操作)は、坐位では同時に働き、歩行位では別々に働く。一方、四足動物の歯は、体構造の最前部として主要な外界関係器官である。直立位が獲得されると、手が外界関係器官となり、坐位による作業は顔面と手の行為が同時になされることに結びつく(食物消費と歯が介入する技術動作)。しかし唇や歯による接触は、四足動物におけるほど支配的ではなくなり、多くのサルのばあいと同程度ともいえなくなる。人間の場合、口は愛情による接触とか、補足的なピンセットの役割をする何かの技術作業においてしか、重要性をもたない。それゆえ道具への移行は、外界関係領域が手に移行することによって機能的に正当化されているわけである。

チョッパーを、指先につけられた切歯と見たり、加撃器を、握りしめてふり回す臼歯と見るのは幼稚なことだろう。しかし直立歩行の霊長類が歯の加撃行為を腕で操る小石に移した理論上の時点から始まる転換の前後においても、行為の範囲は同一のままなのである。人間を取り巻く厖大な量の物体には、根本的に人間が生存するために十分な要素の単純性が隠されている。オーストラリア原住民の本当に技術的な材料は、わずかばかりの形に帰着してしまう（図版107）。すなわち、狩猟のための投槍と投棒、採集のための掘り棒、食物の調理や費消のための石の加撃器、燧石《フリント》のナイフ、チョッパー、削器《グラットワール》、骨錐、紐としての繊維、容器としての樹皮の盆などである。化石人類についてわれわれが知り得たことも、旧人にいたるまで同じ次元に留まっており、霊長類の歯や手の行為範囲とぴったり合致する。すりつぶしや槌打ちは加撃器によって証明されるし、ひっ掻くことは掘り道具として用いられたシカの角や、木をひっ掻く小掻器《ラクレット》によって証明される。おし当てたり、叩いたりする切断行為は、刃のある剥片やチョッパーや両面石器によって確立される。後期旧石器時代においては、ホモ・サピエンスとともに道具の種類が拡がるが、今日までのところ、梃子および罠《わな》以外には、間接の原動力としての手が実現したことを示すものは何もない。

間接の原動力としての手は、新しい〈解放〉に対応する。というのは、原動力としての身ぶりが解放され、身ぶりの延長であり変換されたものである手動機械となるからである。この重要な段階が越えられた時期を、時間のなかに位置づけるのはきわめてむずかしい。しかし後期旧石器時代においては、この間接運動性が少なくとも二種の器具、孔あき棒と

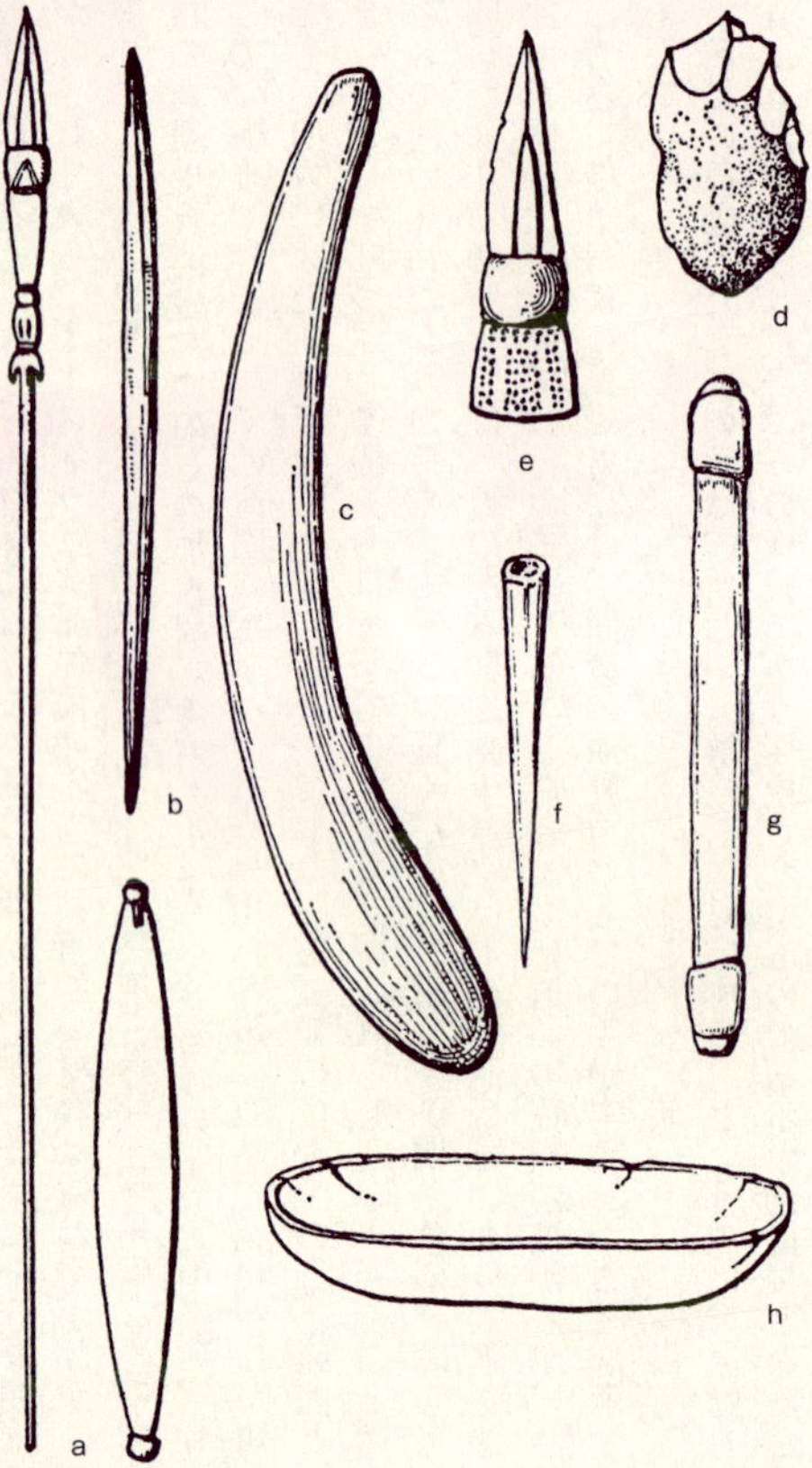

107　オーストラリア原住民の狩猟具と製作具。　a）投槍と投槍器　b）掘り棒　c）ブーメラン　d）チョッパー　e）ナイフ　f）鑿　g）両端削器（グラットワール）　h）樹皮の皿。

投槍器《スピア・スロワー》によって証明される。第一は、孔の空いた馴鹿《トナカイ》角の断片であって、あらゆる点から見て、骨の細い串棒を火のなかに立てかける梃子として用いられたらしい。そこでは、手の運動の力と方向が変えられている。このごく簡単な間接的原動力の適用、運動の方向に力をおよぼすこの道具は、前三万年のオーリニャシアン期に早くも現われている。投槍器はやや遅れて、約一万三千年前のマグダレニアン期のころに見いだされる。これは投槍が飛ぶのを加速する鉤型の小棒で（『環境と技術』参照）、投槍を手に握っている投げ手の腕に、さらに肘と前腕が補足されたに等しい力学価をつけ加える。

この時点から歴史時代の黎明まで、間接的原動力の応用は発展しつづける。農耕牧畜経済へ移行することによって、その応用例は弓、石弓、罠、滑車、回転石臼、起重機、伝達綱などの手動機械におけるバネや梃子や、交互または連続的円運動のおかげで、さまざまな技術のなかに重ねられていく。それゆえ、前の『人間と物質』、『環境と技術』の二著でも考察されているが、これらの器具は、人間進化の論理的な一段階にあたる。そこには、少しずつすべての器具を人間の外に押し出していく過程が、手動の道具の場合と同じ明確さで見てとれる。歯の働きが取り外しうる道具を扱う手に移り、それから道具はさらに手から遠ざかり、まさに身ぶりの一部が手動機械によって腕から解放されるのである。

原動力から解放された手

進化はつづき、動物の動力や風や水の動力が用いられるようになると、筋肉の力そのものが体から解放される。これは、人類が自分を始動の役割だけに限定してしまい、自分を決定的に拘束する肉体機能の専門分化からはそのつど免れている、という人類の不思議な性質なのである。最初の人類の手が厳密に道具に適応したとするなら、限られた行為に高度に適応した一群の哺乳類が生れただけにとどまり、人間は生れなかったことだろう。人間が生理的（そしてまた精神的）に適応しなかったことは、意味ぶかい遺伝的な特徴である。屋根の下にひきこもるばあいはカメであり、鋏を手にするばあいはカニであり、騎士になるばあいはウマであり、そのたびに、人間は自由な余力をもつようになり、その記憶は書物のなかに移され、その力はウシによって倍加され、その拳は槌によって改良されることになる。

人間にとってではなく、行動の手段を集約的にもった社会にとっても、動力からの解放はおそらく重要な一歩である。この現象が現われたのはかなり遅い。動物による牽引や、水とか風で動く機械は、古代史が見せてくれる事件であるが、この事件はしかも、十八世紀までその技術・経済的な優位性をそこに置いていたいくつかのユーラシア文明に限られる。一般に技術的な意味をもった歴史的事件と解されている四輪荷車、鋤、風車、船の出現は、また生物的現象として、人間において生理的な肉体にとってかわる外的機構の変換とも考えられるのである。

動物機械〔機械としての動物〕とは、筋肉の介入がいちじるしく増すということである。つまりその原動力はいわば方向を変えられ、動物の動力源をコントロールするのに向けられる。それによる消耗は何といってもいちじるしいが、そのうえ動物機械の効率は、ひじょうに早くから中位の水準で止ってしまっている。ウマの数をふやしても、馬車の速度はふえず、疲労にたいする耐久力をいちじるしく増すこともなかった。

自動機械は、水力杵とか風車のように、最も簡単なものでも、人間とその外化された力とのあいだに、まったく別な一つの関係をうち立てる。手は、最初に起動力としての役割をはたすが、それからは動きを維持するため、あるいは止めるために介入するだけである。動力を増すとか、人間の考えに合わせて作られた、あらゆる仕事を行う機械‐道具にその力を配分したりするのは人間の役目であろう。

水力と風力の征服は、歴史上かなり早く古代からなされていたが、それにたいして、自動動力は何世紀もの長いあいだわずかなものに限られていた。十八世紀でも、製材所や鍛冶屋はなお、水力や風力に頼っていた。蒸気圧の利用とともに、決定的な一歩が踏み越えられるが、それはやっと十九世紀になってからである。

そのときに、人類は自然界と人間との関係に生じた規模の変化の驚くべき性格をはっきりと見抜いたのである。青銅器時代以後、これほど重要な一歩が踏み越えられたことはなかった。金属を最初に征服したのは手の勝利であったが、蒸気を征服したことによって、決定的に筋肉の外化が確立されたのである。

しかし、人力の介入はなおもいちじるしく、蒸気の世紀はまた、手で労働する人間の隷従が最もひどかった世紀でもあった。実際、十九世紀の自動機械には、脳や手〔にあたる装置〕がまったくなかった。その神経系統というべきものは、ごく幼稚であり、一定の、しかし盲動的な力を配分するだけの速度・圧力調整装置に限られていた。職工は機械の前で動力の効率をはかる頭脳であり、火力源をあたえ、機械に原材料を提供し、方向づけ、修正する手であった。

しかし生物学上の変化が、それをこうむる生物の生理的な体制と行動に同時に係わる事実であることを認めるなら、自動動力の誕生は確かに本質的に生物学上の段階なのである。そうした変化が新しい生きた現実に直面させるなら、それが体外の器官《オルガン》に係わる変化かどうかは大した問題ではない。先に見たように、ホモ・サピエンス以来の人間の進化は、地質時代の水準のままでの体の変化の展開と、次々とつながる世代のリズムに結びついた道具の変化の展開とが、しだいに明白に分離していくことを証言していたのである。種が生き残るには、ある調整が不可欠であった。つまり技術的な習慣に関するだけでなく、変換のたびに個体の集合法則の手直しを要する調整である。人類が動物的な世界と平行しつづければ、しまいには逆説になってしまうにせよ、人類が道具や制度を同時に変えるたびに、少しは種《スペキエス》も変っていかざるをえないことになる。人間に特有とはいえ、集団機構の構造全体に影響するさまざまの変化の連関性は、動物集団の全個体に係わる変化と同じ次元のものである。ところで、社会関係は、原動力が無制限に外化されるとともに、新しい性格をおびる。人間以外の観察者で、しかもわれわれが慣らされてきたような歴史的、哲学的な説明に無関係な存在なら、われわれがライオンとトラ、オオカミとイヌとを区別するように、十八世紀の人間と二十世紀の人間を区別することだろう。

〈自動機械〉十九世紀の機械類も理想的な変化をなしとげるまでにはいたっていない。もしそれが実現したとすれば、人間は自分の外に完全に人工的な別の人間を持ったであろうし、それは無限の速さ、正確さ、能力をもって行動したことだろう。しかしまだ、道具、身ぶり、力、思惟のすべてが社会的理想の完全な分身像に注ぎこまれ、移し入れられる時期からは程遠いのである。事実、個人がしだいに専門化した細胞の役割をはたすようになる社会組織体が、時の流れとともに具現されてくると、歴史の階梯の上で動かない文字どおり生きた化石としての骨肉をもった人間は、マンモスに勝った時代には完全に適していたが、筋肉を使って三段櫂のガリー船を漕ぐ段になると、すでに追い越され、その機能不全はいよいよはっきりと現われてきた。より強力で、より正確な手段をたえず探し求めようとすれば、どうしてもロボットに到達せざるを得ない。これは、自動人形を通じて数世紀来人間精神につきまとって離れなかった生物学的な逆説である。じっさい、第一章の祖先猿の想像図は、識りがたいものにたいする郷愁にみちた心の襞の表現であるが、これに対するのは、天使や聖人の復活像の精神的な像ではなくて、完全に製造された人間、類人猿の分身としての機械像であり、血肉をもった人間の周囲をターザン、宇宙飛行士、ロボットなどが巡る星座のなかに、この像が加わってくるのである。

十九世紀は、今なお数多く生き残っている怪物、つまりたえず人間という協力者を必要とする、神経系統のない機械を生みだした。電気エネルギー利用の改善や、とくにエレクトロニクスの発達は、一世紀たらずの自動機械の変遷のあいだに、人間存在にそれ以上外化させるべきものがほとんど残っていないほどの変革をひき起した。小型モーター、光に反応する電池〔光電池〕、記憶装置、トランジスターなど、すべて超小型装置の発達によって、機械には根本的な変化が生じた。このばらばらな道具立てが、一つ一つの部品となって、生物学的な組織《アセンブリッジ》と驚くほどよく似た組織の構成要素を提供するのである。十九世紀の機械類は、厖大なエネルギー源を用い、巨大な伝導系統によって、単一な動力を盲動的な機関へ導いていった。それにたいして、現代の工学は、動力源を多様化し、文字どおりの神経系統によって制御《コントロール》される文字どおりの筋肉組織をつくりだし、それが文字どおり知覚・運動をつかさどる頭脳である器官《オルガン》と連繫して、複雑な作動のプログラムを確実に遂行させている。

機械でできた全くのブロントザウルスのような圧延ローラーの列から、航空機の自動操縦装置にいたるまで、機械の自動化は、チョッパーを装備したアウストララントロプスから始まる過程の最後から一つ手前の段階にあたるといえるだろう。運動をつかさどる大脳皮質領の解放は、直立位とともに決定的なものとなり、人間が運動をつかさどる脳を外化する時点から完成される。知的な思惟を外化することより上の段階、すなわち判断するだけでなく（この段階はすでに獲得された）、その判断を感情で色づけ、決断し、熱中し、厖大な任務を前にして絶望に沈むというような機械をつくることは、ほとんど想像できない。このような装置が機械として複製される可能性が確実になった後で、ホモ・サピエンスに残されているのは、もはや、決定的に古生物学的な薄明のなかに引退するという仕事だけであろう。脳をもった機械が地上の人間にとってかわる惧れは、実際にはほとんどない。危険はいわゆる動物種の内部にあるので、直接外化された器官にあるのではない。森林のような導管の迷路のなかで、人間を駆り立てるというロボット像は、自動作用が別の人間によって調整されないかぎり通用しない。いささか心配しなければならないのは、千年後にホモ・サピエンスが外化を終えてしまって、旧石器時代から受け継いだ時代遅れのこの骨・筋肉装置をどうしていいかわからない、ということだけである。

プログラムと機械的な記憶

自動プログラムの実現は、重要さの点ではチョッパーの出現や農業の出現に劣らぬ人類史の頂点をなす事実である。それは、歴史的に近い時代に始まった事実であって、この点で技術的な大変動のしくみについて、ある概念を提供することができよう。一連の技術的な身ぶりを機械で実現しようという考えは、歴史時代を通じ、きわめて徐々に現われてくる。単一の身ぶりによる自動機械は、地中海や中国の古代において、早くも水力杵のかたちで実現している。しかし、本当のプログラミングの考えは、大文明の技術的環境においても、中世以前には、まったく実現の可能性がなかった。完全に機械的な方法で最初のプログラミングの手段を見せてくれたのは時計製造術であった。革新に好都合な環境というのは、時間の像を物質化するさいの、一連の専門的な技術によって実現される。展開と機械の運動の専門家である時計師は、小歯車とカム軸の働きで、円周運動と押棒の働きから引きだされた直線運動とを組み合せて、早くも中世に最初の仕掛時計と自動人形の簡単なプログラミングを実現している。

機械の運動の進化は、動力源の如何による。十二世紀から十五世紀まで、時計の仕掛は重さによる直線方向の牽引力によって動かされていたので、その可能性は、いちじるしく限られていた。十五世紀から螺旋状のバネが用いられて、自動装置が軽く動きやすくなり、仕掛がいよいよ精巧になり、時計製造術から引きだされた装置によって、プログラミングのかたちで実現されたものの頂点、十八世紀の自動人形にいたるのである。小歯車とカム軸の使用は、十九世紀になると規模を変え、蒸気で動く単一な身ぶり〔動き方〕の機械が生れた。これらの機械は、その前の自動人形とともに、動物の進化といわば平行関係をもつ技術的進化の、ひじょうに興味ぶかい段階を示している。

じっさい、自動機械人形のプログラミングは、一連の単一な身ぶり〔動き〕から成り立っていて、その反復が機械仕掛そのもののなかに登録されている。機械動作の記憶は、装置の運動部分の少し後、カム軸のところにとどめられ、機械の伝達部分を除いては、いかなる神経系統も調整装置もない。エレクトロニクス機械と較べると、ヴォーカンソンの自動人形は、哺乳類にたいするミミズの位置にある。すなわち記憶が体節に分岐し、装置の各運動部分に埋められている。運動のカム軸は、環形動物の各環節を動かす神経節のつながりのように、各運動部分に配分されている。

十九世紀の初めに、自動運動が時計製造術とはまるで違った道をたどって、機械技術に取り入れられた。ジャカールは、模様織り織機におけるパンチ・カードの作用を確立し、そのおかげで横糸が決った所で拾われるようになった。このやり方で、横糸ごとに複雑な図柄が全く自動的に織られるようになった。そのうえ同じころ、同じ原理に立ったパンチ・カードによるオルガンが現われる。ジャカール織機と手回しオルガンは、原理においては自動人形とオルゴールに対立する一対の自動機械を形づくるといえるだろう。じっさい、パンチ・カードによる機械は、作動機関とは別の中枢的記憶を備えていて、これがひじょうに多くの変更可能なプログラムに対応する、文字どおりのメッセージを作動機関に送る。自動人形の指のプログラムは、オルゴールやカナリヤ風琴の旋律と同じく歯車装置に含まれている。それは、与えられた機械そのものとしては不変であり、ちょうど環形動物の進行が決った運動機能をもつ一連の環節の単純な動きの整合に過ぎないように、それを変更するには、別なメカニズムの方式を採用しなければならなくなる。ジャカール織機のプログラムは、作動機関の外部にあり、機械装置に較べて、そういってよければ〈賢い〉のである。異なった動作の鎖を機械に遂行させるには、機械の改造は必要でなく、パンチ・カードを取りかえるだけでよい。厳密な意味での神経系統はまだないが、十九世紀初頭の技術環境が記憶装置の実現に寄与しうる限りのものは、すでにそろっていた。

人工的に生体を模倣することがかなり高度に達したのは、二十年来のことにすぎない。それには、一世紀にわたる電気への慣れ、続いて電子の波の扱いにおける慣れが必要であった。その結果として、今日の機械は、その用途が何であれ、これまでたどってきたさまざまな段階を総合したものになっている。部分の高次な集合が必要とする程度に応じて、多種多様なエネルギー源で動かされる機械的な作動装置は、少なくともどこかの段階で、テープに具体化されたプログラムによって作動を始める。本質的な変化は、中枢装置《オルガン》による文字どおりの命令伝達と、制御の神経系統の存在にかかっている。一連の機械的な動作は、変更しうる記憶によってつながれ、機械の物理的な好調不調は、さまざまな装置《オルガン》の速度、温度、湿度を調整する別の装置《オルガン》によって制御され、そこで扱われる材料は、秤量装置、触知装置、感熱装置、感光装置によって、組織や形を調べられる。これらの装置は、その印象を自動調整中枢に伝達し、機械は感覚装置から受けとる指令《メッセージ》どおりに運動を方向づけ、修正し、遮断する。いやしくも生物学者なら、高度に進化した動物の力学を、ついにそれと肩を並べる〔人工〕生物界をつくるにいたったこれらの組織体と較べないでおくのはむずかしい。

動作と身ぶりの進化

このように、すべての人間の進化について、同一の態度を取りつづけるのは有益なことだろう。進化が先行段階を利用して、その上に革新されたものを上積みし、先行段階がその現実の基盤になるというのは、ごく一般的な生物学的現象だが、そこから出発して、神経系統の進化を次の点から考えることができた。つまり技術の原動力と言語活動を同時に出現させ、ついで高次の反省を伴う技術性と象形的思惟を出現させる皮質領の加畳という点である。あの直立位や一般的な骨・筋肉構造は、アウストララントロプスにおいて人間らしく実現される時点から、クローズアップされなくなるが、このことは、すでに古生物学的水準で歴然としている。手は、すでにサルによって獲得されているが、道具をもつようになると、手は進化するのをやめてしまう（神経運動面での適応は別として）。初期の人類にとって、肝心なことは、ほとんど手と顔をつかさどる皮質の神経運動領の装備にかかっている。それゆえ、骨や筋肉の観点からは、進化といっても、もはやわずかな適応や変異に過ぎず、集団の進化の最尖端は道具へと向うのである。

道具の働きは比較的単純で、数も少ない。今日までずっと、ものを製造する基礎となっている叩くとか、切るとか、刺すという行為は、速やかに獲得された。そこで進化は、全体として材料と運動に向けられたのである。運動の進化は、原動力の解放を決定し、最初の農耕社会からすでに、動力の征服は新材料の征服とともに、今日の社会の支配的事実となった。直線運動を円周運動に転換し、伝達によって動力を転換し、動物ついでエンジンによって運動を転換したのである。新材料への志向は、道具の上にもそれを働かせる力の上にも働く。最初、問題は金属に限られていたのが、歴史を通じてしだいに直接間接に動力となる燃料の問題が現われてくる。青銅器時代から十八世紀にまで、ごくゆっくりと、しかも多くの困難に遭いながら、最尖端の技術は、より強靭な材料でつくった道具をいかにしてより強力に動かすかという問題に直面しながら、進化していった。溶鉱所は、石炭と蒸気によってすべての問題が燃料に帰着するときまで、鍛冶屋の不十分な力によって生じた問題を臨機応変に切り抜けていた。動きと材料は、同じ周期のなかに混じり合っていた。十九世紀の驚くべき飛躍は、鋼鉄製造にも、溶鉱所の金属精錬にも、鉱石を運搬し、工作機械を動かすにも、石炭が同時に用いられたことによっている。それゆえそれは、力の解放へ向う大幅な飛躍であり、結果として人類の内的構造のすべての根本的な再検討を促した。生活様式の点から見れば、石炭は動物の系統における歯や消化器官の速やかな変化と同じくらい重要な結果をひき起したのである。動力の解放の直接的な結果としての鉄道や労働プロレタリアートの形成は、種の全組織に直接の影響を及ぼしている。個々人は、クロ＝マニョン人の脳と体格をなおも持ちこしているが、その個人の適応は、しだいに大きくなる歪曲に辛うじて支えられてきたのである。

現在でも、適応は終っていない。進化は新しい段階、脳を外化する段階に及びはじめ、厳密に生活技術の観点からすれば、転換はすでに行われている。より一般的にいえば、トナカイの狩猟者の子孫と、彼らの合理的な機械との距離は、いっそう大きくなった。時間・空間の縮小、行動リズムの増大、一酸化炭素や産業公害への不適応、放射能の浸透性などは、長いこと人間のものと思われてきた環境に、人間が生理的に適応できるかどうかという奇妙な問題を提示している。十全に進歩を利用しているのは社会だけだ、ということにならないかどうか、自問してみることもできよう。個人としての人間は、すでに時代遅れの有機体であって、小脳や嗅脳、手足のように役には立つが、人類の下部構造として背景に退き、〈進化〉は人間よりも人類に興味をもっているのではなかろうか。その上このことは、人類という種と動物種の同一性を確認するに他ならない。動物種については、種の到達点だけが考察の対象になるからである。

動作の連鎖の進化

技術の解放は、疑いもなく個人の技術の自由を減少させた。アウストララントロプスから機械化にいたるまで、個人の動作行動はだんだん豊かになったが、その性質が変ることはなかった。狩猟者やその後の農民や職人などの技術生活は、物質的に生存する上で、多岐にわたる行為に対応した数多くの動作の連鎖を含んでいる。これらの鎖は経験的であり、世代から世代へ伝えられた集団の伝統から取り入れられている。大筋では一致し、民族的に多様な広大な領域に分布しているが、その主な特徴は、強い地方色と個人色である。道具、身ぶり、産物など、人間のすべての所産は、集団の美学に浸されており、民族的な個性を備えている。そのことは、民族博物館を最も表面的に見てまわるだけでも十分明らかになる。伝統的な枠のなかで、個人は、個性的な変化を見せるのであって、彼が自由になしうる行為のわずかな幅のなかで、また集団に合体することで保証される安全のなかで、個人として存在するという感情を求めるのである。

産業段階の原動力に移行すると、事情は深く変る。機械による行動には、まだたいへん大きな空隙があり、動作の連鎖はそれを埋めるのに用いられる。労働者は、機械のリズムに合わせた連鎖の一部、主体を外に置きざりにする一連の身ぶりの前に置かれ、はっきりした個性と快適な規模とをもった集団への所属が消えうせ、それとあいまって、完全な〈技術による疎外〉が起る。

最初の工業化は、機械を主にするという性格をなんら捨て去ることなく、ただ労働者を無理なく少しずつ機械に適応させる過程のなかで行われた。身ぶりの〈テイラー方式による合理化〉は、道具の尖端や生産品の規格化、連続円運動（回転、旋盤、独楽《こま》……）にたいする大幅の適応、材料の無差別な扱いなどをともなう。そしてしだいに、機械的自動作用が取り入れられ、最終的には、労働者が原材料の搬入、プログラムの遂行、完成品の搬出を管理するだけになる。

進化の過程については、いかなる価値判断もなしえない。なるほど中生代のディノサウルス類の巨大さは〈悪か〉っただろうと考えられる。ワニは生き残ったのに、彼らは絶滅したからである。しかし、ホモ・サピエンスにとってかわる存在の未来については、何ひとつわからない。逆に、すでに今の段階でも、取り戻す術なく変ってしまったものを測ることはできる。ピテカントロプスから十九世紀の指物師まで、動作の連鎖の外見は変らなかった。働く人は、材料を前にして、それぞれの長所と欠点を妥協させ、伝統的な知識によって身ぶりの連鎖の可能な展開を組み合せ、製造を導き、修正し、筋肉運動とアイディアとを平均に費やして生産物をつくりだす。彼の行動がどれほど機械的であっても、それにともなって、映像や概念が顔をのぞかせ、ぼんやりとでも言語活動が現存している。人間という種《スペキエス》に特有な動作行動は、数十万年にわたって、人間という性質から離しえない直接的な意味をもつ集団の文脈のなかに、すべて統合されてきた。

木目も節も問題にせずに、木材を機械に入れてやると、自動的に包装された標準サイズのはめ木の薄板になって出てくる。これは、たしかにごく重要な社会的利益である。だからといって、人間はサピエンスであることをあきらめず、たぶん何かしらよりよいもの、少なくとも何か違ったものになることを求めつづける。ところで、一世紀ぐらいでは変ることのない動物としての人間には、まさしくすばらしく地球化された組織体のなかで、その非個性化された細胞であるという満足とは別の存在感を持ちたいと思うとしても、彼の前にどんな出口があるのかと問わずにはいられない。

同じ事実を別の見かたから位置づけると、人類に起った変化の別な側面が明らかになる。前産業段階の社会では、個人の技術係数が比較的高かった。より正確にいえば、あらゆる個人の生活が、少なくとも生存に十分な水準のさまざまな手仕事で満たされていたのである。集団は控えの役を務める次善の個人に甘んじているが、あらゆる領域で名匠が先頭を切り、刺戟にとむ才能の姿、つまり職人、音楽家、富裕な農民などの姿を見せてくれる。それらのグループもそれぞれに自分たちの模範的な人材を擁していて、彼らとの触合いをもっていた。現在ではこの関係に深刻な変化が起った。無数の群衆がたえず少なくなる第一人者たちと好対照をなすようになる。群衆がまだ第一人者の示すところを見ることができるとはいえ、それは印刷や視聴覚を介してである。宇宙飛行士、労働英雄、イランの王女など大集団の第一人者は、狼狩りの隊長とか、広場の鍛冶屋とか、居酒屋の給仕女などと同日の規模では論じられないが、身近にいるという親しみに欠け、幻影の源になる価値をもつにすぎない。

手仕事の領域でも、事情はまったくこれと似ている。手は元来、小石をつかむピンセットであり、人間の勝利は、これをしだいに製作者たる自分の考えの巧みな召使いとしたことにあった。後期旧石器時代から十九世紀まで、手は絶えざる勝利の道をたどった。産業のなかでは、機械の作動部品を製作する何人かの工具作り職人の手が、なお本質的な役割をはたしており、これに較べると、無数の労働者は材料を分配する五本指のピンセットか、ボタンを押す人差指しかもっていないことになる。それも過渡段階であることはまちがいない。非機械的な機械製造工程が少しずつ排除されていくのは疑いないからである。

手の活動が、あらゆる点で手に関係する脳領の均衡と密接に連繫していなかったら、手という偶然に生れた器官の役割が減少しても、それほど重大なことではなかっただろう。「十本の指で何ひとつできない」ということは、種の規模ではそれほど心配なことではない。というのは、これほど古い神経運動器官が退化するには、何千年もかかるからである。しかし個人の次元では、問題は全く別である。十本の指で考える必要がないというのは、正常な系統発生学的な意味で、人間的な思考が一部欠落するということである。それゆえ、種の次元ではないにしても、個人の次元で、現在すでに手の退化の問題が出ているのである。本書の第三部で、わたくしはこの問題を取りあげ、すでに手の不均衡が部分的に言語活動と現実の美的な映像のあいだに存在していたきずなを断ち切ってしまったことを示そうと思う。非具象芸術が「手から離れた」技術性と符を一にしているのはただの暗合によるものではないことが、そこで明らかにされるだろう。

第九章　ひろがる記憶

前章では、技術をつかさどる器官の外化という、人間だけに特有な現象を見てきたが、機械が神経系統および前もって行為を〈知る〉能力をそなえるにいたったときに提起された問題点を、もういちど途中で捉えなおしてみるのは興味ぶかいことである。新たに種《スペキエス》と民族との関係が問題となるが、こんどは本能、知性、〈人工思考〉あるいは種の記憶、社会的記憶、〈機械による記憶〉の次元においてである。機械を生命体と同一視するのは行き過ぎに見えるかもしれない。ただの動物学的関心からの同一視は無益なことだろう。しかし、存在論的な見方からそうするのが無駄だとはわたくしには思えない。そうすれば、科学的系統論と合致するものだけを選んで、人間を断片に切り刻むようなことをしなくてすむ。デカルトが動物機械にたいして、考える人間を特徴づけようとしたのを見ると、今日のエレクトロニクスの知識があったら、彼は機械動物の問題を考えたのではないかと思われる。別のほうから、大衆がぼんやりともっている感じを引き合いに出すこともできる。あらゆる国語の新聞雑誌の〈コミックス〉や漫画を見ると、大筋では、あきもせず三人の登場人物のあいだに同じ葛藤がくり返されている。すなわち野獣と人間とロボットが一連の意味ぶかいニュアンスをなしていて、アメリカ渡りの文学では次のような進化の線に沿って具体化されているといえよう。つまりヤギュウ、ゴリラ、カウボーイ、学者、宇宙飛行士、ロボット、である。野獣－人間－考える機械の各項は、考える野獣（ゴリラ）、筋肉人間（カウボーイ）、人間頭脳（学者）、人間機械（宇宙飛行士）、機械人間（ロボット）をへて、他の項に導かれる。そこで集団的思考の全体から人間集団の進化を理解するのに適当な分類を引きだすことが可能ではないかという疑問が出てくる。

人間の記憶に関する根本的な事実については、すでに論じた。道具と同じく、人間の記憶は外化され、その容れ物は民族である。これが人間の記憶を動物から区別するところだが、後者については、記憶が種のなかに含まれているということ以外に、ほとんど何も知られていない。動物の記憶、人間の記憶、機械的記憶のあいだには、重要な違いがある。第一は、種によってあらかじめ専門分化した狭い遺伝的な回路のなかで、経験によって形づくられ、第二は、言語活動から経験によってつくられる。第三は、あらかじめ存在しているプログラム、人間の言語活動から引きだされ、人間が機械に入れたプログラムの回路のなかで経験によってつくられる。機械の記憶は動物記憶とある程度似たところがある。機械の一つ一つの型《タイプ》について、一種の特別な予定条件づけがあるわけだが、動作のプログラムはまったく本能的な仕方で与えられている。というのは、プログラムは行為に先立って実質的に存在し、あらかじめ行為のあらゆる変化の可能性を示しているからである。

この点で機械は、はっきりと動物そのものよりも、本能の古典的定義に近い。

それゆえ機能的な見方からすると、三つの記憶は別々だが、類似点もある。人間の遺伝による記憶は、民族のなかに先在しているが、人間がほぼ何ひとつ〈本能的な〉ことをしないとしたら、それは人間が動物と違って隔世遺伝的な仮説的記憶を受け取らなかったからである。ただ動物は、あらかじめ調律された狭い鍵盤の上でその経験を弾き、個性的な変化にはほとんど選択の余地がない。それにたいして、人間は広い鍵盤をもち、社会から多くのプログラム群を受け取り、これを同化し、そこに自分の模様を描く。この点からすると、機械による記憶はその二つの中間にある。というのは電子機械には狭い鍵盤しかないが、プログラムが与えられるという形で、いわば教育を受けるからである。

プログラムの伝達

集団としての記憶の歴史は、五つの時期に分けられる。口頭伝達の時期、表《リスト》や索引をともなう書かれた伝達の時期、簡単なカードの時期、分類整理機械を使用する時期、エレクトロニクスによる体系化の時期である。

口頭伝達

集団の知識の全体は、その集団の統一性や個性を示す根本的な要素であって、この知的資本の伝達が物質的・社会的な生存の必要条件なのである。伝達は動作の連鎖の階層構造に係わっている。

機械的な動作の連鎖は、家族共通の記憶にあたるもので、日常生活の物質的・倫理的な、あらゆる挿話的なことにまで係わっており、それが個人の記憶に刻みこまれるのは、幼年期であり、言語活動が必ずしも最重要な役割をはたすわけではない現われ方でなされる。さほど頻繁でない例外的な慣習については、これと異なり、書字のない社会ではすべて、それらは文字どおりの専門家の記憶のなかに貯えられている。つまり、年取った家長や吟遊詩人や司祭が伝統的な人類において集団の統一を維持するという、ひじょうに重要な役割を引き受けていたのである。

知識の資本が登録されることは、口承文学、および一般的な象形化の発達に結びついている。それゆえこの問題については、本書の第三部で再び取り上げることになろう。ごく一般的にいって、実用的、技術的、科学的な知識については、ふつう呪術的・宗教的な領域がはっきりと慣習上の定式と区別されない全体の脈絡のなかに包含されてはいるが、文字に定着されるのはかなりまれである。農耕社会における職人的な仕事については、アフリカやアジアの鍛冶屋の場合にも、十七世紀までのわれわれの同業組合の場合にも、職業の社会的な構造化が重要な役割をはたしている。徒弟修業と職業の秘密保持が民族の社会細胞の一人一人に力を及ぼしている。原始人にも、最近の農民にも等しく当てはまるこの段階では、技術に係わる記憶の内容は、いかなる体系的な組織化の対象にもならない。より正確にいえば、動作の連鎖の一つ一つ、あるいは鎖の一つ一つがほとんど独立した全体、物を指示する身ぶりと口頭による説明との一体を形づくっているのである。

最初の書かれた伝達

書字《エクリチュール》が出現したのは偶然ではない。神話文字的な再現体系に数千年の成熟があり、その後で、思惟の線的《リニアー》な記録が金属および奴隷制とともに現われる（第六章参照）。その最初の内容もまた偶然ではなかった。それは勘定報告であり、神々や人間にたいする負債証書であり、王朝の系譜であり、神託であり、刑罰の一覧表であった。最も古いテキストが簡潔であり、記録としてごく貧弱だという性質は、民族学者にとって、絶えざる失望のたねであった。シュメール人が料理の作り方や行儀作法案内や木・金属技術の教科書を残しておいてくれたら、われわれはどれほど多くのことを学んだことだろう。実際には、こういった昔から口頭の記憶手段によって確実に保存されてきた対象のために書字が生れたなどとは考えられない。進化は、まず新しいものの上に及び、生れようとしていた冶金術でさえ、新しい技術であるためには、機械的な慣習のなかに気づかれずに挿入されるのではなく、つながった身ぶりの全メカニスムから離れた、例外的な作業でなければならなかっただろう。これは、製造の技術には考えられないことなのである。あるいは書字は、数世紀のあいだ、対象なしに成熟して、ごく最近になって初めて明らかにされたことを記録する手段になったというのだろうか。これも前説と同じく、理屈に合わない仮説である。集団の記憶は、書字の初期において、生れつつある社会体系に例外として定着させたほうが具合のいいものを別にすれば、伝統的な動きをぶちこわす必要がなかった。それゆえ書字が書きとめるのは、一般に作られたり体験されたりするものではなく、都市化した社会の骨格をなすものだ、ということも偶然の一致によるのではない。この社会の営生体系の中心は、天上あるいは人間の生産者と指導者との流通経済にあった。革新は体系の頂点に始まり、都市の新しい構造のなかでは、身ぶりの連鎖や生産物をもってしても完全に記憶として定着できないすべてのもの、つまり財政的行為や宗教的行為、奉献、系図、暦などを選択しながら包みこんでいく。

書かれた記憶は、黎明期の科学そのものについては、特徴的な要素しか記載していない。メソポタミア、エジプト、中国、コロンブス以前のアメリカなどの大文明においても、この種の最も古い言及は、暦と距離に関するものである。時間と空間についての知識は、農耕による定着以前の原始人類にもないわけではないが、両方とも、中心都市が天界および人間化された領域の枢軸になってから新しい意味をおびることになる。

世代から世代への記憶のなかに言葉や文章を取りこませる道具が完成するにつれて、記録は発達し、知識のさらに深い層へ浸透していく。しかし古典古代においても、あいつぐ世代を超えて伝えられるべき事実の総体は、社会的な価値の序列によって、一定の領域のものに限られており、全体は哲学とともに、宗教、歴史、地理などについてのテキストから成っている。いいかえれば、おたがいの盟約を中心主題とする神と人間の次元の上に、時間、空間、人間という三重の問題によって記憶すべき題材が構築されていたのである。農業は四季を原動力とする詩歌のなかに姿を見せ、建築は宇宙空間を寺院や宮殿に合体する記述のなかに現われる。数学と音楽は、医学とともに現われ、いわゆる科学的な最初の要素として、なお呪術的・宗教的な芸術の光背に囲まれている。

方向づけの試み

西欧においても中国においても、口頭伝達と、書かれた伝達との分離は、印刷術が出現するまでは容易になされなかった。これまでに知られている伝達は、大半が口頭伝承や技術のなかに埋もれており、そのごく一部が古代から枠のなかで変らないままに、写本に固定されて暗記された。ホメーロスや夏《か》の禹王《うおう》と、最初の西欧や東洋の印刷物とを隔てる何世紀ものあいだに、記載すべき事実の量が増大するにつれて、参照の概念が発達したが、文書はそれぞれ、頭文字や傍注によって文脈を整えられ、一つの緊密な連続したものとなり、それを読む者は平面的にというよりも、むしろ線的《リニアー》な軌跡をたどって、原始の狩猟者のように〔読み〕進むことになる。話し言葉の展開を方角案内板のようなやり方に変えることは、まだなされていない。前に見たように、音声的な文章に戻すことのできない二次元の神話文字を、線的《リニアー》につながるアルファベット記号に転換することは、話し言葉《パロール》の解放、およびある意味で個人の表象能力の減退を意味したのである。印刷術時代に入ると、テキストの夥《おびただ》しさのために、たちまち新たな転換が避けがたくなり、転換が始まることになる。

　古代中世の写本の内容は、読者の記憶に一生留められるという前提のテキストからなっていた。少なくとも読んだばあい、たちどころにどの辺を読み進んでいるかわかるほど、読者は慣れ親しんでいたのである。確かにもっと一般的な内容、つまり最初期と同じではあってもより通俗化した手紙や契約書といった内容のものもあった。しかしそれらは関係者や公証人によって保存され、文章を位置づける〔出所を明らかにする〕という慣習上の問題は生じなかった。古典的ジャンルの円周を速やかに越えてしまう印刷物については、事情は別である。読み手は単に、内容を洩れなく固定しようとしても、もう彼の力には及ばないような厖大な集団的な記憶を前にしているだけではなく、しばしば新しい文書に当ることもできなければならないのである。そこで、個人的な記憶はしだいに外化されていくことになる。書かれたものについて、言葉を位置づける作業は外部からなされる。辞典や語彙集は、何世紀も前から、その可能性を提供していた。音声化された神話文字による中国の書字《エクリチュール》も、ギリシアやラテンの書字と同じく、表意記号あるいは音標記号を伝統的に継承する糸の上に読者を導く手段を確保していた。しかし辞典が、書かれた記憶に与えたのは、ただ狭い出口だけであり、継続する思惟の発展とは両立しない線的《リニアー》で粉々の知識だけなのである。

ヨーロッパの十八世紀は、印刷物においても、技術におけると同じく、古代世界の終末を示している。その印刷物は、一つの伝統の最も豊かな様態と今日の変換の胎動をわれわれに伝えてくれる。社会的な記憶は、わずか数十年で、古代全体、偉大な国民の歴史、ついに地球的な規模に拡がった〈世界〉の地理と民族誌、哲学、法律、科学、芸術、技術そして二十ものさまざまな国語から訳された文学を、書物のなかに呑みこんだのである。この波はますます大きくなって現代のわれわれに及んでいるが、あらゆる関係を考慮しても、人類史のなかで、集団的な記憶がこれほど速やかに拡張した瞬間はない。こうして十八世紀にすでに、読者にあらかじめ構成された記憶をもたらすのに用いられる定式がすべて見いだされることになる。

辞典は、全くの学者を対象としたものと同様、職工や万屋《よろずや》を対象として出版されたあらゆる種類の百科事典において、その極限に達した。技術文献の最初の真の飛躍は、十八世紀の後半に位置づけられる。そこですべてが論じられ、今日なおわれわれが使っている記述語彙が作りだされたのである。事典は、外的な記憶がごく進化した形であるが、思考はそこで無限に細分化される。一七五一年の〈大百科事典〉は、事典の形に包装された小教科書のシリーズである。記録する技術は当時の機械運動の技術と同じ水準にあったことがわかる。自動人形によって達せられた最頂点は、各器官に区分けされた記憶を保つ分離したカム軸による運動である。百科事典は、アルファベット順に区分された記憶であり、その記憶の独立した歯車の一つ一つが記憶全体の動く一部を含んでいる。ヴォーカンソンの自動人形と同時代の百科事典のあいだには、エレクトロニクス機械と今日の記憶集積装置のあいだにあるのと同じ関係がある。

秩序だてて書かれた書物においては、十八世紀は、ほとんどすべての既知の手段、とくにパラグラフを要約したり参照事項を導き入れたりする目的で残されていた中世の傍注の方式を積み重ねている。ただし後者については、すでにページの下段注の形のほうがいっそう頻繁であった。巻末のアルファベット索引は、すでに十六世紀から珍しくなかったが、これがほとんどかならず付くようになった。

われわれの見地から最も興味ぶかい進化は、アルファベット順索引と対立するものであり、作品全体の内容に係わっている。これは、すでに中世からあって、十六世紀にいっそう普通になることだが、ページの余白に各部分の内容の要約が時に応じて与えられることになる。かなり頻繁に、巻頭に丁付けなしでごく簡潔な内容の目録が示される。内容を知らない読者の検索を容易にするための方法がしだいにととのってくるが、これは、正確に外的な記憶の役割に当る。二つの道がたどられ、二十世紀の初めまで発達をつづける。一つは各章の前にそれを要約する概要を置くことであり、もう一つは内容一覧表、今日の〈目次〉を、巻頭あるいは巻末に置くことである。章ごとの概要は、読者個人に高度な記憶の参加を求める態度の生き残りであり、ぽつりぽつり見かけることはあっても、今日では消えてしまっている。内容一覧を読んでから内容の細部に及ぶのが合理的な筋道であるが、目次をほとんど神話文字にしてしまう傾向、つまり目次とは、表象のある意味ぶかい集合であって、書字《エクリチュール》の直線的な展開を無理に眼と精神でたどる必要はない、とする傾向があったのである。この次元に達するために、目次にはもはや、統辞法の要素は含まれず、読者がそこで自分の相談を組み立てられる遊離した単語だけになる。われわれは、印刷物について二世紀来達せられていることの点を越えることはなかったが、すべて他の領域におけると同じく、進化する最尖端部というものは置きかえられてしまうので、その部分はもはや、記録の下部構造として生き残る書物にはなくなり、文脈から解放された記録の要素のほうへ移ってしまっている。

カード

十九世紀になると、集団の記憶は厖大な量に達し、個人の記憶に図書館の内容を包みこませることは不可能になった。印刷された集団の頭脳が蔵している生命なき思惟を、ごく単純化した像として映しだす補助的な組織で組みたてる必要が生じてきた。何よりもまず、この新しい組織の最小単位が無限に豊かになり、記録資料として、調査の種類に応じて再集成できるものでなければならなかった。十八世紀と十九世紀の大部分は、なおノート・ブックや製品目録に頼っていたが、ついでカードによる記録が始まった。これがほんとうに整ってくるのは、二十世紀の初めからである。それはすでに、最も幼稚な形ではあるが、外化された文字どおりの大脳皮質が形成されることに対応している。ただの書誌カードが、使用者の指ひとつでさまざまな配列に応ずるからである。著者別、部門別、地理的、年代順などのほか、刊行場所や宗教作品や叙事文学における本文外の図版に関する割合など、ごく特殊な目的にも応ずるあらゆる組み合せが可能なのである。これは科学情報カードなどにいっそうはっきりしており、記録の各要素はそこで他のすべての要素と好きなように配列されうる。しかし皮質のたとえは、いくらかぴったりしないところがある。というのは、厳密にいってカードが記憶であるとしても、カードそのものは思いだす手段をもたず、これに生命を与えるには、研究者の視覚と手の動作領域に入れられなければならないからである。

パンチ・カードとエレクトロニクス的記憶

新しい一歩が踏みこえられたのは、たとえば、着色された索引の働きがカードに加わって、体系的な索引を第二の照合網《システム》で切り直せるようになった時点、というより、むしろパンチ・カードが生れた時点であった。単なる本は、手動の道具に似ている。どんなに完璧なものであろうとも、それは読者の側の完全な技術的参加を要するのである。単純なカードは、すでに手動の機械に当る。というのは、作業の一部が形を変えて、カードのなかに潜在的に含まれるからで、これを働かせればいいわけである。パンチ・カードは、最初の自動機械に較べられるような補足段階をなしている。手で操られる二次的なパンチ・カードにせよ、機械的あるいはエレクトロニクス的な選別を必要とする他の方式にせよ、パンチ・カードの原理は同じである。データは否定（孔なし）と肯定（孔あり）の二項から成るコードに転換され、選別装置は与えられた質問に従ってカードを分け、回答が肯定のものだけを出すようにする。これは織機におけるジャカールの原理と同じである。十九世紀に織物工業が達していた段階にまで記録の領域が達するのに一世紀以上も要したのはふしぎに思えるが、実際は仕掛は同じでも、開発の段階がまったく違う。織機のパンチ・カードが部分的な答えを表わすのにたいし、カードのパンチングはありうべきどんな質問にも対応しているからである。パンチ・カードは記憶を集める機械であり、無限の能力をもった頭脳的な記憶として働き、人間の脳の記憶を越えて、一つ一つの記憶を他のすべての記憶と相関関係に置くことができるのである。

この段階を越えたところでは、今のところ、進歩があるとしても、割合の問題である。というのは、〈電子頭脳〉は手続きも違い、ずっと精巧ではあるが、同じ原理に立って働くからである。理論的には、パンチング装置や集積装置（一般に連結している）は、脳としての可能性の点で、脳の比較対照の働きに匹敵する。この装置は無視できるほどの短時間で、山のようなデータをある決った方向に、巨大な規模で整理し、そこからあらゆる可能な回答を引きだすことができる。その方向を選択する基本資料を与えられれば、回答と回答とを比較商量することができる。またすでに得られているその商量を、記憶として堆積された先例から引きだされた経験的判断によって豊かにすることもできる。カードにたいするエレクトロニクス集積装置の優越性は情報密度にあって、ごく短時間に物質的に自己制御や修正をおこなう選択中枢がいくつも同時作用によって情報を扱うことができるのである。カードのほうは、最も密度の高いもの〔カードごとに二万のデータ、つまり五百枚のカードで一千万の記憶単位〕でも、オペレーターが直接に加わらなければならないし、ずっと長い時間を要する。人工頭脳づくりは、まだ初期の段階でしかなく、好奇心や用途の限られた短期間の手続きでないことも確かである。記憶や理性的判断に委ねられる作業で、まもなく人間の脳を凌駕してしまうような機械がよもやできることはあるまいと思うのは、両面石器の可能性を否定するピテカントロプス、火縄銃を嘲笑《わら》う弓の射手、あるいは書字を将来性のない記憶方法として棄ててしまうホメーロス時代の吟遊詩人の状況を再現することに他ならない。それゆえ人間は、その人工頭脳よりも力量がないことが当り前にならなければならない。それはちょうど、歯が石臼より弱く、その鳥としての能力が最近のジェット飛行機の最低の能力に較べても無に等しいことが当り前であるようなものである。

ごく古くから伝統的に、人類の成功の原因は頭脳のせいにされてきたし、人間は自分の腕、足、眼の記録が破られるのを平気で見てきた。〔頭脳という〕より高い地位の責任者がいたからである。ここ数年来、頭蓋〔脳〕も凌駕されはじめた。事実に留まるかぎり、人間がすべてをよりよく模倣した後では、人間に何が残るかが問題になるだろう。今日確かなことは、すべてを思いだし最も複雑な状況を誤りなく判断する機械がまもなくつくられるだろう、ということである。それは大脳皮質がどんなにすばらしいものでも、手や眼のように不十分なものとなって、エレクトロニクス的な分析方法がそれに取ってかわり、ついには彼の現状からいえば生ける化石となった人間の進化がこの先続くためには、神経単位《ニューロン》とは別の道がたどられるだろうということを示しているにすぎない。より積極的な意味では、その器官が専門分化しすぎる危険をまぬがれ、その自由を最大限に利用するために、ますます高次化する能力をしだいに外化する方向へ、人間が導かれているということが確認されるわけである。

いつの日か、エレクトロニクス機械が完全な戯曲を書き、比類のない絵画を描くようになれば、真剣な質問が投げかけられねばならなくなるだろう。もし、その機械が恋愛を始めたなら、動物種《スペキエス》の運命は決るであろう。間違いかもしれない像を未来に向って投射する前に、まだ機械に冒されていないものについて、この書物の第三部でどうしても触れなければならぬように思われる。というのは、結局われわれは、冒頭からサルと人間とのあいだで、手—言語活動—知覚運動皮質という三角形のなかを回りながら、動物学的に、機械的に動かされているその他の生物無生物とは共有できないものを研究する糸口を探し求めてきたからである。

第三部　民族の表象《シンボル》——記憶とリズム　その二

第十章　表象の古生物学への序説

この書物の第一部では、人類の身体的な基礎の進化がしばしば問題にされた。技術性と言語活動という二つの大きな基準が人類共通の起原から明らかにされたし、そこから人間の表出を動物学的な一分枝の進化そのものに結びつける密接なきずなが認識されたのである。第二部では、とくに民族を構成する集団組織体が扱われた。技術性と言語活動は、もはや動物学的な見地からではなく、発達の速度はずっと速いが動物学の法則と平行した進化法則に従うものと考えられた。人類の進化は、二つの根本的な特徴、つまり手を用いる、および口で話すという技術性の点で一貫したものとして現われたが、ある意味では二つの面に分離しているともいえる。一つは、今日の人類を生理的な特徴の点で、三万年前の人類とほとんど変らない個人の集合とする、種の形成から見た進化の面であり、もう一つは、人類を外化された一集団にするとともに、その全体としての性質が加速する変化のなかにあるような、民族として見た進化の面である。

人間機械、および人間が自らの生産物としてつくったその完全な複製、というこの二重像の彼方には、何かがある。今日までの分析では、個人と集団との関係を織りなすものがわざと無視されていた。それは、すなわち美に係わる行動のいっさいに結びつくものである。個人相互の関係や、個人と社会との関係の一覧表をつくると、結婚とか経済的交換のような、機能的な公式が浮彫りにされるが、それらはあらゆる社会の根本的な生理学、種や社会集団の法則に還元される生理学を表わしているにすぎない。それぞれの人間集団に特有な色合いは考慮されないのである。動物学的な意味での人間という種《スペキエス》の成員は、動物学的な特徴をもたない集合単位として集まっているからこそ、種と民族の区別が必要になるのである。しかし民族性は、機能上の公式にどの程度属するかに従ってしか明らかにならず、人間において、まさに人間に他ならないところに係わる特殊化の法則は、技術・経済上の図式外に残り、これから定義されなければならないのである。

これまでの章を通じて示したことだが、その伝統的な属性の一部が人間からだんだん剝ぎとられるようになり、全体として見れば、人間は個々の人間よりもっと速く有効に考える機械をつくるために個人を使用しかねない、巨大な社会組織体を形成してきた。ミサイルは、莫大な数の人間の製作物であるが、それをつくった集団に十分見合うだけの数の個人を、遠く隔たったところで有効に殺戮するばあい、それに必要な軌道を間に合うように計算するのは、どんな個人にもできることではない。人工頭脳には、それができるだろう。そこで、ついに重要な問題が提出される。つまり、このような進化のはてに、人間に何が残るかということである。美や善の感覚、越えがたい感情的な資質など、機械には決して近づき得ないものが残るのか。あるいは欠くべからざる職工たちを産みだす男女の遺伝子のきわめて巧妙な組み合せのおかげで、〈中間人間〉によって機械を再生産する資質だけがただ単に残るのか。

機械が美と善をまったく評価しないという早すぎる回答を出すのは慎重を欠くだろう。機械はすでに、真を議論の余地のないデータに分解することができる。機械が具象絵画を抽象絵画より好ましいと判断するわけではないが、おそらく近いうちに、それぞれの内容の統計的鑑定をごく細密に、ごく巧妙に展開して、その結果、主題、色、形、大きさ、細部、枠など、感動をかき立てられた注意力や造形的感受性やありうべきスノビズムに訴える最大の機会を与えるものを細かく定めたカードが芸術家に渡されるようになるだろう。三代にもわたる金融投機に最適な彫刻や、移転や破壊の損傷に最もよく耐える彫刻などのモデル像をつくることも可能だろう。千四百万回の善行が分析されて、そこに支配的な生理的な動機や、偉大とか正義といった感情の持つまったく取るにたらぬ陳腐さ、そのホルモンによる動機づけ、ついには、三代か四代にわたって時間の底から照らしだされ、くりひろげられる人間の巨大な絨毯の全裸身が、ある日浮彫りにされるだろうが、ホモ・サピエンスの骨・筋肉全体をつくりあげる部品目録のなかで、はたして何が生き残るのか、それをわれわれが今から自問するのは当然のことである。黙示録は、神秘な数字にきらめいているが、エレクトロニクスの黙示録のほうは、無限の奪神秘力をもった数字にみちている。進化に意味があるかどうかを求めるためではなく（人間の飛躍が何十億分の一の割合で起りうるかを、機械がいつの日か明らかにしてくれるだろうが)、超人的な装置の製作者であるという以外の意味が人間にあるのかどうかを知るために、もういちど進化の長い道のりをたどり直すのは、おそらく意味があるだろう。わたくしがこれらの最後の章を書こうと試みたのもそのゆえなのである。

美に係わる行動

ここで、〈美に係わる〉という言葉に与えられる意味はかなり広く、あらかじめ説明しておく必要がある。哲学が自然と芸術のなかで何をもとに美学(感性論)を創ったのかという、まさにそのものを求めることには違いないが、ここで与えられる意味は、本書の冒頭から採用された見地、つまり自然と芸術との弁証法的往復運動が動物学的と社会的という二つの極を示すような見地に立っている。問題は、ある見地から美の観念をホモ・サピエンスの本質的に聴覚、視覚上の感動性に限ってしまうことではない。感情のコードは、民族の主体が社会に感情的にきちんと組み入れられるための最もはっきりしたコードを保証するが、問題はそのコードが時間と空間のなかで、どうやって構成されるかを知覚の深さそのものに求めることなのである。

この美的な感動のコードは、生物の全体に共通な生物学的特徴、価値《ヴァルール》やリズムの知覚を確保する感覚、さらに広く、最も単純な無脊椎動物をもリズムに反射的に加わらせたり価値《ヴァルール》の変化に反応させたりするものに基づいている。感覚がしだいに知性化することによって、人間は、リズムや価値《ヴァルール》を認知したり、それを思いだしてつくりだすようになる。すなわち、音楽や、詩や、社会関係のように、その表象が民族的な意味をもつコードにいたる。美的な表出は、さまざまな露頭の段階があり、あるものは、人類社会全体に同じ意味をもつが、大部分は、ある決った文化のなかでしか十分な意味をもたない。

じっさい、料理、建築、衣服、音楽などの賞味鑑賞が文化の最も特徴的な部分を形づくり、民族のあいだの区分を現実に表象している。最も多様な文化特徴であろうと、そこから価値の後光を排除していくと、非個性的、脱文化的な、交換可能な性質しか残らない。美学の特殊化の機能は、深いところで生理器官や社会組織に同時に結びついている機械的な慣習という、一つの基盤の上に挿入されている。美学の重要な部分は、快不快の感情とか、視覚・聴覚・嗅覚的条件づけという、人間と動物に共通な行動の人間化に結びつき、また自然・社会環境との秩序脈絡という、生物学的事実を表象を通じて知性化することにつながっている。

表出の水準は、味感の場合のように、身体機構の活動の水準であることもあり、職業的身ぶりの標準化のように、技術の水準であることもある。礼儀作法の態度のように、社会の水準であることもあるし、最終的には芸術や文学におけるように、表出が省察をともない、象形的であることもある。これらの生理学的、技術的、社会的、象形的な水準は、感覚がその内部で秩序立てられる大きな区分となるだろう。人間における美の感覚の拠りどころは、深層の内臓感覚や筋肉感覚、皮膚感覚、嗅覚、味覚、聴覚、視覚などの感覚、最終的には感覚の網の目の総体を表象的に反映する知的な像に基づいているのである。

美は、現実の領域を表象体系《サンボリスム》に限り、表出のなかにもっぱら人間的なものだけ、つまり思惟によって熟考され、芸術性の創造のなかに具体化する、外界の映像創造の可能性だけを見るほうが、より理に適《かな》っていると思われるかもしれない。いいかえれば、象形を美学の根拠として考え、たとえば、肉体にとって快適だという概念が日本や中国で異なるとしたら、それは生理的な理由ではなく、社会的・芸術的な規範によって、ある態度が個人に刷りこまれ、それに慣れたために快適な感じが起るのだということを認めれば足りるかもしれない。同じように、礼儀の身ぶりの美学も、社会的な秩序が基礎にあるのではなく、教育された人間が行動について行う想像、個人が礼儀正しい人間の役を演じながら儀式としての芸術のなかに自分のモデルを見いだすような想像、を反映していると考えられるかもしれない。

このように進んでいくうちに、古生物学的な見地は失われてしまうだろう。美の構造について、原人の水準で確実な唯一の次元は生理的な価値判断に基づくものである。肉食獣や霊長類から現在の人間までを眺めてみると、味覚、嗅覚、触覚は、いちおう考えられそうなどんな象形的活動にも結びついていないだけに、いっそうよく比較を許す共通の地盤が見られる。原人と旧人の水準における唯一の首尾一貫した証拠は、道具類の有効な形における均衡、人間に特有の機能上の価値体系であって、これは形の美的評価をともないはするが、いかなる象形的な表象体系へも導かない。鍛冶屋を表わす絵が機能の表象体系（機能そのもののなかでのみ実現される）でないことは、劇場の舞台での厚紙の食事が味覚を象形化したものでないのと同じである。しかしこの二つの領域〔鍛冶屋の絵や厚紙の食事〕では、価値判断が可能であり、またそれが完全に技術の規範でも倫理規範でもなく、美的な規範を条件づけていることは否定できない。それゆえ、象形の頂上にある美的価値がホモ・サピエンスの水準で、生理学的、機能的な基盤へ逆に影響を及ぼすことはある程度認めてもいい。ただし、より高等な形への移行、とくにその形になお含まれている古風なものを説明しようとするなら、古生物学的に確かめられている唯一の基盤から出発しないわけにはいかない。現在の抽象芸術の傾向にしても、その始原がまず明らかにされなければ、始原への回帰として把えることはできなくなるだろう。

社会的な領域では、問題は別なかたちで問われる。動物社会学の進歩はかなりいちじるしく、オオカミの挨拶の表現、鳥の新婚のダンス、仔、牡、牝の特徴的細部の見分けかた、数多くの動物における周期的な集合などを、人間の社会行動におけるそれと同じ意思表出に比較対照することができる。言語活動がまったく介入しなくても、個人が人間集団のなかでネクタイの色によって正確に位置づけられるのは、鳥の社会でのコマドリの赤い斑点のばあいと同じである。しかし生理学的、あるいは技術上の表現とは逆に、衣服という目じるしは、一連の社会的な像を引きだす表象である。それは、機能上の性格としては技術と境を接しており、取り外しのきく慣習上の目じるしとしては象形と境を接している。したがって、社会的な美学の表出は二つの斜面の分水嶺に位置しているのである。

それから先はすべて、生理学および、それらの映像が組み入れられる水準とから与えられた秩序のなかで、細分された映像にすぎない。物まねやダンスの動きの象形がその基盤にすえられ、その象形が最初の展開を見せるのにつづいて、言語活動と切り離せない身ぶりが出てきて、ごく早くから象形と境目を接することになった。音楽や詩の聴覚的再現がそれに続く。というのは、音楽については身ぶりとのきずなが、また詩については言語活動とのきずなが、視覚上の形との仲介物になるからである。視覚上の形が係わっているのは、絵画のばあいのように、人間にとって最も支配的な感覚だからである。そこでは表象体系は、具体的な運動から最も遠く隔たっていて、知的なものとされる結果、現実の形から内容が奪われ、記号しか残らなくなる。書字《エクリチュール》は視覚の美学につながっている。それはまったく知的な映像に導き、表象を完全に内化するにいたる。

ここで考察された進展のなかで、言語活動の占める位置が、それぞれの段階でどのようなところにあるか、注意するのは興味ぶかい。哲学のあらゆる分野のなかでも、美学は言葉のなかに表現手段を最も見いだしにくい。言葉を見いだすにしても、それは喚起、つまり言葉によって再現されるのではなく、そのきっかけを与えられるだけの音、形、様式《スタイル》などを喚起するに十分なだけ、具体的な経験のある読者の想像に頼っている。言語活動は美的な表出の表現に適してはいないようにみえる。詩のすばらしい点は、リズムとそれに運ばれる言葉のあいだに多義的な余地を創造することであり、歌においては、声の役目が知的表現に隷従するほうに傾く場合や、理解力という意味での知性が介入しない何か別なものに傾く場合があるかとでもいうように、歌がより現実に音楽的であればあるほど、歌詞はそれだけいっそう判りにくくなる。

道具を征服したことと言語活動を征服したことは、人間の進化の一部を代表しているにすぎない。ここで美学という言葉で理解されているものは、われわれの進歩に同じくらい重要な場所を占めているようにみえる。古生物学は、脳と手の状態を連続的にかなり細部にわたって復元してくれるし、また打製された燧石《フリント》は技術上の進化についてのはっきりした視覚像を確立してくれる。ところが、一見骨格にも道具にも刻印が見られないものについては、どのように浮彫りにすればよいのかわからない。

言語活動の古生物学といったものを素描するために、われわれは、つねに一つのことに活路を見いだした。つまり外界関係の顔と手の領域がつねに存在し、顔と手の器官の運動機能が脳において連繋しているということである。象形の誕生、ついで書字《エクリチュール》の誕生のおかげで、五万年ほど前の過去の連繋にいたるまで調べることが可能になったが、美の進化を立証するには、別のやり方が必要である。

前に述べた生理学的、技術的、社会的な秩序は、ごく一般的な生物学上の図式をなしており、あらゆる種がたとえば寄生動物でさえも、少なくともしばらくは、確実に餌をとらえるという技術行動や、確実に生殖を行うという社会行動を示すのであるから、この図式は、昆虫の生活にも、また齧歯類や、人間の生活にもあてはまる。それゆえそれは、美に係わる行動が必然的に根どころをもっている基層なのである。深く動物学的なものに組み入れられている事実がわれわれの進化の過程で人間的に技術のなかに浮びだし、生物の全体のなかに埋もれている個体間の関係の事実が、反省を伴う光の下で言語活動にふたたび見いだされるのとまったく同じく、リズムをもった表象を知覚する行為や創造する行為のなかに、動物の世界にまで遡《さかのぼ》る源を求めることができるのだろうか。しかもその動物世界は、人間の水準で現われるときに、技術や言語活動と同じ性質を示すのであろうか。いいかえれば、人間の水準では、技術上の機能は取り外しのきく道具として外化し、知覚されたものもまた、言語表象として外化するのだから、視覚的、聴覚的、また原動力的なすべての動きもまた解放されて、進化の同じ周期のなかに入るのかもしれないということである。

技術や言語活動の場合と同じく、〔美に係わる〕解放にも段階があるだろう。つまり最も純粋な芸術も、たえず深みに没している肉や骨という台座からその尖端を辛うじて突きだしてくるにすぎず、この台座がなければ芸術もないだろうから、いわば表象の古生物学が、比較解剖学よりむしろ精神分析学に似る危険があるとしても、研究の原理は少なくとも提起されるべきだとわたくしは思う。

技術と言語活動と美学の関係は、ぜひ明らかにしておかねばならない。というのは、人間的な特質である三つの基本的な表出が密接に結び合っていることは確かだからである。その関連は違った仕方で表わされる。言語活動と技術は不可欠で、十分な生存の基礎をなしており、その後の進化の段階で、美的な色どりがその上に少しずつ獲得されて、いわば独自に拡がってくると考えていいだろう。晩期旧石器時代に、象形芸術の頂上を出発点として、美学は少しずつ基礎にまで浸透し、現代では生理学的な表出にやっと蓋をかぶせだしたところだと考えられる。この仮説は美的な表出の特殊性を前提としており、脳という機械のどこにそれが組み入れられたか、という研究を要請するだろうし、抽象的な言語活動を創り上げる可能性以上の何かが大脳皮質装置のなかに現われて、映像と映像のあいだの新しい関係が打ち樹てられたと仮定することになる。その論拠を見いだすのはかなり容易である。というのは、技術の領域、および触覚・嗅覚などの知覚領域で、美の可能性の領域が豊饒になっていくのが確認されるからである。しかし逆に、ことが芸術におけるフォルムに端を発する浸透で、人類全体が豊饒化したことによるのではない、ということを証明するのはむずかしい。

　技術と言語活動は同じ現象の二面であるから、美学はその第三の面ではないかという仮説に与《くみ》することもできる。この場合には、たぐれる糸があるだろう。道具と話し言葉が同じ段階をへて機械と書字の方向に向い、ほぼ同時に解放されたとすれば、同じ現象が美学についても起るはずである。消化の満足から美しい道具へ、踊りの音楽へ、肘掛椅子に坐って眺めるダンスへと、同じ外化の現象があるはずである。神話文字から書字へ、手の道具から自動機械へと移行するのに較べられるような美的な諸相が、歴史時代にも発見されるはずであり、芸術・社会的な美学・技術が個人に最大限に体得されるようになる美学の、

〈職人的な〉〈前産業段階的な〉時期があるはずである。つづいて専門分化の段階がやってきて、すでにつくられ、あるいは考えられている芸術について、しだいに愛好者数を増す大衆と、美の題材を産みだす人間との不均衡が強くなってくる。この第二の仮説は、必ずしもすべての現実には当てはまらないが、少なくとも生物学的な事実が示しているようにみえる一般的な方向によりよく当てはまる。わたくしが証明しようとしているのは、まさしくこの仮説なのである。というのも、それは人間が民族単位に集まるという問題にたいして、技術と言語活動の考察だけに限られている理論には欠けている要素をもたらしてくれるからである。

民族の〈様式〉

民族誌的な事実を正確詳細に記述したところで、民族的な価値の最も現実的な面はまったく説明されない。もともとある決った集団にしか属さない物件の型《タイプ》や、農耕の慣例や、信仰などを明らかにすることもできるし、それらを加えてその集団をすっきり特徴づける定式を得ることもできる。しかし、文化の大部分は、人類全体とか大陸あるいは少なくとも地球全体に、共通に属している特徴からなっていて、それぞれ特殊だと感じている数多くの集団のあいだでも、特徴は共通なのである。斧や鞴《ふいご》や婚姻形式などは、あまりにもありふれていて、列挙する必要もないが、これを一民族の〈精神〉の表現に変えてしまう民族的な特殊性というのは、言語では分類しがたいところで、特有の価値をもつとともに、集団の文化の総体がひたっている様式なのである。ちょうど、葡萄酒の鑑定人が産地を味わい分けるように、訓練をつんだ民族学者は、形とリズムの調和のなかで、ある文化と他の文化の産物を弁別するのである。これは経験にもとづいたやり方であって、いつの日にか、エレクトロニクスによる分類が各民族のつくりだしたものをめぐる定義しがたい個性的な風味を、なんらかの方程式で解決してしまうと考えることもできる。しかし、その技術的な、または言語的な特質は定義できるとしても、だからといって、様式がふつうの言語活動の操作で近づけるものではないという事実が変るわけではない。〈自動車〉という事実は共通であっても、イギリスの自動車のエンジンがどの点でフランスやソビエト車のエンジンと違っているかについては、詳細なメカニスムの分析によって説明することができる。なぜ一目見ただけで、自動車が〈いかにもイギリス的〉だと観察者にわかるのかを説明するとなると、厖大な分析が必要になるだろう。その他にも、〈ニュー・オーリンズ〉スタイルのジャズのレパートリーが、原則として様式上は変ったところのない世界共通の資産になったのは明らかであるが、同じ曲目についてのスウェーデンの演奏とアメリカの演奏が耳で聴きわけられないことにはならない。もし民族学がその最も本質的な研究対象とは何であるかを明言できないとしたら、それは言語活動とは別な領域の、しかし民族の現実がただそれのみによっているほど重要な領域の何かが、民族学に欠けているからなのである。問題なのは、人間やその産物の研究をふくむ自然科学のいくつもの部門に共通な事実である。人種人類学は、厳密科学の外面的な特徴をすべてそなえているが、熟練した人種学者がある頭蓋の地理的起原を一瞬のうちに見てとって、それから数週間かかって数字による証明をなしとげるということも否定できない。しかもこうした証明は、彼が無意識に自分の自然な鑑定の拠りどころとしている特徴の大部分を取り逃がしてしまうのである。

動物学において、定住種については、時間がたつと、多少とも重要な遺伝的な方向が現われてくることがわかっている。これはしばしば微妙で、一定しておらず、同種の他の集団と接触すると、たちまち希釈されてしまう地域的な変種を出現させることになる。文化の性質についても同じであり、それはしばしば、ひじょうに広い共通の基礎から生れ、十分に秩序脈絡のある各集団のなかで特殊化し、歴史の偶然のなかで、生れては消えるしばしばごく微細な地域的な変異を産みだす。この戯れは、同時に細かな点での技術的・社会的な革新に影響をおよぼすとともに、どんな次元のものであれ、鍬の柄《え》の曲りぐあいから儀式の順序にいたる形《フォルム》にまで響いているのである。

この流れの形成は、人間に二度と同じ集団をつくらせないし、各民族を他の民族とまったく異ならせ、二つの時点で見ると、同じ民族それ自体をも異ならせており、ひじょうに複雑である。というのは、その場合、個人における革新が本源的な役割をはたすにしても、その革新は、前の世代あるいは同世代の直接の影響のもとでしかなされないからである。そのうえ意識の度合いは、技術に係わる動作の鎖の場合とおなじ条件で、革新の水準によって異なる。日常的な形は、ゆっくりした無意識の象《かたど》りにしたがい、あたかもふつうの物体や身ぶりは成員がおたがいに順応し合っている一つの集団の意にしたがって用いられているうちに、しだいに形づくられてくるかのようである。逆に、例外的な形は、個人的な発明がきびしい伝統にせきとめられないばあい、集団の特殊な方向で文字どおりの変換を示すことになる。一方の端では、家庭や農事に係わる行為や物品、職人の道具やその身ぶりなどがとり残されて、ますます特徴的になったリズムや形にゆっくりと浸されていくのがわかる。他方、祭祀の衣裳や恒例の踊りなどは、その時節がやってくるさい、しばしば重要な突然の変異を示すことがある。

様式の浸透は、日常的な慣習〔行動例〕や、その枠のなかの深いところでなされ、明晰な意識の外にある。技術作業の場合と同じく、それは引き続く数世代の生活に痕跡をのこす。ある種の態度、礼儀や伝達のある種の身ぶり、歩みのリズム、食事作法、衛生の作法などは、世代を通じて伝わっていく民族の音調なのである。音楽、ダンス、詩、造形芸術のような、象形的な慣習では、基盤と個人的な変奏とのあいだに、はっきりした分離が生じる。なぜなら象形化は動作の同じ段階をふくむからである。構造を変えずに、個性的な変奏を組みたてることを個人に許したおかげで、長い数世紀のあいだ、音楽旋法や造形ジャンルのあるものが象形化の骨組として生き残ったのをわれわれは見ることができる。

美的な慣習の埋没度を確認することによって、前に採用した順序が確かめられる。生理学的に表わされるものは、日常作業のなかに優越した位置をしめており、最も深い古生物学的な基層であるが、それと同時に、生体が最もひんぱんに係わる領域として現われる。しかも象形化された運動の表出がそこに密接に結びついている。技術面での表出や、〈機能〉の美学のすべても、最もひんぱんに見られる動作の鎖にたいへん広く係わるが、明晰な意識が介入してくる度合いは、そこではより大きく、例外的な革新の働きもずっと広い。生理学的なものについても、技術的なものについても、象形として統合されるのは考えられないという事実が、なおいっそう明瞭にこの基層の性質を示している。

社会的なものは、二重の意味合いで蝶番《ちょうつがい》の位置を占めている。一方で社会的な作業は、あらゆる度合いの慣習の頻度と様式化——つまり、きちんとしたなりをするために洋服のボタンをかける機械的な身ぶりから、国家元首のレセプションの儀式ばった身ぶりに及ぶ——を示すが、他方、たとえば体の態度における生理的なものから数字や暦の扱いにおける抽象的な表象体系にまで、機械化の水準が移りかわっていくことを示している。それゆえ生理的なもの、技術的なもの、社会的なものの三者は、実際の動作の関係において、まさにしだいに高くなる三段階の水準に対応する。この、しだいに移りかわる変りかたは、言語活動と並行しながらも、独自の発達の秩序をもつ象形的慣習に、同じ形では現われない。

それゆえ民族の様式は、集団に特有な形や価値やリズムの引受け方であると定義できよう。この角度から見れば、美的な個性はなんら把えがたいものではなく、生活技術や記述社会学と同じくらいに、正確な分析的方法が考えられる。味、匂い、触感、音、色の音階には大きな拡がりがあり、また、ひじょうに特徴的な偏倚《へんい》を示す。ある文化のなかで、自然の姿勢と社会的な態度とを隔てる距離が、集団としての任意度を表わしているのである。道具の形は、個人が家庭環境やもっと一般的な環境に統合されるのと同じく、正確に機能的な分析の対象とすることができる。さらにその上に諸芸術の研究手段を参照することもできる。それでなくても、比較研究の目的で、それらの手段がつくり上げられつつある。というのは、民族様式は全体的な表現だからである。詩的な表出が最高度に達したときに、初めてわれわれは行列の先頭に立つわけであるが、その後尾はホルモンの薄明のなかに消えている。彫刻家の個性的天才の頂上に達しても、なおわれわれは、ある個人を前にしているのであり、その個人はある民族集団の成員なのであり、ある社会環境のなかで教育され、しばしば一見孤独と見えるほど進んでいるスポークスマンなのであるが、とにかく大洋州の、中国の、トルコの集団的現実のスポークスマンなのである。

民族学の三枚屛風の第三の面の明るさは、他の二つに較べて少ないわけではない。ただ、まったく異なった状況に浸っているだけなのである。技術と言語活動、ついで社会的な記憶は、価値判断をさしはさまずに扱うことができる。人間に全体として増大する有効度が与えられるように秩序脈絡ある集団をなして進化するという事実が問題であり、その有無を考えればいいからである。社会的ということがそこでは個人的ということにはるかに優越しており、進化は集団の能率という尺度しかもたないのである。美学はまったく別の響きをもっている。社会は、個人が集団のなかで個性的に存在しているという感じを個人に残すためにしか優越した顔を見せない。それはニュアンスの判断に基づいている。それは選択を技術と同じほど厳格な常識遵守主義《コンフォルミスム》へは導かず、違った秩序で働く。その秩序は価値の対立からなりたっていて、その価値については、主体が自分を社会的に統合する回答の鍵をにぎっているのである。斧を使うのには判断をふくまない。それはひとりでに支配的になるか、機械鋸ができると消えてしまう。逆に有効な形の斧の動きに光背をそえる美学は、各個人の持前であり、個人は絶対のなかで判断するのではなく、集団の美学の安泰、および彼の選択の想像上の自由のなかで、幸せにも好都合に判断するのである。

第十一章　価値とリズムの身体的な根拠

美学が人間特有の形と運動（あるいは価値とリズム）の意識に基づいていることを認めるならば、というのも人間だけが価値判断を形づくることができるからだが、その同じ事実によって、人間が運動と形の知覚をどのような源から汲んでくるのかを求めたくなる。人間は、比類のない複雑な脳器官をもっているにせよ、他の多くの哺乳類と同じように哺乳類であり、他の哺乳類にないような知覚器官は人間に認められない。彼の感覚器官は、感覚を表象にかえるすばらしい装置として用いられるが、その機能は動物と同じように働く。動物の営む心的な生活面には、表象の体系《システム》が欠けているが、人間もまた、厚みある感覚生活を目いっぱいに生き、消化の運動にしたがい、決った時刻に物を食べ、群衆のなかでヒツジのように集団的な歩みのリズムを受け入れ、食物にたいする味覚も魚類と同じ器官に基づいており、また意識が一つ一つの運動に動員されなくても、筋肉が緊張したりゆるんだりする、というように、要するに人間という動物機械はすべて、最終的には知的統合にいたるさまざまの水準で働くが、その水準は他の生物と同じである。知性による表象化がその頂点から基盤の深みへまで立ち返ることができるとか、人間におけるすべてが美的な意味で建設的な思惟の動きに同化するものだとか、先験的に断定することもできる。逆に、美に係わる思惟は、〈自然な〉行動が始まるところで中断されるのではないか、と自問することもできる。二つの仮説のうち、第一のほうが、これまでたどってきた道に近いように思われるが、それを支持しようとするには、思惟によってほんとうに生きたというある種の意識が実際に確保されうるにしても、感覚の装備という点では、その活動が部分的に表象以前のままで残るということを認めなければならない。たとえば、厳密な意味での味わいには塩辛いという像《イメージ》をあたえる術《すべ》はまったくないので、自分自身によってしか実感されることがない。

感覚の装備

動物における最も単純な行動は、感覚という見地から三つの面にまとめられる。一つは、有機体がみずから同化できる物質を取り扱い、体の機能を確実にたもつ栄養摂取の行動、一つは種の遺伝的な生存を確立する生理的な感情性、一つは他の二つを可能にする生活空間での統合の面である。これらの面は、種が進化する度合いに応じて枝分れしていくが、個体相互および個体と環境についての、三つの照合次元に対応しており、人間の場合にも、この次元から生れてくる美的な係わり合いは、依然としていちじるしい。この三つの生理学的な美学面は、さまざまな割合で、内臓感覚、筋肉感覚、味わい、嗅覚、触覚、聴覚と均衡、視覚などのいろいろな感覚メカニスムの器官を働かせる。

その器官はそれぞれ、動物から人間にいたるまで、同じような主要構造をもつ一つの完全な生命体のなかに統合されている。栄養を摂取する行動には、原動力として内臓のリズムがあり、知覚部として嗅覚と味わいおよび触覚がある。感情行動は、筋肉の作動感覚と触覚、嗅覚、視覚のあいだで均り合っている。時間・空間的な位置どりの行動は、平衡器官や空間における体の知覚に支えられ、人間では視覚の助けを借りており、他の種では嗅覚、触覚、聴覚といった主要な感覚の助けを借りている。外界関係の三つの面は、どれ一つとして、肉体のリズム性と照合装置との組み合せなくしては考えられない。味覚は、栄養を摂取する活動がなければ抽象であり、また同情や攻撃感情の働きも、知覚によって決定される動機と知覚とのきずなのなかにしか存在せず、生理的な肉体が空間を知覚する度合いに応じてのみ、空間での統合がある。いいかえれば、運動が形に結びつくというのは、あらゆる積極的な行動の第一の条件なのである。

動物であれ人間であれ、行動の主体は、運動の網の目のなかにとらえられているが、その運動の網の目は、外界またはみずからの体組織に由来し、その形は感覚によって解釈されるのである。もっと広くいえば、その知覚は、外部のリズムとそれにたいする運動として示される反応とのあいだに割りこんでいる。海の環形動物は、潮のリズムのままに反応しながら上下しているが、味わいの感覚や温度や震動を感じる触覚・知覚から自分の運動を統合する源を汲みとっている。栄養摂取の行動および、時間・空間的な統合というのは、まさにそれが属する環境へ合体することに他ならない。ひじょうに高い段階ではあるが、哺乳類にしても、匂いや音の継起する領域で、昼夜の温度や視覚像の変化の動きにつれて、リズムや形、外界からの誘惑、その解釈とその反応などの同時作用のなかで存在していることに変りはない。

人間の次元でも、状況が表象の網の目のなかに反映され、したがって状況そのものと向い合わされうるという違いはあるが、それを除いては、もちろん同じである。リズムと価値は、人間に反射して、その進化を通じて人間独特の時間と空間をつくりだし、目盛と音階の市松模様のなかで、行動をがんじがらめにし、最も限定された意味での一つの美学として具体化しようとする。しかし生物としての基礎が全権を保っているのであり、そこには芸術的な、上部構造の意のままになる他の手段はない。人間に反映された表現においても、美学はあいかわらずそれが出てきた世界の性格そのままであり、動物学上の進化によって、視覚と聴覚は、われわれの空間を確かめる感覚に仕立てあげられ、そこでも優先している。もし触覚や、震動の微妙な知覚や、嗅覚が、われわれの主要感覚であるとしたなら、われわれの美学がどんなものになったかを想像すれば、〈交触曲〉（交響曲でなく）や〈嗅ぎ絵〉など、匂いの絵や接触の交響楽の可能性も十分考えられるだろう。また、たえず震動する建築とか、塩分や酸味をもった詩なども、われわれには手が出せないわけではないが、われわれの芸術に控え目な場所しか持たなかったあらゆる美的な形を垣間見るには十分である。しかし、美に係わった生の根底に、これらの場所を維持しておくことができなかったら、憂うべきことになるだろう。

内臓感覚

生理器官のふつうの機能は、もともと分明でないが、それに結びつく知覚も分明でなく、場所も定かでなく、美の形式にたいして直接に介入することはありえないので、忘れさられるべきものにみえる。しかしフロイトおよび、精神分析学者の全体は、リビドーと欲求不満の重要性をじゅうぶん浮彫りにしたので、美に係わる生の最も高度な、というよりとりわけ最も高度な形においても、心理的・生理的な条件づけが露頭してくる可能性はある。というのは、技術的あるいは社会的な行動は、集団の規範にのっとって体験され、〈常識に一致する《コンフォルム》〉やりかたをおもわせるが、象形に係わった創造は、個人を解放する主な要素だからである。

内臓感覚の最も重要な表われは、リズムに結びついている。眠りや目覚め、消化や食欲の時間的な交替といった生理的な節奏がすべて、あらゆる活動を記す基糸をなしているのである。一般にこれらのリズムは、昼夜の交替や、気象や季節の交替といった、より大きい基糸に結びついている。そこから文字どおりの条件づけがなされ、日常的な作業における安定した基盤として働くが、その条件づけは、美に係わる行動において、その手段として人間の体が用いられる程度に応じてしか介入してこない。内臓が快適な状態というのは、活動の正常な条件を確立しなければ起らない。苦痛や生理的に不十分な状態は、個人の美の領域をいちじるしく変えてしまうことがあるが、それもただ、広い意味での正常な活動に及ぼす苦痛などの結果によってである。

逆に、あらゆる文化において、習慣になっていない運動や、言語の表出の重要な部分は、精神環境の急変するなかで、新たな状態を求めた結果として生じる。このことを考慮するなら、リズムの均衡が破れることが重要な役割をはたしているのは認めなければならない。例外的な儀式や、恍惚状態のなかでの啓示や入魂の行などにおいて、当事者はそのあいだじゅう、高揚された超自然の潜在力にみちたダンスや音による表出に身をゆだねるが、そこにうまく合わせるには、例外なしに、断食や不眠によって生理器官の慣れをうち破り、当事者を日常のリズム周期の外におくよう訓練するのである。最終的な結果は心霊的な昂奮であるにしても、出発点は内臓に係わる性格をもっている。記憶の変化は、有機体のいちばん深いところで始まるのでなければ実現しない。

欠乏と制御

自然のリズムの破壊、夜明かし、昼夜の逆転、断食、性的な禁欲などは、美学よりも宗教の領域を思わせるが、それはただ、近代文化においてこの二つがほとんど完全に分離されているからである。それは社会組織体の進化が最近にもたらした結果であり、われわれが推進者になっている合理化のプロセスの結果にすぎない。社会的な尺度からすれば、正常な周期からの逸脱は、技術能率を下げるにひとしい。宗教的なものと美的なものを孤立させ、生のリズムを破るのを避けさせることによって、個人は社会・技術的な装置が順調に機能する上で都合のいい状態におかれることになる。堂々とであれ暗黙のうちにであれ、この事実は儒教以来気づかれており、近代社会において決定的な規模で用いられた。それは、反リズム的な生きかたをするごく少数の名人の専門化を仮定し、また一般大衆にとっては、時間と空間のなかで濾過され計量されて、たいした狂いもなくなしうるような表現の安全弁を仮定することになる。この事実は、いくつかの回教徒国が生産性への障害になるという理由で、ラマダンの断食を廃止しようとして取った措置にも現われているが、カトリック教会によって数年来認められた緩和措置にも透けてみえている。しかし、くり返していわなければならないが、これは最近の事実であり、人間が集団として生を体験し、生理の支配が大きな飛躍の下部構造になっていた三万年間の上にまで、その結果を無理に拡張しなければならないいわれは毛頭ないのである。

別の角度から考えれば、奥義《おうぎ》に達した人の舞踏が人を熱狂させたとしても、それを習得するには冷静さが求められたと考えてもいいし、巡礼の群衆がわれを忘れて歌う詩をつくったのは衣食たりた頭脳明晰な詩人だったとしてもいい。それがごく一般的には不正確でないとしても、また、創造することと演じることを分離しなければならないとしても、だからといって事実は何ひとつ変らないだろう。というのも、美に係わる行動は、芸術作品の創造だけにかぎられておらず、これは鍛冶屋が冶金術の発明だけにかぎられていないのと同じだからである。書字《エクリチュール》以前の段階の慣習では、即興がきわめて圧倒的であるため、美的な製作とそれを堪能するのとが同じ場で混同されているほどなのである。

さらにまた重要なことは、日常のリズムからの断絶を方法的にさぐり、新しい状態をつくりだして、これを永続させせようとすることである。インド、中国、イスラム、西欧における神秘主義の大教派はいずれも、生理を支配し、瞑想と内臓器官の支配制御によって、リズムから脱却するのをめざしていた。ヨガは、これらの脱却法の最も大衆的なもので、リズム制御の研究は、心臓をふくむあらゆる器官に及び、完全な行者は、あらゆる器官を鎮静させ、外的な時間と空間のリズムをすべて排除して、恍惚の美の宇宙のなかに、みずからを組み入れるのである。この対照は、後で見るように、象形芸術を象形の空虚へとみちびく対照法から遠いものではない。道教にもまた、陰陽の原理が交替する周期から脱する独自の技術、きびしい食事の規定、呼吸の訓練法などがあるが、これらが基づいている考えかたは、すべてが相補的な価値をもったリズムで応えあっている宇宙《コスモス》、賢者が時間と空間の外で、何ものにも触れずにひそみいる宇宙、という動く骨組の考えかたである。ここにもまた、天と地のあいだで、人間が社会の表象のなかに組みこまれる問題が見いだされる。ただ、賢者にとって、宇宙的な解脱《げだつ》が消化管の水準ではじまり、最初の浄化のプロセスがしだいに彼をみちびいて、ただ空気をのみこむだけで生存を支えるようになることに注目するのは興味ぶかい。おのおのの器官を支配し、肝臓を制御し、唾液や生の分泌をおさえ、呼吸をととのえ、硬玉の肉体を体得するまでに、全生理器官をしずめるというのは、数世紀にわたって追求された夢であり、中国哲学の大部分はここから出てきたのである。西洋の芸術が人間とその肉体との盟約に基づくある種の生の考えかたに負うているところを感じとるのは、われわれにはもっと後にならなければむずかしい。逆に、生の考えかたにおいて時間的にじゅうぶん後戻りする余地があり、おそらくまたその考えかたが、この盟約についての表現を極端にまで推し進めたために、古典的な中国は存在様式においても、作品においても、基底から頂上にいたるまで連続性を示しているのである。

道教と仏教の結びつきが現世の円環的リズムから脱却するための研究をますます拡大した。中国において、またもっと後の日本で、理想的な生の完全な一様式が創始され、みずからの肉体の主人となった心安らかな賢者は、風、水、木々、月に完全に調和しながら、胃から出発して絵画に到達する平衡のなかで、生を奏でているのである。

筋肉感覚

骸骨の骨組は、正常な状態では見えないが、筋肉のドレープはひじょうに印象的な領域で、骨・筋肉器官はもはや、単なる道具ではなく、存在世界に安定して組みこまれるための器官とみなすことができる。運動脳皮質でなされる運動の統合は、知的な作業として別にしておかなければならないが、逆に注意しなければならないのは、内耳と骨・筋肉器官のあいだに、個体の環境にたいする平衡や、直接の空間知覚や、運動の組織などの面での、古生物学的なきずながあるということである。

身体の重さは、筋肉によって知覚され、空間的な平衡と組み合わされて、人間を具体的な宇宙につなぎとめているが、その結果、反対に、重さも平衡もない空想の宇宙が構成されることにもなる。軽業や平均運動や、ダンスなどは、だいたいにおいて正常な動作の鎖から脱却するための努力、空間内でのさまざまな姿勢の日常的な周期をうち破る創造の追究を具体化したものである。解放は、睡眠中に内耳と筋肉が休息していて、日常の書割の逆をつくりだすとき、飛翔の夢のなかに自然に生れてくる。方法は異なるが、目覚めているときに軽業を見るというのも解放であり、動作の鎖への一種の挑戦である。

知能をつかさどる全器官の正常な機能は、身体器官の調子がいいとか悪いとかいう場合だけでなく、生の瞬間瞬間において、主体を時間・空間的に統合するリズムのなかで有機的な下部構造に属している。動物においても人間においても、平衡は、器官と筋肉との秩序ある働きによっており、それも、あるひとつの正規の秩序のなかで絡みあっているさまざまな規模のリズムの鎖の展開に従っている。外界のものであるにせよ、内的なものであるにせよ、リズム性が大きく混乱すると、神経心理に係わる行動は、常軌をふみ外すことになる。捕えられた野生の哺乳類の場合には、体の動作の鎖の偏差《ずれ》が人為的なリズム性をひきだし、捕えられた主体が空間・時間的に統合される、文字どおりその統合の枠となるような、周期的な往復の揺れが現われる。同じ外化されたリズム性をもつ現象は、人間にも現われるが、これは、人工的な枠組がつくられて正常な動作の周期から解放する働きをするような状況や、知的に同化していくなかで、その人工的な枠がかわりに身体器官を拘束する場合である。漢字の表を暗記する中国の小学生や、九九を暗記するフランスの小学生のリズミカルな反復運動、地中海東部における数珠のつまぐりなど、例は数多い。〈親指返し〉とか、なにやら形になるものをこねるとか、球状の物を指のあいだで転がすといった、体の一部に限られた動きによって、夢想を展開する助けとすることは、かなりしばしばある。こうしたリズムの表われがただ筋肉の働きだけに限られることはまれで、たいていの場合、仏教の僧がリズミカルに鉦鼓を打ちながら誦経《ずきょう》するように、聴覚が重要な役割をはたしているのはいうまでもない。

この点で、骨・筋肉などの下部構造の役割は、さまざまな上部構造の特質のために覆い隠される傾向がある。いつの時代でも、世界のどこでも、リズミカルな足踏み、旋回、舞踏術、周期的な平伏とか、膝折り・歩行といったものが、宗教的、非宗教的な表出をとわず見られる。これらの動作は、音楽に支えられているため、これまで述べてきた表出にくらべて、文字どおり日常的に体験される環境から抜きとり奪いさるという性質をおびる。それらの動作に導かれる表出には、つねに非物質的な価値がある。軍隊が歩調をとって行進するのから、憑依《ひょうい》の忘我状態にいたるまで、筋肉はふつうの用途からまったくかけ離れている。

リズムによる条件づけを通じて、社会が個人を支配するのはひじょうに特徴的な集団の態度によって現われる。「歩調をとらせる」〔「命令に従わせる」の意もある〕というのは、たんに軍隊のイメージだけではない。というのは、リズムの単一化、つまり個人個人が集められ、条件づけられた群衆になるということは、地下鉄の通路にも、葬儀のばあいにも、回教僧の習練にも、休み時間に飛びだす学童たちの様子にもいちじるしいからである。筋肉を条件づける学問は、最初の都市の曙からすでに、政治的な画一性をはかる必要から、経験的に実施されてきた。群衆の動き、〈一人の人間のように〉歩む大衆の行動は、それに基づいているのである。

労働の環境や住いの環境での動きを、秩序だてて組織しようという構築的な機能主義にも、同じ現象が見いだされる。音楽が仕事場に取りいれられるのも、同じく筋肉の条件づけを求めたものと考えられる。音楽に合わせて働くというのは、動作行動を文字どおり変えることに相当し、ふつうは最も有効に環境に入りこむために用いられる過程で、環境急変の技巧を用いたことになるわけである。それにしても、リズムの連繋のない音を背景に、複雑で明晰な動作の鎖を練習することと、リズムの点で仕事にマッチした音楽にのって、型にはまった動作の鎖をなしとげることから生じる完全な統合のプロセス、この二つを区別するのは当然のことである。この第二番目の形は、耕作とか、畑の草取りとか、脱穀とか、綱による曳船といった集団作業として、きわめて雑多な社会のなかに見いだされる。工業的にものを製造する場合と同じことだが、ある数の個人をそれぞれの環境からひき離して、集団の道具へ統合するということが問題なのである。工業社会にあって、工業的なリズムをもつ〈強制労働〉が非人間的な外見を示すのは、個人が遠く離れた実体のために働き、労働時間が終るとちりぢりに分散してしまうからである。ところが、伝統社会の場合には、身近にいる受益者のためになされる技術作業は、集団の過程《プロセス》の一コマにすぎず、その過程のなかでは、もろもろの結びつきが、集団の一貫性をしめす他の表出によって表わされているのである。

美や善や最高善といったものは、後章でますます知的な価値をもつようになるが、完全な沈黙のなかで、横になって一つの詩を読むばあい、語によって喚起される一つ一つの映像が意味をもつのは、知的にとらえられるに十分なだけ詩的映像に近い具体的な状況で味わった生の体験と係わるかぎりにおいてだ、ということが忘れられるようになる。ところで、すべての具体的な体験では、まず第一に照合するばあいの拠りどころは、〈状況〉(この語のさまざまな意味が表わすように)にある、身体という支え、つまり身体で知覚された時間と空間との関係に求められる。高次の段階における美や精神の表出を判断するさいには、この考えを念頭から離してはならない。動物や、根本的にわれわれと異なる存在から見れば、人間は時間と空間にとりつかれているように見えるだろう。この時間と空間は、文明が出現してこのかた、あらゆる形の思惟において、人間の関心事を支配している。地理空間を手始めに、ついで宇宙空間を具体的に征服し、速度とたゆまぬ医学研究によって時間をなしくずしに克服していくところに、人間の実人生が織りなされるのである。天文学や光、度量衡学や原子物理学についての瞑想が、人間の哲学や科学の夢をゆさぶる。永遠と天上の征服が人間の精神的な夢をやしなう。数千年来の人間の大きな賭は、時間と空間をリズムとか、暦とか、構築物として組織することであった。人間が小宇宙を創造することによって、宇宙の運命を決める宗教の体系が支えられる。否定的な場合でも、時間と空間は、人間の身ぶりをすべて支配しており、人間が砂漠に逃れて、じっと動かず瞑想にふけるのも、〈この世〉から、つまり流れる生のリズムのしるされる時間と空間から、同時に身をひき離すためである。時間と空間から脱出する偉大な名匠の運命は、道教徒、仏教徒、キリスト教徒が鑽仰する先例となっている。時間と空間のはかなさという認識が、人間の思惟のすべてにしみ通っているとしても、それだけなら、めずらしいことではない。地上の生は、時間と空間の交叉《クロス》するところにあり、人間がそれについて鋭い意識をもっていたと断定すべきものは何ひとつ発見できないからである。しかしながら、やはりそこに一つの発見を見ることもできる。というのは、「彼は川にいた。彼はわれわれの家にいる。彼は明日森にいるだろう」ということによって、人類のうちに時間と空間を追体験する可能性が生れるとき、時間・空間の像《イメージ》が新しくなるからである。人間以外の生物界にとって、時間と空間は、そもそもの照合の拠りどころとして、内臓的で、迷路のような、筋肉的な性質しかもたないのである。飢えと均衡と運動が、触感・嗅覚・聴覚・視覚という、より高度な照合感覚の三脚として用いられる。人間にとっても何ひとつ変っているわけではない。ただその上に建てられた巨大な表象システムがあり、それがデカルト的な見方の全背景をしめているのである。

味感

人間にとって、味感は動物界全体にとってと同じく、下等な感覚である。消化管の入口に配分されている味蕾の役割は、本質的に防御的であり、毒見するためのものである。それは、毒性があるかもしれない酸や塩が入りこむことへの警報器となっている。味感が係わってくるのは、無脊椎動物も脊椎動物も共通で、その位置は、おしなべて同じところにある。つまり口腔に分布している。味を知覚する領域はかなりせまいが、人間と同じく大部分の動物は、多少ともはっきりと酸味、塩辛さ、苦さ、甘さを区別する。それに辛さをつけ加えることもできるが、これは味感の試練であるというより、むしろ粘膜にたいする直接の刺戟である。

味感は、動物界において魚類（嗅覚と結びついている）を除いて、空間を探りあてる根拠としての役割をはたしていない。ただし甘い食物を探す役割が大きいある種の昆虫では、前肢の跗骨《ふこつ》部に味覚細胞のあることが文字どおり空間を照合する上での確実な拠りどころとなっている。同じことは、アリやシロアリを食べる哺乳類にも考えられる。そのひじょうに長い糸状の舌が触鬚《しょくしゅ》の役をはたすのである。この最後の例では、触感がおそらく支配的であろう。

美食

食通の美学は、ごく一般的な生物学上の事実に基づいている。つまり食物をそれと認めるということである。動物は、どの段階を例にとっても、多少とも食物の種類に幅がある。食物をそれと認めるのは、単に味覚器官によってなされるだけでなく、それを補う感覚像の連合によってもなされる。聴覚をのぞくすべての感覚が、空間を照合する拠りどころとしての重要さの順序にそって係わってくる。鳥は、主要な照合の拠りどころとして、視覚をもっているが、この視覚、および二次的には触感と嗅覚・味感によって、ものを見分ける。大部分の哺乳類は、おもに嗅覚を拠りどころとしているが、嗅覚、および次に視覚と触感によってものを見分ける。魚では、空間を照合する根拠はだいたい嗅覚・味感によっており、きわめて簡単に食餌を見分ける。脊椎動物では、距離をへだてて認めるばあいには視覚と嗅覚が、また直接見分けるには口腔の触感と嗅覚・味感が働き、それらによって食物を受けいれるさいの、条件づけられた鎖の音域が確立される。この動作の鎖のなかでは、記憶が好みと拒否を方向づける上にいちじるしい役割をはたしている。哺乳類では、仔は餌のとりかたを教わるために、長いこと親にたよっているので、この後天的な好みは、肉食獣や雑食動物において支配的ではないにせよ、無視できない場所をしめている。一人前になった個体は、ある程度その食物の音域《レパートリー》を豊かにすることができるが、一般には幼時期の味覚が後の好みを方向づける。

　人間における食物の美学にも、また別の拠りどころがあるわけではない。視覚と嗅覚が味感と口腔の触感とともに働く。そのうえ幼時期に好みの鎖が形成されると、しばしば成人の味覚をごくせまく方向づける。食べられるものはすべて、人間のきわめて付合いのいい消化管のなかで役に立つが、饑饉によって強制されでもしなければ、なんでもかまわず消費するわけではない。民族はそれぞれ数多くのものへの拒みや、民族の個性のよく目立った好みを示している。社会組織がまたもや動物学的な種《スペキエス》にかわって機械的な鎖を形づくるもとになり、その鎖のなかに個人の味覚が流れるのである。お国料理は、食用にできる動植物が分布するその関数としてではなく、地域的な、あるいは輸入された食物源を利用する好き嫌いの体系の関数として、人類文化圏《ナップ・ユメーヌ》を細分する輪郭を描きだす。身ぶりや話しぶりや音楽についてと同じく、それを感覚的に照合する体系が発達するが、それらの体系は、人間的なものとして反省からくる行為を含んでいるので、美学的に分析することができる。

　まったく、民族として教えこまれ獲得された好みは、さまざまな伝統をもつ人間の体系の一つ一つと同じ性格をおび、一つのコードに集約されるが、その一般項は、集団全体の味覚の根底にあり、しかもその解釈は、個人によって多少とも微妙な性質の変化やニュアンスを導きだす。

　われわれの料理における照合体系は、比較的複雑であるが、それでも実質的に個人個人の総体の味覚が登録された、ある一般的な枠のなかに集約される。そこに認められるのは、味覚的な効果だけで、かなりはっきりした対照範囲がきまっている——料理のあるものは塩辛く、あるものは甘く、あるものは酸っぱい。このコードは、味感の効果が一定の順序で続くように命じることさえある。前菜はいくぶん酸っぱく、中心になる料理は塩辛く、サラダは酸っぱく、チーズは塩辛く、デザートは甘い。塩辛さと酸っぱさが組み合わされ、胡椒と芥子の辛さがそれに加わり、チーズの前までつづく。古典的な伝統では、塩辛さと甘さの組み合せは、避けられる。それゆえ調和すると思われる味感の組み合せがあるわけだが、それはまったく民族的な約束事である。ある地方や、われわれとは別の国々では、中心になる料理に塩辛さと甘さが組み合わされ、甘さと酸っぱさがいっしょになり、薬味に苦さが忍びこんでいる。アフリカ社会では、塩のかわりにカリウムを含んだ灰を用いることが独自の味感の特徴になっている。

あらゆる感覚器官のうちで、最も地味なこの器官がどのように審美的に組織だてられるかに注目するのも興味ぶかい。というのも味蕾は、生物学的には危険な物質をのみくだすのを防ぎ、塩や砂糖のような単純な食物素をそれと認めるための単なる警報器官だからである。未開人においては、果物を消費することもあって、酸味と甘味の積極的な価値を評価するのが一般的であるが、塩辛さが評価されるのはずっとまれになる。オーストラリア原住民も、エスキモーも、ブッシュマンも、それを直接には用いない。ただエスキモーにおいては、海水を用いたり海草を食べたりすることがある。食通の美学が形づくられる文化において、味感のはたす役割は、もっぱら味感だけに係わる知覚が、地味で変化が少ないという性格によって明らかになる。それはちょうど音楽において、調子を決定し、その上に他の音価をきめるための一種の通奏低音を確保するばあいのように、基礎音の役を演じるよう求められているわけである。

これらの味覚の価値は、さらに口腔の触感と嗅覚にも配分されていく。美食家の触感は、温度と堅さについて働く。きわめて高度な料理では、基本になる味わいと並行して、温度が係わり、フル・コースの食事では、舌を焼くポタージュから、冷たい前菜や温かい中心料理をへて、氷入りのシャーベットにいたるまで可能な全音域《レパートリー》がくりひろげられる。堅さについても同じで、柔らかいものと堅いもの、粘っこいものとかりかりするもの、溶けそうなもの、さくさくしたもの、油っこくすべすべしたもの、液体などが基本的な味と温度の組み合せをなしている。

味感と口腔の触感は、こうして料理の美学の深い部分を形づくり、そのうえに嗅覚による美食の刺繡がなされる。それはまた、薬味とは源を異にした嗅覚知覚と結びついた単純な組み合せによって、最も未熟な食事の例でも知られている原始的な基礎なのである。

嗅覚や視覚に係わった料理

美食の感覚における上部構造は、とりわけ嗅覚に係わっている。嗅覚器官は、空間的状況に係わる器官であるが、その弁別力は口腔関係の器官よりも、はるかに微妙にできている。この器官は、視覚や聴覚体系と同じくらい豊かな照合体系に介入していて、その体系が生理の美学の次元にとどまっているのは、生物学的に言語活動と無縁であるという理由による。

じっさい、動物界においては、視覚や聴覚よりも嗅覚による弁別が上位にランクされるかもしれない。このことは、数多くの哺乳類にあてはまる。たとえばイヌでは、嗅覚がおもな照合感覚として係わっているが、これは知能財産とでもいえそうなものの基盤をなしている。霊長類や人類に備わる嗅覚器官は、つくり上げられる空間像にとって、単なる補助の役割しかはたしていないので、われわれには、世界の嗅覚像がどんなものか、はっきり想像することができない。外界関係感覚のなかでも、嗅覚は、人間では特殊な位置にある。じっさい、視覚と聴覚だけが、手と同じく言語活動に加わり、象形的な表象《シンボル》の交換を可能にする発信・受信体系に入ってくる。嗅覚は、まったく受信するばかりで、匂いの表象を発信する補助器官が何ひとつあるわけではない。それは人間に特徴的な装置というところから最も離れている。反省によってその知覚をコードに整理することはできようが、それはあいかわらず伝達できないままである。すべての嗅覚の美学と同じく美食が美術の外におかれるのはそのためである。

しかし、この食物に係わった一つ一つの作業に見られる弁別知覚から、民族性の最も深い部分に属する文化上の照合体系が形成されてきたのである。料理と民族性とのこのつながりは、ほとんど嗅覚だけに係わっている。米を主にした料理は数多いが、料理法が各文化に特有な嗅覚・味感的な芳香を生みだすにいたるという事実があるので、マダガスカル、中国、インド、ハンガリー、スペインなどの米料理のあいだで混同は起らないわけである。

薬味化ということは、他の分野とちがい、時間・空間的な照合の拠りどころの外にあるため、かなり特殊な技術部門をなしている。道具の形には、必然的な帰結として、かならず小彫像と同じような動きがあるが、社会的な礼儀のかたちにせよ、建物にせよ、詩にせよ、讃美歌にせよ、事情は同じである。立麝香草《たちじゃこうそう》と塩や肉豆蔲《にくずく》との結びつきは、動きとしても、いや単に言葉としても翻訳不能である。他のすべての技術には、象形化の可能性があるが、料理法には、そうした性格がなく、表象の水準に姿を現わさない。理論的には、すべてが表象化できるが、しかし美食法については、文字どおりの人工補整器つきでないと、事が始まらない。食事の順序は、世界の進行を表象しているのかもしれない。しかし、それは出る料理のリズムとか、料理の意味とかいう美食の性質以外のことに係わっているのである。立麝香草の匂いは、南仏ラングドックの夜明けの荒地の表象かもしれない。しかし、それは時間・空間的に照合するための拠りどころとして、人間に残された嗅覚の残骸にすぎない。ある料理は一つの絵画であるかもしれない。そのばあいには、視覚的に照合するその拠りどころの領域にはいる。しかし、盛りつけを工夫しても、その味を象形化することにはならない。

美食においては、食物をそれと認める働きから生じる美の展開以外のものはもはや美食的ではない。理論的には、味、匂い、堅さが表現体系《ランガージュ》のないこの美学の現実の拠りどころになっている。しかし人間のばあい、視覚はあまりに重要であって、視覚が介入しないわけにはいかない。時間・空間的に照合するという役割の点では、視覚はほんとうは付けたしであるにすぎない。ある料理について、盛りつけはへただが、味がすばらしいということはできる。これは象形芸術ではありえないことで、料理においては、美的な栄養源と時間・空間の美学とが分離していることを示している。逆に、食物をそれと認める感覚としての視覚は、はるかに重要な役割を演じている。嗅覚の貧弱な哺乳類である人間においては、食物はまず視覚的にそれと認められる。つまり、たとえば、紫色の光で照らしだされた食事をとるばあいには、嗅覚によって認められる重要な部分はたいへん危なっかしいものとなり、吸収は内臓が係わるすべての段階で混乱することになる。ところが、実際の鳥類をかなり上手にまねてキャラメルであしらった、ビスケット製の若鳥を食べるばあいに起るのは同じ現象ではない。効果はだまし絵《トロンプ・ルウイユ》に似ており、すぐにある種の転嫁の対象となり、対象を受け入れる過程を混乱させはしない。それは補足的な美の効果であって、正常な同調ができなくなるわけではない。

嗅覚

人間において、嗅覚は食物をそれと認める以外にも、ものを見分けたり、時間・空間のなかで統合したりするという二重の役割をもって、さまざまな段階で介入してくる。技術においても、嗅覚の協力が必要とされる作業では、嗅覚がものを見分ける役をはたしている。これはほとんどつねに化学に類した技術であって、つまり料理の過程と近い過程なのである。

嗅覚は、たいてい社会の美学によって具体化されている感情行動において、個人間の関係に重要な役割を保っている。香水、芳香油、防臭剤などは、あるいは自然の体臭を隠したり、その理想化された像《イメージ》をつくりだし、異性間の関係でもたいせつな要素になっている。ここで、象形的な表現のしかたがある点まで現存していることに注目するのはたいへん興味ぶかい。ジャコウネコやイヌが自分の縄ばりに目じるしをつけることと、花やジャコウネコの分泌腺の成分を女性が香水に使用することのあいだには、象形的な過程が入ってくる。匂いは運動の全展開の表象となったわけだが、この展開は、象形化が入りこみえない消化のメカニスムに照合の拠りどころを求めるのではなく、感情行動とその空間における統合との共通な基盤である筋肉の力学に照合の拠りどころを求める。この段階で、嗅覚は厳密な意味での想像的《イマジネール》なものと境界を接している。

嗅覚が時間・空間における統合と結びつけられ、状況を知覚する基盤となるときに、この境界が乗り越えられる。数多くの動物にとって、世界はまず第一に匂いの世界である。匂いを空間的に分析することによってつくられる知識の資本の成立ちを考えることは完全に可能である。人間のように、視覚・聴覚のコンビから知覚をつくるかわりに、イヌは嗅覚・聴覚のコンビでその知覚をつくりあげる。そのさい、視覚はそれを確かめる知覚としてしか入ってこない。こうしてつくられた思惟と人間の思惟とを隔てる距離は、ただちに見てとることができる。筋肉の力学が介入して動作を支える程度に応じて、演繹的な動作の鎖がそこに構成されることはありうる。しかし、われわれ人間と同じような反省的な行動に向う可能性は何ひとつない。人間に匹敵するような発達した脳を与えられたイヌがいるとすれば、それはおそらく巨大な嗅脳をもち、そこには匂いの世界を異常なほど繊細に知覚する器官が発達し、われわれ人間の合理的な知性のかわりに、〈感傷的な〉知性をあたえる過度の感情性が見られるはずである。人間をなしているものは、まさに顔面と手の動作領域の二元性であり、ものを把握するのと、視覚との根本的な連繫なのである。そのことを見失ってはならない。イヌのばあい、外界関係領域は、遠くから嗅ぎあてる鼻孔と獲物をとらえる犬歯とにごく狭く限られているが、人間のばあいには、視覚はまず探索し、手がたんに把握だけでなく複雑な建設の機能を遂行することを可能にする。イヌの進化の出口は、象形化されない嗅覚と感情性とに共通な領域に向っているが、それにたいして、人間の出口は主なる視覚、および手の運動性に基づいており、合理的な想像の世界にむかって開かれている。それゆえ、嗅覚の世界は、無視できないとはいえ、われわれ人間にとっては、二次的な、実用上の照合の拠りどころとなっている。家のなかで煙の匂いがすれば、それだけで居住者は鼻を風上に向け、どんな空間にいるかを確かめる拠りどころを十分つかむことができる。美学的には、嗅覚は視覚・聴覚の鎖と密接に結びついている。何年も嗅いだことのない匂いが、突然子供時代から忘れていた情景や物音をよび起す。事件を記憶するようには、匂いを記憶できないが、嗅覚による知覚は、まさに反省と無関係な生理の次元を動かすため、反映された像《イメージ》にいちじるしい深さと強さを与えるのである。匂いが平常の鎖を断ちきるのに決定的な要素として、鎮静の状態をひき起したり、異常な興奮をうながしたりできるのも同じ方向においてである。ありふれた時間・空間から脱却させるようなある種の環境は、正常な生活圏から孤立させる匂いの雰囲気と結びついている。至聖所の香のかおり、〈燔祭《はんさい》の煙〉、英雄を陶酔させる火薬の匂いなどがそれであって、その役割は、単なる香辛料とは違う。じっさい、匂いは深層にある何ものかを発動させることによって、このような際の状況づけの決定的な要素になる。かすかな台所の匂いの漂う至聖所や、突然春の香りがよぎる戦場などを想像するだけで、そこから生じる条件づけが断ちきれてしまうことは十分感じられる。条件づけというのは、結局、匂いが深く生理的なものと係わりつづけているからである。聖書のもつ敬虔さが焼肉の雰囲気に集中し、戦争が時にミモザのなかでくりひろげられることもあるが、これは獲得された伝統の重要さと、状況を照合する拠りどころとしての嗅覚行動の柔軟な性格とを同時に示している。というのはイヌのばあい、肉の匂いが乾草の匂いになったら、肉があるとは思わなくなるだろうが、人間は戦場に民俗舞踊の影像がよぎるのを見て、はじめて戦いが現実だと思わなくなるだろうからである。

触感

脊椎動物の触感は、直接に空間を照合するそもそもの拠りどころであるが、局所解剖学的には、どの種でも似たように分布している。触覚器官は、前部の顔面部にきわめて高い密度で集中し、前肢の尖端ではそれより少なく、体の他の部分になるにつれて、ますますまばらになる。実際、唇は温度、振動、接触について最も微妙な感受性がそなわるところで、その感覚の装備はしばしば、たとえば魚では触鬚《しょくしゅ》によって、あるいは猫科や齧歯類では感受毛（ひげ）のような長い硬毛によって強化される。触感はもともと聴覚に近い感覚なので、数多くの動物、とくにモグラのように、視覚が弱いかまたはゼロであるような魚や哺乳類では、聴覚と組み合わされているらしい。広い意味での聴覚と触覚知覚は、群生行動に重要な役割をはたし、魚群や密集した家畜の動きなどは、主としてそれによっている。

人間のばあい、触感の分布のしかたは他の脊椎動物と同じである。唇は十分の一平方ミリあたり、五から六ミリグラム〔の圧力〕を感じ、指先は三十から四十ミリグラムで感じる。体の他の部分はさまざまだが、触感がずっと鈍い。

脊椎動物の触感は、空間を照合するそもそもの拠りどころとなるが、とくに盲人の場合や、暗闇のなか、視界外など、視覚的に照合する拠りどころがないときに重要である。触感はこれらの条件の下で、嗅覚とは逆にきわめて微妙なものとして現われる。知覚のしかたが第一に総合的な視覚の場合とは逆に、触感は分析し、触覚と運動の組み合せのなかで量を再現する。この組み合せは、手と指の移動を基礎とし、象形的知覚が係わる領域に触覚を統合するのである。

唇の触感は、象形の美学に係わった行動よりも、栄養摂取の情緒行動に結びついているが、体の触感は空間内での快適さや安定した組み入れられ方に係わっていて、厳密な触覚の美学は手の領域にしか存在しない。この美学は生理の次元にひじょうに近く、愛撫の感覚のまわりを回っている。滑らかなもの、毛皮、肌のきめ、可塑性のある練粉や柔らかくて伸縮するものなどに係わり、彫刻に象形化するばあいのように、触るにこころよい表面を求めて、もろもろの技術に用いられる。日常の作業はつねに触覚で判断する場所であるが、嗅覚と違って、触感が異常な統合の源になることはないし、少なくとも決定的な知覚となることはほとんどない。じっさい、リズミカルな動きや音、また例外的な匂いなどが平凡な鎖にくらべて外化の状態を起させうるとしても、触感による条件づけなどは想像だにしがたい。これは、状況を全体的に把握するということがほとんど許されない触覚の分析的な性格によるのである。

しかし、触感がきまった領域に介入するのは確かなことで、その領域というのは、触感の動きをくりかえすと、筋肉行動が決定的に変っていくような場合である。瞑想や平和な夢想状態にともなって、小さな物体をくり返し手で探るといったことは世界中に見られる

（四四八ページ参照）。ちょうどキリスト教徒、回教徒、仏教徒が数珠をつまぐるとか、指のあいだで硬玉の粒や小片をころがすとか、柔らかい物をいつまでもこねるといったことがそれである。この領域は触覚の美学に特有な対象が存在する唯一の場所であり、それは形の知覚をごく狭められた場に収斂する効果をもち、その場の向うで身体のしくみがすっかり平静にかえるのである。

時間・空間における統合

生理の美学を完成するには、聴覚と視覚を無視してはならないだろう。それはつまり両方に残存している言語下の行動を認めることになる。たしかに、人間の感覚装備のうち、種の根源から受け継いだものはすべて、出発点を根源にとることによって初めて理解できるようなものを研究するには、うってつけなのである。味感、嗅覚、触感については、内臓感覚や筋肉知覚と同じく、動物的な根底と、人間の知覚する形や表現する形とはほとんど区別されない。高等な感覚への進歩の軌跡をたどってみれば、藁ぶき小屋に休らう人間の空間への統合は、アナグマの穴への統合とほとんどかかわらず、社会的に認知するということが羽毛の特徴《シーニュ》によって相互関係をきめる鳥のコードにきわめて近いことを示すことができる。しかしすでにアナグマが現実に生きた空間と、人間が表象的につくった空間との境界も、大ライチョウの飾りと上級将校の表象的な制服、ナイチンゲールの囀りと感傷的な旋律との境界も突破されたのである。人間にとって問題なのは、映像のフィルターを透して体験した行動であって、それが深い次元で生れたことは心得ておく必要があるが、あまりに論理的にすぎてそれをその次元にばかり固定しておくと無用に逆説的なことになる。それゆえ、人間の手の資質に係わる機能の美学を前面にすえると、視覚と聴覚が社会や象形の美学に捧げられたいくつかの章で身体の平衡とともにまた現われることになる。

第十二章　機能の美学（感性論）

道具、機械、エンジン、家、町のような実用的な用途をもった対象を分析すると、機能と直接結びついた特殊な美の資質が現われてくる。たしかに、一つの形がその機能によく合っているとか、合っていないとかいう判断は、実際には、美的な判断を行うのと同じである。確かめる上で印象的でさえあるが、絶対美の価値は、わずかな例外を除いて、必ずとはいえないにしても、形が機能に適合するのと直接比例していることである。事実、数多くの技術品の発展を通時的にたどっていくと、ますます均衡をもった形にだんだん統合されていく過程が見られる。この一般法則の価値を測るには、航空機を考えてみればいい。

機能の進化の法則がもつ性格については、かなり前から知られていた。ほとんどの技術の領域では、この法則の諸相を研究するのはまだ経験的であったが、他の領域では体系的に探りだす段階に達していた。船舶技術、航空技術、宇宙飛行は完全に有効な形《フォルム》の研究に向けられている。かなりふしぎなことに、これらを研究していくと、自然から取られた形と大幅な比較を行うことになる。このことを確認すれば眼を見開かせることになりうるだろう。じっさい、次のように問うことができる。自然の形と機能的形とは同じ一つの現象ではないか、人間のつくった物の機能上の資質は、象形的どころではなく、まったく自然本来の手続きが人間の分野にただ累積しただけではないかと。

機能の美しさは、物体が象形化を棄て去る程度に応じて実現されるということを証明するために、このような仮定を支えとしたもろもろの議論が出てくる。自動車がウマに曳かれる四輪馬車の形から脱皮するまでに、たいへん長い時間がかかったが、相対的であるにせよ、機能的に適合《マッチ》するにいたったのは、固体が大気内を地面に密着して速いスピードで移動するさいの法則に対応する程度に応じてであった。機能美が非象形的だということは、さまざまな文化に属する同じ機能の物体や、同じ文化のなかでさまざまな機能をもった物体を集めて調べてみるとわかる。楯、機《はた》、鍬、釣針、タイプライターなど、どれをとっても、形に重なった装飾のヴェールを透かして、多少の違いはあれ、充足した機能が見えている。満足させる機能をもった物体として、ルイ十三世式の肘掛椅子や人間の形をした足のあるアフリカの酋長の玉座を考えることができる。機能的な形は、言語活動に結びついた表象《シンボル》の直訳である植物的なモチーフや神人同形説的なモチーフという象形の包被を通して透けてみえる。物体からこの包被を取り除いてしまうと、威厳にみちた態度でおおよその安息をとるのに適した椅子、という機能上の定式しか残らない。ふさわしい態度を持するということは、保つべき位階を象形化した社会の美学の結果である。さきの二つの椅子からそれを取りさってしまうと、引きだせるものとしては、もはや、坐った楽な姿勢の人間の模型を支えることしか残っておらず、純粋機能を具体化するネガティブな質量、然るべき目的をもたされた支柱が付属している一種の卵殻のようなもの――同じ考えかたで船体の形態とも呼応する――が得られる。

しかし、自然の形へ適合することが絶対的なわけではない。植物や動物がその生物学的な統合に最もふさわしい形を正確にもっていることを認めるつもりなら、前進化論時代の博物学者やベルナルダン・ド・サン＝ピエールにまで戻らなければならない。形が機能の定式に向って進化はしても、それが最後まで相対的にしか実現されないことを知るには、古生物学的な流れの糸をたどれば十分である。機能と形とはいずれも、通時的に派生してくるが、たえずお互いに反応し合う状態にある。それと同じく印象的な事実だが、各段階において機能の定式は、色、付属品、途方もない曲線といった、人間のつくった物体を包んでいるのとよく似た〈装飾的な〉ヴェールで包まれているのである。まるで人間における装飾の機能もまた、人工的でない〔自然の〕均衡にならっているとでもいうかのようである。機能と形との関係は、実際には形と装飾との関係と異なった次元にある。動物においても人間においても、機能的ではない外包は、前者では種の過去に結ばれ、後者では民族の過去に結ばれた系統発生学的な始原の残存や痕跡によってつくられている。チョウの羽の装飾が擬態上の価値をもっていることは、その羽が空中の移動に適《かな》っていることとまったく別の次元に属する。この空中の移動のほうは力学上の定式に帰着し、物理法則に相当するが、羽の斑点はよしんば種の歴史の一時期、ダーウィンのいう理由によって保護機能をもつことがあったとしても、結局は、不安定な様式の領域に属している。人間の装飾は種を民族で置き換える傾向が一定であるのを確認するだけのことであり、同じ現象は集団のもつ個性の痕跡が執拗に存続するなかに現われている。

機能の美学の性質は、このように比較すると、ややはっきりしてくる。それは文字どおりの力学的決定論、生体法則よりはむしろ、物質の法則に対応しているように見え、自然が植物界、動物界、人間界において同一なのもそのせいである。ミツバチの巣孔は、歪曲にたいして最も強く耐えるように、表面と質量の関係の問題を完全に解決したものであるが、植物の組織もまたこの解決を知っており、人類の文化もそれを応用している。この六角形の小房という定式に立ちいたれば、もはや、種や民族の色づけがなされる余地はなくなり、美の価値はまったく力学的に完全な建築の絶対性のなかにあることになる。

人類をふくめた生体の世界では、機能の定式が完全に実現されることはまれである。ある水準を越えると、生体は多くの機能を伴うようになり、その結果、機能的に適合しているのは、単一の機能をもつ生体や物体だということになる。力学的に見れば、サバがサルよりも申しぶんがないことは確かである。それはきわめて急速な移動や瞬間運動にほとんど理想的に適応した流体動力学的な体形《ヴォリューム》である。この魚の場合に、外界に係わる唯一の機能は食餌の探索と獲得とを同時に確保する移動である。鑿《のみ》は力学的に完全な道具で、ムステリアン期の終り以来、骨でつくられようが鋼でつくられようが、柔らかい物体に孔をあけるのに適した砲弾形をしている。それは、鋏から、ボタン掛器、接木用ナイフ、耳かき、栓抜き、鋸、鑿、三枚刃ナイフといった、十も付属品のついたナイフとは比較にならないほど理想的な機能の定式に近い。サルも、また少なくともサルと同程度に人間も、鑿というよりは、この十の付属品つきのナイフにずっと近いのである。生体および物体は、ひっくるめてたいへん複雑な働きのなかで均衡している。第一には、各機能が満足すべき形へ進化するという働きであり、第二には、さまざまな機能のあいだに妥協が行われることであり、それが理想への接近度の多少はあれ、形を維持する。第三には〈装飾の〉定式で表現される、生物の、というか民族の過去から受けついだ上部構造の働きである。それゆえ機能美の分析は、まったくしばしば機能が近似していることを測定するにすぎない。

ほんとうをいって、象形的な上部構成のヴェールを通して、力学の定式がその価値を保っている程度に応じて総体的な美の価値も存在することを考慮すれば、もうすこし先へ進むことができる。前にあげた椅子の例をもういちど考えてみると、厳密に機能的な卵殻へ最終的に到達することは起りえない。かならずある程度の機能上の柔軟性が残っている(でなければ、椅子はただ一人の個人のただ一つの姿勢にしか適合しないことになるだろう)。それとともに様式の外包も残るので、今日の肘掛椅子のうち、最も冷静に計算されたものでも、二十世紀なかばのアメリカ製の、日本製の、フィンランド製の産物として特徴づけられるわけである。自動車の空気力学を考えてみても、同じ考察が生れてくる。それはきわめて近似的な傾向にすぎず、その周囲には、全体としての様式と装飾が大きな民族的な多様性をもって働いている。

それゆえ、たとえ機能上の性質は、つねにほとんど不完全にしか分離できないにしても、その一つ一つを分離して別々に分析するのは、筋が通っている。逆に、機能を分析するときに、機能の進化、形の進化、材料の進化、リズムの進化などを分けるのは、当然まったくの便宜主義に見えるかもしれない。一つの斧は、その形、その刃が石か青銅か鋼かということや、それを動かすリズム運動（相対的な重さと使用者の筋肉との関数）によってなされるある線的《リニアー》な打撃の機能に適っている。それゆえ、その機能の進化を分析するのは、同時に四つの面で展開されなければならず、これは合理的思考や言語活動のもつ線形性《リニアリティ》には近づけない。こうした障害がないにしても、線的になされる加撃の機能は、南アメリカ原住民の彎刀にも同じくあるし、斧の形は手斧や鍬やハンマーや棍棒などのように、さまざまの加撃道具と同じ力学上の傾向を与えられており、燧石《フリント》から鋼へ移っていくのは加撃道具をはるかに越えた現象であって、斧のリズムは大幅に鎌や穀つき杵のリズムと結びついているのである。これらのことは考えにいれておいてもいいだろう。

機能と形

『人間と物質』のなかでは、ますます特殊化する形態が、さまざまな段階の事実から純粋に生活技術的な水準で確実にとらえられることもあって、道具の機能は技術傾向に関係づけられた。古生物学あるいは歴史の角度から、われわれは同じ機能の傾向が経てきた諸段階の証言によって、形が特殊化するだけでなく、新しい形を通じて機能が改善され、存続していくという、文字どおりの変異が起るのを見ることができた。どんなものでも、ものを切る行為において、ナイフに代表されている機能（斜めに、線的に、縦になされる加撃）は、そのいちじるしい例を見せてくれる。というのは、ナイフの古生物学は、切れ目なく最初の道具まで遡るからである（図版108）。アウストララントロプスのチョッパーにおける、不規則な質のよくない小さな刃渡りから、重い両面石器の刃へと移り、ついで掻器《ラクロワール》の刃にいたるわけである。後期旧石器時代の初め、鋭い薄い刃が卵形の掻器《ラクロワール》にとってかわり、ナイフは金属の出現まで、もうほとんど変ることのない形をとる。ナイフは青銅器時代からすでに、今日の均斉をもつにいたり、機能の進化の極に達していた。つまり柄の延長上に固定された片刃に達していたのである。しかしその機能は、すでに四つか五つの進化した形を経ているが、機械のなかに移されて、帯鋸やハム切り器では、直線運動を円周運動に転換させるのにうまく適合している。同じような進化は、骨や木材を刻む燧石《フリント》の彫刀《ビュラン》から、手斧、指物師の鋏、轆轤《ろくろ》鉋《がな》にいたる系列のように、数多くの道具についても跡づけることができるだろう。原動機は同じように、もう一つの印象的な像《イメージ》をあたえる。この現象は、形がいわば機能のなかに融けこんでしまうという現象とくらべて、形にたいする機能の関係が、異なったしかし補足的な光のもとに現われる。この現象の重要性を測るには、重力という動力からバネの動力へ移る点に言及しなくとも、十八世紀の終りから今日までのピストンと動桿《ビーム》つきの最初の蒸気機関、最初の蒸気機関車の連結棒とクラ

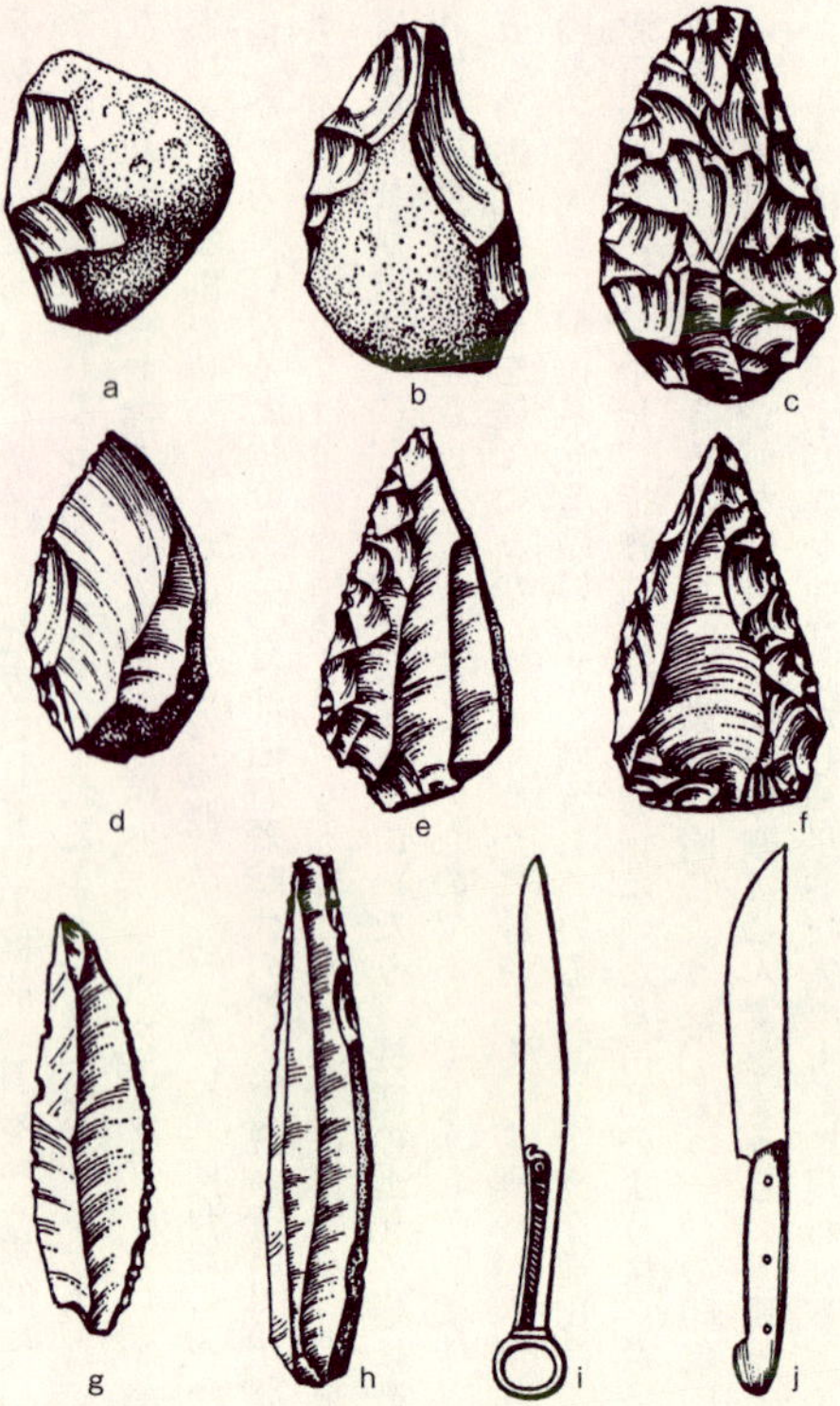

108　ナイフの進化。前期旧石器時代　a）チョッパー　b）初歩的両面石器（ビファス）　c）アシュレアン期両面石器。中期旧石器時代（前約十万年）　d）- e）　掻器（ラクロワール）　f）ルヴァロワジアン期ポイント。後期旧石器時代（前三万五千年 - 一万年）　g）シャテルペロニアン期ポイント　h）マグダレニアン期ブレイド。青銅器時代（前千年）　i）ナイフ（シベリア）鉄器時代　j）現在のナイフ（ギリシア）。

ンク付きのピストン、自動車エンジンのクランク軸に沿って並べられたピストン、タービン・エンジン、ジェット・エンジンなどを次々と考えるだけで十分である。

機能はここにも現われるが、方程式が調和しているという以外に美的根拠のない、物理的な、抽象された単なる定式として、もっとはっきり現われる。美の〈瞬間〉というものは、それぞれの形がたどる軌跡の上で、その形が定式に最も近づく時点にある。ごく進化した両面石器、ごく注意ぶかくつくられた掻器《ラクロワール》、特殊な用途にきわめて適合した青銅のナイフなどは、機能と形がいっしょになった場合の美の資質を、同じ程度に現出させている。

機能美の原理は、物質の法則から引きだされるので、ごく相対的にしか人間的と見なされない。じっさい、完全な形が単純な機能に対応するという同じ原理は、アホウドリのように滑空飛行しかしない傾向の鳥の翼にも、また、ただ孔を開けるためだけに用いられるある型の槍にも同じくあてはまる。今日、われわれの文明が数学や物理学などに浸されているという事実から、これらの純機能形態が美的なものと見なされるきらいがあるが、完全な形が貧しい形と見なされなかった文化はまれなのである。日本刀の刃は機能上の均衡の奇蹟であるが、中国、インド、インドネシアの武器庫《ぐら》には、不自然な、変化にとんだ形式が集められており、その機能はこわがらせる目的の付属品や曲線の下で窒息してしまっている。完全な形というのは、その陳腐さのために、最もしばしば民族的な空想に無視された控え目な形であった。

そうなるだけのことは、かならずやあるにちがいない。種《スペキエス》においても民族においても、形がむきだしの定式に還元されるのは、多様化していくなかで均衡を保つのに反したのであろう。あまりに完全な形に乾し固められてしまうことにたいする今日の抵抗は、この点できわめて興味ぶかい。

今ここでいってきたことは、形の起原を理想的な機能との偶然の出会いに結びつけようとするきらいがあるが、例外を除けば機能が近似していくのが正常な原則であることも、同時に明らかになった。二つの対立する傾向があいなかばして、機能が近似していくこの状態の原因になっているようにみえる。第一の傾向は、美学の外にあり、好都合な環境の理論に係わっている（『環境と技術』を見よ）。材料からいっても技術からいっても、ムステリアン人は打製の燧石《フリント》の掻器《ラクロワール》から完全なナイフをつくることはできなかった。われわれにしても、理想的な人工頭脳——きっと小さくて比較的簡単なものになるだろうが——を実現することができない。それゆえ、有効な形というのは、さまざまな技術の進歩の段階に係わる時間と空間の多様さに従属している。

第二の傾向は、形と機能との関係の解釈がある程度自由だということに対応するのだから、まさに美的といえる。たとえば、サハラの燧石《フリント》の鏃《やじり》の系列を調べてみると、長さと幅の関係の変化、角度の開きの違い、刃の凹凸の微妙な相違など、機能の定式をめぐる変化の驚くべき多様さが印象的である。経験的に知覚された機能の輪郭の周辺で、材料の拘束を通して、材料と妥協しながら鏃をつくる刻み手の個人プレイが明らかに感じられる。

同じ機能は、集団の総体的な個性の刻印を強く捺されているが、一つの文化から他の文化へ似たような形をまとって移ることが考えられる。最も印象的な例の一つは、とくに鎖《くさり》帷子《かたびら》や、鎧の継ぎ目を刺し通すための短剣の場合である（図版109）。この機能をかなえるために、その武器には三十センチから四十センチメートルの刃がなければならない。突き通す部分はたいへん鋭く、四角か菱形の切口をもっている。ヨーロッパ、近東、日本では、武器は十四世紀から十八世紀のあいだに、こうした機能の典型に達している。三大文明においては、短剣は鋼質と、その切先がどこまで突き通しうるかという点で、実質的に同じ性質をもっているが、ヨーロッパのは、両刃の短剣の形をとり、近東のは真直なナイフの形をひき写し、日本のは短い刀の曲線をとっている。この三つのどれ一つとして、理論的な突き通しの理想を完全にかなえていないことはもちろん証明できる。また力学的に充足し、集団の内部環境の刻印もなされているという矛盾した要求にたいする回答を特徴づけようとするには、機能が近似していくという概念に訴える必要がある。この点でイギリス、イタリア、アメリカのレーシング・カーは機能的に近似していく状態にあるといえる。というのは、空気力学的には、同じものになるはずの、その空気力学の要求にもかかわらず、それらのレーシング・カーはなお民族様式を保ちつづけているからである。アメリカ、ソビエトのロケットや人工衛星が機能上ごく狭く拘束されているにもかかわらず、それを生みだした文化の反映をどれほど受けているかを見てみるのも、同様に印象的である。

これらの例から、機能の美学と象形の美学が各文化の生みだした物体にどれほど混じり

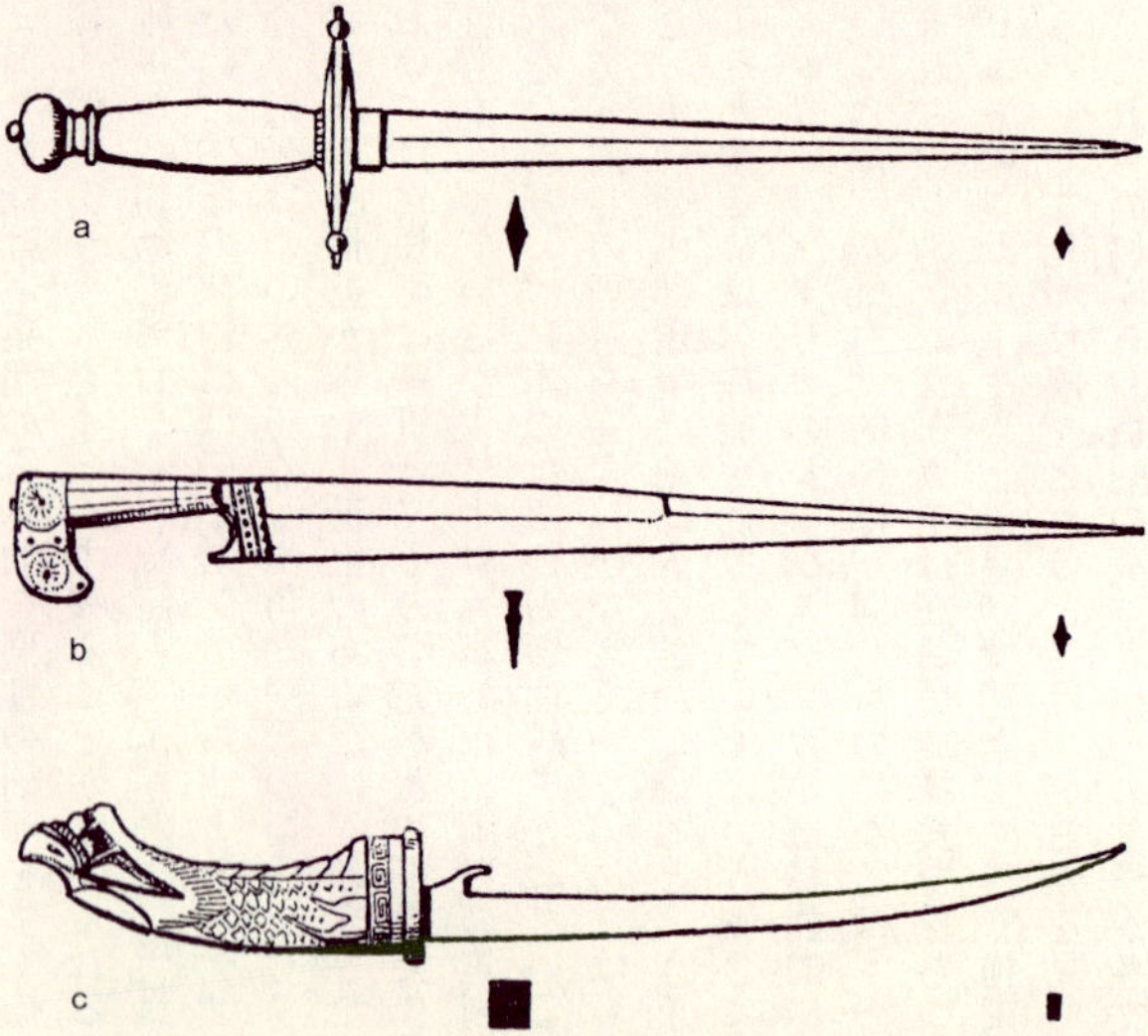

109　短剣。a）剣（エペ）から発想したヨーロッパ型　b）ナイフから発想したイラン型　c）刀から発想した日本型。〔編集部注／著者は日本型としているが、明らかに日本のものではない。日本の鎧通しは直刃でソリがない。〕

合っているかが明らかになる。技術水準を考えに入れると、理想的な機能は、しばしば数多くの物体について実現間近なところにあるが、しかしそれらの物体は、機能が形の自由にまかせる狭い余地のなかにひそみ入って、様式を保ちつづけているのである。

形と材料

製作というものはすべて、製作者と材料との対話であって、機械が近似するもう一つの余地をひらく。斧と手斧の例をその約八千年の歴史から取ってくると、形と材料との機能の関係は、たいへんはっきりと現われてくる（図版110）。磨いた石の斧と鋼の鉞《まさかり》は、縦に支えられる短い直線の刃という同じ理想的な定式に対応しているが、そのために、柄は、それにいちじるしい加速を与えなければならず、頭部は、十分な重さで刃が木に突入できるだけの接触瞬間速度の大きさを保たなければならない。理想的な定式は一挙に実現したように見える。というのは、新石器時代の斧は柄まで残っており、柄の長さ、頭部の重さ、刃の角度からいって、すでに完全なものだからである。しかし磨いた石刃をちゃんとした方向に向けるとか、柄が抜けるのを防ぐとか、刃をつぶさずに深く突き通すとかのために、数多くの問題が生じた。刃は柄にあけた穴にめりこんでしまってはならない。さもないと固定ができなくなる。青銅器時代になると、他の問題が出てくるが、鋳物師の技術に特有の刻みつきの刃とか、柄を受ける凹みつきの刃によって解決される。鉄の冶金術とともに、

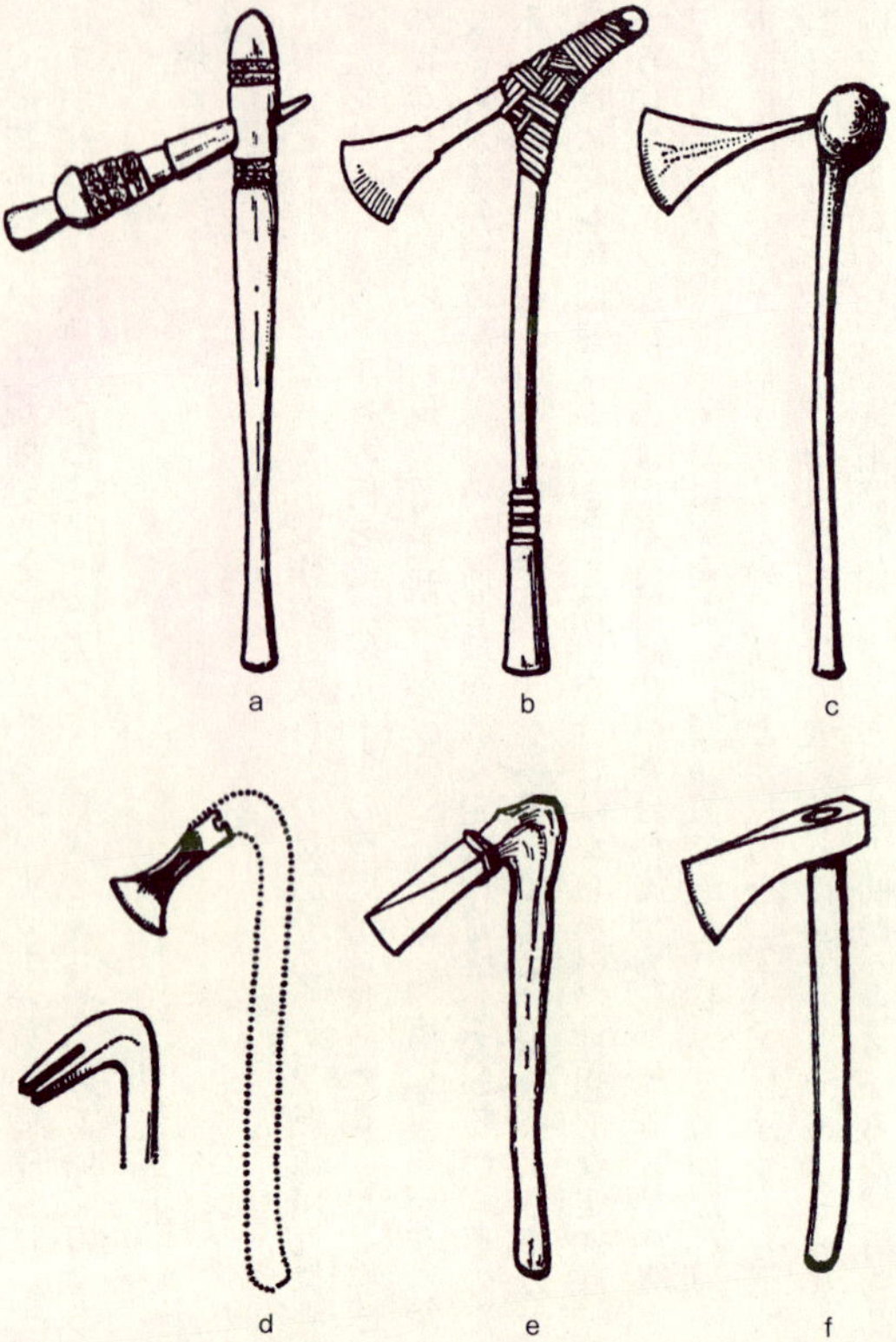

110　斧の機能的適応。a）ニューギニア。木の柄のついた石の刃　b）ボルネオ。しばって固定し、槌で鍛えた鉄の刃　c）ローデシア。中子つきの鉄の刃　d）青銅器時代。柄が外れるのを防ぐ刻みのついた青銅の刃　e）青銅器時代。柄を受ける凹みのある刃　f）近代。鍛鉄の受け穴による接続。

さらにその他の問題ももちあがるが、これは刃の鋳造ではなく、刃の鍛造に係わる問題であった。こうして最初から解決されてはいても、機能上の定式は刃の原材料に次々と適応する一連の形のなかで実現されてきたのである。ここで問題なのは、ある機能をみたす手段をゆっくりと探すことではない。斧が生れる以前にも、木は火や削器《グラットワール》で切り倒されたはずであるし、斧がつくられた後でも、今日では機械鋸《チェーン・ソー》の助けを借りて切り倒される。ということは〈斧〉という解決は、それらと同質の段階だったということである。また象形化と力学上の機能とが干渉しあうことが問題なのでもない。というのは同じ形の斧が――その様式ですぐ斧とわかるのだが――ヨーロッパの新石器時代にも、インディアンのアメリカにも、現在の大洋州にも見つかるからで、それによって、ある道具の形には三つの価値が干渉してくることがわかる。一つは理想的な力学上の機能であり、一つは技術の状態からくる機能の近似という形での具体的な解決であり、他の一つは民族的な象形化からくる様式である。

人間の文化《インダストリー》が生みだしたものの美学の三つの面を探るという同じことは、機能の両義性をはっきりさせるような比率で、生活技術《テクノロジー》のあらゆる領域にも適用される。鑿《のみ》のようないくつかの場合において、形はたちまちのうちに実現され、ますます効率のよくなった材料を通じて、ゆっくりと進んでいくだけである。その他の、製陶術のような場合には、材料は機能にとってほとんど障害とならず、主な動きは純粋機能と様式のあいだで行われる。多くの機能をもった集合体の場合になると、分析はずっとむずかしくなり、たとえば都市がそうである。しかし平面図、建物の比率、周壁の性質、町並の区画などを見れば、マヤの都市、メソポタミアの都市、中世あるいは近代の都市における理論上の定式に入ってくるものと、機能的に近似しているもの、および象形的に表象化されているものという二つの周辺部とを、かなりはっきり区別することができる。じっさい、都市は物質面で強い拘束をうける器官であると同時に、後で見るように、宇宙を表象する像《イメージ》でもある。

機能の面でも象形の面でも、形と材料を理論的に分ける以外の区別を主張するのはむずかしい。それは、合理的な形と美しいと考えられる形とは、しばしば同じ物理的な定式をとるからである。陶器の場合に、口や底に向って球形が微妙にくずれていくのは、機能の働きと趣味の働きに同時に応えているからであり、また進化した両面石器の対称のかすかな歪みは力学的にも根拠があるが、形の美的な評価を決定するものでもある。球形、対称、平たさ、彎曲した表面などは、機能の点では合理的であると同時に、機能を越えて魅惑的でもある。理に適った機能をもたない機械の集合であるジャコメッティやタンゲリの機械に見られるように、こうした美のあいまいさは、今日のある種の芸術作品にも活用されている。

材料そのものは、おそらく形と直接関係なしに機能に結びつけることができる。包みこむ機能をもった物体の場合がそれである。穀物を入れる巨大な容器であるか、冷たい水を入れる容れ物であるか、不浸透性の容器であるかによって、陶器の表面はざらざらであるとか、素焼であるとか、滑らかであるとか、直接に機能的な性質をもったさまざまな表面を示しており、そうした表面のさまは、生理の美学から借りてこられた照合の拠りどころに訴えかける。木の皮、革、毛皮、繊維、今日のプラスチック材などについても、事情は同じで、それを見たり触ったりするのは美として価値づけられるが、それというのも機能と用いられる材料とのきずなの結果なのである。

こうして機能の美学、生理の美学、象形の美学が、まったくの象形的な作品ではない人間の文化《インダストリー》の産物において、文字どおりの円環をなしている。その円環的な結合の頂上は、産物が属している範疇の結合であるが、ふつうには、この三つの美学のひとつひとつが痕跡であるにせよ、美を知覚する上に深みをあたえている。

リズム

もろもろのリズムは、少なくとも主体にとっては、空間と時間の創造者である。経験されたものとしての空間と時間は、リズムに包みこまれて具体化される程度に応じてしか存在しない。リズムはまた、形の創造者でもある。筋肉のリズム性については前にも述べたが、このことは規則的な間隔の身ぶりの反復をともなう技術作業にも先験的《ア・プリオリ》にあてはまる。これらの身ぶりの大部分は、貝や木の実を割って食べる鳥や、木の皮のなかに食物を探す鳥にも見られる槌打ち運動に関係があるが、哺乳類では、巨大類人猿においてもほとんど例がない。最初の段階から、人類の動作の特徴の一つは、長いことくり返してリズミカルに打ちたたくことであった。この作業は、アウストラントロプスが人類に加わることを示す唯一のものでもあった。というのは、それが長くつづく槌打ち運動から生れる打製の石のチョッパーや多面体の球状物を痕跡として残したからである。最初から、ものをつくる技術は、衝撃をあたえる身ぶりの反復から生れる筋肉的、聴覚的、視覚的なリズムの雰囲気のなかにあった。鋸びき運動も同じころに生れたにちがいない。というのは石にたいする槌打ち運動は、それに刃を与えるためだが、削る運動がそれよりさほど新しいはずはないからである。槌打ち運動はものをぶつけて衝撃を起させ、鋸びき運動あるいは削り運動は、斜め方向の打撃を起させるが（『人間と物質』を見よ）、この二つはすべての文化において、今日にいたるまで技術の本質的な部分をなしてきた。

それゆえ人間においては、歩行のリズムの枠をなしている足踏みの動きに、腕のリズミカルな運動が加わる。前者が時間・空間的な統合をつかさどり、社会の領域における動きの源にあるのにたいし、腕のリズミカルな動きは、別の出口へ、つまり時間・空間ではなく、形を生みだすシステムのなかで個人を統合するという方向に開いている。足のリズム性は、結局キロメートルと時間に到達し、手のリズム性は、純粋に人間としての活動をよみがえらせる源である物量を捕獲し固定させるにいたる。すべてテンポと拍子からなる音楽のリズムから、すべて直接にであれ後からであれ形を生みだす槌や鍬のリズムまでの距離は大きい。一方は自然界と人間化された空間との分離を表象的に跡づける行動を生むのにたいして、もう一方は野生の自然を変換させて、人間化のための手段とするからである。

このどちらも、厳密には補い合っているが、プロメテウス的な上昇を問題にした章で見てきたように（第五章）、この二つは、価値階梯の上で同じ場所を占めていない。音楽、ダンス、演劇や体験される社会状況などは、模倣的な状況もそうだが、想像力に属している。つまり、人間のさまざまな状況の、平板に動物学的な展開を、人間的に照らしだすような光を現実の上に投げかけることに属している。これらのものは、個人相互の社会的行動をつつむ衣服であり、最も一般的な生物学の規範のなかに登録されるが、言語活動が手による技術活動に対立する程度に応じて、それらは言語活動の内密な性質となる。技術のリズムには想像力がない。それによって人間化されるのは、行動ではなく原材料なのである。象形のリズムは、何千年来人間が支配してきた世界の円環のなかに、月や金星を入れ、人間が神々をつくったり追放したりしてきた広大な舞台の上で、月や金星を心安らげる俳優としていたのだが、それにたいして、技術のリズムは、かろうじて最初の星空間に突入しようとしているところである。しかし技術は、ゆっくりと入りこんできて、想像力を少しずつ新しい状況に置き、神話的思考がしだいにすりつぶされ（第六章）、数世紀にわたって象形化の危機を隠しながら、最も進化した社会を〈芸術のための芸術〉の道へ導いてきた。現在点では、個人は事実上完全な（人間化以上に）機械化の段階に達したリズム性に浸され、条件づけられている。象形主義の危機は、機械主義的な支配の必然的な帰結であるが、次章では、神秘をはがされた時間と空間が生きのこるかどうか、という問題をくりかえし扱うことになろう。科学と労働が形而上学の次元を排除するような社会において、最大の努力をはらって、実際に歴史画、労働英雄崇拝、機械の神格化などの神話的な価値を移し植え、象形主義を救おうとしているのを見るのは、かなり印象的である。始原からこのかた、象形化の役割と技術の役割を調整してきた均衡のような、恒久的な均衡というものは、人間の冒険の意味そのものを危うくせずに破られるわけにはいかないらしい。

第十三章　社会の表象

技術に係わる身ぶりは、静止した世界から引きだされて生命を与えられんとしているさまざまな形の創造者である。矢は、弓の射撃およびそこに暗示される一つ一つの動きの像《イメージ》のなかにしか存在せず、古代ギリシアの広場《アゴラ》は、そこに宇宙的な統合の帯の展開される空間を社会が発見するにつれて、ただの空虚な空間とは違ってくる。人間は、他者のなかで、その存在理由の表象を身におびるにつれてのみ人間なのである。身じろぎもしない裸のミイラとなっては、大祭司も乞食も、意味のない時間と空間にある高等哺乳類の死骸にすぎない。というのは、彼らはもう、表象的に人間的な体系を支えてはいないからである。中世の死者の舞踏は、精神的なものや動物学的なものが混同される生物学的な現実と、人間の社会生活を表象する体系との対照の、深く響くこだまを伝えてくれる。動物の生活は遺伝的な種《スペキエス》の糸の上に張られているが、人間集団の生活は、必要な安定と自然界の無秩序な動きのあいだに、孤島の海岸のように挟《さしはさ》まれた、完全に表象的な時間と空間と社会に覆われるばあいに初めて、遺伝的な次元を民族の次元で置き換えることになる。

時間と空間の馴化

とびぬけて人間的な事実といえば、それはおそらく道具を創造したことよりも、時間と空間を手なずけた、つまり人間的な時間・空間を創造したことだろう。じっさい、道具と言語活動は、動物学上の新しい集団の属性であった。今日知られているその最初の段階は、アウストララントロプスであるが、サピエンスの水準にまで達するには、まだたいへんな上昇をしなければならなかった。そこに達する少し前に、最後の旧人において、図示的な表象体系の最初の痕跡が現われてくる。ムステリアン期の終期からシャテルペロニアン期まで、紀元前五万年から三万年のあいだに、最初の住居や、線刻された最初の記号や、短い平行線の単なる並列などが同時に現われる。

隠れ場をつくった時期がもっとずっと前に遡《さかのぼ》るのはほとんど疑いを入れない。しかし、最初のきちんとした家が現われるのと、最初のリズムをもった絵《ルプレザンタシヨン》が現われるのとはふしぎに一致している。具体的な空間と時間のなかでの統合は、あらゆる生物に共通であり、そのことはすでに生理の美学のところで軽く触れておいた。動物において、この統合はさまざまなかたちで示されるが、とくにそれは、個体が群の空間やリズムに包みこまれたことからくる安全の知覚や、安全圏のなかでの反応のなかに、あるいは、巣とか穴のような、永久的または一時的な閉ざされた隠れ場に入ることにも示されている。人間にお

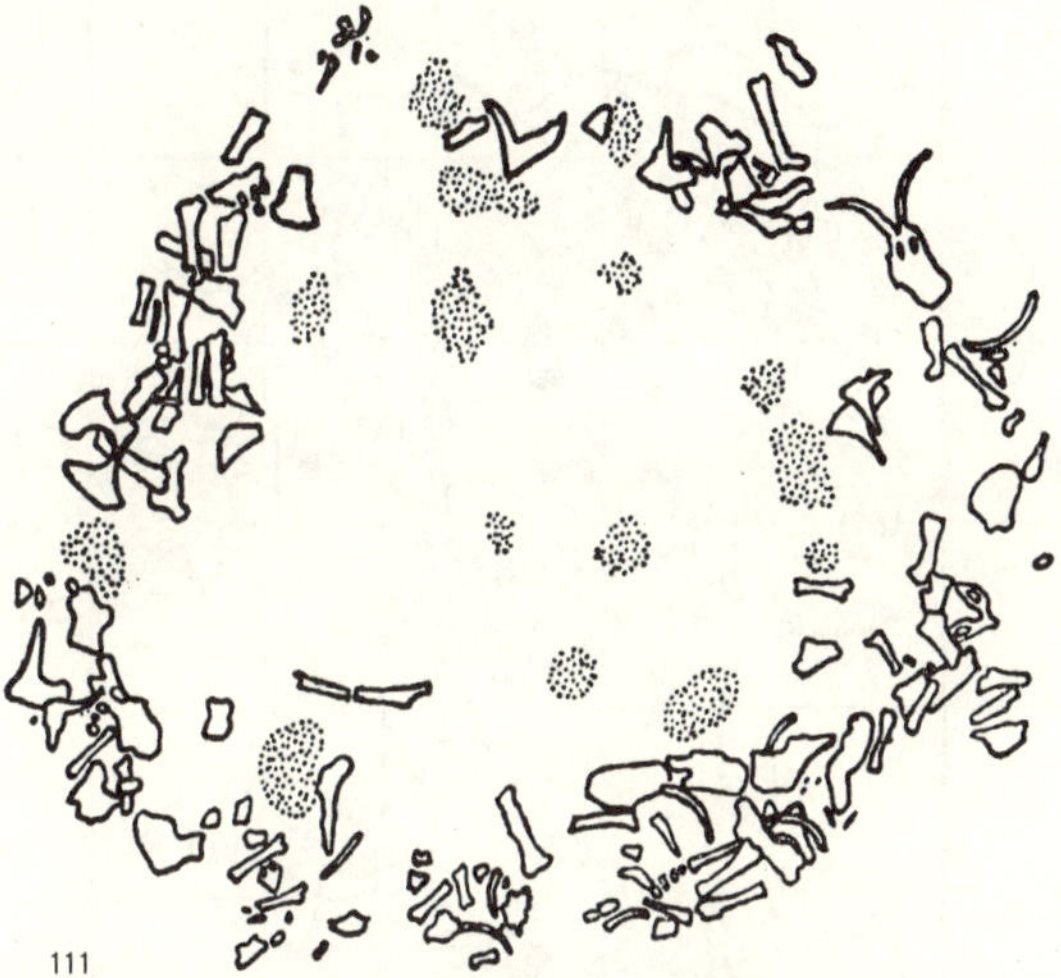

111
―
112

111　天幕または小屋の遺跡。ムステリアン期（四万年より前）。ソビエト、モロドヴォで発見されたこの住居跡には動物の残骸が輪になって残っている。

112　アルシー＝シュル＝キュールのトナカイの洞窟の奥まった通路のムステリアン期の住居。

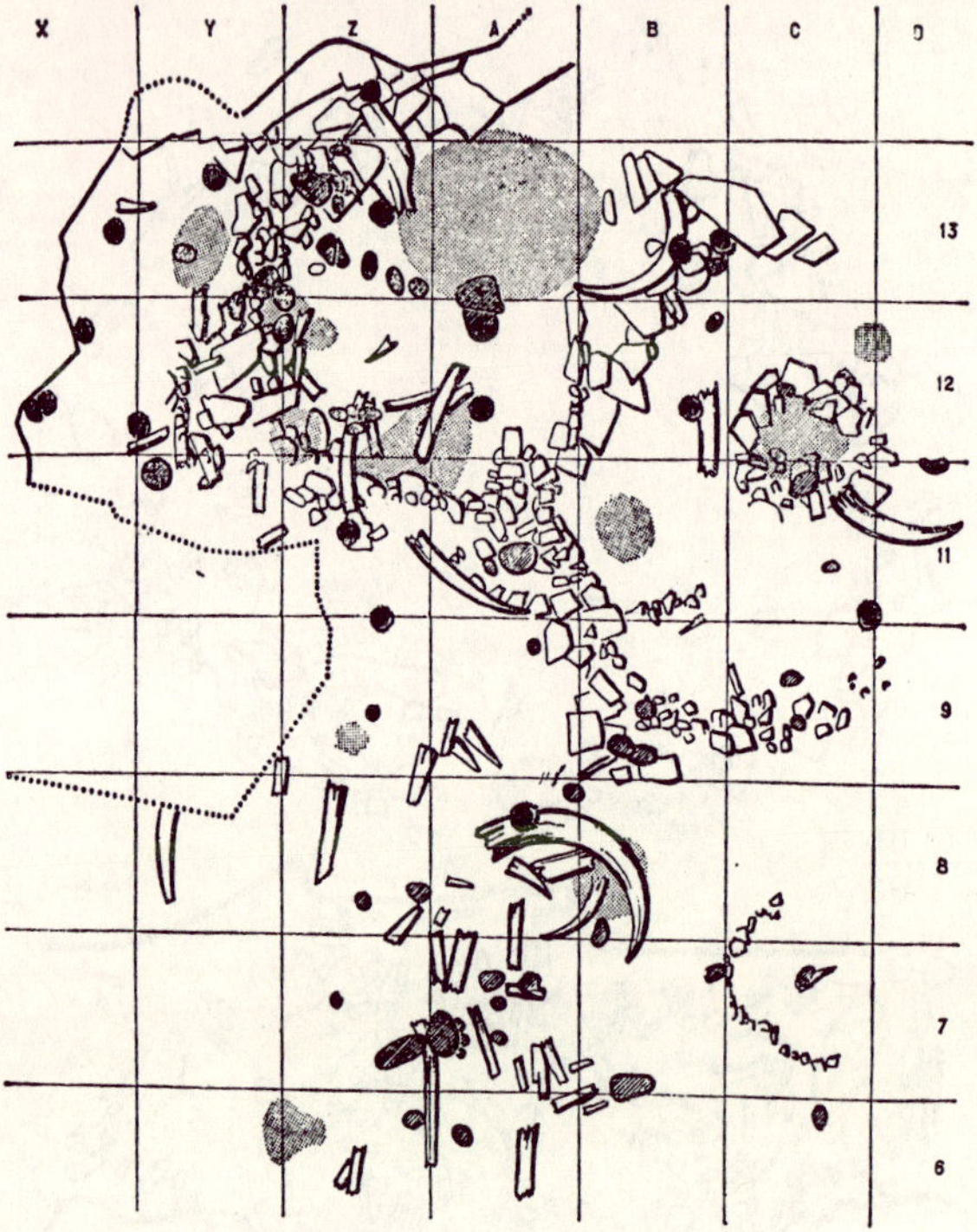

113　アルシー＝シュル＝キュールのトナカイの洞窟のポーチの下につくられた小屋跡。シャテルペロニアン期（約三万五千年前）。（方眼の一つが一平方メートル）。

いても、精神的・生理的な快適さの基礎には、安全圏とか、閉ざされた避難所とか、社交に導くリズムにたいするまったく動物的な知覚がある。社会生活や居住空間のリズムにすがりつこうとする感情が人間にあることを説明するために、またもや動物的なものと人間的なものとの断層を求めるのは無益なことである。サルのときからすでに手が現われているることや、言語活動が問題にならない水準で発声信号が現われているのとまったく同様に、時間と空間の知覚は、人間的な、という意味での技術性が問題にならないまま、始原からすでにあって、たえまなく人間化の諸段階をたどってきている。第三章と第六章で見たように、化石文化《インダストリー》の遺物から証明される道具の発達と並行して、消滅した人類の、言語活動の進化のリズムを算定する方法があった。与えられた空間からみずから構築した空間へと移っていく痕跡を地面に見いだそうとするのは、言語活動の場合よりも、一見簡単に見える。ところが、その段階を一つ一つ跡づけていくのはずっとむずかしい。むずかしいというのは、第一に、道具や言語活動とは逆に、隠れ場づくりが人間や数多くの動物に共通であるという事実による。それはまた、考古学の資料が不十分なことにもよる。ホモ・サピエンス以前に、保存のいい住居はまれであって、今日まできわめて詳細な資料を確保するのにじゅうぶん正確に発掘されたものは、そのなかでもごくわずかなのである。しかし、ホモ・サピエンスに近い形の脳構造と、抽象的な表象《シンボル》体系の発達、および民族単位がいちじるしく多様化するのとが一致する瞬間に、深甚な変化が生じたことを示すには、知られているわずかのことで十分である（図版111、112、113）。これらのことが考古学的に確認される以上、後期旧石器時代以後、時間と空間に安定して組み入れられる現象は、言語活動を主な手段とする表象体系中に同化されると考えてもいいことになる。この現象は、表象を仲だちとして、文字どおり時間・空間を占拠掌握すること、最も厳密な意味での手なずけにあたる。なぜならそれは、家のなかと家を中心にして、制御できる空間と時間を創造するにいたるからである。

この表象による〈馴化〉は、四季や日々や歩行距離などの自然なリズム性から、規則的に暦や時間割や測定単位の表象の網の目のなかで条件づけられるリズム性へ移っていくようになる。これら表象の網の目によって、人間化された時間と空間は、人間が自然の戯れを支配する舞台となる。調整された拍子や間隔のリズムが、自然界の混沌たるリズム性にとってかわり、人間が社会化する主な要素、社会的に組み入れられることの像《イメージ》そのものになり、その結果、堂々たる社会の枠は、個人の運動がそこで時間に服従する都市や道路の碁盤目模様に他ならないまでになった。人間化された空間・時間と社会とのきずなはきわめて強く感じられるので、どの文明においても、精神的な均衡を見いだそうとする個々の人間にとっては、数世紀来、修道院や、さらには洞窟や、砂漠にいたる出口しかなかったほどである。こうして柱頭行者のシメオンも、達磨大師も、瞑想による不動のなかで、時間と空間を二重に拒否するにいたる。

時間

空間と時間の分離は、まったく技術的あるいは科学的な便宜であり、モスクワがパリから飛行機で三時間半のところにあるといえば、この二つの都市を隔てる二千五百キロの距離に言及するよりも、ずっと豊かな現実を伝えることになる。ずっと豊かだというのは、一八〇〇年にリヨンはパリから五日のところにあるといえたように、その現実が具体的な一つの文明全体を一言で包含しているからである。同様に、大時計の上に読みとられる時刻は、針の空間上の位置を時間に結びつける。民族学の次元で、時間について語るのが可能だとしても、それはあのリズムの両極の一つというように、単なる抽象によっているのである。

リズムの表現を最初に証拠だてるものは、ムステリアン終期に現われ、前三万年のシャテルペロニアン期に、すでにたいへん夥しくなるが、それは規則正しい間隔を置いた刻み目のある骨や石の断片である（図版82）。それらについて立てうるあらゆる仮説のうちで（三〇五―三〇八ページ）、わたくしに最もほんとうらしく思えるのは、これらの短い線の列が言葉のリズムに対応している、という考えである。実際、それが距離を表現しているとはとうてい想像しがたいし、数多くの証拠を検討しても、それらが物を数える意味をもつという仮説を支えるものは何ひとつ見つからない。これらの線の列が、動物生活の本質的なリズム、心臓のリズムを表わしていることもありえなくはないが、証明することはできない。その意味が何であれ、これらの資料は、最初の測定体系からなお数千年も前に、規則的な間隔をもつリズムを初めてとらえたという証拠をもたらしてくれる。規則的なリズムとして自然界が提供するのは、せいぜい星のリズム、四季や日々のリズム、歩行のリズム、心臓のリズムぐらいなものである。それらは、さまざまな程度で、空間の概念にたいする優越性を時間の概念に与える。これら与えられたリズムに、人間が身ぶりや発声としてつくりだし、手を加えたリズムの力学的な像《イメージ》が重なり、最後に石や骨の上に手で定着された図示的な痕跡がくる。

人間にとって、時間は今日にいたるまで、あいまいな単位である。なぜなら自然のリズムはすべての生命質に共有されているからである。実際に体験された時間を測定するというのは、時間の単位そのものと無縁な現象を拠りどころにしており、この点で暦の体系の研究はたいへん印象的である。天体の動きの複雑な関係は、あらゆる農耕牧畜文明に天文学的な照合根拠の体系を生みだし、マヤにおいても、中国、エジプト、ローマにおいても、周期的に確認されるいくつかの主要な天体の位置によって固定された網の目のなかで、年の経過を幾何学的に秩序立てようとしている。暦の網の目の正確さを確立するためになされた努力は、空間や量の計算の進歩と切り離すことができない。穀物や家畜の算定、世界の構造的な統合は、時間の単位をつくりだす上で、理想的に同一な周期という抽象概念より、ずっと決定的である。実際にも、最初の都市集落が構成されるころに現われる時間の専門家を除けば、持続というような根本概念は、生死にかかわる産物や作業の移りかわりを通じてのみ把握されていた。原始人や農耕民の暦は、神話的時間で織りなされているが、ある獲物がまたやってくる時とか、ある植物が成熟する時とか、ある農事の時期とかによって決められた周期である。時間は、そこでは具体的な動作の時間であり、天体は、技術と宗教に係わる巨大な仕掛のなかで、共演者として、あるいははるかなる配分者としてこれに加わっている。エスキモーにとっては、アザラシの周期的な回遊が、また農耕民にとっては穀粒の芽生えが、時間を表象する体系を生むが、そこで宗教的な思惟は、まず動作の現実に適用される。時間の抽象的な測定だけでなく、大きな星に至高の神々の役割を与えるイデオロギーが発達するのは、すでにごく都市化した農耕社会の段階においてである。十八世紀の旅行者が、自分の出会ったほとんどすべての民族に躊躇なく太陽と星々の崇拝を認めているのは、偶然ではない。同じころ、われわれの革命暦が時間を農耕と技術に係わる日常的な作業に結びつけようとしている。一方では、天文学器械や、数千年来の占星術の伝統が異常な重要性をおびて、哲学者たちの考えを浸し、他方、一年間の作業の実用的伝統が神々の時間の解毒剤として、おのずから支配的になったわけである。

時間が個人化するのは、個人が社会的な超組織体にしだいに統合されていったことを反映している。数万年が経過するあいだに、最初はごく緩やかであった表象的な基糸が、すこしずつ自然の時間の、複雑で柔軟な運動に重ねられてきた。動物の生活は、〈日の出とともに起き、鶏とともに寝た〉前世紀の農民の生活と同じく規則正しく、両方ともまだ自然、個体、社会のあいだに三重の協和が生れる周期のなかで統合されていた。しかし、二十世紀になっても、なお農村地帯で真実なことが、都市地帯では、何世紀も前からもはや真実ではなくなっており、特に僧侶、軍人階級という最も社会化された部分においてそうなっている。彼らにとって、社会集団の進行と生存は、抽象的な時間を拠りどころにしている。彼らの行動と知性における統合は、鐘やラッパの響きで具体化される厳密なリズムの網の目に支えられており、これらの響きはその統合のコードの信号であると同時に、時間の区切りでもある。すべての大宗教においては、宇宙の正常な進行は、生贄が規則正しく捧げられることに依存していた。だから僧侶は集団の生存を維持するという必要に迫られており、新旧世界の文明の曙から、時間を理想的な不変の断片に区分した最初の人間だった。したがって月や日や時間の配分者だったのである。表象的な時間が至上命令的な価値をおびるのは、専門家の衰退が集団の混乱をもたらすような社会機構のなかに、大衆が統合された最近になってからのことである。これまでの章で、なんども確認したように、さまざまな能力の解放は、すべて加速度的に完成に向っているが、それは、あるがままの個人が完成されるということではなく、社会的な超組織体の成員としての個人の完成なのである。もろもろの社会学者によって、きわめて多様な角度から何度も示されてきたこの事実は、言語活動が具体の限界を突き破った瞬間から、人間にとって出口となる物質的な進化の流れが、生物学上の進化と並行して存在した、ということによる。それは道具を外化する（すでにかなり前からもともと実現されていることだが）ほうへ導き、筋肉を、ついで外界関係の神経系統を外化するほうへ導いた。時間もまた、並行して共時的に外化され、外界関係系統が伝達の遅れを何時間に、何分に、何秒かに縮めていくにつれて、ますます狭く個人を閉じこめる格子をつくっていく。限界に達した分野では、個人は信号の網の目の上で、集団のプログラムの一要素として細胞のように機能し、この信号が個人の身ぶりや有効な考えのシャッターを支配するだけでなく、そこにいない場合の権利、つまり個人の休息やレジャーの時間までも制御する。原始人は時間と妥協するが、完全な社会的時間というのは、だれとも何物とも妥協せず、空間とも妥協しない。というのは、空間はそこを通過するのに要する時間の関数としてしか存在しないからである。社会化された時間というのは、完全に表象化され、人間化された空間を予想させる。そこでは昼夜は、決った時刻に都市を覆い、都市における冬や夏は平均的な長さになり、個人間の関係やその行為の場所はスナップ・ショット的になる。実現されているのはこの理想の一部分だけであるが、進むべき道の峠はすでにたどり越えられている、という事実に気づくには、一世紀前の都市の照明、暖房、公共輸送がどんなものだったかを想像してみるだけで十分であろう。

人間化された空間

人間というものは、生存の一部を人工的な隠れ場で過す哺乳類の部類に属している。この点で、人間はサルと異なっている。最も進化したサルにしても、一夜を過す場所を簡単にしつらえるだけのことしかしない。かえって人間は、数多くの齧歯類に近いのである。それらはしばしば、きわめて入念な穴、つまり〔生存〕領域の中心となり、しばしば食物の貯蔵所にもなる穴をもっている。人間の領域行動については、第五章で技術・経済の角度から触れたが、ここでは人間化された領域像を問題にしよう。

人間的に組み立てられた空間の始まりについては、断片的な情報さえもない。もし、あれば詳細に研究されたにちがいないような住居を、アウストララントロプスはまだ提供してはいないし、シナントロプスにしても、その痕跡が焼結した洞窟のなかに残されているので、観察には非常な困難がつきまとう。とにかく旧人まではほとんど何ひとつわからない。一方、頑強な科学的伝統があって、先史時代の人間は洞窟に住んでいたと考えたがる。もし、それが正確なら、人間と同じく雑食性で蹠行するクマやアナグマとの興味ぶかい対比が可能となろう。しかし洞窟が住める状態にあったばあいに、人間が時おりこれを利用した、というほうがより正確である。統計的にいって、圧倒的に多くのばあい、人間は戸外で生活し、資料が手に入るようになるころには、隠れ場をつくって住んでいた。

資料はまれであるが、うまいことに旧人とホモ・サピエンスの連結点、双方から最初の図示表象が見つかるころに集中している。つまり、ムステリアン期の住居が古風な人類における空間の進化の到達点を示し、後期旧石器時代の住居が現在にいたる相の出発点をなしているということは、すんなり認められるのである。

ムステリアン期の三つの住居の正確な明細がある。一つはドニエストル川モロドヴォの野外であり、他の二つは洞窟で、一つはイエーヌ、一つはヨンヌ川アルシー゠シュル゠キュールのトナカイの洞窟である。形からすると、それらはかなり色とりどりで、ソビエト〔モロドヴォ〕のは直径八メートルに近い円形の場所で、天幕か小屋が据えられたものと思われる（図版111）。イエーヌの洞窟のは、直径五ないし六メートルの広間を占め、トナカイの洞窟のは、長さ五ないし六メートル、幅二メートルの回廊の一部を占めている（図版112）。しかしこの三つの住居は、それぞれたいへん似た点をもっている。それらにはいずれも、炉のある中心部があり、ここには動物の遺骸は少なく、石の道具類が多く、ひっかき回されひき砕かれた骨の厚い層に取り囲まれている。モロドヴォにあったにちがいない建物を除くと、全体の復元はかなり貧弱なタブローになる。ネアンデルタール人は、獲物の残骸にとり囲まれた生活をしていて、自分の生活空間をあけるために、それを押し除けていたわけである。

三万年前ごろの住居との対照はいちじるしい。最古のは、アルシーのトナカイの洞窟のシャテルペロニアン期のだが（図版113）、それが以前のものと同じ場所にあるだけに、比較はいっそう容易である。これは洞窟の入口につくられた天幕の痕跡で、それぞれ直径三ないし四メートルの円周をなし、中心には石を取り除いてつき固めた粘土の部分があり、石畳をなす石板が輪状に取り囲んでいる。円周の外には、垂直の穴にマンモスの大きな牙が立てられ、柱組となっている。空間全体が注意ぶかく維持され、外には大きな残骸の堆積がいくつかと、斜面にぶちまけられた〈ごみ箱〉、燧石《フリント》の破片や細かい骨片のまじった灰の小さな堆積が見られる。それゆえ、象形化が現われる進化の最初の時点は、居住空間が外部の混沌から引きだされてくる点でもある。空間を組み立てる者としての人間の役割は、体系的に整頓するなかに見られる。その最も古い例は、モラヴィア、ウクライナ、ロシアなどで見つかった数多くの天幕や、小屋の遺跡、炉と骨を捨てる穴のある円形または細長い住居の遺跡によって確認されている。近年フランスでは、前よりもっと正確な発掘がなされるようになり、洞窟のなかや岩蔭の窪みにつくられた、似たような住居趾が見つかっている。最後に、ごく最近、モントローの近くパンスヴァンで、マグダレニアン期のきわめて広大な露営地が発見されている。

居住空間をつくるというのは、単なる技術上の便宜ということではなく、言語活動と同格の、全体として人間的な行動を表象的に表現したものである。すでに知られている人間集団ではすべて、住居は三つの必要に対応している。技術的に有効な環境をつくりだすこと、社会体系をもった一つの枠を確立すること、ある時点から周囲の宇宙に秩序をあたえること、の三つである。この特質の第一は、機能の美学からくるもので、前にも取り上げた。住居というものは、もちろんすべて一つの器具であって、その点で、機能と形の関係の進化の法則に従っているのである。

住居、あるいはもっと広く、生活環境が社会体系を具体的に表象するものであることは、一世紀にわたる社会学によって強調されている。ブッシュマンや、南西部インディアンの露営地の平面図や、アマゾン、ニュー・カレドニアの村落の平面図は、地形の配置からみて、家庭と氏族の区分を表わす古典的な例となっている（図版114、115、116）。そのうえ、パリが同じ規則にもっと厳しく従っていることに気づくには、職業別電話番号簿をめくってみるだけで十分である。

社会的な機能主義の最初の痕跡が居住環境に現われる時点、とくに社会的・空間的な組織と技術・経済上の進化との可能な一致点を探ってみるのは、とりわけ興味ぶかいことになるだろう。先史上代の資料はまったく不分明である。社会的な区分を合理的に示すようないかなる特徴も、ムステリアン期の隠れ場に見いだすことはできない。後期旧石器時代の居住環境は、それよりもよい見通しをあたえてくれる。保存の状態には、しばしばたいへん欠陥があるが、有機的に構築されているその性格と遺物の多様さは、確実になんらかの光をあたえてくれるはずである。シベリアのマルタにある後期旧石器時代の住居は、ほとんど理想的な例である（図版117）。これは、特別に保存のいい露営趾で、発掘者のM・M・ゲラシーモフは、それぞれの住居の左右の炉が異なった遺物でとり囲まれているのをくりかえし確かめることができた。右の炉のそばには、女性像、縫いものに用いる錐、革に細工をする削器《グラットワール》があり、左の炉のそばには、鳥の彫像、投槍、ナイフ、大きな鑿《のみ》があった。少なくとも一例だけは、男女の家具が分離されていたことから、原始経済の水準における夫婦という補い合う二つの部分が図式的に示されることも確認されたのである。今日のブッシュマンの露営地にも、男たち全体で用いる火、女一人一人の火、夫婦小屋、娘小屋、少年小屋などがあり、これとたいへん近い社会的・機能的な組織を反映している（図版114）。エスキモーの家族のかまくら《イグルー》の図式も、明瞭に男女めいめいの領域の区画に対応している。原始経済の社会がもつ基本的な性格に対応するのは、その主な社会区分を夫婦の技術・経済的な機能が支配している空間構成であった。

最初の農耕経済について、考古学上の資料はまだほとんどない。事実、考古学の仕事の大部分は、まだこれからというところで、これまでは特に年代決定を行う必要に迫られていたのである。遺物の用途、男女のいずれが使ったものなのか、居住空間での彼らの身の置きどころ、といったことについての解釈は、事実を余すところなく記録しようとするいくつかの発掘によって、これからなされなければならない。村落の平面図はあっても、完全なものは少なく、すべての遺物を正確な位置に戻して記録するまで精密になされたものは一つもない。墳墓は調べがずっと進んでいる。というのは、よりはっきりと〔狭い区域に〕限定されているからである。人工を加えられたマルヌの洞窟のように、集団墓地が生きた人間たちの世界を映しだしているようないくつかの例では、社会学的な視覚像が浮び

114 | 115

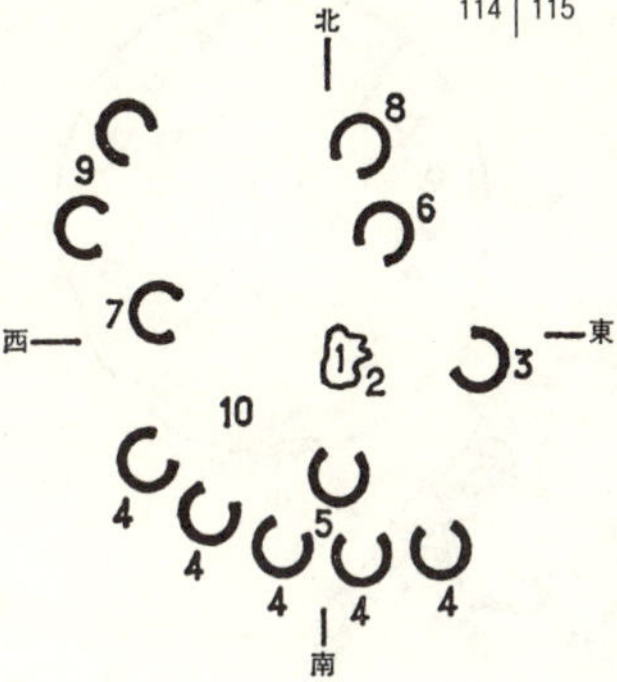

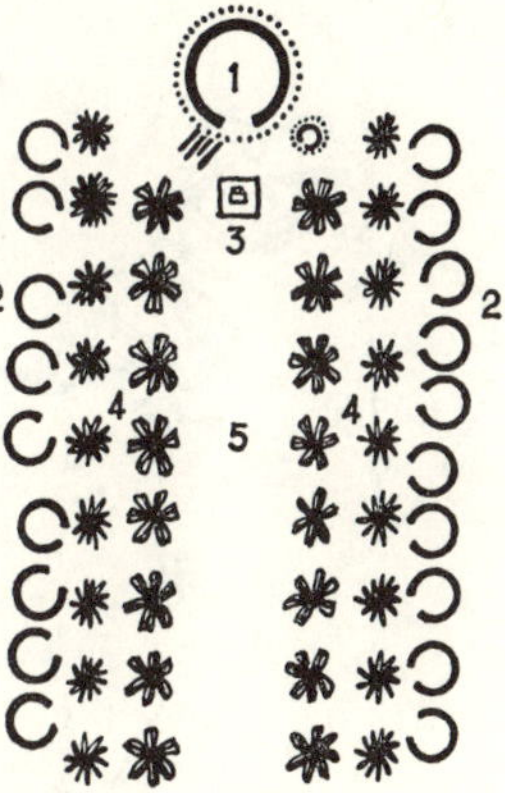

114　ブッシュマンの狩猟者の天幕の設営。1）中央の木、この下に男たちが集まり獲物をそこに置く。2）男の火　3）首長の小屋　4）夫婦と適齢期の娘の小屋　5）小さい娘の小屋　6）少年の小屋　7）客に来ている娘の小屋　8）客に来ている姉妹の小屋　9）寡夫、寡婦、外国人　10）ダンスの広場（ブリークによる）。

115　ニューギニア、カナカ人の村。1）男の小屋　2）家族の小屋　3）祭壇　4）女の道（家族の儀式）　5）男の道（部族の祭、祝宴、ダンス）（M. レナールによる）。

117 ╲ 116

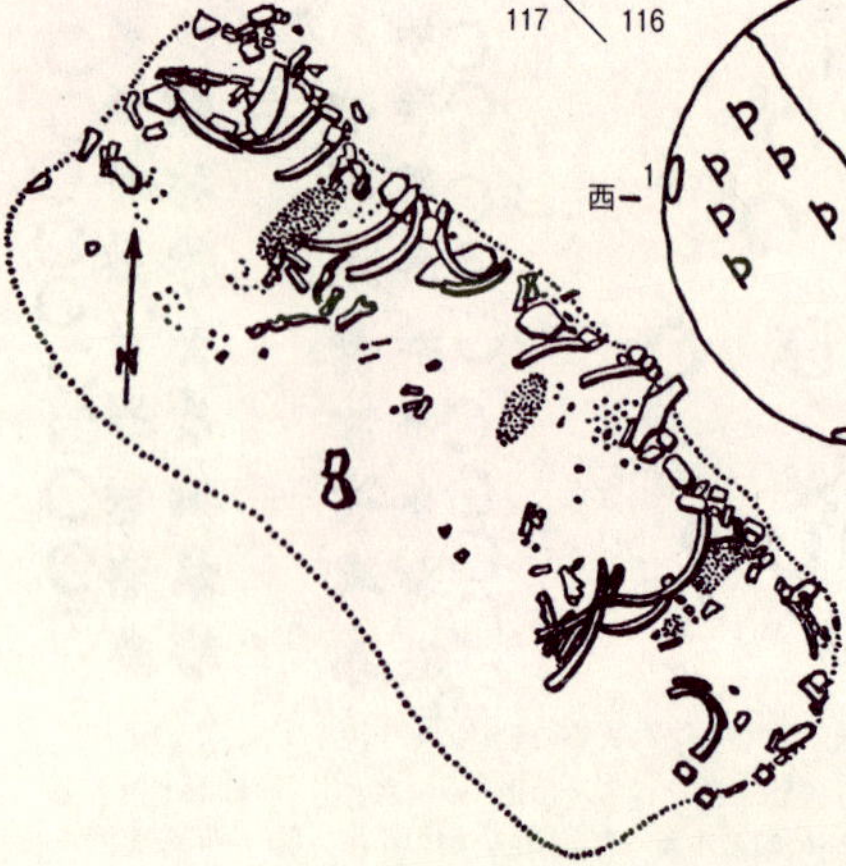

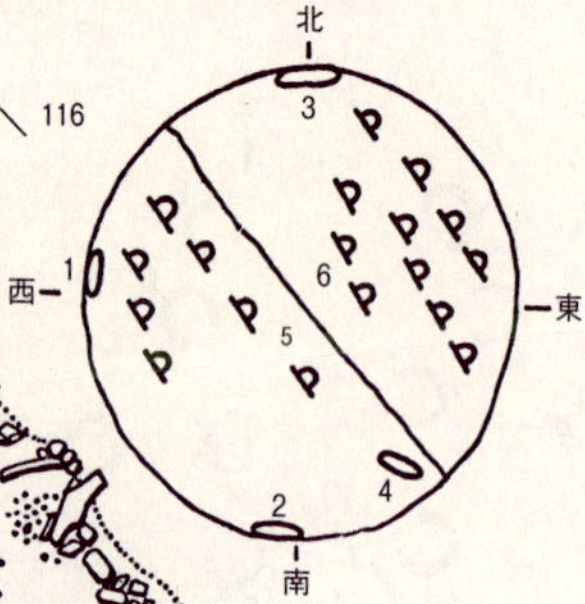

116　ウィネベイゴ・インディアンの村。相補う二つの部分に分れている。1)-4) 戦士階級の共通の小屋　2) 雷の鳥部族　3) 熊部族　4) 野牛部族　5) 上級部族の小屋　6) 下級部族の家族小屋 (P. ラディンによる)。

117　マルタ (シベリア) の後期旧石器時代の天幕の遺跡。西側の炉の周囲に、一方は男の家具、他方は女の家具が集まっていた (ゲラシーモフによる)。

上ることもあるが、発掘者の眼が最もいい資料を見逃さなくなるまでには、まだほど遠いのである。世界のさまざまな部分の発掘からぼんやりとわかってきたことは、都市化されていない農業経済の場合、村全体の居住民の内訳が相対的に単一であるということ、別個の炉をもったたいへん大きな住居がしばしばあるということ、およびいちじるしい社会的な上下のない集団墓地などである。異例は数多くあるだろうが、これらの事実は、最近の世界の都市化されていない農業社会、ことにアメリカ、大洋州、インドネシアなど、都市化された世界の周辺においても目立って感じられる。夫婦がより拡がった単位集団の前に消えさり、社会は複雑で多岐にわたる血族関係で脈絡を保とうとするが、家と家とを婚姻の上で、また経済的に均衡させようにも、個人にはもう係わりがなくなっている――そのような技術・経済の段階に、これらの事実は対応しているのである。脳や道具の進化と同じく、構造もまた、なくなるということはなく、いつもつけ加えられる。最も新たに発達したものは、前のものを基にしているので、つまり夫婦の重要性は下部構造として生き残る。ちょうど大家族の重要性が、後の段階になって前のものにつけ加わるのと同じである。初歩の農民の空間体系は、原始の狩猟＝採集者とはすでにたいへん違っているようにみえる。第五章で見たように、定着ということは社会のしくみを変えるだけでなく、世界像そのものも変えてしまうからである。

巡回空間と放射空間

まわりの世界を知覚するのは、二つの方法でなされる。一つは動的で、空間を意識しながら踏破することであり、もう一つは静的で、未知の限界まで薄れながら拡がっていく輪を、自分は動かずに、まわりに次々と描くことである。一方は、巡回する道筋にそって世界像をあたえてくれる。もう一方は、二つの対立する表面、地平線で一つになる空と地表のなかで像を統合する。この二つの理解のしかたは、結びついたり別々なかたちで、あらゆる動物にある。巡回による方法は、とくに地上動物を特徴づけるものであり、放射による方法はとくに鳥を特徴づけている。また前者は支配的な筋肉と嗅覚の知覚に結びつき、後者は主として視覚の発達した種《スペキエス》に係わっていると考えてもいい。しかしこれは、いたって簡単な振りわけかたであって、休息をとっているオオカミは、世界を〈嗅覚面〉というかたちで知覚するにちがいないのである。人間においては、二つの方法が本質的に視覚に結びついており、かつ並存している。それは世界を二重に再現することにもなり、同時相を生みだすことにもなったが、あらゆる点から見て、定着の前と後では、この二つの割合が逆転している。

狩猟＝採集者における神話は、本質的に旅の像《イメージ》、星の運行、世づくりの英雄の遍歴の像である。世界各地の数多くの神話において、地中海文明の前農業的な基層をふくめて、宇宙はもともと混沌としており、実在の怪物がうようよしている。旅の途中で英雄が怪物と戦い、山や河川の位置を正し、存在に名を与え、その結果、宇宙は人間によって同化制御できる、ちゃんと表象された映像に変るのである。北アメリカのインディアンの神話は、そうした世づくりの旅のいい例をあたえてくれるし、地中海文明の例であるヘラクレスの話は、最初の都市文明がおそらくそれ以前のイデオロギーの残存を同化したことを示している。

旧石器時代人が宇宙について抱いていた像《イメージ》の概念が、なにか得られれば、きわめて貴重であろう。先史芸術は、この点で貴重な源であるにちがいない。ところで、洞窟の芸術には、一見びっくりさせるような形象の組立てと選択がみられる。最近までは、そこに本質的に呪術的な芸術が見てとられていたが、もっと一般的な象形体系、文字どおり神話の遺物《アセンブリッジ》が問題であるように思われる。それは、対《つい》になった男女の姿と、最もしばしばヤギュウとウマからなる一対の動物、一般に野生のヤギ、シカ、マンモスなどの第三の動物を登場させる。絵は広間から広間へとちりばめられ、いちばん奥に大きな猫科やサイを置いて展開されるにつれて、図式的に配置されている。絵を描く人間が絵に取りまかれるようになる瞬間から、絵の配置が、ある意味で、人間化した宇宙について人々がもっていた像《イメージ》をふくんでくるはずである。ところで、洞窟の芸術には、放射による方法が何ひとつ現われていない。平面を具体的に表象する視野がそこにはないのであり、それらの絵の組み合せは、長いことわれわれを驚かせてきた。なぜならそこにある秩序は、われわれのものと無縁であり、そこには偶然に投げつけられた像《イメージ》の混沌が見られたからである。懐中電灯の光に照らされて浮びだすラスコーの洞窟の絵は、全体の壁面ごとにではなく、進路にそって秩序だてられていて、意味の不明な主題のきずなで、おたがいに結びつけられている。この主題の展開は、いちばん奥のサイの絵にいたるまで、面から面へとくり返される。この事実は、ニオーにおいて、さらにいちじるしい。そこでは絵像《イメージ》が小さな群れをなして、一キロ以上にわたって連なっており、クリャルベラ（サンタンデル州）では、ただ一つの主題の形が、よりはっきり二キロにわたって、数百メートルの間隔で、絵から絵へと続いている。これは、旧石器芸術における文字どおりの宇宙創成神話なのだろうか。天体をわれわれ流に表現したものがまったくないというだけでは、まだその反証にはならないが、宇宙創成神話だと証明してくれるものも、また何ひとつないのである。積極的にいえることは、神話の根底が何であれ、それが線形《リニアー》にまた反復のなかに按配されているということである。

放射空間

遊牧の狩猟＝採集者は自分のなわばり領域を、みずから歩きまわってとらえる。定着農耕民は、世界を自分の穀倉のまわりに拡がる同心円の形で組みたてる。地上の楽園というのは、山に向った庭であり、中心に知恵の木があって、そこから世界の涯へ向って四つの

118 チャタル・ヒユク（アナトリア）。新石器時代のフレスコ（前七十世紀）（J. メラートによる）。

川が流れだしていたのである。ラスコーの洞窟の絵とも、ヘラクレスの遍歴とも関係のない像《イメージ》である。事物は人間によって名づけられる（つまり表象《シンボリック》的に存在するようになる）が、名づけられるのはその場から、つまり明らかにエデンの中心そのものからである。創世記に伝えられたこの形は、すでに農耕による定着の一歩進んだ段階に達していた社会の世界像を、理想的に再現してくれる。アメリカ大陸や中国の大文明における宇宙創成神話についても、実質的には同じことで、そこには、書字《エクリチュール》から生れた、体系的に仕上げる流れの洗礼を強く受けた体系がすでに現われている。書きしるされた最初の資料よりも前に遡って、農業の進化を特徴づける五、六千年間の進化をとらえるのは、かなりむずかしい。旧石器時代終期の前八千年ごろから青銅器時代までのヨーロッパ、アフリカ、アジアの壁面芸術のおびただしい絵は、研究にごく弱い照明をあたえるにすぎない。しかし、旧石器芸術にはなかった二つの特色が見いだされる。文字どおりの場面（狩とか耕作とか牧畜の）と、遠近法や平面図法による表象であって（図版93）、そこには住居も現われる。また日輪と月の鎌形がはじめて出現する。一九六一年、J・メラートは、アナトリアでほぼ西暦前六千年と推定される新石器時代初期の村の一部を発掘したが、そこではいくつもの家の壁がフレスコで飾られていた（図版118）。この、知られるかぎり最も古い壁画は、広大な場面を表わしていて、そこでは、弓で武装した人間（狩猟者か踊り手）が、牡ウシやシカの絵をとり囲んでいる。一般的な構成と主題は、少なくとも三千年新しいクレタのミノス文明の壁画にいくぶん似ている。この驚くべき発見に示されているのは、農業の最初から、社会生活をしるす配置図に、定着がどれほど強く新しい形を示すかということである。壁の厚い、お互いくっつき合った四角の家々、その中庭や装飾された部屋、生きた人間の寝る床の下に葬られた死者、壁の後ろに貯蔵された穀物、これらは完全に人間化された小宇宙を構成し、その周囲に畠が、ついで森や山が拡がるのである。

ミクロコスムとマクロコスム

資料によって進化の細部を知るまでにはいたっていないが、書きしるされた最初のテキストは、アメリカ、中国、インド、メソポタミア、エジプト、その他、文化が書字《エクリチュール》の

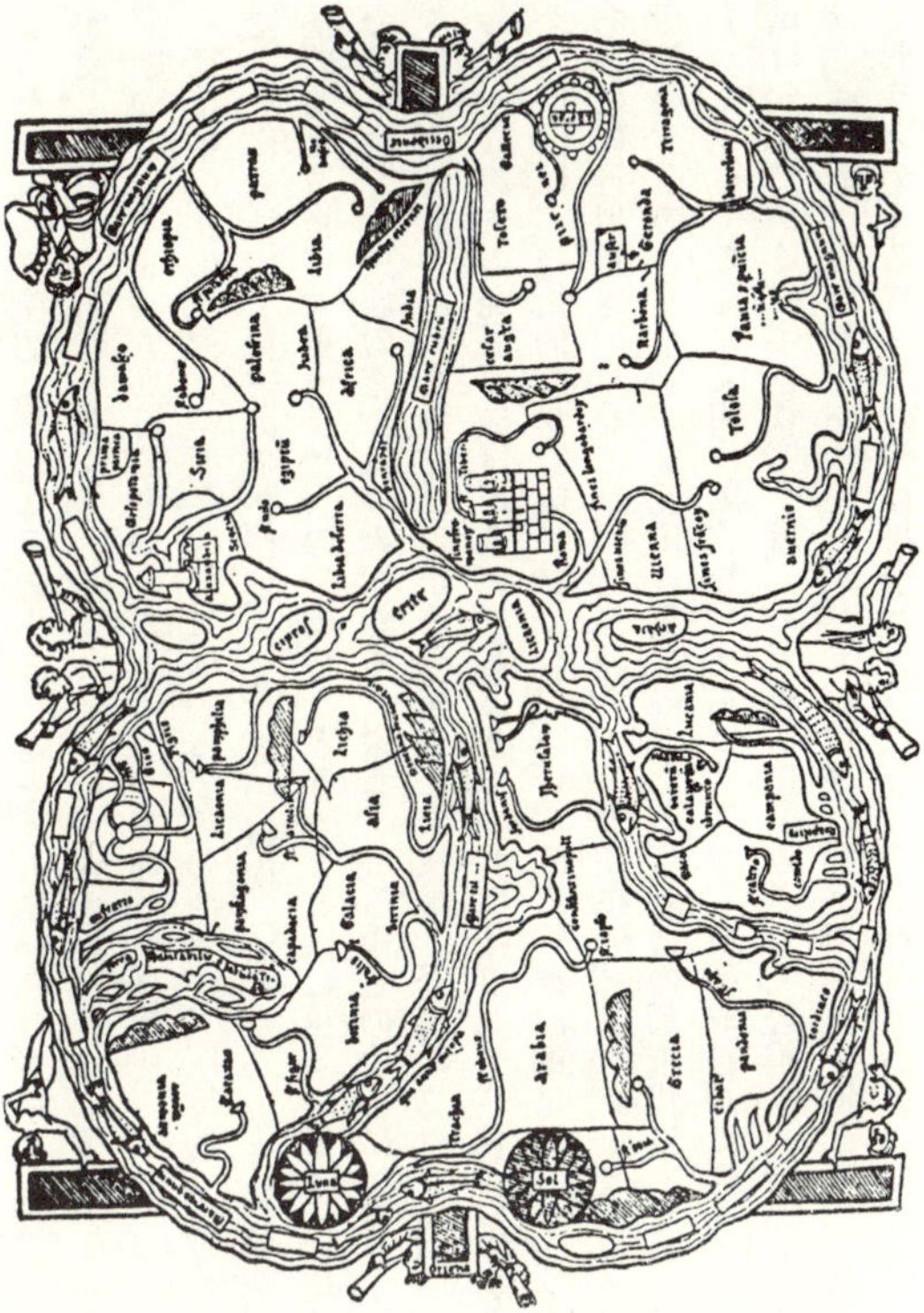

119　修道士ベアトスによる世界地図（8世紀）。12、13世紀の写本。周囲を海に囲まれ、地中海と紅海で十字形に切られ、大地は古代から知られるユーラシアとアフリカの一部だけを含む。これはまったく論理的なこしらえ物で、ローマとエルサレムが中央にあり、向い合っている。エデンは十字形の四つの河とともに上左側にあり、メソポタミアからアレキサンドリア海で隔てられている。

第一歩を踏みだしたか踏みだそうとしていたところでは、どこでも、大筋で驚くほど似かよった宇宙の表象的《シンボリック》な再現体系のあることを示している（図版76、78）。それは、方位基点が交叉するところに首都を定めることと、あらゆる創造を少しずつその網の目に同化する照応のコードを築きあげるということの二つである（図版119）。

　都市集中化の以後、空間と時間に係わる表象の要素が、圧倒的な価値をおび、すでに見たように、技術・経済の進化によって、火の技術（冶金術、ガラス製造、製陶術）、書字、歴史的建造物、大規模な社会の階層化などが一まとめに出現するようになる。これらのものによって、民族の首都は、みずからの栄養をとる領土の中心に位置する、完全に人間化された核となった。農耕による定着以後、この技術・経済のプロセスは、あるときは一つの歴史の流れの発展に融けこみ、あるときはいわば孤立して、何百回となく再現された。その原因は、技術的な決定論に結びついているので、理論的にはメソポタミアとマヤとのあいだに近似現象の単なる結果を見るのも、歴史的きずなの痕跡を求めるのも、ひとしく空しい。そのいずれも、交互に真実なのである。最初の都市化にあたる技術・経済水準をもったすべての農耕文明に固有な、または共通な宇宙創成神話や形而上学についても、事情は同じである。宇宙秩序をはじめて定着に関連させて理解したそのしかたは、おどろくほど論理的・合理的であって、すべてが秩序と照応であり、同じ魅力はエジプト、中国、アトランティス、マヤの神秘科学と目されるものからも立ち上ってくる。この〈科学〉がなぜ刑法や、前庭広場の建築や、署名による貸借と同時に現われたかを探ってみるのは興味がある。

完全に人間化された平面があるということと、この平面を周囲の宇宙に統合することとは、個人が空間的に統合されるのと同じように、厳密な問題を生む。集団組織体は、運動のなかで、その空間的な統合を実現しなければならない。都市化した組織体のなかでは、個人の統合は集団の条件づけを支配するリズムによって確実に保たれる。すでに見たとおり、都市の時間というのは、とりわけ人間化された時間である。しかし、人間とその技術、経済環境からなる中核をそこにはめこむのは、この人間化された中核とそれをとりまく自然界の背光との秩序だった連続性を研究する場合においてのみ可能なのである。

こうした理想的な連続は、東西南北の方位基点とか、固定していると見なされる何か他の天体の目印を与えてくれる天空の運行によって確立される。そのばあい、都市は世界の中心に位置しており、それが固定しているということは、いわば周囲をまわる天空の回転を左右するのである。天空と大地との中心点として、都市は宇宙のしくみに統合され、その宇宙像を反映する。太陽は一定の距離にあって、その東から上り、その西に沈む。しかも住民は彼らの背光のかなたに、西に、暗闇の国にごく近く、また太陽の上る起点に近いところに、重要度の劣る別な中心がある、と考えるようになる。その西と東は、いちばん本当の東であり、西である。それは、完全に人間化され表象化された小宇宙における、太陽の出没を表わしているからである（図版120）。

建築を書字《エクリチュール》や空間的な統合へ結びつけるさまざまな理由から、都市は度量衡を照合

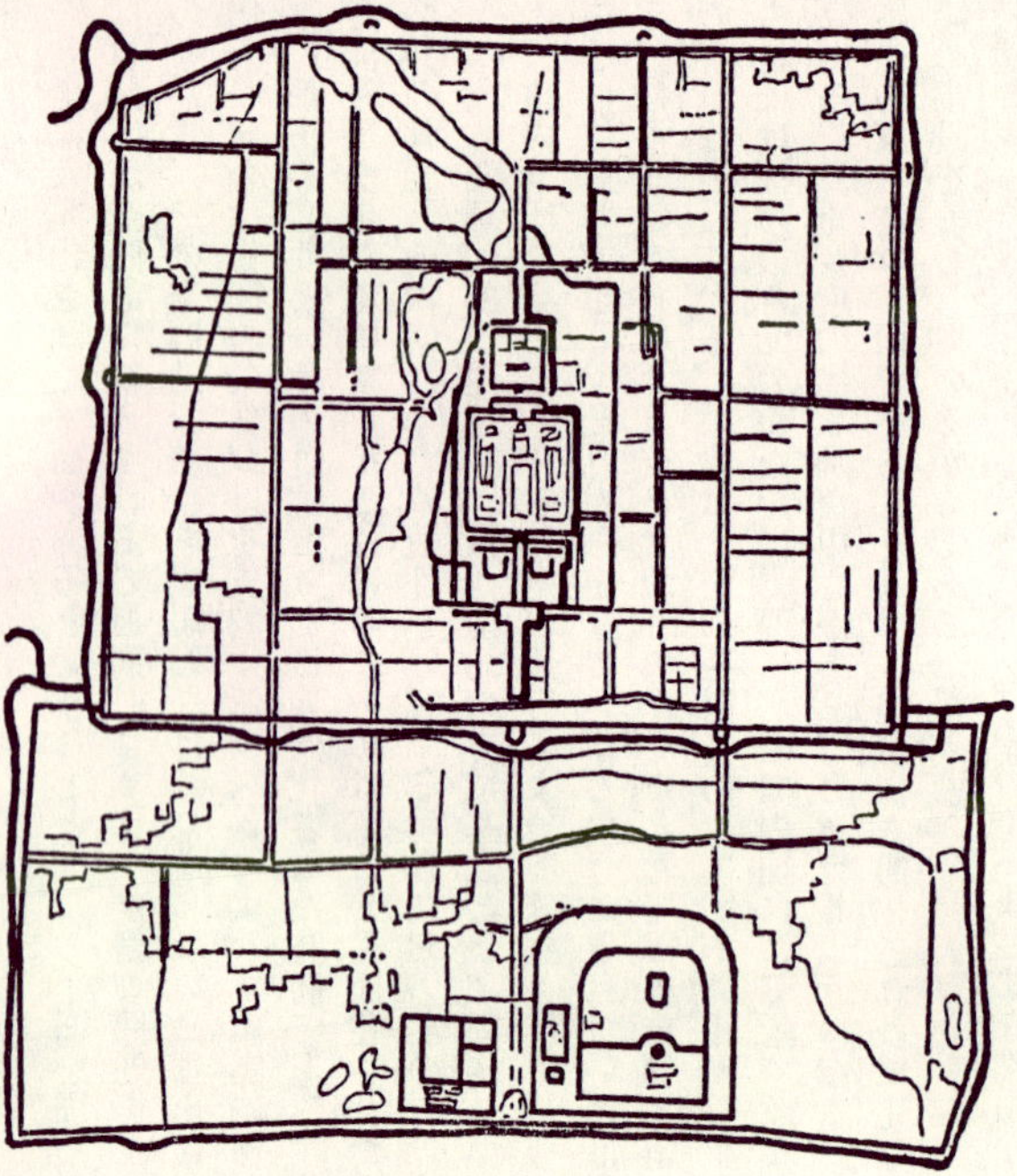

120　北京の平面図。方位のある幾何学的な町。宮殿は中央にあり、南を向いている。

する上での拠点となった。測量がおもな役割をはたし、世界が果てる境界は距離の輪の表象的《シンボリック》な半径によって結び合わされる。こうして人々は、空間的な照応をもった基本的な網の目がすべてに働く世界や都市の幾何学的な像《イメージ》に到達する。門と方位基点が一致しているため、北の門を〈冬の門〉と名づけるだけで、空間を表象する体系を時間の力学で豊かにするには十分なわけである。季節ごとに異なった門から春とか夏を受けとりに行くだけで、宇宙のメカニスムをたんに空間・時間的に統合するだけでなく、いわば機械的に制御するのに十分だった。この過程は、ここで漸次的な現象のように述べられたが、言語活動の一特質、もっと広くいえば、表象化の能力を都市という臍の緒的なしくみにあてはめただけのことなのである。この特質はまったく一般的なものだが、それが命じるのは、表象《シンボル》が対象を支配し、物は名づけられたときにしか存在しないということ、対象の表象を所有するというのは、それに及ぼす力があるということなのである。〈呪術的〉行動におけるこの態度は、〈原始社会〉のものとされるが、最も科学的な行動においても、同じく現実である。というのは、思惟が語を通じて、具体的に実現すべき表象像をつくりながら現象に働きかける程度に応じてしか、現象への取っかかりはないからである。

それゆえ、地理上の東と東門とのきずなは、対象とその表象との正常なきずなであり、町の基本的な特質は、宇宙の秩序ある像を与えることである。秩序は、幾何学主義と時間・空間の測定を通じて、そこに導き入れられる。天体の運行の表象を天体そのものの運行と同一化することにより、あるいは植物の実際の生長を起させる植物再生の表象によって、生命はそこに維持される。宗教史家は球戯のごく一般的な性格を、太陽年を表象するものとして示している。アメリカ大陸全般に、また中国でも、そして日本では今日まで、球戯を通じてさまざまの儀式が生れているが、その儀式はたいへん精妙な宇宙創成神話の性格をもっている（図版121）。

中国や日本における、はっきりと方位をあたえられた幾何学的な首府では、宮殿は北の壁を背にして南向きの上座にある。宮殿の囲いのなかでは、球戯場もまた幾何学的で、方位が決められており、北東の角には桜（春）、南東には柳（夏）、南西にはかえで（秋）、北西には松（冬）がある。球は春の木の枝に掛けられ、四人の競技者からなる二つの群れが輪になって、理想的には球を足で蹴って反対方向に一周りずつ、都合二周りさせる。つまり春秋分点と夏冬至点とを順次に通らせるのである。各競技者は、球が球戯場を東西や南北のジグザグの道筋をたどって横切るようにする。

じっさい、宇宙の運行はただ回転だけでなく、北の冷たさ、南の暑さ、東の若さ、西の老いなどのように、相反するものの交替や対立でもある。したがって宇宙の（そして都市の）各部分は、場所であると同時に、質でもある。この点から、宇宙の鍵は人間の手中にあるわけで、すべて同一性と反対性の戯れに基づいた知識の驚くべき全体が、さまざまに、しかし最後には一個所に収斂する形で生れてくる。それは数から医学、建築から音楽にいたるあらゆる知識を含んでいる。古代中国においては、中心と東西南北の方位基点に対応して、五つの要素、五つの天、五種類の動物、音程、匂い、数、生贄の場所、身体器官、

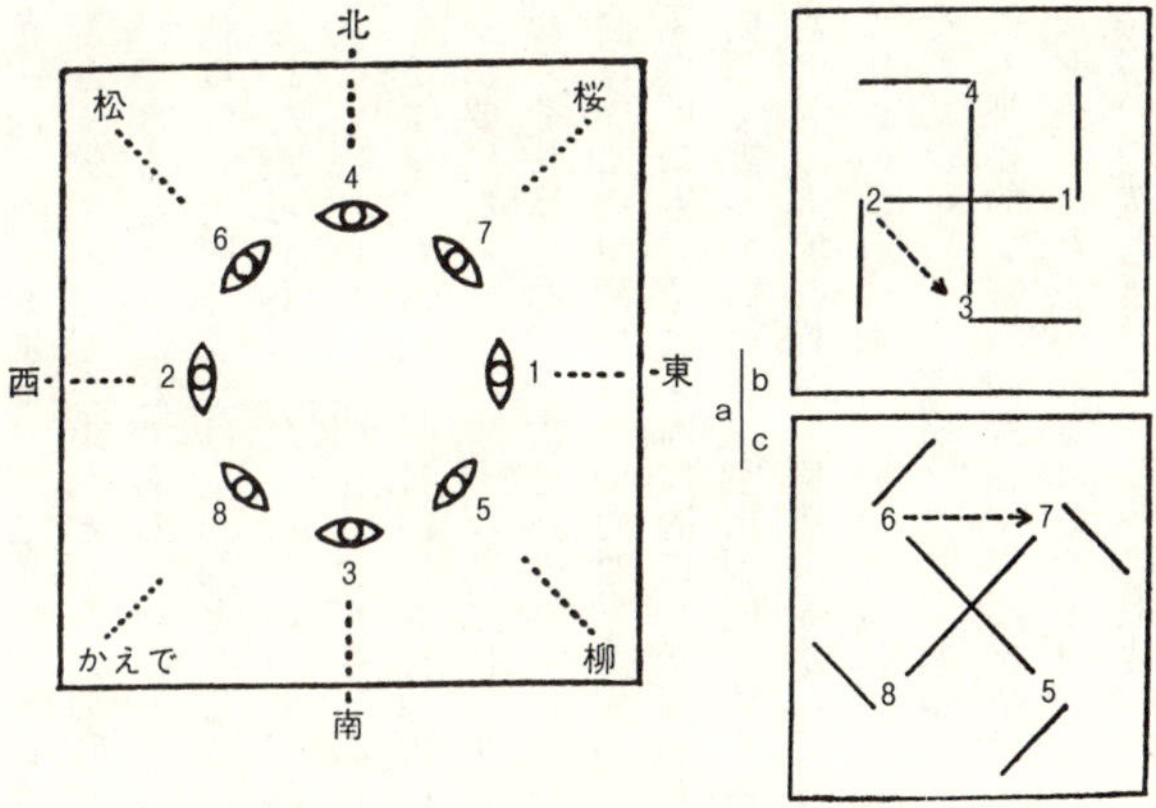

121　伝統的な球戯の配置（古代中国、日本）。a）競技場、競技者の位置と順番　b）c）球の描く理想形は逆方向に回る二つの図形まんじ（卍）と逆まんじ（卐）になる

色、味、神々がある。そこで明らかになるのは、南、夏、鳥、焦げた匂い、炉、肺、赤、苦さ、数字の七、去声《きよしよう》などが共通の特質をもっていて、一方から他方へ影響を及ぼすことができるということである。そのとき人間は、完全に時間と空間のなかにきちんと組みいれられ、人間の安全は全面的となる。というのは、すべてが説明され、とらえられ、固定されたからである。だからといって、時おり月によって日蝕が生じるのを妨げることはできない。しかし、人間化した小宇宙の住民の行為を改革することによって、天空を改革できるようになるには、日蝕は女性原理の影響の強すぎたために起ることを知っておくことが重要になる。このような体系は、アステカにも、ギリシアやエジプトにも、同様にあった。それはなお、十六世紀のヨーロッパ思想をも支配していた。いくつかのアフリカの社会は、この原理に基づいた哲学を保ってきた。そこに不完全に形成された思想の結実しか見ないのも、それを断片的にしか伝わらなかった神秘で完全な知識の遺跡と見ることも、同じく誤っていよう。宇宙創成をめぐる思考が、完全に論理的で制御しうる事実の枠組に対応し、人間の推論に自然に開かれてくる傾斜をたどり、しかも神秘的にすべてを説明する定式の戯れに通じているだけに、その思考のおどろくべき側面を探りだすというのは、それだけいっそう容易なことである。エジプト人やチベット人の数千年の知恵は、旧約聖書の神秘的《カバル》な解釈の残存や、ピタゴラス主義、ピラミッドやカテドラルの秘密とともに、なお長いこと思いだされるだろう。それは文字どおり知恵だったのである。つまりそれは、秩序の創造者として、自然の混沌の中心に、ただひとり存在する人間の苦悩を鎮めるような解釈を省察し、探究することだったのである。それは歴史的に尊敬すべき思想である。文明がそこに初めて科学的な発展を見いだしたからである。当時の鎌がまだわれわれに使えるように、それはまだわれわれにとって完全に近づきうるが、ただ認めがたいのは、水に呑みこまれて取りもどす術もない畠の刈入れに、アトランティス人が用いたすばらしい自動刈取脱穀機の、しだいに薄れていく思い出が鎌に他ならない、ということである。ある種の歴史的な秩序脈絡といったものが科学にも技術にもあることは認めなければならない。

古代

人間化された空間が外部の宇宙へ統合されるということは、根本的な法則にあてはまる以上、考察の対象となる集団の技術・経済、あるいはイデオロギーの進化状況がどうであれ、人間の歴史のどんな瞬間にもそれに出会うというのは驚くに当らない。人間において、建築の表象や、象形的な表象を通じて表現されるものは、動物においての最も初歩的な獲得行動の形にあてはまる。隠れ場と縄ばり領域とを往復することは、人間と同じく外界と避難所とを分離する種《スペキエス》において、生理的・心理的な平衡をあたえる基糸である。その結果、避難所と領土との関係が時間と空間を再現する主要項であり、避難所の形が防護や経済上の物質的な要求にマッチしているとともに、避難所と領土、人間化された空間と荒漠とした宇宙との接点、つまり位置と運動における時間・空間的な統合の終点にあたるということは正常なことになる。

すでに見たように、原始世界が農耕によって定着し、空間に安定して組み入れられる新しい方法を採用した瞬間に、きわめて重要な区分が始まった。この方法がとられると、もはや奥ふかい次元での変更はあり得ないが、形を正当化するイデオロギーに影響を与える重要な変化が生じてきた。いいかえれば、最も古い都市の平面図がいったん実現すると、古代、中世、今日にいたるまで、地上における都市を具体的に記す上での大筋は変更されるいわれがなくなるということである。都市は、その全歴史を通じて、宇宙創成神話の性格を保ちつづけるが、イデオロギーの進化や歴史状況が世界像としての都市の考えかたを大きく変えることはあった。

魔法の輪のように、人間を孤立させる人工空間を創ることは、そこに物質的にも表象的にも、外部の宇宙の制御された要素をもちこむ力と切り離すわけにはいかない。そして食物を貯える穀物庫の統合、および支配された宇宙を象徴する寺院の統合とのあいだには、大した距離はない。動物の次元に移してみても、避難所としての穴と消費財の貯蔵所としての穴のあいだに、決定的な区分はない。メソポタミアの都市でも、ドゴン族の村でも、寺院と倉庫は近くにあり、そのうえ、観念的な連想の上でも密接に結ばれている。人間制度における機能的な現実を包みこんでいる表象の編目が、文明から文明へ、これほどおどろくべき暗合を示すとしたら、それはまさにその編目が深いところにある起伏にならっているからである。

有効な照応の見られた古いイデオロギーがすでに薄暗がりのなかに没しているにもかかわらず、ギリシア、ローマの影響が強い地中海地方の古典古代の町々は、古い建築の概念からそのままもちこまれた幾何学的な構造を温存している。このことを確認するのは印象的である（図版122）。近代にいたるまで、宗教行列は天体の運行を表わしつづけ、生贄はあいかわらず農事の周期をくりひろげる合図となっているが、機能的現実主義を説明役としている知性の網の目を通しても、そのことはやはり透けて見える。これはローマ世界が発展していくなかで、とくにいちじるしい。そこでは、すべての行為が宗教的な意味をおびているにもかかわらず、科学が合理的に発達することによって、すでに宇宙のしくみが側面から説明されはじめている。ヘラクレスやギルガメシュの宇宙から、ヘロドトスやセネカの宇宙までの距離は、すでにかなりへだたっている。もう十度も記されたが、例の過程によって新しい説明のしかた、科学的な説明が外化されるが、これは前段階をなくしてしまうのではなく、半陰影のなかにひっこませるのである。天文学と占星術の現状を考えるだけで、移りかわりや重なり合いがありうるということを想像するには十分である。今日、空間に統合されているという人類感情を支える、星の世界の科学的な現実性を論議しようとはだれも考えない。ところが、千倍もの数の人間が天文学の業績よりも星占いを読んでいる。宇宙創成神話にあった照応の古いしくみは、うす暗がりのなかで生きのこっている。火星と地球に接触が生れるのは、もはや先祖の寺院のなかではなく、観測所におい

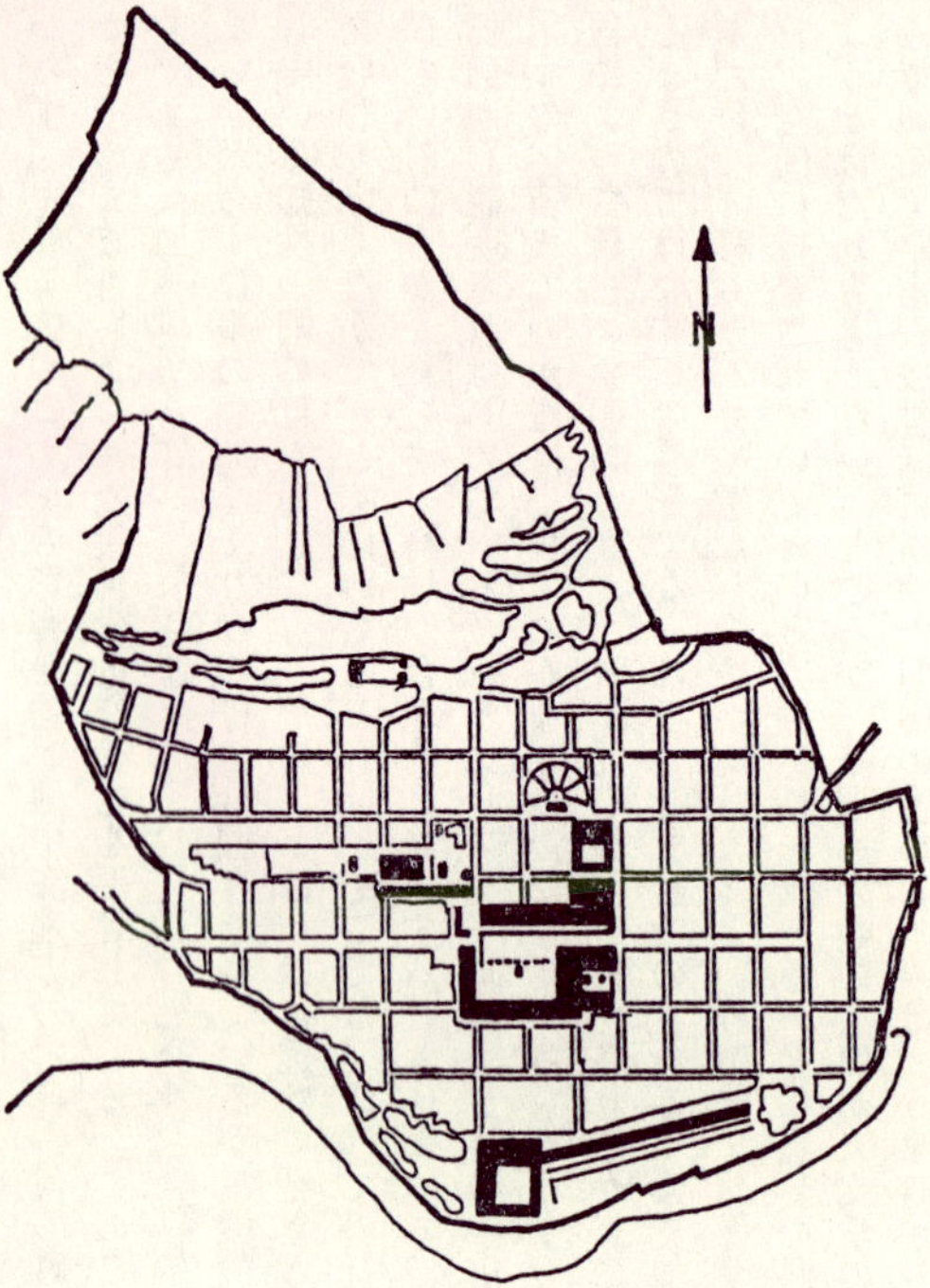

122　プリエーネーの平面図。要塞になったアクロポリスをつくる斜線の山壁のふもとの、幾何学的な、方位をもつ古代ギリシアの都市が安定して組みこまれている。

てであるのに、惑星の表象と個人――その星の下に生れ、この空想のきずなのうちに、宇宙と統合しているという不可欠な感情を見いだしている――のあいだには、なおも直接の網の目があるのである。

首都は、あいかわらず世界の中心である。宇宙のいっさいがそこに収斂するからである。形而上学的な説明だったものが、今日なおわれわれの知っているものとごく近い形をとっている。異国趣味、遠方の産物への情熱、動物園、ゾウやライオンやエチオピア人が出てくるサーカスの演技などは、古代の世界で空間統合が取りえた形である。もはや都市は、たんに宇宙の影響力が収斂する点であるばかりでなく、それをとりかこむ自然の宇宙のきわめて具体的な像《イメージ》をみずからのうちにつくりだそうとする。超人間化してしまった都市空間に、ふたたび自然をもちこむ問題は、たんに都市衛生の問題であるだけではない。それは、人口密度の高い人間集団が完全な人工空間に集中した結果、もう満たされなくなった自由や攻撃反応がいわば表象的《シンボリック》に固定する必要、つまりきわめて深い心理的欲求に対応しているのである。

世界の説明の体系が同時に宗教と科学に属しているという事実は、偶然ではない。古代から、この二つが競争相手のようにみえたのは、それぞれが異なった次元で、安全と自由のあいだの動的な平衡について、同じ根本的な態度を示しているからである。両方が同じ二つの面を見せる。物質的な、あるいは形而上学的な保証と、有効な研究への出発の保証である。前科学の段階における保証は、二つの面を混同している。というのは、人間の都市のもつ小宇宙的な輪郭は、形而上学的な現実を手に触れるように証拠だてるからである。科学の段階でも、二つの分離は見かけだけのことにすぎない。個人統合は完全でなく、個人は科学に非物質的な現実の形而上学的証明を求めるか、さもなければ天空のように、知覚されつづける別世界の現実性についての物質的な保証を、多かれ少なかれ意識的に形而上学に求めるからである。安全が自由と対立するばあい、それはまた秩序と混沌との対立である。混沌は無秩序ではなく、有効な組織を約束するものである。またこの対立は、日常作業のもつリズム性と、例外的な作業への逸脱との対立でもあり、つまり進歩の経済学の基礎そのものである。つねに進歩があるというのは、その基礎に慣例があるということであり、その慣例は革新によって破られて均り合いがとられるのである。つぎつぎと最上段から最下段までその段階段階で、静止を動きに、安全を自由に、快適を獲得に、避難所を領土に結びつける同じ交替、二方向をもつ同じ流れ、あるいは同じ周期に、人間はつきあたる。進化はこの恒常な価値の上に、ますます複雑化しながら、同一の起原を保っている表象体系を積み重ねるのである。

中世

中世に都市の形において重要な変化が見られることを確認するのは興味ぶかい。地中海地方の伝統は、すでに幾何構造にたどりついており、この構造は土地の起伏をさほど問題にせずに適用されてきた。町づくりの作業は、まず宇宙創成論的な意味のある、一定の方向をもった碁盤目模様を位置づけることであった。町であれ、ローマ人たちの陣営であれ、おしなべて人間化はたちまち最大限に達した。中世ヨーロッパの伝統は、それとは別な性格をもっており、初歩の農耕居住環境、つまり岬や丘にちんまりと陣どった囲壁のなかに、固まって密集する家々からなる村の到達点を示している。メソポタミアやアステカの町と同じく、中世の都市は、方位が守られ、東西南北に通じる二つの通りで天空につながっている(図版123)。至聖所は、中央の十字路付近に置かれ、十字架や、ときには一つの黒い石が都市構造の理念的な中心のしるしになっている。教会もまた、方位がきめられていて、空間的な統合の図式は伝統の次元に属している。イデオロギーの内容は、古代と違っており、十字架の表象《シンボル》が人間化した空間をつつんでいるが、深いところの図式は同じで、すでに知られている宇宙の全体に拡がっている。エルサレムは円形で、十文字に分けられており、四つの海、東西南北の風、まわりをめぐる星で十字架状に分断された、円形の宇宙の中心にある。その宇宙では、一つ一つの都市がまた、少なくとも理念の上では円形であり、主要な四つの通りで区切られている。中世の地図製作者によるエルサレムは、ちょうど、メソポタミアの寺院のなかに重層塔《ジグラト》がおさまり、コロンブス以前の都市のなかにピラミッドがおさまっていたように、カルヴァリの丘がその囲壁のなかにおさまっている。じっさい、東西南北というきずなのほかに、中心と天とのきずなを確立するというのが、都市小宇宙の一定した性格である。このきずなは、キリスト教のイデオロギーによって、純粋に

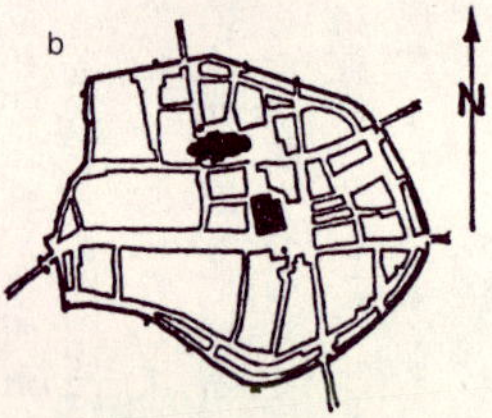

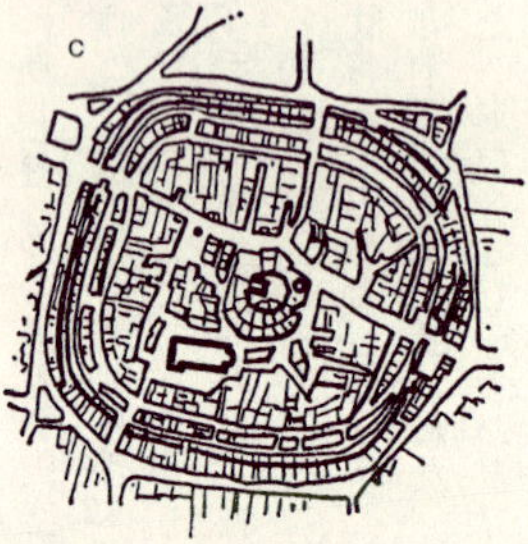

123　a）十三世紀アイルランド稿本によるエルサレムの理想的平面図　b）c）ローテンブルクとエギスハイムの中世都市の平面図。ほとんど幾何学性を留めない網の目をもつ循環系統のなかに十字形道路が執拗に残っているのに注意。教会は方位をもつが主要道路から外れていて、方位軸の移動をもたらしている。

神秘的なつながりとされているが、天へ上り地獄へ下る場所は、キリスト教宇宙の中心と対応している。

最初の都市から中世にいたる世界像が首尾一貫していて、それが別な地域、別の時代に容易によみがえってくるということは、まさに手の活動や言語活動と同じくらい特徴的な人間行動の基本線の問題であるということを裏打ちしている。宇宙を統合するということは、数世紀を通じて、初歩的な照応からしだいに解きはなされる文脈に入れられながらも、無傷の必然性をたもっている。最初の曙光から、われわれの中世にいたるまで、宇宙の統合は宇宙創成神話の宗教的なヴィジョンとして現われており、近代の数世紀でも確かに続いているが、ただこんどは冷たい科学の光の下に現われるのである。

十八世紀

ルネッサンス以後、ゴシックの図式は見すてられ、少なくとも外見上は古典世界の伝統とのきずなが復活している。建築はふたたび奥行きのある遠近法を見いだし、都市計画は古代人から霊感をうけた構想を練りあげている。古くからの首都の平面図でこの進化の効果をたどるのはむずかしい。その多くは、パリのように、まだそれとわかるローマ時代の平面図へ中世の町の輪部を重ねあわせており、ネオ・クラシックの都市計画にしても、そこにいくつかの見通しのきく広場をはめこんでいるにすぎない。逆にヌー＝ブリザックや

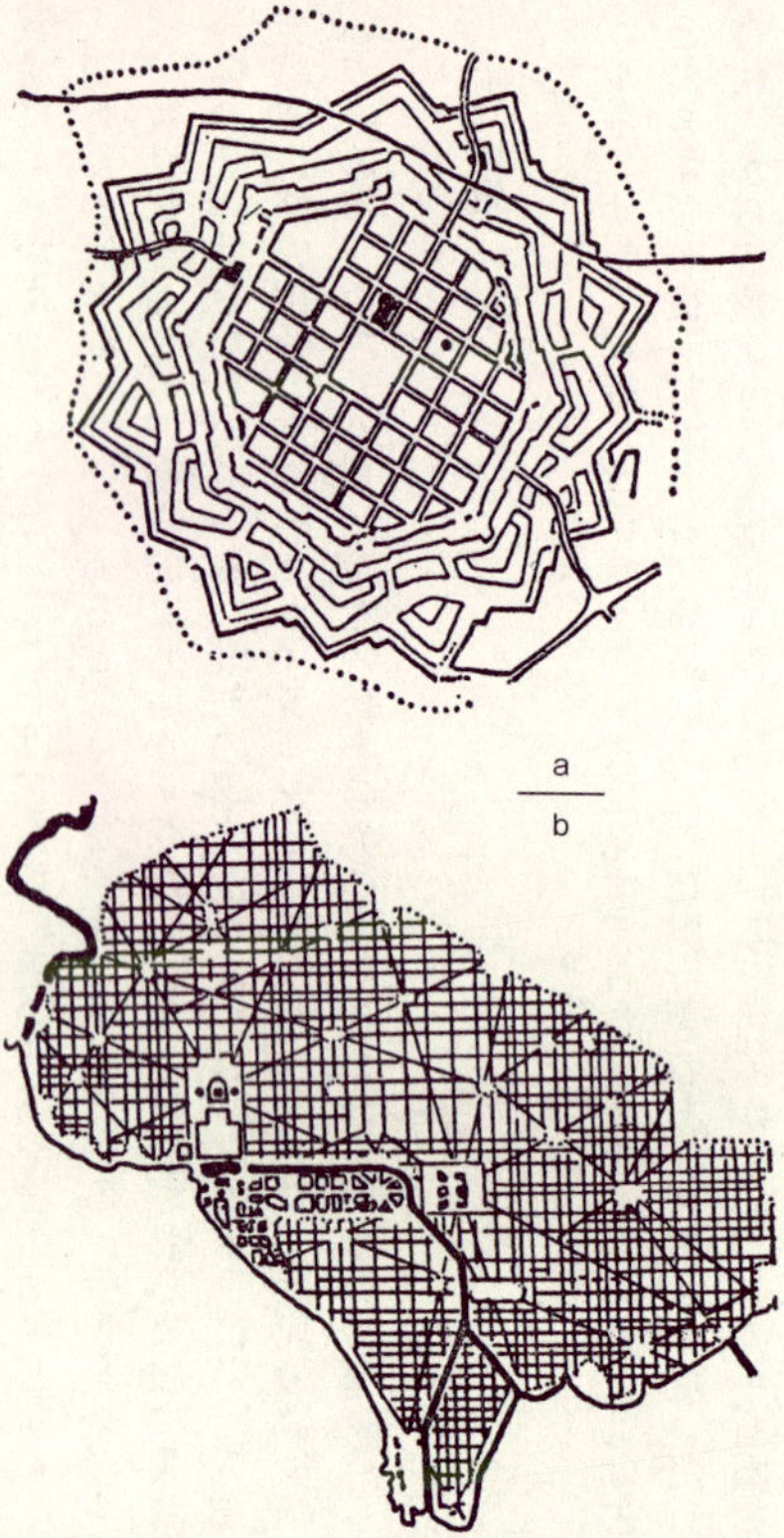

124　a）ヌー＝ブリザック（上部ライン県）の平面図。十七世紀の要塞都市。銃砲上の必要からきた城壁の幾何学主義。町は、方位づけられていないがその基線は伝統的なしくみを尊重している。b）方位と対角線の二重の基軸によって十八世紀に作られたワシントンの平面図。十字形装置の消滅。

ブルアージュのように、一般に要塞として何から何まで新たにつくられた町は、きわめて特徴的な空間の統合をしめしている。銃砲の発達によって生じた鋸歯状の城塞内に、厳密な基本の十字形がもちこまれ、道路がそのなかに幾何学的に刻まれている（図版124）。

ワシントンやサンクト・ペテルブルグのような、十八世紀の新首都の建設が古代への回想に霊感をうけたことは確かだが、とりわけ建築によって人間化した空間の合理的な均衡を探究しようという意図に貫かれた都市計画の頂点をしるすものである。ピエール・ランファンのつくったワシントンの設計図にも、ルブロンのつくったサンクト・ペテルブルグの設計図にも、形而上学的な関心は現われていないが、全体の方向は、地面と体系的な人間化の関数としてのみ考えられており、それは前の段階とまったく同じように、直角にまじわる主要道路の幾何学的な網の目をなすようになる。産業文明の曙には、空間の統合があいかわらず荒漠たる宇宙の対蹠点、つまり自然の混沌に課すべき不退転の秩序と考えられていたのである。

この秩序は、完全には宇宙創成神話からぬけだしていない。十八世紀は、比較宗教論や、自然の形而上学的研究にとっぷりと浸りすぎていたので、一種の〈新・宇宙創成神話〉が生れないわけにはいかなかった。建築家ルドゥーは、この新たに考えられた宇宙創成神話をその極限までもっていき、太陽系の図式にしたがって配置された都市の全体を夢想した。〈造砲廠〉や、ショーにある製塩都市（一部実現した）のような彼の計画は、古代中国の皇帝が夢想だにしなかった表象的《シンボリック》な表現手段をともなって、今日の産業都市計画のさきが

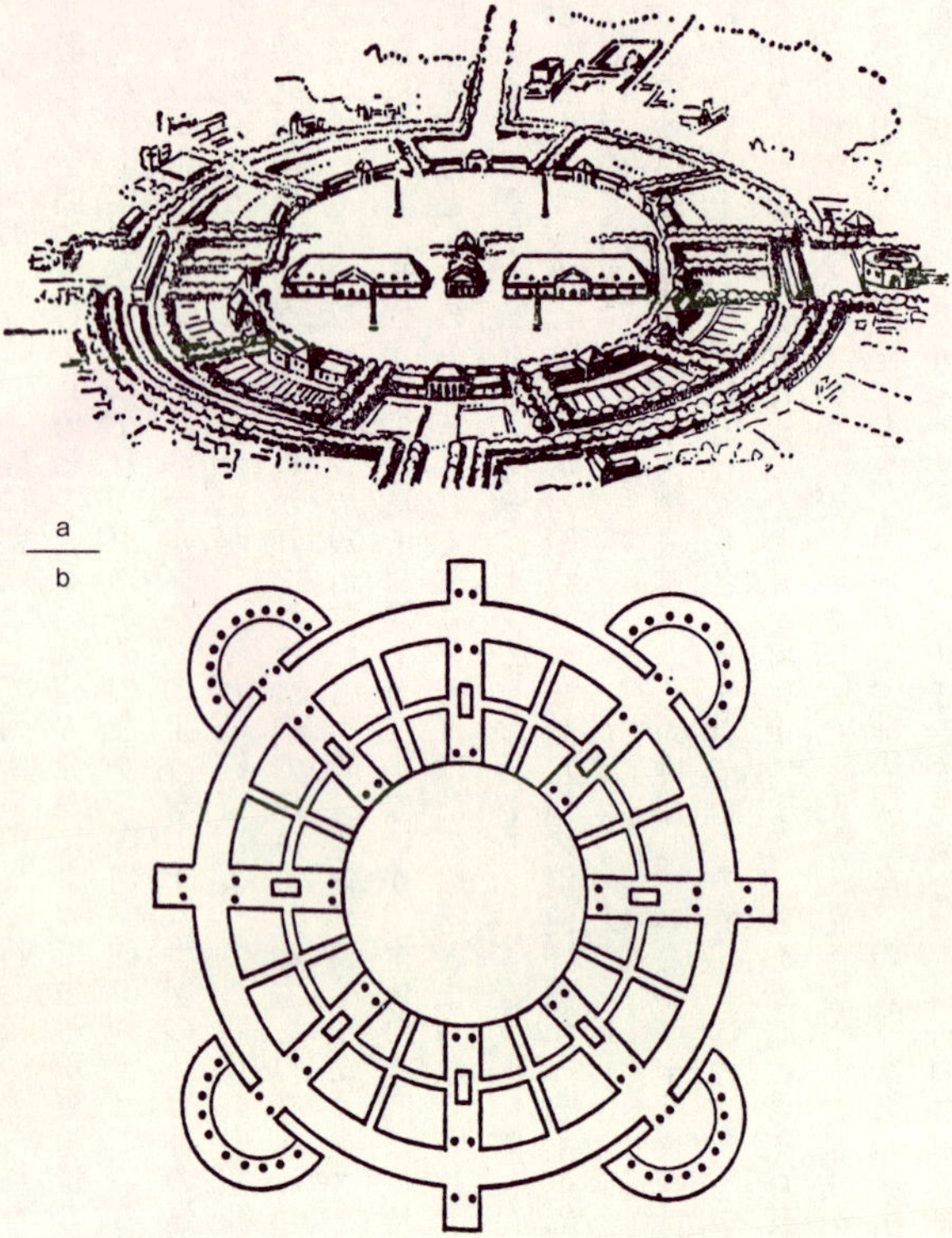

125　a）ルドゥーによって十八世紀につくられたショーの製塩所の鳥瞰図。b）宇宙的表象主義によって霊感を得たルドゥーによるショーの墓地計画。

けとなっている（図版125）。これらの計画の内容は、結局都市空間を、交叉する大通りで仕切られた円形または四角形の主要部からなる幾何学空間へとみちびいていくのである。

都市の解体

十八世紀の終りから、空間の統合は混乱した性格をおびる。地上空間の人間化は、工業化の影響のもとに、速いリズムでなされた。自然の宇宙は、組織をくいあらす微小生物のそれにも似た特殊な増殖のしかたを決定づける鉄道・道路網にがんじがらめにされる（図版80）。都市は実用建築の〈密集地〉となり、必要に応じてそこに幹線道路が走る。こうして巨大な人間空間が、非人間的なやりかたで実現されていくが、そのなかで個人は、技術的にも空間的にも解体するという二重の影響をこうむる。ものを創造する活動面でも、また社会空間に安定に組み入れられるばあいでも、くつろぎがあるべきだという二つの基本的な至上命令は、十九世紀を通じて完全に失われるようにみえ、社会の危機はその頂点に達する。こうした無秩序な進化は、大多数の都心部ではなおも進行しており、その影響は今でも感じられる。

歴史のどの瞬間にも、ものを獲得するのと空間を統合するという二つの行為をつなぐきずなが、ここ一世紀半ほど顕在化したことはおそらくなかったろう。世界を知るために隠れ場から出るということは、生物学的には、消費できるものであれ単に破壊するだけのものであれ、他者を支配したり、決定的に所有したり、絶滅させたりすることに結びついている。空間的に生きることと、生き残るために消費するということとは、同じことなのである。だからこそ、先史芸術がわれわれに伝えてくれる思考のなかでは、もはや生殖の表象《シンボル》と死の表象を区別するのがむずかしいのである。投槍が男性の生殖力の表象と混同され、致命傷が女の性と混同される。アメリカや東方の前農耕神話の英雄は、世づくりの旅の途次、河川や山々に命名するだけにとどまらず、河川や山々である怪物を殺して、その場に動かぬようにするのである。原歴史時代、および古代地中海の典型的に宇宙創成神話的な都市は、たんに宇宙の像《イメージ》であるだけでなく、支配をめざす探索の出発点であり、青銅や貴金属を精錬する場所であった。アメリカ発見から、未知なる最後の一平方キロが消えうせるにいたるまで、西欧の空間意識は、金や毛皮の獲得という主題による原始的な人間・動物世界への死の宣告であった。この関係において、形とその形の部分がもつ機能との均衡を定める空間統合の法則を、都市建築術から完全に切り離してしまえるとしたら、美の諸価値は最初、かなり薄っぺらなものとみえるだろう。

十九世紀まで、都市という単位は、大小はあっても均衡のある形をもっていた。その発達のために、しくみがひじょうに複雑になったとしてもである。その均衡を保つのは、だいたい、誕生してこのかたの人間の歩みに比例する距離の価値によって条件づけられていた。十八世紀の都市はなお、空間的にも時間的にも、個々人が自分に合った寸法のなかにいるような小宇宙をなしている。首都ですらも、教区ごとの小宇宙が集まったもので、歩

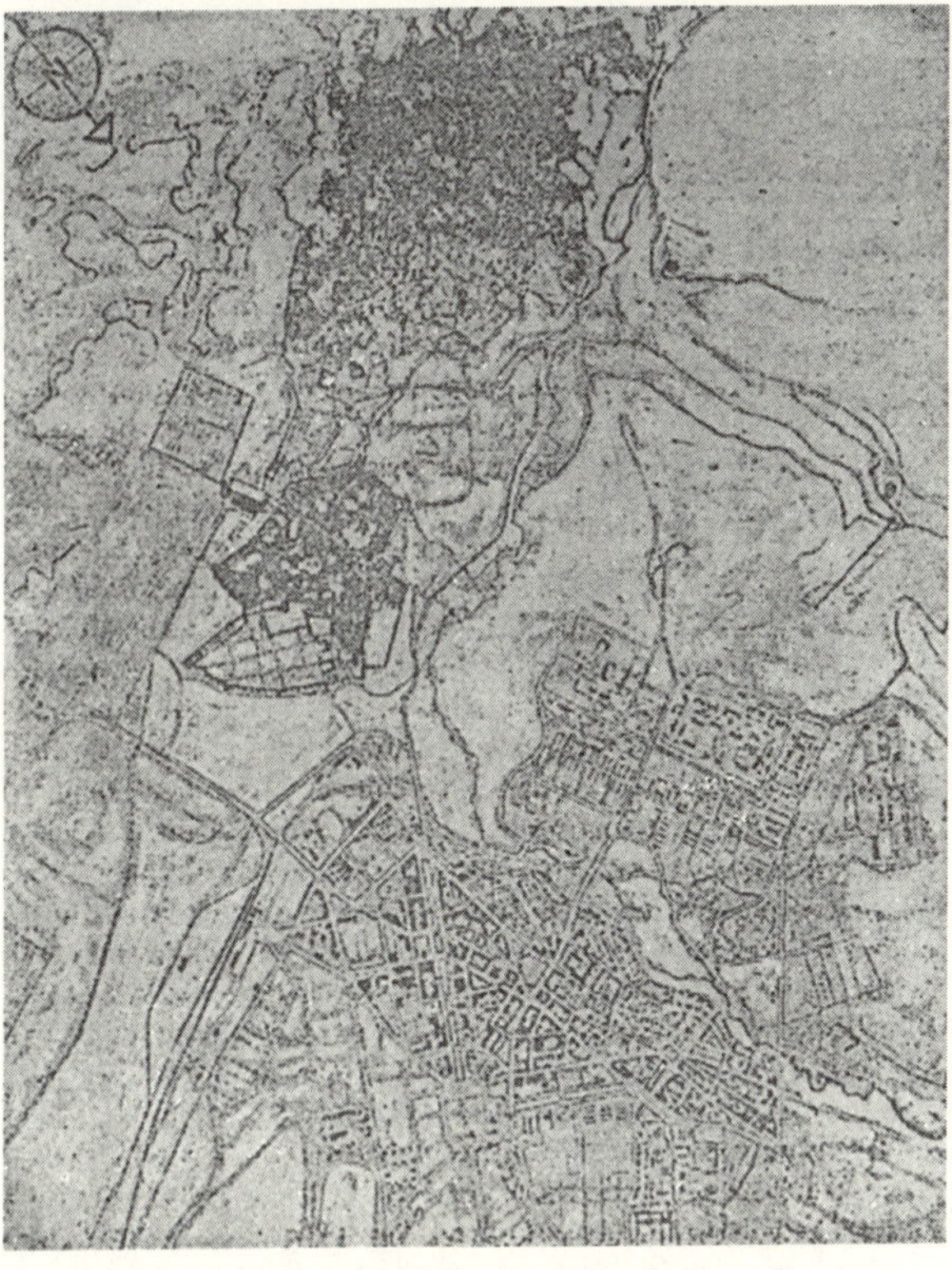

126 フェズ（モロッコ）の集落。アラブ街、イスラエル街、ヨーロッパ街の脈絡のない集合の過程と、比較的幾何学的な平面図に向って時とともに進化するのがわかる。

行者や馬にのった人たちのリズムで都市の全体を知覚するのは妨げられなかった。壁や大通りにかこまれた都市は、あいかわらず住民が身体で感じられるものであった。

十九世紀の密集地や人口の爆発的な増加の影響の下に生れ、なおも生き残っている都市という怪物は、一つの危機に対応しているが、その危機のきっかけはおそらく社会・経済的な価値の完全な改革によるとしても、直接の動因は輸送の次元にある（図版80、81、126）。一世紀近くにわたって、大衆が歩くリズムのままでいるのに、伝統的な都心部や新産業地区は、速やかに鉄道網で結ばれる。人間の冒険の最も重要な大変動、人間をひとりずつ地球的な空間統合の枠のなかに移すという大変動が、五、六世代にわたって行われてきたが、それがあまりに大規模なため、おおかたの人はまだそのことを表面的にしか気づいていないほどである。

十九世紀なかば以来の技術面における社会のしくみは、それまで人間がいつも自分の機能上の均衡を見いだしてきた軌道とは比較にならないスケールの距離のところにあった。マグダレニアン人の狩猟の行動半径、耕作者の畠の扇開面積、いなかのパン屋や郵便配達の巡回、都市商人の配達などは、歩いたり、馬にまたがっていく時間のリズムに合ったそれぞれの行動半径を描きだしている。これらは十九世紀のなかばから、二十世紀の三分の二にいたるまでに、鉄道、電報、電話の世界が大きくひろがるにつれて、ますますはっきりと突出していくようになる。個人はひろがっていく都市環境のなかで、ますます拡大する基礎座標にすこしずつひきずられて、個人の軌跡を描いていくが、その基礎座標の拡がりかたは、新しい手段とつながりをもち一貫していても、動物学からみた人間の空間・時間的行動からすれば、無秩序的なのである。

人間が生きられる空間というのは、日常の作業の回転と両立する時間をかければ、その端々にまで触れることのできる秩序ある空間である。それはまた、基本的な美の要求にこたえる空間であり、天空と自然が十分な場所をしめる人間化された平面がそこに安定して組み入れられることにも対応している。領土のまんなかに最初の隠れ場をつくりあげてから、人間は人工的な表象《シンボル》の世界と、物質界の物心両面のエネルギー源とを均衡させて生きてきた。田園都市のように、建築されたもののなかに自然的なものを組み入れる置換えを考えてもいいが、有毒な廃棄ガスの空の下、工業地帯と営業路線網のなかにある、無定形な、統一のない市街というのは、病的な不均衡の結果としてしか考えられない。社会組織体として能率のいい器官だった十九世紀の町は、なおいたるところに生きながらえているが、それは人間の資質をまさに成り立たせていると思われる生物的な調和の法則からの憂うべき隔たりを記している。

現在の都市

今日の都市という小宇宙へ、人間を安定的に組み入れようとするばあい、そこにあてはまる定式は、簡単であって、都市計画家によって経験的になんども発見されてきた。すな

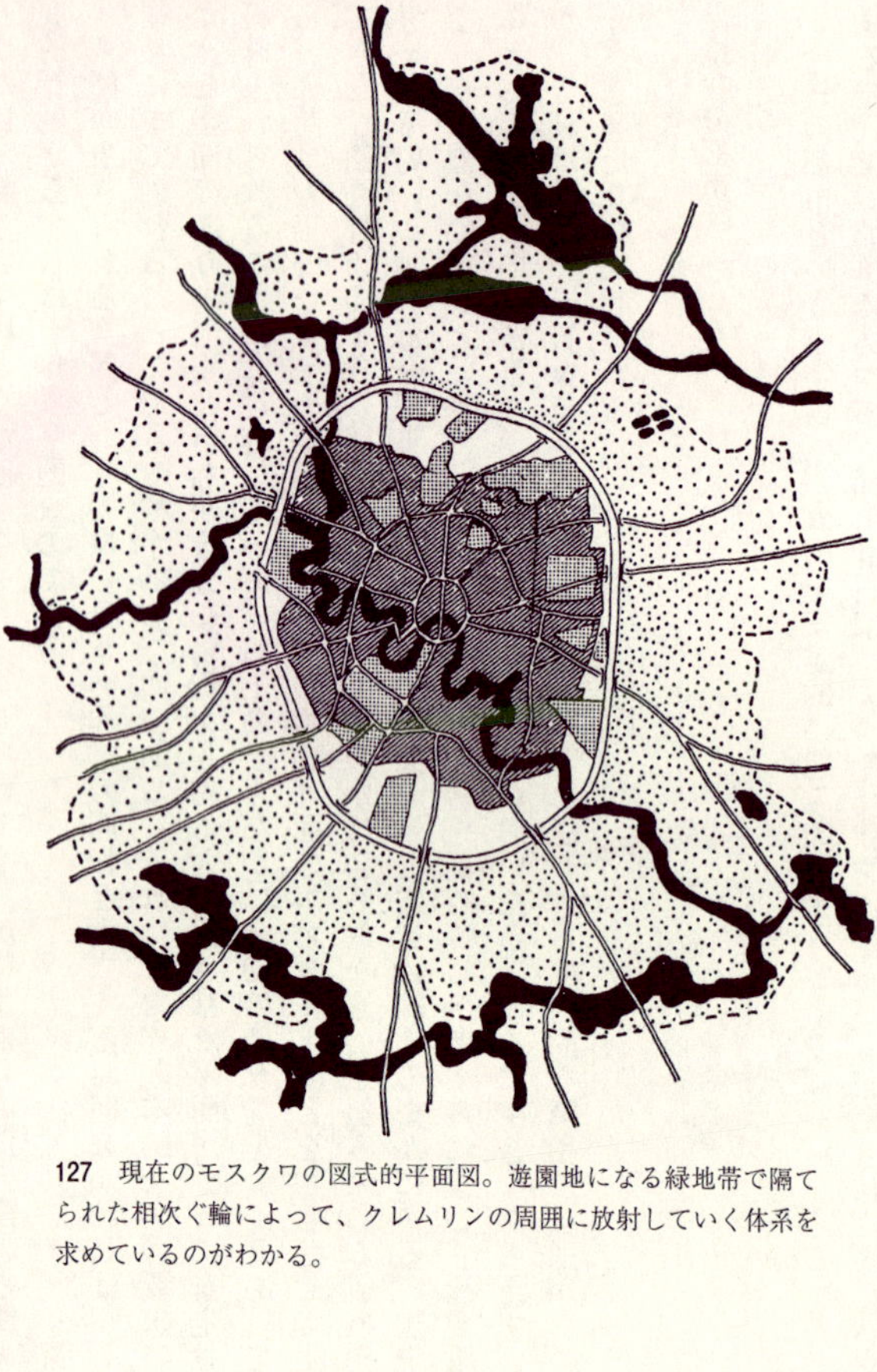

127 現在のモスクワの図式的平面図。遊園地になる緑地帯で隔てられた相次ぐ輪によって、クレムリンの周囲に放射していく体系を求めているのがわかる。

わち、それぞれの核家族にとって、手を加えられてないにせよ加えられているにせよ、まとまりをもった自然からなる個々の領土のまんなかに、自律的な避難所があり、輸送革命前とかわらぬ移動時間で、狩場つまり職場に十分たどりつけるだけのそれぞれの輸送手段があるというものである。この定式は、人口のある水準までは可能だったが、とくに恵まれた家庭をのぞいて、世界的に適用できなくなった。バスに近い、芝生にかこまれた場所の中央に建ったビルのなかに、くっつき合った部屋をつくるという手軽な代案に頼らざるを得なくなったのである。

今日の都市計画が、均衡のとれた宇宙を復元するのに適した材料をもっていることは疑いない。人口指数が増加している人間の大集団に住居を与えるといった、解決しがたい問題があまり鋭く感じられないところでは、都市計画家は、時間・空間的に人間を組み入れるにあたって、生物学上の至上命令に合った定式を新たに発見している。町は、あるところまで中心部の歴史的記念物、博物館、公園、動物園などによって、宇宙を反映しつづける。この反映は街の名や、征服国とか被征服国の名ではないにせよ、同盟国やさまざまな地方を思いださせる看板を掲げたホテルなどにも見られる。そこから出る道路は、北○号線や南○号線で、駅は手近な宇宙を包みこんでいる網の目の基点である。バビロニアの都市と近代の首都とのあいだには、なんら深い違いはない。都市が一つの世界像になるのは、好き勝手に一種知的に洗練されているからではない（図版127）。

未来の地球国家の首都では、アルゼンチンとかシベリアとかポリネシアといった郊外を火星通りやシリウス通りやケンタウロスのアルファ星通りが横ぎっているだろうということは疑いをいれない。その考古学博物館が各時代ごとの、図式化された人間宇宙の像を保存するというのも確かである。ピテカントロプスから二十世紀のテレビにいたるまで、過去のもろもろの世代を時間のなかに組み入れたその敬虔な破片が、だいじな場所を占めるだろう。同じように、ゾウやワニやノルマンディーのウシの一群は、地表上に一様に拡っている人間集団から保護されて、檻のなかにしかおらず、生れた新生仔を動物園が交換しあうことになるだろう。

この段階でも空間・時間に組み入れられるという基本的な事実は変らないだろうし、割合を別にすれば動物、植物、人間の集合体がおそらく個人と宇宙のきずなを保っていくであろう。ほんものの自然の微小な断片から数十キロも隔たったところで、肘掛椅子にすわった何百万という人間が、同じ瞬間に、ほんとうの色、音、起伏、匂いをだすスクリーンに映写された熱帯の森の奥に、同じ受身の逃走を試みるのだから、組み入れられ方がそれだけいっそう全的になる。最終的には、超人間化された空間では、もはや、実際に体験された現実そのものとは無関係に、視聴覚技術によって人間大衆のなかに人間と行為の世界とのきずなの知覚を保つのに必要な、自然の標本しかなくなる。はるかな人間の祖先は、その行為の世界にみずからの存在と行動の根拠をくみとったのであった。

社会の表象《シンボル》

人間が自然の宇宙をとじこめてきた空間・時間の体系は、すでに見たように、生物の最も基本的な事実、つまりそこに生き、また生きのこらなければならない環境に安定して組み入れられているという事実と、じかに結びついている。技術・経済の次元で人間が統合されているということも、動物が領土のしくみや隠れ場へ統合されることと性質を異にするわけではない。しかし、美の次元では、事情はまったく異なっている。というのは、美における統合は、人工の網の目のなかにある日々とか、距離をまとめあげるリズム上の約束ごとから社会に認められる、まったく表象的《シンボリック》な拠りどころに立っているからである。しばられていない時間・空間と馴化された時間・空間のあいだには、ごく最近までかなり幅の広いゆとりがあった。ただ、都市のしくみが完全に人間化された枠によって、つねに有効に保証されるような都市環境においては別である。都市的な時間がしみこむには数千年かかり、最初は間隔をおいて、輸送に規則正しい周期をあたえることによってなされた。しかしいまや、ラジオやテレビ放送のリズムによって、時間は毎日の細部まで規格化されている。人間化されすぎた時間と空間は、機能と空間のなかで専門化している個人をそれぞれ、理想的に同時に動員するということに符を合わせるだろう。人間の社会は、空間・時間的な表象体系というまわり道をへて、個体がたんなる細胞でしかないような最も完全な動物社会のしくみにもどることになるだろう。人間という種《スペキエス》の身体と頭脳の進化は、道具や記憶を外化することによって、人間にポリプ母体やアリの運命をまぬがれさせるかにみえたが、個人が自由であるというのは一つの段階でしかなく、時間と空間の馴化は、超個人的な組織体のあらゆる分子を完全に隷従させることだと考えられる。

空間・時間の基糸は、社会構造の要素の一つにすぎない。そこには個人をだれだれと認知する関係が含まれていないからである。あらゆる現存の社会の機能が、ある程度複雑になってくると、集団のつながりは個人と個人をつなぐ照合体系によって確かめられる。この体系は、哺乳類や鳥類に多く発達しており、身体、視覚、嗅覚などの目じるし、従属とか優越の態度、それに音声信号をふくんでいる。この三つ、あるいはそのうちの際だった一つの形のもとに、外界関係器官はおたがいの性的な関係、大人と子供の関係、牡の競争関係、集合行動における群の関係を律している。集合行動は、種《スペキエス》内部の生活の大半を組織するために領土の統合と結びつき、直接の食物獲得をのぞく行動のほとんど全部をふくんでいる。鳥がくりひろげる最も驚くべき活動といえば、結婚の化粧、結婚のパレードやダンス、歌などであるが、そこではつがいづくり、縄ばりづくり、同じ仲間からの防衛や仲間との関係などが同時に結びついている。哺乳類においては、態度、擬態、尾の動き、音声信号がいちじるしく豊かで柔軟であり、肉食獣や霊長類などの高等な種《スペキエス》では、種内部の関係を正常化するだけでなく、別な種とのたいへん有効な伝達のコードをなす表現の働きをもっている。防衛、従属、共感を表わすこのコードは、種の内部または異なった種との、さまざまな社会的地位をなすもののなかに階層構造をうち立てることになる。

人類の内部でも、問題はそれほど違ったかたちで生じてくるわけではない。初歩的な現われかたは同じで、その役割が民族の内部で、性や、物心いずれかの面に潜在するさまざまな個人間の関係を正常化することに変りはない。満足、不満、支配、従属などの単純な感情を表わす動きや擬態は、人間の組織のばあい、変化がより大きくなるが、動物界と人間とが共有するコードに属している。しかし人間的に当然なことだが、このコードはたいへん稠密な表象の上部構造の下に隠れている。それは道具と同じく、種の照合体系でなく民族の照合体系として外化され、装身具や態度や言語活動や社会的な装飾として表現される。

装身具

動物の毛皮や羽毛が体を保護するという機能は、種の生存にとって、それらに結びついている視覚・嗅覚的なしるしよりも重要だというわけではない。人間において、衣服の保護機能がその形より重要だというわけではない。社会的に認められる第一段階は、まさに人間とその人にともなう装飾の付属品の上にできあがる。われわれのコードで、サンダルに拍車をつけたり、僧衣を着て、花で飾った麦藁帽をかぶった男を想像するのはやさしい。それが社会の流通からおそらく速やかに外れることが、われわれの照合体系の厳格さを最もよく証拠だてている。男女をとわず、各個人は上下揃いの背広やドレスを着ていても、ネクタイの色、靴の形、ボタン穴の飾り、生地の質、用いている香水によって、個人をきわめて正確に社会構造のなかに位置づけさせるいくつかの徽章をつけている。われわれの社会にとって真実なことは、メラネシアでもエスキモーにおいても中国でも、まったく同じく真実なのである。

装身具はなによりも、高い民族度をもっている。集団に所属しているということは、まず衣服の装飾によって認められる。ヨーロッパ風の衣服を着ることが一世紀このかたの文明への歩みのしるしであり、典型的に人間らしい社会的個性を自分のものとしてきた表象《シンボル》でもあった。しかし逆に、一つの集団に深く属しているという感情の最後の名残りが、結びつきの深い領土に住む人間を特殊な制服の遺物、つまり民族衣裳に執着させているのである。

衣服やその装飾がはたす機能は、社会組織の多岐にわたる様相に係わっている。それはちょうど、鳥と同じように、〈民族的種〉を識別すると同時に、性の識別を確実にする。この同時に識別するということによって、もろもろの関係を成りたたせる調子がきまる。知らない人同士が出会うと、支配者と被支配者との関係、縁戚や男女の関係が働いて、民族内の関係の基準と合致した感情反応が動きだしてくる。遊動するパプア原住民であれ、向い合った二つの近代的な軍隊であれ、衣服と武器を識別するのが接触の出発点になる。あらゆる人間についてこうした当り前の生の諸相を強調するのは、下らないことにみえるかもしれないが、衣服と装身具の美学は、まったく人工的な性質のものでありながら、最も深く動物界に結びついた人間の生物学的な特徴の一つなのである。倫理のしくみで覆われているとはいえ、攻撃行動や生殖行動に係わるものが、倫理根源に近いのはまったく当然なことで、生物学的なものからの断絶を探すとすれば、それは恐怖や誘惑の表象を積み重ねたり、歴史の主軸となる殺しの技術や愛する技術を、人類独特なかたちで知的に洗練したりするという人間の可能性のうちにしか見つからないのである。

戦争、上下の階級づけ、愛などによって、あらゆる民族の衣服装飾は条件づけられている。この基本線を人生のさまざまな年齢時の特徴で裁断しなおすなら、衣服のもつ社会的な機能の本質面を見てとるに十分な分類網が得られる。年齢層は一定に決っているわけではない。ある社会では、各年齢層の衣服についての、暗黙のあるいは明白な法典化《コード》が実際にある。たとえば日本では、女性の衣裳が袖の長さ、花柄の大きさ、色調の地味さかげんなどにより厳密に移りかわる。われわれの伝統的なヨーロッパ社会でも、これとたいへん近い約束ごとがある。この移行は流行の影響による形の移行によって強調され、その結果老人たちの装飾は表象的《シンボリック》に老年を表わすと同時に、形態的にも当然古風になる。社会や個人によって、どちらかのニュアンスが優勢になる。

性別や年齢には、社会的地位の表象が加わってくる。それはまず、生存の一転機をなす出来事に係わっている。成人の徽章、婚礼の装飾、寡婦のしるしなどは、未開人にもあり、文明のあらゆる段階にある。つづいてそれは技術・経済上の地位に係わり、集団から集団へと眺めてみると、集団の物質生活を支えているモザイク模様のような多くの機能の代表者すべて、さまざまな階級の兵士、首長、商人、職人などの、衣裳や飾りが無限の変化を見せている。

一世紀前のヨーロッパ社会がおかれていた状態では、また他の農耕牧畜経済の社会ではもっと最近のことだが、男女を問わず個人は、人との接触に十分なだけの識別を可能にするあらゆるしるしを身におびていて、態度や言葉のしかるべき用い方は、集団内のさまざまな部類のあいだの関係に対応していた。この伝統的な表象のしくみは、工業的な技術・経済上の進化でいちじるしく変った。普遍的な伝達手段によってもたらされたイデオロギーの進化に応じて、人間社会の浸透度が増すにつれ、人間社会のモデルは数が減り、ヨーロッパ全体に通じる表象《シンボル》が、いたるところで地方の衣服装飾にとって代ろうとした。民族衣裳や職人衣裳が消滅したのは、民族解体の最も印象的なしるしであるが、それは新しい条件に適応する大きな過程に生じる小さい偶発事ではなく、しばしばほんとうの適応に一世代以上先行することがあり、適応のおもな条件の一つとなるものである。アフリカにおいて、知識人の眼鏡は、モデルの科学水準に達するはるか以前から進化の表象であり、世界中いたるところで、ネクタイをつけるのがしばしばワイシャツを着るよりも先行していたのである。

人間の特質をほんとうに表象するものとして、衣服装飾は民族として社会として組織されている度合いを厳密に示すものだが、今日の衣裳装飾については、注意ぶかく考える必要がある。ヨーロッパでもアメリカでも、単一化はたいへんに進んでおり、男女の衣裳は階級から階級へと移っても、どのくらいの金目のものか、また流行への適応が早いか遅いかということでしか区別できなくなっている。これは一般的な向上、社会の隔壁の消滅、文化と情報のレベルアップのしるしでもあろうが、同時に個人が個性をもった人間として統合される集団の環境とのきずなが消滅したことをも示している。自分の故郷や階級の衣裳を着て生きることは、自分がそれなりに一つの役割を演じている集団の一員として存在するという気持、および別な集団と対立しているという気持とを同時に確かなものにしてくれる。標準化した人間の制服を身につけて生きることは、普遍的な巨大組織体のなかの部品として、個人が大幅に交換可能になることを前もって現わしている。衣服という表象が単一化するのは、地球規模での自覚を意味すると同時に、民族としての人格の相対的な独立の喪失でもある。謝肉祭《カーニバル》の仮装が消滅したのは、同じ進化のもう一つの兆候である。個人が自分なりにある社会の成員であることの現実のしるしを失うことを気遣わしいと思うか、人類がただただ生産細胞の機能に理想的にかなった単一の人間型《タイプ》に還元されてしまうのをよしとするかは、人それぞれの立場によるであろうが、いずれにしても衣服の表象体系の進化が、今生きている世代の思い出になお残っている人類とは異なった人類への移行を示している事実には変りがない。

衣服のモデルは虚構世界にのがれ、新聞、テレビ、映画がその場かぎりに観客に主役たちの服を着せることで個人の欠乏感をおぎなっている。すべての想像力の分野におけるように、モデルの数は減り、単調になっている。攻撃の表象《シンボル》としては、スー族、カウボーイ、銃士、年代不明の古代の戦士、前大戦の兵士、宇宙飛行士などという簡単な目録につきている。眼鏡をかけ、白衣をつけた学者、銀行家、ギャング、運命の女、何人かのチベット人、制服姿のアジア人、諜報員、羽毛をかざった〈野蛮人〉が衣服の主題の古道具につけ加わってくる。大衆恋愛文学はこれとやや違った音域で奏でられる。もちろんいま述べた表象に重なるが、そのお得意の衣裳は、近世紀の貴族たち、財界、支配階級、東洋の王女たち、映画スターなどからの借りものである。ここでも他の領域と同じく、たえず外化するという過程が行われているらしく、人間はもういかにもその民族らしい冒険の主役を現実に演じるのではなく、みずからの自然な帰属要求をみたすために、だれか型《コンヴェンション》にはまった代表者が演じるのを見るだけなのである。

こうして人間を識別する表象《シンボル》は、とり換えのきくまったく知的な道具になろうとし、もはや生物学的に人間を包むものではなくなった。かぎられた環境、例外的な状況でそうなることがあるだけである。つまり政府の儀式、法廷、アカデミーや大学の祝典、競馬の催し、スポーツなどである。婚礼の装身具には、ある程度生きのこる力が残されているが、聖体拝領の衣裳のような入信や喪の表象は、速やかに退潮している。大多数の個人にとって、平均化で削りとられた結果残っているのは、機械工や潜水夫にとって職業上むだのない有効性をもった不可欠な要素である制服と婚礼の装飾における頑固な残り物だけである。

宗教における衣服装飾については触れなかったが、それは二つの対立した様相をともなっている。第一は社会的地位の通常の表象に対応する。宗教的な装飾はあらゆる宗教において、祭司の役割についてできるだけ荘厳な像《イメージ》をうちたてることに力を合わせる。シベリアの呪術師《シャーマン》の衣裳や、アフリカの踊り手の衣裳、仏教の僧侶の衣裳やカトリック司祭の衣裳は、象形化にも社会的な美学にも、同じくらい係わっている。民間や軍隊の長官と同じく、それは装飾の一要素で、孤立したばあいには不完全な意味しかない。第二は宗教家を特徴づけているその人その人の識別表象に係わる。

一般人《ライック》のふだんの衣裳は、たえず細部が修正され、これはあらゆる文明化において、世代から世代への動きを示し流行をつくる。しばしばこの進化は衣服の一般的な構造にごくゆっくりとしか影響しない（われわれの衣裳の本質的な部分は一世紀のあいだにほとんど変らなかった）。しかしそれは、人を魅惑するということに直接つながっていて、文字どおりの競争を生み、新しい個人層の性的な成熟によってたえず新しくなるリズムに合わせ、無数の変種を生みだしてきた。動物界におけるように、流行の装身具の展開が気象学的な時間に結びついており、年とともに新しくされることは順当に確認される。

職業衣裳はこれとまったく異なる進化のリズムに従っている。それは厳格ではないが一般の流行につながり、機能がきまっていれば数世代変らずに続いていくこともある。戦士の服装は戦争のリズムによって進化し、戦争から戦争までのあいだでは、国威の伝統といったものによって豊かにされた保守性を示す。この保守性は、制定された衣裳にいっそう顕著にしめされる。政治、外交、司法、アカデミー、大学などの権威の代表者の装飾には、最小限たっぷり一世紀もの遅れがある。最もしばしば政治的な大変動が公式の衣裳を部分的に新しくつくりかえさせ、かなりひんぱんにさまざまな装身具を創造したが、それは権威を生みだすのに欠くべからざるある過去の思い出をともなうものであった。

宗教的な衣裳では、伝統の力がたいへん強い。宗教は時間を制御することに他ならないからである。理想的には、宗教の衣裳は変ることなく形の荘厳さと時間の永劫を思いださせるべきものである。実際には、個人を区別するばあいの宗教の衣裳は、細部の手直し《ライツク》によるとか、寿命の長さにともなう突然の変換などによって、後になってから世俗の衣服流行の影響をこうむった。儀式の衣裳は、はるかに保守的であり、たとえばカトリック教、仏教、神道は数千年来の形を保っている。

宗教上の装身具の最も興味ぶかい面は、否定である。前に見たように、個人が解放されるとか、社会的作業の輪が破れるというのは、リズムの支配、つまり禁欲において生理のリズムを支配したり、厳密な一定の時間割で調整される実践面で正常な作業リズムを支配する技術によっていた。社会的な区別を支配するのは、性別や社会的な上下を認知するしるしを拒否するところにある。禁欲行者は裸か、ほとんど裸にちかいか、あるいは生地、形、色彩の点で技術・経済上の同一化のコードから切り離され、一般に認められた約束事とは逆の着かたをする。断食し、眠らずに、時間にさからって生き、砂漠や独房や四辻の砂ぼこりのなかで空間にさからって生きているように、彼は社会的に組織されている人類の帰属コードについては、徽章にさからって生きている。極限までいけば、宗教の倫理は集団の契約に基づいた社会倫理からの個人の解放の倫理であるから、その徽章は、ふつうには社会の徽章とは反対なのである。程度は異なり、さまざまであるが、単一化した体系に係わるのを打ち破ろうとするすべての試みは、芸術家の衣服が常軌を逸しているように個人的であれ、黒い革ジャンパーのように集団的であれ、特殊な徽章を出現させるにいたる。

態度と言語活動

衣服装飾は、確実に認知させたり、それから後の行動を方向づけるには十分であるが、ふつうの実際例では、認知を完成し外界関係行動を組織だてる態度や言語活動と切り離すことができない。かつての旅行者の興味の中心が、衣服および社会的態度、礼儀作法であったことは注意すべきである。最初の民族誌の著作は、なによりも衣裳、挨拶のしかた、食卓での態度作法、目上や目下の者の遇しかたなどをみごとに描いている。十八世紀の少数民族についての叙述のなかには、当時の博物学の叙述と同じく、外界関係行動についてのごく外的な区別とごく一般的な輪郭にもとづいた区分が見られる。それはわれわれの知識が、一般に集団のほんとうの生活を包みかくしている表面の殻でとどまっていたことによるのだが、チュクチ族やトゥピナンバ族の作法が外側から見ても内側から見ても、衣服につぐ第一の弁別のしるしになることは、それだけいっそう明らかである。

外界関係の態度や言語活動は、象形の領域の境界にある。社会的なリズムや空間、態度や徽章は、集団の成員に彼ら自身の民族のドラマを、たえまなく上演させるにいたるのである。民族の生活というのは、まったくの象形である。個人が集団に組みいれられるのは、彼のホモ・サピエンスとしての性質を所定の文化に同一化する身ぶり、定式、衣服の特徴といった制服を着る、その程度に応じてだからである。象形的な性格の意識は、初歩の機械的な慣習から例外的な慣習にいたり、技術的生活から社会的・宗教的な生活へとたかまって、ついには儀式行為にいたるが、そこでは社会的な行為と象形的な行為のあいだの限界はごくあいまいである。

近代社会では、実際に体験されるものと象形との分離が少しずつ確立してくる。舞踊会とバレーを、ノートル・ダム寺院のミサと受難週の神秘劇《ミステール》を同じ枠どりのなかで混同することはない。中国や日本の宮廷の伝統的な大祭事においては、宗俗をとわず儀式的なものと、演劇や競戯とを分離するのが、同じくやさしいというわけではない。まして儀式とか上演の、場所、執行者などが階層体系で区別されないような社会において表現される大多数のものについて、社会的な側面と象形的な側面をはっきりと分けようとするのは不可能である。俳優が多数の貴顕のうちから選ばれるときなどには、寺院や宮殿や貴顕が、場面や俳優と混同される。儀式において、人がどの水準にあろうと、ほんとうに見世物を見る受身の集団が数の上で大衆から分離される時点まで、参加者はかわるがわる俳優の端くれとなり、観客となる。その後も〈観衆〉の協力がなければ、見世物も成りたたないであろう。

だから、象形は初め、民族の不変性を保つ社会的な表出と切り離すことができない。この見地からすると、象形が入りこんでくる度合いは、集団の技術・経済性とぴったり結びついている。象形が専門分化し、俳優と観客が分れるのは、近代の大衆においてその頂点に達し、個人の大部分は、もはや社会の端役としての役も演じない。あらゆるデモンストレーション的な表出が、テレビのチャンネルによって、ただのショー的なかたちに還元されてしまう。逆に謝肉祭《カーニバル》が生き残っているところでは、参加者すべてが同時に二役を生きることがまだ可能なのである。

原始社会、あるいは伝統社会においては、社会・宗教的な特質をもった象形行動は、群衆の前で病人の魂を探しもとめる旅路を写しだしてみせる呪術師《シャーマン》としての孤立した個人の役割と、ごく精妙なダンス・ショーを見せる名人クラブ、あるいはみずからの神話をそっくり演ずるオーストラリアの部族とのあいだであらゆる入れ換えのきくことを示してくれる。

象形行動は、人間の特質にあまりにも深く結びついているため、現実をかくさずにそれから体系的な視覚像をつくるのはむずかしい。むずかしいというのは、一見して社会の象形が最も確固たる動物学的な基盤に組み入れられているためなのである。態度や徽章が人間的に価値づけられるのは、民族的 種《スペキエス》 形式とそれらのきずなによるのであって、それらの性質によるのではない。ビュフォンがヌミジアのツルのダンスを描きだしてから、個体の上下関係と代表的な牝牡のあいだの関係という二つの面において、態度や体の標識が鳥や哺乳類との外界関係行動を支配していることを示す数多くの事実が動物学の業績から明らかにされてきた。社会関係の本質的なものは、生物の行動のこの相補的な両面に結びつく。支配被支配の関係と婚礼の披露、勢威を示す関係と媚態を示す関係とは、またしても同じ現象についての種の形と民族集団の形である。人間においては、表象《シンボル》という上部構造が入りこんでくるが、それはあくまで上部構造としてである。というのは、鶏冠と軍帽の羽毛飾り、蹴爪とサーベル、夜鶯のさえずりやハトのおじぎと田園の舞踊会とのあいだに、なんら根本的な相違はないからである。しかしそれが転調したものはたいへん多く、世界に民族があり、民族にあいつぐ世代があり、集団の内部に社会的区分があるのと同じだけ数多い。

社会行動のさまざまな要素、時間・空間の枠、装身具、態度、定式などはひとたばねにされて、そのすべての部分がそれぞれに民族の生存と両立しうるリズムで進化していく。そこには、進化がすすむなかで、個人から集団全体にいたるさまざまな次元を結びつないでいる機能の均衡が見られる。宗教上の、あるいは司法上の安定性を保っている集合体には、可能なかぎり多くの永続の表象が含まれている。公の大宗教の、少なくとも千年の古さを持つ建物、衣裳、典礼用語は、文明とそれに結びつく神の秩序とが重なって永続しているいることの証拠である。二、三百年にわたる法廷用語は、きびしい均り合いを表わす表象《シンボル》にみちた枠のなかで、法官の伝統的な装身具をまとい非個性化した人間によって述べられ、法に庇護されるべき者を引きこんで、社会的生命に欠くべからざる義務を果すことによって安泰になるうえで、必要な時の重みといったものを、法的事実につけ加えるのに適している。逆に生殖とか、もっと広く個々の生活のように、その更新が集団の生存を基礎づけている領域では、当人たちは、各年齢層それぞれの統一を保って、みずからを認めることができるだけの、柔軟な表象体系《シンボル》のなかに身を置いているという感じをもつのである。

こうして人間独自の象形の網の目をかぶせられてはいるが、生物の一般性を特徴づけている同じ生物学的な輪郭がふたたび見いだされる。近代の進化のなかで印象的なのは、社会の表象が大部分喪失したことである。民族衣裳や職業的衣裳およびその付属物が消滅したことを確認するのもありふれているし、外界関係言語が先細りし、社会的に単一化することに言及するのも、同じくありふれている。しかし進化の基準があまりたくさんあるわけではなく、社会的人間を最もよく定義していたようにみえる過去の伝統と絶縁した、服装や言語における社会表象の喪失という基準を軽々しく見過しにはできない。言葉においてではなくとも、少なくとも衣服、話し言葉、身ぶりなどの付属物における普遍的な型《タイプ》、もともとヨーロッパの富裕な階級に特有だった性質からくる型《タイプ》の実現が、単なる一つの段階にすぎないものかどうかを知るのはたいへん重要であろう。そしてその段階をこえると、また新たな多様化が生れるのか、それとも逆に最後には、男性は男性で、女性は女性で理想的に同一になり、すぐ知りつくされて、それぞれの生産性の序列のなかですぐとり替えられるのに理想的に便利になるのかどうかを知ることもたいへん重要だろう。単一の要素をもった地球的な超大民族集団《メガ》といったものの実現は考えられぬことではなく、確かにおたがいに対立する局部的な巨大民族集団《マクロ》の形成にも、数世代の時が経なければならないだろうが、それはむしろ古代以来、暗黙であろうとなかろうと、多くの哲学者や社会学者の理想であった。西欧世界、ロシア世界、中国、アラブは、すでにはっきりとこの巨大民族集団《マクロ》の理想を表わしている。人類という考えが宇宙を支配するという考えを押しのけないかぎり、どうすれば微小民族集団《ミクロ》の個性が回復されるか、はっきりしてこない。この厳密な角度からすれば、美や技術の手段のすべての音域を個人が用いることのできる、個人の寸法に合ったミクロ社会の原動力としての個人、および完全に社会化された社会の無限に完全化する機構の部品である、成員としての個人とのあいだにジレンマがあるわけである。

人間のたどってきた道が、原子兵器の威力を示すためにつくられた〈大量死《メガ》〉という言葉のように、地球規模の計測単位としての超大民族集団に向うことは明白である。それゆえ、ともかく動物学的な流れが進み続けられる道を探ることだけが問題になる。結局のところ社会機構の効率に害になるような非人間化を避けるには、人間を十分に〈サピエンス〉的な状態に保つことが大切だからである。いいかえれば、社会の表象《シンボル》体系の外化という新しい外化がいま行われているのではないかと問うことができる。事実、そうした過程はすでに十分進化しており、どの方向に人が向っているかをはっきり見てとれるようになった。職人ばかりのやりかたは、職業や戦争のなかでも、社会生活のなかでも絶滅し、しだいに数の限られる拠点から大衆にあたえられる間接的なあつかい方に現われるのと同じ程度で、外化の傾向が感じられる。いくつかの製鉄センターでつくられる鉄の全生産が完全に自動的に処理される時が近づいているのは、たいへんはっきりとわかる。それはすでに石油にも実現されている。進歩は産物が多種多様なことで妨げられはしなかった。国家は砲兵の不確かなしごとぶりに頼る必要がなくなり、エレクトロニクスの司令盤から無数の大量死が間接的にあつかわれるようになる時を想像するのは容易である。その可能性はすでに現実となっている。社会的なものについては、視聴覚技術が今日の不完全さのままですでに確実にきわめて有効な中継ぎをしている。われわれはまだ、十分に生きながらえており、都市労働者は試合を見たり、釣りをしたり、分列行進を見るために、その生活の場から外へ出る。都市労働者にはなお、限定されてはいても社会の活動に加わるまでになる外界関係生活があるが、しかし生命維持に直接必要な回路外の彼の直接外界関係活動は青春期と婚前期にますます局限されてくる。集団の生存のためには、この両時期に個人が直接的に参加することが必要なのである。家畜では人工受精によって繁殖に最適な条件がつくられたが、そこまで極端に走らないかぎり、さしあたり、最小限の社会の美学が性的な成熟期を取り巻いていることになろう。昆虫の社会においても、この時期は生殖に係わる少数の個体に行動の独立性といったものが現われる唯一の時期なのである。

社会の美学と象形的な生

つまるところ、ミツバチやアリの到達した頂点が示している危険、つまり人類が実質上完全な社会的な条件づけをまったくまぬがれたかどうかということは問われていい。これまでの章で見てきたように、われわれの地質学的な運命は、もろもろの機能からの独立の上に具現されており、われわれは完成していくしくみのなかで現在点にまで到達したわけだが、これはなお今後に開いている。現在の人類が立っている点を判断するのはむずかしい。その人類の代表者の多くは、なお地球の重要な部分に痕跡をとどめている社会のしくみのすべて、つまり職人、耕作者、村の婚礼、巡回劇団などから、辛うじて一世代ほど隔たっているにすぎないのである。しかし年とともに外化は強まり、民族学者にとって何かしら新しい徴候を示す人間がすでに無数に存在する。これらの人間は、自分たちの日常サイクルを保つ最小限欠くべからざる社会慣習をもち、有給休暇、道路、ホテル、キャンプ場、〈パイプで誘導された自由〉の状態にある毎年の数週間などで、あらかじめ条件づけられた個人的な逃避の下部構造を持っている。軽い上部構造のおかげで、彼らは移行的儀式、誕生祝い、婚礼、葬儀を最小限必要な感動と装飾をもって越えていくことができる。彼らが個人的に創造する部分は、十九世紀の洗濯女よりも少なくなり、その生産機能はすべて、タイム・レコーダーで計られる起床、通勤、労働の正確な歯車仕掛のなかにある。

こうして彼らは、未来の世代にとって逆説的にほとんど安心なものと見えよう。遺伝的な原動力は、非人間化に抵抗するのに十分強いはずだからである。しかし、たどられる道はやはり進化の道であるように見える。事実、これらの人々は祖先と同じ社会参加をおこなう、というより、いちじるしく改善された参加のしかたをしている。テレビという窓とトランジスター装置つきの唇によって彼らは、村の儀式ではなく世界の大物たちのレセプションを見物し、パン屋の娘の結婚ではなく王女の結婚に立ち会うからである。ヨーロッパ最強のフットボールのチームでも、彼らはいちばんいい視角から見ることができる。カナダの雪、砂漠の砂、パプアのダンス、最高のジャズバンドがマジック・ボックスの口から彼らに雨と降りそそぐ。

第六章では、言語と視聴覚技術との関係の問題にふれた。ここではもう一つの局面、もう一つの結果が、社会的動作の鎖が外化されるなかに現われてくる。いまでは過ぎ去った時代とこれから始まろうとする時代とで、ほんとうに創造的な個人と大衆の割合が、それほど変っているわけではない。自分の声で歌う人間、自分自身大きな儀式に加わる人間、自分の足でほんもののボールを蹴る人間、木の幹から椅子を刻む人間が今後ともいること は断言できる。しかしこれらの人々は、社会のしくみの外化された要素なのであり、彼らの機能は大多数に社会参加の必要割当て分を配給することにある。大多数のほうは、もはや婚礼でも歌わず、提灯行列の後を追うこともなく、短い散歩にもトランジスターの音量をちょっと上げるだけで、すでに小鳥のさえずりにじかに触れるのを避けることができるのである。

微小《ミクロ》民族集団が孤立しているばあいには、集団の成員は、集団組織体にわずかな利潤しか残さない時間消費という代価を払って、どうにかこうにか自分でシャツや、社会の美学をつくりあげねばならなかった。他人によって選ばれ、加減され、あらかじめ考えられ、経験された、集団生活の自分の分を受動的に受容するのと、生産活動とに、生活を二分するシステムによって、いちじるしい経済が実現したことは明白である。缶詰によって料理法が解放されたように、テレビによって、社会的な作業が解放されたのは、集団の利潤である。ただこれは、逆の面でそれまでの時代よりも、おそらく社会階層がいっそうひどく上下化する危険をふくむ。合理化した選びかたで社会を多層化するのは、大衆から優れた人間を分離し、これに遠隔操作による脱社会の幻想の製作者の地位をあたえる。ますます限定される少数者が生活、政治、行政、技術などのプログラムをつくるだけでなく、一日の感動の量、叙事詩的な脱社会、完全に象形的になった生の像《イメージ》をもつくりあげるだろう。まったく象形的な社会生活が突然のショックなしに、現実の社会生活にとってかわることができるからである。このコースは旧人の最初の狩猟の物語から、さらには最初の小説や最初の旅行記以来つねに存在していた。今日すでに一日の感動の分量は、消えさったものから合成された民族誌的なモンタージュでつくられている。スー族、人喰人種、海賊といったものが貧弱で行きあたりばったりな外界関係体系の枠取りを形づくっているのである。仮構の世界との視聴覚による接触を通じて遠隔操作されてきた親たちが四代もつづいた後で出てくる映像製作者たちの時代には、これらのあらっぽく剝製にされた像《イメージ》の現実性の水準がどの程度になるのかを、自問することができよう。想像力というのは、じかに体験されたところから新しいものをつくる可能性に他ならないが、これはめだって減退する危険に面している。大衆読物、漫画、ラジオ、テレビの低劣な水準は、興味ぶかい指標である。これは映像製作者や扱われる主題が自然淘汰されることと一致し、統計上の大多数の消費者はその要求と消化力に合った感動の滋養を受けとっていると考えられる。しかしわれわれの世界は、体験した現実をある程度とらえ直させてくれる生存者の資産にたよって生きている。十世代もたてば、社会小説の作家はおそらく淘汰されてしまい、公園で〈再自然化〉の講習を受けることになるだろう。そこで彼は博物館で模造された鋤を、動物保存場から引きだしてきた馬にひかせ、それで地面の片隅を掘りかえそうとするだろう。彼は家庭料理の夕食をとり、隣近所の訪問を組織し、婚礼の祝宴を演じ、小さな市場で他の受講者にキャベツを売り、フローベールのごく古い書き物を、かろうじて再構成される現実と比較対照することを学びなおすであろう。彼はおそらく、その後でテレビ番組製作システムに新たな感動のストックを供給できる状態に達するだろう。

このような見通しは、度を過ごしていて無用なまでに悲観的だと見えるかもしれない。しかし、それがこれまで多くの注意をひかなかったようにみえる進化の一局面であるのに変りはない。最も楽観的な見通しをたてたとしても、ある一定の世代の後には、手を使ったた生活の諸問題は完全に清算されてしまい、戦争とか政治的分裂は消滅し、つまり、つつましい肉体の冒険や叙事詩的なイデオロギーを支える理由は滅び去ってしまうだろう。世界じゅうは、その限界でまったく安定した大衆を生きながらえさせるのに使いたてられる、健康で、栄養のいい、人間たちで隙間なく包まれるであろう。海や森や山が冒険に提供するのは事故だけになるであろう。すでに大衆雑誌が王侯やスターのセンセーショナルな情事と大災害の二方面を向いているのは、そのことをよく暗示している。現在の状況を、生活様式も趣味も同一の人間が住む平和な世界に移しかえてみると、ホモ・サピエンスという種《スペキエス》の属性の一つの側面が空ろになるという印象が残される。つまり体から手と脳までをふくめて、物質的、表象的《シンボリック》な創造をするという個人の特権を確立する側面である。テイヤール・ド・シャルダンの黙示録も、原子力の黙示録も、解決をあたえはしない。そのいずれも、地質時代の規模にはたいへんうまくあてはまるが、逆に人類は、おそらく近い将来において、その人口の均衡に係わる問題と同じく、その非人間化の問題に直面しなければならないはずだからである。

第十四章　形の言語

象形行動は、言語活動と切り離すことができない。それは、現実を形象《フィギュール》によって口頭の表象や身ぶりの表象や物質化された表象《シンボル》のなかに反映するという、人間の同じ能力から出ている。もし言語活動が手を使う道具の出現と結びついているなら、象形《フィギュラシヨン》化は人間がそこからものをつくったり象形したりする共通の源と切り離せない。こうして古生物的な発展のなかには密接な平行現象があると期待できるのであり、とくに旧人の最後の段階がホモ・サピエンスにいたる瞬間に、速やかで深刻な変革が資料に認められるという期待がもてるのである。

象形行動について、はっきりした定義をあたえるのは容易ではない。それというのも、われわれは絵画と演劇、壁紙と画架上の絵をはっきり分けるにしても、異なった民族の時間や形のなかに浸ろうとするときには、次元が交叉するからである。すでに見たように、社会の美学は深いところで象形的であった。儀式と演劇は決定的に分れてはおらず、劇場の書割と寺院のフレスコは同じく神話的な、歴史的な事件を象形しうるのである。

社会が実際に体験した儀式から演劇の上演へ、本質的と感じられる象形からただの装飾へと移行していった瞬間をあまりにきちんと確定しすぎるのも微妙なことになろう。オーストラリア原住民の祭の踊り《コロボレ》は、衣裳やアクセサリーについても、踊り手が神話上の動物の行動をまねる挿話についても、儀式と演劇とを分けていない。後期旧石器時代は幾千の例で知られるその芸術によって、装飾的に包装されている実用品と同じく、壁や板の上の象形についてすばらしい証拠を提示する。ホモ・サピエンスの時代の二つの極において、これら原始的な人間たちは同じような無差別を示している。となると宗教、社会、演劇が分離する時点を見いだすには、時間の糸と技術・経済の階層構造の段階をたどるだけで十分なのであろうか。段階をたどるというのは虚構である。形はすべての社会に共存しており、感じられないほどゆっくりした変遷を示すからである。生贄であれ、政治演説であれ、喜劇であれ、象形化する個人と象形されるものとの関係は、象形化する人間と観客に共通する価値に較べれば重要でない。この価値のおかげで、美のしくみは、それにふさわしい感動と一致し、宗教性や社会性をもった動作の鎖につなぎとめられるのである。この感動をともなう言語がいわゆる具象芸術《アール・フィギュラチフ》をなしているが、その価値の一部はごく一般的な生物学に起原をもち、その表象のコードは逆に種に固有である度合いが強い。

この事実から出てくるのは、実用的な芸術しかないということである。王権の表象《シンボル》である笏、司教を表象する杖、愛の歌、愛国的国歌、神々の力を具体化している彫像、地獄の恐怖を思いおこさせるフレスコなどは、いずれも議論の余地のない実用上の必要に対応している。無償性は動機のなかにはなく、形《フォルム》の言葉が咲きほこるなかにあるのである。先史時代の作品を前にした十九世紀末の先史学者たちの驚くべき錯誤は、根本的な〈芸術至上主義〉を発明したことにあった。ところが十六世紀ローマのシスチーナの大聖堂と同じく、ラスコーの洞窟もその描き手たちと同時代の社会・宗教生活に深く組み入れられていたのである。形を用いる言語も、語を用いる言語と同じく豊かで雄弁だったり、貧しく訥弁だったりする。それは根本からして何かを意味するように定められており、対象を失った芸術というのは、反対命題としてしか考えられない。ただしこれも逆を想像する手だてとしては弁解の余地がある。それは何かを意味するという位相の原初的な性格を否定してはいない。現代の創造者たちが回帰を求めてあれほど聖堂の壁画を描くのは偶然ではない。

語、形、リズムと対称的なまたは非対称の頻度や強度の対立からなるこの言語というものは、人間の自由の領域である。それは生物学的な基盤に結びついており、社会的な実用上の意味づけの上になりたっている。言葉と象形は民族の最小単位の構成要素を結びつけるセメントだからである。しかし逆に言語は、人間だけに限られたやり方で、集団の思想に完全に組み入れられている気楽さのなかで、また矛盾や夢のなかで、芸術家とか消費者に個人的にいわば自由への脱社会行動をさせてくれる。

集団的であり個性的であるという芸術の二重性は、〈有償〉と〈無償〉、何かのための芸術と芸術のための芸術とを完全には切り離せないものにする。これは、極端な場合をのぞいて象形的なものと装飾的なものとが徹底的に切り離せないのと同じである。

象形行動の始原、およびその最初の展開

第二部の初めの章で見たように、アウストララントロプスから今日にいたる資料が断ちきれることなく連続しているのは、技術のもろもろの証拠によって確かめられる。これらの材料と脳の発達についての資料とを合せ用いることによって、われわれは言語活動の古生物学といったものを粗書きしようとした。これについては、最初の書字《エクリチュール》が生れる以前には、いかなる証拠もなかった。象形行動のいわば古生物学を試みようとしても、起原から後期旧石器時代にいたるまでは、いかなる材料もないのである。しかし、書字《エクリチュール》が五千年間の言語活動を遡らせるにすぎないのに較べれば、象形の証拠については、約三万年の進化を跡づけることができる。また図示的《グラフィック》な象形がホモ・サピエンスの最初の発達とともに生れたこともわかっていて、これは貴重な指標になる。問題は、もっと古い人類の行動についての仮説がどの道を通って流れていくかを知ることである。第一の道は、あらゆる象形活動（運動、音声、器具による）が図示的な象形に同一化されるかどうかを求める道である。この場合には、最後のネアンデルタール人以前に期待すべきものは何もないことになる。第二の道は象形と言語活動の関係を解きほぐすことになり、これは脳の発達に基づいた、危なっかしいが興味ぶかい手がかりをあたえるだろう。

すでに見たように、象形行動は、機能の美学にも、また嗅覚、味覚、触感のような、

表象《シンボル》がはね返ってくる可能性のない感覚にも、係わらない。それゆえ、その可能性のある器官としては、聴覚、視覚、身ぶりにおける身体しかないのである。高等な哺乳類と人間のメカニスムについての知識を前提とすれば、象形は主要照合感覚（視覚と聴覚）および運動機能によって外界関係体系のなかにじかに流れこむ。いいかえれば、象形は技術や言語活動と同じ道を歩むのである。すなわち体と手、眼と耳の道である。それゆえわれわれがダンス、物まね、演劇、音楽、図示《グラフィック》芸術や造形芸術として区別するものは、他のもろもろの表出と同じ源をもつことになる。技術と言語活動と象形とのあいだにこの最初の共通性が打ちたてられても、なお同じ古生物学上の道をたどるのはむずかしく思われる。この道のおかげで、技術の鎖と口頭言語の鎖が統合される領域の隣接とか、意識的な運動機能に係わる皮質領野の発達が示されたのであった。ただし、言語活動と象形は、ともに現実の表象像を再構成する要素をその現実から抽出する能力に属しているということがもういちど発見されるなら話は別である。語や構文において口頭言語形象は、道具や手の身ぶりと等価であって、物質やもろもろの関係の世界にたいする有効な手がかりをひとしく確保することを目指しているのにたいし、象形はそれとは別にリズムや価値の知覚という生物すべてに共通な生物学上の場に基づいているという違いはあるが、道具、言語活動、リズム的創造は同じ過程の連続した三つの側面である。

ホモ・サピエンス以前の人類に、この隣接という事実をあてはめてみるのはごく間接的にしかできない。すでに見たように、技術的な特徴をもつ加撃のリズム性は、アウストララントロプス、つまり、既知の最古の人類の証人以来確認されている。最初につくられた道具は一連の加撃によって道具になったのであり、それを用いる場合も加撃のくりかえしによっていた。象形的でなく技術的な音のリズムをもった創造は、最初からあったものである。他方リズミカルな振子運動、くりかえしの音信号は高等哺乳類にもじゅうぶん認められるので、最古の人類にもあったと考えていい。象形の運動や音響に係わる形は、最初の人類が現われたときから潜在的にはあった、といえる。それはちょうど染料として知られていた鉱石や、溶媒、それとすでに製陶術による高温が融合するだけで金属が出現するようになった瞬間から、冶金術があったといえるのと同様である。冶金術についても運動の象形についても、厳密な露頭の一点を定めることはできない。その要素ひとつひとつは特殊な現象に先だって存在しているからである。音と身ぶりにおける象形のもつリズム性は、言語が技術の発達と時を同じくしていたように、おそらく地質時代が展開するにつれて出現した。

アウストララントロプスや原人の段階では、技術に係わりのない次元での表出は、ほとんど期待できない。最初のチョッパーから最後の両面石器にいたるまでの時間は数十万年にまたがっているが、前に見たように（第四章と第十一章）、形は機能的に均り合いがとれ、対称形をとるほうへごくゆっくりと進化し、われわれの目からすれば、修正刻みによって道具の曲線や仕上りが一様になるよう文字どおり探っていると思われるところにいたる。ピテカントロプスにすぎない製作者に、たとえ意識的な試みはなかったとしても、また形の均り合いを単なる動物学上の特質と考えるべきだとしても、物質を通して形を予見し、これを美的に完成させるところまで導いていく手段をもっていたというだけで、ネアンデルタール人以前に、象形的な表出にあたる水準があるとするには十分である。それが彫ったり描いたりして表わす水準に達しなかったことは確かである。ネアンデルタール人さえ、自分の経歴の終りになっても、そういう表現の先駆的な徴候さえほとんど示さないからである。しかしダンスや歌謡や加撃の粗野な形なら、合理的に想像できる。というのは、技術の根がアウストララントロプスにまでとどいているとするなら、言語活動やリズムの根にしても、そこへ下ろしてはならない科学的な根拠はないからである。

映像のあけぼの

象形行動を復元するのは、運動機能や音の領域では永久に推測の域を出ないだろう。旧人が歌ったことはほぼ確かであるが、彼らが声を出す上でどんな象形が根底にあったのだろうか。複雑な観念を表わすよりは、感情を表現するほうに傾いていたろうと考えたくなる。また狩猟の歌という仮説をもちこむこともできるが、それは弔いの歌と同じく根拠のないものだろう。われわれが知っているのは、ただ彼らが狩りをし、また死者に関心をもっていたということである。逆に化石化しうる象形の場合は、最初のしるしといえども、われわれの眼を逃れることはない。最古の原人や旧人の居住のようすは、われわれによくわからないが、ネアンデルタール人は居住のようすの遺跡を十ばかり残してくれたからである。これらと後期旧石器時代の遺跡のあいだに、彫ったり、描いたり、刻んだりする芸術が事実生れてきたのである。その生れかたがたいへん順を追っているので、ここから始まったという認定をわれわれがまちがうことはまったくあり得ない。

ムステリアン期の終り、ほぼ前五万年ごろベンガラ石の断片が見つかりはじめる。ただこの染料が用いられたことは、製作物によって証明されていない。人間の体を彩ったり、物体や表面を塗るのに使われたと想像することはできるが、何ひとつ積極的な事実は明らかにならず、ただ少なくとも前二万年ごろ知られている最初のはっきりした形象が見つかるということがわかった。同じころ、石塊や石のへこんだ窪みに彫られたいくつかの線刻も知られている。またチュニジアやフランスでは、球体をなす丸い石が積み重なっているのが見られた。こうしてホモ・サピエンスよりもわずか前に、曙光がさしてくる。アルシー＝シュル＝キュールの、ごく進んだムステリアン期の住居で、ネアンデルタール人によって洞窟へもちこまれたいくつかの物件が発見されると、この曙光の性質がはっきりしてくる。それは、ざらざらした球をくっつけた形の黄鉄鉱の二つの塊で、その鋳型は化石になった腹足類の大きな貝殻と、中生代の球状ポリプ群体である(図版128)。球状体や螺旋形からなるこの遺物には、いかなる叙述的な意味も認められないが、これは、人間が形を認めたことを証明する最初の証人である。それは自然の気紛れを探し求めることを示すたいへん重要な最初のしるしでもある。貝殻、石、歯や牙、化石の痕など、奇妙な形のもつ

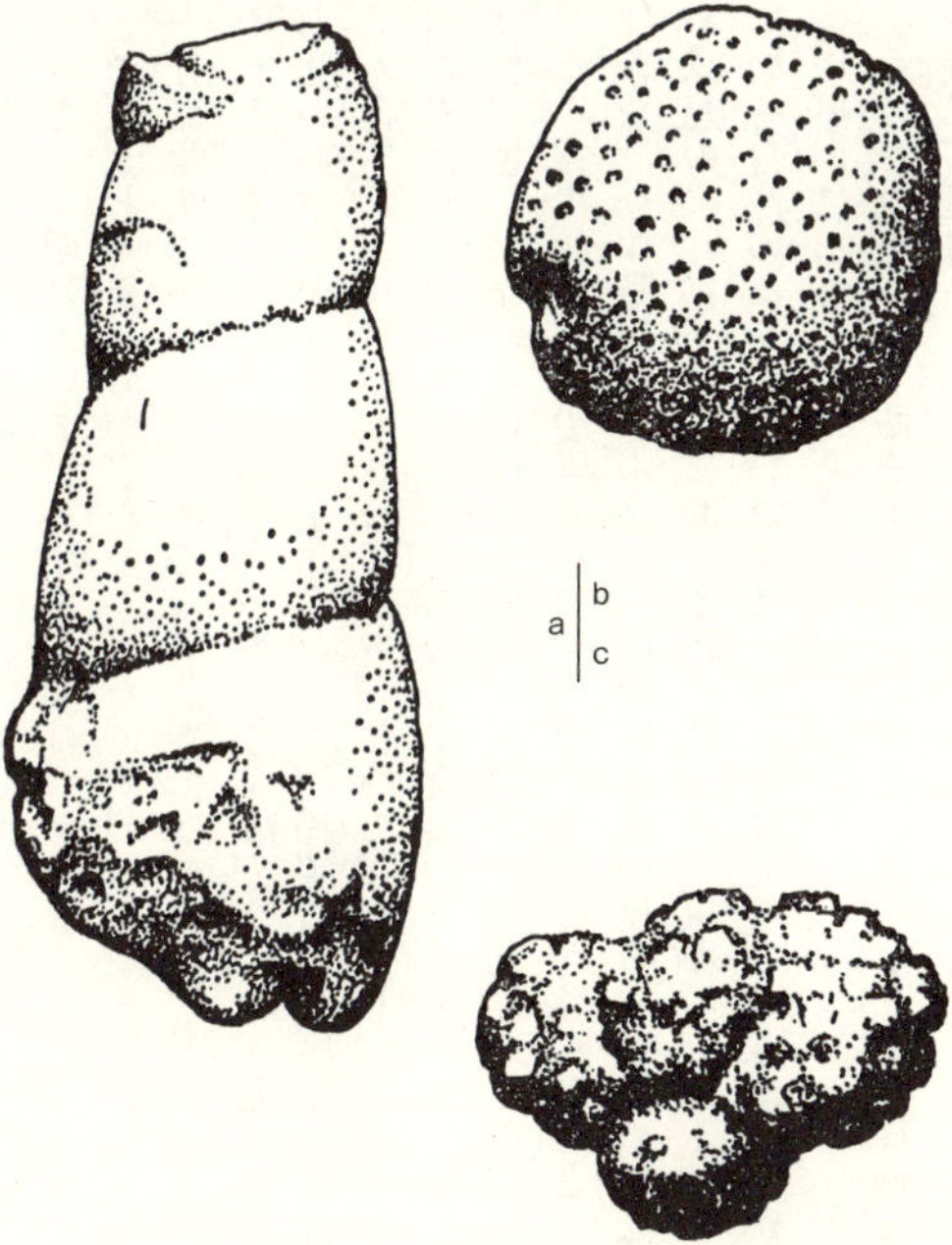

128　ムステリアン人によって蒐集された不思議な自然物。a）腹足類の鋳型　b）球状ポリプ群体　c）黄鉄鉱塊。アルシー＝シュル＝キュール（ヨンヌ県）。

神秘さに向う美の感情は、たしかに人間行動のたいへん深い地層に属している。それは、ただ単に編年学的な順序の最初に認められるだけでなく、自然科学の少年期の形でもある。すべての文明において、科学の黎明は〈珍奇なもの〉の骨董屋から始まったからである。この探索と呪術とのきずなをうちたてるのはたやすいが、現在点ではむきだしの事実でも十分に意味ぶかい。いわゆる象形芸術にはその前に、じっと形に眺めいることにあたる、もっとぼんやりした、もっと一般的な何かがあった。形の異常さは象形にたいする興味の力強いバネだが、これは主体が自分の関係宇宙の秩序だった像《イメージ》を、彼の知覚野に入ってくる物体と比較対照する瞬間から、初めて存在する。最高に異常な物体というのは、直接生物界に属していないが、その特質や特質の反映を見せる物体ということである。動物、植物、星、火などを含む生物界は、石のなかに動かなくなっていても、今日の人間にとっては、古生物学、先史学、地質学にたいするいささか漠然とした興味の泉になるのである。語輝きをはなつ凝結物、水晶は、直接に人間の反省的思念の奥底にまでふれる。それは、語や思想のように、自然における形や運動の表象なのである。いわば思念の反映が凝結したものを自然のなかに見いだすさいの、神秘的なというか、気がかりをあたえるものが異常さの原因になるのである。

もともと象形的であるような美の最初の動きが、その後個人や文化においても人間経験を通じて続けられる同じ美の動きであることを確認するのはたいへん興味ぶかい。金、ダイアモンド、貴金属はムステリアン人の奇妙な石と同じ源泉によっている。結局われわれが物質にたいして持つ興味の頂点は、すでにネアンデルタール人によって達せられていたからである。ネアンデルタール人はその好奇心を、すでに呪術と結びつけていただろうか。それは断言しにくいが、その数千年後には、もう確かだといえるようになる。

実際、その痕跡は、初めて〈珍奇なもの〉が出現してから古物商のウィンドーにいたるまで、断ちきれることなくたどることができる。後期旧石器時代の始まりは、先史学者によると、西欧旧世界では前三万五千年ごろ、シャテルペロニアン期かオーリニャシアン期と定められている。この決定は偶然ではなく、すでに見たように、われわれの宇宙がつくられるその一万年には、数多くの主要な事実が現われている。つまり前頭部の閂がはずれて、ホモ・サピエンスへ進化し、技術による製品がきわめて多様化し、住居が複雑な構造になり、象形の最初の証拠が出現するなどである。すでに見てきたように、それは根本的な変動ではなく、この状況は旧人において長いこと準備され、ある成熟度に達して以後、革新的な結びつきの可能性が多くなったために、人間社会が速やかに変化させられたのである。

シャテルペロニアン期、オーリニャシアン期、もっと後になってマグダレニアン期にいたる紀元前三万五千年から一万年のあいだに、人間によって集められた化石（アンモナイト、ベレムナイト、三葉虫、石英、方鉛鉱結晶、黄鉄鉱）は数多く、原始人が集めたにせよ文明人が集めたにせよ、石や異常な物体の数かぎりない蒐集品をもっている旧石器後の世界と直接からみ合っている。旧石器後の世界では、これらの雑多な資料が歴史上、あるいは現存の証拠によって、ある価値をおびていることがわれわれには知られている。その価値のなかでは、境をはっきりさせるのがおそらく無意味な知的な記憶群として、美学が呪術や薬物処方とその価値を分けもっているのである。そのうえ、自然の芸術が人間の芸術以上に〈無償〉でなければならない理由はない。それは同じ関心の領域に組みいれられるのである。貴重な指標になるのは、まさに自然の形の美学が偉大な文明環境のなかでとる方向である。この点について、中国人と日本人は、ヨーロッパ人とまったく同じ推移の道をたどった。すなわち陳列室の道である。ヨーロッパにおいては、中世から十九世紀にいたるまで、珍しい自然の形の美を享受するところから、根強い蒐集の潮流が生れ、それはすべて呪術に向うのではなく、錬金術のようないきさつを経て、呪術の知識の進んだ形、つまり、薬物処方、自然科学へと向ったのである。まだすっかり過ぎさってはいないつい最近まで、陳列室を受けついだ〈ミュージアム〉が奇妙な物、怪物でみた例外的な形、〈よく知られた物〉にたいし目だって飛びだしている何かを集める場所であったことには、いかなる疑いもない。

今日の芸術は、数世紀このかた、極東の芸術がそうだったように、芸術の近代の段階を特徴づけている外化や解放のプロセスを通じて、自然の形を単に美的な角度からのみとらえている。〈なま〉の芸術、思いもよらないかたちの石、入り組んだ樹根、結晶、二枚の片岩の剝片のあいだに圧しつけられた魚などは、中国の庭園が何世紀も前に達していた美のプランにつながるが、それらはまた、人類的な一貫性にとっても安心なことに、最後の旧人が異常な形を探し求めていたことにもつながっている。

形象となったリズム

規則正しい刻み目のある小さい棒や骨片といったふしぎな〈狩猟のしるし〉については、前に触れた（図版82）。それはおそらくムステリアン期の終りから現われ、いずれにせよシャテルペロニアン期にはすでに頻繁に見られる。それはマグダレニアン期の終りまでつづく。この平行した縞は、石の板にも大きな骨にも同じく彫られているが、その意味は不明である。獲物の数え方とも考えられ、暦とも考えられたが、現在の知識からすれば、ほとんど何とでもいえる。とにかくはっきりしていることは、それがくり返しの意図つまりリズムをかたどっているということである。最も古い形象でも、すでに一連の線や並べられた殻斗《かくと》が女性の象徴と結びついていたが、これはリズムが形象化するのをさまたげるものではない。一連の線が何を意味していようと、それは西暦前三万五千年ごろの文字どおりの形象化を最初に証拠だてているのである。

まさにソリュトレアン期よりすこし前に、規則正しい間隔で孔をうがった骨の管が現われてくる。その標本はごくまれだが、その最良のものは、低ピレネーのイステュリッツの洞窟から出土している。ソビエトのモロドヴォVのマグダレニアン期の遺跡にも、これに近い物体が一つある。これは、前二万年ごろの、これまでに知られている最古の楽器を前にしていると考えられる。といっても、それがその起りだったという意味ではまったくない。ただ骨に刻まれたいくつかの証拠が保存されたというだけのことである。木、葦、マンモスの毛でつくられたあらゆる種類の笛、フルート、ハープがあったと考えてもいいが、おそらくその存在が証明されることはあるまい。それゆえ、資料はごくわずかだが、明白である。つまり前三万五千年から二万年のあいだに、人間はたしかにすでにリズムの形象を手のうちにおさめていたのである。

図示《グラフィック》および造形による象形法

先史時代の人間の音楽、舞踏のかたち、詩などは、おそらく永久に知られることがないだろう。想定できるのは、せいぜいその平均の水準が絵画や彫刻などの芸術におとらなかったろうということぐらいである。だとすれば、いよいよ失われたことがおしまれるわけだが、逆に、絵画とか彫刻については、資料は豊かで、かつ正確であり、諸芸術上知られる最も長い進化の軌跡を確立してくれる。なぜなら、それは西暦前三万年ごろから八千年まで続くからである。

旧石器時代の芸術は、今日までのところ温帯ヨーロッパでは、ウラルと大西洋のあいだに限られている（バイカル湖のそばのシベリアの一地点はのぞく）。空間と時間におけるその象形的統一は注目に価する。というのは、そこにはたえず男性と女性の姿、および動物の姿が登場しており、後者のおもな二つはウマとヤギュウだからである。表象に隠されている一見たいへん複雑な体系を分析するのはこの本の目的ではないが、板に彫られたものも、洞窟の壁絵も、秩序脈絡ある宗教的な思惟を表わしていて、ばらばらの形象が偶然に積み重なったものではないということを強調する余地はある。幾千もの洞窟の絵や芸術作品を統計的に調査すると、中心主題があったことがわかる。つまり男性＝女性、（あるいは）ウマ＝ヤギュウがそれで、おそらくは神話の内容を翻訳するために追求された表現の条件をみたすものなのである。時代と地域に応じていちじるしい変化はあるが、この主題がウラルからドルドーニュやスペインまでひとしく支配している。それゆえキリスト教肖像研究を導きの糸として、二世紀から二十世紀までの象形行動の進化を研究するのと同じくらい、いい条件におかれているのである。

また技術的な拘束が時の流れと独立している点に注意することも、たいへん重要である。芸術は、人類を測るためには技術よりもいい器具である。オーリニャシアン人がエレクトロニクスの面で知性を示すには三万年待たなければならなかったとしても、彼らがすり砕いた黄土やマンガンはいい色をしており、その獲物の毛はいい筆になり、その燧石《フリント》の彫刀《ビュラン》は、鋼鉄をも傷つけたにちがいないからである。それゆえ芸術家としての彼らの器材は、表現手段の点で現代人と彼らをひとしい水準におく。この器材は、ムステリアン期の終りに存在しはじめたが、前五万年から三万年ごろまで、それはまだ自然主義的な象形には用いられなかった。彫刀《ビュラン》は骨の細工に用いられ、染料はおそらく装飾的な用途に用いられた

129　ドルドーニュのオーリニャシアン期の刻みのある塊。女性の象徴とリズミカルな刻み目が見える。

のであろうが、それ以上のことはわからない。最初の表出は前象形期に属している。〈珍奇なもの〉の蒐集、彫られた平行の線刻、殻斗の列、広く使われている染料などがそれだが、象形の証拠はない。この時期はゆっくりとシャテルペロニアン期に展開し、オーリニャシアン期に続いていく。この時期の西暦前三万年から二万五千年のあいだに最初の象形が現われるのである。

最初の発展は、フランス、スペインにおけるはっきり年代のわかるいくつかの先史時代遺跡によって証明された。一つは（ドルドーニュのセリエの隠れ場だが）年代的にはっきり区別できるオーリニャシアン期の一連のものを出土し、他の二つ（ラ・フェラシーとイステュリッツ）はオーリニャシアン（前三万年前後）時代からグラヴェティアン中期（前二万三千年前後）のあいだに並ぶものを出土した。基礎になるこの三つの層のほかに、なお半ダースほどが知られていて、一致する資料、わたくしが別な研究のなかで、様式Ⅰあるいは原始期という名で分類した資料を提供してくれる。

　仕上りから見て、これらの最初の作品は、始まりについて考えられるところとぴったり一致している。これらは石灰岩の板であるが、その上には、平行した刻み目や、殻斗の列、もつれた条《すじ》、動物の頭や女性の象徴として不器用に描かれた曲線の束が見いだされる（図版84、85）。シャテルペロニアン期から中期グラヴェティアン期まで絵は成熟し、はっきりしてきて、動物〔のかたち〕が動物学的に見わけられるようになる。

　最初の事実というのはかなり印象的なものである。リズムをもったしるしは、はっきりした画像に先行しているが、画像はあたかも、目に見える表象《シンボル》によってしだいに明らかにされる文脈がただ一つしかないかのように、つけ加えられて一つのかたちに統合される。はっきりした形は、まず女性の卵円形であり（図版129）（完全な形で表わされる女性はもっと後のことになる）、不分明な動物の頭や前半部である。保存のいい遺跡ではすべて、特にセリエの隠れ場においては、形象が体系的に分類されている。すなわち、リズムをもったしるし—陰門—動物となっている。一万年後のラスコーにおいても、一万五千年後のシチリアにおいても、これらの同じ要素は、リアリズムと巧みさのためにわかりにくくなっているが、なお現存しており、古キリスト教のフレスコ、ラヴェンナ聖堂のモザイク、二十世紀の聖堂《バジリカ》などのフレスコ画のそれと同じ意味をもっているのである。

　すでに知られている最初の芸術表出は、〈原始的〉というより、もっと適切な呼び方ができるはずである。それゆえ原始芸術は、抽象あるいはさらに前象形のなかで始まるわけである。その作品は物の本にいまでも書かれているような、霊感と嗜好のおもむくままに、裸体の女神やマンモスやトナカイの形を描く狩猟者の熱狂が自然に爆発したようなものではない。実際に起ったことをまとめると、それはすでに、手中におさめた口頭の内容を手で表現しようとする努力の、ごくゆるやかな発展であった（前一万年以上）。旧石器人類が表象の集合をつくったのは、彼らには何か表現すべきことがあったからである。わたくしは、すでに第六章で、最初の図示的な表出を言語活動のなかに統合しようとした。芸術は最初に抽象であり、始原においてはそれ以外のものでありえなかったということが、ここではおそらくもっとはっきりとわかってくる。

〈抽象芸術〉　抽象とは、最も語原的な意味において「思考によって孤立させる。一部分を全体から孤立させて考察する」ことである。これは先史芸術の最初の形に厳密にあてはまる。先史芸術は、最初に表現のポイント（陰茎、陰門、ヤギュウやウマの頭部）を選びだし、いわば、神話の全体を表象に翻訳したり、神話文字といったものを構成したりするために、これを集めるのである。抽象にたよるということは、あらゆる芸術の歴史のなかで、その発端においても、回帰する場合でも、あるいは書字、紋章、広告の場合には必要から、いついかなる場合にも生じている。象形を技術とちがったものにしている点は、まさに進歩が少なくとも相対的に自由だということである。

もろもろの事実から最初に確実とされることは、象形芸術が秩序脈絡をもって、しだいに露頭するかのように生れてくるということである。表象化のできる思考の尖端は、形象がリアリズムのなかで組みたてられるはるか前に、まず現われる。それに続く数千年は、形象事実、われわれにリアリズムのゆっくりした隆起を見せてくれる。

〈リアリズムと図式化〉精神を完全に満足させる意味でこれらの言葉を用いることはむずかしい。わたくしは〈リアリズム〉の意味を、形と動きと細部の点で同時に〈正確きわまる〉具象化へ向う傾向、に限るようにつとめよう。マグダレニアン後期のトナカイやウマのある種の彫刻は、同じ動きをしているときに撮った写真を敷き写したかと思わせる。だからこそ、そのリアリズムを云々できるわけである。しかしこの言葉は必ずある意味で誤り用いられている。たとえば、毛皮の細部は記録されないし、そのため一種の図式化が形や動きや細部に入ってくる。また籠細工や布地の上の図柄によく見られる特殊な現象もあって、制作者がしばしば元の意味を思いだせなくなるほど、像が三角やさまざまの幾何学的な形象に還元されてしまう幾何学化がそれである。ところで様式化という言葉だが、これは、実際に使われるときにはきわめて漠然とした意味をもち、ほんとうは一つ一つの場所や、一つ一つの時代に特有な痕跡としてこれを理解すべきなのに、むしろ一般に〈図式化〉の同義語として用いられているが、そうでなかったら貴重な言葉だったろう。漢代の中国のウマは〈様式化〉されていて、形、動き、細部のリアリズムが、漢のウマに限られる一種の図式的な歪曲をこうむっている定式のなかに入れられている。様式化という言葉は、正確な過程を意味しないばあい、〈様式〉という言葉で置き換えたほうが便利だから、あまり使われない。

もう一つの語彙を考えるべきだが、それは装飾という言葉で、これはあらゆる芸術（造形、音楽、身ぶり）に共通な手続きなのである。それは、構図の空虚をしかるべき装飾の詰め物で埋める技術である。リアリズム、図式主義、幾何学化、装飾は一般に用いられる言葉だが、それらに与えられた意味の曖昧さを避ける場合をのぞいて、定義はなされていない。これらの要素は、すべて旧石器芸術の進化の過程を通じて係わってくるので、われわれにとっての導き綱として役だつことになる。

別な次元で、空間的な内接ということが考えられなければならない。これは構図と遠近法に同時に統合される。最後に象形による表現は、少なくとも意味のうえで分析されるものとして、現実の宇宙との関係のなかにおかれる。象形は、その手段から離れて、ふつうの感覚の現実にとどまることもある。その場合は、完全な写実主義を目ざすことになる。あるいは幻想的なもののなかで、超現実に達しようとすることもある。これに超リアリズムが結びつく。あるいは非具象的なもののなかで下現実《インフラ・リアル》〔内現実〕に達しようとすることもある。

これらの言葉のあいだでは、さまざまな頻度で組み合せが行われる。すべての芸術において、リアリズムはある程度の図式化に結びついているが、幾何学化は、それが構図の次元に移されて空間を統合するおもな要素にならないかぎり排除される。装飾はしばしば、リアリズムを排除せずに、幻想的なものを導き、あるいは要素や構図において幾何学化へ向う。形の古生物学は短い。それはホモ・サピエンスの初めよりむこうへは行かないからである。しかし現在入手できる資料は、ほんとうの初期によく対応しているように見える。ギリシア芸術が最初の根を張りはじめたときに、すでに七千年来化石になっていたこの芸術について、歴史時代の共通な価値がどこまで適用されるかを見るのは興味ぶかい。

旧石器時代のリアリズム

形、動き、細部の三局面から進められるリアリズムはたいへんゆっくりと獲得されたものであるが、もっとよくいえば、芸術の生のなかでどこか気づかわしい成熟形態をとる。古風なギリシアの立像、古典時代の立像、ヘレニズム時代の立像、公園や戦没者記念碑の立像を考えるだけで十分である。エジプト芸術や中国芸術からも、苦もなく同じ印象を受けるだろう。芸術の進化のあらゆる相にわたって傑作を生みだしうる個人の才能を除けば、時が持続するうちに、あらゆる定式は像《イメージ》と現実とが符合する一点へ導かれていくように見える。いいかえれば、芸術においても技術における機能の近似と似たような現象があるといえよう（第十二章を見よ）。時の流れによって目に見えない修正がなされて、作品はもはや、モデルと区別がつかない理想的な点へ導かれるか、あるいはくり返しや堕落にすぎなくない後続作品はありえないほどに奇跡的な価値の平衡へ導かれていく。ついで別の周期が表現条件の変化とともに始まる。しかし、二つの現象のあいだの平行は、すべてにわたるものではない。事実、技術において物は素材を新しくしていく更新《リレー》のおかげで、機能の面で完成する方向へとむかう。すでにあげた例でもわかるように、その進化はたえず上昇するただ一つの曲線にはまる軌跡の部分部分からなっている。芸術の分野では、事情は別である。物質的な手段が介入することについては無視してもいい範囲にある。ベンガラ石は今も画家に使われており、オーリニャシアン期よりよくなっているわけではない。更新《リレー》は生じないこともあり、芸術はここ数世紀の中国芸術のように、長いこと堂々巡りをしていることがある。その場合に、出口というのは徹底的な方向の変化であり、時には新しい軌道へ向う文字どおりの出発である。それはほぼ常に社会・経済的な性格の変動によってひきおこされる。というのは、芸術が集団の内部環境が変った後まで、そう長く生き残ることはまれだからである。これらの見解は、歴史から結論されたものであり、もしたまたま旧石器芸術の軌跡から確認されたものなら、もちろんいっそう説得力を増すだろうが、それはどうやら確認できそうに思われる。

すでに見たように、様式Ⅰの形象は、抽象と図式化への出発を証拠だてており、解読の鍵があれば、形がやっと見わけられるだけでいいのである。様式Ⅱはグラヴェティアン期の終りからソリュトレアン期の初期にいたる時期をふくみ、その中点は紀元前二万年にあたる。様式Ⅰを別にするのは便宜上のことである。それらのさまざまな様式のあいだに目だった区分は何ひとつないからだが、ただあいつぐ時代の作品をながめると、全体としては目だった進化を示していることがわかる。様式Ⅱは、ジロンドのペール＝ノン＝ペールのような、いくつかの洞窟（図版130、131）、ピレネーのガルガスやソビエトやチェコスロヴァキア、オーストリア、フランスのおびただしい小彫像によって表わされる（図版132）。これらの作品における彫刀《ビュラン》の扱いは完璧で、まったくのところコスチョンキ、ヴィレンドルフ、レスピュグの〈ヴィーナス〉たちの作者にたいして、不器用だったなどと考えるわけにはいかない。そのうえ例の多いことと、地理的な拡がりは、ロシアからドルドーニュにいたる象形の〈規範〉が同一だというきわめて印象的な事実を証拠だてており、これはその性質を考えるうえで貴重である。

　形、動き、細部の正確さを追求するのがリアリズムだとするなら、様式Ⅱにはリアリズムはほとんどない。女性、ヤギュウ、〔中世以前の〕ヨーロッパ・ヤギュウ、ウマは同じ約束ごとに従っている。中核となる胴体に、目じるしとなる付属物がそえられている。その結果、胴体の上に頭や四肢がしばしば符号のように描かれ、最もましな場合でも、胴体の均り合いはまるでない。動物の絵の場合、背中の輪郭はすべての種についてほとんど同じである。角、ヤギュウの場合の髯、鬣《たてがみ》、ウマの場合のより細長い鼻面などは、あいまいさの余地なく、しかも最大限倹約したかたちで種の決定を保証している。女性像は〈オーリニャックのヴィーナス〉とか〈臀部肥大症の形象《フィギュール》〉とか名づけられた奇妙な小彫像で、そこに人々は旧石器時代人の肖像を探し求めたのであった。肥った身体に巨大な乳房が垂れさがり、頭部には細部がなく、腕は粗《あら》けずりに表わされ、短い図式的な足が、腿から急に細くなって終っている。ヨーロッパの両極端の像を並べて見ると、これほど紋切り型の、型にはまった芸術を見いだすのはむずかしい。そのうえこれは、後期旧石器時代には文化の分散状態がまだほとんど進んでいなかったことをすでに述べたが、そのことにも合致する。動物にも人間の姿にも、動きはまったく認められないが、ただアラベスク模様の場合には別で、しばしばすばらしいたくましさをもっている。細部は実質的に欠けているか、かろうじてそれと思わせるだけにすぎない。いくつかの作品は、この紋切り型の骨組の方向から、正確さについての偏見なしに見ると、すばらしい。〈ヴィーナス〉のなかで、いちばん型にはまったレスピュグのヴィーナスは、あらゆる時代の造形的大作品の列に加わるものである。

様式Ⅲは、資料がさらに豊富で、シャラントのロック・ド・セールのような薄肉彫りやドルドーニュのル・ガビユーやラスコーのような装飾の豊かな洞窟が同時に数えられる。この時期の中間点は前一万五千年で、ソリュトレアン期後期とマグダレニアン期初期にあたる。それは古拙の軌跡の頂点である。発展段階としては、漢代の中国芸術、第四王朝のエジプト芸術、古期ギリシア芸術、ロマネスク・ビザンチン芸術にも匹敵するだろう。この対比は、たんなる印象に基づいているわけではなく、たいへんはっきりした内面的な性格にあてはまっている。生物を表わした形は、センチメートル単位で比率が移されているのではなく、解剖学上の特徴がただただ感情的に翻訳されているのである。規範は原始的

130 | 131

132

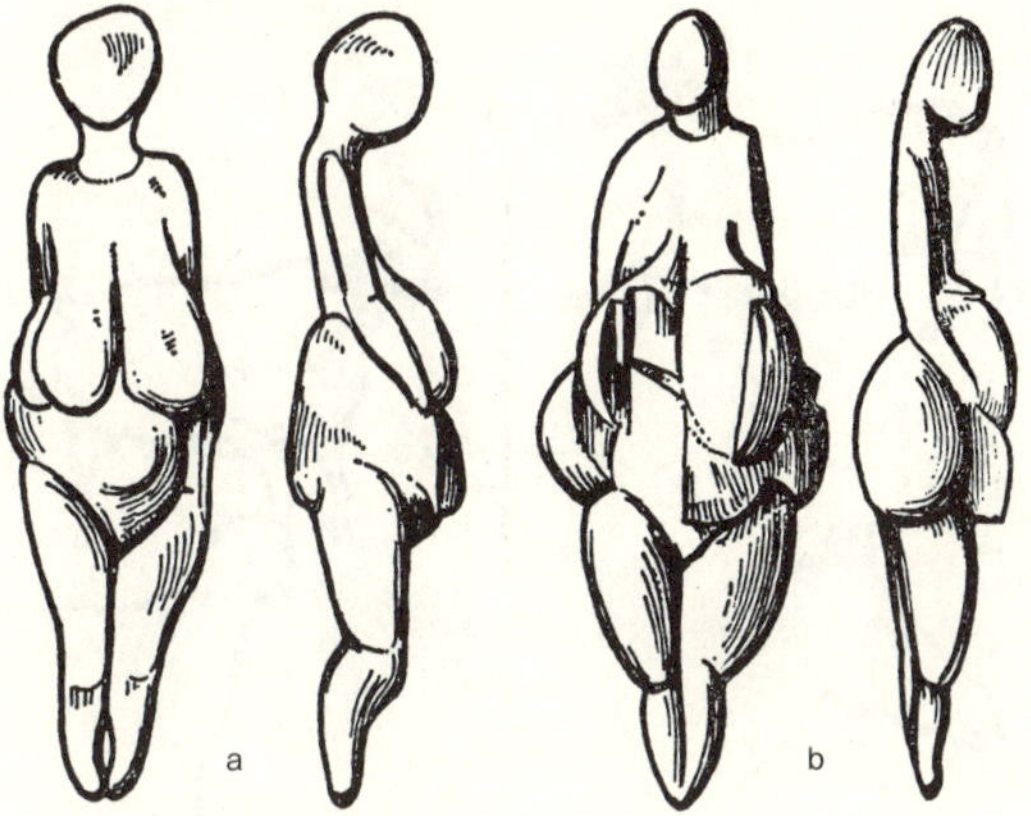

130、131　様式Ⅱのウマとヤギュウ。ジロンド県ペール＝ノン＝ペールの洞窟の彫り絵。
132　様式Ⅱ終りの小彫像。a）ソ連コスチョンキⅠ　b）上部ガロンヌ県レスピュグ。

133

134

135

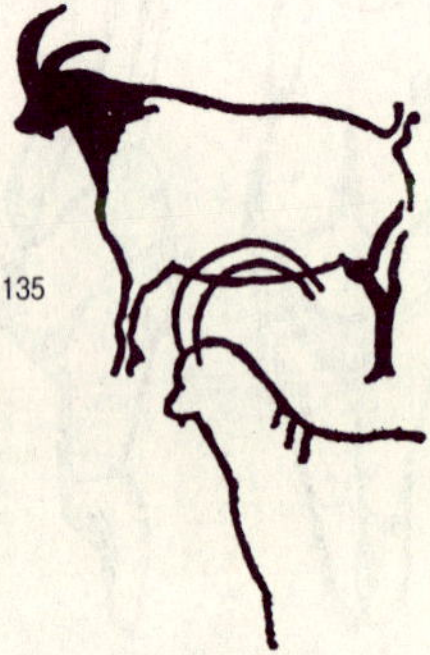

136

133、134　様式Ⅲのヨーロッパ・ヤギュウとウマ。彩色画。ドルドーニュ県ラスコーの洞窟。

135　ロート県クーニャックの洞窟に描かれた野生ヤギのつがい。均り合い、頸背部の曲線、牝の角のつき方の角度などが典型的な様式Ⅲ。

136　彫ったウマの頭。ラスコー。様式Ⅲのなかで二度耳と眼を修正している。

なままなのである。ラスコーの牡ウシとウマは、輪郭線が柔軟であるにもかかわらず、革袋のようにふくれあがり（図版133、134）、四肢は釘のように植えこまれ、その四肢としての全体への統合はしばしばごく大ざっぱであり、布置もただただ紋切り型である。それぞれの絵がかってに生きており、その絵の各部は、全体と最小限のしかるべき結びつきをたもって、その役割をはたしている。仕上げは色と彫刀《ビュラン》を完全に使いこなしていることを示し、様式Ⅲの作品からは、比較のために上に引用した芸術と同じく、その後ふたたび見られないたくましさと若々しさの印象が立ち上ってくる（図版135）。この印象はまさに、次のことに結びついている。リアリズムが進化にほかならず敷き写しではないこと、古風な図形のもつ神秘的な生命が奇妙な石や根の生命と同じく、自由の余地、一種の嗜好を人間に残し、暗示的な道を切りひらくということ、である。それは、中国や日本の陶芸で輪郭におけるほんのちょっとした不器用さを探ったり、さらには意図的に不完全さをもちこむのと同じ次元の現象である。ギャロップで走るウマの古代の表象のほうが、冷たく正確なスナップショットよりずっと生き生きとしており、ひいてはずっと現実的であるのは確かである。動かないものに動きを吹きこむには、さまざまな瞬間を足し合せるか、ある程度動きをばらばらにするほかにないからである。ラスコーの動物がどんな動きをとることを求められたのか、だれにも語ることはできない。それらはなにか矛盾した渦巻のなかで奇妙に動いているのである。

　しかしながら、動きのリアリズムがすでに頭を露わしている。肢のあるものは移動を表現するためにねじれている。ウマは実際に後肢で立っている。また他のウマは、かなりほんとうらしく足踏みしている。もっとも、それらは様式Ⅲでもかなり遅い時期の作品である。細部におけるリアリズムも、また姿を現わす。ラスコーの洞窟の歴史を通じて、あるウマの耳は二度三度と描きなおされて、だんだん正確な位置にあるようになる（図版136）。あるシカの古風な角は洗い流されて、遠近法を修正した角が代りに描かれている。リアリズムがしだいに歩を占めていくが、図柄が満たされ、象《かたど》られ、鬣《たてがみ》の細部が描かれ、眼と鼻面が按配される時の細心さのなかに、はっきり感じられる。

旧石器時代芸術は様式Ⅳに入ってアカデミズムに達する前に、なおかなり長い道のりをたどらねばならない。この時期はマグダレニアン期中期（様式Ⅳ旧）と後期（様式Ⅳ新）、すなわち西暦前約一万三千年―一万一千年と一万年―八千年をおおっている。スペインのアルタミラやフランスのニオーのように、描かれ彫られた数十の洞窟が頂点を記し、装飾のほどこされた数千の物が資料にたいへん堅固な基礎をあたえ、地域による変化はありながらも、めだった伝統の一致を示している。それは古典的な光輝の時代である。具象と平板な現実とのあいだには、絵の面白い味わいが感じられるに十分な距離が残っており、すでに逸話的な生き生きした性質に近づいている柔軟さが仕上げを支配している。芸術はすでにきわめて成熟した技法を身につけており、リアリズムはあらゆる面でいちじるしい。行為《アクション》のリアリズムは、まだほとんど見られない。様式Ⅳ新まで、装飾の構成要素は、たがいに独立して、また枠から独立して生きつづけている。三つか四つの〈場面〉の例があるだけで、それはすべてヤギュウやクマに襲われる人間というただ一つの主題からとったものである。形、動き、細部のリアリズムは、ますます明瞭に透けて見える。アルタミラのヤギュウはなお、非現実の空間につながれているようだが（図版137）、初歩の性的な細部はないにもかかわらず、牡ウシと牝ウシが正確に表現され、埃のなかに転がるヤギュウの形象は、すでにたいへんな現実性がある。ニオーでは、動物の肢がすでに地面の上にあり、その姿態はたいへん進んだ叙述性をおびている（図版138）。その発達は毛並の細部、毛色の上の光の戯れにさらにいっそうはっきりと感じられる。フランスからスペインのすべての地方においては、壁に描かれた芸術にも、道具に刻まれた芸術にも、単一な、文字どおりのコードがつくられるありさまが現われている。それは、彫刻の一断片を見るだけで動物の種類がわかるほど正確なコードで、野生のヤギ、ヤギュウ、ウマ（図版139）、トナカイなどの毛色を忠実に再現しているのである。

この点までたどってくると、旧石器時代芸術も残るところは二、三千年しかない。最高点はすでに越えられてしまった。マグダレニアン後期には、なお美しい作品があるが、大作品はない。洞窟間の総合的大作は流行遅れになり、彫刻は消滅し、石板やトナカイの角に刻まれた彫り絵が動物を示すが、その最もいいものでも写真のリアリズムに達するにすぎない（図版140、141）。旧石器芸術は前八千年ごろ生存条件の変化とともに消滅した。その遺産はおそらく地中海寄りに生れてくる原農業文化に移ったのであろうが、それを見わけることはできず、他の芸術が新たに始まって、他のサイクルに移るのである。

137

138

139

140

141

137　アルタミラ（サンタンデル）。様式Ⅳ旧のヤギュウ。盛上りのある二色の絵。

138　ニオー（アリエージュ県）。黒で描かれたヤギュウ。様式Ⅳ旧。井桁彫りによる盛上り。

139　ル・ポルテル（アリエージュ県）。黒で描かれたウマ。輪郭画による盛上り。

140　様式Ⅳ旧。壁に彫られた牡ウシと牝ウシ。ドルドーニュ県テイジャ。様式Ⅳ新。動きと形のリアリズム（H. ブルイユによる）。

141　骨に彫られたウマ。シュヴィツェルビルト（スイス）。様式Ⅳ新。動きと形のリアリズム。

142

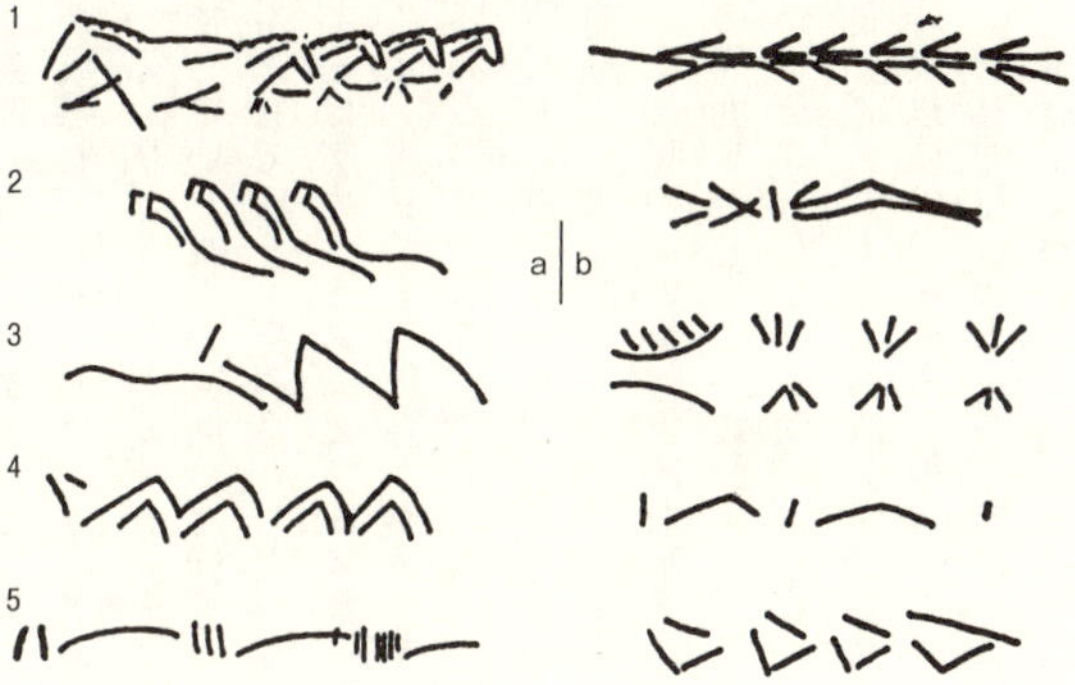

143

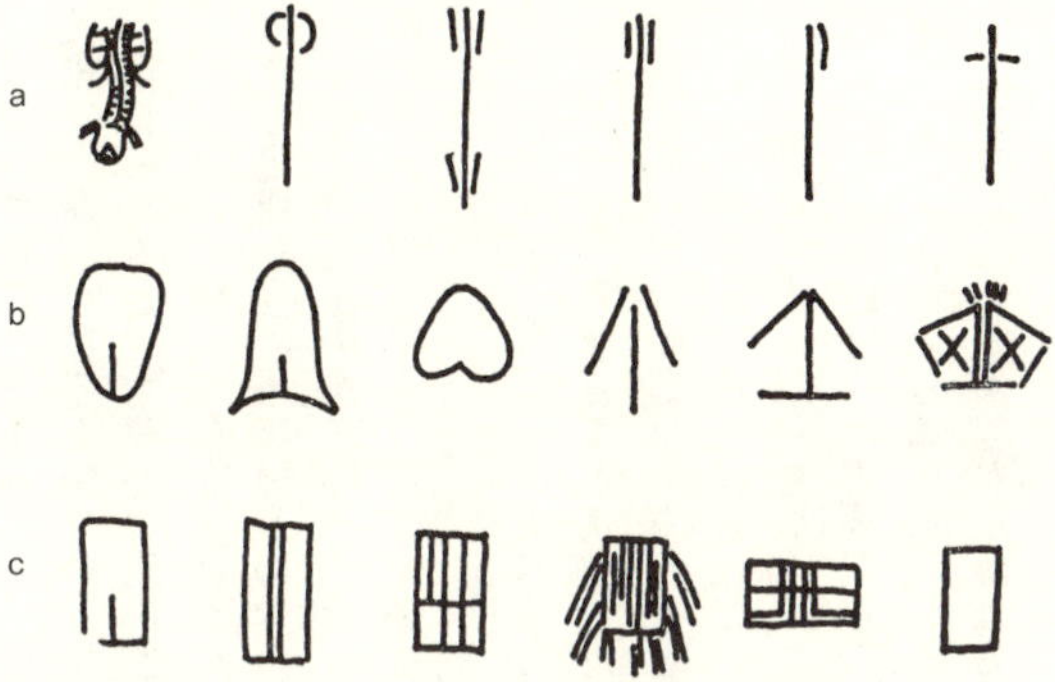

142　トナカイの骨か角に彫られたマグダレニアン中後期の飾り（投槍か小棒）。a）ウマの列の主題の幾何学化。第四、第五の段階はそれらしいがはっきり断定することはできない。b）何かわからない幾何学的な主題。第三、第四の主題は非常に頻繁であり第四、第五はたぶんウマの列に関係がある。

143　男性の主題（a）と女性の主題（b、c）の変化。後期旧石器時代の大部分を占める性的表現の抽象性を示している。

旧石器芸術における写実主義の進化は、文化の干渉が弱いかゼロであるために、理想的な条件のもとで、文字どおりスローモーションで次のことを示してくれる。すなわち象形が成熟していく有様は、その各段階が技術上の発明の段階と結びついていることを示している。図示あるいは造形が更新され積み重ねられると、物理的に正確な表現にしだいに密接していく漸近の方向へと向う。正確さが増すと、作品の伝える印象は傑作を例外として冷却していく。巧みさがしだいにより大きな場所を占め、後戻りのきかない動きによって、芸術はアカデミズムと無味乾燥へむかっていく。軌跡の絶頂の部分は技術が成熟してはいるが、視覚による統合が具象されるものの物理的現実にまだ密接に隷従してはいない瞬間にあるのである。

〈幾何学化〉これは、歴史の分野ではっきり確認されている現象である。織物の糸とか籠細工による制約といった物質的な理由によって、象形要素が角ばった輪郭をとり、しだいに意味のない幾何学的な形象のなかに消えていく。陶器は別な形をとるが、これは花瓶の周囲をとりかこむ装飾とか、さっと描かれた筆跡とかをつけられているためである。しかしそれもしだいに使い古され、ついには幾何学主義にたどりつく。この進化はふつう装飾の過程にしか及ばない。そこでは主題よりリズムのほうが重要だからであるが、新石器時代以後のあらゆる芸術は、かならず幾何学化の介入する領域を示しているといえる。

旧石器時代芸術においては、きわめて異なった二つの過程が現われる。一つは一般法則を確認するだけの共通の道である。オーリニャシアン期からマグダレニアン期終期まで、装飾のほどこされたものは、三つの範疇に分けられる。一つはそれ自体意味のきわめて明瞭な人形であり、他の二つは、有孔棒のように長期にわたる技術上の用途をもつものか、投槍の尖端のように短期の技術上の用途をもつもののいずれかである。長期使用のものは精妙に彫られ刻まれた装飾をもち、その時代に応じたリアリズムに達している。短期使用のものは、最もしばしばごく単純化された彫り画で経済的に飾られており、その彫り画は輪を区切ったもの、十字架、菱形模様など……といった幾何学的な形に達する。それゆえ、装飾の幾何学化を命じるのは、後の文化の場合と同じく、技術上の拘束なのである。そのため、書字の進化とくらべられるべき進化が生じ、つまり象形される主題がしだいに消滅し、一連のしるしが形成されることになる(図版142)。したがって幾何学化は極端な図式化の一様相として現われてくる。

旧石器時代はまた、もう一つの道をたどり、きわめて特殊な条件のもとで幾何学化に到達している。すでにふれたように、ヨーロッパのすべての旧石器時代芸術は、われわれの眼には不分明な、神話文字の主題によって支えられ、この主題は男と女とヤギュウとウマを同じ一つの群れにまとめている。様式Ⅰでは、リアルに象形された性的な象徴だけの男性あるいは女性が描かれている(図版84、85)。先象形期からではないにしても、ごく早くから男性の象徴は、並んだ棒とか一連の点と混同されている。もっとももときおりリアリズムが再現されてマグダレニアン期にまでいたることはある。女性の象徴はきまって卵円形や三角形で表わされ、中央に裂目があったりなかったりするが、様式Ⅱ以後、これらの図柄は、しばしば重なり合った卵円や輪で置きかえられるようになる。様式Ⅲでは、これが四辺形になり、ラスコーの〈紋章〉のように、市松の図柄で区分されることもある〈図版143〉。旧石器時代の芸術が生殖に向けられた関心で支えられているのは、きわめて当然であり、ときには勃起した男根をもった人間像や、初歩の性的な付属物をそなえた牡なども見られるが、絵の大部分には、このようなしるしがない。毛皮や角や体の形の細部以外には、しばしば一つがいずつ並べられている牡と牝を区別するものは何ひとつない。まちがいなく人間や動物の性交の場面であると認められたものはまったくない。この領域については、倫理あるいは呪術からくる強い制約が働いたらしく、とくに様式ⅢとⅣ旧を通じて、性的な表象がほとんどそれとわからない幾何学的な形に埋没していくのは、それ以外の理由では説明しようがないのである。象形における秘教主義は、実際には芸術の誕生そのものと同時期である。それは後になって初めて現われる現象であるどころか、象形が敷き写しではなく表象である、という事実にじかに結びついている。旧石器時代についての芸術史家の誤りの一つは、表出が原始的だから単純で、芸術的だから実用を越えているにちがいないと近代人流に臆断したことである。単純というのは、忘れないようにマンモスの毛の数をかぞえるようなことではなく、語の言語と形の言語の連繫のしかたがそうだ、ということである。〔もしまだ必要とあらば〕後期旧石器時代に言語活動があったことを証拠だてるものとして提供できる最良のものは、まさに絵を理解するのに語の助けを借りねばならなかったという事実である。それゆえ、前二万年からすでに、絵が最も相対的なリアリズムからも離れて、書字と同じほど紋切り型のしるしの形をとることもあったということを確認するのは、たいへん重要なことである。

〈装飾〉この〈装飾〉という言葉の意味はかなり流動的で、それはしばしば要素そのものよりも意図のなかにある。かつて寺院の構図の中心であった古代の大理石が、いまや公園を飾る要素の一つにすぎないことがある。装飾の意図そのものが捉えどころがないのである。至聖所における信者教化の大フレスコは、葉飾り模様と同じく、装飾の要素だからであるが、共通の価値は、明らかに装飾が構図と空間的な統合の観念を導入するということであるが、価値の階層構造といったものを介入させると、象形芸術の第一義の形と第二義の形を弁別できるようになる。旧石器時代以来、装飾の観念は、第二義的な性質や状況の図形によって、表面をなすとともに内実をなすという、ふつう相補的な二つの相のもとに存在していたのではないか、このことは問うてみる理由がある。

構図という角度から後でまた触れるが、壁に描かれた芸術においては、ふつうの意味での装飾要素はまったく欠けており、洞窟は、彫像やフレスコを除いて余計な要素、柱頭や刳型や金箔のような飾りをすべて排除した教会のようなものといえる。しかし、幾何学的なモチーフによって表面を埋める例は、現代により近い作品、マグダレニアン期から約二千年ばかり隔たったアナトリアのチャタル・ヒユクの新石器時代の構築物において知られている（図版144）。旧石器時代にも、道具芸術のなかには、数多くの装飾的な埋草がある。

144　チャタル・ヒユクの新石器時代のフレスコから取った幾何学的飾り（メラートによる）。

すなわちオーリニャシアン期からすでに、鑿《のみ》や有孔棒のように、写実的または幾何学的な図形による、一見して装飾的な表面でおおわれたものがある。もっと後になって、ソリュトレアン期以後、さらに投槍器、投槍、銛にも、装飾が加えられる。そして最近までわが国でも、また世界全土において行われていたように、マグダレニアン人が彼らの武器や道具を飾っていたと想像することもできる。この仮定の美的な面については、たしかにいかなる疑いもない。物体の飾りは、道具としての形と調和し均衡しており、作品の大部分の驚くべき成功は、完全に飾りを統合するという要求を満たしている。しかし、われわれが装飾の特徴の一つとして考える無償という別の一面は、たしかに誤っている。飾りは単に意味をもっているだけでなく、一つの役割をもっており、つまらない投槍の象形的な表面も、洞窟の飾りと変らないからである。有孔棒の穴がヤギュウに取りまかれ、柄がウマで飾られているのは、有孔棒は穴によってヤギュウの女性象徴を表わし、柄によってウマの男性象徴を表わしているからである。そのことは、数多くの有孔棒が動物の牡牝ではなく人間の男女《カップル》の象徴をおびているだけにますます確かである。投槍は男性器官のように裂傷のなかに突入するが、ただの幾何学的な要素にまで図式化されたウマの列で飾られている。銛の飾りは魚を描いているが、これも牡の象徴である。ここに確認されることがらは、言語活動と象形との関係について知られていることにも密接につながっている。物体はオーリニャシアン期から早くも〈語って〉おり、意味と象形をまだ分離しなかった大多数の文化においても語りつづけている。これはある程度まで大文明についても真実である。日本では、春に菊を描いた絵を拡げることは考えられないだろうし、バッカスの巫女をあしらった司教の杖や、マンドリンをあしらった学士院の数学者の剣なども考えられない。しかし中国でも地中海でも、寓意的な主題と装飾的な埋草の分離は古代からすでになされていた。

〈構図〉　構図は、象形の意味と、空間における形の平衡とに同時に結びついている。旧石器時代人が映像を神話文字として用いていたのはすでに見たが、そのことから、意味に結びついた構図が、象形のしくみのそもそもの起原からあったことが仮定されるのである。象形の統辞法は単語《ことば》の統辞法と切りはなせない。事実、知られている最も古い形象、ラ・

フェラシーやセリエの隠れ場のオーリニャシアン期の板は、すでに動物、筋と点の列、女性の卵円形などをつらねており、いくつもくり返され、洞窟の長さいっぱいに拡がっている。それゆえ、この集合は、構図を要求する最初の部分にあたるのである。しかし知られている数百の例で印象的なのは、要素が集合しているその自由さ、長いあいだそれらの配置に何の秩序もないと信じこませてきた自由さである。雲霞のようなヤギュウの群れ、偶然に散らばっているウマ、突然出現するシカなどは、近代的な眼をまどわせる性質のものだった。空間的な形の平衡は、仮にあるにせよ新石器時代以後支配するものと同じ性質ではなく、それはもういちど言うが、まったく正常なのである。というのは、すでに見たように、農耕による定着が世界像の鋳直しをするようになったからである。別な書物のなかで、わたくしは、壁に描かれた絵の位置による統計から、ラスコーや、アルタミラの稠密な集合を導いたはずの原理を明らかにしようとした。空間の構図についてのこれらの原理は、かなり特殊な次元に属するが、しかし象形芸術の出発点そのものとは完全に一致する。〈統計による〉洞穴の図版（図版145）は、実際にある八十もの洞穴を重ね合せた像《イメージ》であるが、牡牝の象徴体系によりその場所がもたらす霊感に従って物体と同じ仕方で飾られていることがわかる。狭くなった部分と行き止りの部分には牡の象徴が現われると必ず同数の牡の象徴が補い、一列の点、ウマ、野生のヤギ、シカが描かれる。最後の袋小路の奥では、最強の牡の象徴、人間自身、ライオン、サイが見られる。途中の広間のいちばん広い所には、牛科とウマ、男性の象徴と女性の象徴の完全な神話文字が描かれているが、その周囲にはしばしばマンモスと野生ヤギの牡の象徴が補足されている（図版146）。これらの構図において、空間構成は意味に結びついているのであって長い何世紀もの文明の後に生れた平衡《バランス》の探究に結びついているわけではない。壁面の配分は無秩序でも杓子定規的でもなく、まれにその時の都合で変るにすぎない。ラスコーにおけるように、何回にもわたってウマ〔の図柄〕を補足された牡ウシが、仔ウマの大群とともに描かれた一群の牝ウシと対をなし、前者が孤立した男性象徴をともない、後者が、小棒で補足された女性象徴をともなっているのに気づくと、構文が透けて見えてくる。それゆえ、空間の知的な統合は完全であるが、リアリズムとしての空間平衡は、マグダレニアン終期にやっと姿を現わし始めるわけで、もっと後から獲得されたものである。

実際、形象の群、空白の壁面、画面のひろがりがもつ対称とか非対称の微妙な動きは、全体として受けとめられた四肢の非対称の動きを想わせる動きのリアリズムを追っているように見える。ところが、すでに見たように、マグダレニアン期が過ぎるまでは、動きのリアリズムを身につける、つまり孤立した図絵をつくりあげるのはまれで、不完全だった。最もいい場合でも、激しい動きは肢ごとに描かれている。ちょうど形のリアリズムと同じく、巧妙な構図や動きは、成熟期の芸術がきわめて入念に獲得したものなのである。旧石器時代芸術が一挙にアッシリア芸術の水準に達するには、数本の木や村落の粗書きか、一本の地面の線の粗書きがあるだけで十分だろう。しかし神話文字的主題に無縁な要素はいっさい欠けていることが、まさに特徴的な点である。

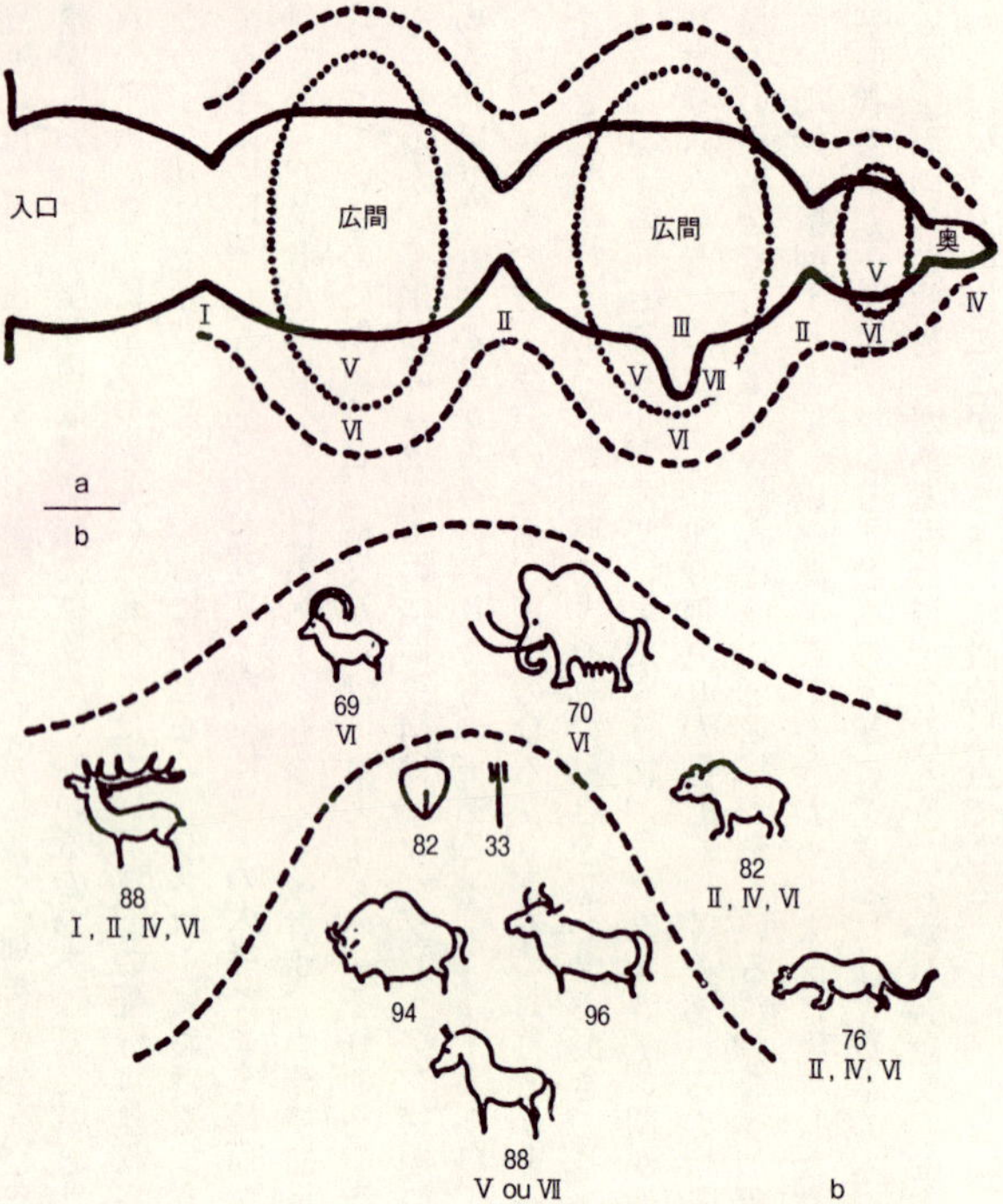

145 洞窟の装飾の統計図　a）平面図　b）全表面。I 飾りの始まり　II 狭くなっている通路　III 中央袋小路の入口　IV 飾りの奥または終り　V 広間または回廊の中央平面　VI 中央平面の周辺　VII 中央袋小路の内部。数字は場所ごとの絵のパーセントにあたる。女性、男性の象徴と動物はまったく紋切り型である。

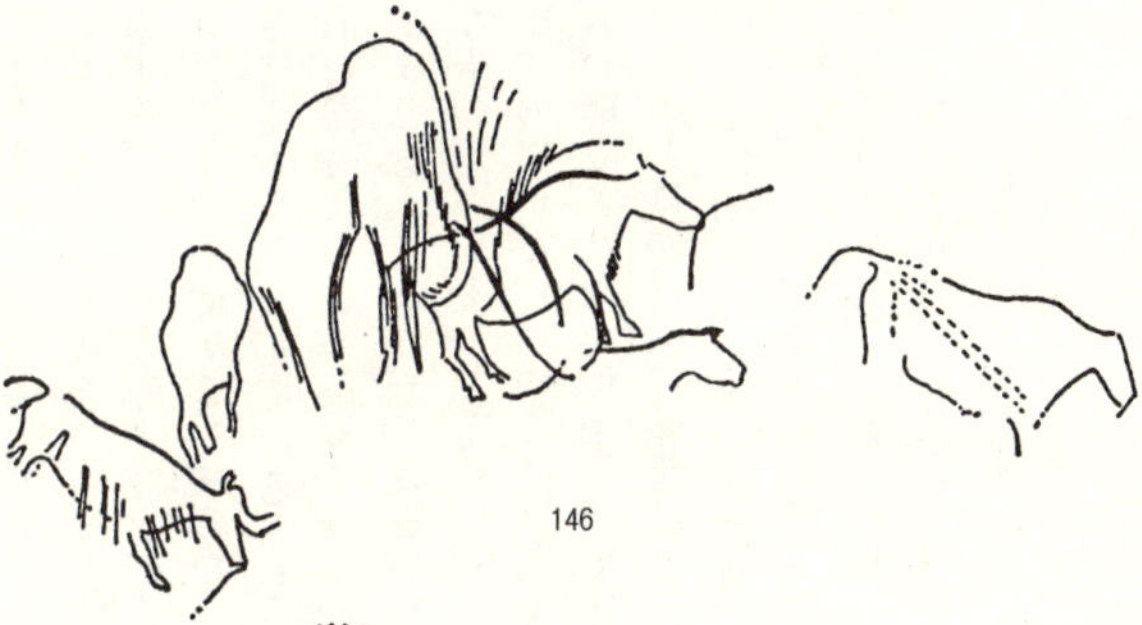

146

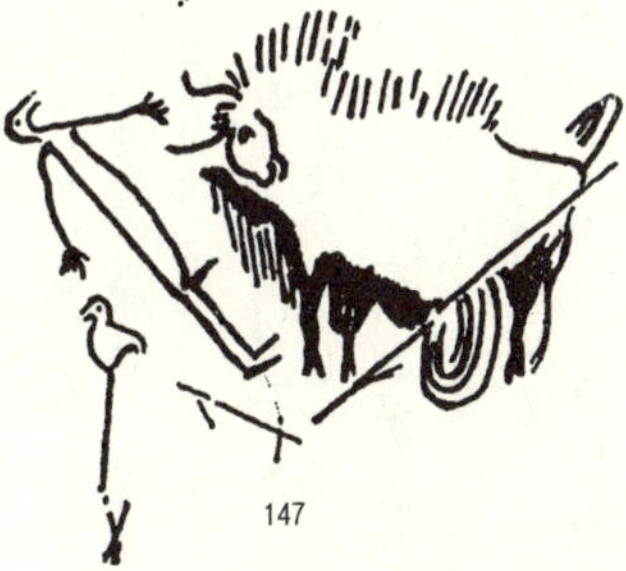

147

148

146　ペッシュ＝メルル（ロート県）。ヨーロッパ・ヤギュウ＝ウマ＋マンモスの主題によって黒で描かれた構図。四頭のヨーロッパ・ヤギュウが描かれ、一頭は中央で図式的なウマとマンモスに囲まれており、二頭目は垂直に落ちているように見え、下方のは女性の象徴に等しい傷をつけられ、右側のは男性の象徴をつけている（ダッシュの点線による鉤型の短棒）。
147　ラスコー。ヤギュウに倒される男の場面。これはいくつもの例で知られている主題である。本当の物語というよりはおそらく神話文字の集合と考えたほうがいいだろう。
148　縄ばりのしるしをつけるために転がっている牡のヤギュウ。〈跳躍するヤギュウ〉と呼ばれる。アルタミラ。

旧石器時代芸術は、いかなる叙述の主題も提供してくれない。それは〈ヤギュウに倒された人間の場合を除き〉（図版147）、いかなる行為《アクション》も象形しない。ただアルタミラの〈跳躍する〉ヤギュウのような、まさに動物の属性でもあるような態度の場合は別で、これは実際、尿のそそがれた埃のなかを転がった後で、木に体をこすりつけ、縄ばりをはっきりさせる牡を現わしているらしい（図版148）。後代の芸術、最近の未開人のものでさえも、旧石器時代の象形体系とほんとうに比較できるものは何ひとつ提供しないのである。まだあまり念入りな観察ではないが、集合のなかの動物を象形しているアフリカの壁画のようなものが、おそらくそれに近いだろう。しかし、そこには行動している人物、戦い、採集、家族の場景など、つまり神話文字的性質を持ちながら、それと認められる叙述的な内容をもつ構成された全体が入ってきている。南イタリアの洞窟の彫り画は、われわれが見てきたものと確かに同じ発想によっているが、最終期旧石器時代のものであり、象形体系の転換点を証明している（図版149）。一見同じような無秩序のなかに、中世以前のヨーロッパ・ヤギュウ、ウマ、白斑シカの番いが見えるが、それらの形や動きのリアリズムはたいへん進んでいて、架空の地面の線上に群れごとに置かれている。そのうえ男女があいかわらず出てくるが、こんどは武装し、あるいは踊り、あるいは歩き、地面にすわったり、臥《ね》たりしている。

別な意味では、プリミティヴ芸術にも描いたり、彫ったり、刻んだりした神話文字があふれているが、絵は英領コロンビアのトーテム・ポールや、アフリカの立像のように、すでにふかぶかと宗教的伝統に浸されているか、オーストラリアやドゴン族の壁画のように、型にはまった要素が積み重ねられてくり返されるか、またはエスキモーの絵文字、アメリカ・インディアンの絵のように、構図が叙述の場景として組みたてられるかしている。旧石器時代芸術のいちばん興味ぶかい点の一つは、象形の起原に近いということとからんでいる。抽象的な集合である映像《イメージ》の零度から出発して、構図は図絵がしっかりする以上の段階に達することなく、図絵のそれぞれが写真的なリアリズムへ向って進化するのがわかる。次の段階、構図が叙述的に組みたてられる段階は、旧石器芸術が消滅するころ、ようやく始まるにすぎないのである。

〈遠近法〉 構図の段階が、形や動きのリアリズムを生む同じ進化によって、こま切れに達成されていったとすれば、遠近法もまったく同じ道をたどる。形のリアリズムと構図と遠近法は事実、密接に結びついているからである。孤立した映像の遠近法は、すでに様式Ⅲに実現されており、ラスコーはその数多くの例を見せてくれる。それは角の描きかた、耳のつきかた、胴体や四肢の肉づけかたにおける、お決りの透視画法の型に現われている。この遠近法は、確かに前一万五千年ごろを中心として様式Ⅲの時代に獲得されたものである。というのは、すでに注意したように、ラスコーのいくつかの形象は、視覚上の真実にずっとマッチした遠近法を与えようとして修正をほどこされているからである。様式Ⅳでは、角や耳は大文明の遠近法にたいへん近いやりかたで描かれており、体の肉づけかたはまったく慣習的になっている（図版150）。旧石器時代芸術でたいへん奇妙な点は、様式Ⅰ、Ⅱを除くと、絵が地中海やアジアの大農耕文明でさえ、後になってやっと達成されるような視覚表現に達しているのに、絵を集めて組みたてるほうは、驚くほど初歩的な水準にとどまっていることである。動物やしるしの配分は、まず神話文字の必要とか、ひと塊としての美的な均衡に呼応してはいるが、写影遠近の配分への配慮はまったく感じられず、オーストラリアのチュリンガに比すべき水準の背景画法さえもない。まして、アフリカの壁画芸術に見られる投影や連続撮影による再現や内臓が動物の体を透けて見える透明効果や縮尺効果などがあるはずもない。構図は絵に関しては視覚的であると同時に絵のあいだの関係では配景法によるあらゆる組み合せと無縁である。南イタリアのアダウラの洞窟の彫り画は、内容からいえば旧石器時代的だが、踊る人の輪や歩く人の斜めの列を思わせる絵の位置からするとすでに他の世界のものである。

当然、疑問がおこってくる。それらの要素の完成度と、それらのつながりが簡略であるという性質は、言語活動の進化と関係がないのだろうか。きわめてぴったりした技術的語彙をもつウマの狩人が、まだかなり幼稚な水準の統辞法も意のままにできなかったのだろうかということである。この方向にむかう旧石器時代芸術の研究が言語学の面で思わぬ事実をもたらすということは考えられないことではない。

すでに見たように、最初の象形芸術はかなり逆説的な条件から生れた。これらの条件がまた生れるというのはきわめて例外的なことである。後になれば、もはや孤立した芸術は

149

150

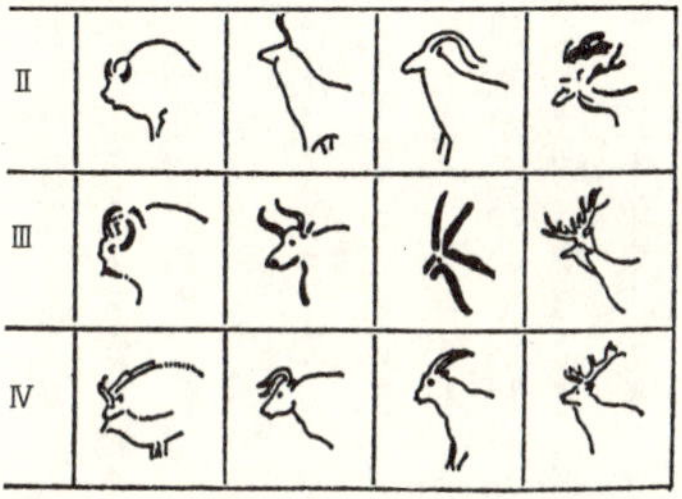

149　アダウラ（シチリア）の洞窟。多くの行為をしている図絵の集合。それらの行為の表現のリアリズム。この断片がそこから取られた全体はヨーロッパ・ヤギュウ＝ウマ＋鹿科という旧石器時代の主題によって方向づけられているが、人物の介入は新しい事実である。

150　後期旧石器時代を通じて角と枝角のつき方の角度の進化。

ないからである。周期はめぐってくるにせよ、無からの出発はおそらく決してないだろう。オーストラリア原住民でさえ、メラネシアのイデオロギーや表象《シンボル》に接触しているのである。本書の枠のなかで、歴史上の〈プリミティヴ〉芸術の諸様相をあらゆる角度で取りあげるのは不可能であるが、古典芸術とその真の対蹠点とを比較対照するのは有益である。この比較対照は先史学者を当惑させたが、彼らは、絶対的意味での原始象形構造の本質的特徴をいまだにとらえそこねている。いまだにややサルのような人間が獲物や女たち、孕んだ牝ウマや傷ついた牡ウシを構図も考えず、呪術か退屈まぎれのために描いたのだろうぐらいに思われていたわけだ。図形は少しずつ絡み合ったブロックを作って、洞穴に行きあたりばったりに置かれているからである。この考えは根強く残っており、ラスコーの雑然とした堆積がはっきりとしたプランのもとにつくられたということに気づくには、ラマン＝アンプレール夫人の業績が必要であった。八千年にわたって農業と科学が正確さに向って進んできた後では、われわれは原始人を想像する用意がきわめてお粗末なのである。第一章で見たように、化石人類の像《イメージ》は、みずからしばしば幼年時の読書に影響されている学者連中にどれほど多くを負うていたことだろう。ここ二十年来、ナイジェリアでイフェの古代芸術が現代のニグロ芸術よりもっと〈進化〉していることを、人々は驚きをもって発見した。十九世紀の終りに発見された旧石器時代芸術は、まず動物についての驚くべき解剖学的正確さで人をうった。もっともこれは、マグダレニアン中期以後にほんとうの正確さとなるが、それ以前は、たとえばアッシリア芸術と同じくらい相対的な正確さなのである。人々が見のがした最も大きなことは、それらの要素が並列された表象の集合だという点である。動物といわず人間といわず、象形された要素は特徴的な解剖学上の要素の集合からできているという点である。それらが完全に統合されるには、数千年にわたる無意識な推敲と個々の小さな発見が必要だった。技術的な障害は、ごく早くから克服されたが、逆に象形の統辞法《シンタクス》は、知能の全資本の水準に応じた次元にとどまっていた。

〈幻想的なもの〉　旧石器時代芸術は、想像がつくりあげるものに結びつけられる例をほとんど提供しない。怪物はいくつという単位でしか見つかっていない（図版151、152）。もっと新しい芸術における怪物の創造は、ほとんどもっぱら二つの過程に結びついている。一つは、ふつうの主題が装飾要素をつけ加えられ、図式化され、つぎつぎとくり返されることによって変貌する場合である。南アメリカ芸術のジャガーの主題、メラネシアのニュー・メクレンブルクの彫刻などがそのいい例になる。もう一つは、ばらばらの象徴的な形象が合成される場合である。この進化においては、ふつう二つの道がある。第一は、人間の形に動物の属性、たとえばライオンの歯とか、牡ウシの角とか、ワシの翼などがつけ加えられる場合である。第二は、幻想的なものの根源として広く拡がっているたいへん重要なもので、つまり、神話の全体をなす動物の形象が癒着合成したものである。三十年前に、わたくしが二つの別々の仕事のなかで研究したのは、中国芸術と北方ユーラシア芸術において、帯状に置かれた対称的な絵がどうやっておたがいにはまりこんで、怪物を構成する

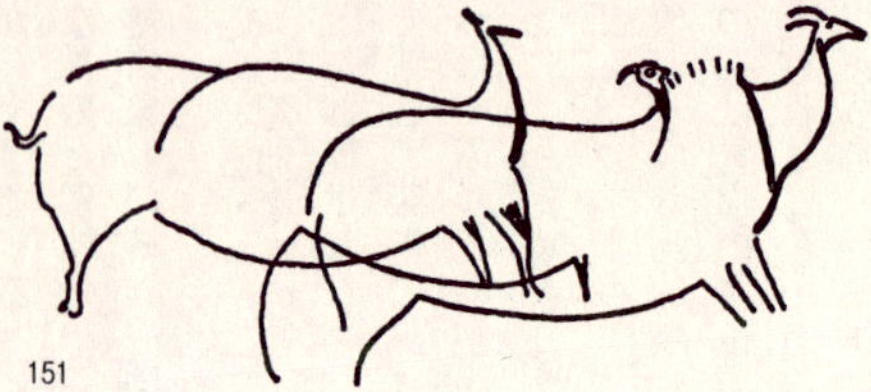

151

152

153

151　ペッシュ＝メルル（ロート県）。〈カモシカ〉の壁面。いくつもの種のばらばらな部分からできた何とも判別のつかない動物たち。
152　ル・ガビユー（ドルドーニュ県）。〈キリン〉。旧石器時代の何千という動物の絵のなかで、ここに挙げた三つだけは動物学的に確認できない。この絵もはっきりした細部を示していない。
153　ラスコー（ドルドーニュ県）。〈一角獣〉。

か、猛禽や猫科や草食獣というたいへん広く拡がった神話文字的主題が鎖のようにつながって融合し、どんなふうに獅子頭山羊身竜尾の怪物キメーラや半鷲半獅子の怪物グリフォンや翼ある牡ウシを生んだのか、ワシとヘビがどうやって竜になったかなどを研究した。

そうした過程が先史芸術の長い経過のなかに場所を占めたかどうかを探るのは興味ぶかい。知られているのは、ルーフィニャックの猫科の尾をもったクマや、コンバレルのヤギュウの角をもったウマのような、いくつかの例である。これらはたぶん癒着合成によるものだろう。クマとライオンは、洞窟の奥では牡の象徴であり、それらが接近しているのは、ほとんど当然である。コンバレルの角をもったウマの壁面には、不完全な神話文字（ウマ＋マンモス）しかなく、ヤギュウはほとんど認められない。角は集合《アセンブリー》に意味を回復するために、ずっと後になって、ウマにつけ加えられたらしい。最もよく知られる怪物の一つは、ラスコーの〈一角獣〉であるが（図版153）、この名は適当でない。というのも、それは二本の直線の角をもっているらしいからである。しかもその角はおそらくこの動物のものではない。絵の他の部分については、いかなる満足な説明も与えられていない。それは、猫科かと思われるような形をしているので、中世にキリンやサイについて描かれたように、口頭伝承によって描かれたヒョウの姿だともいえないことはない（当時、ないことはないが、まれだった）。逆に、人間の恰好をしたいくつかの絵は、明らかに癒着合成による怪物である。最も有名なのは、トロワ＝フレールの洞窟の〈魔法使〉である。それはどちらかというと人間らしい体と足をもち、猫科から発想された腕と性器をもち、ウマの尾、トナカイの耳とひげと角をもっている。眼および嘴《くちばし》はおそらく、フクロウのものである。旧石器時代の怪物をグリフォンやヒドラと区別するのは、それが知的な、口頭による起原をもつからである。キメーラや竜、人魚あるいはケンタウルスは、いわば機械的に生れてきたものであり、口頭による第二次の秩序《コンテクスト》づけがそれらを独自に存在させるときまで、その発生の歴史をたどることができる。逆にトロワ＝フレールの魔法使は、ある脈絡《コンテクスト》に属していて、彼はその可能な解釈の一つなのだが、その解釈は、根本的に意味をもった集合である旧石器時代の象形の性質そのものと一致している。図絵が見いだされる場所については、牡の意味をもつ要素の集合は孤立したウマや、群れをなすウマ、野生のヤギ、シカ、トナカイなどの助けを借りて、二十通りもの違った仕方で解決される可能性がある。解決の天才的な点は、完全に象徴的な綜合的存在を創造しているところにあるのである。

旧石器時代の思想がこれほどのところに到達したということは、逆説的に見えるかもしれない。というのはわれわれは、自分のうちで人間そのものから出たものと、集団の成熟による所産とをなかなかうまく分離できないからである。綜合的な表象における表現は、その出発点から人間的であり、オーリニャシアン人が石塊に陰門と陰茎を彫りつけるときに、ポルノグラフィを求める意図はもちろんまったくなかった。それは、象形のこの状態に達するには、コロンブス以前のアメリカ、インド、中国、ヨーロッパといった、やや爛熟した文明の成熟そのものが必要だったからである。彼らは、おそらく性交の絵さえも目ざしてはいなかったろう（人間または動物の性交を描いたいかなる証拠もないからである）。彼らが目ざしていたのは、宇宙の考え方に結びついたより一般的な事実であって、そこではもろもろの現象が対立しながら補足し合うのである。結局すべての照合体系は、昼と夜、寒と熱、水と火、男と女などという対立するものの交替に基づいているわけである。表象を等価の群れまたは相補的な一対として操作するというのは、旧石器時代芸術に見いだすことのできる構図の働きそのものに相当する。幻想的な像の起原では、二つの道がたどられた。トロワ＝フレールの〈魔法使〉における等価物を積みあげる道、ならびに、まれには実現されていたように見える両性具有像の二元的相補性の道がそれである。

非具象的なもの

旧石器時代の逆説は、かなりの程度まで次のような事実から来ている。つまり技術において壮大な、形において魅惑的な像がなんら秩序脈絡のあるものを表現していないとも考えられるということである。現代の眼から見れば、動物と徴《シーニュ》の積上げは、こま切れの行為を除いては、何の行為も表わさないし、そこから何の物語も現われてこない。われわれが読みかたを知らないだけの話なのか、それともほんとうに象形された行為がないのかと問うことができよう。比較芸術によると、技術的性格の行為が問題な場合、全体の構図をつくる手続きは、あらゆる人間集団に明白な叙述の形をもつにいたらしめることが確認されている。狩猟、漁、採集、家内作業などがユーラシアやアフリカの岩窟壁画に満ちあふれている。畜群には狩猟者とか牧畜者がおり、人間は行動している。宗教活動は象形されるのがいっそうまれだが、形而上学的な概念は抽象的な絵の対象となる。しかし現在の芸術で、叙述の形はもたずにその特徴だけもっているような芸術の例はない。場面も行為もない俳優の洪水があった例しはないのである。旧石器時代のフレスコがそこにこめられているところを抽象的にしか表わしていないと考える理由は、次のことを考えるとますます強くなる。すなわち、そこにはただ一つの主題をめぐる数多くの例が見つかるが、それはヤギュウに倒される人間の例であり（図版147）、この場合、少なくとも他のどこにもある形と同質の形で叙述の構図があったことを示している。アメリカ、大洋州、アフリカの多くの芸術のように、旧石器時代の芸術がしばしば極端なまでに図式化した宗教的形象を用いただけなら、問題はもっと簡単になり、芸術が二つの方向を取ったとも考えられたであろう。実体あるいは概念のきわめて決りきった象形の方向、および行為の写実的な象形の方向である。実際この質問は、最も現代的な芸術について、とりわけ重要である。リアリズムは地中海文明において長い歴史をたどり、ピュヴィ・ド・シャヴァンヌや続き漫画にまで達した。それと並行して、抽象芸術も、宗教的な徴や、占星術の徴の表象体系や、紋章のなかに長いこと生きつづけ、ついに意味から離れて、視覚上の真実の多岐にわたる小道の外に意味を暗示しようとする、形の図式化の芸術のなかへ移っていくにいたる。それから先は、あらゆる象形の放棄以外には、一見して何もない。超《シュル》リアリズムはふつうの意味で写実的な要素が集まって、全体としてはリアリズムの否定にいたるような定式のもとに生れてきた。作品の一部が意味を拒絶するということを除けば、この定式は、旧石器時代のそれに比較的近い。超次元の空間に置かれてはいても、構文のない中心要素《キー・エレメント》に意味が宿っているという点で、この二つは似ている。明白なことだが、超《シュル》リアリズムとプリミティヴ芸術への情熱とが一致していることは、偶然の現象ではない。時の奥底へ回帰しつつ、出口を見いだそうとする努力は、対称や、遠近法や、価値の叙述上の配列などに相当するやり方を少しも残さずに排除することと一致する。しかし初めと終りという違いはある。すなわち旧石器時代人は文字どおり新しくしたのにたいし、超現実主義者は更新しようとした。つまり古ぼけた材料の破片を使ってまだ建築されていないものを建築しようとしたのである。ほんとうの始まりなら、地中海文化の（今では地球的規模になった）芸術を忘れ、古代ギリシア、中世のイタリア、フランドル派、近代絵画、伝統に反逆するすべての絵画さえも諦めなければならなかったであろう。ちょうど諸世紀の成熟によって霊感を受けたすべての音楽を忘れるようにである。社会の記憶は現存し、その存在理由は美学を越えているが、それを包んでおり、現代文化は、過去を投げすてるどころか、先史時代からアラウカーノ族にいたるあらゆる芸術の理解をすすめている。処女地を行く芸術の隆起の如何は重要な問題である。というのは、人間的な緊張《トヌス》は上昇リズムの創造に結びついているからである。手による発見や、職人の次元における人間と物質の個性的な出会いが失われたことは、個人の美学を更新する出口の一つを断ちきった。別な意味では、芸術の普及が地球的な規模で大衆に受身の生きかたをさせているが、冒険についてと同じことが芸術についても起り、中国の画家も、マヤの彫刻も、カウボーイやズールー族と同じく萎縮してしまう。というのは、感じるには最小限の参加が必要だからである。個性的な芸術を配給する問題は、ホモ・サピエンスの将来にとって、その運動機能の衰弱と同じく重要である。

創造の出口が必要なことは、すでに非具象やミュジック・コンクレートの追求に現われている。文明化した六千年の芸術の重みから解放されるのは一見不可能だとするなら、睡眠を拒み、時を否定し、裸で砂漠に生きることによって、社会秩序を否定する苦行者にも似た厳密な反逆のなかにしか、出口は見つからないであろう。反芸術というのは、リアリズム、形、あらゆる象形の痕跡を次々と拒否して、リズムと価値の対比という、そもそもの根底しか残さないことである。極端な場合に、白か青一色の絵におけるリズムの拒否でさえあり、鋲打ち銃による絵で手を拒否することでさえある。

絵具の発射による絵、焼鏝による絵、ちぎった紙による貼絵などは、自動車の車体をプレス機で打ちだすのと同じく、ホモ・サピエンスの下部構造にほんとうに深くもぐることを意味する。それは自然石や木の根の芸術と同様、ネアンデルタール人に対応する水準、つまり自然力の働きから生れた形の水準での美的な状況づけに到達するからである。巨大類人猿が描いた絵は、たとえ訓練の結果であるにせよ、美的な行動の深みに向うさらに進んだ探究、偶然と心理・生理学との交叉から生れたリズムへの飛躍を証明している。これらの事実はたいへん興味ぶかい。なぜなら自然の不思議が深い美的な反応をひき起したのはいつの時代にもあったことだとしても、反具象美学の基礎として偶然が入りこむことは、その重要性において典型的な現代の事実だからである。極東においては過去に、美の苦行者が白い砂の表面にすぎない庭に眺め入ることがあった。しかしその表面は、一つの黒い岩によって単調がリズミカルに破られ、彼は有限の宇宙の次元に戻るのである。それは、完全な消滅が間近に迫っているほど、洗練の極に達した象形芸術であるが、その芸術の力はすべて、消滅の間近さがたえず後退していくところにある。黒い岩が取りさられてしまえば、だれも目もくらむような表面以外のものを見ることはなくなるが、それは哲学的逆説ではあっても、美的な砂漠でしかない。〈空虚の画家〉が現実に存在することが新芸術誕生のしるしだと考えられるだろうか。たしかに倦怠のしるしではあろうが、それはまた、たしかに創造の袋小路でもあろう。ユーラシアのあまりに古い農耕文明の芸術は、完全な拒否にまで達し、その点を越えてはもう復活はなく別の周期の誕生のみがあるような点にまで達してしまったのだろう。

象形は、眼に見える形の言語である。単語の言葉と同じく、それは人類の根底に係わっている。長い上昇のなかで創造の躍動を支え、没落の後に、より新しい他の軌跡の上に延長される歴史的軌跡を打ちたてる以外には、人間的な解決はない。それゆえ、未来において人間的なのは象形の探究である。ただ社会的なものの場合と同じく、現在の危機が不安を呼ぶのは、受動的に芸術を消費する大衆と、創造的なエリートとの関係によって、探究の緊張《トヌス》が衰弱してくる時に限られる。十八世紀の終りに、最初の耕作者以来続いてきた世界から他の世界への移行が技術のなかに粗書きされ、現在の大きな危機が始まり、社会の形は同じ時期に動揺期に入り、音楽はそれから少したって、その基礎を軸に回転しはじめた。映像芸術はもっとゆっくりしており、地滑りが感じられるようになったのは、やっと十九世紀ももう終ろうとしているころであった。それゆえ八十年来支配している状況は正常なのである。それは、進化の全体に対応し、感動的な寓意のフレスコは、乗合馬車に追いつこうと考古学に向けて出発してしまった。定式が今日やたらにあること、芸術の方向を定められないこと、反具象的な試みがあることなどは、みな革新しつつある現実の徴《シーニュ》である。ともあれ、未来には、いくつかの問題がある。視覚的な現実は、生命の長いたいていの芸術がもっていた運動的な性格を写真と動画によって失ってしまった。原始的な表象主義の単純な形は、半世紀このかた偉大な画家や彫刻家によって有名になったが、それだけでは過渡的な形である。ふつうなら、来たるべき芸術時代は、古代ぶり《アルカイスム》に近いところに行くだろう。それは、関連の把握がまだ不確かであるなかで建てられる初期の記念碑的な大建築の時代である。全世界で建築物に生命を与えている芸術は、この段階がおそらく確立されつつあるという印象をあたえる。思い出《レミニサンス》の魅力によって、世界の記憶に積み重ねられている博学の重みが、進化の正確な意味をおおっているのであるが、それは短い再調整の世紀の後で、われわれをラスコーの画家の近い先駆者たちがいた地点へと再び導いていくのである。

第十五章　想像上の自由、および〈ホモ・サピエンス〉の運命

想像上の自由……この題は、人間の進化のある面が思いださせる悲観主義の表現と受けとられかねない。「狼と犬」のなかにあるように、首輪という刻印は、自然環境から解放されたその代償であった。〈社会保険〉は、個人にたいしあまりに速い老廃の危険を制限するとともに、その個性的能力の無制限な行使を制限する傾向をもつ。人間という建物のもろい要素である自由は、錯覚を抱かせる方向、および表象《シンボル》を通して解放する方向に、同時に跨がった想像力に基づいている。想像的といえばアウストラントロプスの世界がすでにそうであった。その世界は道具という有効な表象が最初に物質化することに基づいていたからである。それは、今日の普通人がすべての知識を本、新聞、テレビからくみ、宇宙の大きさにまで拡がった世界の反映を彼の遠い祖先と同じ眼、同じ耳で受けとるのと同じことである。ただ今日の世界は、映像の世界となっており、彼は想像による以外には参加することなく、そこに浸っている。人間は体と精神のあらゆる部分の働きによって生きているのであるから、第百世紀の人間と伝統的な人間との同一性の問題は、当然問われる

はずであり、また、ごく近い将来の人間がまだホモ・サピエンスの境界内にいるのか、それともすでにそれを越えているかという問題も、同じく生じてくる。

この本を通じて、多くの章が〔諸現象を結ぶ〕深いきずなの研究にあてられ、人間はその性質の動物学的部分において眺められてきた。そこから明らかになったことは、動物学上の人間は、単に他の哺乳類と温血動物特有の体制を共有しているばかりでなく、その行動は、人間化するなかにあってどこまでも社会的な、雑食性の哺乳類のままであり、人間にとっての領土や食物の獲得、生殖の拘束は、動物学の用語で考えられ、解釈されうる。この態度は、わかり切ったこととか、誇張した〈野獣主義〉だとして、無頓着に見過されそうであるが、二つの理由によって正しいように思われる。第一の理由は、とりわけ書字《エクリチュール》以後の人間の進歩のあいだに、一つの非物質化された像《イメージ》がつくられて、精神的発達と進歩のためには不可欠な像だが、それがとくに人間の科学において、人間をあらゆる生物領域との関連から切り離すことに導いたということである。祖先猿の例によって、第一章でわたくしは人間の祖先の本当の像《イメージ》が一世紀来どれほどの困難をへて明らかになったかを示そうとした。第二の理由は、いくらか数的重要さをもつ地上唯一の哺乳類になろうとしている人間と、その他の生物とのあいだに現実にある距離によって、ホモ・サピエンスとはほんとうに何かについての自覚が必要とされてくるということである。凍原《ステップ》時代に、野生のウマの狩人として生れ、石油が燃焼する大気環境のなかを、〔車に乗って〕坐ったまま移動するのにしだいに適応していくこのホモ・サピエンスとは何なのだろうか。

古人類学と先史学は、科学的見地とはだいぶ違った理由によっても好奇心を刺戟するが、次のことを確認する導き手となるときに、初めて応用科学の価値をもってくるのである。つまり文明のあらゆる進歩は、マンモスをねらっていた人間と生理的にも知的にも同じ人間によってなされており、せいぜい五十年を数えるわれわれのエレクトロニクス文化がこちらは四万年の時をへた生理構造を支えとしていることである。適応の可能性について、信頼を寄せていい理由があるにしても、歪みがあるのは確かであり、ほとんど無制限な力をもった文明と、トナカイを殺すことが生き残るという意味であった時代と同じ攻撃性をもったままの文明人とのあいだの矛盾は眼前にある。

最初の脊椎動物以来、精神および運動機能の進化はすべて、新しい知覚領が〈脳に〉追加されることによってなされてきた。それは、これまであった知覚領の機能の重要性を消すことなくその役割を保たせているが、ただ、しだいに高等な機能のなかに埋もれていったのである。この錐体は、哺乳類においてすでにかなりな規模になっていたが、巨大類人猿にいたるまで、幾何学的な秩序脈絡を失っていなかった。神経運動の綜合皮質は、たしかにすばらしい体系の繊細な先端部ではあったが、なおあくまで動物的なものであった。原始人類が位置する時点になると、動物の錐体があらゆる人間行動の踏台であることに変りはないが、あたかもその上に倒立した（テイヤール・ド・シャルダン的像によれば〈反映された〉）もう一つの錐体の尖端が生れたとでもいえるようなことが起った。この錐体は、文化へと外化されるしくみの全体から成りたっていて、いよいよ巨大なものとなった。

われわれの基礎は、動物の最終段階における骨・筋肉および神経系であり、またあいかわらずそうであるほかはない。ところが、その上部構造は、創造活動の二つの極、顔と手のあいだ、技術と言語活動のような外側で遂行される働きから生れ、まったく人工的で想像的なものとなった。

生物学と民族学の角度から、同時に人間を研究する結果の一つとして、運動に係わる活動（手はその最も完全な動因である）と口頭言語活動との切り離し得ない性質が示される。一つが技術で、他が言語活動であるという典型的に人間的な二つの事実があるのではなく、神経学的にいって隣接した脳領に基づくただ一つの心的現象があるのであり、それが体と音によって、いっしょに表現されるのである。脳の前頭領の閂が外れてからの進歩が驚くほど速くなったことは、技術作業に推理が投入されたことと、書字《エクリチュール》にいたる図示表象体系のなかで、手が言語活動に隷属したことに同時に結びついている。

それゆえにこそ、考える動物としてのホモ・サピエンスがどこへ行くかを問題にすべき場合なのである。技術と言語活動が、動物の進化と歩調を合わせる進化のなかで均り合いを保っていた数十万年の後、ホモ・サピエンスは、回帰する平衡を打ちたて、話された思考が神話文字、ついで書字に固定された思考によって裏打ちされたのである。もっとも書字は、二十世紀まで統計的にほんの一部の人類にしか影響しなかった。社会に係わる錐体は、一握りの個々の人間による知的な進歩をうながすが、彼らは想像活動が儀式への〔テレビを見るだけでない〕身体的な参加とか、象形における神話文字の水準に留まっているような存在の、いわば〈人間的に正常な〉定式で均り合いをとりつづける人間大衆の上に腰をおろしていた。書字は、それを読める少数者の大部分にとって、もともとからの役割を保ってきた。それは、思弁的な思想の具ではなく、実用の情報手段として、律法や簿記を固定し、イデオロギー活動の総量を方向づける役目をもっていた。書字をもったどの文明においても、十八世紀の覚醒までは、読み書きを知っている大衆に、ふつうに係わりのあるのは、経典の朗読とか法典とか計数であった。ほんの一時期、といってもまだ今も衰えつつ続いていているが、世界的な文盲追放の見通しが社会的・知的な前進を意味するものと思われた。書字《エクリチュール》が線形的《リニアー》に展開されることに心的活動がまったく隷属するというのは、ホモ・サピエンスにとって、特別な能力をもった少数の人間によってしか実現されない約束である。大部分の人間にとっては、短い掲示を読むとか、実用性をもった読みとりなどがふつうであって、たとえ具体的なものでも、一つのテキストにそって、思考を結びつけることは、映像を復元するためにたいへんな努力であり、疲れる仕事である。数代にわたる強度の訓練にもかかわらず、古生物学的な均衡が、またふたたびすぐに戻ってくるし、文盲追放が民衆階級に浸透するにつれ、挿絵《イラスト》の形で神話文字が読みとりのなかに復活してきた。続き漫画が十九世紀を通じて版画のなかに入りこんでくる。それは最初、大きな構図のなかではまったく神話文字的だったが、ついでテキストに付けられる小さな絵になった。大衆に読書が普及するにつれ、挿絵の線形化が拡がり、現代の大衆読物のなかで頂点に達した。ラジオとテレビは、映画とともに、〔書字《エクリチュール》という〕想像的形を通さない、口頭文学や視覚情報へ戻っていく動きを完成したのである。

かなり奇妙なことだが、視聴覚技術がほんとうに人類の伝統的行動を変えたのかどうか、ということは問題にしていい。また、多少なりとも遠い将来において書字の運命がどうなるかということも問題にできる。集団の記憶の保存者というその役割とは別に、書字はただ一次元空間に展開して、数千年にわたり分析の具となり、そこから哲学や科学の思考が出てきたことは確かである。思考の保存には、今では書物とは別な形が考えられるようになり、今のところ書物にある、速やかに手で操作できるという利点は、そう長くは続かないだろう。エレクトロニクス的に選択される厖大な〈テープ図書館〉が、近い将来に、あらかじめ選択され、瞬間的に復元される情報を提供するようになるだろう。読書は大部分の人間にかなり縁遠くなるだろうが、まだ何世紀も重要性は失われないだろう。しかし書字《エクリチュール》は、おそらく速やかに消滅の方向をたどり、自動印刷の口述装置にとって代るだろう。このことを、いわば手が音声に隷属する以前の状態が再現すると解すべきだろうか。わたくしはむしろ、手の退行（第八章「手の運命」の項）および新しい〈解放〉という、一般現象の一面だと思いたい。推理の形や拡散した多次元的思考への回帰に及ぼす長期の影響については、現在のところ予想が立たない。科学的思考は印刷術が強要する行《ライン》に沿って線形方向に延長する必要にむしろ困っているので、さまざまな章の内容が同時にあらゆる角度から目に入るような形で書物ができる何らかの方法が発明されれば、研究者も利用者もかなりの利益を受けることは疑いない。しかし書字の消滅によって、科学的推理におそらく何ひとつ失われるところがないとしても、哲学や文化の形はおそらくずいぶん変ってしまうだろう。それは取りたてて惜しむべきことではない。印刷物は奇妙にも古風な思考の形を保存し、人間はアルファベットによる文字表現の時期のあいだあいかわらずそれを用いるだろうから。新しい形と古い形との関係は鋼鉄が燧石《フリント》に対するようなものとなろう。おそらく、もっとよく切れる道具というのではないだろうが、より操作しやすい器具なのである。書字は、数千年の優位を保つことになるが、過渡状態として、知性の機能を変えることなく下部構造に移るだろう。手の活動が失われ、生理的な冒険が受身の冒険へ還元されるということは、より多くの問題を生じさせる現象である。

ホモ・サピエンスの適応性は、社会環境によって大幅に条件づけられている。今日まで、生理と心の能力の均衡のとれた訓練をさせる正常な条件が、農事、牧畜、職人仕事、軍事などによって、大部分の人間に保証されてきたことが認められる。原始人、まして旧石器時代人においては、環境による淘汰がむしろ次のような方向に働いていたのである。すなわち、個人はすべて最小限の心理・生理上の均衡を保っていなければならず、たぶん祈禱師とか呪術師のような自然と超自然の境界にいる人間は別として、この一定限度の平衡をなくすと、生存が危うくなったのであろう。そのうえわれわれは、旧石器時代におけるこの範疇の人々について、何ひとつ知らない。最近の未開人の例によれば、これら最初の専門家がその職能をはたすだけで生きていたとは考えられないのである。

心と生理の平衡行動における最も深い変化を特徴づけるのは、都市への移行である。実際、都市環境は司祭、書記、商人などの生存を保証したが、それらの人間の手の機能は、最も広い意味での口頭言語活動または知的活動によって、多少の違いはあっても、ほぼ完全に包みかくされてしまった。あらゆる文明において、法官や大商人は、長い目では手の退行の諸段階を準備したが、より正確には、手づくり作業がごく限られていることを予想させる技術領域への転位の諸段階を準備したわけである。しかし彼らは、書字《エクリチュール》人間、彼らの手で語をつくり、演説に抑揚をあたえる人々であった。それゆえ、まさに転位なのであって、前肢は知的共働において、その重要性を何ひとつ失っていないのである。幾世紀の歴史が示すとおり、主要な社会層が〈頭脳的〉タイプの心的・生理的な均衡に適応し、そこで繁殖できることがある。しかし重要な埋め合せの現象を考慮すべきである。実際、一方で積極的な人間は、歩いたりウマに乗ったりする移動や狩りによって、正常な働きの一部を取りもどしてきたし、他方社会的表出は複雑な参加を伴っていた。職人または生産者ではない階級は、リズムが遅くなっても、ともかく自分なりの人類的な均衡を見いだしていた。そのうえ順応できない、頭脳的な階級の成員の無視できない部分が戦争、遠距離貿易、放浪、海賊行為などのなかに、自分を取りもどす手段を見いだしていた事実を考慮しなければならない。最後に、とりわけ宗教的機能をもつある種の階級は、彼らの出自環境から向き不向きによって選ばれた個人で初めて構成されるのである。その結果、伝統的な文明環境では、ホモ・サピエンスの基本行動は、つねに出身母体の行動と同一だった。ただその幅がより広くなり、生理的・知的次元で均り合いが取れないほど大きな個人は、哲学者や兵士として、みずからを安定して社会のなかに組みいれたのである。社会体系によって起った数多くの個人の不適応にもかかわらず、社会は全体として、種の能力が十全に行使されるものとして現われていたのである。

現段階の状況は、一見まだそれほど違っていない。社会はその手段をすべて自由に持ちつづけているが、ただ、しだいに人工的器官のなかにそれが移されている。機械主義や、地上世界が征服されたために、わずか五十年のあいだに広大な地域の個人のレパートリーが減少した。個人的創造の手段が減少し、冒険の必要がしだいに少なくなるために、現実生活からだんだん遠ざかる埋め合せの仕掛が多くなり、国道やキャンプ場で指導運営される冒険によって年ごとに目じるしを打たれるスポーツや日曜大工展が、年々いっそう多くの人々に及ぶ再均衡の役を果している。狩猟そのものも、今ではなかば家畜化したイノシシ、囲われたウサギ、配合飼料で育てられてから飛行機で輸入されるキジなどにたいして行われている。衣食の足りた国々では、人間の均衡の問題がたえず問いなおされる。しかし、今日の状況から、わずかの世代だけしかわれわれと隔たっていない未来を想像することすら、まだ非常にむずかしい。労働者も農民も、部分的にしか機械化されていないし、自然はまだあちこちの浜べやいくつかの森の下から透けて見える。戦争が狩猟の代りに最も適応性のない少数者に職を与えている。その戦争も、奇妙なほど古風なもので、文字どおりの安全弁として、ちっぽけながら全大陸に散らばっていて、沼沢地の泥のなかを歩む一隊の不適格者の群れを、彼方に黙ってそびえている原子ロケットの発射塔に対峙させている。しかし、人間狩りは、数百万の若者の前軍事的教育を支える神話でしかない。その最も才能ある者も、おそらくある日、電子計算機が弾道の発射点を計算しておいたその瞬間に自動的に爆弾を発射するハンドルを引くことしかできないだろう。未知の地上の征服もまた神話でしかなく、割合を別にすれば、毎日曜日行列した人々が冒険の分配にあずかろうとそのふもとで順番を待っている三十メートルの岩にも、尖峰の北壁にも等しくその神話が働いている。宇宙は歩を譲り、宇宙開発が始まった。しかし社会は百億の宇宙飛行士を必要とはせず、ふつうのホモ・サピエンスにとって、それは生れたか生れないかにすでに、神話的な埋め合せとなった。それゆえ、近い将来、人々がもう転位しか知らなくなり、一隊の手品の巨匠がいて、人間大衆の精神的・生理的な食養生法を研究するようなことを真面目に考えることができるのである。この学問の要素はすでに存在している。これほど多くの緑地、動物園、スタジアムがそれで、テレビ放映というヴィタミンに支えられて、屋内生産性の時代の均衡を回復しようとしている。毎年短い緑化期によって配給量が補われる。つまり、さらに大きい緑地、自然の予備《スペアー》、跳ねまわれる場所、テント小屋を作ったり動く家をひっぱったり、地べたのガス焜炉で缶詰を温めたりする可能性などである。まだある程度の余地はあって、自分で取った魚を薪の火で焼く可能性が考えられるが、十年もすればこのような集団資源の浪費はほとんど例外的となり、それから後では軽犯罪と考えられることだろう。

それゆえ完全に転移されたホモ・サピエンスを考えなければならない。われわれは、人間と自然界の最後の自由な関係に立ち合っているように見える。道具、身ぶり、筋肉、自分の行為のプログラミング、記憶などから解放され、遠隔普及手段の完成によって想像力から解放され、動物界、植物界、風、寒さ、細菌、山や海の未知から解放されて、動物学上のホモ・サピエンスは、おそらくその生涯の終末期に近づいている。生理的には、それはまだ未来がある動物学的種《スペキエス》である。三万年来進化してきたリズムで進めば、古生物学はこの点であまりはっきりしたことを教えてくれないとはいえ、それは少なくともこれから先今までと同じだけの見通しをもっているように見える。種は年をとらない。それは変化するか消滅するかなのである。いずれにせよ、人間はこれから先、社会的・技術的な進化のリズムをはるかに凌駕する未来をもっているのである。

すでに眼の前にある世界の大問題は解決されるはずである。もし、将来に現実の映像《イメージ》しか残らないとするなら、この時代遅れの哺乳類は、その進化のすべての原動力だった古ぼけた欲求をもちながら、坂道でシーシュポスの岩を押しあげつづけることができるだろうか。その進化のいかなる瞬間にも、人間はまだみずからと断絶する必要がなかった。アウストララントロプス以来、人間は終ることのない冒険を具体的に生きてきた。人間は今日、まさに自分たちの惑星を開発しつくそうとしており、すでに宇宙移住の神話が形づくられている。しかし、人間がたどった道というのは、とりもどす術なくたどられたのである。遠距離にある天体にたどりついた人類がピテカントロプスや南方ゾウと顔を合わせることは想像できるが、人間が燧石《フリント》を打製するところへ戻ることはないだろう。

人類を信頼しないことは自然に反するだろうが、想像を方向づけるのはむずかしい。人間の地球規模への拡大には、数多くの解決が考えられる。一つは、多くの人があまりはっきりさせないまま考えているもので、原子爆弾のような手続きで人間の冒険に終止符が打たれるというのである。これは、もし事件が起きればあらゆる仮定が無駄であるという、それだけの理由で廃棄すべき仮定である。人間に賭けるほうがましである。それと同じ理由で、力強い神秘的なアプローチではあるが、一見あらゆる黙示録のしるしをおびているテイヤール・ド・シャルダン的な幻《ヴィジョン》を考えてみる気になることもあろう。人類は何千年ものあいだ〈終末点《オメガ》〉を待つことにもなりかねないので、西暦一〇〇〇年の時のように、待ちうけるなかにも自ら組織して生きつづけなければならないだろう。第三の解決は、洞窟内で自由ではあっても、そこから出た人間がトナカイと出会うかライオンと出会うかという偶然にゆだねられた夕食を求める世界よりも、個人が無限に社会化でき、あらゆる細胞の福祉のために機能をはたす人工世界のほうが、個人にとってずっと望ましいと考えることである。この解決のばあいは、わたくしは確信するが、種《スペキエス》の名札を変えて〈ホモ〉という属に付加すべき別なラテン語を見つけなければならない。最後に、ある自覚をもって〈サピエンス〉でありつづけようという意志において決定される未来をもった人間を想像することができる。そのとき人間は個人的なものと社会的なものとの関係の問題を完全に考えなおし、その数的密度、動植物界との関係という設問に具体的に正対し、地球の管理を偶然の戯れとは別なものとして考えるために、細菌的な文化行動を模倣することをやめなければならないだろう。以上三つの解決の価値がどれほど大きくても、人類の生涯が終ったと考えるのでないかぎりは、なにか第四の解決のようなものが来たるべき世紀に不可避的に試みられるだろう。種《スペキエス》はなおその根底にあまりに強く結びついていて、自然にそれを人間たらしめた均衡を追い求めないわけにはいかないからである。

原注

(1) ルクレチウス『物の本性について』一二八二行―一二八五行。

Arma antiqua, manus, ungues, dentesque fuerunt
Et lapides, et item sylvarum fragmina rami
Posterius ferri vis est, aerisque reperta:
Sed prior aeris erat, quam ferri cognitus usus.

古代の武器は手と爪と歯であり
石と森の枝の切れはしであった
それから鉄と青銅が来たが
青銅の使用は鉄の前から知られていた。

この引用は敬虔にほとんど一世紀以来引き継がれてきたが、わたくしもその伝統に背くつもりはない。しかしこの引用は人々がふつう与えようとしている意味をまったくもたないことに注意していただきたい。青銅を鉄の前に置くことによってルクレチウスは彼の時代にまだ生きていた伝承を尊重しているのだが、石器時代を直観しているといわれる二行については、解釈者はかなり寛大な扱いをしている。人間がまず爪や歯を使ったという場合、ルクレチウスは一つの仮定を立てているのだが第一にこれは誤っている。なぜなら古い人類の特徴は爪や牙がないことだからである。〈石〉という場合、彼がただの石のことしか考えていないのは確かである。《lapis》に打ち欠いた石の意味を与える証拠は何ひとつない。反対に《fragmen》には折った切れはしというはっきりした意味があり、以上のことから、ルクレチウスが結局次のことをいいたかっただけなのだということが明白に示される。「古代人の武器は彼らの手、彼らの爪、彼らの歯、（投げるために拾った）小石、それと彼らが森で折り取った枝であった」。G・ド・モルティエが一八八三年に「ローマの自由思想家詩人」に与えた予言的発言からははなはだ遠いことになるのである。

（2） N・ド・マイエは一七三八年に没し、その手記は一七四八年アムステルダムで著者の名のアナグラムである「テリアメド」という題で出版された。それゆえ彼は十八世紀の初めの三〇年に属する著者であるが、その理論的な立場はそのためいっそう注目すべきである。インドの哲学者と宣教師の対話という形で、エジプト領事で自然科学の熱烈な愛好家であった著者は、地球の性質と人間の起原という問題に取り組んだ。確かに十八世紀初頭の地質学の知識を越えてはいないが、ビュフォンに先立つこの著書には進化に関してあらゆる点から見て特別な見解が見いだされる。地層の厚さと化石の存在は、ごく長期にわたった広大な大変動の印と考えられ、ド・マイエは創世記の六日間がそれぞれ十万年続いたと考えるのをためらっていない！ 動物の起原について彼の書物はふしぎな見通しを開く。というのは個々の項目を批判するのは容易だが、根本的には今でも変っていない理論によって、彼は人間を含む地上空中の動物を水中動物から引きだすのである。適応のさせ方はかなり簡単で、人間は人魚が変化したものとしているが……しかし四分の三世紀後でラマルクが獲得形質の遺伝をいう場合、彼はこれと同じ考えを述べているにすぎない。もちろん彼の時代がもっていた科学的知識の集大成に基づいていたのだが、これも今日ではまったく時代遅れになってしまった。十八世紀初めの地質学についての考えは厚さのない時間にしか及ばなかったので、テリアメドが不運にも堅い地面の上に落ちた魚を鳥に変えるやり方がいささか乱暴なのは仕方がない。「……その鰭の管が……伸び羽毛で覆われ……これらの薄膜でできた羽毛自体伸び、皮膚は知らず知らず柔毛で覆われ、腹の下にあった小さな鰭が……足になった……」(『テリアメド』一七五五年版一六七ページ)。この書物の途方もない部分や聖典にたいしてしかけた意図的な攻撃のため彼は激しく論駁されたし、惑星は太陽から生れたのではないとか、人間が海中に起原をもってはいないとか、化石は大洪水の疑いの余地のない痕ではないとかを十八世紀なかばに証明することは簡単であった。もっと後になると、科学の進歩によってテリアメドの考察から生れたところは讖言のように見えてくる。しかしこの考察を時代の知的潮流のなかに置き直すと、星がその構造のなかで進化し、地質学的時間が厖大であり、人間がすべての生物界と同じ道をたどり、地上の脊椎動物のすべてが魚に始まる進化に服してきたことを理解した功績をN・ド・マイエから取りあげることはむずかしいのである。

(3) ブーシェ・ド・ペルト「大洪水以前の人間の肖像」『ケルト族の古代』第二巻(一八五七年)九〇ページ。

「……洪水以前の人間についてもそうだったにちがいない。われわれより知恵が足りないことはなく、彼はわれわれとは違った様子をしてこの知恵を発揮していただろうし、われわれと同様知的には地上の被造物の頭だったであろう。ここで腕が長いとか短いとか、足がひょろ長いとか長くないとか顎の出方が多い少ないとかいうことは、有利だとか不利だとかを少しも証明しない。ただ体形からだけから判断したら馬鹿と思われた天才がいたのと同じくらいそれは確かなことである……」

第三巻四五九ページ。

「……われわれはそれが斧だという意見を採用したし今度はそれが道具だということをも信じるだろう。わたくしは確信しているが、この専門分野だけで多くの発見がなされねばならず、いつの日か原始の什器や道具がそれに価する全注意をもって観察されることだろう。これらの道具こそはわれわれの理性の最初の証拠、人間であるための最初の資格であってこの資格は地上の他のどんな被造物にも認められないのである」

(4) ここで〈人間形態〉は厳密な意味に解され〈類人猿〉とか〈ヒトニザル〉と呼ばれるサルは〈猿形態〉のなかに数えられる。〈人間形態〉は文字どおり〈人間の形〉であって、アウストラントロプスを含むすべての人類を含む。

(5) この章に述べられた解剖学的な事実は、一九五五年にパリ大学理学部で審査、受理された著者の理学博士学位論文『地上脊椎動物の頭蓋の力学的平衡』(印刷中)を基に縮約したもの。それらは人間にいたる進化の見地から選びだされ、この見通しに基づいて展開された。

(6) 人類学者は頭蓋を、クラニウム(顎を伴う完全な全体)と、カルヴァリウム(顎はないが顔のある頭蓋）に分ける。彼らはまた、カルヴァリア（顔のない頭蓋）とカルヴァ（底もなく頭頂部に限られる）をも区別する。この命名法はまったく実用的便宜によるので、発掘された頭蓋が解剖学者のところに来る時の状態の完全不完全な度合いに基づいている。

（7）　動物界における技術の性格を探究する意味やそこに認められるいくつかの道具の例をいくら強調してもし過ぎることはないが、問題を歪めるような人間中心的な態度は控えるべきである。

動物が道具を用いる場合は、ごくまれであって、人がもっともらしくつねに引用する種々雑多な例は、ジガバチとその小石、ガラパゴス島のカワラヒワとその小さい棒、枝を口にくわえ自分の体を掻くヤギ、小石で胡桃をこわすダーウィンのオナガザル、石を投げるサル、庭師と呼ばれるホオジロなどである。実際はこれらの現象が注目をひくのは、人間のやることに似ているからにすぎず、人間を含めた動物界全体における技術の性格と本質的には何ひとつ違っていない。それに驚くというのは、勤勉なハチや倹約家のアリに感動した十八世紀の博物学者の考察に戻ることに他ならない。同じ流儀で二足歩行を取りあげテナガザルが立って歩くまれな場合に比較を限らず、二足の恐竜、アルマジロ、センザンコウ、トビネズミ、カンガルー、芸当するイヌを一つの展望の下に集約することもできるだろう。それは歩行のために人間が脊椎動物界と分けもつ解決の一つを示すにすぎない。共通な解決のリストは人間の問題の一部を位置づけ、人間がいかなる点で多くのなかの一ケースにすぎないかをはっきりさせるのに不可欠なものである。しかしこれは一つの分力である。手の働きが重要な種のなかで、人間の位置を考えることがもう一つの分力であり、第三の分力は神経系をますます複雑になるほうへ押していく流れの方向の一般的動きとの関連から人間を位置づけることである。他にも分力が考えられ、こうしてそれらの結果として人間は動物界で他に類を見ない全体として現われるが、その一つ一つの要素は大幅に他と分けもたれているのである。

（8）　ドイツの医師フランツ・ヨーゼフ・ガル（一七五八―一八一八年）は、生物学の分野でキュヴィエとダーウィンが収めたのに匹敵するくらいの人気と持続的成功を骨相学において収めた。彼の理論はいくつもの著書のなかで述べられているが、彼の主要著作の表題がそれを要約している。「脳およびその各部分の機能について。脳と頭の形によって人間や動物の本能、傾向、才能、倫理的知的性質を知る可能性についての考察」。それは最初から激しく攻撃され、それを滑稽化しようとした人々の試みがかえって彼の持続的成功をもたらすことになった。ガルの証明、彼が用いた感情的基準の性質から見てその理論に客観的価値があるとはとても思えない。解剖学者や生理学者はただちに彼の理論に当然の判決を下したが、より科学的でない人々にたいして与えた誘惑は絶大であった。子供を愛する性質を示す〈隆起〉、善意や良心や破壊本能の〈隆起〉などが頭蓋上に見つかるというのだが、ある人々にはこれは容易な皮肉の場を提供し、他の人々には科学的神秘の必要に手軽に答えてくれるものとなった。「知恵や旅行の隆起をもつ〈頭がいい、旅行家の天性がある〉」という言い方はわれわれの言葉のなかに残っている。

骨相学の理論が長く残った理由を分析してみると、おもしろいであろう。天才や犯罪者や白痴の運命的条件の秘密は祖先猿の秘密と合体し、われわれの心にいつもひっかかっている人間の運命という問題と係わる。ガルにたいする科学的攻撃の激しさと啓蒙という見地から彼を支持する人々の巻返しは、共通の心理的な起原をもっている。他方、骨相学理論が表面的には科学的真理をいくらか含むのではないかと考えられる。

彼の論文から根拠のない証明の道具立てをすべて取り除けてみると、出発点では必ずしも無意味とはいえないいくつもの主張が残る。ガルは、脳の異なった領域の分化を主張したが、これは今日では当り前のこととなった。彼は各器官が脳の皮質まで神経系のなかを続いているといったが、これは今日認められている。彼は、心理的な特徴の多くが生理によって条件づけられると考えたが、これは批判の余地がない。彼を迷い子と見るのも先駆者と見るのも勝手であるが、十八世紀中葉のN・ド・マイエのように、彼の著作は今では滑稽で科学の役には立たないとはいえ、彼の考えにはすぐれた直観が透徹していた。科学的な冒険に出発するすべての人について、彼らは二つの事実の系の関係を直観的に把握したので一般に幼稚な証明をそこへ持ちこまざるをえなかったのだ。進化論や古人類学の開拓者たちに与えられたのもまた同じ非難であった。

(9) 〈下顎棘〉の伝説は、たとえわずかでももっているものですべてを説明しようという欲望のいい例である。下顎棘は、顎骨の内側にあってその上に舌の動力の一つである頤舌骨筋が付着する。付着の仕方は哺乳類のあいだでもかなり違うが、下顎棘が人類にしかないといっても、頤舌骨筋はたとえば反芻類において、舌の運動にきわめて大きな役割を果している。他方人類の下顎棘は個体によって変化が目立ち、旧人のいくつかの顎骨においていっそう発達している。一八六六年に発見されたラ・ノーレットの顎骨では突起が微弱である。当時知られていた唯一の旧人の顎骨を基にしてG・ド・モルティエは言語についての理論を展開し、『先史』(一八八三年、二五〇ページ)のなかで驚くべき考察を述べている。

「すべての人間は最も低級な者でも言葉を用いる術を知っている。しかし昔からこうだったのだろうか。

ラ・ノーレットの顎は「否」と答える」

言葉を持たぬ顎にこう言わせて著者は続ける。

「言葉は舌の一連の動きによって生れる。この動きは特に下顎棘に付着した筋肉の働きによる。言葉をもたない動物は下顎棘をもたない。それゆえこの突起がラ・ノーレットの顎にないということは、ネアンデルタール人、シェル期の人間が言葉をもっていなかったということである……」

下顎棘を言語活動の必要十分条件とした巧みさ、一八八〇年にはともかく知られていた発声の法則をまったく無視していること、頤舌骨筋が舌筋の大部分をなす以上チンパンジーや仔ウシには器官としての舌がないことになる逆説など、どれをいちばん賞めたらいいかわからぬほどである。先史時代の最初の合理的な分類をなしとげた人にしては軽はずみに、また自分自身の体系と矛盾して、ネアンデルタールとシェル期を一緒にしているのにも驚かされる。

(10) 技術と言語活動の共時的な発達についての理論がロシアの人類学者V・V・ブナックによって考えられた。それはわたくしがここで提唱したものとかなり近いが、ごく一般的な生活技術的所与に基づき、音信号から文法的に構成された言語にいたる諸段階の再構成から出発している。身ぶりと音声的表象の総合を通じてわたくしのたどった道とは非常に違うが、比較的近い結論に達しているのを確認することは特に興味ぶかい。

(11) ここで「原始的」という語は最初の人間集団の技術・経済的な状態、つまり野生の自然環境の利用を示している。それゆえこの語は農業と牧畜に先行するすべての先史的社会を指し、意味の拡張によって今日まで歴史のなかで原始的状態を持続しているごくわずかな社会をも指している。民族誌家は長いこと社会的、宗教的、美的事実によって絶えず反駁され、そのため侮蔑的な色合いを帯びてきたこの言葉を批判しているが、書字をもたず、〈偉大な文明〉から離れている民族を全体的に指す言葉がないためにこれを棄てることができなかった。しかし、たいていはカッコに入って使われている。ここで使われる意味は、逆に正確で、根拠をもっている。なぜなら原始人という場合に、自然環境の人工的利用のうえに経済が成り立っているすべての集団が除かれるからである。そのうえ、それはもっぱら狩猟者＝漁師＝採集者である集団に共通な特殊な性格に対応する。

(12) 牧畜の出現または採用は、二つの価値の体系の干渉と結びついている。すなわち飼育される種の生物学的、生物地理学的特徴と牧畜民の技術・経済的な水準である。狩出し手で、足痕を追跡する性質をもつイヌが待伏せ型の狩猟者であり、人間にとって役に立たない猫族に優先して家畜化されたということは、生物学的特徴によって説明される。鹿科についても同様でその逃走行動は分散であるが、牛科は反対に集まったままでいるため、群として訓練される可能性がある。ラプランド・トナカイの群が高地に短期間移住するのと、アメリカのカナダ・トナカイが広い範囲をどこまでも歩き廻るのを較べると、地理的特徴が重要になってくる。技術・経済体系の干渉はたとえば文字どおりの原牧畜民チュクチ〔ベーリング海沿いに住むシベリアの原住民〕とシベリアやスカンジナビアの農耕牧畜民と接触してその影響をこうむった文字どおりの牧畜民のツングースや南ラプランド人とでトナカイの育て方が異なるというところに現われている。牧畜の枠に取り入れられた動物の種類がたいへん少ないことは、条件が厳しく自然発生的にはごくわずかの場所でしか現われず、決った動物にしか当てはまらなかったことを示している。

(13) 牧畜は農業経済と対比して次のように分類される。

A〈自分の生物圏《ビオトープ》にあり、自然の行動を保っている動物と牧畜民の連繫〉採集と狩猟がきわめて大きな役割を果す原牧畜の状態。今では東シベリアのいくつかのトナカイ飼育者の群に限られている。

B〈農業共同体と共生している遊牧民と動物の連繫〉この〈牧羊牧畜〉には、ウシを主とする場合、ヒツジを主とする場合、ラクダを主とする場合があり、ロバ、ウマ、ヤギがそれに加わる。旧世界の草原に当り、通常外婚性の農耕＝牧畜民の二つの集団の共生を含む(トルコ、蒙古、トゥアレグ、プール《西アフリカの住民》、東ヨーロッパのサラカトサンなど)。

C〈定着した農民と動物の連繫〉

a) 動物を密な集団(畜群)に保つ場合。

〈半牧羊的牧畜〉農業社会自体が一時的あるいは恒常的に牧人を専門家として別にする(マルガッシュ、チャドのマサ族、アルプスやピレネーの牧人や羊飼い、アメリカのカウボーイやガウチョ)。

b) 動物を小さな群に保つ場合。

〈農業的牧畜〉農業半径のなかで家畜を監視するために家庭が子供老人などを部分的に牧

人、羊飼いにする（ヨーロッパの牧畜でいちばんふつうの形であり、ヨーロッパ外の数多くの社会とも共通である）。

c）動物が一匹だけ、またはごく小さな群の場合。

〈農業的家畜化〉動物は家庭の仕掛のなかに組み入れられ、技術的道具の役をする（ユーラシアやチャド北部のアフリカにおける多くの社会においてウシ、ロバ、ウマなど）。

(14) 記憶という言葉は、この本のなかで非常に拡大された意味で用いられている。それは知性の一特質でなく、何であれその上に行為の鎖が登録される支えである。この点から動物的種の行動の一定性を定義するための〈種の記憶〉、人間社会の行動の再生を保証する〈民族的〉記憶、そして同じ意味でいちばん最近の形ではエレクトロニクス的な〈人工的〉記憶を考えることができる。人工的記憶は本能や反省の助けを借りずに連鎖的な機械的行為の再生を保証する。

(15) この事実は、子供や少年が同居することによって孤立し得る社会的群をつくる原始社会においても、学校が行動を形づくる強力な手段として考えられる近代社会においても、等しく当てはまり、等しく重要である。教育のイデオロギー的側面は、集団的個性の根本的部分を構成する動作的側面を忘れさせる傾きがある。イデオロギー的浸透が全体的であるためには初歩的な動作行動の動員が要求され、スパルタ人からイギリスのカレッジや社会主義教育学にいたるまで、集団の理想に理想的に合致する個人の形成は、つねに教育のプログラムのなかでの機械的鎖の構成を信奉してきた。ジャングルの奥に孤立した部署についても、なお時間どおり正装して、一人で食事をするイギリス官吏のこっけいな例は、個人的かつ社会的次元での初歩的鎖の展開の擬人的性格をよく示している。

(16) 哺乳類における唇歯把握と、片手または両手把握との割合は、ひじょうに変化にとむ。それは前肢の解放の度合いに支配されているが、また運動皮質の発達の程度と食物獲得の性質にも支配される。ウサギの場合、坐位にもかかわらず手の把握はまったくない。アグーティ(大テンジクネズミ)の場合、手の把握が唇歯把握の後に続き、いつも両手を使うが、食物の保持に限られている。ビーヴァー(海狸)、モルモット、ハムスター、リス、ネズミのように把握性の高い齧歯類においては、坐位における唇歯把握がただちに両手の協同行為をひき起し、それは物体の方向を決め、歯の正しい行為に対して物体を提示するに十分な独立性を持っている。まれではあるが、把えるために両手が第一に使われることが確認されている。猫科のような把握群食肉動物においては両手または片手把握と唇歯把握が行為の種類によって交替する。跳躍による捕獲においては、両手の行為が先行し、停止した時や三本足ですわった時の捕捉作業においては、片手把握が支配的になり、食物を食べる場合うずくまった四足位になり、嗅覚による認知が唇歯把握と結びつく。クマ、蹠行鼬科(アナグマ)、洗い熊科(アライグマ)などにおいては、木登りと直立位が大きな役割を果し、猫科と似た図式に従って行為が分類される。しかしニュアンスはより豊かで、すでに霊長類に近い。クマは片方の手でつみ取り、物体を鼻のほうに持っていって嗅ぎ、唇のあいだにくわえ直して、片手または両手を使ってこれを食べることができる。サルの場合、種のあいだで非常に大きな変化があるが、手の行為が先行し、しかもしばしば片手であり、唇歯把握は人間と同様二次的である。

参考文献

ALIMEN (H.). *Atlas de préhistoire*, Paris, 1950.

—*Préhistoire de l'Afrique*, Paris, 1955.

ANDERSON (R.T.). Dating reindeer pastoralism in Lapland. *Indiana, Ethnohistory*, v. 5, n° 4, 1958.

ANTHONY (J.). L'évolution cérébrale des primates, *Biologie médicale*, v. XLI, n° 5, 1952.

ANTHONY (J.), GRAPIN (P.), LAGET (P.), LEROI-GOURHAN (A.), NOUVEL (J.), PIAGET (J.) & PIVETEAU (J.). *L'évolution humaine*, Paris, 1957.

ANTHONY (R.). L'encéphale de l'Homme fossile de la Quina, Paris, *Bull. et Mém. de la Soc. d'Anthropologie*, mars 1913.

ARAMBOURG (C.), CUENOT (L.), GRASSE (P.P.), HALDANE (J.B.S.), PIVETEAU (J.), SIMPSON (G.G.), STENSIO (E.A.); TEILHARD DE CHARDIN (P.), VALLOIS (H.V.), VIRET (J.) & WATSON (D.M.S.). *Paléontologie et transformisme*, Paris, 1950.

ARIENS KAPPERS (D.V.) & BOUMAN (K.H.). Comparison of the endocranial carts of the Pithecanthropus erectus skull found by Dubois and von Kœnigswald's Pithecanthropus skull. Proc. Kon. Akad. van Wetenschappen., Amsterdam, v. 42, n° 1, 1939.

BACHLER (Emil). *Das Alpine Paläolithicum der Schweiz*, Bâle, 1940.

BASTIDE (R.). *Sociologie et psychanalyse*, Paris, 1949-50.

—*Le candomblé de Bahia*, Paris, 1958.

BENEDICT (R.). *Patterns of culture*, Cambridge, Mass., 1934.

BLACK (D.). On a lower molar hominid tooth from the Choukoutien deposit, *Palaeontologia sinica*, serie D, v. VII, fasc. 1, 1927. Dans les années suivantes, jusqu'en 1943, des études de Black, Pei, Weidenreich ont paru dans *Palaeontologia sinica* et *Bulletin of the Geological Society of China*.

BLANC (A.C.). L'uomo fossile del Monte Circeo... *R.C.R. Accademia Naz. Lincei*, t. XXIX, Rome, 1939.

BOGORAS (W.). The Chukchee, *Memoirs of the American Museum of Natural history*, v. II, Leyde, 1904-1909.

BONIN (G. von). *Essay on the cerebral cortex*, Springfield, 1950.

BOUCHER DE CRÈVECŒUR DE PERTHES (J.) : *De la création*, 1839-1841, 5 v.

—*Antiquités celtiques et antédiluviennes*, Paris, 1847.

BOULE (M.). L'homme fossile de La Chapelle-aux-Saints, *Annales de Paléontologie*, Paris, 1911-1913.

BOULE (M.) & ANTHONY (R.). L'encéphale de l'Homme fossile de La Chapelle-aux-Saints, Paris, *l'Anthropologie*, t. XXI, 1911.

BOULE (M.) & VALLOIS (H.V.). *Les hommes fossiles*, Paris, 1920 et 1923 (Editions complétées par H.V. Vallois, 1946 et 1952).

BOULE (M.) & PIVETEAU (J.). *Les fossiles. Eléments de paléontologie*, Paris, 1935.

BOUNAK (V.V.). L'origine du langage, *in: Les processus de l'hominisation*, Paris, 1958.

BRAIDWOOD & WILLEY. *Courses toward urban life*, Chicago, 1962.

BREUIL (H.). The use of bone implements in the old Palaeolithic period. *Antiquity*, mars 1938.

BREUIL (H.) & LANTIER (R.). *Les hommes de la pierre ancienne*, Paris, Payot, 1951.

BREUIL (H.). *Quatre cents siècles d'art pariétal*, Montignac, 1952.

BROSS (Dr T.). Etudes instrumentales des techniques du yoga. Public. de l'*Ecole française d'Extrême-Orient*, v. LII, Paris, 1963.

BUSK (G.). On the ancient or quaternary fauna of Gibraltar. *Transact. of zoological society of London*, X, 1879.

CAMPER (P.) *Œuvres de P. Camper*, Paris, 1803, 3 v.

CHAUCHARD (P.). Le cerveau et la conscience, Paris, 1960.

—*Des animaux à l'homme, psychismes et cerveaux*, Paris, 1961.

CHEYNIER (Dr André). *Jouannet, grand-père de la Préhistoire*, Brive, 1936.

CLARK HOWELL (F.). European and Northwest African middle Pleistocene hominids, *Current Anthropology*, v. 1, n° 3, 1960.

COHEN (Marcel). *L'écriture*, Paris, 1953.

CUVIER (Georges). *Le règne animal distribué d'après son organisation*, 1816 et 1829, 9 v.

—*Discours sur les révolutions du globe*, suivi de *Recherches sur les ossements fossiles*, 1821-1824, 7 v.

DART (R.). *Australopithecus Africanus: the man-ape of South Africa*, Nature, 7 fév. 1925.

—*The Osteodontokeratic culture of Australopithecus prometheus*, Pretoria, 1957.

Daubenton (D.J.M.). *Sur la situation du trou occipital dans l'homme et les animaux*, Paris, 1764.

Dawson (C.) & Woodward (A.S.). On the discovery of a palaeolithic skull and mandible... at Piltdown. *Quarterly journal of the Geological Society of London*, LXIX, 1913.

Delattre (A.). *Du crâne animal au crâne humain*, Paris, 1951.

Delmas (J. & A.). *Voies et centres nerveux*, Paris, 1961.

Dubois (E.). *Pithécanthropus erectus, eine menschenähnliche Uebergangsform aus Java*, Batavia, 1894.

Dupont (E.). Etude sur les fouilles scientifiques exécutées pendant l'hiver de 1865-1866 dans les cavernes de la Lesse. *Bull. de l'Acad. roy. de Belgique*, XXII, 1866.

Durand (G.). *Les structures anthropologiques de l'imaginaire*, Grenoble, 1960.

Durkheim (E.). *Les règles de la méthode sociologique*, Paris, 1927, 8e éd.

Fairbridge (R.W.) (et divers auteurs): Solar variations, climatic change, and related geophysical problems, *Annals of the New York Academy of Sciences*, v. 95, New York, 1961.

Fevrier (J.G.). *Histoire de l'écriture*, Paris, 1948.

Fulton (J.F.). *Physiologie des lobes frontaux et du cervelet*, Paris, 1953.

Fraipont (J.) & Lohest (M.). Recherches ethnographiques sur des ossements humains découverts dans les dépôts d'une grotte quaternaire à Spy, *Archives de biologie*, VII, 1886, Gand, 1887.

Gall (F.J.). *Sur les fonctions du cerveau et sur celles de chacune de ses parties, avec des observations sur la possibilité de reconnaître les instincts, les penchants, les talents ou les dispositions morales et intellectuelles des hommes et des animaux, par la configuration de leur cerveau et de leur tête*, Paris, 1822-1825, 6 v.

GAUCHAT (Abbé). *Lettres critiques ou analyse et réfutation de divers écrits modernes contre la religion*, Paris, 1758-1763, 19 v.

GEOFFROY SAINT-HILAIRE (E.). *Principes de philosophie zoologique*, 1830. *Notions de philosophie naturelle*, 1838.

GORJANOVIC-KRAMBERGER (K.). *Der diluviale Mensch von Krapina in Kroatien*, Wiesbaden, 1906.

GOURY (G.). *Précis d'archéologie préhistorique*, Paris, 1948.

GRANET (M.). *Danses et légendes de la Chine ancienne*, Paris, 1926.

GREGOIRE DE NYSSE. *Traité de la création de l'homme*, Paris, 1944.

GRIAULE (M.). *Masques dogons*, Paris, 1938.

—*Dieu d'eau*, Paris, 1948.

GRIAULE (M.) & DIETERLEN (G.). *Signes graphiques soudanais*, Paris, 1951.

GRUET (M.). Le gisement moustérien d'El Guettar, Tunisie, *Quaternaria*, Rome, 1955.

GUERSCHEL (L.). *La conquête du nombre*, Paris, Annales, n° 4, 1962.

HALBWACHS (M.). *Les cadres sociaux de la mémoire*, Paris, 1932.

HAUSER (O.). Découverte d'un squelette humain type de Néanderthal, *L'homme préhistorique*, janvier 1909.

HERSKOVITZ (M.). *The economic life of primitive people*, New York, 1940.

—*Economic anthropology*, New York, 1952.

HOFFMAN (W.J.). The Menomini Indians, *40th Annual report, Bureau of Ethnolog.*, 1892-1893, I.

HRDLICKA (A.). The Neanderthal phase of man. *Annual report of the Smithsonian Institution*, 1928.

HURZELER (J.). Oreopithecus bambolii gervais, a preliminary report, *Verh Naturf. Ges. Basel*, v. 69, n° 1, Bâle, 1958.

JENKS (A.E.). The wild rice gatherers of the Upper lakes. *19th Annual report of the Bureau of American Ethnology, Smithsonian Institution*, Washington, 1900.

KING (W.). The reputed fossil man of the Neanderthal. *Quart. Journ. of Science*, 1864.

KOBY (F. Ed.). Les paléolithiques ont-ils chassé l'ours des cavernes? *Actes de la Société jurassienne d'émulation*, 1953, 48 p.

KŒNIGSWALD (R. von). Ein Beitrag zur Kenntnis der Praehominiden, *Dienst* van den Mijnbouw in Nederlandsch-Indie Wetenschoppelijke Mededeelingen, n° 28, Batavia, 1940.

LAMARCK (Jean-Baptiste). *Philosophie zoologique*, 1809, 2 v.

LAMING-EMPERAIRE (A.). *La signification de l'art rupestre paléolithique*, Paris, 1962.

LEAKEY (L.B.S.).

—*Illustrated London News*, 12 sept. 1959 et 19 sept. 1959.

—*Current Anthropology*, v. I. n° 1, 1960.

LEENHARDT (M.). *Notes d'ethnologie néo-calédonienne*, Paris, 1930.

—*Do Kamo*, Paris, 1947.

LEONARDI (Piero). Nuovi problemi relativi all'uomo fossile. *Annali dell'Universita di Ferrarra*,

Sect. XV, v. I, n° 4, 1960.
LEROI-GOURHAN (A.). *Bestiaire du Bronze chinois*, Paris, 1936.
—*La civilisation du renne*, Editions Gallimard, Paris, 1936.（『トナカイの文化』）
—*Documents pour l'art comparé de l'Eurasie septentrionale*, Editions Albin Michel, Paris, 1943.（『北ユーラシアの比較芸術資料』）
—*L'homme et la matière*, Paris, vol. 1: Evolution et technique (1943), vol. 2: Milieu et technique, Ed. Albin Michel, Paris.（『人間と物質』、第一巻『進化と技術』、第二巻『環境と技術』）
—*Archéologie du Pacifique nord*, Travaux et mémoires de l'Institut d'Ethnologie, Paris, 1946.（『北太平洋考古学』）
—*Esquisse d'une classification crâniologique des Eskimos*, Actes du XXVIIIe Congrès international des Américanistes, Paris, 1947.
—Etude des squelettes recueillis dans la nécropole Saint-Laurent à Lyon. *Institut des Etudes rhodaniennes de l'Université de Lyon, Mémoires et documents*, 4, Lyon, 1949.
—Note sur l'étude historique des animaux domestiques. Lyon *Etudes rhodaniennes* (Mélanges Zimmermann), 1949.
—La caverne des Furtins. *Préhistoire*, t. XI, 1950.
—Notes pour une histoire des aciers. *Technique et civilisation*, v. II, Paris, 1951.
—Ethnologie et esthétique. *Disque vert*, n° 1, Bruxelles, 1953.
—Du quadrupède à l'homme (station, face, denture). *Revue française d'odonto-stomatologie*, t.

II, 1955.
—Equilibre mécanique de la face normale et anormale, *Annales odonto-stomatologiques*, 1955.
—*Hommes de la préhistoire*, Paris, 1955.
—*Les tracés d'équilibre mécanique du crâne des vertébrés terrestres*, Thèse de doctorat d'Etat, Faculté des Sciences, Paris, 1955.
—La préhistoire. Paris, Encyclopédie de la Pléiade, t. I, 1956.
—La galerie moustérienne de la grotte du Renne (Arcy-sur-Cure, Yonne), *Congrès préhistorique de France, Poitiers-Angoulême*, 1956.
—Le comportement technique chez l'animal et chez l'homme. in: Anthony (J.) etc..., *L'évolution humaine*, Paris, 1957.
—Technique et société chez l'animal et chez l'homme. *Recherches et débats*, cahier n° 18, 1957.
—*Etude des restes humains fossiles provenant des grottes d'Arcy-sur-Cure*, Annales de Paléontologie, t. XLIV, 1958.
—La fonction des signes dans les sanctuaires paléolithiques... Répartition et groupement des animaux dans l'art pariétal paléolithique *Bull. Soc. Préhist. franc.*, t. LV, 1958.
—Sur une méthode d'étude de l'art pariétal paléolithique. *V. Congrès Intern. Sciences préhist.* Hambourg, 1958.
—*Ethnologie de l'Union Française* (en collaboration avec J. Poirier), Encyclopédie de la Pléiade, Paris, 1960. (『フランス連合の民族学』)
—Préhistoire (art paléolithique). Paris, *Encyclopédie de la Pléiade*, Histoire de l'art, 1961.

—L'histoire sans textes... Paris, *Encyclopédie de la Pléiade, L'histoire et ses méthodes*, 1961.
—Les fouilles d'Arcy-sur-Cure. Paris, *Gallia-Préhistoire*, t. IV, 1961.
—Apparition et premier développement des techniques. *Histoire générale des techniques*, Paris, 1962.
—*Religions de la préhistoire*（*Le Paléolithique*）, P. U. F., Paris, 1964.（『先史時代の宗教』）
—*L'hypogée des Mournouards*（Mesnil-sur-Oger, Marne）, *Gallia-Préhistoire*, t. 5, 1962.（「ムルヌアール地下墳墓―マルヌ県メスニル＝シュル＝オジェ」）
—*La préhistoire*（en collaboration avec G. Bailloud, J. Chavaillon, A. Laming-Emperaire）, Presses Universitaires de France, Paris, 1966.（『先史学』）
—L'habitation magdalénienne No. 1 de Pincevent près Montereau（Seine-et-Marne）, *Gallia-Préhistoire*, t. 7, Paris,（1966）.（「モントロー付近パンスヴァン（セーヌ＝エ＝マルヌ県）のマグダレニアン期住居第1号」）
—L'expérience ethnologique, Encyclopédie Ethnologique, Gallimard, Paris, 1968.（『民族学的経験』）
—Fouilles de Pincevent: Essai d'analyse ethnographique d'un habitat magdalénien（La section 36）, VIIe supplément à Gallia Préhistoire, 1973.（「パンスヴァンの発掘――マグダレニアン期住居（セクション36）の民族学的分析の試み」）
Lévi-Strauss（C.）. La sociologie française. in Gurvitch（G.）et Moore（W.E.）. *La sociologie au XXe siècle*, Paris, 1947.
—*Les structures élémentaires de la parenté*, Paris, 1949.

—*Anthropologie structurale*, Paris, 1958.
—*La pensée sauvage*, Paris, 1962.
—*Mythologiques. I — Le cuit et le cru*, Paris, 1964.
LEVY-BRUHL (L.). *La mentalité primitive*, Paris, 1925, 4e éd.
LINNE (Ch.). *Systema naturae*, éd. de 1735.
MAINAGE (Th.). *Les religions de la préhistoire*, Paris, 1921.
MANKER (E.). *Les Lapons des montagnes suédoises*, Paris, 1954.
MARINGER (J.). *L'homme préhistorique et ses dieux*, Paris, 1958.
MARSHALL (W.R.), WOOLSEY (Cl. N.) et BARD (Ph.). Observations on cortical somatic sensory mechanisme of cat and monkey. *Journal of neurophysiology*, Springfield, 1941, 4.
MARTIN (H.). Sur un squelette humain de l'époque moustérienne trouvé en Charente. *Comptes rendus Acad. des Sc.*, 16 oct. 1911.
MASPERO (H.). *Les religions chinoises*, Paris, 1950.
MATHIS (M.). *Vie et mœurs des anthropoïdes*, Paris, 1954.
MAUSS (M.). *Sociologie et anthropologie*, Paris, 1950.
MELLAART (J.). Excavations at Catal Hüyük, *Anatolian studies*, XII, 1962.
MERCATI (M.). *Metallotheca, opus posthumum*. Rome, 1717.
METTLER (F.A.). The non-pyramidal motor projections from the frontal cerebral cortex. *Associat. for Research in nervous and mental diseases*, 27, Baltimore, 1948.
MONTANDON (G.). *L'homme préhistorique et les préhumains*, Paris, 1943.

MORIN (G.). *Physiologie du système nerveux*, Paris, 1955.

MORTILLET (G. de). *Le précurseur de l'homme*, Associat. française pour l'avancement des sciences, Lyon, 1873.

—*Le préhistorique*, Paris, 1883.

MULLER (W.). *Die heilige Stadt*. Stuttgart, 1961.

OAKLEY (K.P.). *Man, the tool-maker*, London, 1949.

OKLADNIKOV (A.P.) etc... *Paleolit i neolit SSSR* (Paléolithique et Néolithique de l'U.R.S.S., Moscou), 1953 et suiv.

OLERON (P.). *Recherches sur le développement mental des sourds-muets*, Paris, 1957.

PALES (Dr L.). Les empreintes de pieds humains de la《Grotta della Basura》. *Revue d'Etudes ligures*, janv.-déc. 1960, n° 1-4.

PARROT (A.). *Archéologie mésopotamienne*, Paris, 1953.

PATTE (E.). *Les hommes préhistoriques et la religion*, Paris, 1960.

PIVETEAU (J.). Les Primates et l'homme. Traité de Paléontologie, t. VII, Paris, 1957.

PYCRAFT (W.P.), SMITH (G.E.). *Rhodesian man and associated remains*, Londres, 1928.

QUATREFAGES (A. de) et HAMY (E.T.). *Crania ethnica*, Paris, 1882.

RODDEN (R.J.). Néa-nikomedeia. *Proceedings prehist. society*, v. XXVIII, 1962.

ROUSSEAU (J.J.). *Sur l'origine de l'inégalité des hommes*, Amsterdam, 1755.

SCHAAFFHAUSEN (H.). Zur Kenntnis der aeltesten Russenschaedel. *Arch. für Anatomie*, 1858.

SCHENKEL (R.). Ausdruck-Studien an Wölfen. *Behaviour*, v. 1, 1947.

SCHMERLING (Ph.) *Recherches sur les ossements fossiles de la province de Liège*, 1833.

SCHŒTENSACK (O.). *Der unterkiefer des Homo heidelbergensis aus den Sanden von Mauer bei Heidelberg*, Leipzig, 1908.

SERGI (S.). La scoperta di un cranio del tipo di Neandertal presso Roma, *Rivista di Antropologia*, XXVIII, Rome, 1929.

—Il cranio neandertaliano del monte Circeo. *Acad. nat. dit Lincei*, Roma, 1939.

—Il secondo paleantropo di Saccopastore. *Riv. di antropologia* v. XXXVI, Roma, 1948.

SIMONDON (G.). *Psycho-sociologie de la technicité*, Lyon, 1962.

SIMPSON (G.G.). *Rythme et modalités de l'évolution*, Paris, 1950.

SPENCER (B.) et GILLEN (F.J.). *The Arunta; a study of a stone age people*, London, 1917.

STENSIO (E. son) et JARVIK (E.). Agnathi and Pisces. *Fortschritte de Paläontologie*, 1939.

TCHERNYCH (A.P.). Vestiges d'un habitat moustérien sur le Dniestr (en russe). *Sovietskaja Etnografya*, I, 1960.

TEILHARD DE CHARDIN (P.). *Œuvres de Pierre Teilhard de Chardin*, Paris, 1955... (7 volumes parus: le phénomène humain, l'apparition de l'homme, la vision du passé, le milieu divin, l'avenir de l'homme, l'énergie humaine, l'activitation de l'énergie).

THOMA (A.). Le déploiement évolutif de l'homo sapiens. *Anthropologia hungarica*, t. I, Budapest, 1962.

TOMATIS (Dr A.). *L'oreille et le langage*, Paris, 1963.

TOPINARD (Dr P.). *L'anthropologie*, Paris, 1876.

WEIDENREICH (F.). Observations on the form and proportions of the endocranial casts of Sinanthropus pekinensis... *Palaeontologia sinica*, t. 7, n° 4, 1936.

—The skull of Sinanthropus pekinensis, a comparative study on a primitive hominid skull. *Palaeontologia sinica*, new series D, n° 10, Pékin, 1943.

—Giant early man from Java and South China. *Anthrop. papers of the American museum of Natural history*, XL, n° 1, 1945.

WEINER, LE GROS CLARK, OAKLEY: The solution of the Piltdown problem. *Bull. of the British Museum* (Natural History), Geology, t. 2, n° 3, 1953.

WIENER (N.). *Cybernetics and society*, 1954.

WOOLSEY (Cl. N.) etc. Patterns of localisation in precentral and supplementary motor areas. *Association for Research in nervous and mental deseases*, 30, Baltimore, 1952.

YERKES (R.M.) et LEARNED (B.W.). *Chimpanzee intelligence and its vocal expressions*. Baltimore, 1925.

YERKES (R.M. et A.W.). The great apes.

YOUNG (J.Z.). *La vie des vertébrés*, Paris, 1954.

主要訳語対照一覧

遺伝的　génétique（一部、発生学的という訳語もある）
絵文字　pictogramme, pictographie
外化　extériorisation
外界関係領域　champ de relation
絵画書法　pictographie
解放　libération（一部、自由の訳語あり）
局在性　topographie（文脈により、局所解剖学。topologique 解剖学的、場所的）
形象　figure（文脈に応じて、絵、姿、図形、図絵、とした）
原始　primitif（未開［現生人の場合］、プリミティヴ［芸術］）
原動力　moteur, animateur
行動例、慣例、慣習　pratique
時間・空間における統合　intégration spatio-temporelle（insertion spac.-temp. 時間・空間に安定して組み入れられること）
しくみ、仕掛、器官、手段、体系、システム、装置、装備　dispositif, organe, instrument, système, appareil, appareillage, équipement（文脈に応じ、上の訳語を入れ換えて訳出した）
自動の　automatique, automoteur
社会組織体　corps social

しるし（徴）、表徴　signe
象形（化）　figuration, figuratif, figuré（現代に近い場合、リアリズムの段階に達している場合
　↓具象）
照合（の拠りどころ）　référence
書字　écriture
神経営生的　neurovégétatif
生活技術（研究）　technologie
前部運動領域　champ opératoire antérieur
綜合、統合　intégration
体制　organisation（生物学的な意味で）
超有機体（的）　extraorganisme（-que, sur-organique）
図示（〜表現）、図示的　graphisme, graphique
動作行動　comportement opératoire（動作の鎖、連鎖 chaîne opératoire）
流れ（の方向）　dérive
把握群の　préhenseur
発達段階上にある　stadial
比較対照　confrontation
表意書法　idéographie
表象、象徴　symbole
歩行群の　marcheur

訳者あとがき

この書物はルロワ゠グーラン André LEROI-GOURHAN が一九六四年と五年にアルバン・ミッシェル社から刊行した *Le Geste et la Parole*, 2 vol. (*technique et langage*, 324p., 1964, *la mémoire et les rythmes*, 286p., 1965), Albin Michel, Paris の翻訳である。

ルロワ゠グーランの略歴については、はじめに、本書まえがきで寺田先生も触れておられるが、パリ大学教授、民族学研究者養成所、先史時代学術発掘調査学校創設者、コレージュ・ド・フランス教授、民族学研究所所長、パンスヴァン遺跡の発掘調査の指導責任者として活躍するほか、巻末参考文献一覧に見えるように厖大な業績がある。その略歴を見てもわかるように、ルロワ゠グーランは実に堅固な形質人類学者であり、古生物学者、先史学者である。こういう堅固な修業形成《フォルマシヨン》を経たからこそ、この壮大な著作の全ページを通じて、ある単純な主題を貫きえたのであろう。それを要約するのは容易なことではないが、読者の便宜のために私が理解したところをざっと語ってみよう。

四足の動物は直接食物を口で食べなければならないから、歯が頑丈でなければならず、鼻面が重くなる。首の一点で支えられる頭の重さの大半は、この鼻面の重さであるから、脳の発達は妨げられる。ところが人間が直立位を獲得して手が食物を手ごろな大きさに分ける仕事にかかわるようになると、不必要になった巨大な歯列は縮小し、顔が軽くなる。

また頭は、背骨と体全体によって支えられるようになるから、まず後頭部、やがて前頭部が発達する余裕ができる。解放された手は身振りを形成し、食物の咀嚼、嚥下の仕事からほとんど解放された口は、やがて身振りに伴う意味をもった発声、すなわち言葉の形成に専心するようになる。

論の展開はこのようなところからで、この考えの単純さと力強さは印象的だが、それだけなら本書中でルロワ＝グーラン自身引用しているように、四世紀のニュッサのグレゴリウスがすでに気づいている。石田英一郎先生の「文化の概念」（『人間と文化の探究』文藝春秋刊）にも同じ指摘がある。ただルロワ＝グーランはこれを前後に途方もなく延長して、生物の起原から都市や工業社会の形成に至る歴史の全体に同じ原理を貫通させたのである。彼はそれを継起する解放（政治的解放の意味ではなく、最初は力学的解放であり、パンチ・カードやコンピューターを考える後半で〈記憶の解放〉などと使う時には、道具と同じように、脳の機能を物として外化することを意味する）と考えた。脳と手の関係を魚形態、両棲形態、竜形態、獣形態と辿って〈歩行と把握〉の二方向を弁別し（第二章）、大脳皮質の展開を綿密に辿って、前からの皮質はそのまま存在しているが、前部に新しい統合装置がつけ加わってより高次な全体が形成されるというパターンを発見し（第三章）、このパターンが石器の発達にも、社会の発達にも貫通していることを確かめているが（第四章以下）、統合装置は脳にとどまらず、次第に物として外化されていく（音声、書字、本、カード、パンチ・カード、コンピューター）（第二部）。彼が言語の線形化と書字《エクリチュール》の音標文字化について述べている考察は実に示唆にとみ、中国の漢字と日本語の関係も彼の中国、日本に対する深い知識洞察に裏づけられて、新しい一般言語学の辿るべき方向を暗示するかのようである（第六章）。また第三部の〈民族の表象〉の部分は、価値とリズムの身体的根拠を探り、時間と空間を統合馴化して、ある統一的な世界の中心に坐ろうとする人間の努力の中に機能的美学の根拠を見いだしている。〈巡回空間と放射空間〉などの章は何と喜ばしい興奮を読者に伝えることだろう。こうして都市問題の人類学的全貌とでもいうべきものが姿を現わしてくる。この時間・空間的な統合と宗教との密接な関係を論ずるあたりでは、ルロワ＝グーランに『道徳と宗教の二源泉』におけるベルクソンの弟子が感じられるが、直接の影響であろうか、それともデュルケム、レヴィ＝ブリュール、モースなどのフランス派社会学からの流れであろうか。

ちなみに現代の世界的傾向であろうが、欧米や日本における物質文明化は著しく、私は十九世紀を温存しているパリから帰って来て六年になるがいまだに最近の物質文明に慣れることができない。しかしルロワ＝グーランを読んで私のこの違和感にも理由があるのではないかとふと思い当った。彼の考えの重要な原理の一つに時間と空間の統合の軸というのがあるが、日本の現代文明においては、西欧的なかたちでのこの時空統合の軸がないように思われる。畳に坐って庭を眺める人の家には、神棚や仏壇はなくとも、二千年来われわれを規定してきた時空統合の軸が隠然と実在するであろう。ところがそのような家を出て、突然新幹線、あるいは超高層ビルの超現実的な時間や空間に放りだされる時、われわれの生活時間・空間にはいかなる統合の軸があるのだろうか。パリでは昔ながらの籠のような、スピードの遅いエレヴェーターのあるアパルトマンの方が超近代的な郊外のアパルトマンよりはるかに高価であると聞いたが、日本には価値意識によるそのような整序作用が存在しないのではないか。日本と西洋、昔と今の雑然紛然たる無原則な混在がますます激化すれば、神経中枢はいたずらに疲労するばかりであろう。しかし速断は慎もう。もともと多神教徒であり仏教をも多分にそういう民俗的精霊信仰と結びつけてアニミズム的に受け入れてきたふしのある日本人の時空統合の軸は西欧キリスト教社会のように一本ではなくて複数だったのではないか。したがって今日、西欧的思考から見て混乱とみえるものも、実は混乱ではなく、二千年来の定式なのかもしれない。いずれにせよ、ルロワ＝グーランの思想は文明論の基礎づけの仕事にも寄与するところが大きいと思われる。

テイヤール・ド・シャルダン師とルロワ＝グーランの関係についても、深く触れることはできないが、人間と自然を一元的に総合的にとらえた点が共通し、精神圏《ヌースフェール》（反省を伴う生、人間文化の領域）が生物圏《ビオスフェール》（反省を伴わない生の領域）を統合するシャルダンの考えと前述のルロワ＝グーランのパターンの間にある類似がある（これは物質の宇宙的流れが究極に複雑性＝意識に向うというシャルダンのもう一つの考えについてもあてはまる）ことは確かであろう。

ルロワ＝グーランは最後に先史芸術における蘊蓄を傾けて、仮象芸術から非具象芸術への、抽象芸術（この場合の抽象は最も語原的な意味で、部分を全体から引き離して引きだすこと）、写実主義、図式化の三段階を経過する歩みを語って、現代前衛芸術の探究に深い示唆を与えてくれる。「想像上の自由とホモ・サピエンスの運命」の最終章を読む時、われわれは人類の危機や堕落が宗教的、道徳的、思想的、美的に限定された次元において一部の識者に自覚されるだけの問題ではなくなり、（「何事も、古き世のみぞ慕はしき。今様はむげに賤しくこそなりゆくめれ」という兼好法師の歎きの何と美しく、しかも根本的に何と楽観的なことであろうか）、文字通り生態環境全体の破壊として、しかも古生物学的地質時代に始まったあいつぐ解放のきわめて論理的な結果としてそこにあるのをひしひしと感ずる。生物学的個体としてはマンモスを狩っていた段階と同じところに留まりながら、社会組織体の成員としてますます強まる拘束と平均化に脅やかされ、垂直に近いプロメテウス的技術的解放の結果を容赦なく受け入れねばならない人間は、相互に次第に隔たる三つのグラフの間に引き裂かれているのである。われわれの一人一人がこの事態を直視して考えねばならない時である。

※

読者が読めばわかることを、私が詳しく書いたのも、この本を読んで下さる方々（もちろん一般の教養ある読者を指すので、専門家は私のこのような「あとがき」をそもそも必要としないであろう）にルロワ＝グーランという巨大な学者の世界に入るのを億劫に思わないでほしいからである。ふたたびまったくの老婆心から、「人類学」についてフランスの学者のもっとも概括的な記述を引用しておこう。この新しくて旧い学問は、その「対象と方法」の定義において今なお激しく動揺しており、ルロワ＝グーランを理解する上に、その祖国フランスでのこの学問の理解の仕方とルロワ＝グーランの位置づけを紹介するのは、ふたたび一般の教養ある読者にとってけっして無駄ではないと信じた次第である。

〈人類学〉〈対象と方法〉

　動物としての人間の完全な研究を行おうとすれば、解剖生理学の次元で、人間を特徴づける点を調べるだけではなく、環境に対してどう行動し反応するか（生態学《エコロジー》）、その個人的社会的行動（ふるまい）はどんなものか（動物行動学《エトロジー》）を調べなければならない。しかし人間は、前部神経系統がすぐれて細分化した結果、他の動物にくらべて、いちじるしく複雑で変化にとむエトロジーと、環境を自分の都合のいいように変えることを含めて例外的な生態学的《エコロジカル》な適応能力を示す。それゆえ人間の研究はまったく特別な位置をしめることになる。物質的（人間を土壌に結びつける食物獲得の手段、すなわち採集、農業、漁業、狩猟、牧畜、機械を伴う、または伴わない生活技術）または非物質的（家族・社会の構造、法律、美学、呪術的宗教的現象、言語学）な文化の研究が必要となる。人間の生物学的基礎と行動の結果をこうして区別すると、〈人類学〉という言葉の理解にある動揺と一種の混乱が生じてくる。一九二五年ごろまでは、〈人類学〉はあらゆる現象の全体的研究であった。この広義の〈人類学〉の意がアングロ・サクソン系諸国では、なお用いられている。

ところがフランスでは、民族学《エトノロジー》という語をこの意味に用いるようになり、人類学は「現生化石人種の多様性における人間の生物学的研究」という厳密な意味をとった。それゆえ民族学《エトノロジー》は厳密な意味での人類学の傍らにあって文化的（物質的非物質的）な心的表出にかかわる学問、民族誌、先史学、言語学を含む。

厳密な意味での人類学は、人種という概念を定義しようとするが、これは今日では「一群の遺伝的に共通な身体的生理的特質を示す人間の自然的グループ」を指し、文化的特質に基づいたグループには民族（エトノス）の語が用いられる。人類学は内解剖学や外解剖学、生理学、病理学の所見の比較に基づいた、人種の生物学的分類の確立を目指してきたが、次第に生理学がそこで重要な位置をしめるにいたっている（比較内分泌学、血液の血清学的特質、Rh因子など）。人種を動物学的に分類しようという人類学の本来の目的は達せられたと考えられるので、これからは優生学、土壌への適応、混血、集団の移動、人工村の建設、低開発国の人手といった今日の大問題を解決するための実際的応用の可能性に目を向けるべきであろう。なお、古人類学と動物人類学は厳密な意味での人類学に属する。後者は生物学的特質に従い、人間と他の霊長類の間の系統分類学的進化の関係を確立しようと試みている。（R・アルトヴェーグによる）

古典的な概念である民族学《エトノロジー》が、社会文化人類学というもっと広い概念でおきかえられたことは、さまざまな分野、一般理論の分野や主として人類学者が受け持ってきた諸目標の分野で、この人文科学に深甚な進化が起ったことを、事実において示すものである。人類学者にとって、概念的範疇の次元でも、集団のなかでの個体間の関係の次元でも、もはや〈文明人〉と〈未開人〉（この言葉自体専門家の語彙から消滅してしまった）の間の相違はなくなってしまった。適用の対象はまったく異なっているが、（二分法《ディコトミー》という）働き方において〈西欧の〉思考に近い〈野性の〉思考についての一般理論的業績（クロード・レヴィ＝ストロース）のせいというよりはむしろ、探究分野の拡大の試みのせいで、この境界が次第に消滅したのである。たとえば、ある人類学者達はわざと非常に対照的な社会を研究した（ウォーナーは継続的にオーストラリアのいくつかの民族とアメリカの小村落を研究した）。これらの事実は一方で人間という生物や人間の集団の定義の変化を示し、他方で民族学的条件を観察処理する方法の変化を示す。理論的考察の分野でも現地での観測方法の分野でも進歩をもたらしたのは根本的には学問分野相互間の協力研究のおかげであった（心理学、教育学〈ミード〉、精神分析学〈カーディナー〉、言語学〈レヴィ＝ストロース〉など）。しかし社会文化人類学はまだ単一の科学になったとはいえない。それが近づこうと目指している社会学でさえ、まだそういえないのと同様であり、研究者に共通な語彙の存在する分野はきわめて少ない。理論的問題は、全体として観察された社会的現実にくらべて、あまりにも部分的な仕方で展開され、時には十九世紀に遡る真面目な専門研究の夥しい数にもかかわらず、数学的模型の使用は今日まで問題の形式的整理にも科学的一般化にもまだ成功していない。探究の方法対象も甚だしくバラバラである。一九六五年の〈人間科学〉に関するユネスコの報告によるとフランスだけで五つの主な流れがあって、相互にあまり関連がない。ⓐ比較民族学の領域での構造主義（レヴィ＝ストロース）、ⓑもともとマルセル・グリオールによって発達したアフリカの認識体系の研究、ⓒ意味ある細部という角度からのヨーロッパ非工業社会の研究（民俗芸術伝統博物館）、ⓓ技術的断面からもっぱら文化を定義しようとするもの（ルロワ＝グーランの先史学の領域）、ⓔ特にジョルジュ＝バランディエに指導された一群のアフリカ社会学者によって代表される社会発展の心理社会学、がそれである（D・カザリスによる）。

※

以上の説明からすぐわかることは、社会文化人類学は若い学問であるとはいえ、形質人類学、民族学、社会学、言語学、先史学、考古学などの形で、「人間」はずいぶん昔から研究され続けて来たということである。フランスではモンテスキューの『法の精神』、ジャン＝ジャック・ルソーの『人間不平等起原論』、そしてビュフォンやキュヴィエの仕事、フランス以外ではリンネやブルーメンバッハなど、人類学の源流が少なくとも十七、十八世紀に遡ることは、本書の第一部第一章によっても明らかであろう。

モーガン、タイラー、ボアズ、クローバー、フレイザー、プリッチャードなど、アングロ・サクソンの優れた人類学者の業績について云々する資格は私にはないが、マルセル・グリオールやクロード・レヴィ＝ストロースなどフランスの人類学者の仕事を垣間見たかぎりでは、その精緻さと美しさに感服させられつつも、人間と社会と自然が包括的に捉えられているという圧倒的な感銘を受けることはなかった。親族関係や婚姻体系は、呪術や宗教とならんで、ある社会の「構造」を解明するもっとも有効な鍵であり、手がかりであることは確かである。「弁別的特徴」としての、居住方式や親子相続方式のような「文化特徴」は、他の文化との対照弁別において、ひじょうに鮮やかな機能を果すであろう。それらはドゴン族の宗教や、オーストラリア原住民の社会や、アメリカ・インディアンの言語の研究において、フィールド・ワークを無駄なく導く一種の作業仮説でもあり得たろう。しかし、ルロワ＝グーランも本書のなかで触れているように、人間の生活は「褻《け》にも晴れにも」連綿と絶えることなく続いている。「晴れの言葉」だけに着目して「毎日の言葉」を忘れるならば、「人間」の事実は、ある社会の構造を浮びあがらせる巧妙な数学的模型のあいだからふたたび決定的に流れ落ちてしまうのではなかろうか。

門外漢にのみ許される乱暴な印象批評で恐縮だが、私はルロワ＝グーランの、形質人類学、古生物学、先史学の本道にどっしりと腰を据えた、悠々たる大河のようなこの書物を読んで、小手投げや外掛けの、胸のすくような鮮やかなきまり方を前にして感ずる讃歎の念とは違った、ある圧倒的な感銘を受けた。いわば右四つがっぷりから一直線に寄り進む双葉山の強さである。

※

私がアンドレ・ルロワ＝グーランの名を知ったのは一九六五年のことで、当時私はパリにいたが、市原豊太先生が置いて行ってくださったトランジスター・ラジオで夜遅く寝床のなかでフランス国営放送を聴くのを日課にしていた。そのなかに新刊書の書評や著者とのインターヴューがあって、大変参考になったが、ある晩うつらうつらと半分眠っている頭に夢のように聞えてきたのが、ルロワ＝グーランの話であった。ただ何分なかば夢占いのように漠然とした印象であり、翌朝書きつけたメモもどこかへ紛失してしまい、パリ生活の繁忙に紛れていつの間にかこの本のことを忘れていた。

それから五年経った一昨年、新潮社出版部からアンドレ・ルロワ＝グーランの話を聞いた時、卒然としてこの印象が蘇ってきた。私は一気に『身ぶりと言葉』上下二巻を通読して、私の夢のような記憶をとりもどしたのである。しかしルロワ＝グーランの世界はもっと豊かで、厳密な科学的著作であるにもかかわらず、いやそれゆえにこそ壮大な叙事詩のような夢に満ちていた。と同時に複雑多岐をきわめる通算六百ページの原著が冒頭で述べたとおり、単純で執拗な一つの主題に貫かれていたことも本当である。ところがいざ訳し始めてみて、頻出する術語、ルロワ＝グーラン独特の悪文ともいうべき発想、さまざまな専門領域をカヴァーする百科全書派のように、普遍人レオナルド・ダ・ヴィンチのように博大な知識には辟易させられた。

幸い、大学の同僚で文化人類学の佐藤信行氏が私の質問に面倒がらずにいちいち答えてくれ、とうとう東大文化人類学の寺田和夫先生に紹介してくださった。先生は目の廻るようなお忙しさのなかで私の悪筆の乱雑な原稿に目を通されて、実に適切な助言を遠慮がちに鉛筆で書き入れてくださった。術語の訂正はもちろん、あまりにも難解佶屈な直訳をなだらかな意訳に変えてくださった所も無数にある。採否の決定はすべて私に任せられたから責任はもちろん一切私にあるが、この訳がどうにか日の目を見、いくらかでも専門家の熟読に耐え、一般読者がすらすらと理解できるものになったとしたら、それはすべて寺田先生のおかげである。

寺田先生の他にも、御教示にあずかった人は数多い。なかでも慈恵医大の新福尚武教授をはじめ、私の大学の同僚で考古学のJ・エドワード・キダー氏、美術史の田中文雄氏、当時考古学助手、現カリフォルニア大学院生、小山修三氏には度々親切に教えて頂いた。また最初の部分を教材代りに私と一緒に検討し、一部試訳して私を助けてくれた当時の私の学生、現朝日出版社の鈴木和男君、浄書などでお世話になった牧野文子さんにも感謝したい。

この他、私が感謝しなければならないのは新潮社出版部、特に片岡久氏である。出版部の方々は私の仕事の困難さに十分の理解を持って私の我儘を許してくれたが、三年間の波瀾に満ちた交際の後で、私はこれらのみなさんに深い友情のようなものを感じている。

寺田先生をはじめとする諸氏のあらゆる助力にもかかわらず、本書はまだ決して読みやすい書物といえないかもしれない。私の責任であることはもちろんだが、ルロワ＝グーランの原文がまま冗長でもあり、いいたいことが次々と分岐して混乱しているところもある。意を汲んで文章を書き直さなければ読めないところが多かったことも付記したい。しかし私は読者に「ダーウィンの魔法」というアランの次の言葉を贈ろう。

「読み進むにつれ、物はこのように互いに関係し、からまり合っていく。あなたの目の前に一つの森が生れ、競って繁茂する無数の植物が、浪費されるその種子と共に生れてくる。……一体どこから、まるで詩のようなこの魔法が生ずるのであろうか。描く人が物の細部に目をとめて離さない発明者自身であるからだ。手探りや、疑念や、くだくだしさがないわけではないが、生れつつある思想のもつ真似のできないあの力が常に感じられる。なぜなら思想自体、無数の思想の藪のなかから生えだしてくるのだから。ちょうど樫の木のごつごつした枝が数々の障害、傷、勝利を意味しているのと同じことである。以上述べてきたことから私は、ある思想を学ぶためには、それを見いだした人自身につくべきであるとの重要な規則をひきだす。しばしば、非常に聡明な他の人が後からやってきて、その思想の大変解りやすい、あまりに解りやすい摘要、メモをつくる。それは地面にさしこんだ棒が木に似ているのと同じ程度で思想に似ているところの抽象的公式である。

真実の思想が、人間の手を借りずに、ただそれだけで真実であると思ってはいけない。思想を生かすのは、疑念、手探り、観察の紆余曲折なのである。逆に思想を教える人々の公式主義によって、それはすっかり葉を失ってしまう。よい精神は、植物標本よりは、むしろ藪に似ていなくてはいけない。」

先ほど書いたように、この本を訳すにあたって、門外漢の私の苦労は大変なものであったが、その結果私の得た喜びと満足とそして人類や文明の未来にたいする深い憂いもまた非常なものであった。

ルロワ＝グーランの原著は、教養ある一般読者に向けられたものである。「少しでも大勢の人に読まれることが原著者のねがいでもあるでしょう」という寺田先生の言葉が私の耳に残っているが、私はもう一度その言葉を読者にくり返そうと思う。この本はすべての人に読まれる必要があるのだから。

一九七三年二月十九日

訳　者

解説　この一冊の世界観

松岡正剛

本書の意義とアンドレ・ルロワ＝グーランの業績についてのおおざっぱなところは、「まえがき」の寺田和夫も「あとがき」の荒木亨も記しているので省くけれど、私が本書から受けたものは、そうした概説では言いあらわせないほど巨きなものだった。

三十年前に本書に出会って目を洗われ、十年前にその読後感動が忘れがたくて「千夜千冊」にとりあげたときは、冒頭に「この一冊がぼくを変えた」「この一冊が心身の底から勇敢な感動を送り届けてくれた」と屈託なく書いたほどだった。「千夜千冊」というのは、私が二〇〇〇年二月からウェブ上で公開しつづけているブック・ナビゲーションのサイトのことをいう。

何が私をそれほど感動させたかというと、それは、はっきりしている。ルロワ＝グーランが数々の人類学や動物学や考古学の例証をひっさげて、それらの例証を組み合わせて示しているのは、「人間はその思考を実現できるようにつくられている」と断言してみせたということ、そのことだった。

このメッセージは幾つかの推断や曖昧な憶測を含んでいるものではあったものの、生命活動から文明活動までを情報編集のしくみの発展と転換の流れとして捉えたいと思ってきた私にとっては、それでもまことに勇敢な断言であり、かつまた多くのミッシング・リンクの埋め方を提供する一貫した考え方の表明だったのである。

ふつうは、こういう考え方をおおっぴらに披露することは、学問的には人間主義とか楽観主義に片寄っているとみなされる。しかし本書を一ページ目から順に読めばすぐさまわかるだろうが、ルロワ＝グーランは本書のどんな一行にも楽観的人間主義に堕するような言葉も言いまわしも使っていない。私が見るに、動物学や考古学を我田引水に読み替えたところはほとんどないし、当時（一九六〇年代）の最新の研究成果を駆使して、むしろ控えめに言いうることの最大公約数か最小公倍数を、新たな世界観の把握のために書きついでいったのだ。

たとえば、四足動物から二足歩行への転換と大脳皮質の発達は連動しているのではないか、最初の言葉の萌芽と石器の分化のぐあいには密接な関連があるのではないか、死者に対する信仰や埋葬習慣の定着が内言語をもたらしたのではないか……というふうに。

これらのことを表明するにあたって、タイトルを『身ぶりと言葉』にしたことについても、大いにリスペクトしておきたい。

ルロワ＝グーランが「身ぶり」（ゲステ＝身体的行為性）と言っているのは、たんなるしぐさのことではない。四足動物が二足歩行をへて頭蓋とその前部と手足を発達させ、言葉と舌と道具を使う人間に至って、なお現在も文明の一部としてその身ぶり文法を継承している文化的行動様式のいっさいのことをいう。またタイトルのなかで、そういう「身ぶり」に対して「言葉」（パロル＝口語性）を対置させているのは、広い意味での言語活動には、リズムの取り方から輪郭や地図を描く能力、さらにはダンスを舞ったり音楽を奏でたりする能力などが含まれることを示唆したかったからだった。

つまりは、「身ぶり…線画の発生…リズムの出現…ダンスの確立…言葉の多様化…文字の書きっぷり…図示表現力の拡張…文明的なるものの誕生…しぐさ文化の習慣化…」などといった出来事は、地域や民族によってさまざまな断絶や変更があったとはいえ、基本的にはどこかで明確につながっているのではないか、そこにはなんらかの〝ゆるい因果律〟があったのではないかということである。

これを言いかえれば、哺乳動物から類人猿への発展、ヒトザルからヒトへの進化と飛躍を見るには、動物と人間のあいだにひそむ痕跡の残し方や有節音の多様化やリズムの変更といった現象を、今後とも精細に観察するべきだということになる。

以上は第一部のだいたいの内容にもあたる。

第二部はこれらのことを下敷きにして「記憶と技術の世界」に関する推理が加えられていく。ここでは、動物段階に発生していた記憶の機能が、その後、人間社会の技術の発達にともなってどのような変化をもたらしたのかというテーマになっていく。

第二部は「知性」の誕生と変遷はどのように動物学的に、また人類学的に説明しうるのかという問題が扱われたと見ればいいだろう。このことを議論するにあたって、ルロワ＝グーランはちょっとした仮説をたてた。それは、そもそも知性の起源には「自発的な知性」と「反省する知性」とがあるだろうということと、そこをもうすこし厳密に見ると、人間社会にはA「刺激と反応による機能」、B「環境と生理組織の均衡を求める機能」、C「記憶を行動のためのプログラムにしていく機能」とがあって、人間社会はそのABCの三つをたくみに連動させたり自立させて、記憶の外在化のための技能を開発していったのだろうということである。

ルロワ＝グーランは、人間が発明した非生物的な道具や技術の系譜にもこの三つがさまざまに組み合わさって継承されていったのではないかと見たわけである。

これをわかりやすくいえば、動物から人間への進展は、一言でいうのなら、「記憶のアーカイブ」を変更していくことによってもたらされたか、もしくはそのアーカイブを「外部のメディア装置」に託していったか、その二つにひとつの、あるいはその組み合わせの歴史であったろうということだ。

こうして第二部では、第一部が動物時代や石器時代の表象を扱っていたのに対して、一転、文章、文書、証書、一覧表、物語、辞典、目次、注解といった技能をめぐる経緯がそれぞれ扱われ、いったい本来の身ぶりはこれらのどこまでをプログラムとして内在させていたのか、古代中世の人間はその身体的な内在プログラムのどこまでを外部に向かってメディア化できたのかという議論が披露されていく。情報編集の歴史を組み立てたかった私に、この議論がきわめて刺激的であったのは当然だった。

第三部はさらに一転して「民族の表象」になっていく。この議論も当時の私を驚かせるものだった。

ルロワ＝グーランは、民族がもつ価値観には必ずやそのどこかにリズムと身体の関係がなんらかのかたちで埋めこまれているはずで、それが民族的価値観や宗教的価値観の特色になっていったのは、「欠乏と制御」が新たなエンジンとなって、それまでにはなかった価値観の創出を促したからだったろうというのだ。

これはいったい、どういう意味なのか。

人類はある時期、自然のリズムを壊してしまったのである。木の実を食べ、小麦を収穫しているうちはまだよかった。草原を疾駆して牧畜場を移動させ、木材を伐採して次々に大きな集落を形成していくうちに、しだいに動物から継承してきたリズムとは別のリズムが生じてきたわけである。夜明かしをして昼夜が逆転し、断食や禁欲を決意して長命を望むようになり、鉱物や骨粉をまぜあわせて薬事に長けるようにもなった。そこで何がおこっていったのかといえば、レバノン杉を伐採しすぎて枯らしきり、水田のためのクリークを河川とは別に張りめぐらし、頻繁な水銀中毒にかかり、新たなウィルスを増殖させることになった。

ルロワ゠グーランは、こうした要因が引き金になって、文明史に新たな「欠乏」があらわれ、新たな「制御」が必要になったというのだ。そして、その「欠乏と制御」こそがその後の文明的な価値観に変更をもたらすことになったと結論づけたのである。ここには、古代社会にまたたくまに広がっていった世界宗教による新しい生死観の確立と、しだいに増殖していった市場価値の一般化が伴った。

むろん変更にあたっては、身体のリズムが改組されただけではなかった。ここでは味覚のリズムも変更された。いまでも多くの民族が、たとえば「前菜を酸っぱくし、中心になる料理を塩辛くして、デザートを甘くしている」のは、これらのリズム変更と価値観の創出によるものだったのである。ルロワ゠グーランは、このような変更と確立が「味蕾」というごくわずかな感覚器官の調整と制御によって強靭に成り立っていったことを、注意深く追っている。

かくて、このように各民族に料理メニューが確立していったということが、朝晩と昼夜の社会の基本的なオーダーが動物社会との決定的な区別をもたらすとともに、そうした料理をつねに満足させる農耕・牧畜・工場のシステムの配備を次から次へともたらしていったのである。いや、それだけではない。肉食民族がどこかでいったんスパイスの味をおぼえたら、次はこのスパイシーな味覚を確保するための冒険と侵略と資本投下を辞さなくもなっていったのだ。

第三部の話はまだ続く。ルロワ＝グーランは、民族が独特の知覚文化と記憶保持の方法を獲得したことによって、世界観の変更をもたらしていったという議論に分け入った。ここもけっこう勇敢だった。

その世界観は、初期に大きく二つのものに分かれた。ひとつは「世界を動的に踏破することによって想定される世界観」、もうひとつは「自分を動かさずにその周囲に世界を広げていく世界観」である。

前者の世界観は「巡回する表象を獲得していく世界」の成立を望み、後者の世界観は「二つの対比する表象による世界」を望んだ。前者が遊牧民やヨーロッパやモンゴルの帝国的世界観を生み出し、後者の世界観が東洋的な宗教による世界像、たとえばマンダラ的な世界像を表象していったのだろうことは、あきらかだ。

ちなみに興味深いことに、ルロワ＝グーランは後者のマンダラ的な世界像はオオカミの世界認識とつながっているのではないかとも言っている。

そのほか議論はまだまだ続くのだが、そしてそのなかには最近のデザイン論が決定的に見失った議論なども含まれているのだが、それはさておき、最後の最後にルロワ＝グーランが以上すべての議論を踏まえたうえで「戒め」のように提示するのは、次の三つの結論あるいは文明論的なアジェンダだった。それを私なりにまとめて解説の末尾とし、これをもって本書の先駆的な内容が筑摩書房の勇敢な文庫化によって、さらに多くの読者の前に提示されていくことを期待したいと思う。

ひとつ、われわれは多くの人間にとって結末がわからないような技術、たとえば原子爆弾のようなものに、われわれの未来をゆだねるのはやめたほうがいい。われわれが未来を賭けるべきは、その中身がまだわかっていない人間そのものであるべきではないのか。

ひとつ、そういう人間も、また地球もいずれは終末を迎えるのだから、その終点からすべてを逆算してすべての計画や技術開発を考えたほうがいいのではないか。

ひとつ、いまやあらゆる技術が個人化をめざしている。これを突き進めれば、世界は個人に注入できるというふうになっていく。それでは集団も社会もいらないわけだ。そんなことをしてどうなるというのだろうか。われわれはそろそろもう一度、動物から人間社会に及んだ集団と社会の意味を問い直し、継承すべきところを継承していくべきなのではないか。

本書は一九七三年七月三〇日、新潮社より刊行されたものである。

仮面の道
C・レヴィ＝ストロース
山口昌男／渡辺守章／渡辺公三訳
北太平洋西岸の原住民が伝承する仮面。そこに反映された神話世界を、構造人類学のラディカルな理論で切りひらいて見せる。増補版を元にした完全版。

黙示録論
D・H・ロレンス
福田恆存訳
抑圧が生んだ歪んだ自尊と復讐の書「黙示録」を読みとき、現代人が他者を愛することの困難とその克服を切実に問うた20世紀の名著。（高橋英夫）

考える力をつける哲学問題集
スティーブン・ロー
中山元訳
宇宙はどうなっているのか？　心とは何か？　遺伝子操作は許されるのか？　多彩な問いを通し、「哲学する」技術と魅力を堪能できる対話集。

プラグマティズムの帰結
リチャード・ローティ
室井尚ほか訳
真理への到達という認識論的欲求と、その呪縛からの脱却を模索したプラグマティズムの系譜。その戦いを経て、哲学に何ができるのか？　鋭く迫る！

知性の正しい導き方
ジョン・ロック
下川潔訳
自分の頭で考えることはなぜ難しく、どうすればその困難を克服できるのか。近代を代表する思想家が、誰にでも実践可能な道筋を具体的に伝授する。

ニーチェを知る事典
渡邊二郎
西尾幹二編
50人以上の錚々たる執筆者による「読むニーチェ事典」。彼の思想の深淵と多面的世界を様々な角度から描き出す。巻末に読書案内（清水真木）を増補。

概念と歴史がわかる
西洋哲学小事典
生松敬三／木田元／
伊東俊太郎／岩田靖夫編
各分野を代表する大物が解説する、ホンモノかつコンパクトな哲学事典。教養を身につけたい人、議論したい人、レポート執筆時に必携の便利な一冊！

命題コレクション　社会学
作田啓一
井上俊編
社会学の生命がかよう具体的な内容を、各分野の第一人者が簡潔かつ読んで面白い48の命題の形で提示した、定評ある社会学辞典。（近森高明）

論証のレトリック
浅野楢英
議論に説得力を持たせる術は古代ギリシアの賢人に学べ！　アリストテレスらのレトリック理論をもとに、論証の基本的な型を紹介する。（納富信留）

日英語表現辞典　最所フミ編著

日本人が誤解しやすいもの、英語理解のカギになるもの、まぎらわしい同義語、日本語の伝統的な表現・慣用句・俗語を挙げ、詳細に解説。（加島祥造）

言海　大槻文彦

統率された精確な語釈、味わい深い用例、明治の刊行以来昭和まで最もポピュラーで多くの作家に愛された辞書『言海』が文庫で。（武藤康史）

名指導書で読む　筑摩書房　なつかしの高校国語　筑摩書房編集部編

名だたる文学者による編纂・解説で長らく学校現場で愛された幻の国語教材。教室で親しんだ名作と、珠玉の論考からなる傑作選が遂に復活！

柳田国男を読む　赤坂憲雄

稲作・常民・祖霊のいわゆる「柳田民俗学」の向こう側にこそ、その思想の豊かさと可能性があった。テクストを徹底的に読み込んだ、柳田論の決定版。

夜這いの民俗学・夜這いの性愛論　赤松啓介

筆おろし、若衆入り、水揚げ……。古来、日本人は性に対し大らかだった。在野の学者が集めた、柳田が切り捨てた性民俗の実像。（上野千鶴子）

差別の民俗学　赤松啓介

人間存在の病巣〈差別〉。実地調査を通して、その実態・深層構造を詳らかにし、根源的解消を企図した赤松民俗学のひとつの到達点。（赤坂憲雄）

非常民の民俗文化　赤松啓介

柳田民俗学による「常民」概念を逆説的な梃子として、「非常民」こそが人間であることを宣言した、赤松民俗学最高の到達点。（阿部謹也）

日本の昔話（上）　稲田浩二編

神々が人界をめぐり鶴女房が飛来する語りの世界。はるかな時をこえて育まれた各地の昔話の集大成。上巻は「桃太郎」などのむかしがたり103話を収録。

日本の昔話（下）　稲田浩二編

ほんの少し前まで、昔話は幼な子が人生の最初に楽しむ文芸だった。下巻には「かちかち山」など動物昔話29話、笑い話123話、形式話7話を収録。

増補 死者の救済史　池上良正
未練を残しこの世を去った者に、日本人はどう向き合ってきたか。民衆宗教史の視点からその宗教観・死生観を問い直す。「靖国信仰の個人性」を増補。

神話学入門　大林太良
神話研究の系譜を辿りつつ、民族・文化との関係を解明し、解釈に関する幾つもの視点、神話の分類、類話の分布などについても詳述する。（山田仁史）

アイヌ歳時記　萱野茂
アイヌ文化とはどのようなものか。その四季の暮しをたどりながら、食文化、習俗、神話・伝承、世界観などを幅広く紹介する。（北原次郎太）

異人論　小松和彦
「異人殺し」のフォークロアの解析を通し、隠蔽され続けてきた日本文化の「闇」の領野を透視する。新しい民俗学誕生を告げる書。（中沢新一）

聴耳草紙　佐々木喜善
昔話発掘の先駆者として「日本のグリム」とも呼ばれる著者の代表作。故郷・遠野の昔話を語り口を生かして綴った一八三篇。（益田勝実／石井正己）

民間信仰　桜井徳太郎
民衆の日常生活に息づく信仰現象や怪異の正体とは？　柳田門下最後の民俗学者が、日本人の暮らしの奥に潜むものを生き生きと活写。（岩本通弥）

差別語からはいる言語学入門　田中克彦
サベツと呼ばれる現象をきっかけに、ことばというものの本質をするどく追究。誰もが生きやすい社会を構築するための、言語学入門！（礫川全次）

汚穢と禁忌　メアリ・ダグラス　塚本利明訳
穢れや不浄を通し、秩序や無秩序、存在と非存在、生と死などの構造を解明。その文化のもつ体系的宇宙観に丹念に迫る古典的名著。（中沢新一）

宗教以前　高取正男　橋本峰雄
日本人の魂の救済はいかにして実現されうるのか。民俗の古層を訪ね、今日的な宗教のあり方を指し示す、幻の名著。（阿満利麿）